Systematische Beurteilung technischer Schadensfälle
5. Auflage

Herausgegeben von
G. Lange

Systematische Beurteilung technischer Schadensfälle

5. Auflage

Herausgegeben von G. Lange

Deutsche Gesellschaft
für Materialkunde e. V.

Weinheim · New York · Chichester
Brisbane · Singapore · Toronto

Prof. G. Lange
Technische Universität Braunschweig
Langer Kamp 8
D-38106 Braunschweig

Das vorliegende Buch wurde sorgfältig erarbeitet. Dennoch übernehmen Autoren, Herausgeber und Verlag für die Richtigkeit von Angaben, Hinweisen und Ratschlägen sowie für eventuelle Druckfehler keine Haftung.

---

5. Auflage 2001
    1. Nachdruck 2004
    2. Nachdruck 2006
    3. Nachdruck 2008
    4. Nachdruck 2010
    5. Nachdruck 2011

Titelbild: Schöner Schaden – „Korrosionsrose" am entzinkten Kondensatorrohr (CuZn28Sn1) einer Schneekanone. Blütendurchmesser 85 µm.

Die Deutsche Bibliothek – CIP Einheitsaufnahme

Ein Titeldatensatz für diese Publikation ist bei der Deutschen Nationalbibliothek erhältlich.

ISBN 978-3-527-30417-2.

© WILEY-VCH Verlag GmbH, D-69469 Weinheim (Federal Republic of Germany), 2001

Gedruckt auf säurefreiem Papier

Alle Rechte, insbesondere die der Übersetzung in andere Sprachen, vorbehalten. Kein Teil dieses Buches darf ohne schriftliche Genehmigung des Verlages in irgendeiner Form – durch Photokopie, Mikroverfilmung oder irgendein anderes Verfahren – reproduziert oder in eine von Maschinen, insbesondere von Datenverarbeitungsmaschinen, verwendbare Sprache übertragen oder übersetzt werden. Die Wiedergabe von Warenbezeichnungen, Handelsnamen oder sonstigen Kennzeichen in diesem Buch berechtigt nicht zu der Annahme, daß diese von jedermann frei benutzt werden dürfen. Vielmehr kann es sich auch dann um eingetragene Warenzeichen oder sonstige gesetzlich geschützte Kennzeichen handeln, wenn sie nicht eigens als solche markiert sind.
All rights reserved (including those of translation into other languages). No part of this book may be reproduced in any form – by photoprinting, microfilm, or any other means – nor transmitted or translated into a machine language without written permission from the publishers. Registered names, trademarks, etc. used in this book, even when not specifically marked as such are not to be considered unprotected by law.

Satz: Kühn & Weyh, Freiburg

Vorwort zur 1. Auflage

Verstöße gegen grundlegende Regeln für den Einsatz metallischer Werkstoffe verursachen einen erheblichen Teil der technischen Schadensfälle. Seltener versagen Bauteile infolge eines komplexen Zusammenwirkens unvorhersehbarer Einflüsse. Auch Werkstofffehler führen – entgegen einer weitverbreiteten Ansicht – nur vereinzelt zur Funktionsunfähigkeit von Maschinen, Anlagen oder Konstruktionselementen.
Um die Grenzen bei der Verwendung von Metallen und Legierungen zu verstehen und ggf. modifizieren zu können, müssen die werkstoffkundlichen Vorgänge bekannt sein, die bei Überbeanspruchung und Zerstörung eines Materials ablaufen. Diese Kenntnisse über den Werkstoff sind gleichermaßen für den Konstrukteur wie für den Bearbeiter von Schadensfällen wichtig. Einerseits kann dadurch die Zahl der auftretenden Schäden von vornherein begrenzt werden, andererseits schließen die umfassende Aufklärung und die gezielte Rückwirkung auf Konstruktion, Werkstoffwahl, Fertigung, Prüfung und Beanspruchungsbedingungen weitere Fälle ähnlicher Art weitgehend aus.

Das Schwergewicht dieses Buches liegt auf der Erläuterung werkstoffkundlicher Zusammenhänge. Nach einer Einführung in die Methodik der Schadensanalyse und in die verschiedenen Untersuchungsverfahren werden die Bildungsmechanismen der einzelnen Brucharten sowie die Zerstörungsvorgänge bei Korrosion und Verschleiß in Abhängigkeit von Werkstoff- und vom Beanspruchungszustand dargestellt. Die makroskopischen und die mikroskopischen Erkennungsmerkmale werden aus den Mechanismen abgeleitet. Spezielle Kapitel sind der Bruchmechanik, den Schäden an Schweißnähten und dem Wasserstoff gewidmet. Beispiele sollen die Materie veranschaulichen und den direkten Bezug zur Praxis herstellen.

Braunschweig, Januar 1983 *G. Lange*

Vorwort zur 5. Auflage

Nach Übernahme der DGM-Informationsgesellschaft hat der Wiley-VCH Verlag der anhaltenden Nachfrage durch eine rasche Neuauflage mit – gegenüber der 4. Auflage – erheblich verbesserter Bildqualität Rechnung getragen. Auch das Ermatinger Schadensseminar, aus dessen Vorträgen sich der Inhalt des Buches ursprünglich rekrutiert hat, bleibt weiterhin überbucht: In diesem Jahr werden der 21. und der 22. Lehrgang angeboten.

Braunschweig, April 2001 *G. Lange*

Inhaltsverzeichnis

G. Lange
Vorgehensweise bei der Bearbeitung eines Schadensfalles   1

G. Lange
Einteilung, Ursachen und Kennzeichen der Brüche   7

H. Müller
Werkstoffuntersuchungen   15

M. Pohl
Elektronenmikroskopie bei der Schadensanalyse   35

G. Lange
Mikroskopische und makroskopische Erscheinungsformen
des duktilen Gewaltbruches (Gleitbruch)   63

H. Müller
Makroskopische und mikroskopische Erscheinungsformen des Spaltbruches   79

G. Lange
Makroskopische Erscheinungsformen des Schwingbruches   103

D. Munz, G. Lange
Mikroskopische Erscheinungsformen des Schwingbruches   149

M. Pohl
Thermisch induzierte Brüche   185

P. Forchhammer
Korrosionsschäden an metallischen Werkstoffen ohne mechanische
Beanspruchung   207

J. Hickling
Korrosionsschäden bei zusätzlicher mechanischer Beanspruchung   229

G. Lange
Schäden durch Wasserstoff   255

P. H. Effertz
Schäden durch Hochtemperaturkorrosion   277

M. Pohl
Werkstoffschäden durch Verschleiß 303

H.-J. Schüller
Schäden an Schweißnähten 331

D. Munz
Bruchmechanik in der Schadensanalyse 369

R. Kieselbach
Schäden an Druckbehältern 387

M. Roth, R. Hauert
Schadensuntersuchungen und Problemlösungen mit Oberflächenanalyse 407

Autorenverzeichnis 425

Stichwortverzeichnis 427

Vorgehensweise bei der Bearbeitung eines Schadensfalles

Günter Lange, Institut für Werkstoffe, Technische Universität Braunschweig

1. Aufgaben und Ziele der Schadensanalyse

Die Schadensanalyse soll in erster Linie die Ursachen für das Versagen eines Bauteils klären. Sie dient darüber hinaus der Verhütung weiterer Schäden durch ihre Rückwirkung auf Konstruktion, Werkstoffwahl, Fertigungsprozesse, Prüfverfahren und Betriebsbedingungen sowie durch Inspektion und ggf. Austausch gefährdeter Bauteile im Betrieb befindlicher Maschinen, Apparate, Geräte und Anlagen.

Aufgrund der außerordentlichen Vielfalt der Schadensursachen und -erscheinungsformen können im vorliegenden Rahmen nur grundsätzliche Bearbeitungsrichtlinien und Beurteilungskriterien behandelt werden. Sinngemäß für das jeweilige Einzelereignis modifiziert, dürften sie sich für die größte Zahl der Schadensfälle erfolgversprechend anwenden lassen.

2. Schadensaufnahme

Als erster Schritt sollten die Spuren des Schadensfalles gesichert werden. Parallel dazu beginnt man, Informationen zu sammeln. Dabei empfiehlt es sich, folgende Punkte zu beachten:

Beweissicherung

- Beide (sämtliche) Bruchflächen sicherstellen; eine Bruchfläche kann Merkmale aufweisen, die auf der Gegenbruchfläche fehlen oder zerstört sind.
- Korrosionsanfällige Bruchflächen schützen: Exsikkator, Sprühlack (Vorsicht, wenn vorhandene Korrosionsprodukte zu untersuchen sind). Bruchflächen nie berühren!
- Photographische Aufnahmen anfertigen (Korrosionsprodukte möglichst farbig), notfalls Skizzen, Maßstab (Bauteilabmessungen) festhalten. Aufnahmen dienen nicht nur der Dokumentation; nicht selten werden im Verlauf der Untersuchung nach Zerschneiden des Bauteils Erkenntnisse gewonnen, die eine erneute Beurteilung des Original-Schadenszustandes nahelegen. Ein zusätzlicher Abzug erweist sich häufig als nützlich, um die Entnahmepositionen von Proben zu markieren.

Wird der Schaden unmittelbar am Entstehungsort inspiziert – im Gegensatz zu einem eingereichten Schadensteil –, so sind zusätzlich zu beachten:
- Makroskopische Beurteilung des augenblicklichen Bruchzustandes
- Festhalten des Gesamteindruckes und der Begleitumstände des Schadens; Zeugenaussagen (vgl. auch Informationen über den Schadensfall)
- Anordnungen für den Ausbau oder das Herausarbeiten von Teilen für die Untersuchung, um nachträgliche Veränderungen zu vermeiden (z. B. Schnitte mit Schneidbrenner oder Trennscheibe nur in genügendem Abstand von der Bruchfläche, evtl. Kühlung)
- Kennzeichnung herauszutrennender Bauteilabschnitte für Werkstoffuntersuchungen (Schlagstempel zum Schutz gegen Vertauschen der Teile); Entnahmebereich in Skizze oder Zeichnung festhalten.

Informationen über den Schadensfall

Ausführliche, zuverlässige Informationen vereinfachen die Schadensuntersuchung erheblich und verhindern weitgehend Fehlbeurteilungen. Je nach Art des Schadens sollten folgende Angaben in Erfahrung gebracht werden (fehlerhafte Auskünfte einkalkulieren):
- Werkstoffart (evtl. Prüfzeugnisse)
- Wärmebehandlungen des Werkstoffes bzw. des Bauteils
- Herstellung, Fertigung, Abnahmeprüfung des Bauteils
- Konstruktion des Bauteils: Konstruktionszeichnung, Arbeitsweise, Belastungsart und -höhe, Dimensionierung, konstruktive Änderungen, Einzel- oder Serienteil
- Funktion und Position des Bauteils in Maschine, Apparat oder Anlage („Fernwirkung" von Schadensursachen beachten)
- Betrieblicher Lebenslauf: Alter, Betriebsdauer, Vorschäden, Reparaturen, Überholung, Inspektionsintervalle, Änderungen im Betrieb, Überlastung, Stillstände
- Umgebungsbedingungen bei Schadenseintritt: Temperatur, Druck, korrodierende oder erodierende Medien
- Betriebsbedingungen bei Schadenseintritt: Anfahren, Teil-, Voll- oder Überlast, Heiz- oder Kühlphase
- Unfallablauf; besondere Beobachtungen, Zeitpunkt und zeitlicher Ablauf
- Ereignisse nach Eintritt des Schadens: Folgeschäden, unsachgemäße Behandlung oder Lagerung, bereits vorgenommene Untersuchungen

Erfahrungsgemäß steht dem Gutachter gewöhnlich nur ein bescheidener Teil dieser Angaben zur Verfügung. Häufig sind daher verschiedene dieser Punkte Gegenstand der Untersuchung. (Zwei bezeichnende Fälle werden am Schluß dieses Aufsatzes erläutert.)

3. Durchführung

Vorgehensweise und Umfang sollten mit dem Antragsteller abgestimmt werden. Vielfach wird vom Gutachter ein rasch und kostengünstig erarbeiteter Abhilfevorschlag erwartet, jedoch keine fundamentale Klärung aller Schadensumstände. Auf die Grenzen der Verfahren ist hinzuweisen, besonders bei Wünschen nach speziellen

3. Durchführung

Untersuchungsmethoden. Rückfragen ergeben im übrigen häufig, daß sich die geforderte Prüfung zur Klärung des vorliegenden Schadensfalles in keiner Weise eignet. Einzeluntersuchungen, die ohne Erläuterung des Gesamtzusammenhangs verlangt werden, erweisen sich gewöhnlich als nutzlos (beantragt wird eine chemische Analyse, tatsächlich gesucht werden die Ursachen eines Schwingbruches).

Das Untersuchungsprogramm ist – unter Beachtung des gesamten Umfeldes – sorgfältig zu planen, so daß keine Indizien zerstört werden, die man zu einem späteren Zeitpunkt noch benötigen könnte. Das gilt insbesondere für die Entnahme von Proben. Die Probe muß repräsentativ für die zu untersuchende Eigenschaft sein und darf diese bei der Entnahme nicht verändern (Gefügeänderung durch Erwärmen, Verlust von Graphit beim Herausarbeiten von Analyseproben aus Gußeisen usw.). Besonders fehlinterpretationsgefährdet sind Proben für rastermikroskopische Untersuchungen; so kann z. B. energiedispersiv auf der Bruchfläche nachgewiesener Schwefel aus der Sparbeize vom Reinigen stammen, Titan aus Farbresten und Kupfer von der Elektrode bei funkenerosiv herausgetrennten Abschnitten. Mehrere Proben aus größeren Bruchflächen sollte man in unterschiedlichen geometrischen Formen und Abmessungen entnehmen, um die spätere Zuordnung zu vereinfachen. Die Entnahmestellen sollten auf Photos oder Skizzen markiert werden.

Die *Bestimmung der Bruchart* bildet in den meisten Fällen das Kernstück der Untersuchungen. Nicht selten reicht sie zur Klärung des Schadens aus. Art und individuelle Ausbildung des Bruches geben Hinweise auf den Beanspruchungszustand – teilweise auch auf den Werkstoffzustand – und damit auf die Ursachen des Versagens. Vielfach erlaubt die Bruchart darüber hinaus, zwischen primärem Bruch und Folgeschäden zu unterscheiden.

In jedem Fall sollte man zunächst eine *makroskopische Bruchbeurteilung* vornehmen (Betrachtung mit bloßem Auge, Lupe oder mäßig vergrößerndem Stereomikroskop). Oftmals gestatten deutlich ausgeprägte makroskopische Merkmale, die Bruchart zweifelsfrei zu identifizieren. Auch bei einer großen Zahl zerstörter Teile (z. B. Flugzeugabsturz, Explosion) können die möglicherweise unfallauslösenden Brüche nur durch eine makroskopische Betrachtung eingegrenzt werden. Bild 1 zeigt ein derartiges Beispiel, Bild 2 gibt die potentiell schadensverursachenden Teile mit mehr als 70 Bruchstellen wieder.

Erlaubt das makroskopische Bild keine oder nur eine unsichere Bestimmung der Versagensart, so schließt sich eine *mikroskopische Bruchbeurteilung* – normalerweise im Rastermikroskop – an. Das trifft insbesondere zu für Teile mit kleinem Querschnitt oder dünnen Wandungen sowie für nachträglich zerstörte Bruchflächen. Über die Bestimmung der Bruchart hinaus liefert das Rastermikroskop häufig wertvolle Zusatzinformationen, beispielsweise über Besonderheiten am Bruchausgangspunkt, den Ausbreitungsverlauf von Rissen oder über den Gefügezustand. (Eine statistische Auswertung von 300 Schadensuntersuchungen an Luftfahrzeugen ergab z. B. folgende Verteilung: bei 28% aller Fragmente ließ sich die Bruchart anhand makroskopischer Merkmale eindeutig ermitteln, bei 41% der Fälle wurde eine bestimmte Bruchart aufgrund des makroskopischen Bildes vermutet und durch die rastermikroskopische Untersuchung abgesichert, bei 30% der Schäden erlaubte die makroskopische Betrachtung nur eine unsichere Aussage, so daß der Bruchtyp im Rastermikroskop bestimmt werden mußte. Zusätzliche Erkenntnisse wurden in 39% aller Fälle gewonnen.)

4 *Vorgehensweise*

Bild 1: Trümmer eines Hubschraubers. Im Hintergrund gleiches Modell im flugfähigen Zustand.

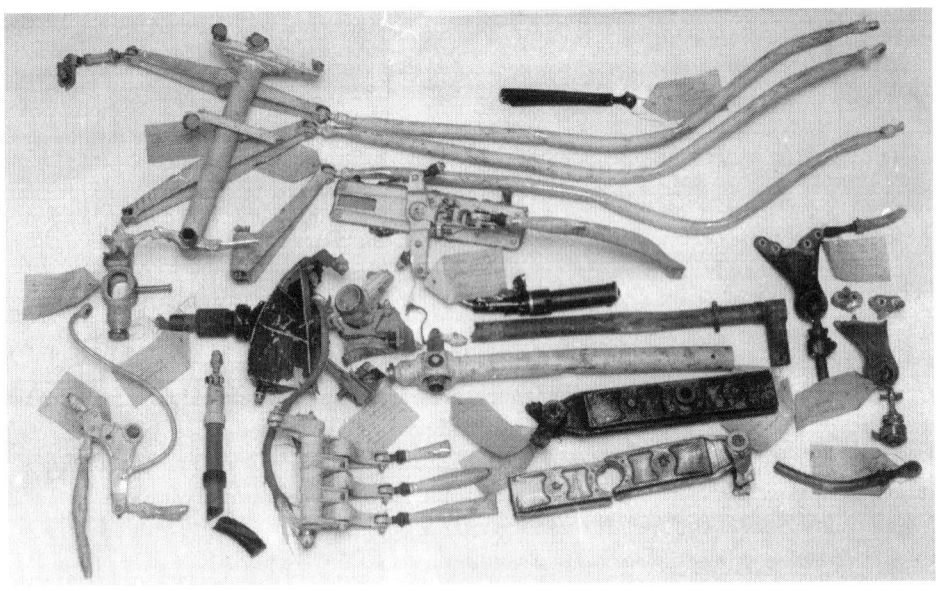

Bild 2: Teile des Steuerungs-Systems, deren Versagen einen Absturz bewirkt haben könnte.

Im Idealfall bestätigt das Ergebnis der mikroskopischen Untersuchungen den makroskopischen Befund. Befriedigen die Resultate nicht, so können *Simulationsversuche* weiterhelfen. Man entnimmt dem Schadensteil (notfalls mit angemessenem Vorbehalt einem Ersatzteil) Proben, zerstört sie unter betriebsähnlichen Bedingungen und vergleicht die Bruchmerkmale (bei unbekannten Betriebsbedingungen an mehreren Proben in Betracht kommende Brucharten erzeugen).

Je nach Art des Schadensfalles können verschiedene *Werkstoffuntersuchungen* erforderlich sein. Sie geben Auskunft über Art und Zustand des Werkstoffes, insbesondere über Fehler und Abweichungen von garantierten Werten. Die wichtigsten Verfahren sind die *metallographische* Untersuchung, die *mechanische* Prüfung, die *chemische* Untersuchung und die *zerstörungsfreie* Prüfung. Fehlen Angaben über den vorschriftsmäßigen bzw. über den angestrebten Zustand, so empfehlen sich ggf. parallele Untersuchungen an gleichartigen Teilen anderer Anlagen bzw. an Ersatzteilen. Man entkräftet auf diese Weise das Argument, der Werkstoff sei zugegebenermaßen minderer, jedoch für den vorliegenden Anwendungsfall ausreichender Qualität.

Vorgehensweise, Untersuchungsergebnisse und Schlußfolgerungen werden üblicherweise in einem *Schadensbericht* zusammengefaßt. Der Bericht sollte Empfehlungen für *Abhilfemaßnahmen* enthalten.

Anleitungen zur Schadensanalyse findet man u. a. in (1–3). Programme zur rechnergestützten Schadensanalyse wurden von Schmitt-Thomas (4) entwickelt. Berichte über werkstoffkundliche Schadensursachen sowie Zusammenstellungen von Schadensfällen wurden z. B. von der Allianz (5–7), von der American Society for Metals (3), Naumann (8) und Colangelo (9) veröffentlicht.

Zwei Beispiele sollen die schadensauslösende Wirkung unwesentlich erscheinender Einflüsse verdeutlichen. Die Axialverdichterräder langjährig bewährter Hubschrauberturbinen wurden scheinbar unwesentlich konstruktiv verändert: Am Rand der Scheibe wurde ein umlaufender Wulst angedreht, um beim Auswuchten auf einfache Weise Material abarbeiten zu können. Nach ca. 1000 Betriebsstunden brachen in zwei Triebwerken diese mit 44000 U/min umlaufenden Räder infolge interkristalliner Spannungsrißkorrosion (Bilder 3 und 4); die übrigen geänderten Räder zeigten starke Angriffserscheinungen und wurden ausgetauscht. Der verwendete Stahl X15Cr13 war zugunsten erhöhter Festigkeit nur auf 540 °C (statt 700–750 °C) angelassen worden und befand sich wegen der Chromverarmung im Bereich der vorzugsweise interkristallin ausgeschiedenen Chromkarbide in extrem korrosionsanfälligem Zustand. Die aus der anströmenden Luft niedergeschlagene Feuchtigkeit wurde nach dem Andrehen des Wuchtringes nicht mehr abgeschleudert. Sie staute sich auf der Innenseite des Wulstes und zerstörte den sensibilisierten Stahl in diesem Bereich; vgl. (10). Ein ähnlicher Schaden wird in (11) und (12) beschrieben.

Beim Schießen mit einer Repetierbüchse brachen mehrere Teile des Schlosses, wodurch der Schütze schwer verletzt wurde. Aus dem Gewehr waren bereits etwa 50 Schüsse abgegeben worden, darunter mindestens einer mit ca. 30% Überlast beim Hersteller. Der für die Beteiligten unverständliche Unfall konnte wie folgt aufgeklärt werden: Alle Schloßteile waren durch Spaltbrüche zerstört worden; der Werkstoff befand sich aufgrund fehlerhafter Wärmebehandlung in einem extrem spaltbruchanfälligen Zustand. Die Waffe war im Juni erworben worden, der Unfall ereignete sich im Novem-

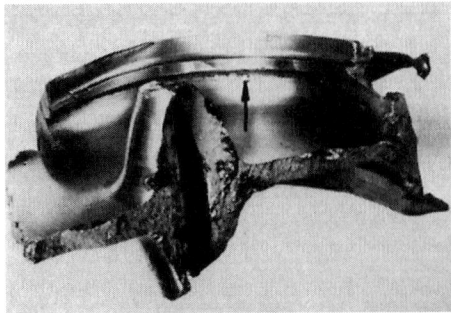

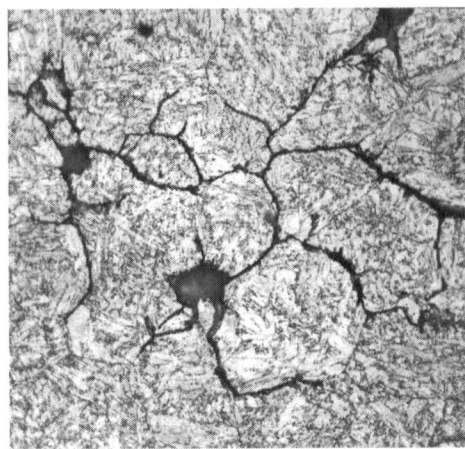

Bild 3: Größeres Bruchstück eines Axialverdichterrades. Korrosionsspuren auf der Innenseite des Wuchtringes (Pfeil). Scheibendurchmesser 130 mm.

Bild 4: Interkristalline Korrosion im Bereich des Wuchtringes. Vilella.

ber desselben Jahres bei einer Temperatur von +1 °C. Der Temperaturrückgang hatte die ohnehin geringe Duktilität des Werkstoffes nochmals erheblich vermindert (Steilabfall der Kerbschlagzähigkeit) und damit die Voraussetzungen für die verformungslosen Brüche geschaffen. Das Untersuchungsergebnis wurde durch metallographische Schliffe sowie durch Kerbschlagbiegeversuche bei 20 °C und bei 1 °C an den Schadensteilen und an Vergleichsstücken aus einem anderen Gewehr gleichen Typs abgesichert; vgl. (13).

Literatur:

(1) VDI-Richtlinien 3822: „Schadensanalyse", Beuth-Verlag, Berlin.
(2) VDI-Berichte 243: „Methodik der Schadensuntersuchung", VDI-Verlag, Düsseldorf 1975.
(3) American Society for Metals: Metals Handbook, Vol. 10, Failure Analysis and Prevention, 1975.
(4) K.G. Schmitt-Thomas u. R. Siede: Technik und Methode der Schadensanalyse, VDI-Verlag, Düsseldorf 1989.
(5) Allianz: „Bruchuntersuchungen und Schadenklärung", Allianz Versicherungs-AG., München und Berlin 1975.
(6) Allianz: „Handbuch der Schadensverhütung", Allianz Versicherungs-AG., München u. Berlin, 3. Aufl. 1984.
(7) E.J. Pohl: „Das Gesicht des Bruches metallischer Werkstoffe", Bd. I, II, III, Allianz-Versicherungs-AG., München u. Berlin 1956.
(8) F.K. Naumann: „Das Buch der Schadensfälle", Riederer-Verlag, Stuttgart 1976.
(9) V.J. Colangelo u. F.A. Heiser: „Analysis of Metallurgical Failures", John Wiley and Sons, New York 1974.
(10) G. Lange: „Zerstörung von Hubschrauberturbinen durch Einsatz eines Stahles in korrosionsanfälligem Zustand bei gleichzeitig nicht werkstoffgerechter Konstruktion". Z. f. Werkstofftechnik 5 (1974), 9–13.
(11) G. Lange: „Probleme der Schadensanalyse – dargestellt am Beispiel eines zerstörten Axialverdichters". Z. Metallkde 75 (1984) 401–406.
(12) G. Lange: „Schaden an einer Hubschrauberturbine infolge kritischer Wärmebehandlung, in: G. Petzow (Hrsg.), Sonderbände der Praktischen Metallographie, Bd. 15, S. 527–536, Riederer-Verlag, Stuttgart 1984.
(13) G. Lange: „Bruch eines Gewehrgeschosses infolge fehlerhafter Wärmebehandlung". Härterei-Techn. Mitt. 37 (1982), 284–285.

Einteilung, Ursachen und Kennzeichen der Brüche

Günter Lange, Institut für Werkstoffe, Technische Universität Braunschweig

1. Brucharten

Aufgrund ihrer Bildungsmechanismen und ihrer vielfältigen Erscheinungsformen weisen die Brüche eine Reihe spezifischer Merkmale auf, die alternativ zu ihrer Bezeichnung herangezogen werden. Hierzu zählen u. a.
- *Höhe der Beanspruchung*: Niederspannungsbruch, Fließspannungsbruch
- *Grad der makroskopischen plastischen Verformung*: Sprödbruch, Zähbruch
- *Verlauf der Trennung durch das Gefüge*: transkristalliner, interkristalliner Bruch
- *Erscheinungsbild der Bruchfläche*: Orientierung gegenüber dem Bauteil (Normalspannungsbruch, Schubspannungsbruch), Reflexionsvermögen (kristalliner Bruch, Mattbruch), Topographie (Fräserbruch, Holzfaserbruch).
- *Belastungsart* (Kräfte, Momente): Zug-, Biege-, Torsionsbruch
- *Beanspruchungsart*: mechanisch, thermisch, korrosiv

Um die häufig verwirrende Vielfalt paralleler Bezeichnungen desselben Bruches zu reduzieren, hat ein gemeinsamer VDEh-DVM-Ausschuß unter Mitwirkung des Verfassers Empfehlungen erarbeitet (1), die jetzt auch in das Stahl-Eisen-Prüfblatt 1100 und die VDI-Schadensrichtlinien 3822 übernommen worden sind. Danach teilt man die Brüche entsprechend der dominierenden Beanspruchung in mechanisch, thermisch oder korrosiv bedingte ein (Tabelle 1). Die Untergruppen des Gewaltbruches orientieren sich am mikroskopischen Werkstoffverhalten. Die Begriffe *Sprödbruch* (verformungsloser Bruch) und *Zähbruch* (Verformungsbruch) charakterisieren dagegen ausschließlich die *makroskopische* Deformation, die mit der mikroskopischen nicht übereinstimmen muß (vgl. z. B. Bilder 1 und 2). Weitere, in dieser Zusammenstellung nicht verwendete Bruchbezeichnungen werden in den zugehörigen Kapiteln erläutert.

Tabelle 1: Einteilung der Brüche

1.		**Mechanisch bedingte Risse und Brüche**
1.1.		*Gewaltbruch**
1.1.1		Gleitbruch (Wabenbruch)
1.1.1.1		transkristalliner Wabenbruch
1.1.1.2		interkristalliner Wabenbruch
1.1.2		Spaltbruch
1.1.2.1		transkristalliner Spaltbruch
1.1.2.2		interkristalliner Spaltbruch
1.1.3		Mischbruch
1.2		*Schwingbruch*
2.		**Korrosionsbedingte Risse und Brüche**
2.1		*Interkristalline Korrosion*
2.2		*Interkristalline Spannungsrißkorrosion*
2.3		*Anodische Spannungsrißkorrosion*
2.4		*Wasserstoffinduzierte Risse und Brüche*
2.5		*Wasserstoffinduzierte Spannungsrißkorrosion*
2.6		*Schwingungsrißkorrosion*
2.7		*Lötbruch*
3.		**Thermisch bedingte Risse und Brüche**
3.1		*Kriechbrüche*
3.2		*Schweißrisse*
3.3		*Heißrisse*
3.4		*Härterisse*
3.5		*Schleifrisse*
3.6		*Wärmeschockrisse*

* (Die Unterteilung Zähbruch-Sprödbruch kennzeichnet ausschließlich den makroskopischen Verformungsgrad.)

2. Definitionen der Brucharten

Ungeachtet der ausführlichen Beschreibung der einzelnen Brucharten in den jeweiligen Abschnitten dieses Buches sind die Definitionen der in Tabelle 1 verwendeten Begriffe nachfolgend zusammengestellt, vgl. (1):

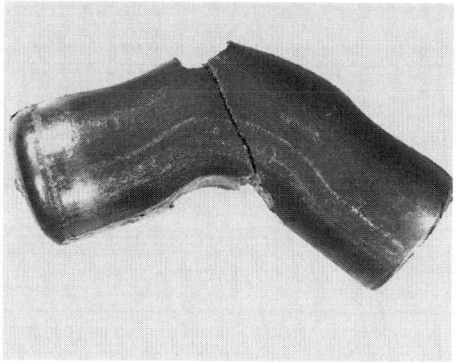 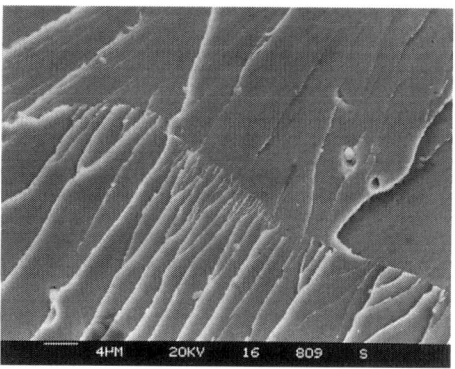

Bild 1: Spaltbruch eines gekerbten Bolzens aus unlegiertem Stahl nach erheblicher makroskopischer Verformung.

Bild 2: Charakteristische Spaltflächen auf der gesamten Bruchfläche des deformierten Bolzens von Bild 1. Auffächerung beim Passieren einer Korngrenze (Drehgrenze).

Brüche durch mechanische Beanspruchung

Gewaltbrüche entstehen durch einsinnige, mechanische Überlastung unter mäßig rascher bis schlagartiger Beanspruchung. Der *Gleit- oder Wabenbruch* bildet sich unter plastischer Verformung durch Abgleiten entlang der Ebenen maximaler Schubspannungen, der *Spaltbruch* erfolgt nahezu verformungslos senkrecht zur größten Zugspannung durch Überwindung der den Werkstoff zusammenhaltenden Kohäsionskräfte. Zäher Werkstoffzustand, einachsiger Spannungszustand, niedrige Belastungsgeschwindigkeit und höhere Temperatur begünstigen den Gleitbruch. Die jeweils entgegengesetzten Bedingungen fördern die Neigung zum (transkristallinen) Spaltbruch, sofern das Metall dem raumzentrierten oder dem hexagonalen Gittertyp angehört. Nach ihrem Verlauf durch das Gefüge unterscheidet man weiter zwischen *trans-* und *interkristallinen* Waben- bzw. Spaltbrüchen. Kombinationen der Brucharten bezeichnet man als *Mischbrüche*. Der früher verwendete Begriff „Trennbruch" ist durch Spaltbruch – jetzt als Oberbegriff für trans- und interkristalline mikroskopisch verformungslose Trennung – ersetzt worden. Die Bezeichnung „Normalspannungsbruch" lehnt der Verfasser ab, da sie sich verwirrenderweise auf die Orientierung der Bruchfläche, nicht auf die bruchauslösende Spannung bezieht: Den Boden des Trichterbruches (vgl. Kapitel über den duktilen Gewaltbruch) müßte man danach als Normalspannungsbruch einstufen.

Schwingbrüche entwickeln sich unter mechanischen Beanspruchungen, die nach Betrag und/oder Richtung wechseln. Dabei wächst ein *Schwingungsriß*, ausgehend von einem oder von mehreren Anrissen, allmählich in das Bauteil hinein, bis der noch tragende Restquerschnitt infolge der ständig angestiegenen Spannung durch Gewaltbruch versagt *(Restbruch)*. Im allgemeinen geht der Ausbreitung eine plastische Verformung an der Rißspitze voraus; es entwickelt sich ein *verformungsreicher Schwingbruch*. Bei spröden Werkstoffen kann diese Verformung weitgehend fehlen; es entsteht ein *verformungsarmer Schwingbruch*. Makroskopisch ist gewöhnlich in beiden Fällen keine plastische Deformation zu erkennen.

Eine Sonderform des Schwingbruches ist die *Grübchenbildung* (Pittingbildung), die an kräftegebundenen Bauteilen (Wälzlagern, Zahnrädern usw.) auftreten kann. Übermäßige Hertzsche Pressung, ggf. unterstützt durch Tangentialkräfte, führt unterhalb der Oberfläche zu plastischer Verformung und – insbesondere an nichtmetallischen Einschlüssen – zur Bildung von Mikrorissen, deren Wachstum den Werkstoffausbruch als charakteristische Schadensform bewirkt.

Korrosionsbedingte Risse und Brüche

Voraussetzung für die *Interkristalline Korrosion (Kornzerfall)* ist eine verminderte Korrosionsbeständigkeit des Werkstoffes im Bereich seiner Korngrenzen. Verursacht wird dieser Zustand durch Verarmung an korrosionsverhindernden Legierungselementen, Anreicherung korrosionsfördernder Begleitelemente oder durch Ausscheidung korrosionsanfälliger Gefügebestandteile entlang der Korngrenzen. Zugspannungen sind nicht erforderlich; wirken sie mit, so spricht man von *Interkristalliner Spannungsrißkorrosion*.

Als *Anodische Spannungsrißkorrosion* bezeichnet man die trans- oder die interkristalline Rißbildung in zugbeanspruchten- oder zugeigenspannungsbehafteten Werkstoffen unter Einwirkung eines meist spezifischen Mediums. An der Rißspitze fördert ein anodisch kontrollierter Auflösungsprozeß die Rißausbreitung, so daß mit zunehmend positivem Potential die Gefährdung wächst. Anfällig sind spezifische Systeme Werkstoff/Medium in einem kritischen Potentialbereich bei hinreichend hoher Zugspannung oder kritischer Dehngeschwindigkeit.

Wasserstoffinduzierte Risse und Brüche können entstehen, wenn der Werkstoff eine hinreichende Menge dieses Gases aufgenommen hat, beispielsweise beim Erschmelzen, beim Schweißen, aus der Gasatmosphäre (Druckwasserstoff, Aufkohlungsgase, Schutzgase) oder aus einem Elektrolyten (Beizen, Galvanik). Da sich der Wasserstoff sowohl atomar im Gitter löst als auch molekular und atomar an Gefügeinhomogenitäten und Störstellen ausscheidet, kommt es in Verbindung mit der hohen Diffusionsgeschwindigkeit zu den verschiedenartigsten Schadensformen (Fischaugen, Flocken, Beizblasen, verzögerter Bruch usw.). Voraussetzung für die Rißbildung ist meist eine kritische Kombination von Zug- oder Zugeigenspannung und örtlicher Wasserstoffkonzentration. Der Schaden hat Spaltbruchcharakter mit trans- oder interkristallinem Rißverlauf.

In der Erdölbranche verwendet man den Begriff des wasserstoffinduzierten Risses – Übersetzung von Hydrogen Induced Cracks (HIC) – zur Beschreibung eines Korrosionsschadens, bei dem atomar angebotener Wasserstoff in die Wandungen z. B. sauergas – oder erdölführender Rohre eindiffundiert, an Einschlüssen rekombiniert und den Stahl aufreißt. Wie die Beizblasen können sich die „HICs" auch ohne Zugspannung bilden.

Wasserstoffinduzierte Spannungsrißkorrosion tritt auf, wenn bei der kathodischen Teilreaktion der Korrosion atomarer Wasserstoff entsteht und Rekombinationsgifte die Molekülbildung verhindern. Der Wasserstoff diffundiert in den Werkstoff ein, reichert sich in mehrachsig zugspannungsbeanspruchten, d. h. elastisch aufgeweiteten

Gitterbereichen an, vermindert die Kohäsionskräfte und löst im Inneren des Bauteils trans- oder interkristalline Risse von spaltbruchartigem Charakter aus. Betroffen sind fast ausschließlich ferritische und martensitische Stähle, deren Gefährdung mit ansteigender Festigkeit und zunehmend negativem Potential wächst.

Unter *Schwingungsrißkorrosion* versteht man Schäden, die durch das Zusammenwirken wechselnder mechanischer Beanspruchung und korrosiver Medien hervorgerufen werden. Ein spezifisches Angriffsmittel ist nicht erforderlich. Gefährdet sind nahezu alle metallischen Werkstoffe im aktiven und im passiven Zustand. Rißgeschwindigkeit und Schadensbild hängen von Frequenz und Amplitude ab; bei hohen Werten dominiert der mechanische, bei niedrigen der korrosive Einfluß.

Lötbruch ist die interkristalline Trennung zugbeanspruchter oder zugeigenspannungsbehafteter Werkstoffe durch eindiffundierende flüssige Metalle oder Legierungen. Die Schmelze muß das Bauteil benetzen, ihr wirksamer Bestandteil muß sich im festen Werkstoff lösen.

Thermisch bedingte Risse und Brüche

Kriechbrüche entwickeln sich während langzeitiger mechanischer Beanspruchung bei Temperaturen etwa oberhalb $0,4\ T_s$ (K). Diffusionsvorgänge führen zunächst zur Bildung von Poren, vorzugsweise entlang der Korngrenzen. Bei hohen Spannungen und relativ niedrigen Temperaturen entstehen durch Versetzungsaufstau und Korngrenzengleiten *Keilporen*, bei geringen Spannungen und hohen Temperaturen durch Leerstellenkondensation *Kavernenporen*. Das auf diese Weise zeitstandgeschädigte Bauteil versagt schließlich durch duktilen Restwarmbruch.

Der Begriff des *Schweißrisses* umfaßt die verschiedenen Rißtypen, die in Verbindung mit dem Schweißprozeß auftreten. Man unterteilt nach dem Zeitpunkt des Entstehens in Heiß-, Kalt- und Relaxationsrisse sowie nach der Lage in Unternaht-, Nebennaht-, Quer-, Längsrisse usw. Verursacht werden Schweißrisse u. a. durch fehlerhafte Prozeßführung, insbesondere überhöhte Abkühlgeschwindigkeit, durch ungeeignete Zusammensetzung des Grund- oder des Zusatzwerkstoffes, ungünstige Konstruktion oder Nahtgeometrie sowie durch Aufnahme von Gasen.

Die interkristallin verlaufenden *Heißrisse* können sich nicht nur während des Schweißens, sondern auch beim Gießen oder beim Warmumformen im Bereich der Solidustemperatur in Form von *Erstarrungs-* oder von *Aufschmelzungsrissen* bilden. Örtliche Dehnungen führen zum Aufreißen erstarrender Restschmelzen oder niedrigschmelzender Korngrenzenbereiche.

Härterisse werden durch innere Spannungen hervorgerufen, die durch das rasche Abkühlen und Gefügeumwandlungen beim Härten entstehen. Die Ursachen für die entlang der ehemaligen Austenitkorngrenzen verlaufenden Risse können in ungeeigneter Geometrie des Bauteils, inhomogenem, grobkörnigem oder anderweitig ungünstigem Gefüge sowie in fehlerhafter Verfahrensführung liegen.

Schleifrisse entstehen infolge mechanischer Oberflächenbearbeitung, deren Wärmeentwicklung trennfestigkeitsüberschreitende Zugeigenspannungen in oberflächennahen Werkstückbereichen erzeugt. Die häufig netzförmig angeordneten, interkristallinen Trennungen setzen im allgemeinen einen höherfesten, beispielsweise einen gehärteten oder vergüteten Werkstoff voraus.

Wärmeschockrisse werden durch schroffe Temperaturwechsel ausgelöst, die unterschiedliche Volumenänderungsgeschwindigkeiten im Kern- und im Randbereich bewirken. Die meist netzförmig angeordneten, zundergefüllten Risse wachsen mit zunehmender Zahl der Temperaturwechsel von der Oberfläche aus senkrecht in das Bauteil hinein.

3. Bruchursachen

Ein Bruch wird durch das Zusammenwirken mehrerer Faktoren ausgelöst, die seinen Ablauf und sein Aussehen bestimmen. Die entscheidenden Größen für die Art der einsetzenden Bruchmechanismen und damit für den im Einzelfall auftretenden Bruchtyp sind Art und Zustand des Werkstoffes sowie die Beanspruchungsbedingungen.

3.1 Werkstoffzustand

Je nach Zustand tendiert der Werkstoff zum duktilen oder zum verformungsarmen (ggf. spröden) Bruchverhalten. Wichtige, teils miteinander gekoppelte Einflußgrößen sind:

Gittertyp
Wärmebehandlung
Gefügezustand, insbesondere *Korngröße* sowie Menge, Größe, Form und
  Verteilung von *Ausscheidungen* und *Einschlüssen*
Kaltverformung
Alterung
gelöste Gase (insbesondere Wasserstoff)
Eigenspannungen
Texturen
Bestrahlung

3.2 Beanspruchungszustand

Der Beanspruchungszustand umfaßt folgende Größen:

Spannungszustand
– statisch / dynamisch
– Zug, Druck, Schub, Torsion, Biegung
– ein- oder mehrachsig

(Über die beiden letztgenannten Punkte geht auch die Geometrie des Bauteiles in den Spannungszustand ein.)

Beanspruchungsgeschwindigkeit
Werkstofftemperatur
Umgebung (Korrosion usw.)

Die Änderung einer Einzelgröße kann sich stetig oder sprungartig auf die Tendenz zu einer bestimmten Bruchart auswirken; auch innerhalb einer einzelnen Bruchart können dadurch völlig verschiedene Bruchformen auftreten.

4. Allgemeine Kennzeichen für Bruch- und Beanspruchungsart

Jede Bruchart ist durch eine Reihe von Merkmalen gekennzeichnet. Sie erlauben vielfach Rückschlüsse auf einzelne Beanspruchungsbedingungen sowie auf den Werkstoffzustand. Aufschluß geben insbesondere folgende Kennzeichen:
- *Verlauf des Bruches durch das Bauteil* (Ausgangspunkt, Stelle des Bruches im Bauteil, Orientierung der Bruchfläche gegenüber Bauteiloberfläche und Bauteilachse, z. B. senkrecht, unter 45°, schraubenwendelförmig)
- *Grad der makroskopischen Deformation* des Bauteils in der Umgebung der Bruchfläche
- *Struktur und Beschaffenheit der Bruchfläche*
  makroskopisch: glatt oder rauh,
  glitzernd oder matt; verfärbt;
  Linien, Stufen, Belag;
  einheitlich oder bereichsweise unterschiedlich
  (elektronen-)mikroskopisch: Waben, Spaltflächen, Schwingungsstreifen, freigelegte Korngrenzen, ... (Bild 3).

Zu beachten ist jedoch, daß ein bestimmtes Merkmal bei mehreren Brucharten auftreten kann (z. B. fehlende makroskopische Deformation bei Spalt-, Schwing- und Korrosionsbrüchen). Andererseits schließt das Fehlen eines normalerweise charakteristischen Kennzeichens den zugehörigen Bruchtyp nicht unbedingt aus (z. B. Schwingbrüche ohne Schwingungslinien).

Literatur:

(1) Verein Deutscher Eisenhüttenleute und Deutscher Verband für Materialprüfung: „Erscheinungsformen von Rissen und Brüchen metallischer Werkstoffe", Verlag Stahleisen mbH., Düsseldorf 1996.
(2) Verein Deutscher Eisenhüttenleute: Stahl-Eisen-Prüfblatt 1100, Verlag Stahleisen mbH Düsseldorf 1992.
(3) American Society for Metals: „Metals Handbook", Vol. 9, Fractography and Atlas of Fractographs, 1974.
(4) American Society for Metals: „Metals Handbook", Vol. 10, Failure Analysis and Prevention, 1975.
(5) V.J. Colangelo and F.A. Heiser: „Analysis of Metallurgical Failures", John Wiley and Sons, New York 1974.
(6) A.S. Tetelman and A.J. McEvily: „Fracture of Structural Materials", John Wiley and Sons, New York 1967.
(7) G.E. Dieter: „Mechanical Metallurgy", McGraw-Hill Book Company, New York 1961.
(8) D. Aurich: „Bruchvorgänge in metallischen Werkstoffen", Werkstofftechnische Verlagsgesellschaft, Karlsruhe 1978.

14 *Einteilung, Ursachen und Kennzeichen der Brüche*

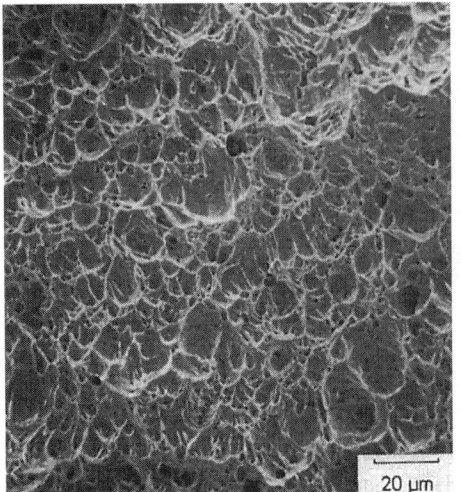

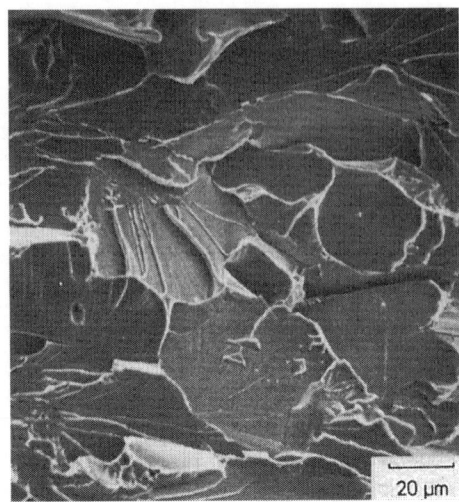

Bild 3a: Waben (Dimples). Transkristalliner Gleitbruch.

Bild 3b: Spaltflächen. Transkristalliner Spaltbruch.

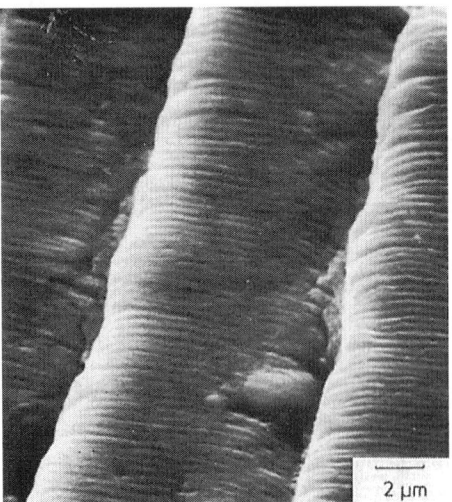

Bild 3c: Schwingungsstreifen, Bruchbahnen. Transkristalliner, duktiler Schwingbruch.

Bild 3d: Korngrenzflächen. Interkristalline Spannungsrißkorrosion.

Bilder 3a bis d: Beispiele für charakteristische rasterelektronenmikroskopische Bilder von Bruchflächen.

Werkstoffuntersuchungen

Hermann Müller, Institut für Werkstoffkunde I, Universität Karlsruhe

Voraussetzung für eine erfolgreiche Schadensanalyse ist die Deutung des makroskopischen Schadensbildes. Dabei können über die Art des Bruches (verformungsarmer Gewaltbruch, Schwingungsbruch, Spannungsriß usw.), Mitwirkung von Korrosion vor, während oder nach der Bruchentstehung, Art der Korrosion (Lochfraß, Spaltkorrosion, Spannungsrißkorrosion, usw.) oder die Erscheinungsform eines Verschleißschadens wichtige Anhaltspunkte gewonnen werden. Nur selten führt die makroskopische Deutung des Schadensbildes jedoch bereits zur vollständigen Klärung der Schadensursache, denn gleiche Schadensbilder können sehr unterschiedliche Ursachen haben. Deshalb sind gezielte weiterführende Werkstoffuntersuchungen des schadhaften Bauteils erforderlich. Nach der Erfassung aller Details des Schadens und der Deutung des makroskopischen Schadensbildes muß festgelegt werden, welche Werkstoffuntersuchungen zur Ermittlung der Schadensursache nützlich sind. Neben der klassischen mechanischen Werkstoffprüfung und metallographischen Untersuchungen werden moderne physikalische und chemische Untersuchungsmethoden zur Bewertung des Werkstoff- und Bauteilverhaltens unter unterschiedlichen Beanspruchungsbedingungen eingesetzt.

1. Mechanische Werkstoffprüfung

Beim Versagen eines Bauteiles durch Bruch oder durch Risse muß für die Durchführung einer Versagensbetrachtung (quantitativer Vergleich der Beanspruchung mit dem entsprechenden Werkstoffwiderstand) die entscheidende Werkstoffwiderstandskenngröße durch mechanische Werkstoffprüfungen ermittelt werden. In Bild 1 sind beispielhaft einige Prüfverfahren und die damit ermittelten Kenngrößen der jeweiligen Werkstoffwiderstände zusammengestellt (1) bis (4).

Der Zugversuch (DIN EN 10 002) hat große Bedeutung, da die im Zugversuch ermittelten Werkstoffwiderstandskenngrößen (Streckgrenze R_{eS} als Werkstoffwiderstand gegen einsetzende plastische Deformation; 0,2%-Dehngrenze $R_{p0,2}$ als Werkstoffwiderstand gegenüber einer plastischen Dehnung von 0,2%; Zugfestigkeit R_m als Werkstoffwiderstand gegenüber dem einsetzenden Bruchvorgang) die Grundlage für die Dimensionierung statisch beanspruchter Bauteile darstellen. Als Maß für die

Prüfverfahren	Kenngrößen des Werkstoffwiderstandes	Prüfverfahren	Kenngrößen des Werkstoffwiderstandes
Härteprüfversuch	HB, HV, HRC, HRB	Kerbschlagbiegeversuch	a_K, W_K
Zug- bzw. Druckversuch	$R_{eS}(R_{eL},R_{eH}),R_{p0,2},R_m$ A, Z	Rißzähigkeitsversuch	K_{IC}, K_C, δ_C
Biegeversuch	$R_{eS},R_{0,2}^{'}(R_m^{'})$	Kriechversuch	$\varepsilon_t = f(t,F,T)$ $R_{p0,2/10^4/T}$ $R_{p/Zeit/Temperatur}$ $R_{m/10^4/T}$
Torsionsversuch	$R_{\tau S},R_{\tau 0,2}^{*}(R_{\tau m}^{*})$	Knickversuch	$R_{Knick}^{(J)}$

Bild 1: Einige Prüfverfahren zur Ermittlung von Werkstoffwiderstandskenngrößen (schematisch).

Zähigkeit des Werkstoffes dienen Bruchdehnung, Brucheinschnürung und die Brucharbeit. Zusätzliche Informationen können aus dem makroskopischen und rasterelektronenmikroskopischen Bruchbild gewonnen werden. Die im Zugversuch ermittelten Kraft-Verlängerungs-Diagramme werden in Nennspannungs-Totaldehnungs-Diagramme (Verfestigungskurven) umgerechnet. Die Nennspannung σ_n ist die auf den Ausgangsquerschnitt der Probe S_0 bezogene Zugkraft F ($\sigma_n = F/S_0$). Die totale Dehnung ε_t setzt sich aus einem elastischen Dehnungsanteil ε_e und einem plastischen Dehnungsanteil ε_p zusammen. Der elastische Dehnungsanteil ist durch das Hookesche Gesetz $\varepsilon_e = \sigma/E$ bestimmt, wobei E der Elastizitätsmodul des Werkstoffes ist. Bild 2

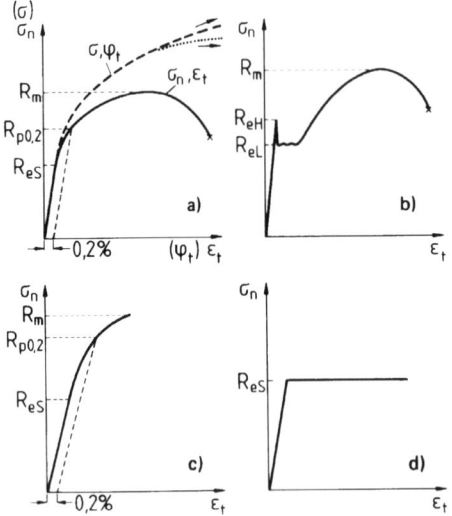

Bild 2: Typen von Verfestigungskurven (schematisch).

zeigt schematisch Beispiele von Verfestigungskurven, wie sie bei verschiedenen Werkstoffen bzw. Werkstoffzuständen auftreten können. Typ a wird bei Aluminiumlegierungen, austenitischen Stählen und vergüteten Stählen, Typ b (ausgeprägte Streckgrenze; gekennzeichnet durch einen Lüdersbereich sowie eine untere und eine obere Streckgrenze R_{eL} und R_{eH}) bei Kohlenstoffstählen mit geringen Kohlenstoffgehalten beobachtet. Typ c ist typisch für spröde, z. B. martensitische Werkstoffzustände. Typ d gilt für das abstrahierte, elastisch/ideal plastische Verformungsverhalten hochtemperaturbeanspruchter metallischer Werkstoffe. In Teilbild a ist die Abhängigkeit der tatsächlichen Spannungen $\sigma = F/S$ von der logarithmischen Formänderung $\varphi_t = \ln(S_o/S)$ mit eingezeichnet. Diese Fließkurven sind wichtig zur Beurteilung des Umformungsverhaltens der Werkstoffe.

Zur Beurteilung kerbbehafteter Bauteile ist es vielfach nützlich, Zugversuche an gekerbten Proben durchzuführen. Wird ein gekerbter Zylinderstab zügig beansprucht, so bildet sich im Kerbgrund ein zweiachsiger und im Probeninneren ein dreiachsiger Spannungszustand aus (vgl. Bild 3). Die drei Hauptnormalspannungen $\sigma_1 > \sigma_2 > \sigma_3$ sind inhomogen über den Probenquerschnitt verteilt. Die in Beanspruchungsrichtung wirkende Spannung σ_1 besitzt ihren Größtwert $\sigma_{1,max}$ im Kerbgrund. Das Verhältnis $\alpha_k = \sigma_{1,max}/\sigma_n$ ist die Formzahl der Kerbe. Wenn man die Nennspannung im Kerbquer-

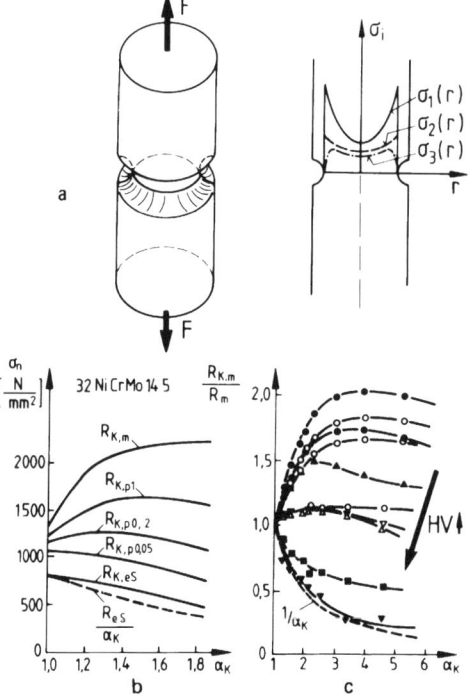

Bild 3: Spannungsverteilung über den Kerbgrundquerschnitt eines gekerbten Rundstabes (Teilbild a); Kerbzugfestigkeit, Kerbstreckgrenze und Kerbdehngrenzen in Abhängigkeit von der Formzahl α_k für den Stahl 32 NiCrMo 14 5 (Teilbild b); Kerbzugfestigkeit $R_{K,m}$ zu Zugfestigkeit R_m in Abhängigkeit von der Formzahl α_k für Werkstoffe unterschiedlicher Härte HV (Teilbild c).

schnitt über der mit Dehnungsmeßstreifen im Kerbgrund registrierten Kerbgrunddehnung aufträgt, so erhält man Kerbverfestigungskurven, aus denen man Werkstoffwiderstände, wie Kerbstreckgrenzen, Kerbdehngrenzen und Kerbzugfestigkeiten, entnehmen kann. In Bild 3 sind für einen Werkstoffzustand des Stahles 32 NiCrMo 14 5 die Kerbstreckgrenze $R_{k,eS}$, verschiedene Kerbdehngrenzen $R_{k,px}$ und die Kerbzugfestigkeit $R_{k,m}$ als Funktion der Formzahl α_k wiedergegeben. Der Anstieg der Kerbzugfestigkeit mit wachsender Formzahl α_k setzt ein hinreichend duktiles Werkstoffverhalten voraus. In Bild 3 ist außerdem für verschiedene Werkstoffe bzw. Werkstoffzustände das Verhältnis der Kerbzugfestigkeit zur Zugfestigkeit in Abhängigkeit von der Formzahl der Kerbe aufgetragen. Man sieht, daß mit zunehmender Härte sich die Kurven der Funktion $R_{k,m}/R_m = 1/\alpha_k$ nähern. Entscheidend für das Bauteilversagen ist dann die maximale Hauptnormalspannung. Die Spannungsüberhöhung an der Kerbe wirkt sich voll aus. Es erfolgt ein Versagen durch Spaltbruch, der normalspannungskontrolliert abläuft. Man sieht, daß der versagensfördernde Einfluß von Kerben bei quasistatischer Bauteilbeanspruchung nur bei verminderter Duktilität des Werkstoffes von Bedeutung ist.

Zur Beurteilung von Schäden an rißbehafteten Bauteilen ist die Kenntnis des Werkstoffwiderstandes gegenüber instabiler Rißausbreitung (Rißzähigkeit K_{Ic}) notwendig, der sich aus dem Konzept der linear-elastischen Bruchmechanik ergibt (vgl. Kapitel „Bruchmechanik in der Schadensanalyse"). Sicherheit gegen Versagen besteht nach diesem Konzept, wenn der Spannungsintensitätsfaktor an der Rißspitze in einer Konstruktion immer kleiner bleibt als der im Rißzähigkeitsversuch ermittelte K_{Ic}-Wert. Liegen rißbehaftete Werkstoffzustände vor (z. B. Mikrorisse infolge von Schweiß- oder Wärmebehandlungsprozessen), so muß die Versagensbetrachtung durch einen Vergleich der maximalen Spannungsintensität K_{max} mit der Rißzähigkeit K_{Ic} bzw. durch den Vergleich der maximalen Rißlänge a_{max} mit einer kritischen Rißlänge a_{Ic} erfolgen. Es gilt:

$$K_{max} \leq K_{zul} = K_{Ic}/S \quad \text{bzw.} \quad \sigma_{max} \leq \sigma_{zul} = K_{Ic}/(S \cdot \sqrt{\pi a})$$

bzw.

$$a_{max} \leq a_{zul} = a_{Ic}/S = (K_{Ic}/\sigma_n)^2 \cdot (1/S).$$

Wichtig für die Beurteilung von Schadensfällen ist, daß die Rißzähigkeit für die meisten Werkstoffgruppen mit zunehmender Streckgrenze abfällt, so daß hochfeste Werkstoffe bzw. Werkstoffzustände vielfach nur einen geringen Widerstand gegen instabile Rißausbreitung besitzen. Ein Beispiel soll verdeutlichen, daß bei rißbehafteten Bauteilen die Wahl des höherfesten Werkstoffes oder Werkstoffzustandes keinesfalls die höhere Sicherheit bietet. In Bild 4 ist der Zusammenhang von Belastbarkeit und Rißgröße für zwei Werkstoffe bzw. zwei Werkstoffzustände unterschiedlicher Festigkeit aufgezeichnet. Man sieht, daß der Werkstoff mit der geringeren 0,2%-Dehngrenze aber höheren Rißzähigkeit bei gleicher Beanspruchung eine deutlich höhere kritische Rißlänge besitzt.

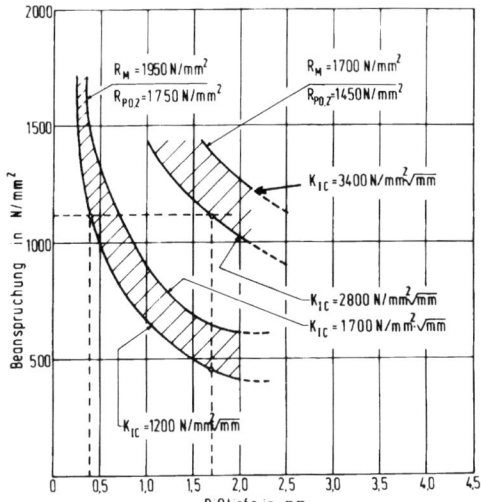

Bild 4: Zusammenhang zwischen Beanspruchung und kritischer Rißlänge bei Werkstoffen unterschiedlicher Rißzähigkeit.

Zur Bewertung sehr harter Werkstoffzustände (Härte > 55 HRC) haben sich statische Biege- und Verdrehversuche als brauchbar erwiesen.

Zur Überprüfung der Spaltbruchneigung eines Werkstoffes oder Werkstoffzustandes wird bei Schadensfalluntersuchungen sehr häufig der Kerbschlagbiegeversuch (DIN 50115, DIN EN 10045) benutzt und der Kerbschlagzähigkeits-Temperatur-Zusammenhang ermittelt. Die Kerbschlagzähigkeit kann nicht als Werkstoffkenngröße für quantitative Versagensbetrachtung benutzt werden. Sie reagiert aber empfindlicher als der Zugversuch auf unbeabsichtigte Veränderungen von Werkstoffzuständen, wie z. B. wärmebehandlungsbedingte Gefügeinhomogenitäten. Bei Stählen erlaubt der Versuch, die Neigung zum Spaltbruch und die Anfälligkeit für Alterung oder Anlaßversprödung zu erkennen. Zur quantitativen Bewertung des Spaltbruchverhaltens sind Rißauffangversuche von Bedeutung. Sie basieren auf der Überlegung, daß die Bauteilsicherheit größer ist, wenn ein laufender Riß wieder aufgefangen werden kann. Häufig wird der Fallgewichtsversuch nach Pellini (vgl. Bild 5) benutzt. Bei dieser Prüfung wird auf die zu prüfende Blechplatte oder Schweißverbindung eine spröde Schweißraupe aufgebracht, die mit einem Sägekerb versehen wird. Durch die schlagartige Beanspruchung mit dem Fallgewicht entsteht in der Schweißraupe ein Riß. Ermittelt wird die Temperatur, bei der der Riß im zu prüfenden Werkstoff nicht mehr aufgefangen wird. Sie wird als NDT-Temperatur (notch ductility transition temperature) bezeichnet.

Führen bei Betriebstemperaturen oberhalb $0,4\ T_S$ (T_S = Schmelztemperatur in K) quasistatische Beanspruchungen zum Versagen der Bauteile (z. B. bei Heißdampfleitungen), so kann für Neukonstruktionen eine Überprüfung der Zeitstandfestigkeit (z. B. $R_{m/10^4/T}$ = Werkstoffwiderstand gegen Kriechbruch in 10^4 Stunden bei der Temperatur T) oder der Zeitdehngrenze ($R_{px/Zeit/Temperatur}$) der gewählten Werkstoffqualität im Zeitstandversuch (DIN 50118, DIN EN 10291) erforderlich werden. Bild 6

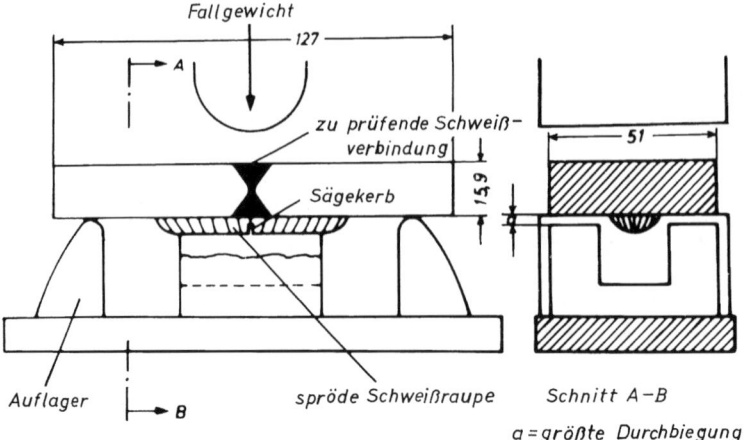

Bild 5: Fallgewichtsversuch nach Pellini.

zeigt schematisch die Beanspruchung einer Probe im Zeitstandversuch, eine Kriechkurve sowie das aus einer Schar von Kriechkurven ermittelte Zeitstanddiagramm. Für Schadensanalysen sind die verschiedenen Methoden der Restlebensdauerabschätzung von Bedeutung.

Da bei Schadensfalluntersuchungen nicht immer Teile in der Größe zur Verfügung stehen, die die Anwendung einer der oben angesprochenen Prüfmethoden ermöglichen, können zur Charakterisierung des vorliegenden Werkstoffzustandes vielfach nur Härtemessungen durchgeführt werden. In gewissen Grenzen ist eine Abschätzung anderer Werkstoffwiderstandskennwerte, z. B. der Zugfestigkeit, aus der Härte mög-

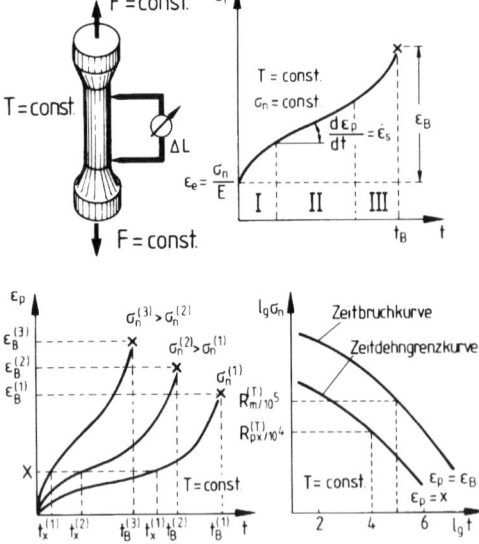

Bild 6: Beanspruchung einer Probe im Zeitstandversuch, Kriechkurve sowie das aus einer Schar von Kriechkurven ermittelte Zeitstanddiagramm (schematisch).

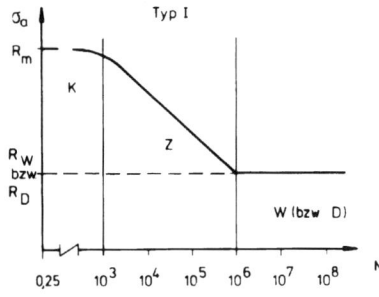 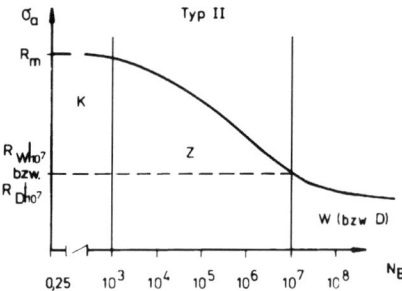

Bild 7: Spannungs-Wöhlerkurven (schematisch).

lich (für Baustahl gilt: R_m [N/mm²] ≈ 3,4 HB). Das anzuwendende Härteprüfverfahren richtet sich nach der Härte und den Abmessungen der zu prüfenden Bauteile und Bruchstücke (vgl. DIN ISO 6506-1 Härteprüfung nach Brinell, DIN ISO 6507-1 Härteprüfung nach Vickers, DIN ISO 6508-1 Härteprüfung nach Rockwell).

Als Kenngröße zur Beurteilung des Werkstoffwiderstandes bei schwingender Bauteilbeanspruchung werden in den meisten Fällen die bei den verschiedenen Beanspruchungsarten gemessenen, dauerfest ertragenen Spannungsamplituden benutzt (vgl. DIN 50100). Führt man bei konstanter Mittelspannung σ_m mit verschiedenen Spannungsamplituden σ_a an hinreichend vielen Proben je Spannungshorizont Schwingversuche durch und registriert die dabei auftretenden Bruchlastspielzahlen N_B, so läßt sich ein σ_a-lg N_B-Zusammenhang angeben, der als Spannungs-Wöhlerkurve bezeichnet wird. Bei derartigen Einstufenversuchen (die Schwingbeanspruchung der Probe erfolgt mit einer konstanten Amplitude) werden, je nach Werkstoff, die im Bild 7 dargestellten zwei Wöhlerkurventypen beobachtet. Typ I ist dadurch gekennzeichnet, daß sich mit einer bestimmten Wahrscheinlichkeit ein Werkstoffwiderstand angeben läßt, der amplitudenmäßig überschritten werden muß, damit Schwingbruch einsetzt. Der Werkstoffwiderstand gegen einsetzenden Schwingbruch wird bei $\sigma_m = 0$ als Wechselfestigkeit R_W und bei $\sigma_m \neq 0$ als Dauerfestigkeit R_D bezeichnet. Nach den Bruchlastspielzahlen unterscheidet man das Wechsel- bzw. Dauerfestigkeitsgebiet mit $N_B > 10^6$, das Zeitfestigkeitsgebiet mit dem Lebensdauerbereich $10^3 < N_B < 10^6$ sowie das Kurzzeitfestigkeitsgebiet mit $N_B < 10^3$. Bei Wöhlerkurven vom Typ II, wie sie bei vielen Metallen und Legierungen mit kubisch flächenzentrierter Gitterstruktur (z. B. Aluminiumlegierungen, austenitischen Stähle) auftreten, ist keine wechsel- bzw. dauerfest ertragbare Spannungsamplitude angebbar. Als Wechsel- bzw. Dauerfestigkeit bezeichnet man dann die Spannungsamplitude, die zu einer Bruchlastspielzahl von 10^7 führt.

Die Wechselfestigkeit ist von der Beanspruchungsart abhängig. Grundsätzlich gilt:

$$R_{W,\text{Torsion}} < R_{W,\text{Zug-Druck}} < R_{W,\text{Wechselbiegung}} < R_{W,\text{Umlaufbiegung}}$$

Für die Beurteilung von Schadensfällen ist eine Abschätzung der Wechselfestigkeit aus der einfacher zu ermittelnden Zugfestigkeit von Bedeutung. Für Baustähle werden z. B. die folgenden Zusammenhänge zwischen Wechselfestigkeit und Zugfestigkeit benutzt:

$0{,}20 < R_{W,\text{Torsion}}/R_m < 0{,}35$
$0{,}30 < R_{W,\text{Zug-Druck}}/R_m < 0{,}45$
$0{,}40 < R_{W,\text{Wechselbiegung}}/R_m < 0{,}55$
$0{,}46 < R_{W,\text{Umlaufbiegung}}/R_m < 0{,}63$.

Zur quantitativen Erfassung des Mittelspannungseinflusses auf die dauerfest ertragbaren Spannungsamplituden und damit für die Aufstellung von Dauerfestigkeitsschaubildern sind die Ansätze von

Goodmann $R_D = R_W[1-(\sigma_m/R_m)]$

und

Gerber $R_D = R_W[1-(\sigma_m/R_m)^2]$

von Bedeutung. Diese Beziehungen liegen den Dauerfestigkeitsschaubildern nach Smith und nach Haigh zugrunde, die vielfach die einzige Grundlage für die Bemessung schwingend beanspruchter Bauteile bilden. Bild 8 zeigt schematisch Dauerfestig-

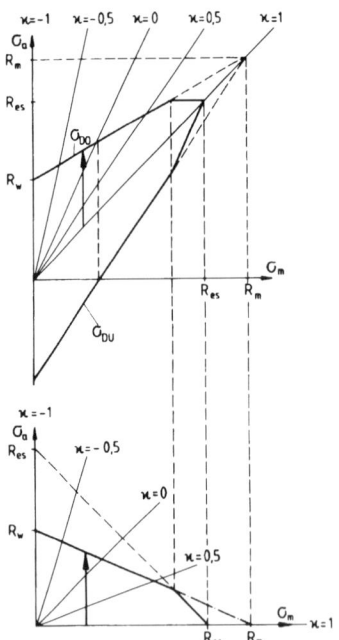

Bild 8: Dauerfestigkeitsschaubild nach Smith (oben) und Haigh (unten) schematisch.

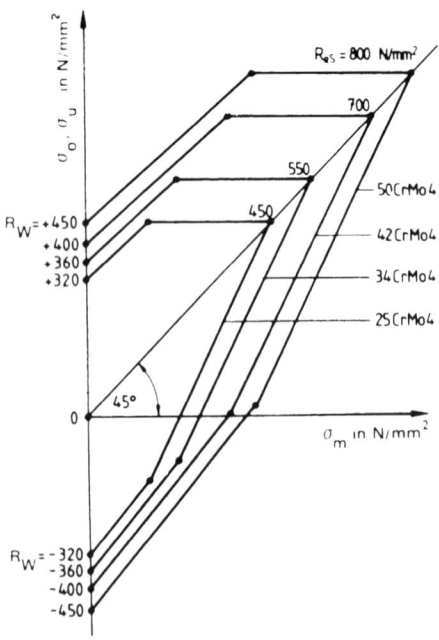

Bild 9: Dauerfestigkeitsschaubilder nach Smith für Zug-Druck-Beanspruchung von Chrom-Molybdän-Vergütungsstählen.

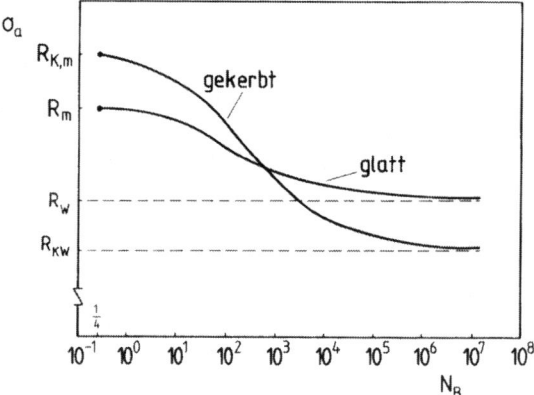

Bild 10: Spannungs-Wöhlerkurven glatter und gekerbter Proben für einen duktilen Werkstoff (schematisch).

keitsschaubilder nach Smith und nach Haigh. In beiden Diagrammen werden Spannungsamplituden, die zu einer Überschreitung der Streckgrenzen führen würden, nicht zugelassen. In Bild 9 sind Smith-Diagramme für Zug-Druck-Beanspruchung von Chrom-Molybdän-Vergütungsstählen wiedergegeben.

Schwingbrüche gehen vielfach von äußeren oder inneren Kerben aus, die als lokale Spannungserhöhungen wirken. Deshalb sind Dauerschwingversuche an gekerbten Proben von Bedeutung. In Bild 10 sind schematisch die Spannungs-Wöhlerkurven für glatte und für gekerbte Proben aus einem duktilen Werkstoff bei Wechselbeanspruchung aufgezeichnet. Man sieht, daß im oberen Zeitfestigkeitsgebiet gekerbte Proben kleinere Bruchlastspielzahlen ertragen als ungekerbte. Im Kurzzeitfestigkeitsgebiet ist es umgekehrt. Die Kerbwechselfestigkeit nimmt um so stärker mit der Formzahl α_k ab, je höher die Härte und damit die Zugfestigkeit des Werkstoffes ist. Im allgemeinen hat die Kerbe einen geringeren Einfluß auf die Wechselfestigkeit als ihrer Formzahl α_k entspricht. Die Kerbwirkungszahl $\beta_k = R_w/R_{kw}$ ist dann größer als 1 aber kleiner als α_k.

2. Metallographische Werkstoffuntersuchungen

Metallographische Werkstoffuntersuchungen dienen zur Beurteilung des Makro- und des Mikrogefüges. Entscheidend sind Zahl und Anteil der Phasen sowie ihre Größe, Form und Verteilung im Gefüge. Je nach Vorgeschichte kann ein und derselbe Werkstoff ein sehr unterschiedliches Gefüge aufweisen. Es sei hier an die vielfältigen Möglichkeiten der gezielten Erzeugung bestimmter Gefügezustände durch verschiedene Wärmebehandlungsverfahren erinnert.

Die meisten Maschinenbauteile müssen zur Erzielung eines gegenüber vorgegebenen Beanspruchungsbedingungen ausreichenden Werkstoffwiderstandes einer Wärmebehandlung unterzogen werden. Durch gezielte Wärmebehandlungsprozesse wird in Bauteilen ein Gefügezustand angestrebt, der bei mechanischer und/oder chemi-

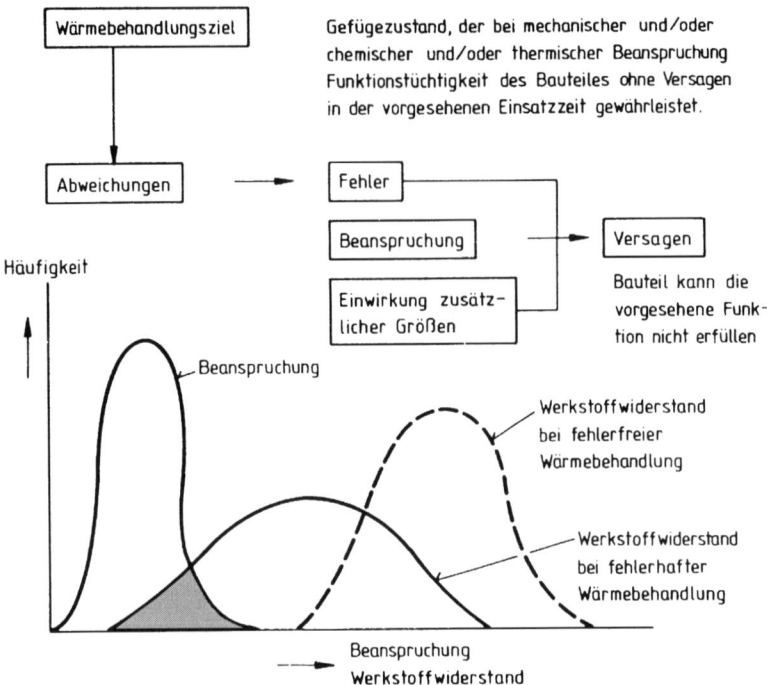

Bild 11: Auswirkung fehlerhafter Wärmebehandlungen auf das Bauteilversagen (schematisch).

scher und/oder thermischer Beanspruchung Funktionstüchtigkeit ohne Versagen in der vorgesehenen Betriebszeit gewährleistet. Alle Abweichungen von diesem Wärmebehandlungsergebnis müssen als Fehler angesehen werden, die je nach Höhe und Art der Beanspruchung allein oder im Zusammenwirken mit anderen Größen zum Versagen des Bauteiles führen können. Anzumerken ist, daß die Werkstoffwiderstände in verschiedenen gleichartigen Bauteilen nicht als determinierte Größen anzusehen sind, sondern genau wie die Bauteilbeanspruchung gewissen Schwankungen unterliegen. Die in Bild 11 schematisch angedeuteten Verteilungskurven der Bauteilbeanspruchung und des durch die wärmebehandlungsbedingte Gefügestruktur erzielten Werkstoffwiderstandes lassen erkennen, daß bei einer Verschlechterung des Wärmebehandlungsergebnisses in dem schraffierten Bereich, also unter bestimmten Beanspruchungsbedingungen, Versagen erfolgt.

Mit Hilfe der metallographischen Untersuchung von Schadensteilen ist es möglich, den Einfluß des Gefügezustandes auf das Versagensgeschehen zu erfassen und zu bewerten. Ein charakteristisches Beispiel für die Abweichung von dem im Bauteil erwarteten Gefügezustand zeigt die metallographische Untersuchung der gebrochenen Antriebswelle einer Fließpresse (vgl. Bild 12). Die Welle wurde durch einen Schwingbruch zerstört. Der Wellenbruch führte infolge eines mehrwöchigen Betriebsausfalls der Presse zu hohen Folgeschäden. Die Welle war aus dem Vergütungsstahl 34 CrMo 4 gefertigt und sollte auf eine Zugfestigkeit von 750 – 850 N/mm^2 vergütet werden. Das Mikrogefüge weicht stark von dem erwarteten Vergütungsgefüge ab. Es

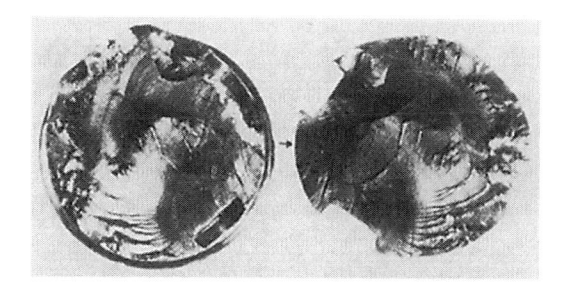

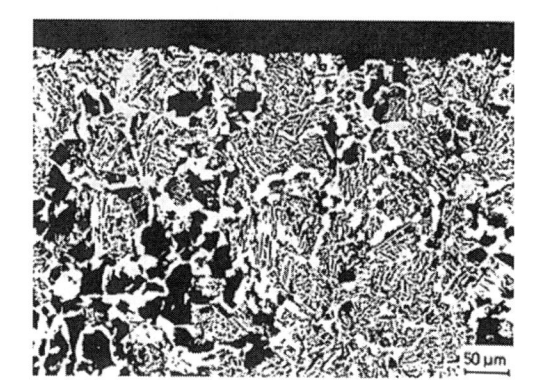

Bild 12: Gebrochene Antriebswelle; Mikrogefüge im Bereich des Bruchausgangs.

besteht aus Korngrenzenferrit, Gefügeanteilen der oberen Bainitstufe und Perlit. Die Festigkeit dieses Gefüges ist geringer als die des angestrebten Vergütungsgefüges. Auch die Zähigkeit des Werkstoffes wird durch diese Gefügeausbildung vermindert. Der inhomogene Gefügezustand wirkt sich negativ auf das Dauerschwingverhalten aus. Rißbildung und Rißfortschritt werden begünstigt.

Im folgenden soll am Beispiel des Schwingbruches der Achswelle eines Kraftfahrzeuges gezeigt werden, wie durch eine einfache metallographische Untersuchung die Schadensursache ermittelt werden kann. Die randschichtgehärtete Achswelle aus dem Vergütungsstahl 50 CrV 4 mit einem Durchmesser von 26 mm brach während des Fahrbetriebes. Durch gezielte werkstoffkundliche Untersuchungen sollte die Bruchursache ermittelt werden. Bild 13 zeigt das makroskopische Bruchbild der Welle. Es ist typisch für einen Schwingbruch. Ausgeprägte Rastlinien sind zu erkennen. Die Restbruchfläche (Bereich R in Bild 13) ist relativ klein. Die mögliche Bruchausgangsstelle ist mit einem Pfeil gekennzeichnet. Die Wellenoberfläche weist in diesem Bereich eine Erhöhung auf. Zur Beurteilung des Werkstoffzustandes wurde ein metallographischer Schliff durch die vermutete Bruchausgangsstelle gelegt. Bild 14 ist eine Übersichtsaufnahme des mit 2% alkoholischer Salpetersäure geätzten Schliffes. Man erkennt, daß unterschiedliche Gefügebereiche vorhanden sind. Mit „1" ist das Kerngefüge der Welle gekennzeichnet. Es handelt sich um ein Vergütungsgefüge. Bereich „2" ist die induktionsgehärtete Randschicht. Die Einhärtungstiefe beträgt etwa 1,5 mm. Die mit „3" gekennzeichnete punktförmige Erhöhung zeigt das typische Gefüge eines Schweißpunktes. Unterhalb dieses Schweißpunktes erfolgte in dessen

Bild 13: Gebrochene Achswelle.

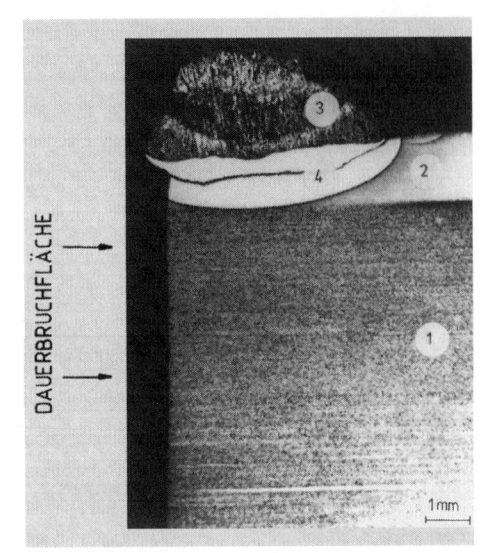

Bild 14: Makrogefüge der Achswelle im Bereich des Bruchausgangs.

Wärmeeinflußzone eine Neuhärtung der ursprünglichen induktionsgehärteten Randschicht. Der neugehärtete Bereich „4" ist scharf begrenzt und läßt einen ausgeprägten Härteriß erkennen. Aus diesen Untersuchungsergebnissen ist die Schadensursache leicht zu erkennen. Die Achswelle wurde zur Erzielung eines maximalen Werkstoffwiderstandes gegenüber der dynamischen Beanspruchung fehlerfrei vergütet und anschließend fehlerfrei randschichtgehärtet. Bei Schweißreparaturarbeiten an der Karosserie wurde aus Unachtsamkeit ein Schweißpunkt an der Oberfläche der Achswelle aufgebracht. Der Bereich der dadurch initiierten Neuhärtung und die dabei entstandenen Härterisse verursachten beim weiteren Fahrbetrieb infolge der Dauerschwingbeanspruchung der Achswelle die Entstehung und Ausbreitung eines Ermüdungsrisses. Nach Erreichen der kritischen Rißlänge kam es schließlich zum Bruch der Achswelle.

Die Probennahme an signifikanten Stellen des Schadenteiles (z. B. im Bereich des Bruchausganges) muß ohne gefügeverändernde Erwärmung erfolgen. Bei harten Werkstoffen (z. B. bei gehärtetem und bei vergütetem Stahl) ist eine funkenerosive Entnahme der Probestücke zweckmäßig. Die Proben werden in Kunstharzmasse eingebettet oder in eine Halterung eingespannt, unter Variation der Schleifrichtung auf Schleifpapieren unterschiedlicher Körnung (von grob nach fein abgestuft) geschliffen und danach auf einer tuchbespannten, rotierenden Scheibe mit geschlämmter Tonerde, Magnesia Usta oder Diamantpaste unter ständigem Drehen der Probe poliert. Der so erzeugte Metallschliff kann nur dann lichtmikroskopisch beurteilt werden, wenn Gefügebestandteile unterschiedlicher Eigenfärbung oder unterschiedlichen Reflexionsvermögens vorliegen. Die Bestimmung der nichtmetallischen Verunreinigungen des Werkstoffes (Oxide, Silikate, Sulfide) erfolgt am ungeätzten Schliff. Das Mikrogefüge kann durch Anätzen des Schliffes entwickelt werden, da der chemische

Angriff der Phasen des Gefüges von deren Orientierung und chemischen Zusammensetzung abhängt.

In den meisten Fällen genügt eine qualitative Beurteilung des Gefüges, da Werkstofffehler (Poren, Schlackeneinschlüsse, Seigerungen, Lunker, Walz- und Schmiedefehler, zu starke Gefügezeiligkeit, Mikrorisse) und Abweichungen vom angestrebten Gefügezustand (Randoxidation, Randentkohlung, Korngrenzenausscheidungen, inhomogene Gefügezustände, ungleichmäßige Karbidverteilungen, grobkörnige Gefüge, Gefügeentartungen etc.) bei hinreichender Erfahrung des Untersuchenden relativ leicht erkannt und hinsichtlich ihres schadensrelevanten Einflusses bewertet werden können.

Für grundsätzliche Untersuchungen zum Einfluß von Größe, Form und Verteilung verschiedener Phasen auf das Versagensgeschehen des Bauteiles ist eine quantitative Gefügeanalyse mit Hilfe moderner Bildanalysegeräte erforderlich. So ist es z. B. möglich, an Hand von Richtreihen die nichtmetallischen Verunreinigungen in Wälzlagerstählen hinsichtlich ihrer Größe, Form und Verteilung auf ein für das Versagen infolge Wälzermüdung unterkritisches Maß zu begrenzen.

Zur Identifizierung bestimmter Gefügebestandteile und zur Erfassung unzulässiger Gefügeveränderungen (z. B. Abkohlungen bei Federstäben) können Mikrohärtemessungen (z. B. HV 0,02, HV 0,05 oder HV 0,1) genutzt werden.

3. Chemische Werkstoffuntersuchungen

Zur Klärung von Werkstoffverwechslungen oder Werkstoffüberprüfungen sind chemische Analysen bzw. Spektralanalysen notwendig. Eine Reihe von Korrosionsprüfungen ermöglicht die Ermittlung und Überprüfung der Einsatzfähigkeit von Werkstoffen unter bestimmten korrosiven Bedingungen. Dabei wird zwischen rein chemischen Prüfungen mit den Meßgrößen Korrosionsgeschwindigkeit, Angriffsart (gleichförmig und örtlich), Ruhepotential und elektrochemischen Prüfungen mit den Meßgrößen der Potentialabhängigkeit von Stromdichte, Korrosionsgeschwindigkeit und Angriffsart, Stromdichte-Potential- und Stromdichte-Zeit-Kurven unterschieden. Für die Prüfung der Neigung zur interkristallinen Korrosion und Spannungsrißkorrosion gelten Sonderverfahren. Beim Strauß-Test z. B. werden die Proben 15 h einer kochenden Kupfersulfat-Schwefelsäurelösung unter Zusatz von Kupferspänen ausgesetzt. Die Proben nehmen dabei ein Potential an, das im Bereich der größten Empfindlichkeit für interkristalline Korrosion liegt. Beim anschließenden Biegeversuch reißen interkristallin geschädigte Proben auf. Für die Spannungsrißkorrosionsprüfung sind außer einem spezifisch wirksamen Korrosionsmittel Zugspannungen erforderlich. Sie werden mit Hilfe geeigneter Probenformen und Vorrichtungen (Hebelprobe, Schlaufenprobe, durch Schrauben zu öffnende Rißproben usw.) erzeugt (vgl. hierzu die Kapitel über Korrosion).

28   *Werkstoffuntersuchungen*

4. Zerstörungsfreie Werkstoffuntersuchungen

Zerstörungsfreie Prüfungen (ZfP) von Bauteilen sollen eine ausreichende Qualitätssicherung von Neuanlagen und eine Überprüfung kritischer Anlagen- oder Maschinenteile in bestimmten Abständen des Betriebsablaufes ermöglichen. Beginnende Schädigungen können dadurch rechtzeitig erkannt und der eigentliche Schadensfall mit oft katastrophalen Auswirkungen verhindert werden. Die zur Zeit gebräuchlichsten ZfP-Verfahren sind einer ständigen Weiterentwicklung und Verbesserung hinsichtlich Meßgenauigkeit, Meßwerterfassung und Meßwertauswertung unterworfen. Sie können im Rahmen dieses Beitrages nur sehr kurz angesprochen werden. Es wird deshalb auf (5) verwiesen, wo die physikalischen Grundlagen, Anwendungsmöglichkeiten und Grenzen der ZfP-Verfahren ausführlich beschrieben werden. Die wichtigsten klassischen zerstörungsfreien Prüfungen sind

– Röntgengrobstrukturprüfungen.
  Die Röntgengrobstrukturprüfung gehört zu den ältesten zerstörungsfreien Werkstoffprüfverfahren und ist am weitesten verbreitet. Sie kommt zur Qualitätskontrolle von Gußstücken aus Leichtmetallegierungen und Eisenwerkstoffen zur Anwendung (Ermittlung von Gußfehlern wie Poren, Lunker, Gasblasen, Warmrisse, Einschlüsse). Zum Nachweis fehlerhafter Schweißnähte (Schlackeneinschlüsse, Gaseinschlüsse, Wurzelfehler) sind die Röntgengrobstrukturverfahren bestens geeignet. Bild 15 zeigt das Prinzip des röntgenographischen Fehlernachweises an Bauteilen. Die Röntgenstrahlen werden beim Durchgang durch das Bauteil geschwächt. Fallen auf einen homogenen Werkstoff der Dicke D Röntgenstrahlen der Intensität J_0, so liegt hinter dem Bauteil noch die Intensität

$$J_1 = J_0\, e^{-\mu D}$$

vor; μ ist der mittlere lineare Schwächungskoeffizient. Er ist von der Wellenlänge der Röntgenstrahlung und der Zusammensetzung des durchstrahlten Materials abhängig. Enthält das Bauteil einen Hohlraum (z. B. einen Lunker) der Dicke d, so wird an dieser Stelle des Bauteiles die Primärintensität J_0 nur auf

$$J_2 = J_0\, e^{-\mu(D-d)}$$

abgeschwächt. Dadurch erhält man hinter dem Fehler eine stärkere Filmschwärzung als im Bereich des fehlerfreien Materials.
Bild 16 zeigt die Systematik einiger Schweißfehler bei Schmelzschweißverbindungen für V-Nähte, wie sie vom IIW (International Institute of Welding) und nach DIN 8524 zusammengestellt wurden. Die Fehler sind in Fehlerhauptgruppen eingeteilt. Den Fehlerarten sind schematische Skizzen der Fehler und den von ihnen auf dem Röntgenfilm hervorgerufenen Schwärzungsverhältnissen zugeordnet.

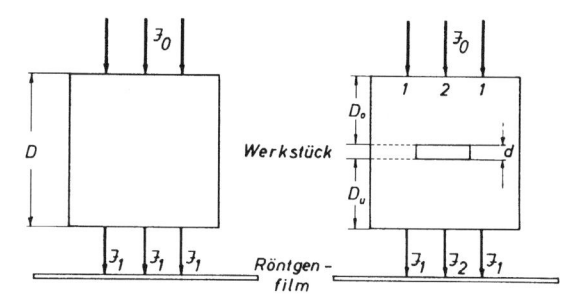

4. Zerstörungsfreie Werkstoffuntersuchungen

Bild 15: Prinzip des röntgenographischen Fehlernachweises. Links fehlerfrei, rechts fehlerbehaftet.

Ordnungsnummer	Benennung	Röntgenaufnahme (schematisch)
100	Riß	
101	Langsriß	
102	Querriß	
103	sternförmiger Riß	
201	Gaseinschluß	
2012	Gasporenanhäufung	
2014	Porenzeile	
2015	Gaskanal	
300	Feststoffeinschluß	
301	nicht scharfkantiger Schlackeneinschluß	
3011	Schlackenzeile	
401	Bindefehler	
402	ungenügende Durchschweißung	
500	Formfehler	
5011	Einbrandkerben durchlaufend	
5015	Querkerben in der Decklage	
504	zu große Wurzelüberhöhung	
515	Wurzelrückfall	

Bild 16: Schweißfehler bei V-Nähten nach DIN 8524.

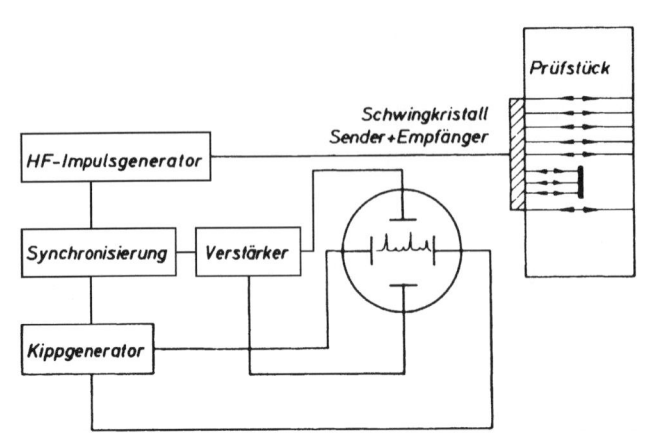

Bild 17: Ultraschall-Impuls-Laufzeitmessung (schematisch).

- Grobstrukturprüfungen mit radioaktiven Isotopen.
  Die Methoden des Fehlernachweises sind dieselben wie bei der Röntgengrobstrukturprüfung. Die meistangewendete Methode ist das photographische Verfahren. Als Strahlungsquellen zum Nachweis innerer Materialfehler haben sich die Isotope Co-60, Ir-192 und Cs-137 bewährt.

- Ultraschallprüfungen.
  Verfahren der Ultraschallprüfung (Reflexionsverfahren, Durchschallungsverfahren, Resonanzverfahren) ermöglichen die Ermittlung der Größe und Lage von Fehlern (Lunker, Risse, Schlackeneinschlüsse, Doppelungen in Blechen) in Bauteilen unterschiedlichster Form und Größe (Schmiedestücke, Turbinenwellen, Walzen, Rotoren, Zahnräder, Bleche). Bild 17 zeigt die Ultraschallimpuls-Laufzeitmessung an einem fehlerhaften Bauteil schematisch.

- Magnetsiche und elektrische Prüfungen.
  Prüfungen im magnetischen Feld (z. B. das Magnetpulververfahren) ermöglichen den sicheren und schnellen Nachweis von Oberflächenfehlern (z. B. Schleifrisse, Härterisse) an ferromagnetischen Werkstoffen. Bild 18 zeigt die Möglichkeiten der Jochmagnetisierung, Spulenmagnetisierung und Durchflutungsmagnetisierung schematisch.

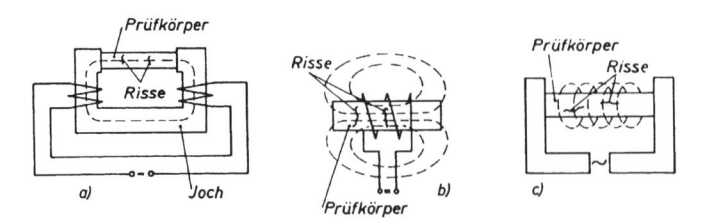

Bild 18: Magnetpulververfahren (schematisch) a) Jochmagnetisierung b) Spulenmagnetisierung c) Durchflutungsmagnetisierung.

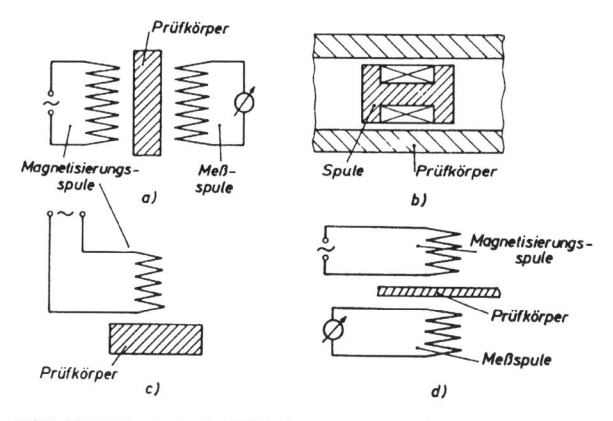

Bild 19: Meßprinzip der Wirbelstromprüfung a) Durchlaufspule b) Innenspule c) Tastspule d) Gabelspule.

Mit magnetinduktiven Verfahren ist eine Klassifizierung oder Sortierung ferromagnetischer Werkstücke hinsichtlich Werkstoff und Werkstoffzustand (Permeabilität und Koerzitivkraft sind vom Gefüge und von der Zusammensetzung des Werkstoffes abhängig) möglich, wenn Form und Größe dieser Bauteile übereinstimmen. Zum Fehlernachweis werden besonders die durch hochfrequente Wechselströme in dem Prüfkörper induzierten Wirbelströme ausgenutzt. Dabei unterscheidet man das Durchlauf-, das Innen-, das Tast- und das Gabelspulen-Verfahren. Diese vier Verfahren sind in Bild 19 schematisch dargestellt. Die im Bauteil vorhandenen Einschlüsse, Risse, Poren und Lunker beeinflussen die lokale Wirbelstromausbildung, so daß das resultierende magnetische Wechselfeld gegenüber dem fehlerfreien Bauteilbereich eine Änderung erfährt.

– Eindringverfahren.
  Durch Penetration von z. B. fluoreszierend wirkenden Flüssigkeiten in Oberflächenfehler (z. B. Schleifrisse) und anschließende Betrachtung der Bauteile unter UV-Licht können solche Fehler leicht sichtbar gemacht werden.

Aufgrund der großen wirtschaftlichen Bedeutung der Qualitätssicherung und Schadensverhütung vor allem bei Großanlagen besteht die Notwendigkeit der ständigen Wei-

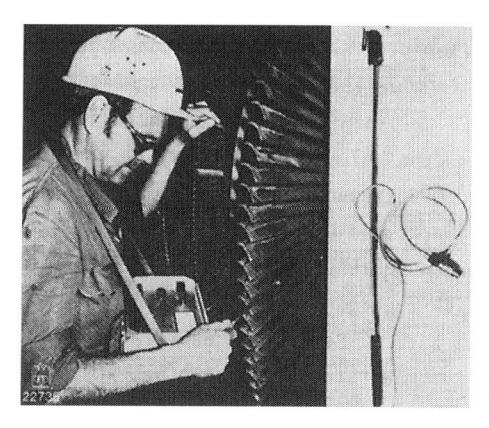

Bild 20: Wirbelstromprüfung von Turbinenschaufeln.

ter- und Neuentwicklung zerstörungsfreier Prüfverfahren. Bild 20 zeigt z. B. die Prüfung der Beschaufelung einer Turbine auf Kantenrisse mit einer speziellen Wirbelstromsonde (6). Zur Erfassung des Zeitpunktes der Rißentstehung in einem Bauteil oder zur Überwachung und Diagnose von Kraft- und Arbeitsmaschinen werden zunehmend Methoden der Schallanalyse eingesetzt. Man unterscheidet aktive und passive Schallanalyse. Mit Hilfe der aktiven Schallanalyse, der Schallemission, ist die Erkennung einsetzender plastischer Verformung, die Erkennung der Rißentstehung oder die Verfolgung des Rißwachstums möglich. Mit Hilfe der passiven Schallanalyse, dem Körperschall, können durch Materie (Luft, Wasser oder Werkstoff) übertragene Schwingungen erfaßt werden. Kritische Veränderungen während des Betriebes einer Maschine oder Anlage, z. B. die Lockerung einer Schraube an laufenden Turbinen, machen sich in einer Änderung des Schallspektrums bemerkbar. Die Maschine kann abgestellt und der Schaden behoben werden, ohne daß größere Folgeschäden entstehen.

5. Bewertung und Messungen von Eigenspannungen

Bei der Bewertung technischer Schadensfälle ist zu beachten, daß fast alle Bauteile eigenspannungsbehaftet sind. Eigenspannungen sind elastische Spannungen, die in einem Bauteil ohne Einwirkung äußerer Kräfte und Momente vorliegen. Sie sind mit inneren Kräften und Momenten verbunden, die sich im mechanischen Gleichgewicht befinden. Zweckmäßigerweise unterscheidet man Eigenspannungen I., II. und III. Art (7,8). Eigenspannungen I. Art oder Makroeigenspannungen ändern in einem Bauteil über größere Werkstoffbereiche hinweg nicht ihren Betrag und ihre Richtung. Eigenspannungen II. und III. Art oder Mikroeigenspannungen sind dagegen in kleinen und kleinsten Werkstoffbereichen konstant. Für Schadensfallbewertungen sind vor allem die Makroeigenspannungen von Interesse. Durch Überlagerung von Last- und Eigenspannungen können die Eigenspannungen – je nach Vorzeichen – negativ oder positiv auf das Werkstoffverhalten wirken. So können Druckeigenspannungen, die z. B. durch Randschichthärten und/oder Kugelstrahlen und/oder Festwalzen in oberflächennahen Bauteilbereichen erzeugt werden, das Dauerschwingverhalten entscheidend verbessern. Umgekehrt können Oberflächenzugeigenspannungen die Entstehung von Schwingbrüchen bei niedriger Lastspannung begünstigen. Solche Oberflächenzugeigenspannungen können z. B. durch Schweiß-, Wärme-, und Zerspanungsprozesse entstehen. In Bild 21 wird die Eigenspannungsausbildung bei der Härtung randentkohlter Stahlbauteile (z. B. Federn) beschrieben. Im oberen Diagramm sind die ZTU-Schaubilder für Rand und Kern sowie deren Abkühlungskurven abgebildet. Man sieht, daß beim Härten zum Zeitpunkt t_1 zunächst der entkohlte Rand bainitisch umwandelt, dadurch werden die thermischen Zugspannungen im Rand herabgesetzt. Als Folge davon findet zum Zeitpunkt t_2 eine Spannungsumkehr statt. Zum Zeitpunkt t_3 unterschreitet der Kern seine Martensitstarttemperatur. Die mit der Martensitbildung verbundene Volumenzunahme bewirkt eine Abnahme der Zugspannungen im Kern und der Druckspannungen im Rand, bis zum Zeitpunkt t_4 erneut Spannungsumkehr stattfindet. Da die bei der Abkühlung lokal auftretenden Spannungen zu Plastizierungen führen, bleiben nach Erreichen der Raumtemperatur Eigenspannungen,

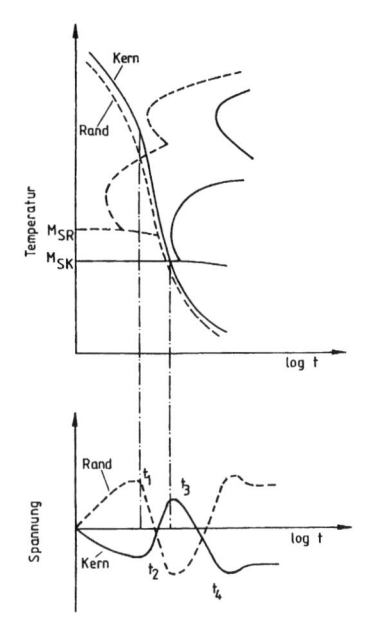

Bild 21: Eigenspannungsausbildung bei randentkohlten Bauteilen bei bainitischer Umwandlung des Randes und martensitischer Umwandlung des Kernes.

nämlich Zugeigenspannungen im Bauteilrand und Druckeigenspannungen im Bauteilkern, zurück. Bei einem quantitativen Vergleich zwischen Beanspruchung und Werkstoffwiderstand (Versagensbetrachtung) muß korrekterweise im Falle eigenspannungsbehafteter Bauteile der Einfluß der Eigenspannungen berücksichtigt werden, indem z. B. die Abhängigkeit des jeweiligen Werkstoffwiderstandes R vom Eigenspannungszustand bzw. den lokalen Eigenspannungen σ^{ES} berücksichtigt wird. Es gilt dann

$$\sigma_{V,max} \leq \sigma_{zul} = R(\sigma^{ES})/S.$$

Gegebenenfalls muß bei der Annahme eines negativen Einflusses der Eigenspannungen auf das Bauteilverhalten der Sicherheitsfaktor S erhöht oder die Eigenspannung durch Spannungsarmglühen bei $T \geq 0,5\ T_S(K)$ (T_S = Schmelztemperatur in K) reduziert werden.

Mit Hilfe monochromatischer Röntgenstrahlen ist es möglich, die durch innere Spannungen hervorgerufenen Änderungen der Atomabstände des Kristallgitters zu bestimmen (Ermittlung von Gitterdehnung). Die Ermittlung der Eigenspannungen erfolgt über eine Verknüpfung der gemessenen Gitterdehnungen mit den elastizitätstheoretischen Aussagen des vorliegenden Spannungszustandes. Üblicherweise wird heute das $\sin^2\psi$-Verfahren zur röntgenographischen Eigenspannungsbestimmung angewandt (9,10). Bei praktischen Gitterdehnungsmessungen werden entweder konventionelle Röntgenrückstrahlverfahren mit Filmregistrierung oder Röntgendiffraktometerverfahren mit Zählrohr- oder Szintillationszähler-Registrierung eingesetzt. Der große Vorteil der röntgenographischen Spannungsmessung besteht darin, daß sie die zerstörungsfreie Ermittlung von Einzelwerten oder von Verteilungen vorliegender

34 *Werkstoffuntersuchungen*

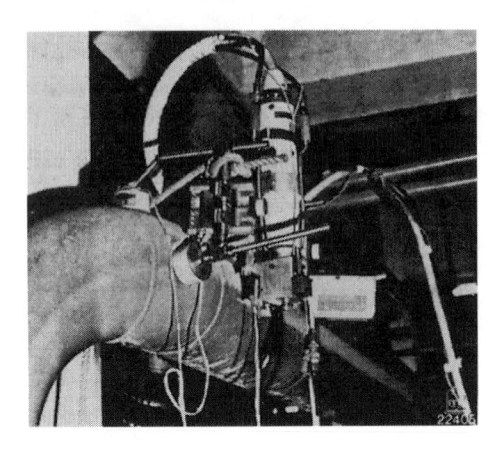

Bild 22: Röntgenographische Spannungsmessung an einer Rohrleitung.

Oberflächeneigenspannungen erlaubt. Durch die Entwicklung nicht ortsgebundener Diffraktometer ist auch eine ambulante röntgenographische Bestimmung elastischer Spannungen (z. B. an Schweißnähten von Rohrleitungssystemen) möglich. Bild 22 zeigt ein mobiles Goniometer des AZT (Allianz-Zentrum für Technik) zur Bestimmung der elastischen Spannungen an einer Kraftwerksleitung.

Schrifttum

(1) E. Macherauch: Praktikum in Werkstoffkunde; Friedr. Vieweg & Sohn, Braunschweig/Wiesbaden, 1992.
(2) W.J. Bartz (Herausgeber): Mechanische Werkstoffprüfung; Expert Verlag, 71139 Ehningen, 1989.
(3) DIN Taschenbuch 19, Materialprüfnormen für metallische Werkstoffe; Beuth-Vertrieb GmbH.
(4) E. Macherauch (Herausgeber): Werkstoffverhalten und Bauteilbemessung, 1987; DGM Informationsgesellschaft Verlag.
(5) W.J. Bartz (Herausgeber): Zerstörungsfreie Werkstück- und Werkstoffprüfung; Expert Verlag, 71139 Ehningen, 1988.
(6) H. Christian, F. Elfinger, P. Löbert und R. Raible: Der Maschinenschaden 50 (1977), S. 51–56.
(7) E. Macherauch: Neue Untersuchungen zur Ausbildung und Auswirkung von Eigenspannungen in metallischen Werkstoffen, Z. Werkstofftechn. 10 (1977) S. 97–111.
(8) E. Macherauch und H. Wohlfahrt: Eigenspannungen und Ermüdung, in D. Munz: Ermüdungsverhalten metallischer Werkstoffe, DGM-Informationsgesellschaft (1984).
(9) H.-D. Titz: Grundlagen der Eigenspannungsmessungen, VEB Deutscher Verlag für Grundstoffind., Leipzig, 1983.
(10) B. Scholtes: Eigenspannungen in mechanisch randschichtverformten Werkstoffzuständen. DGM-Informationsgesellschaft; Verlag, 1990.

Elektronenmikroskopie bei der Schadensanalyse

Michael Pohl, Institut für Werkstoffe, Ruhr-Universität Bochum

1. Systematik elektronenmikroskopischer Schadensanalyse

Die *Schadensanalyse* hat zur Aufgabe, mit allen geeigneten Methoden defekte technische Systeme zu untersuchen, um *Schadensbilder* zu erfassen und eine *Schadenshypothese* zu erstellen. Die Verknüpfung mehrerer Untersuchungsergebnisse führt in der Regel zum Nachweis der wirksamen *Schadensmechanismen*, aus denen sich die *Schadensursache* nachweisen läßt. Ist die Schadensursache ermittelt und sind die für den Schadensablauf verantwortlichen Mechanismen bekannt, so ist es in der Regel möglich, Maßnahmen zur *Schadensverhütung* zu ergreifen.

Die überragende Stellung, die der Werkstoffkunde in der Schadensanalyse zukommt, ist dadurch begründet, daß der Werkstoff des schadhaften Bauteils als Datenträger für die Einflüsse genutzt wird, die zu seinem Versagen geführt haben. Es sind stets Einwirkungen auf die Festigkeit oder das Verschleiß- bzw. Korrosionsverhalten des Bauteils, die zum Schaden geführt haben und die ihre Spuren an der Bauteiloberfläche oder im Werkstoffinneren hinterlassen haben.

Bild 1 zeigt, daß für den Ist/Soll-Vergleich neben den Makroverfahren, wie mechanisch-technologische oder chemisch-analytische Überprüfung, insbesondere die mikrostrukturellen und mikroanalytischen Untersuchungsverfahren zur Anwendung kommen. Die Disziplinen der Konstruktions-, Fertigungs-, Meß- und Regeltechnik liefern meist nur Daten, die als Rahmen für die Werkstoffuntersuchungen dienen, obwohl in der Konstruktion, wozu auch die Werkstoffauswahl gehört, in der Fertigung oder im Betrieb die Ausgangsgrößen für jeden Schadensfall liegen. Mit der Entwicklung der Verfahren und Verbreitung der Geräte kamen für die Mikrostrukturuntersuchungen und die Mikroanalyse Elektronenmikroskope neben der konventionellen Metallographie in zunehmendem Maße zum Einsatz.

2. Grundlagen der Elektronenmikroskopie

Bei lichtmikroskopischen Untersuchungen von Mikrogefügen wird die erreichbare Auflösung durch die Wellenlänge des sichtbaren Lichtes (0,4 bis 0,8 µm) begrenzt. Elektronenmikroskope nutzen den Wellencharakter bewegter Elektronen, um die Auflösung

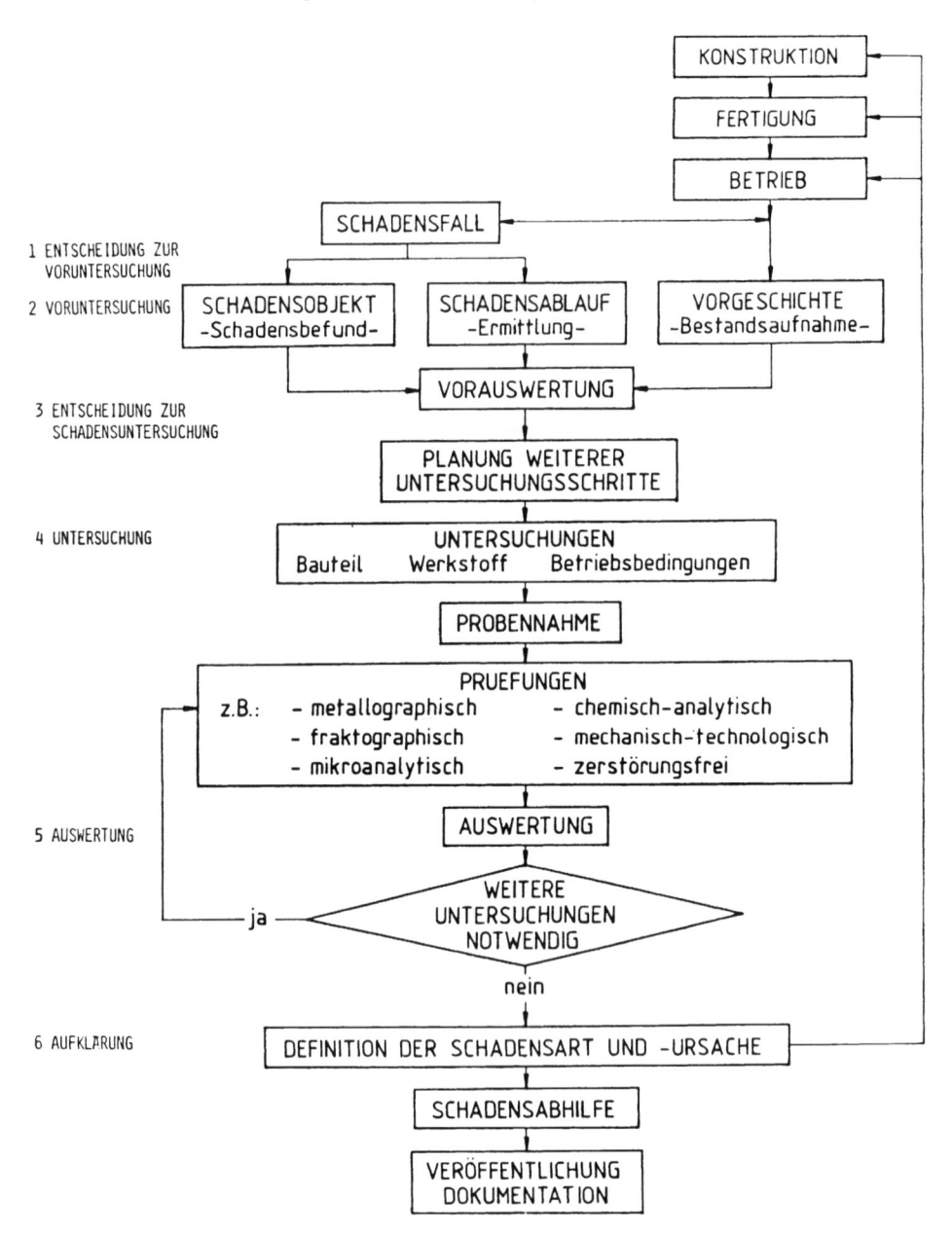

Bild 1: Ablaufschema einer Schadensanalyse (1).

der mikroskopischen Abbildung wesentlich zu verbessern. Bewegten Elektronen lassen sich Wellenlängen von einigen pm zuordnen. Die Abhängigkeit der Wellenlänge von der angelegten Beschleunigungsspannung ist in Bild 2 wiedergegeben. Das Auflösungsvermögen wird in der Praxis jedoch durch Linsenfehler der elektromagnetischen Linsen begrenzt und liegt heute bei Transmissionselektronenmikroskopen bei 0,2 nm.

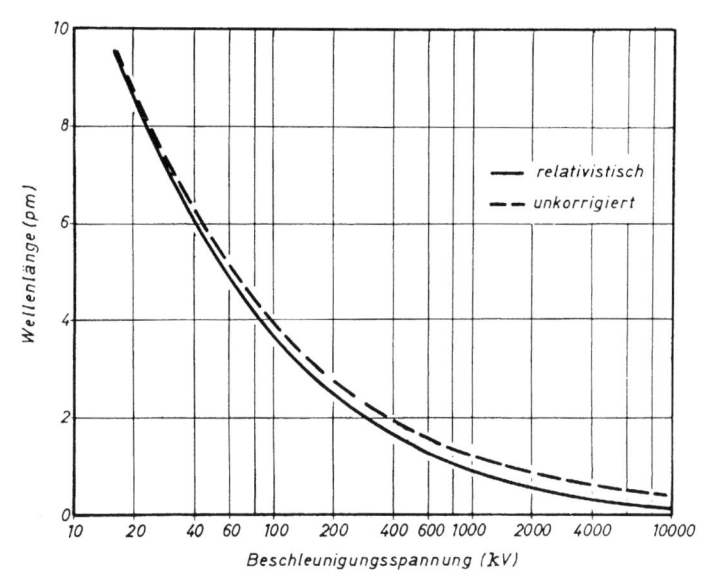

Bild 2: Zusammenhang zwischen der Wellenlänge von Elektronen und der Beschleunigungsspannung eines Elektronenmikroskops.

3. Geräte

Die Abbildungs- und Analysengeräte, die mit Elektronenstrahlen arbeiten, können in Transmissionselektronenmikroskope (TEM) und Rasterelektronenmikroskope (REM) unterteilt werden. Die Wechselwirkung der Elektronen mit dem Präparat ermöglicht darüber hinaus die Registrierung von Signalen, die eine Aussage über die Kristallmodifikation und die Elementzusammensetzung mit hoher Ortsauflösung zuläßt (2 – 6) (Bild 3).

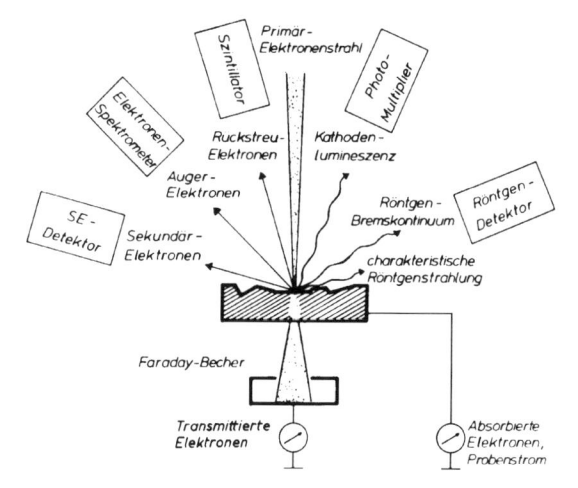

Bild 3: Emissionen eines Festkörpers bei Beschuß mit Elektronen.

3.1 Transmissionselektronenmikroskop (TEM)

Durch den Nachweis von de Broglie (1924), daß jedem bewegten Teilchen, also auch einem Elektron, eine Wellenlänge zuzuordnen ist, und die Entdeckung von Busch (1925), daß ein rotationssymmetrisches Magnetfeld als Linse für Elektronenstrahlen genutzt werden kann, war die Grundlage für die Konstruktion von Elektronenmikroskopen gegeben. Bild 4 zeigt die enge Verwandtschaft des Lichtmikroskops mit dem TEM, bei dem schnelle Elektronen als „Licht" und elektrische oder magnetische Felder als „Linsen" benutzt werden.

Ausgereifte Seriengeräte stehen seit dem Anfang der 50-er Jahre zur Verfügung. Beim TEM (Bild 5) werden Elektronen von einer Kathode emittiert und durch eine Ringanode beschleunigt, durchlaufen einen Kondensor und durchsetzen das Objekt. Dort werden je nach Dichte und Struktur des Objekts mehr oder weniger Elektronen

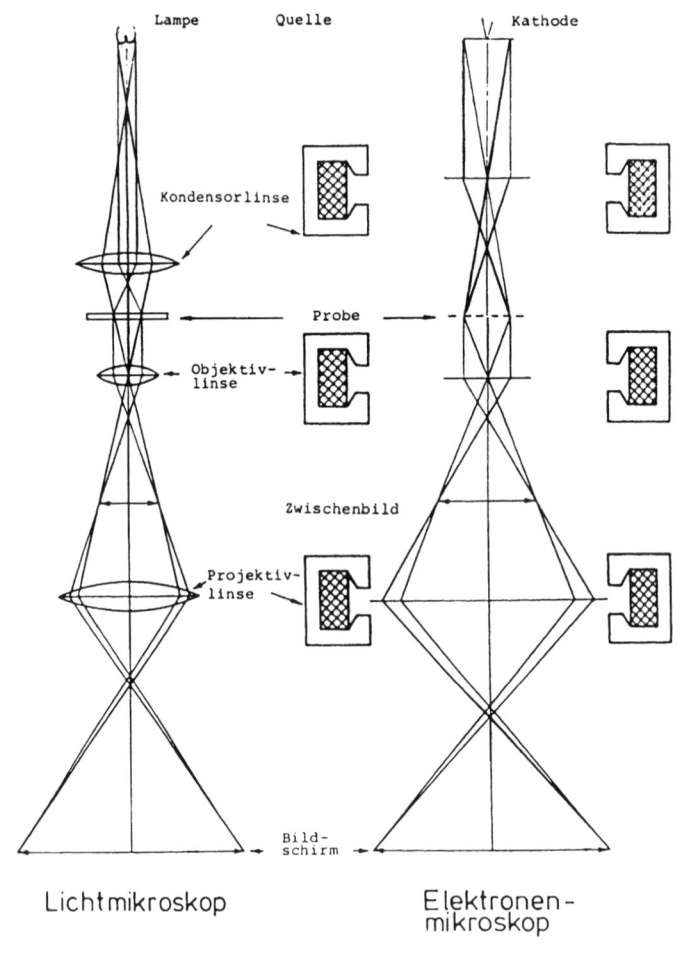

Bild 4: Schematischer Vergleich des Strahlengangs zwischen Lichtmikroskop und Transmissionselektronenmikroskop.

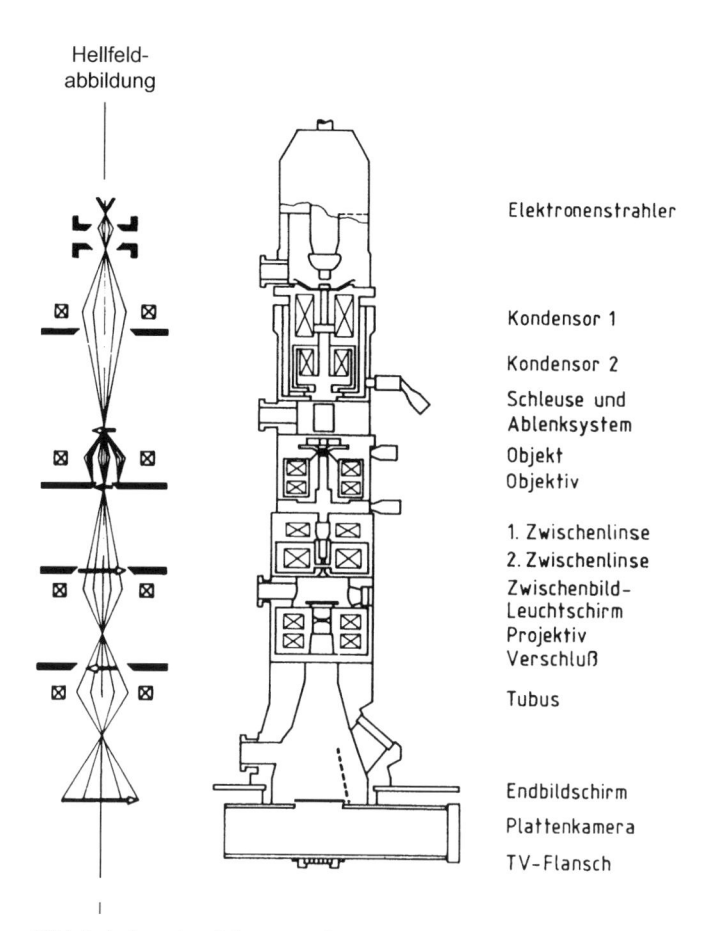

Bild 5: Aufbau der elektronenmikroskopischen Säule eines TEM.

gestreut, die dann nicht mehr zur Abbildung beitragen. Die transmittierten Elektronen werden von einer Objektivlinse wieder in einer Ebene vereinigt, wobei ein reelles Zwischenbild entsteht. Das Zwischenbild wird nach Durchlaufen einer Projektionslinse weiter vergrößert und auf einem Leuchtschirm abgebildet bzw. auf einem für Elektronen empfindlichen Filmmaterial registriert.

Die weitere Entwicklung beim TEM ging zur Kombination des konventionellen Transmissions- mit dem Elektronenstrahlrasterprinzip (STEM). Die sich daraus ergebenden Möglichkeiten zur Strukturbestimmung werden unter dem Begriff „Analytische Elektronenmikroskopie" zusammengefaßt (7).

3.2. Rasterelektronenmikroskop (REM) und Mikrosonde (MS)

Die Funktionsweise der elektronenoptischen Säule ist bei REM und MS gleich (Bild 6). Die Strahlenerzeugung erfolgt wie im TEM, die elektromagnetischen Linsen haben dann jedoch die Aufgabe, den Elektronenstrahl auf einen Durchmesser von

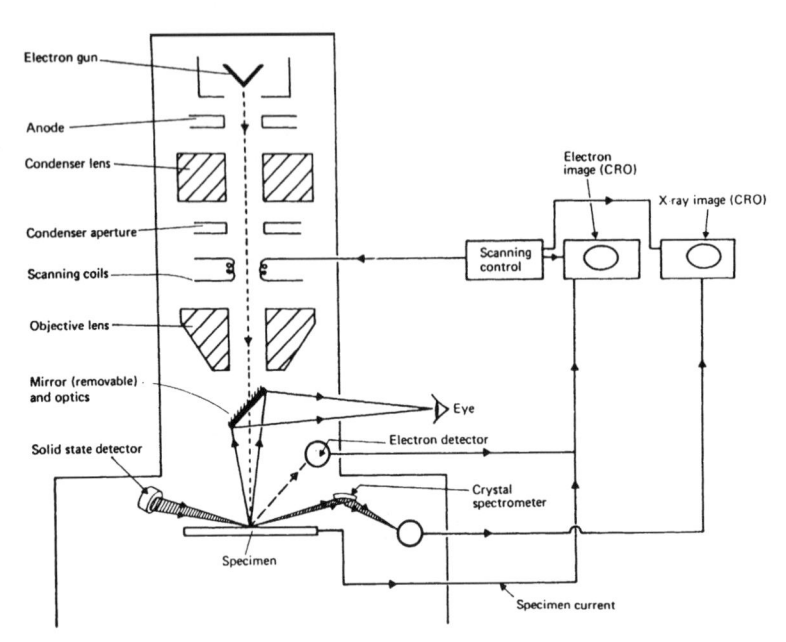

Bild 6: Aufbau und Funktionsweise eines REM.

5 bis 20 nm zu fokussieren. Ein Ablenkgenerator sorgt in Verbindung mit den Rasterspulen für ein zeilenförmiges Abrastern der Probe durch den Strahl und eine synchrone Wiedergabe auf einer Bildröhre.

Die am jeweiligen Probenort emittierten Elektronen werden dabei von geeigneten Detektoren erfaßt und dienen zur Helligkeitsmodulation der Bildröhre. Die Vergrößerung ergibt sich aus dem Verhältnis der kleinen Ablenkung des abtastenden Strahls auf der Probe zur größeren Ablenkung in der Bildröhre. Die Bereiche der aus der Oberfläche emittierten Signale sind in Bild 7 dargestellt.

3.3. Elektronenstrahlmikroanalyse (ESMA)

Unter der Einwirkung des Elektronenstrahls entsteht im angeregten Bereich der Probenoberfläche durch Schalensprünge von Elektronen die charakteristische Röntgenstrahlung (Bild 8).

Mosley erkannte 1913 die Abhängigkeit der Energie bzw. der Wellenlänge der Röntgenstrahlung von der Ordnungszahl der Elemente (Bild 9).

Um die einzelnen Röntgenlinien nach ihrer Lage und Intensität vermessen zu können, werden wellenlängendispersiv (WDS) und energiedispersiv (EDS) arbeitende Spektrometer verwendet.

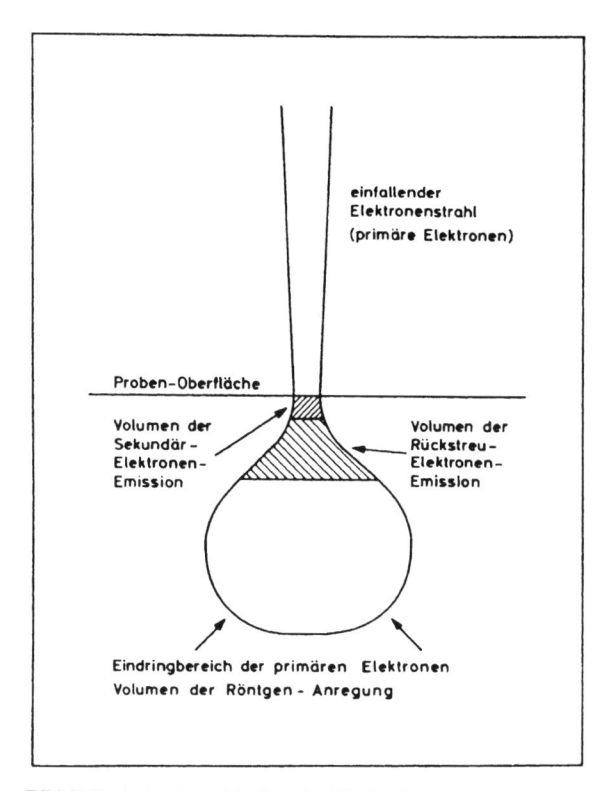

Bild 7: Emissionsbereiche bei der Wechselwirkung des Elektronenstrahls mit einer Präparatoberfläche.

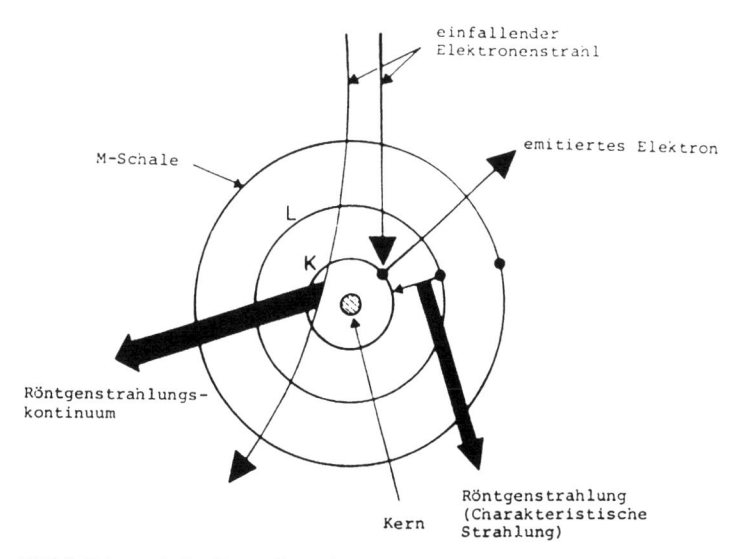

Bild 8: Schematische Darstellung der Vorgänge bei der Erzeugung eines Röntgenspektrums.

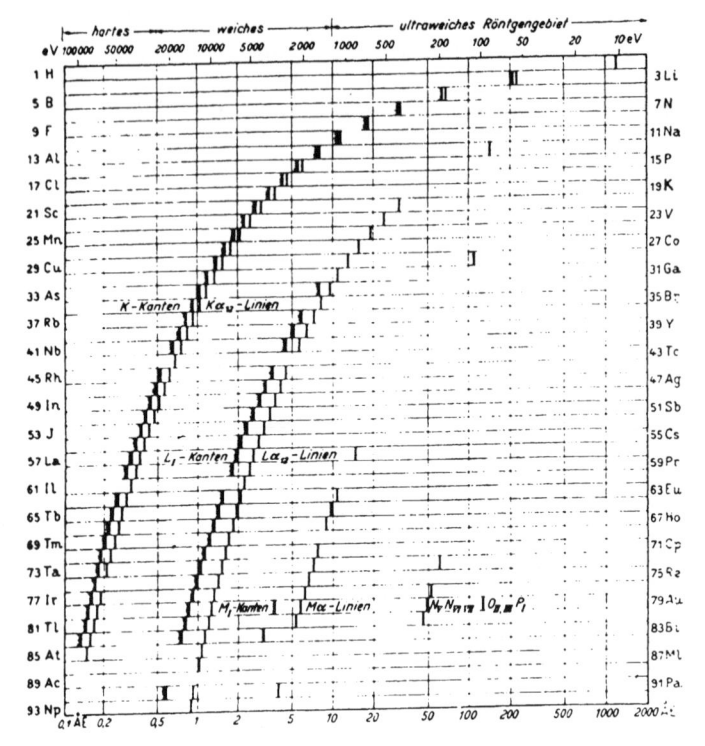

42   *Elektronenmikroskopie bei der Schadensanalyse*

Bild 9: Zusammenhang zwischen der Elementordnungszahl und der Wellenlänge bzw. Energie der signifikanten Röntgenstrahlung.

3.3.1. Wellenlängendispersive Spektrometer (WDS)

Die von Castaing 1950 konzipierte Mikrosonde (8) arbeitet mit WDS. Bei der Beugung von Röntgenstrahlen am Kristallgitter des Analysatorkristalls tritt Reflektion an den Netzebenen nach der Bragg'schen Beziehung auf. Der nun monochromatische Röntgenstrahl wird von einem Zählrohr in elektrische Impulse umgesetzt, die in ihrer Intensität ein Maß für die Konzentration der Elemente am angeregten Probenort sind. Durch die gekoppelte Verschiebung des Kristalls und des Zählrohrs auf einer Kreisbahn, dem Rowland-Kreis (Bild 10), können nacheinander die unterschiedlichen Wellenlängen für die einzelnen Elemente abgefragt werden.

3.3.2. Energiedispersive Spektrometer (EDS)

Bei energiedispersiv arbeitenden Analysesystemen trifft die gesamte Röntgenstrahlung auf einen Si (Li)-Kristall. Dort ruft sie Ionisierung hervor, deren Niveau proportional zur Energie des einfallenden Röntgenquants und damit repräsentativ für die verschiedenen emittierenden Atome ist. Die entstandenen Ladungen werden in Spannungsimpulse umgesetzt, digitalisiert und in einem Vielkanalanalysator nach

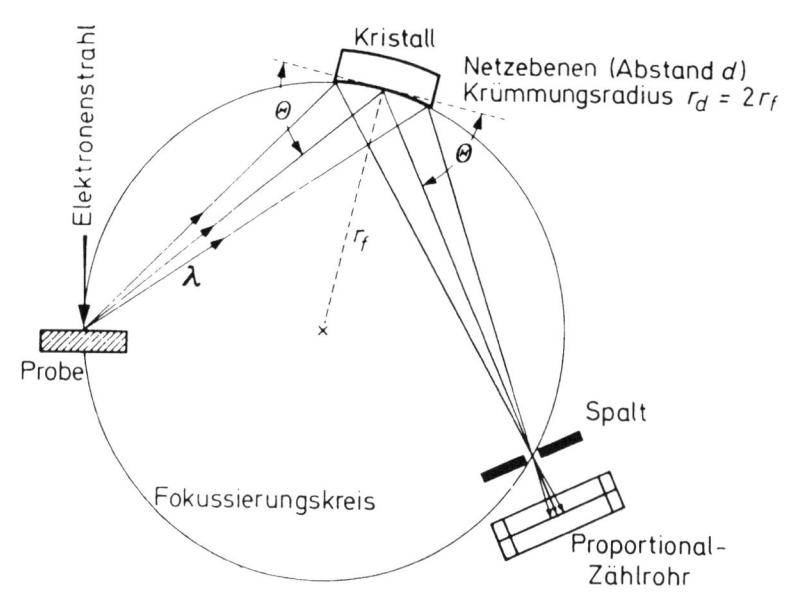

Bild 10: Rowland-Kreis.

Energien getrennt und nach ihrer Intensität aufsummiert (Bild 11). Die Intensität ist ein Maß für die Konzentration der jeweils emittierenden Atome im angeregten Volumen.

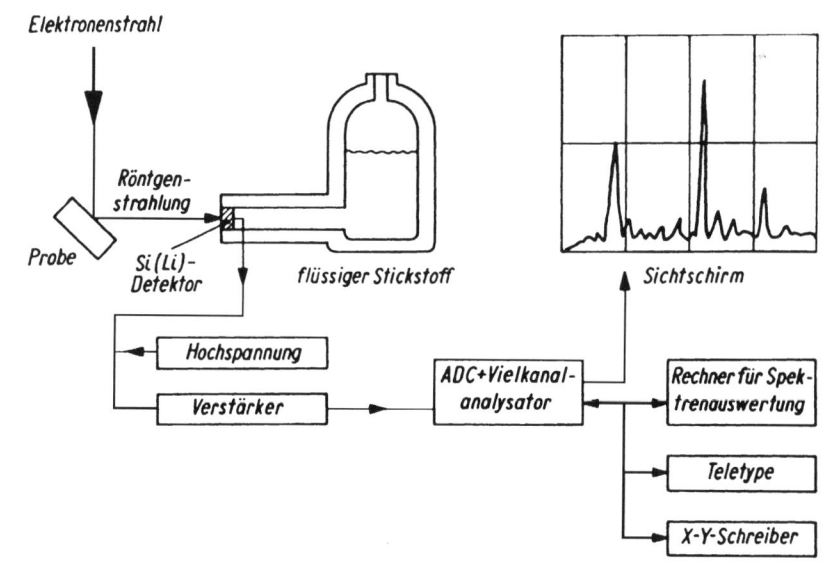

Bild 11: Funktionsweise eines energiedispersiven Röntgenanalysesystems.

3.3.3. Anwendung der ESMA

In Bild 12 sind die für die Anwendung wesentlichen Unterschiede zwischen WDS und EDS zusammengefaßt.

Die Untersuchung von Schadensteilen erfordert häufig Elektronenstrahlmikroanalysen an topologisch stark strukturierten Oberflächen. Aus Bild 12 ergibt sich, daß dies zwar grundsätzlich mit EDS möglich ist, dabei können jedoch Elemente mit weicher Röntgenstrahlung unterdrückt werden, und es kann zur vollständigen Abschattung der signifikanten Röntgenstrahlung kommen. Darüber hinaus können „Artefakte" von der Anregung unspezifischer Oberflächenbereiche durch Rückstreuelektronen verursacht werden (Bild 13).

	REM (EDS)		MS (WDS)	
ELEMENTBEREICH	$_9F - _{92}U$	−	$_4Be - _{92}U$	+
NACHWEISGRENZE	$>0,1\%$	−	$<0,1\%$	+
SPEKTRALE AUFLÖSUNG	150 eV	−	10 eV	+
SIGNAL-/ RAUSCH-VERHÄLTNIS	niedrig	−	hoch	+
PROBENSTROM	10^{-10} A	+	10^{-7} A	−
ORTSAUFLÖSUNG	$<1\mu m$	+	$>1\mu m$	−
PROBENTOPOGRAPHIE	möglich	+	nicht möglich	−
PROBENLAGE	beliebig	+	horizontal	−
ERFASSTER RAUMWINKEL	groß	+	klein	−
ANALYSENZEIT	kurz	+	lang	−
SPEKTRENDARSTELLUNG	simultan	+	sequentiell	−

Bild 12: Vergleich zwischen energiedispersivem und wellenlängendispersivem Meßverfahren der Elektronenstrahlmikroanalyse.

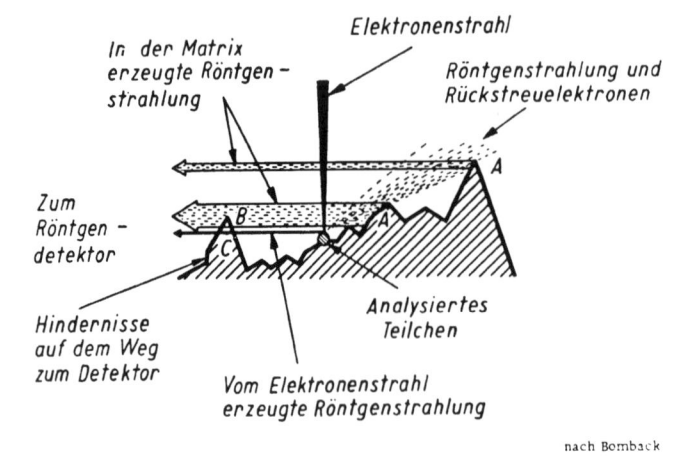

nach Bomback

Bild 13: Artefakte bei der quantitativen ESMA an Bruchflächen.

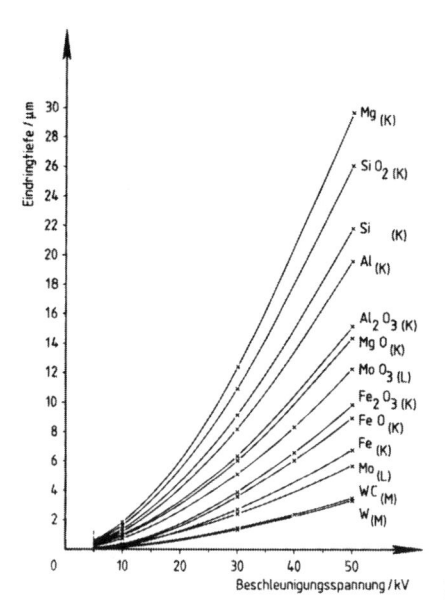

Bild 14: Emissionstiefe der Röntgenstrahlung.

Bezüglich der Lateral- und Tiefenauflösung besteht ein Größenunterschied von bis zu drei Zehnerpotenzen zwischen dem Durchmesser des Elektronenstrahls und dem zur Emission von Röntgenstrahlen angeregten Proben-Volumen (Bilder 7 und 12). In Bild 14 sind die Emissionstiefen in Abhängigkeit von der Strahlspannung für Materialien unterschiedlicher Dichte dargestellt.

Eine Verbesserung der analytischen Auflösung ist durch spezielle Präparationsverfahren möglich. Wie beim STEM läßt sich auch im REM das angeregte Volumen durch Verwendung gedünnter Folien oder Extraktionsreplika herabsetzen. Häufig kommen Abdruckverfahren zur Anwendung, wie sie bei der sogenannten „ambulanten Metallographie" verwendet werden.

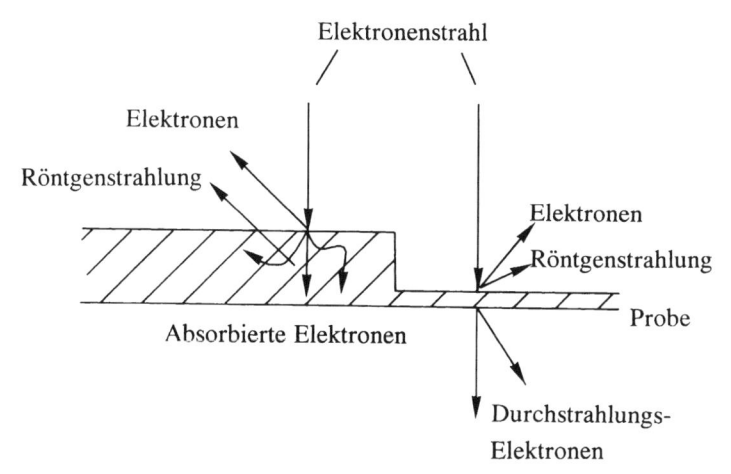

Bild 15: Wechselwirkung des Elektronenstrahls mit kompakter Probe (links) und gedünntem Präparat (rechts).

3.4. Weitere Analyseverfahren

Neben den Geräten für die Röntgenmikroanalyse, die bisher die größte Verbreitung gefunden haben, wurden inzwischen eine große Zahl spezieller Meßverfahren entwickelt. In Bild 16 sind einige dieser Verfahren benannt und mit den gebräuchlichen Abkürzungen versehen. Die Untersuchung der chemischen Zusammensetzung und der Struktur von oberflächennahen Schichten im Bereich von wenigen Atomlagen wird allgemein mit dem Sammelnamen „Oberflächenanalyse" bezeichnet.

Einige dieser Verfahren (z. B. AES, SIMS, ESCA) wurden zu kommerziellen Geräten entwickelt. Zu den Vorteilen oberflächenanalytischer Verfahren gehört die Empfindlichkeit für den Nachweis leichter Elemente und dünner Schichten sowie die Möglichkeit, Aussagen zum Bindungszustand zu machen und das Erstellen von Tiefenpro-

AEM	Analytical Electron Microscope
AES	Auger Electron Spectroscopy
ARRM	Akustisches Reflexions-Rastermikroskop
CL	Cathodoluminescence
CTEM	Conventional Transmission
EDX	Energy Dispersive X-Ray Analysis
EELS	Electron Energy Loss Spectroscopy
EPMA	Electron Probe Microanalyzer
ESCA	Electron Spectroscopy for Chemical Analysis
FIM	Feldionen-Mikroskop
HEED	High Energy Electron Diffraction
HRTEM	High Resolution Transmission Electron Microscope
HVEM	High Voltage Electron Microscope
IMMA	Ion Microprobe Mass Analysis
ISS	Ion Scattering Spectrometry
LAMMA	Laser Ablation Microprobe Mass Analyzer
LEED	Low Energy Electron Diffraction
LRS	Laser Raman Spectroscopy
LSM	Laser Scanning Microscope
REM	Rasterelektronenmikroskop
RFA	Röntgenfluoreszenzanalyse
SAM	Scanning Acoustic Microscope
SAM	Scanning Auger Microprobe
SEM	Scanning Electron Microscope
SIMS	Sekundärionen-Massenspektroskopie
STEM	Scanning Transmission Electron Microscope
STM	Scanning Tunneling Microscope
TEM	Transmission Electron Microscopy
WDX	Wave Length Dispersive X-Ray Analysis
XPS	X-ray Photoelectron Spectroscopy

Bild 16: Begriffe und Abkürzungen elektronenmikroskopischer Verfahren.

	ESMA (EPMA)	AES	ESCA	SIMS
ANREGUNGSART	ELEKTRONEN	ELEKTRONEN	UV; RÖNTGENSTR.	IONEN
NACHWEIS ÜBER	RÖNTGENSTRAHLUNG	ELEKTRONEN	ELEKTRONEN	SEKUNDÄRIONEN
NACHWEISMÖGLICHKEITEN	ALLE ELEMENTE MIT Z > 4	ALLE ELEMENTE MIT Z > 3	ALLE ELEMENTE MIT Z > 3	ALLE ELEMENTE UND VIELE VERBINDUNGEN
	KONZENTRATIONSBILDER U.-PROFILE, QUANTITATIVE ANALYSE	KONZENTRATIONSBILDER U.-PROFILE, QUANTITATIVE ANALYSE MIT EINSCHRÄNKUNGEN	"CHEMICAL SHIFT" QUANTITATIVE ANALYSE MIT EINSCHRÄNKUNGEN	QUALITATIV; QUANTITATIVE ANALYSE MIT EINSCHRÄNKUNGEN
NACHWEISEMPFINDLICHKEIT	0,01 GEW%	0,1 GEW%	0,1 GEW%	$10^{-4} - 10^{-8}$ GEW%
TIEFENAUFLÖSUNG	1 µm	WENIGE ATOMLAGEN	EINIGE ATOMLAGEN	IM WESENTLICHEN EINE ATOMLAGE
		ERSTELLUNG VON TIEFENPROFILEN DURCH IONENÄTZUNG MÖGLICH	ERSTELLUNG VON TIEFENPROFILEN DURCH IONENÄTZUNG MÖGLICH	ERSTELLUNG VON TIEFENPROFILEN DURCH IONENÄTZUNG MÖGLICH
LATERALE AUFLÖSUNG	1 µm	1 µm	1 µm	0,1 µm
VORTEILE	WIRTSCHAFTLICHE ANALYSE DICKERER SCHICHTEN IM HINBLICK AUF ELEMENTARE ZUSAMMENSETZUNG	KOMBINATION MIT REM MÖGLICH	WIRTSCHAFTLICHE ANALYSEN BEI EINFACHEN OBERFLÄCHENPROBLEMEN	NACHWEIS AUCH VON WASSERSTOFF
		WIRTSCHAFTLICHE ANALYSEN BEI EINFACHEN OBERFLÄCHENPROBLEMEN	INFORMATIONEN ÜBER CHEMISCHE BINDUNGSZUSTÄNDE	NACHWEIS AUCH VON VIELEN VERBINDUNGEN
		GERINGE ERFASSUNGSTIEFE	GERINGE ERFASSUNGSTIEFEN	QUANTITATIVE BESTIMMUNG DES OXIDATIONSGRADES VON OBERFLÄCHEN
		TIEFENPROFILE MÖGLICH	TIEFENPROFILE MÖGLICH	TIEFENPROFILE MÖGLICH
NACHTEILE	KEIN NACHWEIS FÜR ELEMENTE Z < 5	KEIN NACHWEIS FÜR ELEMENTE Z < 4	KEIN NACHWEIS FÜR ELEMENTE Z > 3	AUFWENDIGE UND KOMPLIZIERTE AUSWERTUNG
	KEIN NACHWEIS FÜR CHEMISCHE VERBINDUNGEN	KEIN NACHWEIS FÜR VERBINDUNGEN	KEIN DIREKTER NACHWEIS FÜR VERBINDUNGEN	SCHLECHTE FLÄCHENAUFLÖSUNG
		GERINGE EMPFINDLICHKEIT	GERINGE EMPFINDLICHKEIT	

Bild 17: Vergleich der gebräuchlichsten elektronenmikroskopischen Analyseverfahren.

filen, indem die Oberfläche durch Ionenätzung abgetragen wird. Damit eignen sich diese Verfahren in besonderem Maße für den Nachweis von Adsorptions-, Adhäsions-, Reaktions-, Passiv-, Schutz- und Haftschichten auf Werkstoffoberflächen. Darüber hinaus wurden spezielle Präparathalter entwickelt, die es ermöglichen, im Hochvakuum der Geräte „in situ" innere Grenzflächen freizulegen und ohne Atmosphäreneinfluß zu analysieren.

Die Anforderungen
– hohe Energieauflösungen zur Elementidentifizierung
– hohe Ortsauflösung auf der Probe (vertikal und lateral)
– „in situ"-Untersuchung
– quantitative Analysenauswertung

erfüllt keines der Geräte allein optimal, so daß für eine umfassende Lösung der anstehenden Probleme häufig kombinierte Untersuchungen notwendig sind.

Die Arbeitsweise der gebräuchlichsten Verfahren und ihre Anwendungsgebiete sind tabellarisch in Bild 17 dargestellt.

3.5. Abbildungsverfahren

Für die Abbildung in oberflächenabrasternden Geräten werden im wesentlichen Rückstreu- und Sekundärelektronen (Bild 3) verwendet. Die Funktionsweise und der Nutzen dieser Abbildungsarten soll daher kurz erläutert werden.

3.5.1. Sekundärelektronenabbildung

Die weitaus meisten REM-Abbildungen werden im Sekundärelektronenbetrieb gemacht. Der wesentliche Grund hierfür ist das geringe Emissionsvolumen (Bild 7) und damit die gute Auflösung bei dieser Abbildungsart. Definitionsgemäß (9) ist ihre Emissionsenergie auf 50 eV begrenzt und erreicht das Maximum bei Metallen bereits bei 0,5 bis 2 eV. Dieses Energieniveau gestattet den Sekundärelektronen das Verlassen des Festkörpers nur aus sehr oberflächennahen Bereichen. Damit erklärt sich der ausgeprägte Kanteneffekt dieser Abbildungsart (Bild 18).

In Bild 19 oben weisen dementsprechend die groben Karbide helle Kanten auf. Die kleinen Karbide bestehen sozusagen nur noch aus Kanten. In der Ritzspur sind die unterschiedlichen Phasen kaum zu erkennen.

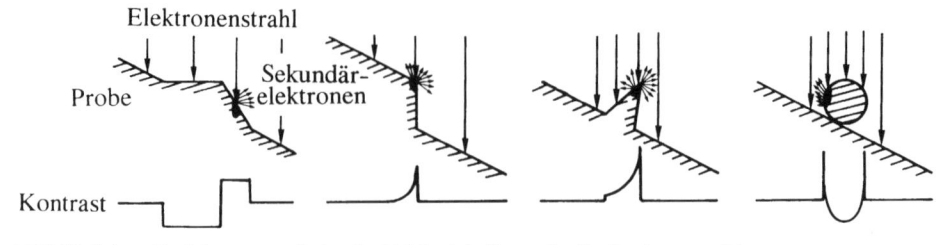

Bild 18: Sekundärelektronenemission in Abhängigkeit von der Probentopographie.

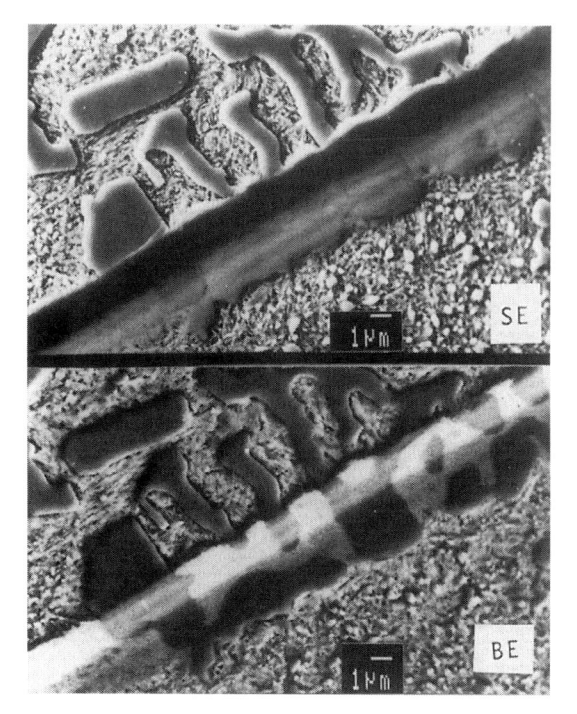

Bild 19: Labor-Ritzspur an Fe 12 Cr 2 C 0,5 Mn zur Simulation von Verschleißvorgängen in Sekundär- (oben) und Rückstreuelektronenabbildung (unten).

3.5.2. Rückstreuelektronenabbildung

Die höhere Energie der Rückstreuelektronen, die bis zu dem Niveau der eingeschossenen Elektronen reicht, gestattet ihnen, den Festkörper aus größeren Tiefen zu verlassen (Bild 7). Durch Wechselwirkung mit dem Kristallgitter ergibt sich eine größere Streuung, woraus eine Verschlechterung der Auflösung resultiert. Auf dem längeren Weg erfolgt eine starke Beeinflussung durch die örtliche Massendichte der beteiligten Phasen. Dieser Massenkontrast steigt monoton mit der Atomnummer an. Beispiele hierfür zeigen Bild 19 unten und Bild 20.

Bei entsprechender Detektoranordnung kommt es wegen der geraden Flugbahn der Rückstreuelektronen zu ausgeprägten Abschattungseffekten, die sich zum Nachweis verhältnismäßig sanfter Topographieeffekte nutzen lassen (Bild 21 oben). Die Sekundärelektronenabbildung (Mitte) zeigt die Probentopographie nur sehr undeutlich, läßt sich aber durch Veränderung der SE-Ausbeute mit dem Neigungswinkel durch Probenkippung weitgehend ausgleichen (unten).

Der besondere Vorteil der Abbildung mit Rückstreuelektronen liegt also im Phasenkontrast. Für diese Abbildungsart wurden spezielle Detektoren entwickelt, die die Phasenunterscheidung von rechnerischen Unterschieden in der Zusammensetzung von Bruchteilen einer Atomnummer gestatten. Zur Optimierung dieser Verfahren und der Topographieabschattung wurden spezielle Detektoranordnungen und -strategien entwickelt (8).

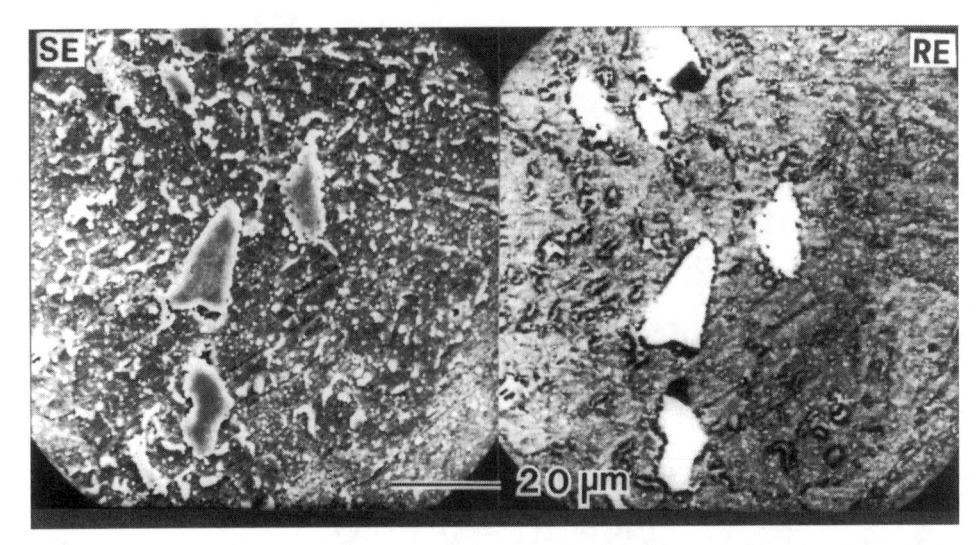

Bild 20: Niobkarbide eines Vergütungsstahls in Sekundärelektronenabbildung (links) und im Phasenkontrast der Rückstreuelektronenabbildung (rechts).

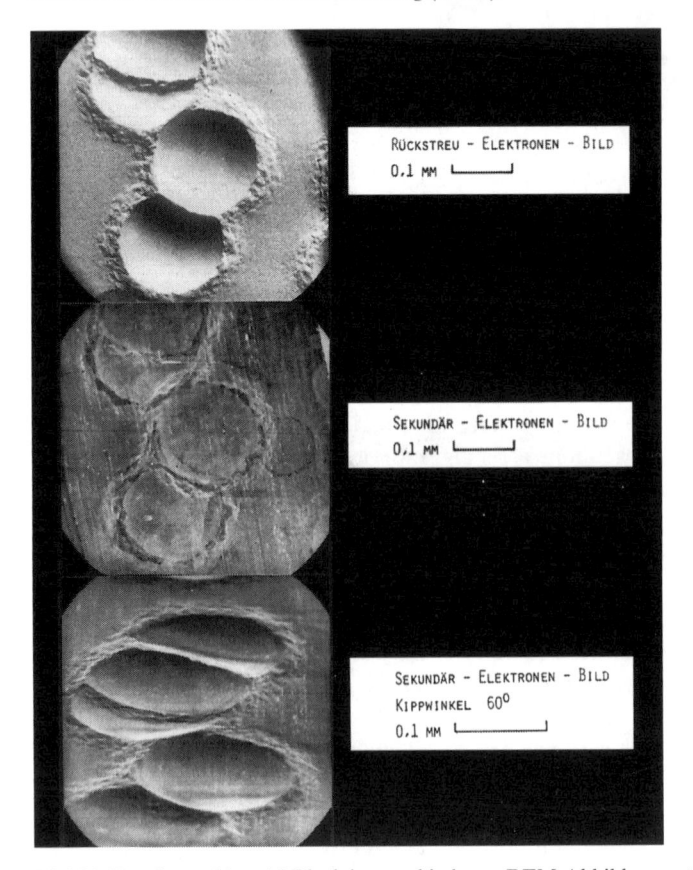

Bild 21: Kugelgestrahltes Al-Blech in verschiedenen REM-Abbildungsarten.

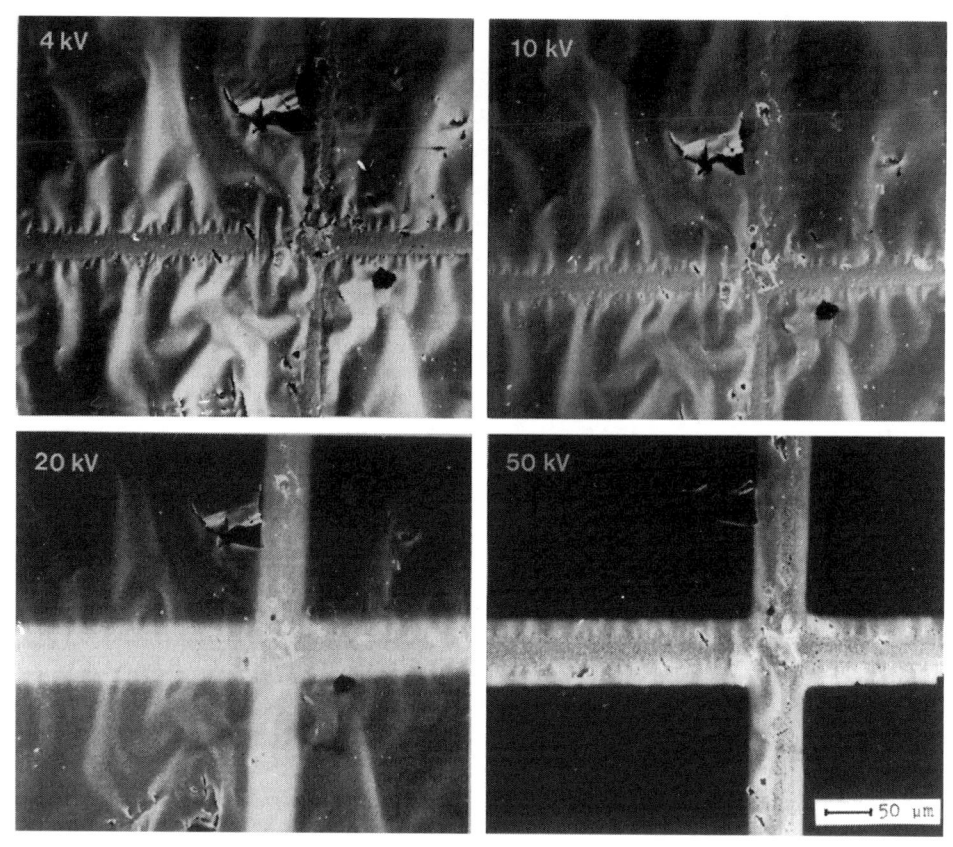

Bild 22: TEM-Präparat (Gold-beschichtete Kollodiumfolie auf Kupfernetz) in SE-Abbildung bei Strahlspannungen von 4 bis 50 kV.

Gelegentlich ist es von Interesse, dünnste Oberflächenfilme oder Beläge nachzuweisen und ihre Struktur abzubilden. Dazu ist es notwendig, die Tiefeninformation durch Rückstreuelektronen, die unvermeidlich auf den SE-Detektor treffen, durch Optimierung der Saugspannung und damit maximaler Sekundärelektronenausbeute zu unterdrücken. Ferner ist es notwendig, durch Minimierung der Beschleunigungsspannung des Elektronenstrahls die Anregungstiefe herabzusetzen. Dies ist am Beispiel von Bild 22 zu erkennen. An einem Präparat, wie es üblicherweise im TEM verwendet wird (Gold-beschichtete Kollodiumfolie auf Kupfernetz), nimmt die Tiefeninformation mit steigender Strahlspannung zu, wobei die Information aus den dünnen Oberflächenschichten zunehmend unterdrückt wird.

4. Präparations- und Untersuchungsverfahren

Die Präparatvorbereitung für die elektronenmikroskopische Untersuchung erfordert häufig eine erhebliche Zahl von Präparationsschritten und damit einen starken

Eingriff in das Werkstück. Es ist daher notwendig sicherzustellen, daß ein Einfluß auf das angestrebte Untersuchungsziel vermieden bzw. die Beeinflussung des Untersuchungsergebnisses erkannt wird.

Wie bei allen schadensanalytischen Untersuchungen sind bei der Entnahme des Probenmaterials Probenort und -lage durch Skizzen oder fotografisch festzuhalten. Wärmeeinbringen in den Werkstoff durch Schneiden und Trennen sollte vermieden werden. Beim Herausarbeiten der Proben und beim anschließenden Transport ist sicherzustellen, daß die interessierenden Probenflächen mechanisch nicht verletzt werden und sekundäre Korrosion verhindert wird. Auch im Hinblick auf später durchzuführende Oberflächenanalysen muß eine Verschmutzung durch Fremdsubstanzen (Kühlmittel, Markierungsstifte, Verpackungsmaterialien usw.) ausgeschlossen werden.

4.1. Oberflächenuntersuchungen

Die Domäne des REM ist die Abbildung der Oberfläche kompakter Präparate bei hoher Vergrößerung und hoher Schärfentiefe mit der Möglichkeit, geringste Massen von Substanzen mit hoher Ortsauflösung nebeneinander zu analysieren.

Die Größe der einsetzbaren Proben ist bei den diversen Geräten unterschiedlich und liegt im Bereich von einigen cm^3. Die Probengeometrie weist hohe Freiheitsgrade auf, dabei muß jedoch eine Beeinträchtigung der Analysenergebnisse berücksichtigt werden. Es dürfen keine Stoffe verloren gehen, und es sollen keine Substanzen aufgebracht werden, die das Untersuchungsergebnis beeinträchtigen können. Wegen des Vakuums in der elektronenoptischen Säule dürfen die Proben nicht gasen, z. B. müssen feuchte Proben zuvor getrocknet werden. Die Leitfähigkeit der Proben muß sicherstellen, daß die durch den Elektronenstrahl aufgebrachten Elektronen kontinuierlich abgeleitet werden. Nichtleitende Präparate (Kunststoff, Keramik, organische

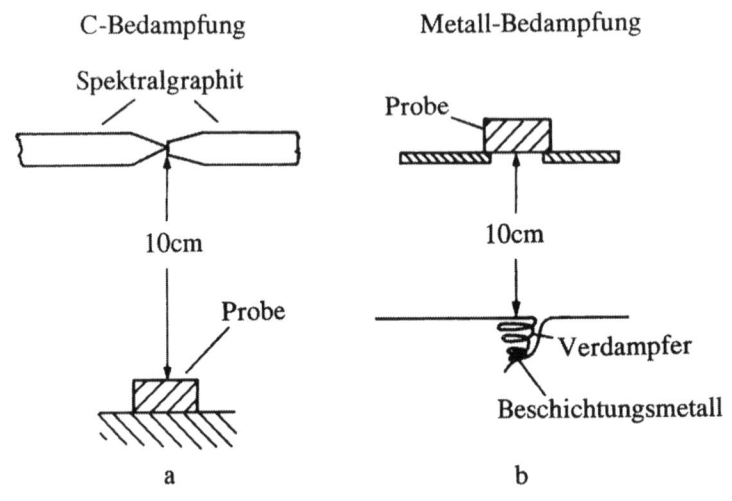

Bild 23: Funktionsweise von Laboreinrichtungen zum Bedampfen von Präparaten mit Kohlenstoff (links) und Metall (rechts).

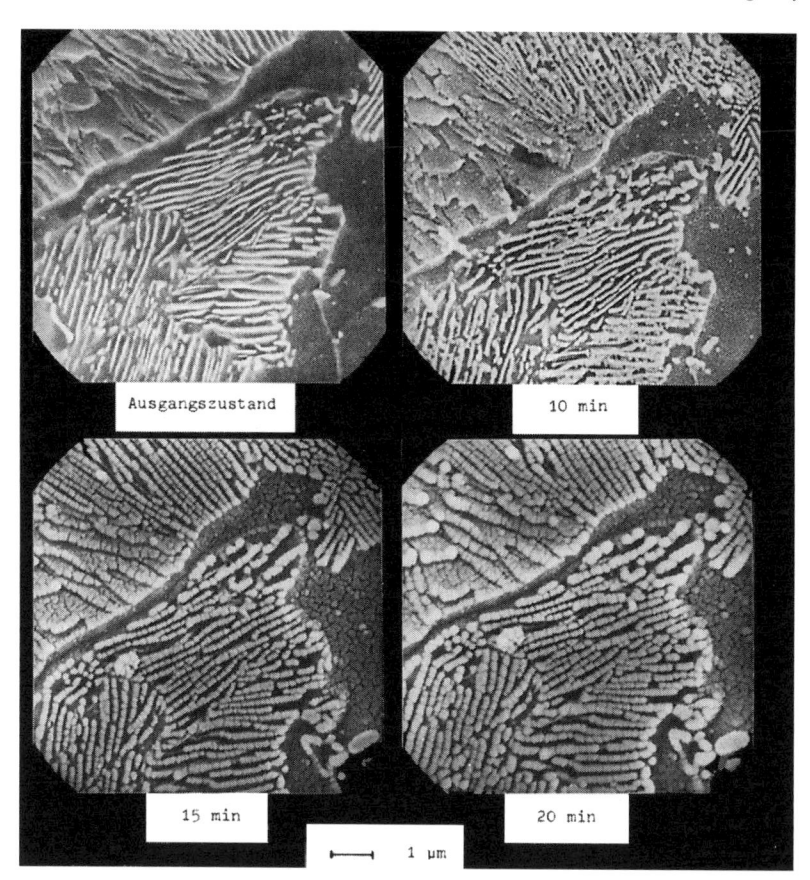

Bild 24: Ferritisch-perlitischer Stahl (HNO$_3$-Ätzung) mit zunehmend dicken Gold-Sputterschichten (70 mbar/0,6 kV/10 mA).

Deckschichten usw.) müssen mit leitfähigen Schichten versehen werden. Entsprechende Bedampfungs- und Sputteranlagen stehen in der Regel bei den Geräten zur Verfügung (Bild 23). Die Schichten sollen die Leitfähigkeit herstellen, selbst jedoch unter der Abbildungsgrenze bleiben (Bild 24) und die Elektronenstrahlmikroanalyse nicht beeinträchtigen.

4.2. Untersuchungen des Werkstoffinneren

Für die Untersuchung des Werkstoffgefüges kommen die Präparationsverfahren zur Anwendung, die sich in der Metallographie für lichtmikroskopische Untersuchungen bewährt haben. Wellenlängendispersive Elektronenstrahlmikroanalysen mit der Mikrosonde können wegen der Meßanordnung, die durch den Rowland-Kreis (Bild 10) gegeben ist, nur an vollständig ebenen Proben durchgeführt werden. Wegen der hohen Schärfentiefe beim REM können die Gefügedetails durch stärkeren Ätzangriff deutlicher herausgearbeitet werden, wofür der Begriff „Tiefätzung" eingeführt

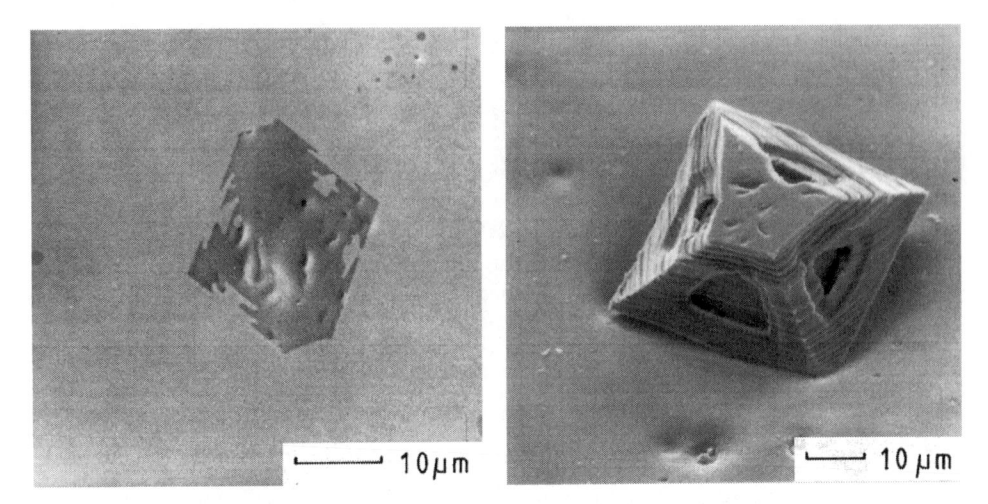

Bild 25: Nichtmetallische Einschlüsse (Chrom-Mangan-Spinelle)
links: metallographischer Schliff
rechts: elektrolytische Tiefätzung in HClO₄.

wurde. Bild 25 zeigt zwei vergleichbare nichtmetallische Einschlüsse, von denen einer durch Tiefätzpräparation verformt (10) freigelegt wurde.

Neben den chemischen und elektrochemischen Präparationsverfahren zur Gefügeentwicklung hat sich inzwischen auch die physikalische Präparation durch Ionenätzung bewährt (11). Sie ist zum Säubern von Innen- und Oberflächen (Bild 26) ebenso geeignet wie zum Freilegen von Gefügedetails und Rissen (Bild 27).

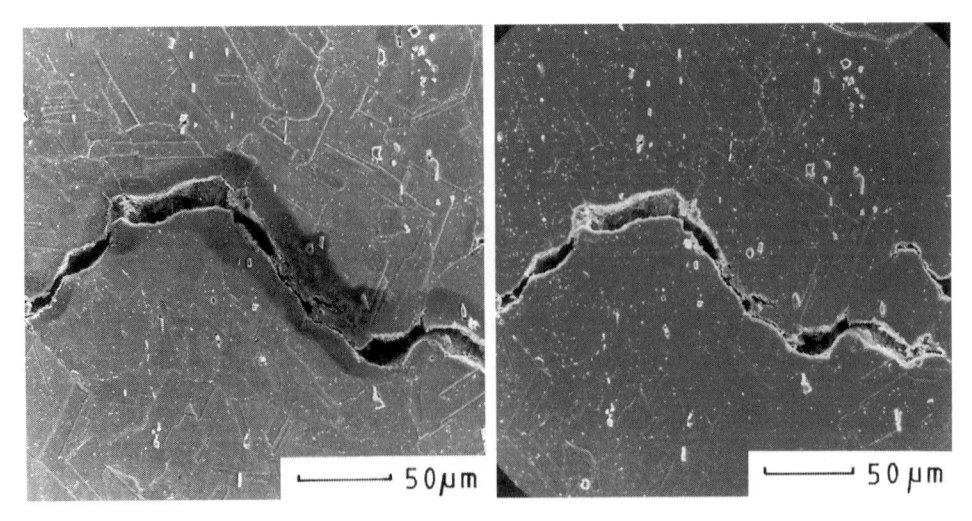

Bild 26: Kriechpore im Stahl X 6 CrNiNb 16 16
links: metallographische Präparation in V2A-Beize
rechts: zusätzliche Ar-Ionenätzung.

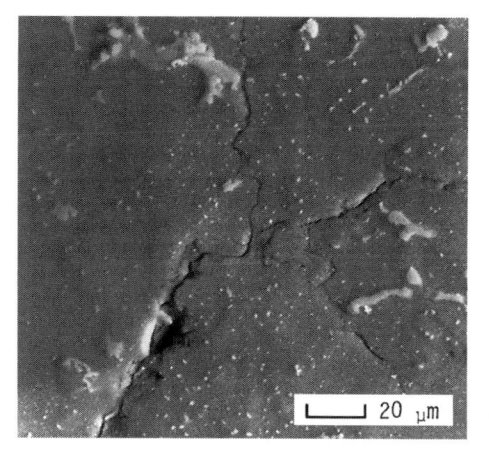

Bild 27: Temperaturwechselrisse in einer Al-Si-Kolbenlegierung.

4.3. Fraktographische Untersuchungen

Die Kenntnis von Bruchvorgängen hat durch die mit der Einführung des REM verbundenen fraktographischen Untersuchungsmöglichkeiten außerordentliche Fortschritte gemacht (12). Der Vergleich labormäßig erzeugter Bruchstrukturen mit Brüchen an Schadensteilen ermöglicht den Nachweis der Beanspruchungen, die zum Schaden geführt haben. Die Analyse werkstoffeigener und -fremder Stoffe gestattet die Zuordnung schadensverursachender Mechanismen bzw. eine Aussage über das Einwirken bruchauslösender korrosiver Medien.

Die Bruchuntersuchung an metallischen Werkstoffen kann bei entsprechender Probengröße in der Regel ohne weitere Vorbereitung erfolgen. Gelegentlich müssen Bruchflächen gereinigt werden. Das Entfernen lose anhaftender Partikel kann durch Abblasen oder durch eine Behandlung im Ultraschallbad erfolgen. Oxid- oder Korrosionsbeläge müssen möglichst schonend für die noch verbliebene Bruchstruktur abgelöst werden (13). Nur selten, z.B. bei größeren Schlackeeinschlüssen, ist es erforderlich, Bruchflächen metallischer Proben leitfähig zu beschichten.

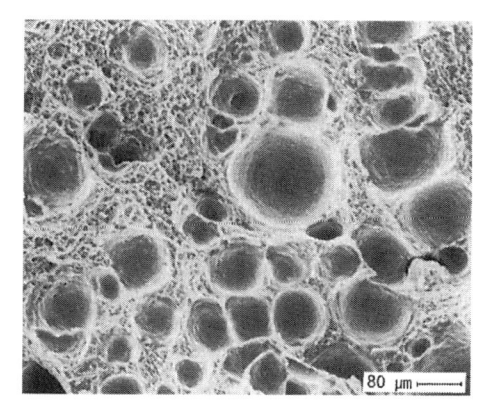

Bild 28: Poren in Al-Schweißgut.

Bild 29: Spezielle Labor-Biegeprobe aus GGG 100 (14).

Für die Konservierung frischer Bruchflächen hat sich das Einsprühen mit Abdecklacken bewährt, die die Bruchfläche, z. B. beim Heraustrennen des Probenkörpers aus dem Bauteil, schützen und sich vor der Untersuchung rückstandsfrei entfernen lassen.

Innere Werkstoffehler lassen sich im Labor durch Gewaltbrüche freilegen (Bild 28). Hierzu wird das Bauteil im interessierenden Bereich eingekerbt und ggf. zur Vermeidung von starker plastischer Verformung auf Spaltbruchtemperatur gekühlt. Die zu untersuchenden Innenfehler lassen sich im REM auf der Bruchfläche schnell auffinden.

Es hat sich aber auch bewährt, Untersuchungen an Labor-Biegeproben durchzuführen (14, 15) (Bild 29).

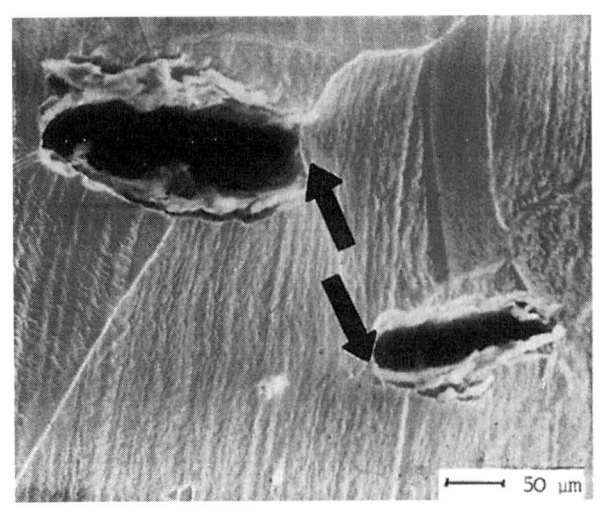

Bild 30: REM-Aufnahme von einer „in situ"-Untersuchung zur Rißeinleitung an nichtmetallischen Einschlüssen in einem Probentisch mit Dehn-Vorrichtung (17).

Mit zuvor eingebrachten Reihen von Härteeindrücken kann die örtliche Verformung gemessen und in Relation zu den beobachteten Rißbildungen gebracht werden (16). Derartige Untersuchungen können auch mit entsprechenden Biege- und Zieheinrichtungen im REM „in situ" durchgeführt werden (16, 17) (Bild 30).

4.4. Untersuchung von Pulvern

Die elektronenmikroskopischen Untersuchungsmethoden eignen sich zur morphologischen Untersuchung von Stäuben, Pulvern und Substanzen aller Art. Wenige vom Bauteil abgekratzte Korrosionspartikel gestatten häufig schon die Klärung eines Korrosionsvorganges. Wischproben von einer tribologisch beanspruchten Maschine können ebenso einen Hinweis auf ein verschlissenes Bauteil geben wie die Untersuchung des Rückstandes aus einem Maschinenöl.

Werkstoffverwechslungen lassen sich häufig schon an einem abgemeißelten Span nachweisen. Diese Präparate können häufig direkt untersucht werden, indem man sie leitfähig auf einen Objektträger klebt.

4.5. TEM-Untersuchungen

TEM-Untersuchungen werden in der Schadensanalyse bevorzugt bei der Gefügeuntersuchung feinster Ausscheidungen und ihrer Wechselwirkung mit Versetzungen eingesetzt. Es kommen gedünnte Folien, Abdrücke, Extraktionen und Pulverpräparate zum Einsatz. Bild 31 zeigt Chromkarbide des Typs $M_{23}C_6$ in der gedünnten Folie eines Cr-Ni-Stahls, wie sie für die Anfälligkeit gegen Interkristalline Korrosion ver-

Bild 31: TEM-Aufnahme einer gedünnten Folie des Stahls X 6 CrNiMo 17 13 nach 0,5 h Glühung bei 650 °C mit beginnender Ausscheidung von $M_{23}C_6$ auf den Korngrenzen.

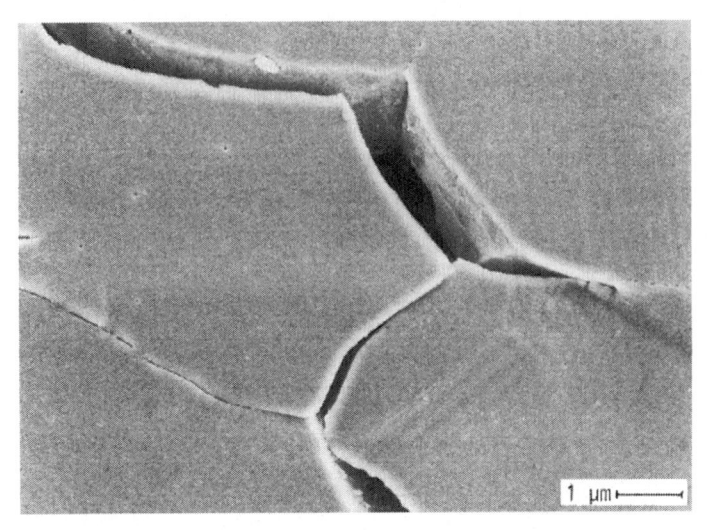

Bild 32: Werkstoff wie in Bild 31, jedoch nach Kupfersulfat-Schwefelsäure-Test. REM-Abbildung der polierten Probenoberfläche nach einem Biegeversuch.

antwortlich sind (18) (Bild 32). Da hier aufwendige Präparationsverfahren durchgeführt werden müssen, sei auf die entsprechende Fachliteratur verwiesen.

4.6. Quantitative Bildanalyse

Für die quantitative Auswertung licht- und elektronenmikroskopischer Bilder steht heute eine große Zahl halb- und vollautomatischer Bildanalysesysteme zur Verfügung, die auch im online-Betrieb ihre Information vom Mikroskop direkt zugeführt bekommen können. Häufig ist das Ziel dieser quantitativen Bildanalyse die Digitalisierung und statistische Auswertung von Gefügeabbildungen zum exakten Vergleich unterschiedlicher Gefügezustände in Zuordnung zu den entsprechenden Ergebnissen der Werkstoffprüfung.

4.7. Quantitative Elektronenstrahlmikroanalyse

Alle EDX- und WDX-Analysengeräte sind mit Rechnerprogrammen ausrüstbar, die vollautomatisch eine ZAF-Korrektur des Meßwertes vornehmen und zu sehr genauen Analysenergebnissen führen.

Bild 33 zeigt dies für einen Duplex-Stahl, bei dem sich durch Langzeit-Hochtemperatur-Beanspruchung große Sigmaphasen-Partikel gebildet hatten, die zur Rißbildung führten.

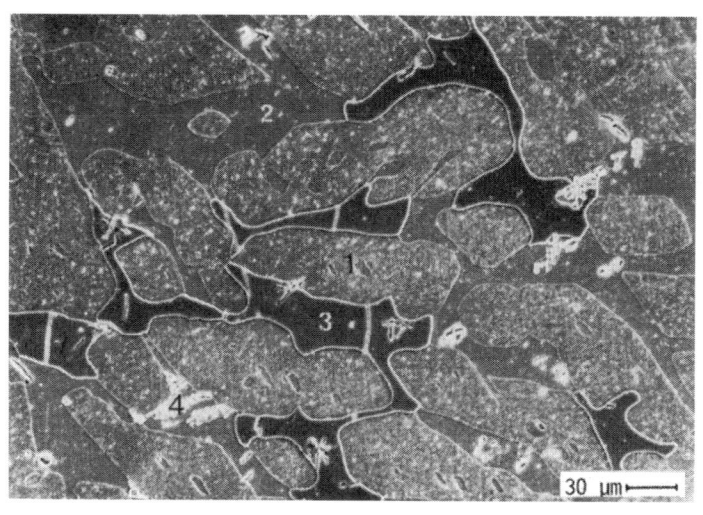

Phasenanalyse mit ESMA:				
	% Mo	% Cr	% Fe	% Ni
1 Austenit	0,74	19,2	72,0	8,1
2 Ferrit	1,4	27,6	67,3	3,8
3 Sigmaphase	3,2	35,4	57,9	3,6
4 Carbide	2,9	41,2	50,9	5,1
Werkstoff: G-X 8 CrNiMo 27 5 Wärmebehandlung: 1080°C / 2 h Wasser + 850°C / 2000 h				

Bild 33: Quantitative Elektronenstrahlmikroanalyse zum Ausscheidungsverhalten eines Gesenkwerkstoffs.

5. Beispiel Stahldraht-Fehler

Stahldrähte haben ein weites Anwendungsgebiet vom Spann-Konstruktionselement in Spannbetonbauwerken bis zur Stahlcordlitze in Automobilreifen (19).

5.1. Oberflächenfehler beim Drahtwalzen und -ziehen

Oberflächenfehler (Bild 34) beeinträchtigen die Verwendbarkeit von Stahldrähten durch Verschlechterung der Festigkeits-, insbesondere der Biegefestigkeitseigenschaften. Bei Schweißdrähten erhöhen Oberflächenfehler die Reibung beim Drahttransport im Schweißautomaten und führen zu Störungen im Schweißprozeß.

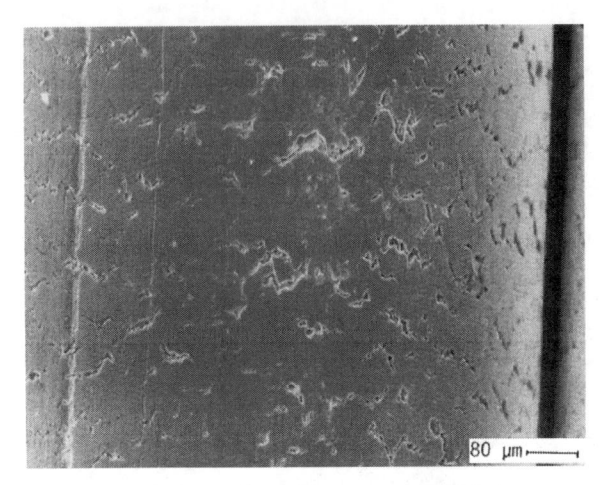

Bild 34: Oberflächenanrisse auf gezogenem Stahldraht.

5.2. Drahtbrüche durch Gefügefehler

Seigerungsbedingte Veränderungen der Werkstoffzusammensetzung können in der Drahtmitte zur Martensitbildung führen. Bei der Verformung, häufig bereits beim Drahtziehen, kommt es zu Innenaufreißungen und damit zu Brüchen (Bild 35) und zu erheblichen Produktionsstörungen.

5.3. Drahtbrüche durch nichtmetallische Einschlüsse

Ebenfalls sind grobe nichtmetallische Einschlüsse häufig die Ursache für Drahtbrüche. Sie lassen sich sicher im REM mit der ESMA nachweisen (Bild 36).

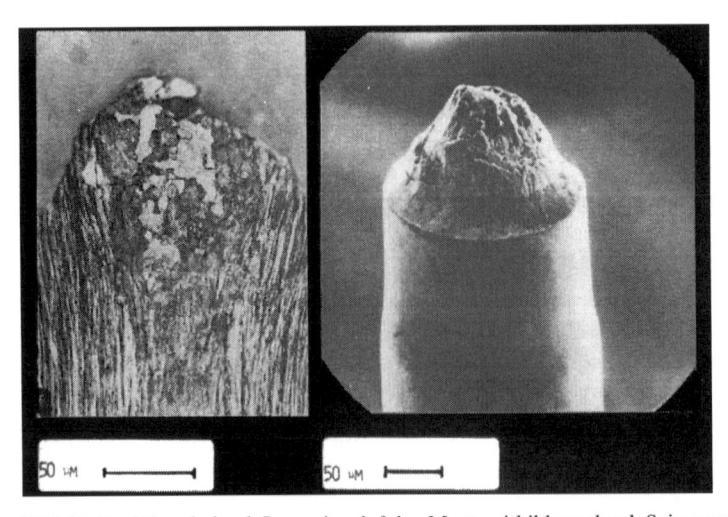

Bild 35: Drahtbruch durch Innenrisse infolge Martensitbildung durch Seigerung.

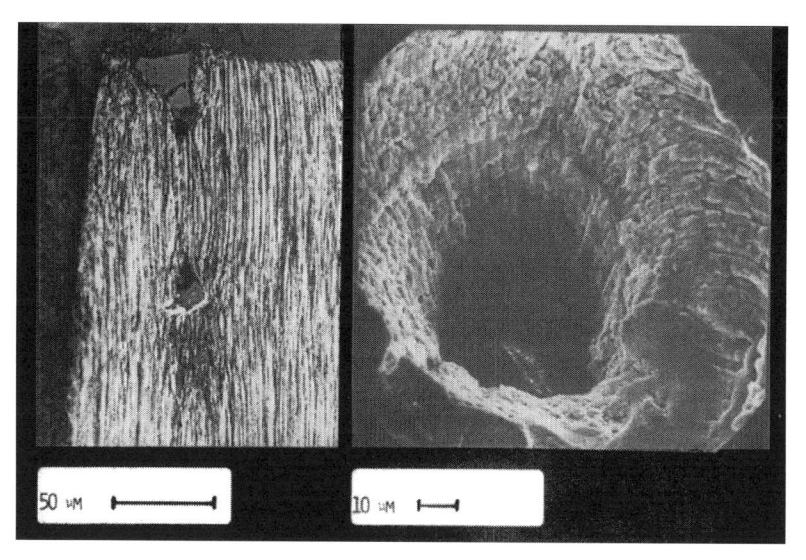

Bild 36: Drahtbruch durch groben Silikateinschluß.

5.4. Drahtbrüche nach Wasserstoffaufnahme

Zur Verbesserung der Haftung wird Stahlcord mit Überzügen – meist Messing – versehen. Dabei kann es zur Wasserstoffaufnahme kommen, die dann zur Bildung von wasserstoffinduzierten Brüchen führt (Bild 37).

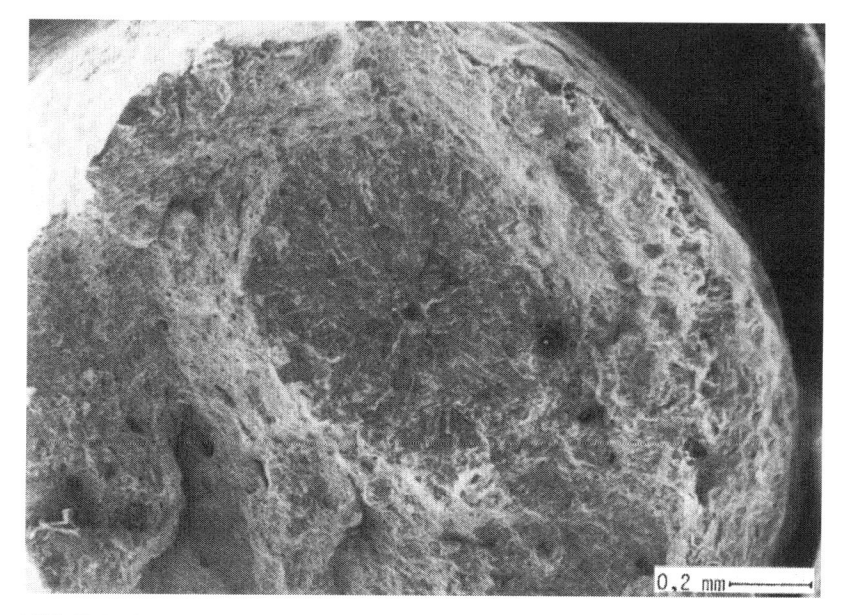

Bild 37: Drahtbruch durch Wasserstoffaufnahme bei der elektrolytischen Beschichtung.

6. Zusammenfassung

Elektronenmikroskopische Untersuchungen gehören zu den Routineverfahren bei der Werkstoffentwicklung und Qualitätskontrolle. In der Schadensanalyse haben sie sich als unentbehrliche Hilfsmittel bewährt.

7. Literatur

(1) M. Pohl: Systematik elektronenmikroskopischer Schadensanalyse; Beitr. elektronenmikroskop. Direktabb. Oberfl. 15 (1982), 305 – 318.
(2) N. Lambert, T. Greday, L. Habraken: De Ferri Metallographia, Bd. IV: Die neuesten metallographischen Untersuchungsverfahren; Verlag Stahleisen, Düsseldorf (1982).
(3) M. Grasserbauer, H. Malissa, M. K: Zacherl: Mikrochimica Acta; Springer-Verlag, Wien/New York (1965, fortlaufend).
(4) G. Pfefferkorn: Beiträge zur elektronenmikroskopischen Direktabbildung von Oberflächen; Verlag R.A. Remy (1968, fortlaufend).
(5) Vorträge der Sitzungen des Arbeitskreises Rastermikroskopie, Deutscher Verband für Materialprüfung, Berlin (1968, fortlaufend).
(6) L. Reimer, G. Pfefferkorn: Rasterelektronenmikroskopie; Springer-Verlag, Berlin, Heidelberg, New York (1977).
(7) J.J: Hren, J.I. Goldstein, D.C. Joy: Introduction to Analytical Electron Microscopy; Plenum Press, New York – London (1979).
(8) L. Reimer: Elektronenmikroskopische Untersuchungs- und Präparationsverfahren; Springer-Verlag, Berlin (1971).
(9) H. Bethge u. J. Heydenreich: Elektronenmikroskopie in der Festkörperphysik; Springer-Verlag (1982).
(10) M. Pohl, M. Merz, W.-G. Burchard: Investigation on the morphogenesis of nonmetallic inclusions in steels; Scanning Electron Micorscopy, Chicago (1983), 1563–1569.
(11) M. Pohl, W.-G. Burchard: Ion Etching in Metzallography; Scanning 3 (1980), 251–261.
(12) NN: Erscheinungsformen von Rissen und Brüchen metallischer Werkstoffe; Verlag Stahleisen GmbH, Düsseldorf (1996).
(13) W. Reick, K. Borst, E. Wallura: Rezeptursammlung von chemischen und physikalischen Methoden zur Entfernung von Korrosionsprodukten auf Cr-haltigen Stählen; Prakt. Met. Sonderbd. 20 (1989), 100–108.
(14) W. L. Guesser, L. C. Guedes, I. Baumer, A. Pieske: Hydrogen Embrittlement of high ductility cast irons; Prakt. Met. Sonderbd. 21 (1990), 121–130.
(15) M. Pohl, A. Ibach, W. Reick, A. F. Padilha: Gefügeoptimierung von ferritisch-austenitischen Duplex-Stählen mit erhöhtem Kohlenstoffgehalt; Prakt. Met. Sonderbd. 21 (1990), 155–168.
(16) M. Pohl, W.-G. Burchard: Die Sigma-Phase in austenitischen Cr-Ni-Stählen; DVM-Tagungsband, Vorträge der 9. Sitzung des AK Rasterelektronenmikropie (1975), 121–130.
(17) M. Pohl, K. Borst: Untersuchungen zur BN-Ausscheidung in hochwarmfesten Chrom-Nickel-Stählen; DVM-Tagungsband, Vorträge der 12. Sitzung des Arbeitskreises Rastermikroskopie in der Materialprüfung (1986), 195–203.
(18) M. Pohl, H. Oppolzer, S. Schild: STEM-EDX measurements on grain boundary phenomena of sensitized chrome-nickel-steels; Mikrochimica Acta (Wien) Suppl. 10 (1983), 281–295.
(19) E. Kast, K. Benedens: Gefügebedingte Brucherscheinungen beim Ziehen und Verseilen von Stahlkord für die Reifenherstellung; Gefüge und Bruch, Gebr. Bornträger, Berlin-Stuttgart (1990), 525–545.

Mikroskopische und makroskopische Erscheinungsformen des duktilen Gewaltbruches (Gleitbruch)

Günter Lange, Institut für Werkstoffe, Technische Universität Braunschweig

1. Definition und Erscheinungsformen

Gewaltbrüche entstehen durch einsinnige, mechanische Überlastung unter mäßig rascher bis schlagartiger Beanspruchung. Der Bruch kann nach zwei verschiedenen Mechanismen ablaufen: Der *Gleitbruch* entsteht unter plastischer Verformung durch Abgleiten entlang der Ebenen maximaler Schubspannungen, der *Spaltbruch* erfolgt nahezu verformungslos durch Überwindung der den Werkstoff zusammenhaltenden Kohäsionskräfte. Zäher Werkstoff, einachsiger Spannungszustand (glatte Bauteiloberflächen), niedrige Belastungsgeschwindigkeit und höhere Temperatur begünstigen den Gleitbruch. (Umgekehrt fördern spröde Werkstoffbeschaffenheit, mehrachsige Zugspannungszustände und lokale Spannungsspitzen – meist hervorgerufen durch schroffe Querschnittsänderungen oder durch Kerben – sowie hohe Beanspruchungsgeschwindigkeit und tiefe Temperatur die Neigung zum transkristallinen Spaltbruch in kubisch raumzentrierten oder in hexagonalen Metallgittern).

Normalerweise ist der Gleitbruch nicht nur mit einer mikroskopischen, sondern auch mit einer deutlichen makroskopischen plastischen Formänderung verbunden. Sie kann fehlen, wenn die Bauteilgeometrie oder der Werkstoffzustand eine Einschnürung (oder Ausbauchung) verhindern (Sprödbruch). In Ausnahmefällen versagen auch glatte Stäbe beim Gleitbruch ohne makroskopische Deformation. (Andererseits kann dem mikroskopisch definitionsgemäß spröden Spaltbruch eine plastische Bauteilverformung vorausgehen, vgl. Kapitel Einteilung, Ursachen und Kennzeichen der Brüche, Bilder 1 und 2).

Da der Gleitbruch durch die maximale Schubspannung, der Spaltbruch durch die größte Zugspannung hervorgerufen wird, ergeben sich die in Bild 1 zusammengestellten prinzipiellen Bruchformen. Darüber hinaus treten bauteil- und werkstoffbedingte Modifikationen auf. (Bildet sich eine Bruchfläche makroskopisch senkrecht zur Hauptnormalspannung aus, so spricht man gelegentlich von einem Normalspannungsbruch. Handelt es sich dabei um einen Gleitbruch, so charakterisiert die Bezeichnung nur die Orientierung der Bruchfläche; die mikroskopische Werkstofftrennung erfolgt stets durch Schubspannungen. Der Spaltbruch dagegen ist hinsichtlich Ursache und Erscheinungsform ein Normalspannungsbruch. Der Begriff führt zu Mißverständnissen und sollte nach Ansicht des Verfassers vermieden werden.)

64 *Mikroskopische und makroskopische Erscheinungsformen des duktilen Gewaltbruches*

Belastungsart	Gleitbruch (∥ τ_{max})	Trennbruch (⊥ σ_{max})
Zug		
Druck		nicht möglich
Biegung		
Torsion		

Bild 1: Grundformen des Gewaltbruches (in Anlehnung an E.J. Pohl „Das Gesicht des Bruches metallischer Werkstoffe", Allianz 1956).

Bekannte werkstoffbedingte Modifikationen treten insbesondere beim Gleitbruch unter Zugkräften auf. Anstelle des theoretisch zu erwartenden (reinen) Scherbruches (Bilder 1 und 2, links) entwickelt sich meist der Trichter-Kegel-Bruch; früher Kegel-Tasse-Bruch (cup and cone fracture, Bild 2, rechts); reine Metalle ziehen sich zu einer Spitze aus (Bild 3), höherfeste zeilige Werkstoffe bilden gelegentlich fräserförmige

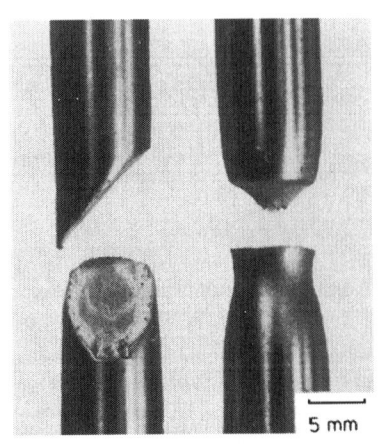

Bild 2: Scherbruch (links) und kompletter Trichter-Kegel-Bruch (rechts). Aluminiumlegierung AlMg5.

Bild 3: Weitgehend ausgezogenes Aluminium technischer Reinheit.

Bruchflächen (Bild 4). Betrachtet werden zunächst die Verhältnisse beim Trichter-Kegel-Bruch, vgl. auch (1,2). Die anderen Formen lassen sich daraus ableiten. (Eine zusammenfassende Darstellung der Bildungsmechanismen aller gängigen Brucharten findet man z. B. bei Aurich (3); Fragen der Rißausbreitung behandelt u. a. Schwalbe (4)).

2. Trichter-Kegel-Bruch

Rundproben duktiler Werkstoffe beginnen sich etwa bei Überschreiten des Lastmaximums einzuschnüren. Obwohl die Fließspannung (k_f) des Werkstoffes aufgrund der wachsenden Verformung weiterhin stetig zunimmt, vermag sie die lokale geometrische Entfestigung (Querschnittsabnahme) nicht mehr zu kompensieren, wie es im Bereich der Gleichmaßdehnung der Fall war. In der Einschnürungszone bildet sich ein dreiachsiger Zugspannungszustand aus. Bild 5 gibt den von Siebel und Schwaigerer (5) ermittelten Verlauf von Längs-, Radial- und Umfangsspannung im engsten Querschnitt wieder, vgl. auch (6). Die drei Hauptspannungen erreichen in Probenmitte jeweils ihren maximalen Wert. Radial- und Umfangsspannung stimmen hier exakt überein, während zum Rand hin kleinere Abweichungen auftreten. (Sie haben für die nachfolgenden Betrachtungen keine Bedeutung.) Radial- und Umfangsspannung unterscheiden sich dann von der Längsspannung überall um den Betrag der Fließspannung, da sich die Probe über den gesamten Querschnitt plastisch verformt; das Trescasche Fließkriterium $k_f = \sigma_{max} - \sigma_{min}$ ist an jeder Stelle erfüllt. Die Verformung erfolgt durch Abgleiten auf Ebenen, die unter einem Winkel von 45 Grad zwischen der maximalen und der minimalen Hauptspannung verlaufen. Da mit Radial- und Umfangsspannung gleichzeitig zwei Minimalspannungen auftreten, stehen für

Bild 4: Fräserförmiger Bruch an vergütetem Stahl X22Cr17.

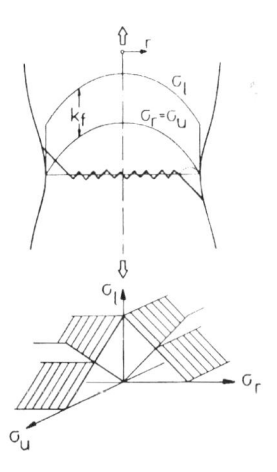

Bild 5: Oberes Teilbild: Spannungs- und Rißverlauf in einer eingeschnürten Zugprobe. Radialspannung nach Bildung des Trichterbodens punktiert eingezeichnet. Unteres Teilbild: Ebenen maximaler Schubspannung vor Beginn des Risses.

eine rotationssymmetrische Einschnürung genügend Scherebenen zur Verfügung (Bild 5).

Der Trichter-Kegel-Bruch beginnt im Inneren der Probe. Der Umstand, daß dort der größte hydrostatische Zugspannungszustand herrscht, fördert zweifelos die Rißbildung, bietet jedoch allein noch keine ausreichende Erklärung. Auch Zugstäbe, die sich zu einer Spitze ausziehen, durchlaufen zuvor das Einschnürungsstadium mit gleichartigen Spannungszuständen, ohne dabei aufzureißen. Mit maximalem Zug ließe sich zunächst nur ein Spaltbruch im Zentrum erklären. Die für den hier besprochenen Gleitbruch ausschlaggebenden Schubspannungen sind dagegen nach Bild 5 auf dem gesamten Querschnitt konstant.

Verantwortlich für den Rißbeginn im Probeninneren sind der *mikroskopische Bruchmechanismus* sowie der unterschiedliche Verformungsgrad in der Einschnürzone. Mikroskopisch gehen die ersten Anrisse von Einschlüssen, Ausscheidungen und anderen Gefügeinhomogenitäten aus, die in den meisten technischen Werkstoffen in hinreichender Menge enthalten sind. Die Teilchen brechen entweder in sich selbst oder sie lösen sich von der umgebenden Matrix (Bilder 6 und 7).

Lokale Brüche in spröden Partikeln wurden bereits nach geringer plastischer Deformation, d. h. kurz nach Überschreiten der Streckgrenze gefunden. Als Spaltbrüche werden sie in erster Linie von der anliegenden Zugspannung ausgelöst. Da im Zentrum der Probe die höchsten Spannungen herrschen, ist es von dieser Art der Vorschädigung am stärksten betroffen. Um dagegen Teilchen von der Matrix abzulösen, muß ein kritischer Verformungsgrad überschritten werden, so daß sich genügend Versetzungen vor dem Hindernis aufstauen. Die von Siebel ermittelte Spannungsverteilung bevorzugt das Probeninnere in dieser Hinsicht nicht. Genauere Rechnungen von Norris (7) zeigen jedoch, daß sich ein eingeschnürter Zugstab in Nähe der Achse wesentlich stärker plastisch verformt hat als in der Randzone (Bild 8). Der Grad an lokaler Vorschädigung erreicht somit beim spaltbruch- als auch beim ablösungsinitiierten Gleitbruch sein größtes Ausmaß in Probenmitte. (Strenggenommen müßte

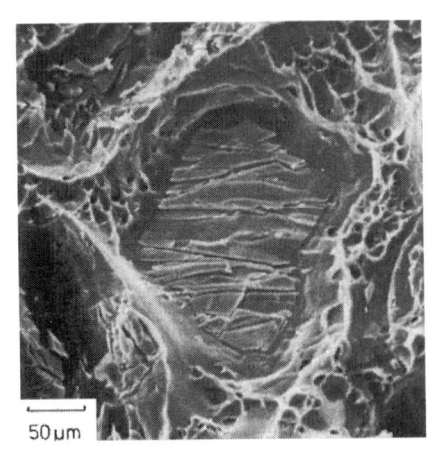

Bild 6: Spaltbrüche in einem groben, spröden Einschluß. Aluminiumlegierung AlCu5. Rastermikroskopische Aufnahme.

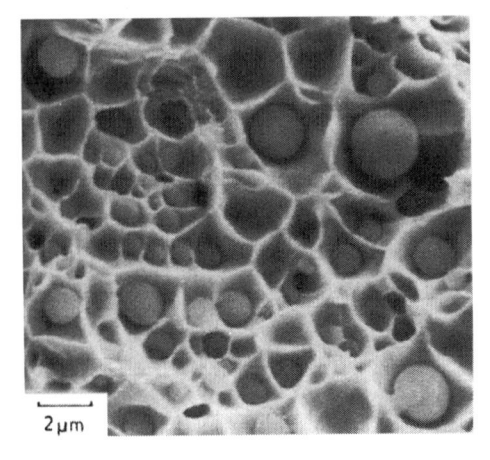

Bild 7: Abgelöste Einschlüsse in einem ferritischen Stahl. Rastermikroskopische Aufnahme.

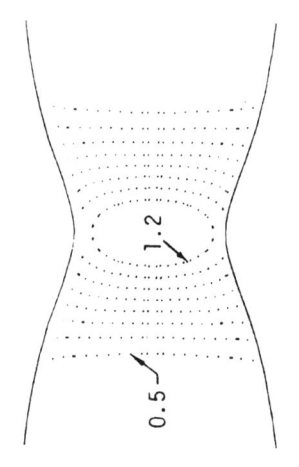

Bild 8: Linien gleichen plastischen Verformungsgrades in der Einschnürungszone einer Zugprobe nach Norris (7).

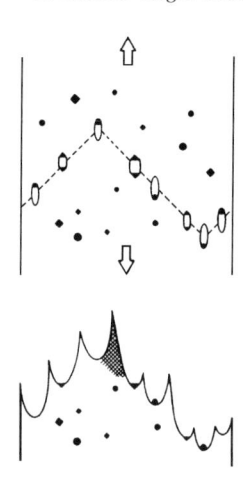

Bild 9: Schematische Darstellung der Wabenbildung entlang der am stärksten vorgeschädigten 45-Grad-Scherflächen (oben); zugehörige Bruchfläche (unten). Die Schraffur in der mittleren Wabenwand deutet die Abgleitvorgänge beim Ausziehen der Wand an.

jetzt Bild 5 korrigiert werden: infolge unterschiedlicher Verformung bleibt die Fließspannung über dem Querschnitt nicht mehr völlig konstant.) Darüber hinaus ist eine Konzentration, zumindest der Ablösungs-Rißkeime, auf den am stärksten betätigten Gleitebenen zu erwarten.

Der im Inneren beginnende Riß folgt derartigen maximal vorgeschädigten 45-Grad-Scherflächen. Die örtlichen Trennungen in oder an den Partikeln haben sich inzwischen aufgrund der äußeren Spannungen – in der Endphase verstärkt durch das Spannungsfeld des Risses unmittelbar vor dessen Spitze – zu ellipsoidförmigen Hohlräumen aufgeweitet. Die zwischen ihnen verbliebenen Wände ziehen sich unter der anliegenden Zugkraft – wiederum durch Abgleiten auf Ebenen maximaler Schubspannung – zu gratartigen Umrandungen der Hohlraumhälften aus: Die für den duktilen Gewaltbruch charakteristische Wabe (Dimple, Grübchen) hat sich gebildet (Bild 9). Auf ihrem Grund erkennt man häufig das brucheinleitende Teilchen bzw. Teilchenfragment (Bild 6 und 7); auch die Gleitstufen vom Abscheren der Wandungen treten oftmals deutlich hervor (Bild 10). Das Zerreißen der Zwischenwände gleicht dem Zugversuch an einem reinen Metall, das sich zu einer Spitze oder zu einer Schneide auszieht. Der Werkstoff zwischen den Hohlräumen braucht dafür allerdings nicht im chemischen Sinne rein zu sein. Der beschriebene Mechanismus bewirkt lediglich, daß diese Bereiche keine Teilchen mehr enthalten, die unter dem vorliegenden Beanspruchungszustand lokale Anrisse einleiten. Die insgesamt vorhandenen Einschlüsse und Ausscheidungen können die für die Wabenbildung aktivierungsfähigen zahlenmäßig weit übertreffen. Da die Fließspannung beim Ausziehen der Wabenwände örtlich noch ansteigt, werden teilweise weitere Partikel zur Bildung von Unterwaben angeregt (Bild 10).

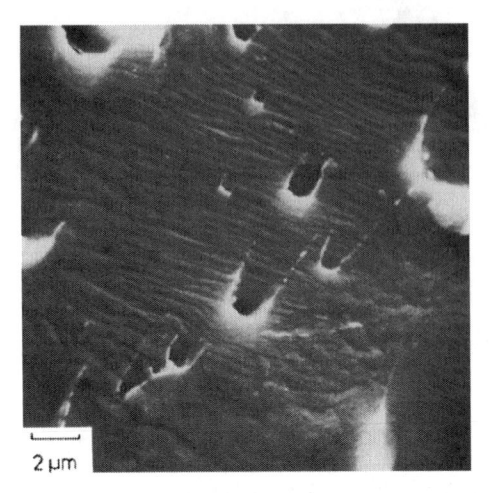

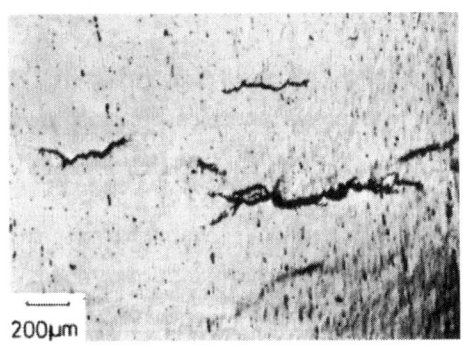

Bild 10: Gleitstufen und Unterwaben auf der Wand einer großen Wabe. (links)

Bild 11: Konkurrierende Anrisse im Zentrum einer eingeschnürten Zugprobe. (oben)

Theoretisch entsteht die Bruchfläche, indem sich der Riß mit dem jeweils vor seiner Spitze liegenden Hohlraum unter Bildung einer Wabe vereinigt. Tatsächlich entwickeln sich vielfach bereits vor der Rißfront zusammenhängende Wabenfelder, die dann komplett in die Bruchfläche eingebaut werden. Da sich die partikelinduzierten Vorschädigungen nicht exakt auf den engsten Querschnitt beschränken, sondern ein größeres Volumen erfassen, findet man oftmals zahlreiche, miteinander konkurrierende Risse (Bild 11). Die Nebenrisse schließen sich jedoch weitgehend wieder, wenn der fortschreitende Hauptriß ihre Umgebung entlastet.

Die typische makroskopische Form des Trichter-Kegel-Bruches resultiert aus dem Spannungs- und dem Verformungszustand der Probe. Im Inneren stehen aufgrund der beiden betätigten Schubspannungssysteme – zwischen Längs- und Radialspannung sowie zwischen Längs- und Umfangsspannung – genügend vorgeschädigte Flächen für eine konzentrische Rißausbreitung zur Verfügung. Der Riß folgt einer einzelnen

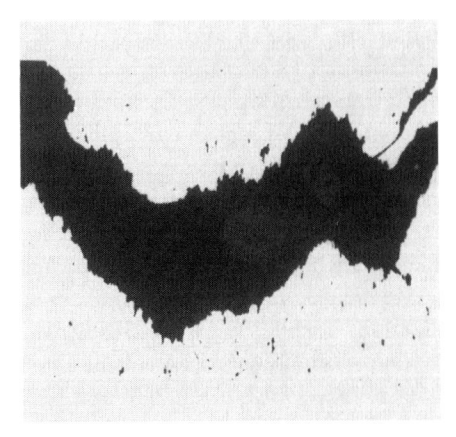

Bild 12: Rißausbreitung im Inneren einer Zugprobe vorzugsweise auf 45-Grad-Scherebenen; zum Teil sind die einzelnen Waben erkennbar.

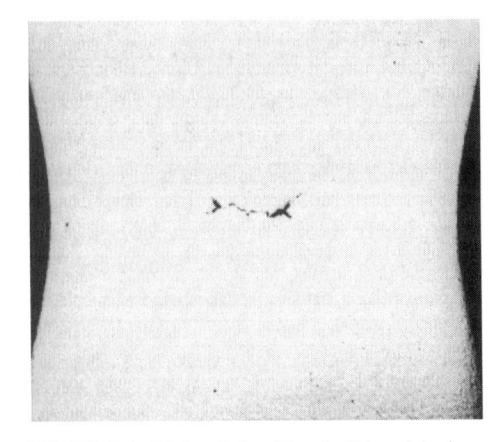

Bild 13: Schnitt durch den Einschnürbereich einer Zugprobe in der Anfangsphase der Bruchausbreitung; gegabelte Rißspitze. Einschnürungskonturen der Probe am rechten und am linken Bildrand.

Scherebene meist nur über eine kurze Strecke, beispielsweise über eine Länge von einigen Dutzend Waben (Bild 12). Je weiter er sich aus der Ebene des engsten Probenquerschnittes entfernt, desto geringer wird die Zugspannung vor seiner Spitze; der Vorschädigungsgrad nimmt ebenfalls ab. Der Riß ändert daher seine Richtung und kehrt auf einer konjugierten Scherebene in den engsten Querschnitt zurück. Während der Ausbreitung ist die Rißspitze ständig gegabelt, ein Zeichen, daß die zweite Ebene latent zur Verfügung steht (Bilder 13 und 14). Indem sich die unter 45 Grad geneigten, kurzen Abschnitte aneinanderreihen, entsteht makroskopisch eine annähernd ebene Fläche, der Trichterboden. Die Waben sind in diesem Bereich treppenartig auf den geöffneten Scherflächen angeordnet, die Grate weisen in Richtung der Zugkraft (Bild 9).

Mit wachsendem Riß ändern sich allmählich die Bedingungen. Der Grad an Vorschädigung geht zurück; der weitere Weg des Risses ist nicht mehr vorgezeichnet, sondern hängt von den jetzt einsetzenden Verformungsvorgängen und damit vom Spannungszustand ab. Die Radialspannung, an der Spitze des Innenrisses und an der Probenoberfläche gleich Null, kann innerhalb der verbliebenen Randschicht keine größeren Werte mehr annehmen und wird alleinige Minimalspannung. Ähnlich wie in einem Rohr herrscht näherungsweise ein zweiachsiger Spannungszustand. Für das weitere Fließen steht nur noch ein Ebenenpaar maximaler Schubspannung zur Verfügung. Andererseits kann der Werkstoff am Rand rein geometrisch über wesentlich größere Strecken abgleiten als im Inneren der Probe.

Unter diesen Voraussetzungen bildet sich der charakteristische kegelförmige Teil der Bruchfläche (Scher- oder Schubspannungslippe). Sobald der Riß am Ende des Trichterbodens in die spätere Trichterwand einschwenkt, zeichnet sich in Verlängerung dieser Ebene eine Gleitstufe auf der Probenoberfläche ab; die Abscherung erfaßt folglich die gesamte Randzone. In den meisten Fällen kippt der Riß nicht auf dem ganzen Umfang in dieselbe 45-Grad Richtung ab (Bild 15). Trichterwand- und Kegelstumpfanteile verteilen sich daher auf beide Bruchstücke der Zugprobe. Gelegentlich treten komplette Trichter und Kegelstümpfe auf (vgl. Bild 2). Ein derartiger rotationssymmetrischer Abgleitvorgang unter 45 Grad ist möglich, weil sich die Probe

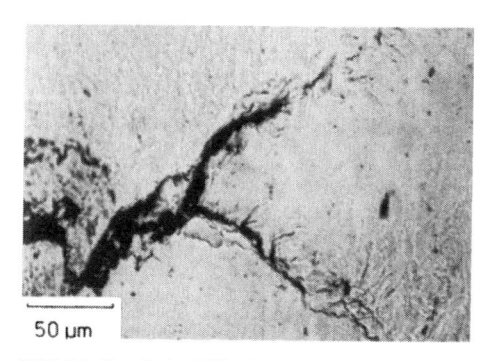

Bild 14: Gegabelte Rißspitze.

Bild 15: Schnitt durch den Einschnürbereich einer Zugprobe in der Endphase der Bruchausbreitung. Probenkonturen am rechten und am linken Bildrand.

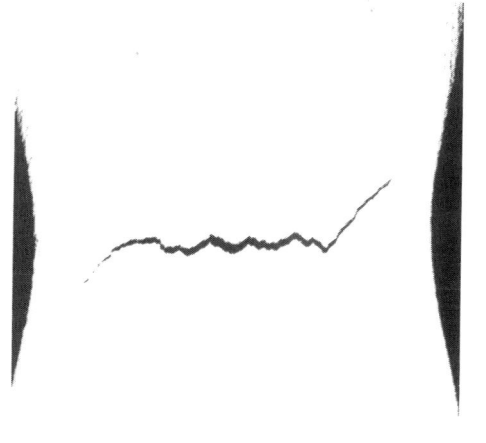

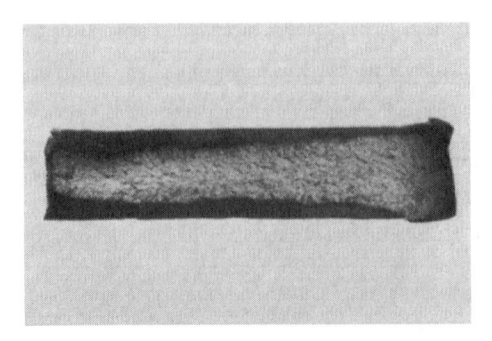

Bild 16: Gleitbruch durch Zug (eingeleitet durch Schwingungsanriß) in einem Beschlag. Scherlippen entlang beider Ränder. Bauteilbreite 35 mm. Martensitaushärtbarer Stahl 17-4 PH.

Bild 17: Gleitbruch durch Zug in der Hohlwelle eines Triebwerkes. Außendurchmesser des zylindrischen Abschnittes 27 mm. Inconel X-750.

in dieser Endphase nachweislich um den gleichen Betrag radial einschnürt, um den sie sich axial verlängert (2).

In die beschriebenen Mechanismen lassen sich auch die Bruchformen anderer durch Zugkräfte zerstörter Teile zwanglos einordnen. Dickwandige, unrunde Querschnitte zeigen gewöhnlich in ihrer Mitte einen größeren, senkrecht zur Zugrichtung orientierten Abschnitt und Scherlippen an den Rändern (Bild 16). Der Riß kann hier auch von außen beginnen.

Dünnwandige Rohrproben ziehen sich entlang des gesamten Umfanges zu Scherlippen aus (Bild 17). Der Vorgang entspricht der Bildung des konischen Randbereiches in der Endphase des Trichter-Kegel-Bruches.

Das Abscheren einer Flachprobe läßt sich hier ebenfalls einordnen. Die Vermutung, in einem hinreichend dickwandigen Rohr müsse sich im Inneren der Wand ein ringförmiger Bruchflächenabschnitt orthogonal zur Zugrichtung entwickeln, konnte experimentell bestätigt werden (8) (Bild 18).

Der in diesem Abschnitt beschriebene Bruchablauf setzt eine homogene Matrix und eine gleichmäßige Verteilung zahlreicher kleiner Partikel voraus. Durch den Einfluß des Gefüges, insbesondere durch Art, Menge und Anordnung der Teilchen, können sich an einer Zugprobe auch andere Bruchformen ausbilden (s.u.).

3. Fräserförmiger Bruch

An hochfesten Vergütungsstählen mit ausgeprägtem Zeilengefüge beobachtet man gelegentlich den fräserförmigen Bruch (Bild 4). Die Probe schnürt sich zunächst in der üblichen Weise ein. Infolge des insgesamt hohen Spannungsniveaus treten auch in Umfangsrichtung erhebliche Zugbelastungen auf. Ihnen steht eine relativ niedrige Festigkeit in dieser Richtung gegenüber. Die Probe reißt in radialer Richtung mehrfach auf; der dreiachsige Beanspruchungszustand bricht zusammen. Die entstandenen Einzelsegmente, näherungsweise Flachproben vergleichbar („Tortenstücke"), scheren dann jeweils unter etwa 45 Grad ab (Bilder 19 und 20).

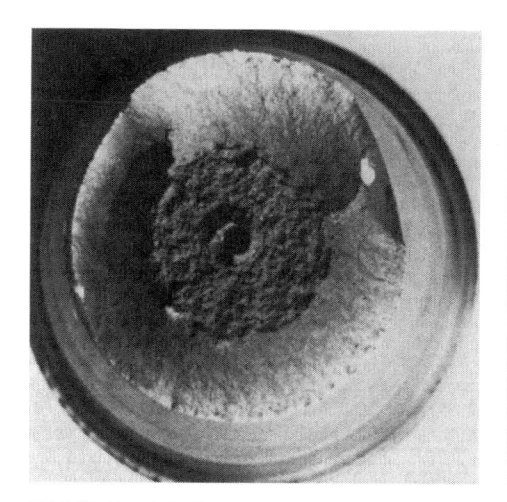

Bild 18: Bruchfläche eines dickwandigen Rohres (Außendurchmesser vor dem Versuch 82 mm, Innendurchmesser 5 mm). Ringförmiger Anteil senkrecht zur Zugrichtung, Scherkegel innen und außen.

Bild 19: Radial angeordnete Bruchebenen und Scherflächen im fräserförmigen Bruch von Bild 4. Rastermikroskopische Aufnahme.

4. Scherbruch

Das Abgleiten eines Rundstabes entlang einer einzigen, unter 45 Grad zur Zugrichtung geneigten Scherebene (Bild 2, links) kann auf unterschiedlichen Ursachen beruhen. Ein trivialer Grund besteht in überlagerten Biegespannungen. So findet man beispielsweise bei Schäden an vieladrigen Drahtseilen oftmals Scherbrüche neben Trichter-Kegel-Brüchen. Eigene Versuche zeigten, daß die Einzeldrähte schräg abgleiten, solange sich der Zugkraft ein Biegemoment infolge der Drahtwindung überlagert.

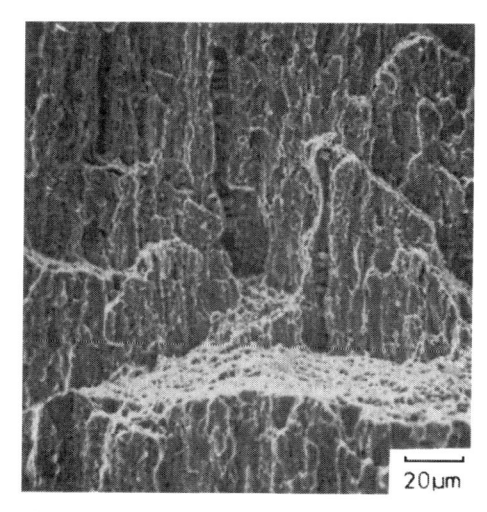

Bild 20: Ausschnitt aus einer radialen Bruchebene von Bild 19; ausgeprägtes Zeilengefüge.

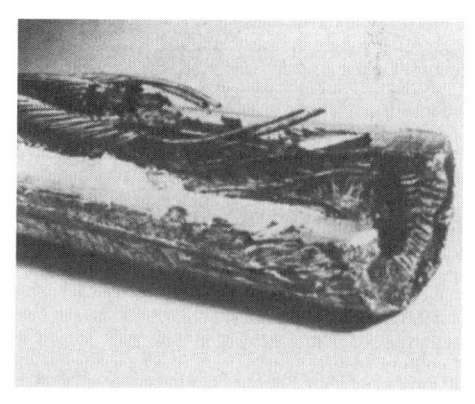

Bild 21: Gebrochenes Rundlitzenseil 6 x 19, Preßklemme geöffnet. Klemmenaußendurchmesser ca. 45 mm.

Bild 22: Scherbruch eines Einzeldrahtes (Durchmesser 1,3 mm) des Seiles von Bild 21. Rastermikroskopische Aufnahme.

Bild 23: Trichter-Kegel-Bruch eines Einzeldrahtes (Durchmesser 1,3 mm) des Seiles von Bild 21. Rastermikroskopische Aufnahme.

Mit fortschreitender Zerstörung werden die noch tragenden Drähte immer weniger von Nachbarn behindert. Die restlichen Drähte ziehen sich dann gerade und brechen unter der Wirkung reiner Zugkräfte trichterförmig (Bilder 21 bis 23).

Scherbrüche beobachtet man darüber hinaus vereinzelt an Vergütungsstählen, und zwar unter denselben Versuchsbedingungen, die normalerweise zu trichterförmigen Brüchen führen. Offensichtlich wirken sich hier Oberflächenfehler aus. Auch Anrisse, die sich an hochfesten Stählen beim Zugversuch in Druckwasserstoff bilden, leiten häufig diesen Bruchtyp ein (9). Scherbrüche bei Zugversuchen in der Nähe des absoluten Nullpunktes (10) beruhen auf einer Entfestigung der abgleitenden Werkstoffschicht infolge starken örtlichen Temperaturanstieges (spez. Wärme $\rightarrow 0$ für $T \rightarrow 0$).

Eine derartige Materialentfestigung und die damit verbundene Konzentration des weiteren Fließens auf die einmal aktivierte Scherebene kann jedoch auch durch eine negative Dehngeschwindigkeitsempfindlichkeit einer Legierung bewirkt werden (m < 0, d. h. bei rascherer Verformung sinkt die Fließspannung). Werkstoffbedingte Scherbrüche dieser Art zeigen – beanspruchungsabhängig – einige Aluminiumlegierungen wie AlMg(!), AlCu, AlCuMgPb oder AlZnMg. Das Verhalten basiert auf der Wechselwirkung zwischen Gleitversetzungen und Substitutions-Fremdatomen. Die durch Verankerungs- und Losreißprozesse ausgelösten plastischen Instabilitäten bleiben wegen der erforderlichen Resonanz zwischen mittlerer Gleit- und Diffusionsgeschwindigkeit auf einen bestimmten Bereich von Prüftemperatur und Umformgeschwindigkeit begrenzt, beispielsweise von ca. -60 bis $+70\,°C$ und von 10^{-7} bis $10^{-1}s^{-1}$ bei AlMg3. Der „echte" Scherbruch steht in engem Zusammenhang mit dem Portevin-LeChatelier-Effekt, auch als dynamische Reckalterung oder Sägezahnfließen bezeichnet. Umfangreiche eigene Untersuchungen (11) haben ergeben, daß der Scherbruch durch eine Reihe äußerst schmaler Scherzonen (10 bis 50 µm) eingeleitet wird, die – beginnend im Gebiet des Lastmaximums – mit extrem hoher Umformgeschwindigkeit ($\dot\varphi = 5$ bis $25\ s^{-1}$) exakt unter 45 Grad in die Probe einschießen. Bei diesen Geschwindigkeiten reagieren die Legierungen mit einem positiven Exponenten

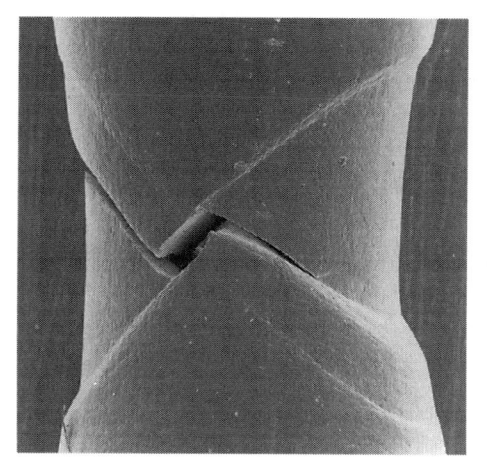

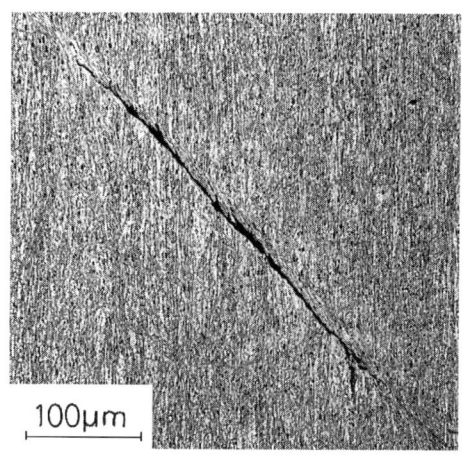

Bild 24: Scherbruch auf mehreren Ebenen nach Einschnürung der Rundprobe.

Bild 25: Entlang einer Scherfläche im Probenzentrum einsetzende Rißbildung.

($m > 0$); andernfalls führte bereits das erste Band zum totalen Versagen. Mit zunehmender Einschnürung tritt der Scherbruch in Konkurrenz zum Trichter-Kegel-Bruch, in den er sich durch eine wachsende Abzugsgeschwindigkeit der Prüfmaschine mit beliebig vielen Zwischenformen (vgl. z. B. Bild 24) überführen läßt. (Auch die beiden Brüche in Bild 2 wurden auf diese Weise erzeugt: Scherbruch mit 0,2 mm/min, Trichter-Kegel-Bruch mit 500 mm/min.) Die Trennung beginnt beim Scherbruch ebenfalls im Inneren der Probe (Bild 25); die Bruchfläche ist – ähnlich einer Scherlippe – mit langgestreckten Dimples bedeckt. Einzelheiten zum Scherbruch vgl. (11).

5. Ausziehen zur Spitze

Reine Metalle ziehen sich zur Spitze oder zur Schneide aus. Wie beim Trichter-Kegel-Bruch beschrieben, schnüren auch sie sich zunächst taillenförmig ein. Da Ausscheidungen oder Einschlüsse fehlen, unterbleibt die Werkstofftrennung im Inneren. Durch fortwährendes Abgleiten vermindert sich der Probenquerschnitt bis auf Null. Metalle technischer Reinheit bilden im Zentrum meist noch eine kleine Bruchfläche (Bild 3). Verhindert man die Einschnürung, beispielsweise durch einen umlaufenden Spitzkerb, so werden aufgrund des höheren Spannungszustandes Restverunreinigungen für die Wabenbildung aktiviert (vgl. auch Unterwaben beim gewöhnlichen duktilen Bruch). In hochreinen, polykristallinen Metallen können sich bei äußerer Verformungsbehinderung Waben erheblicher Größe an den Korngrenzen bilden; duktile Einkristalle beginnen sich bei extremer Fließbehinderung (Beschuß) an Zellwänden zu trennen (12).

74   *Mikroskopische und makroskopische Erscheinungsformen des duktilen Gewaltbruches*

6. Einfluß von Werkstoff und Beanspruchung auf die Wabenforrm

Größe und Anordnung der Waben (Entstehung s. Abschnitt 2) richten sich nach der Verteilung der aktivierungsfähigen Partikel. Es können sich daher sehr unterschiedliche Topographien entwickeln (Bilder 6, 7, 26, 27). Grobe Teilchen verhindern z. B. die Bildung der 45°-Scherflächen-Unterstruktur im Bereich des Trichterbodens und in entsprechenden Bauteilbruchflächen; stattdessen entsteht eine stark zerklüftete Bruchfläche. In Extremfällen dominiert der Partikelbruch: Die Waben sind zu

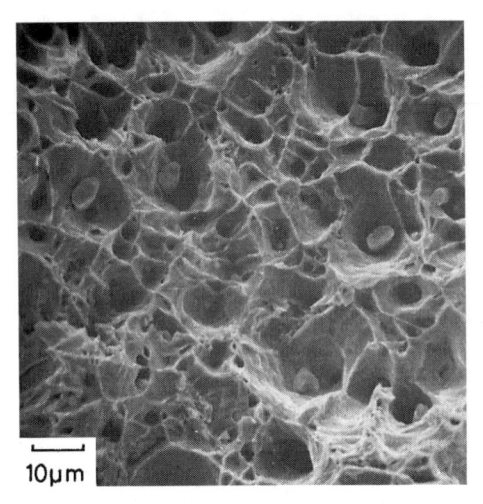

Bild 26: Typische Wabenkonfiguration in ferritischem Stahl. Rastermikroskopische Aufnahme.

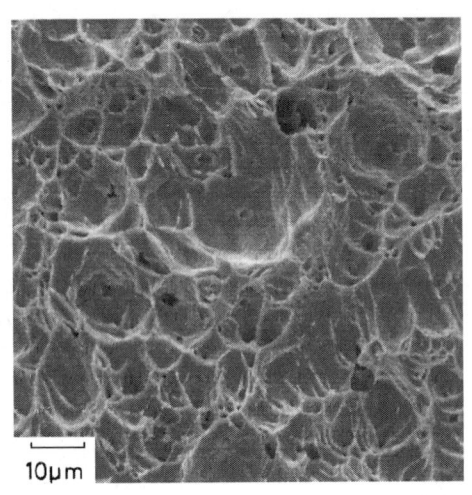

Bild 27: Waben in Kupfer der Reinheit 99,99. Rastermikroskopische Aufnahme.

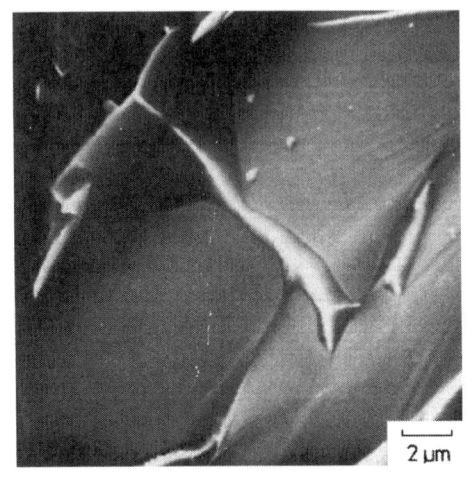

Bild 28: Kämme duktiler Aluminiummatrix zwischen gespaltenen Siliziumeinschlüssen. Al-Si-Gußlegierung. Rastermikroskopische Aufnahme.

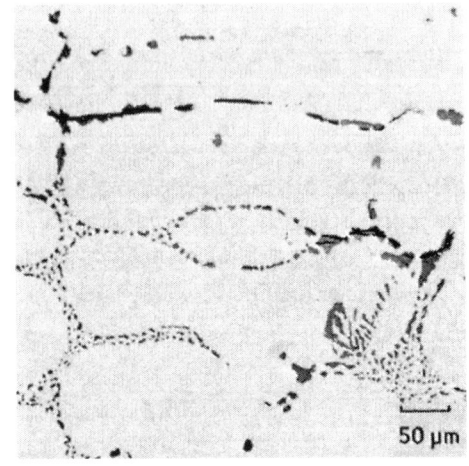

Bild 29: Gefüge der Aluminium-Silizium-Gußlegierung von Bild 28. Bruchbeginn (schwarze Linien) in den Siliziumeinschlüssen.

6. Einfluß von Werkstoff und Beanspruchung auf die Wabenforrm

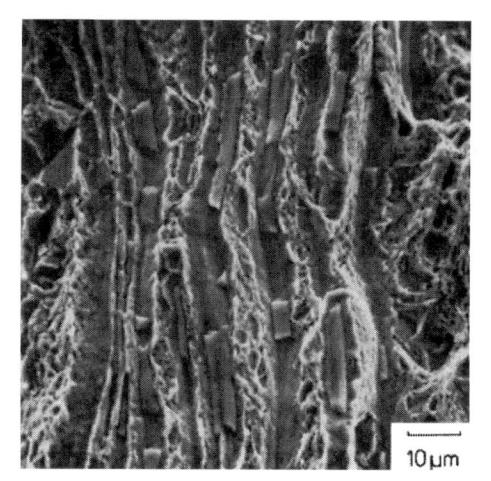

Bild 30: Zeilige Mangansulfide in vergütetem Stahl 34CrMo4. Rastermikroskopische Aufnahme.

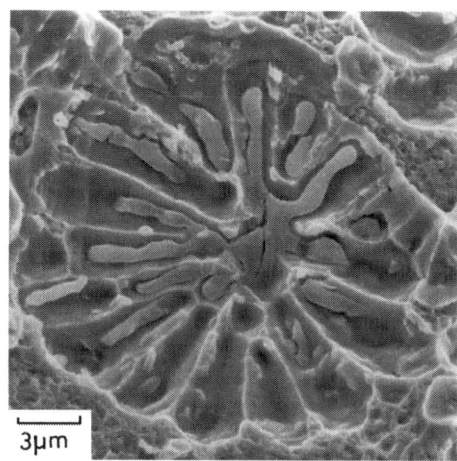

Bild 31: Rosettenförmige Mangansulfide auf den Korngrenzen eines austenitischen Cr-Ni-Stahles, geschädigt durch Eindiffusion von Schwefel bei 1100 °C. Rastermikroskopische Aufnahme.

schmalen Kämmen zwischen den Ausscheidungen entartet, so daß trotz duktiler (kubisch-flächenzentrierter) Matrix der Eindruck eines Spaltbruches hervorgerufen wird (Bilder 28 und 29).

Zeilen- oder nesterförmige Einschlüsse erzeugen in gleicher Weise angeordnete Waben (Bilder 30 und 31). Die Tiefe der Waben hängt in erster Linie von der Bruchdehnung der Matrix ab (Bild 32); beispielsweise bilden sich in kaltverfestigten Werkstoffen sehr flache Dimples aus.

Die von außen angreifenden Kräfte oder Momente bestimmen die Relativbewegung zwischen den sich bildenden Bruchflächen und damit die Ausrichtung der Wabenwände.

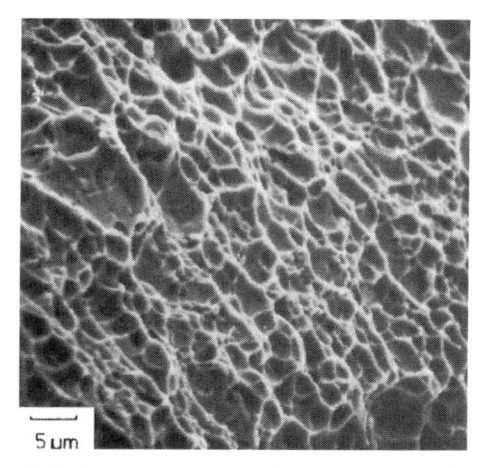

Bild 32: Flache Zugwaben in einem martensitausgehärteten Stahl. Rastermikroskopische Aufnahme.

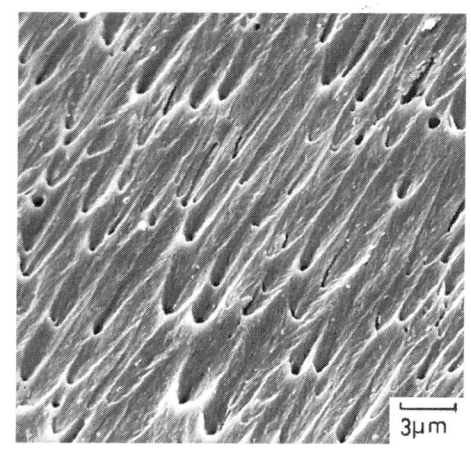

Bild 33: Scherwaben in einem Drahtseil aus austenitischem CrNi-Stahl. Rastermikroskopische Aufnahme.

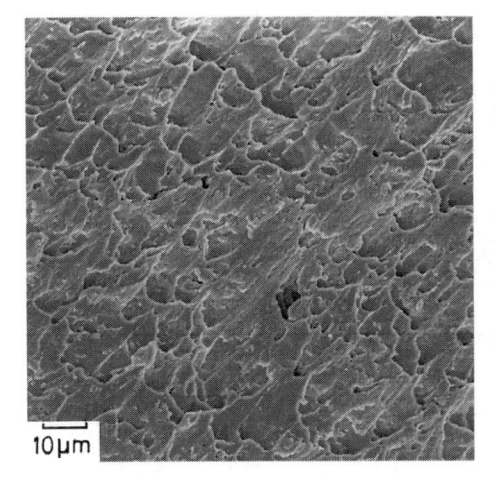

76 Mikroskopische und makroskopische Erscheinungsformen des duktilen Gewaltbruches

Bild 34: Eingeebnete Waben nach Bruch durch Scherkräfte. Ferritischer Stahl. Rastermikroskopische Aufnahme.

Bild 35: Interkristalliner Wabenbruch in ferritischem Stahl. Rastermikroskopische Aufnahme.

Zugkräfte verursachen aufrechte, in Kraftrichtung orientierte Waben auf denjenigen Bruchflächen, die makroskopisch senkrecht zur Kraftwirkungslinie verlaufen (z. B. Trichterboden; Bilder 9, 26). Derartige gerade Waben absorbieren einen großen Teil des einfallenden Lichtes und verleihen der Bruchfläche das charakteristische samtartig-matte Aussehen. Zugkraftinduzierte Scherflächen (z. B. Trichterwände, Scherlippen, Scherbrü-

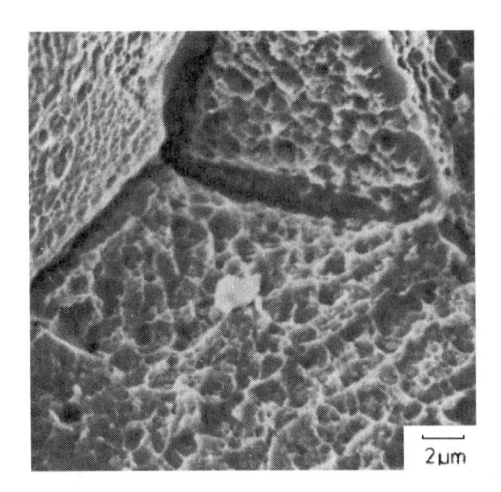

Bild 36: Interkristalliner Wabenbruch in Inconel X-750 (vgl. Bild 17). Zugehöriges Gefüge s. Bild 37. Rastermikroskopische Aufnahme.

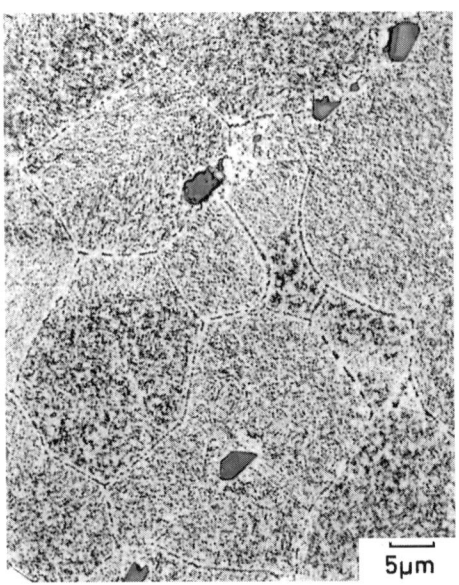

Bild 37: Charakteristisches Gefüge für interkristallinen Wabenbruch. Perlschnurartige Ausscheidungen auf Korngrenzen in ausscheidungsfreien Zonen.

che nach Abschnitt 4) weisen in Schubrichtung verzerrte Waben auf (Bild 33). Die Bruchfläche wirkt glatter und glänzt leicht. Durch äußere Scherkräfte erzeugte Bruchflächen zeigen in Scherrichtung ausgezogene, häufig durch die abgleitende Gegenbruchfläche verquetschte Scherwaben (Bild 34), so daß eine glatte, glänzende Bruchfläche entsteht. Bei Torsionsbrüchen ordnen sich die Scherwaben in Drehrichtung an.

Wabenbrüche verlaufen normalerweise transkristallin. Ausscheidungen auf den Korngrenzen, eingebettet in eine gegenüber dem Korninneren minderfeste, duktile Grenzschicht, können einen interkristallinen Wabenbruch hervorrufen (Bilder 31, 35 und 36).

Weitere rastermikroskopische Bilder und Erläuterungen zu den Bruchmechanismen finden sich u. a. in (11) bis (18).

Literatur:

(1) G. Lange: Über den Bruch metallischer Werkstoffe, in: Verformung und Bruch, herausgeg. von H.-P. Stüwe, Verlag der Österreichischen Akademie der Wissenschaften, Wien 1981, 127–140.
(2) G. Lange: Der Ablauf des Bruches in duktilen, zugbeanspruchten Legierungen. Z. Metallkde. 67 (1976), 372–379.
(3) D. Aurich: Bruchvorgänge in metallischen Werkstoffen, Werkstofftechnische Verlagsgesellschaft mbH., Karlsruhe 1978.
(4) K.-H. Schwalbe: Bruchmechanik metallischer Werkstoffe, Carl Hanser-Verlag, München 1980.
(5) E. Siebel, S. Schwaigerer: Zur Mechanik des Zugversuchs. Arch. Eisenhüttenwes. 19 (1948), 145–152.
(6) W. Dahl, H. Rees: Die Spannungs-Dehnungs-Kurve von Stahl, Verlag Stahleisen, Düsseldorf 1976.
(7) D.M. Morris, Jr., B. Moran, J.K. Scudder, D.F. Quiniones: A Computer Simulation of the Tension Test. J. Mech. Phys. Solids, 26 (1978), 1–18.
(8) G. Lange: Bruchformen und Spannungszustände dickwandiger Rohre. Z. Metallkde. 68 (1977), 289–292.
(9) K.M. Matthes: Stahl im Gleichgewicht mit Wasserstoff bei Raumtemperatur, Dissertation, TU Braunschweig 1982.
(10) G.Y. Chin, W.F. Hosford, W.A. Backofen: Ductile Fracture of Aluminium. Trans. AIME 230 (1964), 437.
(11) M. Heiser, G. Lange: Scherbruch in Aluminium-Legierungen infolge lokaler plastischer Instabilität, Z. Metallkde. 83 (1992), Februar.
(12) G. Lange: Der Einfluß des Gefüges auf das Bruchverhalten kubisch-flächenzentrierter Metalle, Beitr. elektronenmikroskop. Direktabb. Oberfl. 15 (1982), 271–275.
(13) L. Engel, H. Klingele: Rasterelektronenmikroskopische Untersuchungen von Metallschäden, 2. Aufl., Carl Hanser Verlag; München, Wien 1982.
(14) G. Henry, D. Horstmann: De Ferri Metallographia V (Fraktographie u. Mikrofraktographie), Stahleisen, Düsseldorf 1979.
(15) R. Mitsche, F. Jeglitsch, S. Stanzl, H. Scheidl: Anwendung des Rasterelektronenmikroskopes bei Eisen- u. Stahlwerkstoffen, Techn.-wiss. Verein Eisenhütte, Österreich 1978.
(16) American Society for Metals: Metals Handbook, Vol. 9, Fractography and Atlas of Fractographs, 1974.
(17) American Socicty for Metals: Metals Handbook, Vol. 10, Failure Analysis and Prevention, 1975.
(18) V.J. Colangelo and F.A. Heiser: Analysis of Metallurgical Failures, John Wiley and Sons, New York 1974.
(19) A.S. Tetelman and A.J. McEvily: Fracture of Structure Materials, John Wiley and Sons, New York 1967.
(20) G.E. Dieter: Mechanical Metallurgy, McGraw-Hill Book Company, New York 1961.

Makroskopische und mikroskopische Erscheinungsformen des Spaltbruches

Hermann Müller, Institut für Werkstoffkunde I, Universität Karlsruhe

1. Einleitung

Metalle sind kristalline Werkstoffe. Ein Bruch der Kristalle kann durch Spalten oder Abgleiten erfolgen. Bei allen auftretenden Brucherscheinungen sind Spalten und/oder Gleiten wirksam.

Spalten erfolgt unter Wirkung einer Normalspannung längs von Spaltebenen. Abgleiten erfolgt unter der Wirkung einer Schubspannung längs von Gleitebenen. Spalt- und Gleitebenen sind in jedem Kristallsystem definierte kristallographische Ebenen.

2. Phasen des Bruchvorganges

Der Bruch eines Bauteils erfolgt nicht durch plötzliche Trennung des gesamten Querschnittes, sondern nur nach und nach durch die an der Spitze eines sich mehr oder weniger rasch ausbreitenden Risses ablaufenden Spalt- oder Gleitvorgänge. Der Ablauf des Bruchvorganges ist durch die nachfolgend aufgeführten Teilschritte gekennzeichnet.

Rißbildung	Entstehung einer bleibenden örtlichen Trennung an einer Stelle des Bauteils, an der zuvor eine atomare Bindung bestand.
Stabile Rißausbreitung	Die Abmessungen des Risses werden durch die Beanspruchung vergrößert. Das stabile Rißwachstum kann durch Entlasten zum Stillstand gebracht werden.
Rißauslösung	Übergang von stabiler zu instabiler Rißausbreitung bei Erreichen einer kritischen Rißlänge oder kritischen Beanspruchung.
Instabile Rißausbreitung	Der ausgelöste Riß breitet sich mit zunehmender Geschwindigkeit aus und trennt das beanspruchte Bauteil teilweise oder vollständig.
Rißauffangen	Ein sich instabil ausbreitender Riß wird zum Stehen gebracht; z. B. durch Werkstoffbereiche höherer Zähigkeit oder Verringerung der Beanspruchung.

80 *Makroskopische und mikroskopische Erscheinungsformen des Spaltbruches*

3. Kennzeichnung von Spaltbrüchen

Der Spaltbruch ist die mikroskopisch spröde Modifikation des Gewaltbruches. Er kann transkristallin (Bruchverlauf durch die Körner hindurch ohne Rücksicht auf die Korngrenzen) oder interkristallin (Bruchverlauf längs der Korngrenzen bzw. Korngrenzenbereiche) verlaufen. Spaltbrüche sind mikroskopisch verformungslose oder verformungsarme Brüche. Der für die Werkstofftrennung notwendige Energieverbrauch ist gering. (Der deshalb gelegentlich benutzte Begriff „Sprödbruch" soll allerdings dem makroskopisch verformungslosen Versagen vorbehalten bleiben.) Je nach Beanspruchungs- und Werkstoffzustand werden neben dem reinen Spaltbruch auch verschiedene Mischbrüche mit duktilen Bruchanteilen beobachtet. Makroskopisch orientiert sich die Bruchfläche senkrecht zur größten Hauptnormalspannung. Der Spaltbruch erfolgt normalflächig. Er ist ein Normalspannungsbruch.

4. Makroskopische Bruchmerkmale

Das Bild des Spaltbruches ist durch fehlende makroskopische, plastische Verformungen gekennzeichnet. Bild 1 verdeutlicht den Unterschied des makroskopischen Bruchbildes zwischen zähem (Gleitbruch) und sprödem (Spaltbruch) Verhalten eines Stahles bei zügiger Beanspruchung bis zum Probenbruch. Bild 2 zeigt das makroskopische Bruchbild eines durch Spaltbruch zerstörten Kessels. Die Bruchstücke lassen keine makroskopischen Verformungen erkennen. Oft sind auf den Bruchflächen Bruchlinien zu erkennen

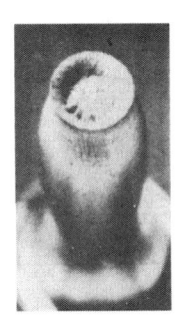

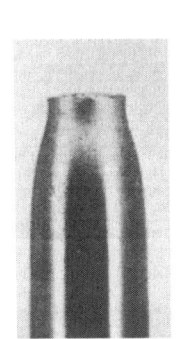

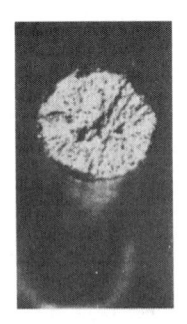

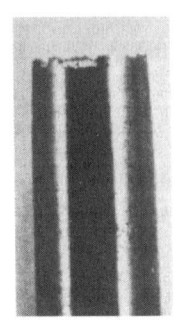

Bild 1: Gleitbruch und Spaltbruch bei zügiger Beanspruchung.

Bild 2: Spaltbruch eines Kessels.

(vgl. Bild 3), deren Verlauf auf den Bruchanfang hindeutet. Ein unterschiedlicher Glanz der Oberfläche und unterschiedliche Rauhigkeiten lassen unterschiedliche Gefügestrukturen im Bauteil vermuten. Bild 4 zeigt z. B. den Bruch der Fahrmastschiene eines Gabelstaplers (Werkstoff St 60). Man sieht, daß der Bruch in der Wärmeeinflußzone einer Schweißnaht seinen Ausgang genommen hat. Dort entstand infolge einer überkritischen Abkühlung beim Schweißen Martensit. Die aufgehärteten Gefügebereiche zeigen eine glattere Bruchfläche als der übrige, normalisierte Werkstoffbereich.

Die wesentlichen makroskopischen Merkmale des Spaltbruches sind der Verlauf der Bruchebene etwa senkrecht zur größten Hauptnormalspannung, die mehr oder weniger glatte Bruchfläche sowie ein kristallines und glänzendes Aussehen der Bruchfläche. Die Bruchflächen eines Spaltbruches zeigen eine den gebrochenen Kristallebenen entsprechende facettenartige Struktur.

Bild 3: Spaltbruch an einem Spannstahl.

Bild 4: Trennbruch an der Fahrmastschiene eines Gabelstaplers.

5. Mikroskopische Bruchmerkmale

Die typischen mikroskopischen Bruchmerkmale von Spaltbrüchen lassen sich mit Hilfe des Rasterelektronenmikroskopes (REM) erfassen und bewerten. Oft kann man auch aus der Morphologie der Bruch- oder Rißfläche zusätzliche Hinweise auf die abgelaufenen Schadensmechanismen erhalten (z. B. Einfluß der Korrosion, von Korngrenzenausscheidungen u. ä.). Es soll an dieser Stelle aber darauf hingewiesen werden, daß es bei den meisten Schadensfällen als Folge von Spaltbrüchen auch notwendig ist, eine metallographische Gefügebeurteilung vorzunehmen.

5.1 Spaltbruch transkristallin

Beim Spaltbruch verläuft die Bruchfläche längs definierter kristallographischer Ebenen, den sog. Spaltebenen. Der Spaltbruchmechanismus erfolgt bei metallischen Werkstoffen, die keine oder nur geringe Quergleitung erlauben. Er tritt bei kubischraumzentrierten oder hexagonal dichtest gepackten Metallen und zahlreichen intermetallischen Verbindungen auf. In kubisch-flächenzentrierten metallischen Werkstoffen werden Spaltbrüche nur in Ausnahmefällen, wie bei zusätzlichen Korrosionseinflüssen, beobachtet. Spaltebenen sind grundsätzlich niedrigindizierte kristallographische Ebenen, beispielsweise beim α-Eisen die {100}-Würfelebenen.

Spaltbrüche entstehen an Stellen, an denen die kristallographische Gleitung behindert wird, z. B. an Korngrenzen, Subkorngrenzen, blockierten Zwillingen, blockierten Gleitebenen und Fremdteilchen (z. B. spröde Korngrenzenausscheidungen).

Bild 5 zeigt ein Modell für die Entstehung eines Spaltrisses in krz-Metallen nach Cottrell. Gleitversetzungen vom Typ $a/2 <111>$ in zwei sich schneidenden Gleitebenen reagieren miteinander nach der Gleichung

$$(a/2)[\bar{1}\bar{1}1] + (a/2)[111] \rightarrow a[001].$$

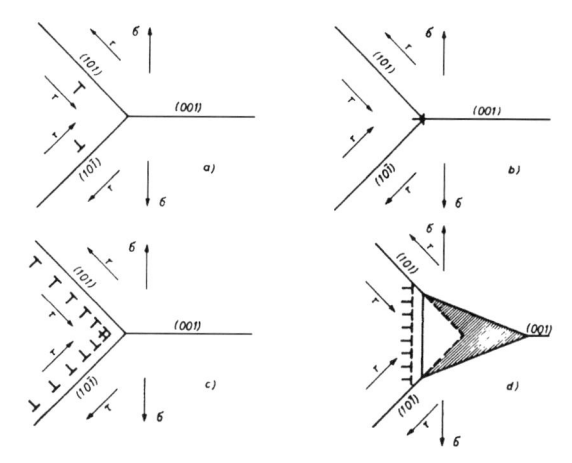

Bild 5: Modell für die Entstehung eines Spaltrisses.

Die a <001>-Versetzungen sind Stufenversetzungen, deren eingeschobene Halbebenen parallel zu {001}-Spaltebenen liegen und auf den Kristall wie ein Keil wirken. a <100>-Versetzungen sind im krz-Gitter zwar gleitfähig, bewegen sich aber im skizzierten Modell nicht, weil keine Schubspannung auf sie wirkt. Die im Zugspannungsfeld der a[001]-Versetzung entstehende Gitterdehnung kann als Rißkeim betrachtet werden, der durch Reaktion mit weiteren Gleitversetzungen unter Bildung von n a[001]-Versetzungen wachsen kann, wie es in Bild 5c und 5d skizziert ist. Auch an Korngrenzen kann es zur Aufstauung von Versetzungen kommen, die im benachbarten Korn einen Spaltriß längs einer (001)-Ebene auslöst. Bild 6 zeigt ein entsprechendes Modell nach Cottrell.

Die Zwillingsgleitung (strukturell begrenzte Abgleitung) kann durch Korngrenzen, Phasengrenzen oder andere Zwillinge blockiert werden, wobei an dem Hindernis eine starke Spannungskonzentration entsteht. Wird ein Zwilling von 1 µm Dicke blockiert, so entspricht die dadurch bewirkte Spannungskonzentration einer Aufstauung von mehreren 1000 Versetzungen, während in einer Gleitebene höchstens einige hundert

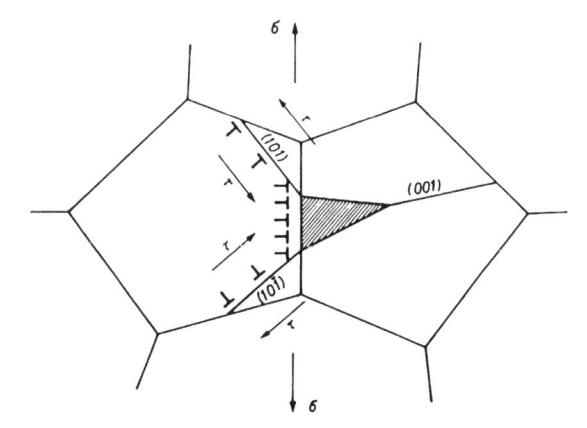

Bild 6: Entstehung eines Spaltrisses an der Korngrenze (schematisch).

Versetzungen aufgestaut werden können. Danach dürften blockierte Zwillinge hinsichtlich ihrer Fähigkeit zur Spaltrißbildung wesentlich wirksamer sein als Versetzungsaufstauungen. Zu bemerken ist, daß die Zwillingsbildung ein Verformungsmechanismus ist, der bei den zum Spaltbruch neigenden Metallen bei niedrigen Temperaturen und hohen Verformungsgeschwindigkeiten auftritt, also gerade unter denjenigen Beanspruchungsbedingungen, die auch die Entstehung eines Spaltbruches begünstigen.

Durch Versetzungsaufstauungen oder blockierte Zwillinge können nicht nur im Grundwerkstoff, sondern auch in anderen Phasen Spaltrisse entstehen. Spröde Korngrenzenausscheidungen, wie z. B. Karbidfilme, neigen unter dem Einfluß eines Versetzungsaufstaus zum Reißen unter Bildung eines Anrisses mit der Länge der Filmdicke (vgl. Bild 7). Kann der Grundwerkstoff die an der Rißspitze entstandene Spannungskonzentration durch plastische Verformung abbauen, so kommt der Riß an der Phasengrenze zum Stehen. Ist das nicht möglich, so wächst der Spaltriß in den Grund-

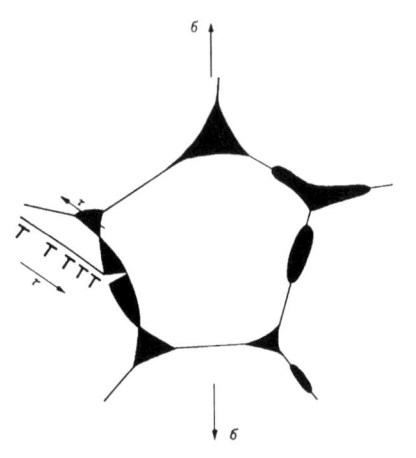

Bild 7: Modell für die Entstehung eines Spaltrisses in einer Korngrenzenausscheidung.

Bild 8: Bruchfläche eines Ck 75; Prüftemperatur −196 °C.

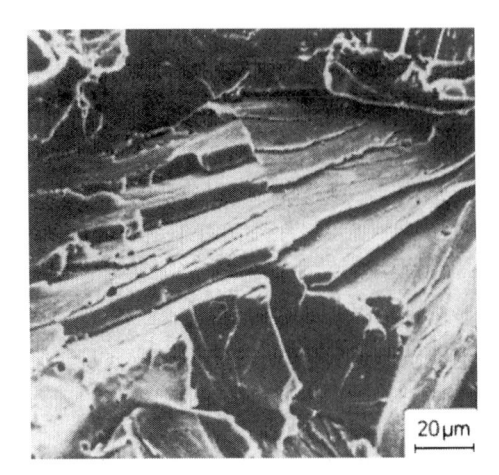

Bild 9: Spaltstufen bei St 37-3; Prüftemperatur −196 °C.

werkstoff. Der Spaltbruch verläuft dann transkristallin. Infolge der unterschiedlichen Orientierung der einzelnen Kristallkörner in vielkristallinen Werkstoffen sind auch deren freigelegte Spaltflächen unterschiedlich orientiert (vgl. Bild 8).

Die im REM beobachteten Spaltflächen eines verformungslosen Bruches sind nicht ideal glatt. Sie weisen vielmehr linienförmige Strukturen auf, die als Spaltstufen oder Flußmuster (river pattern) bezeichnet werden. Bild 9 gibt ein Beispiel. Die Flußmuster entstehen einmal, wenn primäre und sekundäre Risse zusammenlaufen oder wenn der Riß eine Korngrenze mit geringer Orientierungsdifferenz zwischen den Körnern überschreitet. Zum anderen entstehen Spaltstufen, wenn die Spaltebenen Schraubenversetzungen schneiden. Bild 10 zeigt die Entstehung von Spaltstufen schematisch. Schraubenversetzungen sind in jedem Fall vor der Beanspruchung im Werkstoff vorhanden und entstehen zusätzlich durch plastische Verformung vor der Rißspitze. Die einzelnen Spaltstufen vereinigen sich zu Stufen großer Höhe (vgl. Bild 10b), und durch das weitere Zusammenlaufen dieser Stufen entsteht das typische Bild der Flußmuster (river pattern). Die Stufenbildung erhöht die Rißausbreitungsarbeit und damit den Widerstand gegen die Ausbreitung von Spaltbrüchen. Die Rißbildung schreitet in vielen Teilbahnen fort. Aus der Charakteristik der Stufenverteilung an der Bruchfläche können Rückschlüsse auf durchlaufende oder diskontinuierliche Rißausbreitung gezogen werden. Eine parallele Orientierung an allen Spaltfacetten weist auf einen kontinuierlichen Verlauf der Spaltfront hin. Ist die Stufenorientierung an einzelnen Facetten unterschiedlich und stellenweise entgegengesetzt zum Hauptriß, so kann daraus geschlossen werden, daß sich vor der Rißfront lokale Risse gebildet und ausgebreitet haben. Geht der Spaltriß von einem Punkt aus, statt auf breiter Front

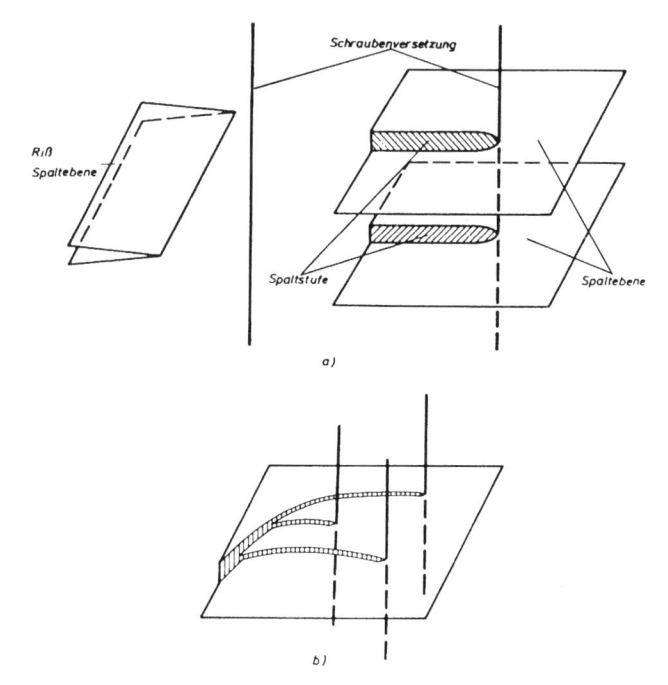

Bild 10: Entstehung von Spaltstufen (schematisch).

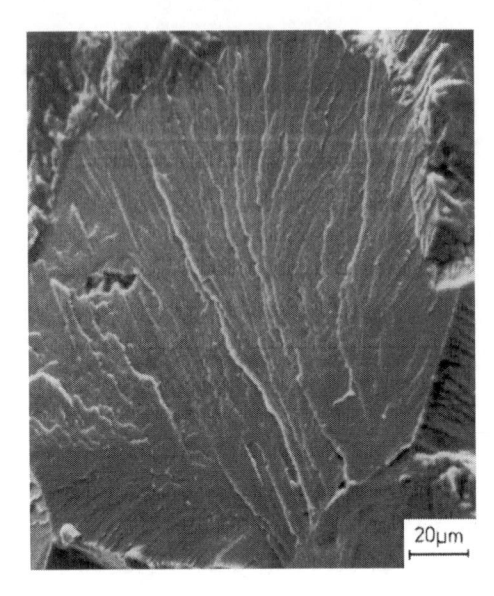

Bild 11: Spaltfläche innerhalb eines Kornes; Rißfortschritt von unten nach oben („Spaltfächer").

voranzuschreiten, so entsteht ein sog. Spaltfächer (vgl. Bild 11). Beim Überschreiten einer Großwinkelkorngrenze kann der Spaltbruch auf eine Kippgrenze oder eine Drehgrenze treffen. Bei einer Drehgrenze werden die Spaltflächen zwischen den benachbarten Körnern um einen gewissen Winkelbetrag gedreht (vgl. Bild 12). Hierbei ändert sich die Rißausbreitungsebene. Die Spaltfläche fächert in zahlreiche Facetten auf. Überschreitet die Rißfront eine Kippgrenze, erkennbar an einem Knick im Verlauf der Spaltfacetten, so folgt der Bruch der Spaltebene, die die geringste Winkeldifferenz zur makroskopischen Bruchebene besitzt (vgl. Bild 13). Ein gewöhnliches Korn enthält Kipp- und Drehgrenzen. Bild 14 zeigt eine Kippgrenze in der Bruchfläche eines Baustahles. Manchmal werden auf Bruchflächen von Stählen, die aus Ferrit

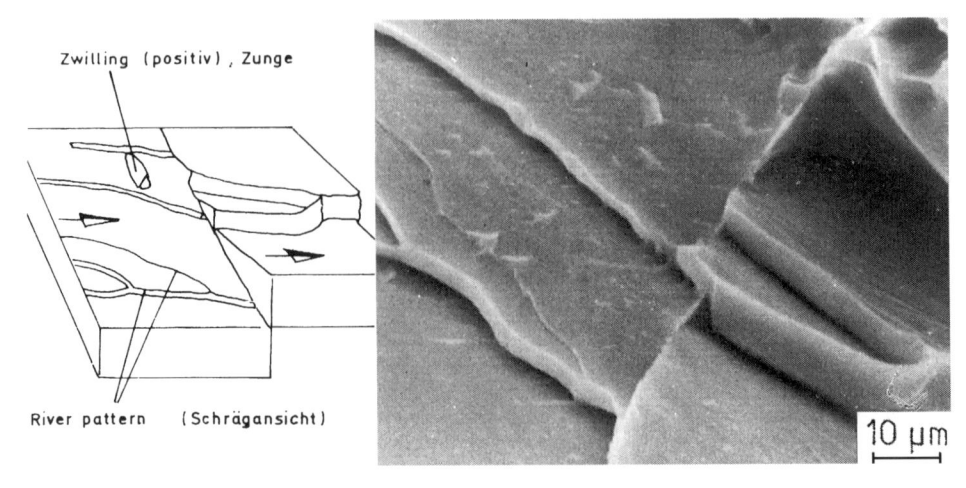

Bild 12: Spaltbruch beim Überschreiten einer Drehgrenze.

5. Mikroskopische Bruchmerkmale 87

Spaltebenen {100}
Kippgrenze K

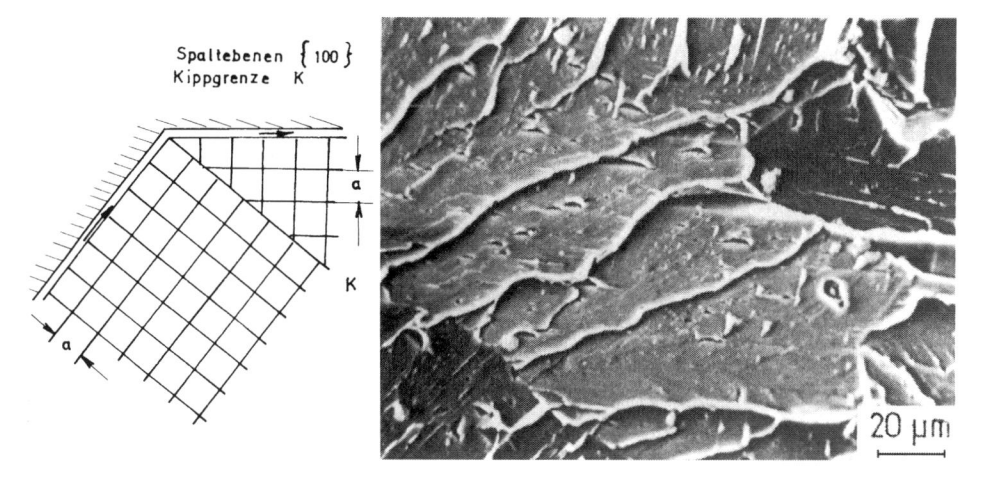

Bild 13: Spaltbruch beim Überschreiten einer Kippgrenze.

und einem spröderen Gefügeanteil bestehen (Martensit, Bainit), sogenannte Ferritblöcke beobachtet (vgl. Bild 15). Das Auftreten solcher Blöcke wird als Anzeichen für dreiachsige Spannungszustände gewertet, da das Ferritkorn entlang drei seiner senkrecht zueinander liegenden {100}-Ebenen gespalten ist.

Ein weiteres mikroskopisches Bruchmerkmal der Spaltbrüche sind sog. Zungen (vgl. Bild 16 und 17). Bei tiefen Temperaturen und/oder hohen Verformungsgeschwindigkeiten werden vor der Rißfront Verformungszwillinge gebildet. Trifft eine Spaltfläche auf einen Zwilling, so verläßt die Spaltfläche die {100}-Ebene und läuft längs des Zwillings ein Stück auf der {112}-Zwillingsebene. Dadurch entstehen typische schiefe Ebenen, die längs einer Geraden von der Spaltfläche in die Tiefe oder nach oben führen.

Bild 14: Kippgrenzen in St 37-2; Prüftemperatur –196 °C.

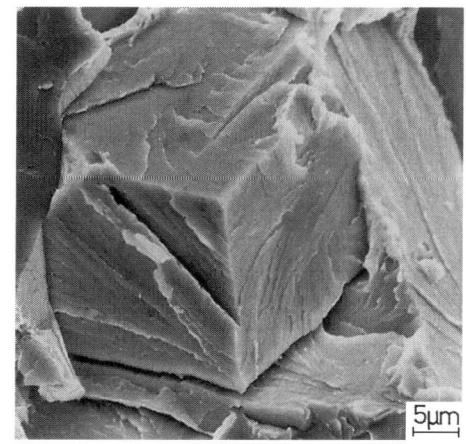

Bild 15: „Ferritblock" in 42 CrMo 4; Prüftemperatur –196 °C.

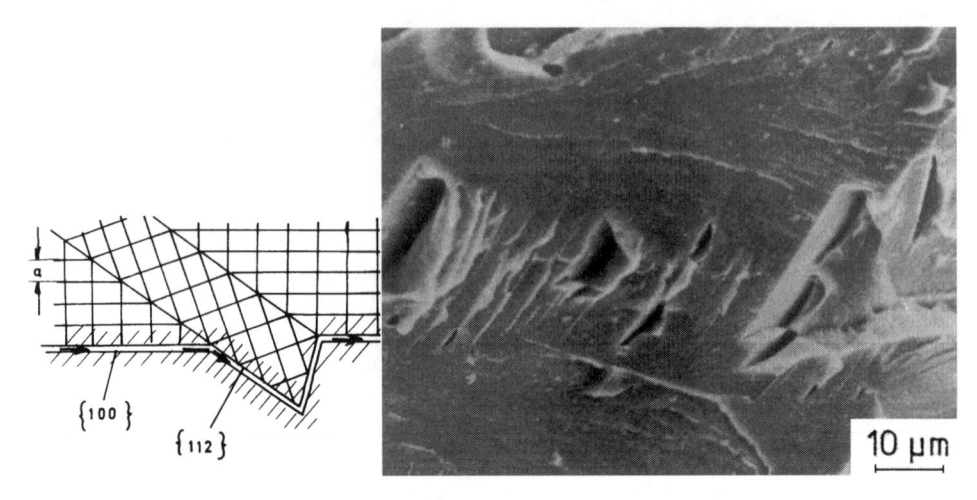

Bild 16: Ablenkung des Spaltbruches durch einen Zwilling.

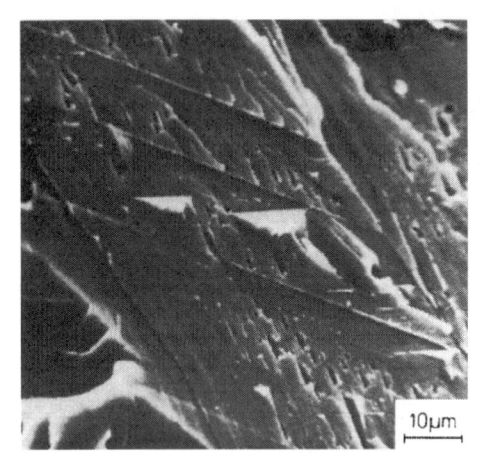

Bild 17: Entstehung von Zungen auf Spaltflächen durch Überwingung von Zwillingen.

5.2 Spaltbruch interkristallin

Interkristalliner Spaltbruch (Korngrenzenbruch) tritt dann ein, wenn die Korngrenzen durch Ausscheidungen oder Verunreinigungen versprödet sind. Entsteht in einer Korngrenzenausscheidung ein Spaltriß und ist die Grenzflächenenergie an der Phasengrenze wesentlich geringer als die Oberflächenenergie der Phase, so bilden sich Spaltrisse längs der Korngrenzen und schließlich Korngrenzenbrüche. Der Bruchverlauf ist interkristallin. Ein derartiges Aufreißen von Korngrenzenabschnitten senkrecht zur äußeren Spannung ist möglich, wenn die Korngrenzen durch Korngrenzenausscheidungen (z. B. Karbidausscheidungen bei Stählen), durch Seigerungen oder infolge durchgehender Korngrenzenbeläge geschwächt sind. Bild 18 zeigt einen spröden Zeitstandbruch an dem hochwarmfesten Stahl X 5 NiCrTi 26 15. Infolge der Ausscheidung von σ-Phasen auf den Korngrenzen kam es zum interkristallinen Spalt-

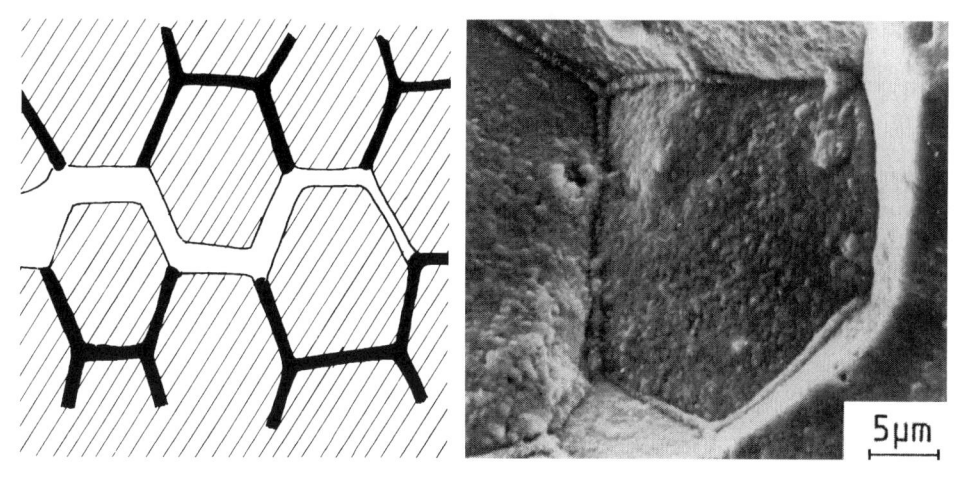

Bild 18: Korngrenzenbruch infolge von σ-Phasenausscheidungen an den Korngrenzen (Werkstoff X 5 NiCrTi 26 15).

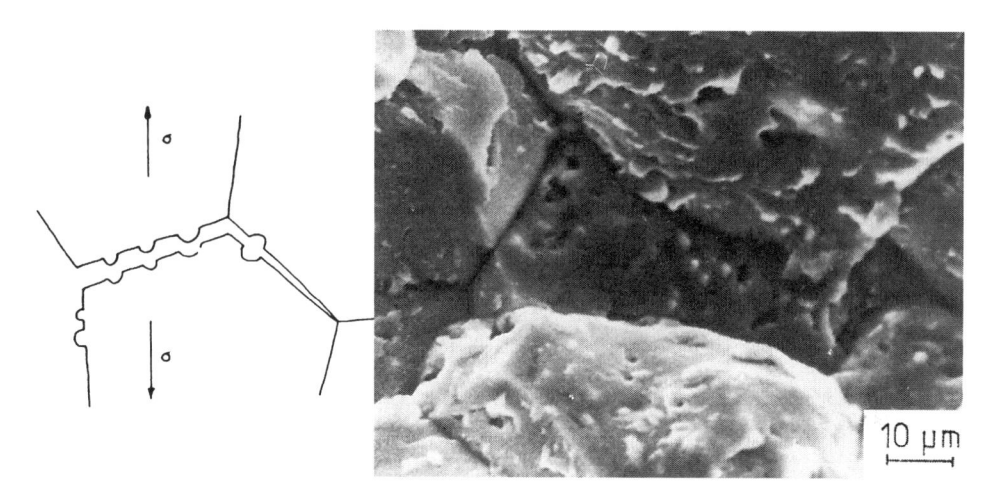

Bild 19: Korngrenzenbruch infolge von Karbidausscheidungen; 100 Cr 6 überhitzt gehärtet.

bruch. Bild 19 zeigt einen Korngrenzenbruch an einem Wälzlagerstahl 100 Cr 6. Der Wälzlagerstahl wurde überhitzt gehärtet, so daß es während des Austenitisierens zu Karbidausscheidungen auf den Korngrenzen kam. Bild 20 ist die Aufnahme eines Korngrenzenbruches im Vergütungsstahl C 60. Interessant ist, daß in diesem Fall von den Korngrenzen scharenweise Spaltflächen in das Korninnere laufen.

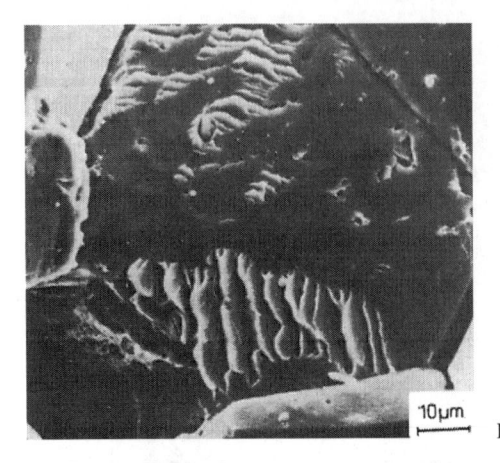

Bild 20: Korngrenzenbruch; Werkstoff C 60 V.

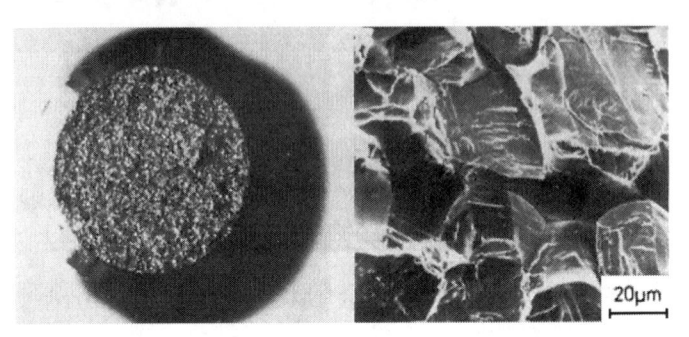

Bild 21: Mischbruch aus transkristallinem und interkristallinem Spaltbruch.

5.3 Mischbrüche

Vielfach werden bei Trennbrüchen (z. B. an Baustählen) auch Mischbrüche aus transkristallinem und interkristallinem Spaltbruch oder aus Spalt- und Wabenbruch beobachtet. Bild 21 zeigt das makroskopische und mikroskopische Bruchbild einer Kerbzugprobe aus U St 37-2. Es ist typisch für einen Mischbruch.

5.4 Spaltbrüche in martensitischen Werkstoffzuständen

Martensitisch gehärtete Werkstoffe brechen energiearm und makroskopisch verformungslos. Rasterelektronenmikroskopisch werden an solchen Bruchflächen sowohl interkristalline als auch transkristalline Bruchbereiche beobachtet. Der Bruch verläuft bevorzugt entlang der ehemaligen Austenitkorngrenzen (Primärkorngrenzen). Interessant ist aber, daß beim transkristallinen Bruchfortschritt durch das ehemalige Austenitkorn zahlreiche abgerundete, spröde Facetten entstehen, deren Form der Morphologie des Martensits entspricht. Bild 22 gibt ein Beispiel. Eine Mischung aus interkristallin (entlang der ehemaligen Austenitkorngrenzen) und transkristallin verlaufendem Spaltbruch im martensitischen Gefüge zeigt Bild 23.

5. Mikroskopische Bruchmerkmale 91

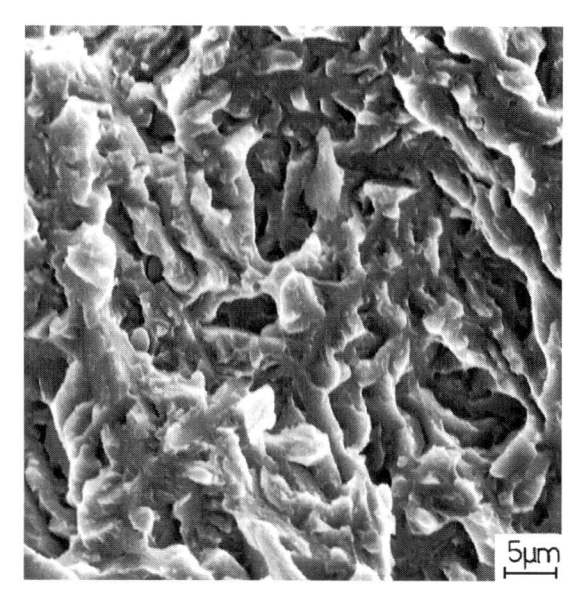

Bild 22: Spaltbruch im Martensit; 42 CrMo 4 gehärtet; Prüftemperatur –196 °C.

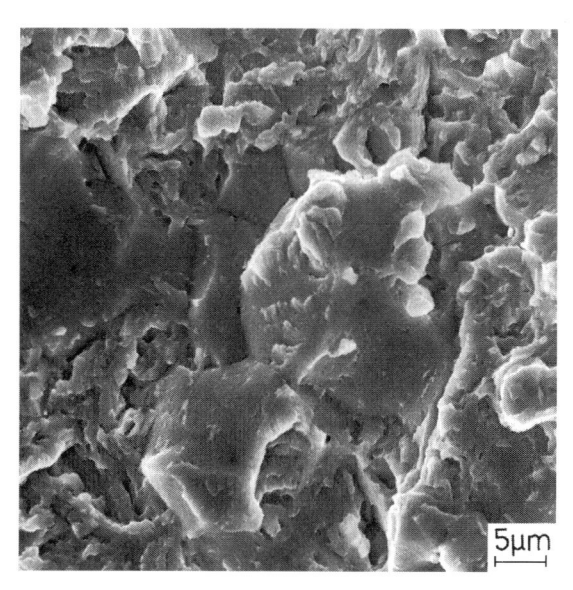

Bild 23: Inter- und transkristallin verlaufender Spaltbruch im Martensit; C 60 gehärtet; Prüfungstemperatur –196 °C.

5.5 Härterisse

Beim martensitischen Härten können auf Grund hinreichend hoher lokaler Zugspannungen Spaltbrüche entstehen, die als Härterisse oder allgemein auch als Spannungsrisse bezeichnet werden. Das typische mikroskopische Erscheinungsbild ist ihr Verlauf entlang der ehemaligen Austenitkorngrenzen. Bild 24 zeigt einen Härteriß im metallographischen Schliff. Die Bilder 25 und 26 sind rasterelektronenmikroskopische Aufnahmen der Oberfläche der Härterißufer bei verschiedenen Vergrößerungen. Man sieht vorwiegend glatte Kornflächen des ehemaligen Austenitkorns. Teilweise wurde das ehemalige Austenitkorn aber auch transkristallin gespalten. Die facettenartige Bruchausbildung im ehemaligen Austenitkorn wird durch die Martensitmorphologie bestimmt.

Das Auftreten von Härterissen, deren Ursachen hier nicht weiter erörtert werden sollen, ist ein Problem des Wärmebehandlungsbetriebes. Oft werden jedoch Härte-

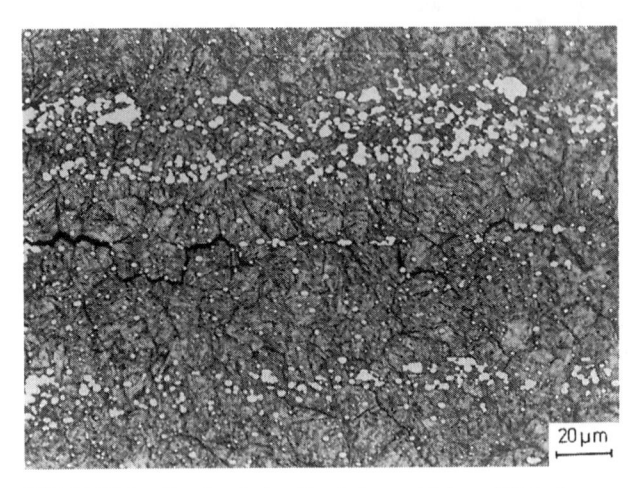

Bild 24: Lichtmikroskopisches Erscheinungsbild von Härterissen.

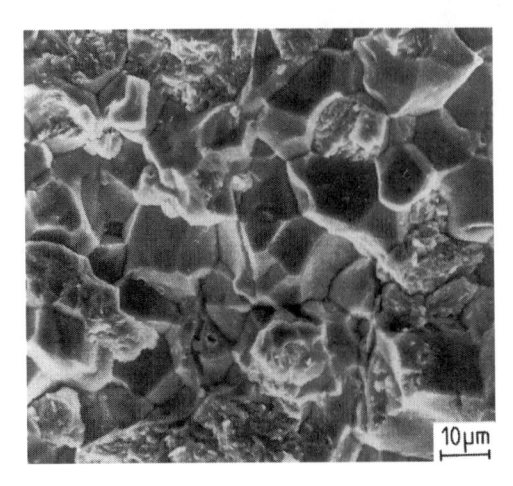

Bild 25: Rißuferoberfläche eines Härterisses; Riß entstand beim Wasserhärten von C 60.

5. Mikroskopische Bruchmerkmale

risse, die im Mikrißbereich liegen können, übersehen. Sehr häufig gehen von solchen Rissen später während des Betriebes Schwingbrüche aus. Bild 27 zeigt den Rißverlauf im metallographischen Schliff eines durch Schwingbruch zerstörten Ritzels einer Zahnradpumpe. Man erkennt im einsatzgehärteten Randbereich einen interkristallin verlaufenden Rißanteil (in Bild 27 mit H gekennzeichnet), der nach seiner Entstehung als Härteriß bzw. Spannungsriß identifiziert wurde. Man sieht, daß von diesem Riß ein sich während der Betriebsbeanspruchung transkristallin ausbreitender Ermüdungsriß ausging.

Bild 26: Rißuferoberfläche eines Härterisses; inter- und transkristalliner Rißverlauf.

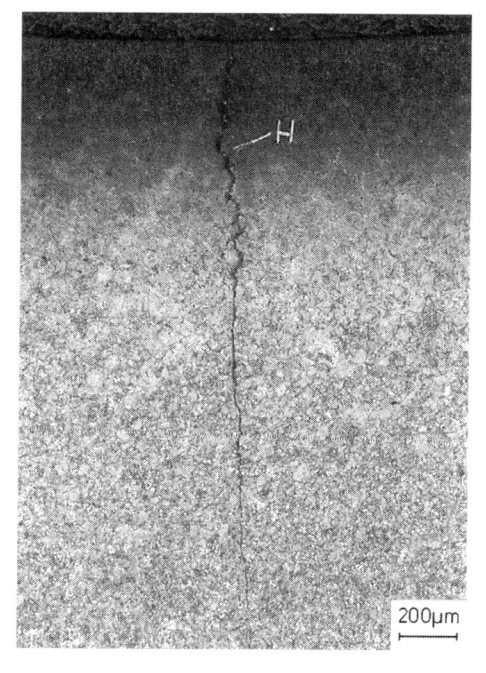

Bild 27: Härteriß im Ritzel einer Zahnradpumpe als Ausgang für einen Schwingbruch.

5.6 „Quasi-Spaltbruch"

Bei makroskopisch verformungslos gebrochenen, vergüteten Stahlbauteilen, deren Bruchebene senkrecht zur größten Hauptnormalspannung liegt, muß aufgrund der rasterelektronenmikroskopischen Betrachtung auf ein zumindest teilweise duktiles Bruchverhalten geschlossen werden, ohne daß ausgeprägte Wabenstrukturen zu erkennen sind (vgl. Bild 28). Solche Brüche werden oft als „Quasi-Spaltbrüche" bezeichnet. Bild 29 zeigt diese Art der Bruchbildung schematisch. Unter Belastung reißen viele Hohlräume auf, die sich linsenförmig vereinigen. Bei der Vereinigung dieser Risse bleiben hochgezogene Grate stehen, die auch als Reißkämme bezeichnet werden. Man sieht, daß die Bruchentstehung von erheblicher örtlicher plastischer Verformung begleitet ist. Solche Brüche werden oft bei vergüteten Stählen im Bereich der Übergangstemperatur vom duktilen zum spröden Bruchverhalten beobachtet.

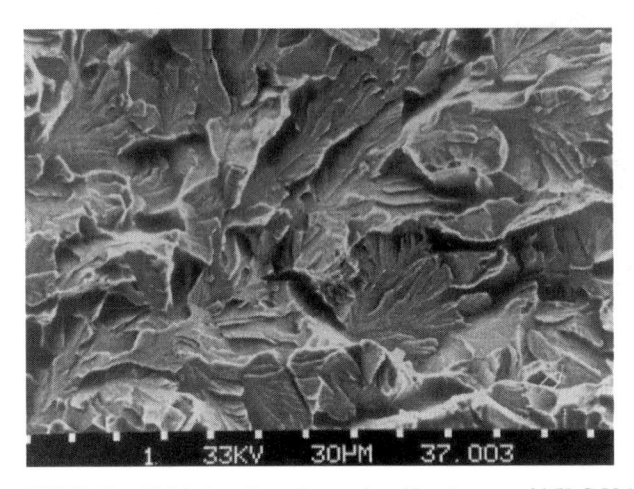

Bild 28: Bruchbild eines Bauteils aus dem Vergütungsstahl 50 CrV 4.

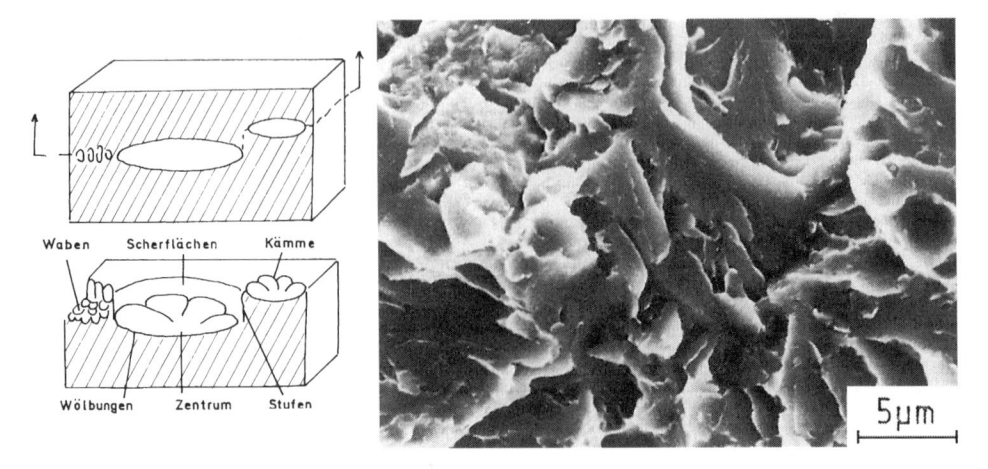

Bild 29: „Quasispaltbruch" an einer Kerbschlagprobe des Stahles 28 NiCrMo 8 5.

6. Bauteilversagen durch Spaltbruch

Im allgemeinen werden im Maschinenbau sowie im Hoch- und Tiefbau Werkstoffe mit einer ausreichenden Zähigkeit eingesetzt. Ein Versagen durch Spaltbruch sollte ausgeschlossen sein. Entscheidend für alle schadenskundlichen Betrachtungen ist aber, daß ein Werkstoff, der im allgemeinen noch als ausreichend zäh anzusehen ist, durch die äußeren Beanspruchungsverhältnisse (mehrachsige Spannungszustände, zu niedrige Betriebstemperaturen, erhöhte Beanspruchungsgeschwindigkeit, Überlagerung von quasistatischer und chemischer Beanspruchung) oder durch unbeabsichtigte Veränderung seines Werkstoffzustandes (Werkstoffehler, Wärmebehandlungsfehler, Schweißfehler) durch Spaltbruch versagen kann. Nachfolgend sollen kurz einige wichtige Einflußgrößen, die ein Versagen durch Spaltbruch begünstigen, angesprochen werden:
– Mehrachsige inhomogene Beanspruchung einschließlich Eigenspannungen.

Bei dickwandigen Bauteilen, an Querschnittsübergängen oder an Kerben bilden sich während der Betriebsbeanspruchung im Bauteil mehrachsige, inhomogene Spannungszustände aus. Solche mehrachsigen Spannungszustände können fließbehindernd wirken, so daß ein an sich zäher Werkstoff durch Spaltbruch versagen kann. In Bild 30 ist der Spannungszustand bei einachsiger und bei dreiachsiger Zugbeanspruchung schematisch im Mohr'schen Spannungskreis dargestellt. Man sieht, daß die Größe der Hauptnormalspannungen σ_1, σ_2 und σ_3 bzw. ihr Verhältnis zueinander entscheidend ist, ob zuerst die kritische Schubspannung τ_{max} oder die Spaltfestigkeit σ_T erreicht wird. Es erfolgt Fließbehinderung (τ_{max} wird durch den einsinnigen, mehrachsigen Spannungszustand vermindert). Wird die größte Hauptnormalspannung σ_1 gleich der Spaltfestigkeit des Werkstoffes, so erfolgt ein Versagen durch Spaltbruch. Im fiktiven Grenzfall $\sigma_1 = \sigma_2 = \sigma_3$ kann auch bei sehr zähen Werkstoffen kein Fließen mehr stattfinden, da Schubspannungen nicht wirksam sind. Für das Versagensverhalten von Bauteilen besonders kritische Zustände können sich bei einer Überlagerung von Last- und Eigenspannungen einstellen, z. B. bei geschweißten Konstruktionen oder bei wärmebehandelten Bauteilen mit unterschied-

$\sigma_1 > \sigma_2 > \sigma_3$ Hauptnormalspannung
$\tau_{max} = (\sigma_1 - \sigma_3)/2$ Maximale Schubspannung
σ_T Spaltfestigkeit

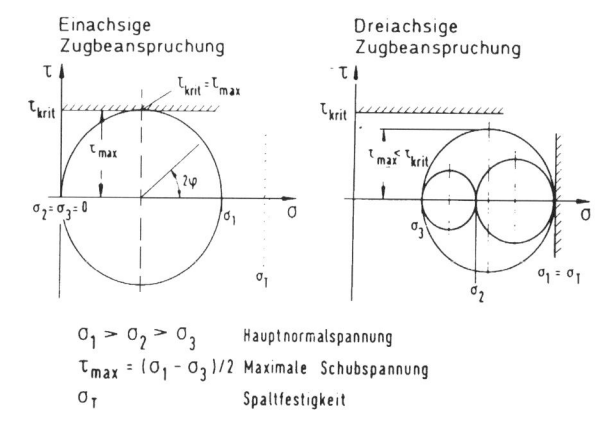

Bild 30: Fließbehinderung durch mehrachsige Spannungszustände (schematisch).

lichen Wanddickenverhältnissen. Bei gekerbten Bauteilen aus spröden Werkstoffen bzw. Werkstoffzuständen kann die bruchauslösende Lastspannung geringer als die Streckgrenze des Werkstoffes sein, da allein die maximale Hauptnormalspannung im Kerbgrund den Bruch eines solchen Bauteiles bestimmt. Man spricht von Niederspannungsbrüchen, die zu unerwartetem Bauteilversagen führen können.
– Steigende Beanspruchungsgeschwindigkeit, niedrige Betriebstemperaturen.

Mit zunehmender Beanspruchungsgeschwindigkeit und fallenden Beanspruchungstemperaturen wird die Bewegung der Versetzungen im kubisch-raumzentrierten Kristallgitter erschwert. Aufgrund der dadurch abnehmenden Verformungsfähigkeit wird die Spaltbruchneigung begünstigt. Bild 31 zeigt schematisch die Abhängigkeit der Streckgrenze R_{es} von der Temperatur für kubisch-raumzentrierte Werkstoffe. Man sieht, daß die Streckgrenze mit abnehmender Temperatur zunimmt und bei einer bestimmten Temperatur die Spaltfestigkeit erreicht, so daß ein Versagen durch Spaltbruch erfolgt. Der Einfluß einer steigenden Beanspruchungsgeschwindigkeit $\dot{\varepsilon}$ ist mit eingezeichnet. Mit steigendem $\dot{\varepsilon}$ wird auch die Streckgrenze größer, so daß der Übergang vom Gleitbruch zum Spaltbruchmechanismus zu höheren Temperaturen verschoben wird. Für die Beurteilung der Spaltbruchneigung eines Werkstoffes wird in der Praxis häufig der Verlauf der Kerbschlagzähigkeit in Abhängigkeit von der Temperatur benutzt. Unter schlagartiger Beanspruchung können z. B. allgemeine Baustähle, die bei Raumtemperatur ein zähes Werkstoffverhalten zeigen, bei –10 °C durch Spaltbruch versagen. Die im Kerbschlagversuch ermittelte Übergangstemperatur vom zähen zum spröden Werkstoffverhalten ist ein werkstoffspezifischer Wert, der mit zunehmender Kerbschärfe zu höheren Temperaturen verschoben wird. In Bild 32 ist die Temperaturabhängigkeit des Verformungsvermögens eines St 37-3 sowohl im Kerbzugversuch als auch im Kerbschlagbiegeversuch dargestellt. Während im Kerbzugversuch die das Verformungsvermögen kennzeichnende Brucheinschnürung erst bei etwa –150 °C plötzlich abnimmt, liegt im Kerbschlagbiegeversuch infolge der stark erhöhten Beanspruchungs-

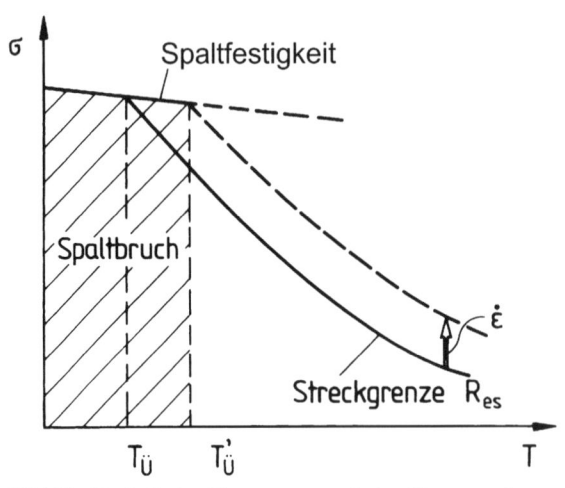

Bild 31: Einfluß der Temperatur und der Beanspruchungsgeschwindigkeit auf das Bruchverhalten kubisch-raumzentrierter Werkstoffe (schematisch).

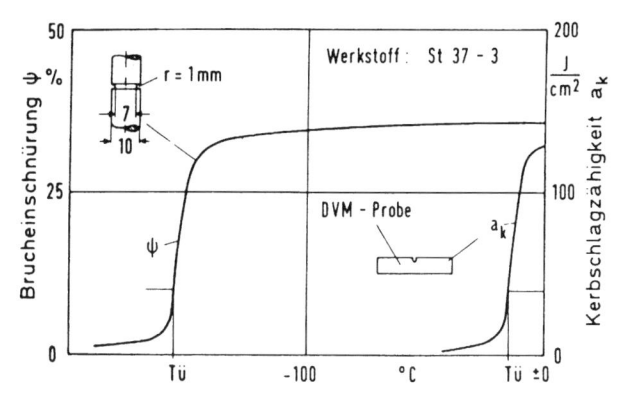

Bild 32: Einfluß der Temperatur auf die Verformungsfähigkeit von St 37-3.

geschwindigkeit die Übergangstemperatur bereits bei –20 °C. Das mikrofraktographische Bild (vgl. Bild 33) einer Kerbschlagprobe aus Armcoeisen bei Raumtemperatur und bei –35 °C läßt erkennen, daß bei Raumtemperatur Versagen durch Gleitbruch (gekennzeichnet durch Wabenbildung), bei –35 °C aber Versagen durch Spaltbruch (sowohl transkristalliner als auch interkristalliner Bruchverlauf) erfolgt.
– Unerwünscht ablaufende Ausscheidungsvorgänge.
  Z. B.: Bei nicht ausreichend mit Aluminium beruhigten unlegierten Baustählen befinden sich Stickstoffatome in übersättigter Lösung. Während längerer Betriebszeiten scheiden sich dann Nitride vom Typ Fe_4N nadelförmig im Gefüge aus, die versprödend wirken. Auf solche mit Alterung bezeichneten Vorgänge sind zahlreiche Schäden infolge Spaltbruch an Baustählen zurückzuführen. Bild 34 zeigt die Bruchfläche eines durch Spaltbruch zerstörten Bolzengelenkes. Schadensursächlich war die Verwendung eines nicht alterungsbeständigen Stahles.
– Inhomogene Werkstoffzustände.
  Z. B.: Bereits verschweißte und eingebaute Rohre aus einem Baustahl (Qualität St 52-3) wurden in großer Zahl bei geringer schlagartiger Beanspruchung durch

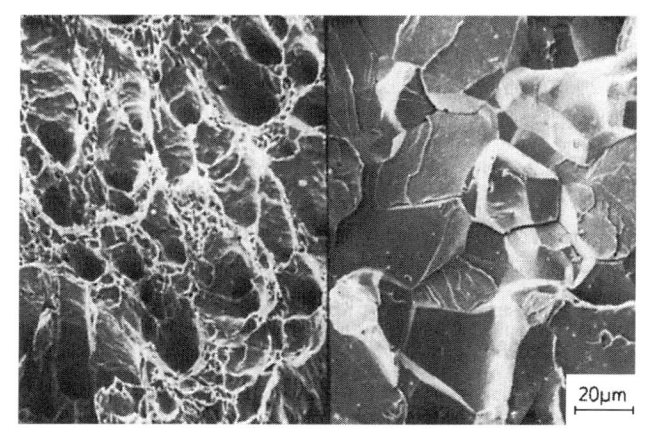

Bild 33: Bruchflächen von Kerbschlagbiegeproben aus Armcoeisen; links Raumtemperatur, rechts –35 °C.

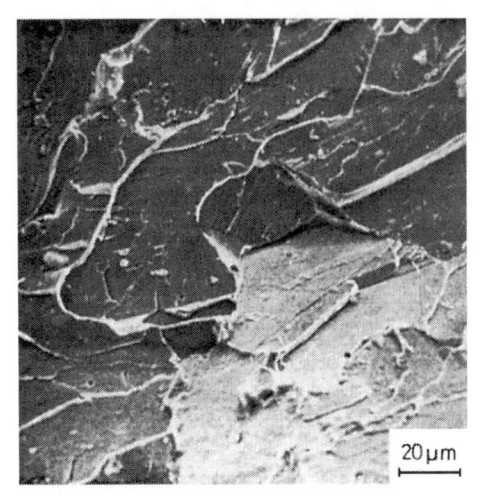

Bild 34: Spaltbruch eines gebrochenen Bolzengelenkes.

Spaltbruch zerstört. Bild 35a verdeutlicht das sehr inhomogene Gefüge der gebrochenen Rohre. Die Kerbschlagzähigkeit dieses Werkstoffzustandes beträgt nur 8 bis 14 J/cm². Durch ein nachträgliches Normalglühen dieses Werkstoffes, das bei den gebrochenen Rohren nicht durchgeführt wurde, wird eine Kerbschlagzähigkeit von 70 bis 75 J/cm² erreicht. Teilbild 35b zeigt das Gefüge des nachträglich normalisierten Rohrwerkstoffes.
– Ausscheidungen oder Beläge auf den Austenitkorngrenzen.
Bei unterschiedlichen Stahlqualitäten kann es bei langsamer Abkühlung von der Erstarrungs-, Diffusions- oder Warmformgebungstemperatur zwischen 1150 und 800 °C zur Ausscheidung von Karbiden, Nitriden, Sulfiden oder spröder σ-Phasen auf den Austenitkorngrenzen kommen. Diese Ausscheidungen begünstigen die Entstehung von Spaltbrüchen entlang der ehemaligen Austenitkorngrenzen; z. B. Aluminiumnitridausscheidungen bei Stahlgußstücken oder Chromkarbidausscheidun-

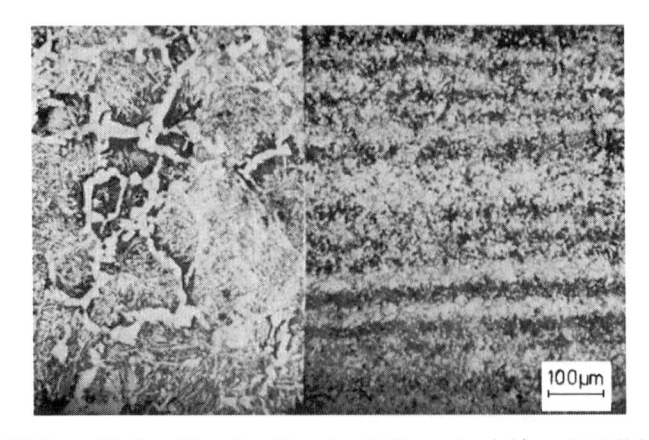

Bild 35: Baustahl a) spaltbruchauslösender Gefügezustand, b) nachträglich normalisierter Gefügezustand.

6. Bauteilversagen durch Spaltbruch

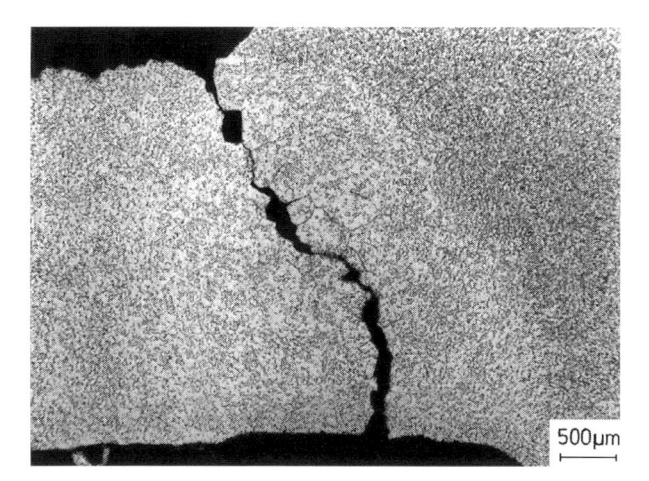

Bild 36: Riß in der Wärmeeinflußzone einer Rohrschweißnaht; Werkstoff St 37.

gen bei hochlegierten Chromstählen (z. B. X 35 CrMo 17). Solche Primärkorngrenzenbrüche werden auf Grund ihres Erscheinungsbildes auch als muschelige Brüche bezeichnet. Bild 36 zeigt einen Durchbruch einer Rohrleitung im Bereich der Wärmeeinflußzone der Schweißung. Bei höherer Vergrößerung der Rißuferbereiche (vgl. Bild 37) erkennt man deutlich, daß der Bruch nicht entlang der Ferritkorngrenzen, sondern entlang der ehemaligen Austenitkorngrenzen verläuft. Unterhalb des Rißufers sind außerdem grau erscheinende Beläge auf den ehemaligen Austenitkorngrenzen vorhanden. Das rasterelektronenmikroskopische Bild der Rißuferoberflächen (vgl. Bild 38 und 39) kann als typisch für einen muscheligen Bruch angesehen werden. Als Ursache für die Spaltbrüche der Rohrleitung in der Erscheinungsform des muscheligen Bruches sind die Eisenoxidbeläge (FeO) auf den ehemaligen Austenitkorngrenzen anzusehen (vgl. Bild 39). Sie sind durch Sauerstoffüberschuß während des nicht optimalen Gasschmelzschweißprozesses entstanden.

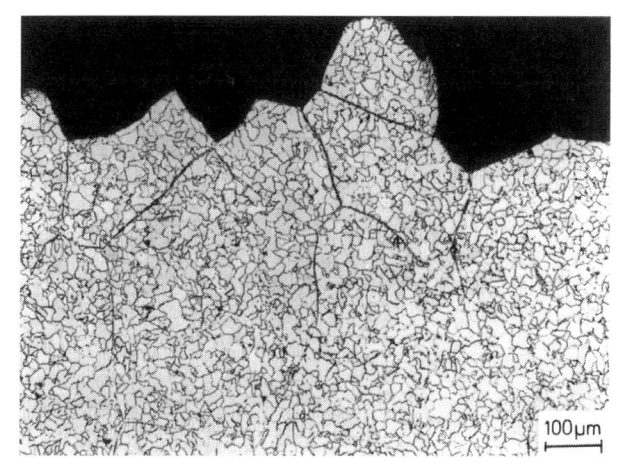

Bild 37: Rißuferbereich des Risses aus Bild 36.

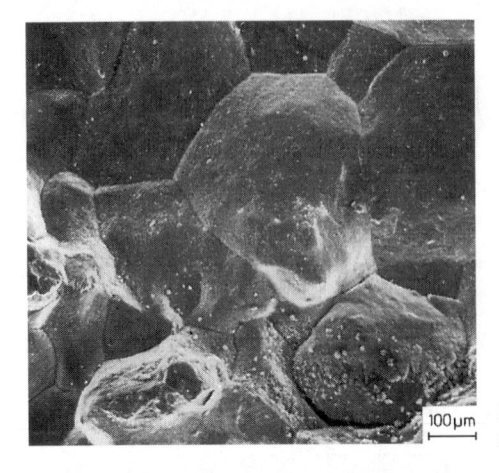

Bild 38: Bruchbild der Rißuferoberfläche (muscheliger Bruch).

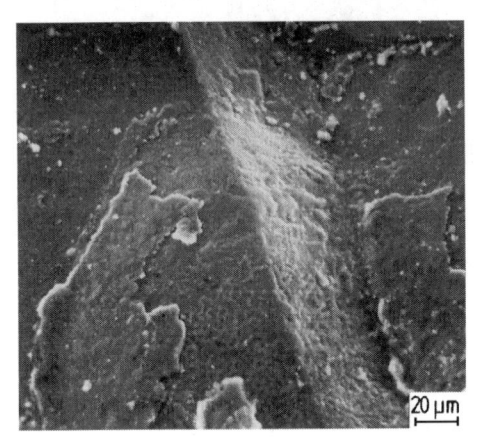

Bild 39: Oxidische Beläge auf den ehemaligen Austenitkorngrenzen.

- Martensitische Werkstoffzustände.

Z. B. können Spaltbrüche an Schweißkonstruktionen auftreten, wenn es infolge mangelnder Schweißeignung des Stahles (z. B. zu hoher Kohlenstoffgehalt bzw. zu hohes Kohlenstoffäquivalent und/oder sehr große Austenitkörner) beim Abkühlen zu Aufhärtungen infolge Martensitbildung in der Wärmeeinflußzone kommt.

- Ausscheidungsvorgänge infolge Relaxation.

Beim Spannungsarmglühen oder kurzzeitigen mechanisch-thermischen Beanspruchungen von Schweißkonstruktionen aus niedriglegierten Feinkornbaustählen im Bereich der Spannungsarmglühtemperatur können in der Wärmeeinflußzone kleinere interkristallin verlaufende Spaltrisse beobachtet werden. Man spricht von „stress relief cracks". Das lichtmikroskopische Erscheinungsbild solcher Risse verdeutlicht Bild 40. Es wird vermutet, daß die für den Abbau der Eigenspannungen notwendigen Kriechvorgänge dehnungsinduzierte Karbidausscheidungen auf den Korngrenzen bewirken. Die Entstehungsursache von Unterplattierungsrissen an Reaktordruckbehältern wird z. B. auch auf Relaxationsversprödung zurückgeführt.

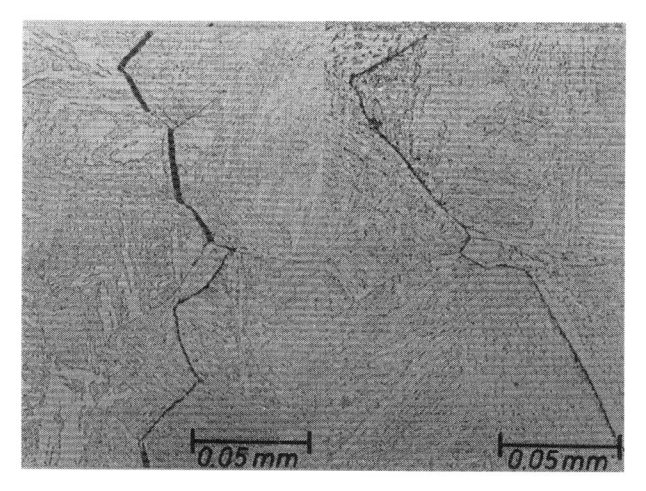

Bild 40: „Stress relief cracks"

Literatur:

(1) E. Aurich: Bruchvorgänge in metallischen Werkstoffen. Werkstofftechn. Verlagsges. m.b.H., Karlsruhe (1978).
(2) VDI-Bericht 318 VDI-Verlag GmbH., Düsseldorf.
(3) H. Müller: Vorlesung Schadenskunde, Universität Karlsruhe, 1991.
(4) R. Mitsche, F. Jeglitsch, St. Stanzel, H. Scheidl: Radex-Rundschau (1978).

Makroskopische Erscheinungsformen des Schwingbruches

Günter Lange, Institut für Werkstoffe, Technische Universität Braunschweig

1. Definition des Schwingbruches

Der Schwingbruch – auch als Dauerbruch, Dauerschwingbruch oder Ermüdungsbruch bezeichnet – dürfte in vielen Gebieten des Maschinenbaus die häufigste Versagensursache darstellen. Er entsteht unter mechanischen Beanspruchungen, deren Beträge oder deren Richtungen wechseln. Nach einer Inkubationszeit breitet sich ein Schwingungsriß – teilweise mehrere Schwingungsrisse – allmählich über das Bauteil aus, bis der verbliebene Restquerschnitt infolge der ständig angestiegenen Spannung durch Gewaltbruch versagt (Restbruch). Eine äußere Lastspitze ist für den Eintritt des Restbruches nicht erforderlich, sie kann ihn jedoch vorzeitig auslösen. Der Schwingbruch läßt sich in vielen Fällen anhand einer charakteristisch ausgebildeten Bruchfläche erkennen (Bilder 1 bis 12, weitere Aufnahmen s. z. B. (1)).

2. Anriß

Der Anriß beginnt bei technischen Bauteilen normalerweise an einer Stelle lokaler Spannungskonzentration an der Oberfläche (bei Werkstoffinhomogenitäten oder Druckeigenspannungen in der Randzone gelegentlich auch im Inneren). Zu derartigen potentiellen Ausgangspunkten zählen in erster Linie Steifigkeitssprünge und Oberflächenfehler:
Steifigkeitssprünge (meist schroffe Querschnittsänderungen, auch als „konstruktive Kerben" bezeichnet)
– Wellenabsätze, Hohlkehlen, Bohrungen, Gewinde, Nuten, Einstiche, ...
Oberflächenfehler und -verletzungen (Kerben aller Art) u. a.
– Dreh- oder Schleifriefen; Schlagstellen
– Überwalzungen, Überschmiedungen, Doppelungen (angeschnitten oder dicht unterhalb der Oberfläche)
– Risse durch fehlerhaftes Kugelstrahlen
– Einpressungen anderer Bauteile, Druck- und Scheuerstellen von Sitzen
– eingedrückte Fremdkörper, z. B. Walz- oder Schmiedezunder
– Korrosionsnarben, Reibkorrosion

- Einschlüsse, Schlacken, grobe Ausscheidungen, Lunker (angeschnitten oder unterhalb der Oberfläche)
- Schweißnahtinhomogenitäten: Poren, Bindefehler, Einbrandkerben (z. B. vom Auftippen der Elektrode)
- Phasen geringerer Schwingfestigkeit, z. B. entkohlte Randzonen, δ-Ferrit

(Der im Kapitel „Mikroskopische Erscheinungsformen des Schwingbruches" beschriebene Rißbildungsmechanismus über Intrusionen und Extrusionen gilt in erster Linie für die glatten Oberflächen von Versuchsproben.)

Anrisse können sich an Bauteilen noch nach langer, einwandfreier Funktion entwickeln. Der für glatte Probestäbe unter konstanten Laborbedingungen definierte Begriff der Dauerfestigkeit läßt sich nicht auf Werkstücke übertragen. Hier treten auch weit oberhalb der Grenz-Schwingspielzahl ($10 \cdot 10^6$ für Stähle, $100 \cdot 10^6$ für Leichtmetalle, s. DIN 50100) noch Schwingbrüche auf. Kurzzeitige Überlastungen, veränderte Beanspruchungen durch Verschleiß, Einbaufehler nach vorgeschriebenen Grundüberholungen, Korrosionsnarben u.ä. können derartige Spätschäden verursachen (z. B. Bruch einer Kurbelwelle nach $318 \cdot 10^6$ Lastspielen, Bruch eines ICE-Rades nach ca. $500 \cdot 10^6$ Lastspielen).

3. Schwingungsriß

Der Schwingungsriß verläuft normalerweise senkrecht zur Richtung der größten Zugspannung und damit in einfachen Bauteilen und gängigen Belastungsfällen (schwellende oder wechselnde Zug-, Biege- oder Torsionskräfte) weitgehend senkrecht zur Bauteiloberfläche, zumindest in einem größeren Bereich um den Ausgangspunkt (Stadium II der Rißausbreitung). In dünnwandigen Teilen ist diese senkrechte Orientierung der Bruchfläche häufig der einzige makroskopisch erkennbare Hinweis auf einen Schwingbruch. Die teilweise vorhandene 45-Grad-Neigung im Bereich der ersten getrennten Körner (Stadium I der Rißausbreitung) beeinträchtigt diesen Gesamteindruck kaum. Eine Ausnahme bilden die meisten Nickel- und einige Kobaltlegierungen mit einem ausgedehnten Stadium I. In der Endphase seiner Ausbreitung, d. h. kurz vor Eintritt des Restbruches, kann der Schwingungsriß bei dünnwandigen Bauteilen ebenfalls in die 45-Grad-Lage einschwenken (vgl. auch Bild 32).

Der Rißausbreitung geht im allgemeinen eine erhebliche plastische Verformung an der Rißspitze voraus; es entwickelt sich ein *verformungsreicher Schwingbruch*. Bei bestimmten Werkstoffen (z. B. verschiedenen Gußeisensorten, siliziumlegierten Elektroblechen, Ni-, Co- oder Ti-Legierungen) kann diese Gleitverformung weitgehend fehlen (teilweise belastungsabhängig); es entsteht ein *verformungsarmer Schwingbruch*. Makroskopisch ist gewöhnlich in beiden Fällen keine plastische Deformation des Bauteiles zu erkennen. Der Schwingungsriß weist eine glatte, feinstrukturierte Oberfläche auf. Sie rauht zwar mit wachsender Eindringtiefe infolge der zunehmenden Rißausbreitungsgeschwindigkeit etwas auf, grenzt sich aber meist deutlich gegen die stark zerklüftete Restbruchfläche ab. Bei Wechselbeanspruchung (Nulldurchgang) wird die Originalstruktur der Rißfläche allerdings häufig verhämmert.

3. Schwingungsriß   105

Durch zeitweilige Unterbrechungen der Rißausbreitung infolge von Betriebspausen oder durch nennenswerte Änderungen der Spannungshöhe bzw. der Lastrichtung können sich auf der Schwingungsrißfläche *Rastlinien* ausprägen. Sie beruhen auf den Interferenzfarben unterschiedlich dicker Oxidschichten (Stillstand) oder auf Rauhigkeitsänderungen (bei Amplitudenmodifikation). Die Krümmung der Linien erlaubt vielfach, den Ausgangspunkt (die Ausgangspunkte) des Risses (der Risse) zu lokalisieren; sie gibt außerdem Hinweise auf die Belastungsart. Bei gleichbleibenden Betriebsbedingungen nimmt der Rastlinienabstand wegen der ansteigenden Rißaus-

Bild 1: Schwingbruch im Kupplungsbolzen (22 mm ⌀) eines Schleppers. Ungleiche doppelseitige Biegung. Rastlinien, kleine Restbruchfläche.

Bild 2: Schwingbruch in einer Steuerstange (5 mm ⌀). Doppelseitige Biegung. Rastlinien, schmaler Restbruchstreifen.

Bild 3: Schwingbruch durch doppelseitige Biegung. Glattgehämmerte Schwingbruchflächen. Zapfendruchmesser 70 mm.

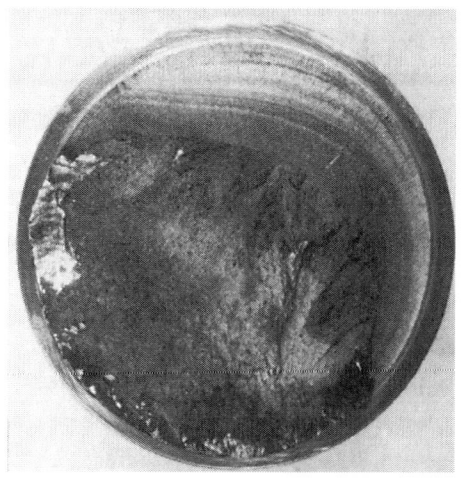

Bild 4: Schwingbruch in einer Getriebewelle (90 mm ⌀). Rastlinien, große Restbruchfläche).

breitungsgeschwindigkeit in Richtung auf den Restbruch zu. Fehlende Rastlinien sind kein Kriterium, einen Schwingbruch auszuschließen (vgl. auch auf Prüfmaschinen erzeugte Schwingbrüche). Rastlinien dürfen nicht mit den nur im Elektronenmikroskop erkennbaren Schwingungslinien verwechselt werden.

Bei Aluminiumlegierungen haftet auf den Schwingungsrissen gelegentlich ein schwarzer Belag, der sich auch im Ultraschallbad nicht entfernen läßt. Es handelt sich um ein nichtstöchiometrisch zusammengesetztes Aluminiumoxyd, das sich beim Aufeinanderhämmern der Rißflanken bildet (2).

Bild 5: Schwingbruch im Hubzapfen eines Gabelstaplers (40 mm ⌀). Vorwiegend einseitige Biegung; zweiter, kleinerer Anriß am unteren Rand.

Bild 6: Schwingbruch in einer Schneckenwelle (40 mm ⌀). Umlaufende Beigung. Kleine Restbruchfläche im Zentrum.

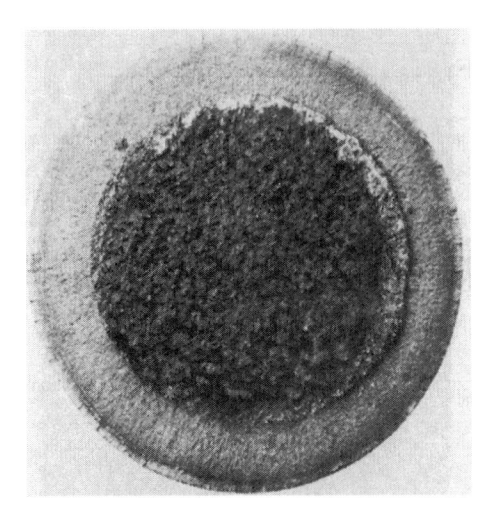

Bild 7: Schwingbruch in einer Transportwagenachse (50 mm ⌀). Umlaufende Biegung. Große Restbruchfläche im Zentrum.

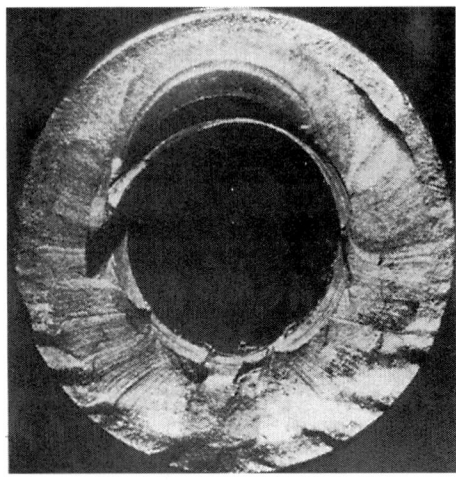

Bild 8: Schwingbruch im Lagerzapfen (18 mm ⌀) eines Heckrotorjoches, ausgehend vom Innengewinde. Zug und regellose Biegung. Kleine Restbruchfläche (unten).

Nicht selten entwickeln sich gleichzeitig oder nacheinander Schwingungsanrisse an verschiedenen Stellen eines Bauteiles. Bei der Vereinigung der Risse, die sich zunächst in unterschiedlichen Ebenen ausbreiten, entstehen charakteristische Stufen parallel zur Ausbreitungsrichtung (Bild 6).

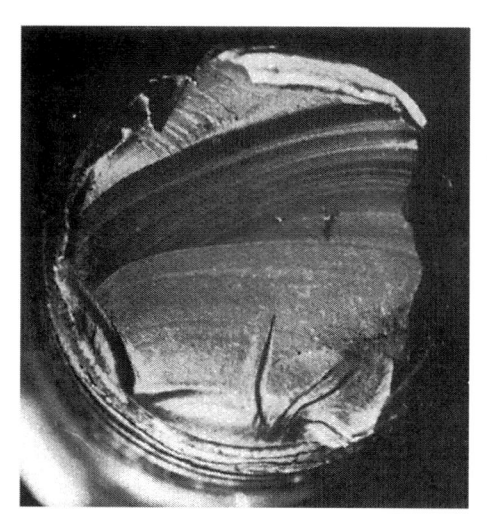

Bild 9: Schwingbruch in der Schraube eines Flansches (12 mm ∅). Einseitige Biegung. Kein Restbruch.

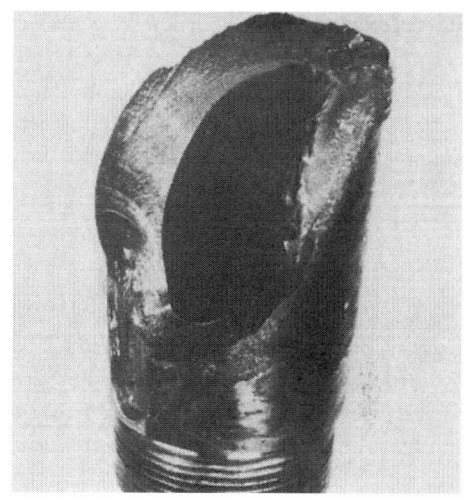

Bild 10: Schwingbruch im Zapfen (ca. 45 mm ∅) einer Kurbelwelle, ausgehend von der Paßfeder, Torsion.

Bild 11: Schwingbruch in einer Antriebswelle (55 mm ∅), ausgehend von der Paßfeder.

Bild 12: Schwingbruch in einer Pleuelschraube (10 mm ∅). Ausgeprägte Rastlinien.

4. Restbruch

Der Restbruch erfolgt bei den meisten Werkstoffen als Gleitbruch (mikroskopisch duktiler Gewaltbruch). In spröden, raumzentrierten Materialien (z. B. hartvergütetem Stahl, Gußeisen) können Misch- oder Spaltbrüche auftreten. Wie der Schwingungsriß läuft auch der Restbruch überwiegend ohne nennenswerte plastische Bauteildeformation ab: In dieser Endphase wirkt der gesamte Riß als extrem scharfer Kerb und setzt die Verformungsfähigkeit des Werkstückes entscheidend herab.

In Ausnahmefällen kann der Restbruch völlig fehlen, beispielsweise, wenn sich das Bauteil durch die Ausbreitung des Schwingungsrisses entlastet (parallel wirkende Schrauben in Flanschverbindungen, Bild 9; angerissene Hüftendoprothesen, die sich infolge zunehmender Durchbiegung wieder auf dem umgebenden Knochenzement oder auf der Corticalis abstützen, Bilder 118 und 119).

5. Erscheinungsformen

Die beschriebene Grundform des Schwingbruches kann durch Änderungen der Belastungsart (Zug, einseitige, doppelseitige oder umlaufende Biegung, Torsion), der Kerbform (eng begrenzt, umlaufender Rund- oder Spitzkerb) oder der Höhe der Nennspannung in zahlreichen Varianten auftreten (Tafel 1). Umgekehrt gestatten u. a. Größe und Lage der Restbruchfläche sowie der Verlauf eventuell vorhandener Rastlinien Rückschlüsse auf die genannten Einflußgrößen. So deuten ein ausgedehnter, meist besonders glatter Schwingungsriß und eine kleine Restbruchfläche auf eine niedrige Nennspannung hin; zur Einleitung des Risses war dann eine hohe örtliche Spannungsspitze erforderlich. Ein Bauteil unter hoher Nennspannung versagt dagegen bereits nach geringer Querschnittschwächung durch den Schwingungsriß, der außerdem eine rauhere Oberfläche aufweist. Gleiches gilt für Werkstoffe mit geringer Rißzähigkeit.

Unter Berücksichtigung der bereits genannten Einschränkungen können für den Schwingbruch allgemein folgende makroskopische Erkennungsmerkmale zusammengefaßt werden:
- in feinstrukturierten Schwingungsriß (-risse) und rauhen Restbruch gegliederte Bruchfläche
- Rastlinien im Bereich des Schwingungsrisses (nicht immer vorhanden, s.o.)
- weitgehend senkrechter Verlauf der Bruchfläche (Stadium II) gegenüber der Bauteiloberfläche
- fehlende makroskopische Deformation des Bauteils.

6. Abhilfemaßnahmen

Abhilfe gegen Schwingbrüche schafft man in erster Linie durch *konstruktive Maßnahmen* zum Abbau von Spannungsspitzen – z. B. größere Übergangsradien – bzw. durch Verbesserung der *Oberflächenqualität* (vgl. Abschnitt 2). Auch die Erzeugung

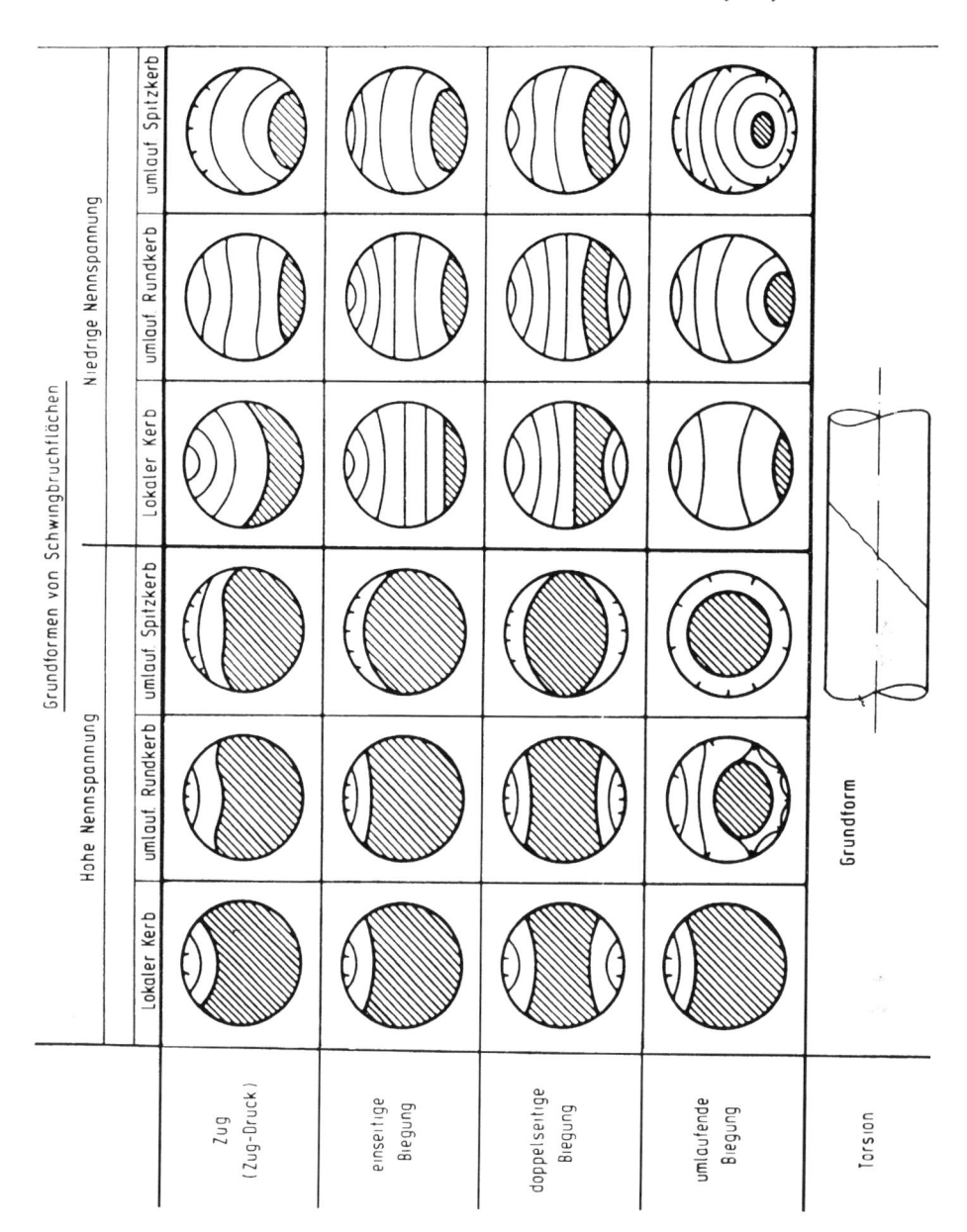

Tafel 1: Grundformen des Schwingbruches (in Anlehnung an (1)).

von *Druckeigenspannungen*, beispielsweise durch Festwalzen, richtiges Sand- bzw. Kugelstrahlen oder Nitrieren, wirkt sich häufig vorteilhaft aus. Zugeigenspannungen sind abzubauen (Spannungsarmglühen nach dem Schweißen). Es sei darauf hingewiesen, daß ein als konstruktionsbedingt betrachteter Schwingbruch nicht zwangsläufig auf ein ungeeignetes Bauteil hinweisen muß; nicht selten sind bewährte, in anderen

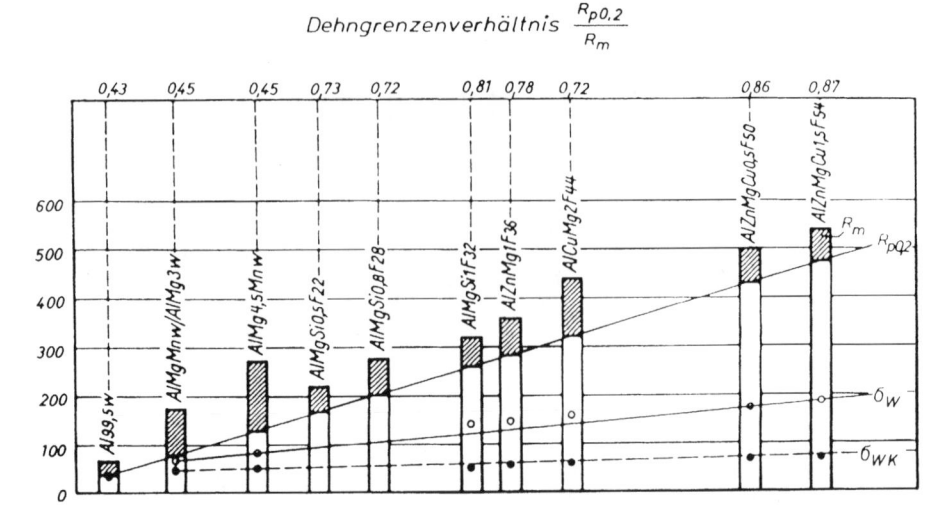

Bild 13: Zusammenhang zwischen Zugfestigkeit, Streckgrenze, Wechselfestigkeit und Kerbwechselfestigkeit verschiedener Aluminiumlegierungen nach (3).

Anlagen einwandfrei arbeitende Elemente betroffen. Der Schaden zeigt jedoch einen Bereich hoher örtlicher Spannungskonzentration an, der bei Schwankungen der Betriebsbeanspruchung oder der Fertigungsqualität besonders gefährdet ist.

Der Schwingbruch wird normalerweise nicht durch einen unzulänglichen Werkstoff verursacht. (Die häufig von Antragstellern gewünschte chemische Analyse liefert meist keine Hinweise auf die Schadensursache.) Abzuraten ist daher von der vielfach praktizierten Methode, lediglich einen Werkstoff höherer Festigkeit einzusetzen. Bereits die an einem glatten Probestab ermittelte Schwingfestigkeit nimmt in wesentlich schwächerem Maße zu als die Streckgrenze und die Zugfestigkeit. Noch geringer – wenn überhaupt – erhöht sich die ausschlaggebende Gestaltfestigkeit des Bauteiles, bei der sich Querschnittsprünge und Kerben auswirken (Bild 13). Der höherfeste Werkstoff ist gerade in dieser Hinsicht empfindlich, da er infolge seiner hohen Streckgrenze scharfe Kerbspitzen nicht durch plastische Verformung ausrunden und damit die Spannungskonzentration mindern kann. Der Einsatz eines hochwertigen Materials – z. B. eines vergüteten Stahles – sollte stets mit adäquater Konstruktion und Oberflächengüte verbunden sein.

7. Beispiele

Eine Reihe von Beispielen soll die eingangs erläuterten Schwingbruchursachen veranschaulichen. In der ersten Gruppe dominieren Steifigkeitssprünge, in der zweiten Oberflächenbeschädigungen, wobei sich jedoch häufig beide Einflüsse überlagern. Der dritte Abschnitt umfaßt schließlich Versagensfälle an einigen ausgewählten Bauteilen. Auf die zugehörigen Mikrostrukturen (Schwingstreifen usw.) wird im nachfolgenden Buchkapitel eingegangen. Die Beispiele sind aus mehreren hundert Fällen

Bild 14: Schwingbrüche in Pumpenwellen (Durchmesser des kleineren Bruchstückes 22 mm).

Bild 15: Bruchfläche der oberen Welle von Bild 14. Kleiner Restbruch (unten).

nach ihrer Anschaulichkeit ausgewählt. Gleichartige Ursachen sind auch in vielen anderen Branchen zu finden.

7.1. Steifigkeitssprünge

Mehrere Pumpenwellen (rostfreier vergüteter Stahl X22Cr17) derselben Serie versagten am Wellenabsatz neben einem Lager infolge eines minimalen Übergangsradius und grober Drehriefen (Bild 14). Die geringe Restbruchfläche (Bild 15) weist auf niedrige Nennspannung und hohe Kerbwirkung hin. Ähnliche geometrische Verhältnisse führten zu den Schwingbrüchen, die die Bilder 4 bis 6 wiedergeben.

Seine zufälligerweise geringe Geschwindigkeit bewahrte den Fahrer einer Luxuslimousine vor ernsthaftem Schaden, als ein Restbruch die Lenksäule endgültig durchtrennte. Ein umlaufender Spitzkerb hatte zwei Schwingungsrisse von insgesamt erheblicher Ausdehnung eingeleitet (Bilder 16 und 17).

Alle drei Führungsbahnen eines Gabelstückes (Aluminiumlegierung), in denen sich Kulissensteine bewegten, wurden im Endbereich durch Schwingbrüche zerstört (Bild 18). Ausrundungsradien fehlten dem ohnehin ungünstig konstruierten Bauteil vollständig.

Ein Bugradachsbolzen (vergüteter Stahl) brach durch wechselnde Biegung am Querschnittsübergang (Bild 19); grobe Drehriefen hatten die schwingbruchbegünstigende Wirkung des Steifigkeitssprunges weiter verstärkt. Gleichartige Ausfälle an anderen Flugzeugen desselben Baumusters bestätigen die Mängel in der konstruktiven Gestaltung (Bilder 20 und 21).

Ein ähnliches Schadensbild zeigt der Achsschenkel eines Gabelstapler-Rades (Bilder 22 und 23). Die rißauslösenden Spannungsspitzen wurden im rigorosen Überfahren von Bordsteinkanten auf dem Betriebsgelände vermutet.

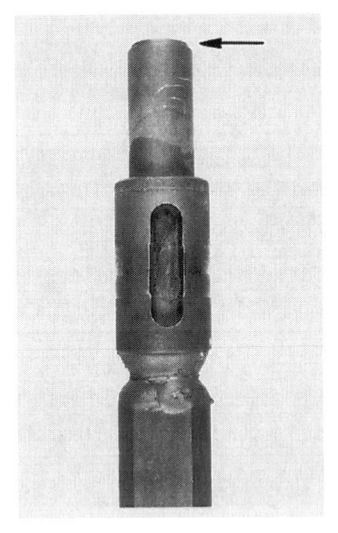

112 Makroskopische Erscheinungsformen des Schwingbruches

Bild 16: Schwingbruch am umlaufenden Einstich (Pfeil) einer Pkw-Lenksäule.

Bild 17: Bruchfläche zu Bild 16. Ungleiche doppelseitige Biegung. Durchmesser 18 mm.

Bild 18: Mehrere Schwingbrüche in einem Gabelstück (Länge der Führungsbahnen 100 mm).

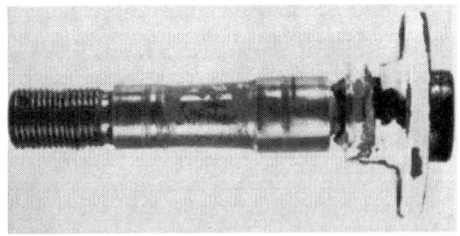

Bild 19: Schwingbruch in einem Bugradachsbolzen (Gesamtlänge 110 mm).

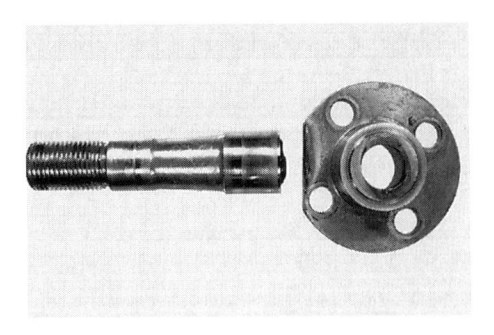

Bild 20: Weiterer Schadensfall am gleichen Bauteil wie in Bild 19.

Bild 21: Bruchfläche zu Bild 20. Doppelseitige Biegung. Durchmesser 20 mm.

7. Beispiele   113

Bild 22: Schwingbruch im Achsschenkel eines Gabelstapler-Rades.

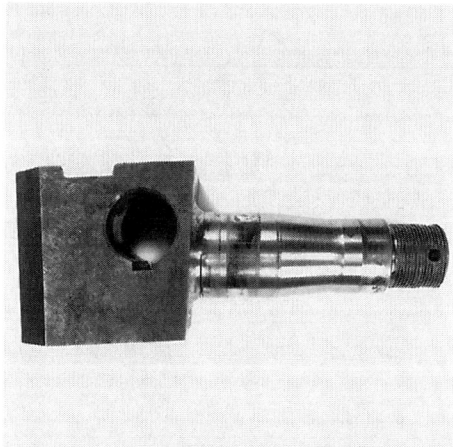

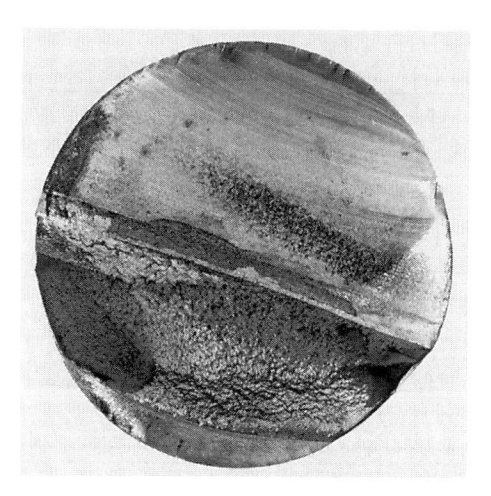

Bild 23: Bruchfläche zu Bild 20. Ungleiche doppelseitige Biegung. Durchmesser 40 mm.

Die Wendeachse eines Maschinenpfluges besteht aus einem schweren Gußstück, in dessen Bohrung der vergütete Achszapfen (80 mm Durchmesser) eingepreßt und mit Loctite gesichert ist. Als Anschlag für das Kegelrollenlager dient eine scharfkantig orthogonal gegenüber der Bohrung angefräste Fläche am Gußkörper; auf den üblichen Wellenabsatz als Lagersitz war verzichtet worden. Im Zapfen hatten sich zwei parallele Schwingungsrisse entwickelt: der eine entlang der scharfen Bohrungskante des Gußstükkes, der zweite längs des Überganges vom zylindrischen Teil des Wälzlager-Innenringes in dessen Radius (Bilder 24 bis 26). Die beiden Hauptrisse rekrutierten sich aus zahllosen kleinen Einzelanrissen als charakteristische Folge umlaufender Spitzkerben. Ein Materialfehler scheidet damit weitgehend aus, ebenso der vom Hersteller vermutete Härteriß (Befund rastermikroskopisch abgesichert). Abhilfe schafft ein eigener Lagersitz auf der Achse, abgekoppelt von einem Gußkörper mit abgerundetem Bohrungsauslauf.

Bild 24: Schwingbruch in der Wendeachse eines Maschinenpfluges. Breite des Gußteiles 550 mm.

Bild 25: Zapfenseitige Bruchfläche zu Bild 24. Wellendurchmesser 80 mm.

Bild 26: Gußkörperseitige Bruchfläche zu Bild 24. Zwei parallele Schwingungsrisse.

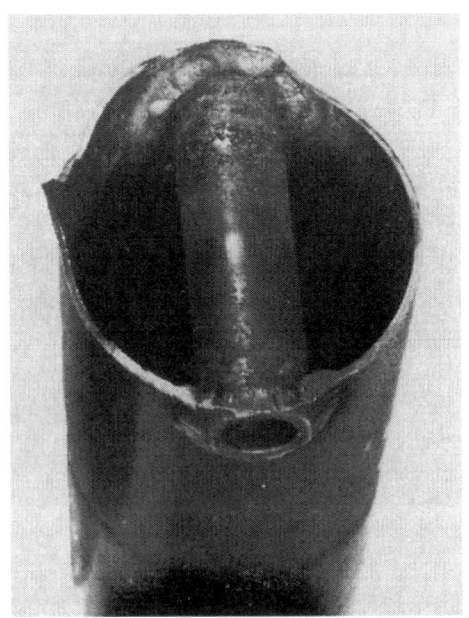

Bild 27: Schwingbruch in einem Rohrholm (40 mm ⌀).

Rohre und Hohlprofile werden gelegentlich an Krafteinleitungsstellen oder Schweißknoten durch Hülsen, Bleche u.ä. verstärkt. In einen Rohrholm aus vergütetem Stahl war nachträglich ein Querrohr eingeschweißt worden. Die mäßige Nahtqualität (Kerben) und die Entfestigung des vergüteten Werkstoffes beim Schweißen führten in Verbindung mit dem Steifigkeitssprung zum Schwingbruch (Bild 27).

Schäden an einem Rohrknotenblech (Bild 28) und an einer Steuerstange (Bild 29) demonstrieren, daß der Schwingbruch in erster Linie die Endbereiche derartiger Ver-

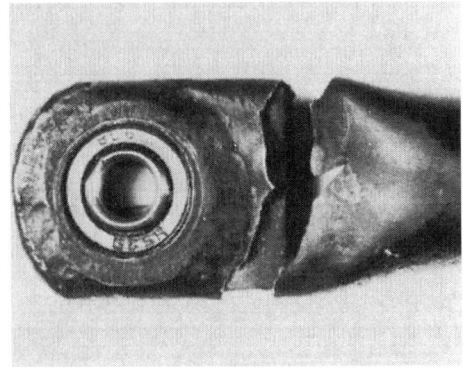

Bild 29: Schwingbruch in einer Steuerstange (Rohrdurchmesser 20 mm).

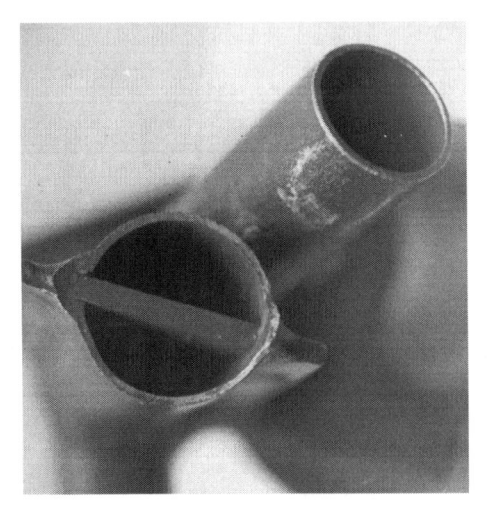

Bild 28: Schwingbruch in einem Knotenblech (Rohrdurchmesser 19 mm).

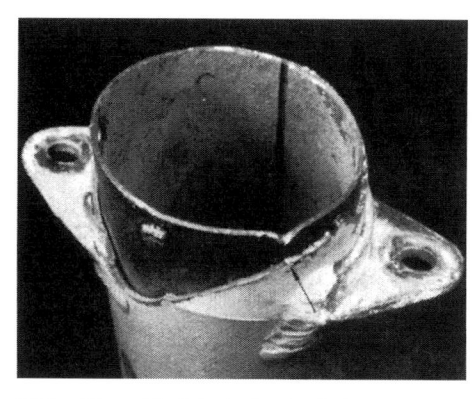

Bilder 30a und b: Schwingbrüche in Hauptfahrwerksstreben. Rohrdurchmesser 64 mm.

stärkungen befällt (Steifigkeitssprung). Im Falle der in Bild 30a wiedergegebenen Hauptfahrwerksstrebe konnte selbst das – an sich vorteilhafte – Schlitzen der Versteifungshülse den Schwingbruch nicht verhindern. In einem anderen, gleichartigen Bauteil war ein 5 mm dickes Anschlußblech in das relativ dünnwandige Rohr (1,5 mm) eingeschweißt worden (Bild 30b). An aufgenieteten Mutternhalteblechen (Lagerbockbefestigung) entlanglaufende Schwingungsrisse zerstörten das Tragblech einer Aluminiumkonstruktion (Bild 31).

Am Hauptrotorblatt eines Hubschraubers begann der Schwingbruch im Nasenprofil an der Bohrung für die innerste(!) Befestigungsschraube des Schwunggewichtes (Bild 32). Der Riß breitete sich über den größten Abschnitt des Nasenprofils (Aluminiumlegierung 2024 T3), über das Stegprofil und über einen Teil des Beplankungsbleches aus (Gesamtrißlänge ca. 250 mm), ehe das Blatt endgültig versagte. Ähnlich anrißtolerant erwies sich ein Hauptrotorblatt, bei dem der Schwingungsriß am Ende des Trimmkantenbleches an der Abströmseite gestartet war. Er wanderte zunächst quer zum Blatt durch die beiden 0,3 mm dicken Aluminium-Beplankungsbleche nebst Schaumstoffkern und folgte anschließend den Hinterkanten des Nasenprofils, wobei

Bild 31: Schwingungsrisse entlang von Mutternhalteblechen (Abstand der Muttern 70 mm).

Bild 32: Schwingbruch in einem Hauptrotorblatt, ausgehend von der Bohrung für die Schwunggewichtsbefestigung (Breite des Nasenprofils 108 mm). Schwingbruch im oberen Teilbild zwischen den Pfeilen unter 45°.

116 *Makroskopische Erscheinungsformen des Schwingbruches*

Bild 33: Ausgedehnter Schwingbruch in einem Hauptrotorblatt. Breite 350 mm.

er eine Gesamtlänge von 440 mm auf der Blattober- und 590 mm auf der Blattunterseite erreichte (Bild 33). Erst dann wies der scharf abknickende Restbruch auf die langfristig unterlassene Kontrolle hin. Mehr als die Hälfte beider Rißlängen war dicht mit Korrosionsprodukten bedeckt – ein Indiz für das Alter der Vorschädigung. Die rastermikroskopische Aufnahme (Bild 34) gibt den nahezu rechtwinkligen Umschlag vom Schwingungsriß zum Gewaltbruch und den Wechsel in der Mikrostruktur wieder (linke obere Rißecke in Bild 33). Parallel zum gegabelten Hauptriß hatte sich ein weiterer Riß an einer Teilfuge des Trimmkantenbleches entwickelt (Bild 35).

Mit einem Steifigkeitssprung besonderer Art hatten die Konstrukteure den Heckrotor-Ausleger eines Hubschraubers ausgestattet (Bilder 36 bis 40). Die beiden Haupttragstreben waren aus jeweils fünf abgewinkelten, miteinander verklebten und

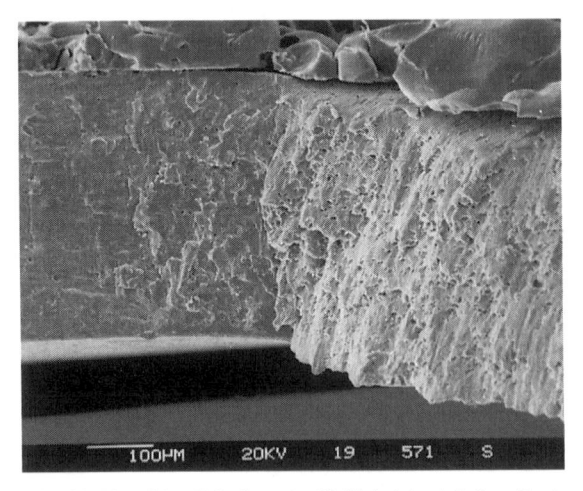

Bild 34: Umschlag Schwingungsriß (links) in duktilen Restbruch (rechts). Linke obere Ecke im zerstörten Beplankungsblech in Bild 33 (seitenvertauscht).

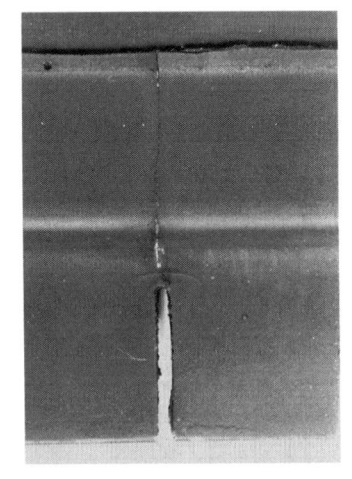

Bild 35: Weiterer Anriß im Rotorblatt von Bild 33.

7. Beispiele   117

Bild 36: Zerstörter Hubschrauber.

Bild 37: Abgerissenes Endstück des Heckrotor-Auslegers des Hubschraubers von Bild 36.

vernieteten Einzelblechen gefertigt worden (Bild 38), wobei jedoch die beiden inneren Winkel aus nichtrostendem, ferritischen Stahl, die drei äußeren Bleche dagegen aus einer Aluminium-Legierung bestanden! Infolge gleicher erzwungener Deformation verursachte die äußere Belastung im Stahl – entsprechend dem Verhältnis der Elastizitätsmoduli – etwa dreimal so hohe Spannungen wie im Aluminium. Der provozierte Schwingbruch begann beiderseits einer Nietbohrung und durchtrennte ca. drei Viertel des Strebquerschnittes bevor der Restbruch erfolgte. Ein dicker schwarzer Belag auf der gesamten Bruchfläche (Abgasrückstände der Turbine) zeigt an, daß die angreifenden Kräfte nach dem Ausfall des Strebs für einen längeren Zeitraum von anderen Teilen der Blechkonstruktion übernommen worden sind. Ein weiterer, „frischer" Schwingbruch in diesem Bereich (Bild 39) führte schließlich zum Totalverlust des Heckrotors.

Auch im Bereich des Heckrotorjoches selbst gefährdet der Schwingbruch die verschiedenartigsten Bauteile (Bild 40). In mehreren Fällen brach der Jochkörper am

Bild 38: Ausgedehnte Schwingungsrisse in allen fünf Blechwinkeln (Dicke je 1 mm) des Hauptstrebs im Ausleger von Bild 37. Bruchflächen gesäubert.

Bild 39: Schwing- und Gewaltbrüche in den Blechen des Auslegers von Bild 37.

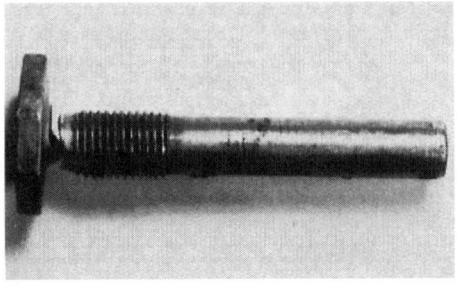

118   *Makroskopische Erscheinungsformen des Schwingbruches*

Bild 41: Schwingbruch im Blatthaltebolzen (Länge 58 mm).

Bild 40: Heckrotorjoch mit Anschlußteilen, Schwingbruch im linken Lagerzapfen, vgl. Bild 8.

Übergang in einen der Lagerzapfen, wobei der Bruch jeweils vom Innengewinde ausging (Bild 8). Beim Blatthaltebolzen ist der Übergang vom Kopf in den Schaft gefährdet (Bild 41). Ein korrosionsinduzierter Schwingbruch im benachbarten Blattgriff wird im Abschnitt 7.2 beschrieben.

Am Bruchbild der Befestigungsbolzen eines Heckrotorgetriebes konnte die Belastungsgeschichte des Hubschraubers nachvollzogen werden. (Die Gegenüberstellung mit einem Neuteil offenbart die Schwachstelle, Bild 42). Die ersten beiden Bolzen versagten infolge stark asymmetrischer Wechselbiegung, wobei aufgrund der Kraftumlagerung der Restbruch im ersten Bolzen völlig fehlte (Bild 43) und im zweiten auf einen schmalen Streifen beschränkt blieb. Die dritte Schraube (Bild 44) fiel durch einseitige Biegung nach raschem Rißfortschritt aus, die vierte und letzte zerstörte schließlich ein duktiler Gewaltbruch.

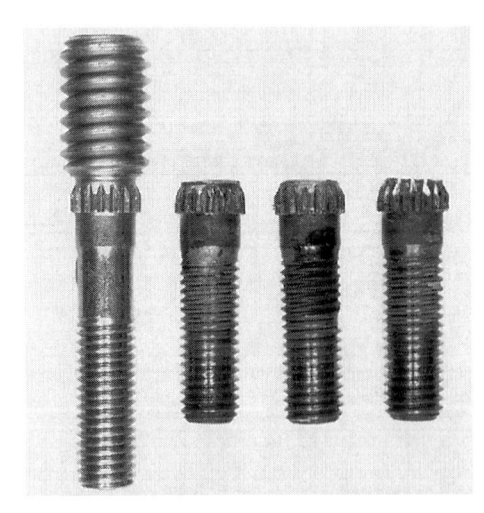

Bild 42: Schwingbrüche im Kerbgrund von Befestigungsbolzen (Links: vergleichbares Neuteil).

Bild 43: Durchgehender Schwingungsriß im 1. gebrochenen Bolzen (kein Restbruch). Durchmesser 6 mm.

Bild 44: Rascher fortgeschrittener Schwingungsriß im 3. gebrochenen Bolzen. Restbruch im oberen Drittel.

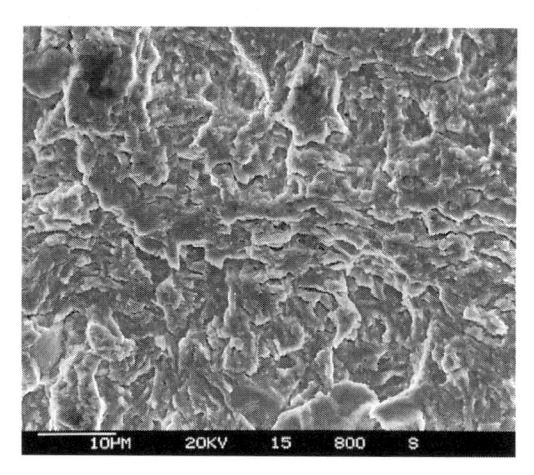

Bild 45: Rauhigkeits-Rastlinie aus Bild 43, aufgelöst im Rastermikroskop (mittlerer Streifen mit Sekundärrissen).

Über den zum Streuen von Kalk eingesetzten Hubschrauber lagen u. a. folgende Angaben vor: nach letzter Inspektion 14 Flugtage, 47 Anlaßvorgänge des Triebwerks, 126 Landungen, Gesamtflugzeit 70:35 Std., Transport von 1996 Streukübeln à 650 kg Anfangsgewicht, Drehzahl des Heckrotors 3200 UPM. Abgeschätzt wurde zunächst für den ersten Bolzen die Gesamtzahl der – nur im Rastermikroskop erkennbaren – Schwingungslinien (vgl. nachfolgendes Buchkapitel). Aus ihrem Abstand von ca. 0,2 µm in der stärker zu wichtenden, langsameren Anfangs- und rund 0,8 µm in der rascheren Endphase ermittelt man eine *Mindestzahl* von 15000 bis 20000 Lastzyklen zur Trennung des 6 mm dicken Bolzens. (Jeder Schwingungsstreifen entsteht bei einem einzigen Lastspiel, jedoch nicht jedes Lastspiel muß einen Streifen erzeugen!) Diese Anzahl erreicht der Rotor nach 5 bis 6 Minuten: kein Widerspruch, aber auch keine weiterführende Information. Die zeitversetzten Brüche in den Bolzen 2 und 3 beeinflussen das prinzipielle Ergebnis nicht.

Mehr Aufschluß liefern dagegen die makroskopisch deutlich sichtbaren Rastlinien. Bedingt durch Rauhigkeitsänderungen schließen sie die Betriebsstillstände (14 Flugtage) als Ursache aus. Aufgrund ihrer Anzahl – bereits fast 50 im ersten Bolzen – entfallen auch die Anlaßvorgänge, während die Landungen keine hinreichenden Beanspruchungsunterschiede bewirken. Gravierende Lastsprünge löst dagegen das Anhängen des 650 kg schweren Streukübels aus. Er erreicht damit über 80% der Masse des bemannten Hubschraubers und belastet dessen Turbine bis zur Leistungsgrenze (zugehöriger Turbinenschaden vgl. Abschnitt 7.3). Innerhalb der im Rastermikroskop zu schmalen Bändern aufgeweiteten Rastlinien bestätigen zahlreiche Sekundärrisse (senkrecht zur Bruchfläche) die extremen Spannungsamplituden (Bild 45). Zwischen diesen „Rastlinien-Bändern" zählt man 200 bis 400 Schwingungslinien, denen bei einer mittleren Flugdauer von 2,12 min pro Streuvorgang 6784 Heckrotorumdrehungen als potentielle Riß-Schrittmacher gegenüberstehen. Die geringe Zahl rißaktiver Zyklen (36%) resultiert aus dem bekannten Effekt, daß sich nach dem Übergang von einer höheren auf eine niedrigere Lastamplitude die Rißausbreitungsgeschwindigkeit

Bild 46: Schwingbruch in einem Blattfeder-Element, ausgehend von einer Bohrung, Breite 160 mm.

Bild 47: Bruchfläche zu Bild 46: Wechsel von Schwingungsriß- und Gewaltbruchanteilen. Wanddicke 18 mm.

infolge der vorangegangenen plastischen Verformung im Gebiet der Rißspitze vermindert. Geht man von 50 Flügen für die Zerstörung des Bolzens 1 und höchstens 50 weiteren für die zeitversetzte Trennung der beiden anderen Bolzen aus, so ergibt sich seit dem Start des ersten Anrisses eine Gesamtflugdauer von maximal 212 Minuten. Bei der 70 Flugstunden zurückliegenden Inspektion – Kernfrage bei derartigen Untersuchungen – dürfte somit kein erkennbarer Riß vorgelegen haben.

Ein ungewöhnliches Bruchbild entwickelte sich an einem Sportflugzeug, dessen Federbeine gleichzeitig als Fahrgestell und als Federelement dienten. Schwierigkeiten bereitet die Befestigung derartiger Elemente an der Zelle, hier versucht durch eine Schraubverbindung. In dem hart vergüteten Bauteil entwickelte sich der Schwingungsriß erwartungsgemäß an der Austrittskante der Bohrung (Bilder 46 und 47). Die Bruchfläche zeigt einen mehrfachen Wechsel zwischen aufgefangenen Spaltbrüchen und Schwingungsrißabschnitten. Er läßt sich nach Meinung des Verfassers aus der Folge kurzzeitiger, harter Landestöße und Rollbewegungen auf Graspisten oder Landebahnen erklären.

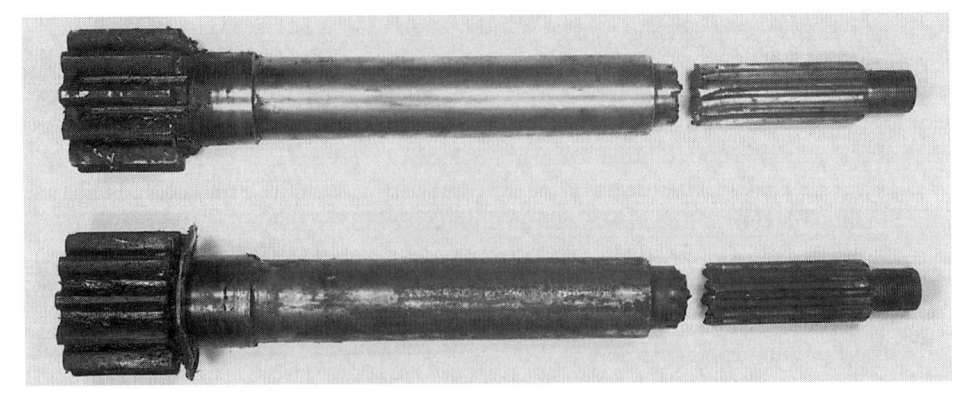

Bild 48: Schwingbrüche in den Keilwellen eines Turmdrehkranes.

Bild 49: Bruchfläche zu einer Welle aus Bild 48. Wechselnde Torsion, kleine Restbruchfläche im Zentrum.

Verhältnismäßig selten begegnet man Schwingbrüchen durch wechselnde Torsion wie im Falle der Keilwellen eines Turmdrehkranes (Bilder 48 und 49). Die Zerstörung beginnt am Umfang an jedem einzelnen Segment des Vielnutprofiles. Infolge des Bestrebens der Einzelrisse, sich möglichst unter 45 Grad gegenüber der Achse zu orientieren, entsteht ein Bruchbild ähnlich einer Hirth-Verzahnung (Plan-Kerbverzahnung). Die Mikrostruktur der Bruchfläche ist nahezu vollständig geebnet. Der Restbruch – hier als Sprödbruch – beschränkt sich auf ein kleines Gebiet im Zentrum der Wellen.

7.2 Oberflächenfehler

Die gravierenden Folgen lokaler Kerben demonstrieren die in Bild 50 wiedergegebenen Dauerschwingproben aus höherfestem Baustahl. Die zur Kennzeichnung angebrachten Schlagzahlen wirkten sich nachteiliger aus als eine Querschnittsverminderung um 20% oder als eine Bohrung. Bezeichnenderweise beginnt einer der Risse unterhalb der Ziffer „1", an der bei etwa gleichen Schlagimpulsen die größte Flächenpressung auftritt. Um die Gestaltfestigkeit der gebohrten Proben zu steigern – sie repräsentieren die Siebtrommeln von Zuckerzentrifugen –, war dem Hersteller ein Abrunden der Bohrungsausläufe empfohlen worden (vgl. auch Pflug-Wendeachse unter 7.1). Dabei mißlang im ersten Fertigungsversuch der Übergang vom Radius in den zylindrischen Bohrungsbereich (Bild 51); die Probe reagierte mit einer drastisch verkürzten Lebensdauer.

Grobe Drehriefen leiteten den Schwingbruch im Spannbolzen (Inconel 901) einer Gasturbine ein (Bild 52). In derartigen Nickelbasislegierungen zeigt der Schwingbruch – ebenso wie in einigen Kobaltbasislegierungen – sowohl makroskopisch als auch mikroskopisch ein vollkommen atypisches Bruchbild, das nicht mit einem Spaltbruch verwechselt werden darf (Bild 53; zu den mikroskopischen Besonderheiten vgl. das nachfolgende Buchkapitel).

Einpressungen von Spannelementen führen in Blattfedern – häufig in Verbindung mit einer Randentkohlung – zu Schwingungsrissen (Bild 54). Die hartvergüteten Federn brechen aufgrund ihrer geringen Rißzähigkeit K_{IC} bereits nach einer geringfügigen Ankerbung durch den Riß (Bild 55).

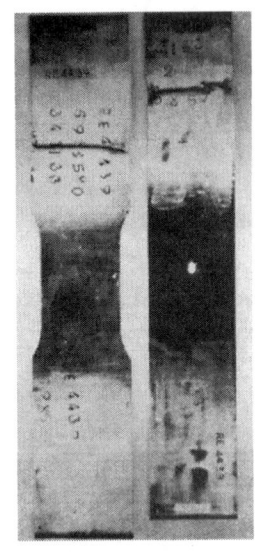

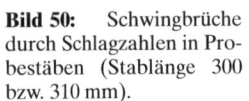

122 *Makroskopische Erscheinungsformen des Schwingbruches*

Bild 50: Schwingbrüche durch Schlagzahlen in Probestäben (Stablänge 300 bzw. 310 mm).

Bild 51: Schwingbruch, ausgehend von der Bearbeitungsriefe in einer Bohrung.

Blattfedern eines Bürostuhles waren an der Austrittsstelle aus der Kunststoff-Sitzschale mit der Schleifhexe von anhaftenden Plastikresten (Verbund-Spritzguß) gesäubert worden. Auf die gedankenlos produzierten Schleifriefen reagierte der kaum angelassene Stahl unverzüglich mit einem Schwingbruch (Bilder 56 und 57). In ähnlicher Weise gefährden Ziehriefen die auf weit über 2000 N/mm^2 kaltverfestigten, patentierten Klaviersaitendrähte (Bilder 58 und 59).

Auf die Gewindeköpfe eines Spülbohrgestänges (Stahl 46Mn5) waren nachträglich ohne Vorwärmung Panzerstahl-Raupen aufgeschweißt worden, um das Abgleiten der

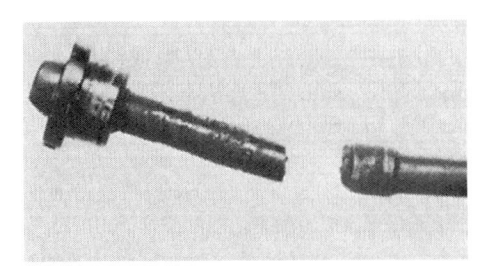

Bild 52: Schwingbruch (links) in einem Spannbolzen (Schaftdurchmesser 5 mm). Ein 10 mm langer Schaftabschnitt fehlt.

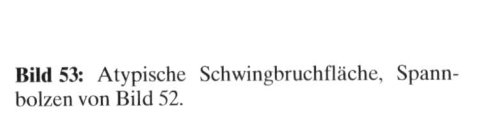

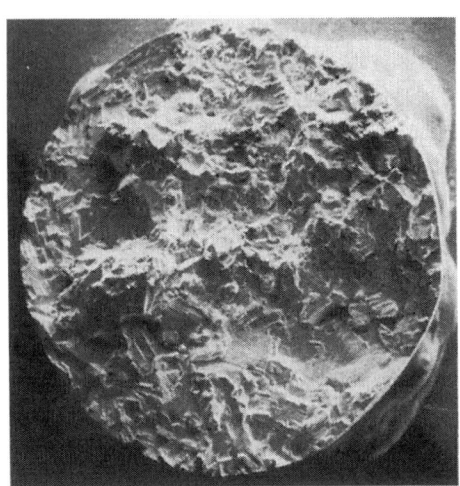

Bild 53: Atypische Schwingbruchfläche, Spannbolzen von Bild 52.

7. Beispiele   123

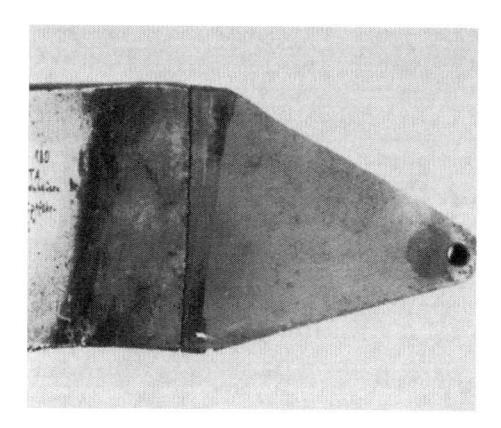

Bild 54: Schwingbruch in einer Blattfeder (Breite 152 mm). Einpressung der Klemme.

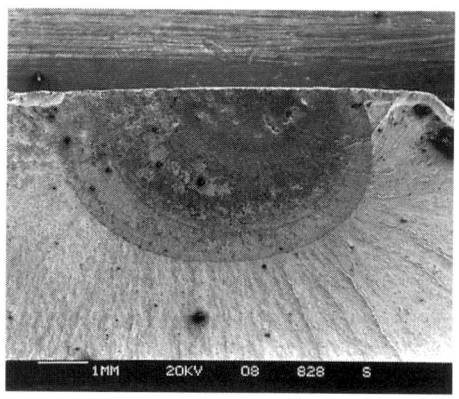

Bild 55: Schwingungsriß unterhalb einer Reibstelle (Feder von Bild 54).

Spannwerkzeuge zu verhindern. Durch das Schweißen härtete der Werkstoff auf; es entstanden Anrisse, die sich unter der dynamischen Beanspruchung ausbreiteten (Bilder 60 und 61). Dieser vom Bohrpersonal verursachte Ausfall überdeckte jedoch nur das bereits konstruktionsseitig vorprogrammierte Versagen des Gestänges. Anstatt den Kopf stumpf vor das Rohr zu schweißen, hatte man die beiden Teile durch ein konisches Gewinde verbunden und es mit einer umlaufenden Schweißnaht – nach korrektem Vorwärmen – gegen Aufdrehen gesichert. Nachträgliches Schweißen lockert jedoch generell eine Verschraubung, so daß im vorliegenden Fall das Bohrmoment von der Naht, nicht vom Gewinde übertragen worden war. Kräftig entwickelte Schwingungsrisse im Bereich dieser Sicherungsnaht waren allerdings ihren Konkurrenten aus der Auftragschweißung unterlegen.

Bild 56: Durch Schleifriefen schwingbruchgefährdete Blattfedern. Breite 20 mm (links).

Bild 57: Von Schleifriefen ausgehende Schwingungsrisse. Blattfeder wie in Bild 56 (oben).

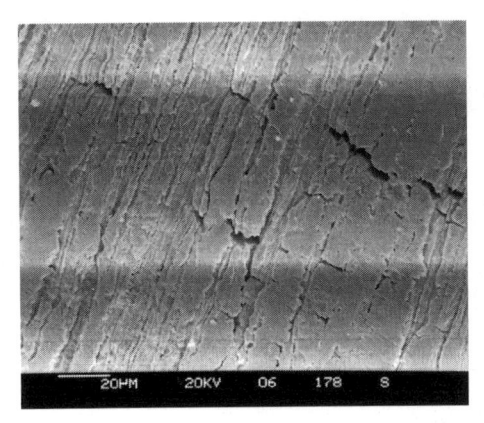

Bild 58: Schwingungsrisse, ausgehend von Ziehriefen auf Klaviersaitendrähten.

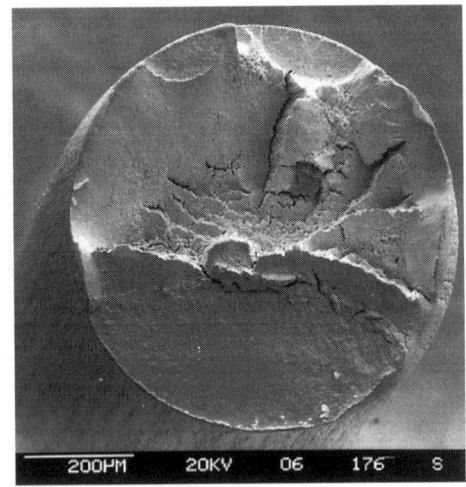

Bild 59: Schwingungsrisse (3x) in einem Klaviersaitendraht, vorgeschädigt durch Ziehriefen wie in Bild 58.

Das Kurbelgehäuse (Silumin) eines Motors wies zahlreiche Erstarrungslunker auf. Von einem größeren, dicht unter der Oberfläche liegenden Lunker aus entwickelte sich ein Schwingungsriß (Bilder 62 und 63).

Korrosionsnarben können nach langen beanstandungslosen Betriebszeiten Schwingbrüche einleiten. So war in den Blattgriff eines Hubschrauber-Heckrotorblattes infolge einer schadhaften Dichtung Regenwasser eingedrungen (Bild 64). Zufälligerweise hatte man den hinteren Teil des Hohlraumes bei der Fertigung nicht vollständig mit Schutzlack überzogen; darüber hinaus wies die verwendete kupferhaltige

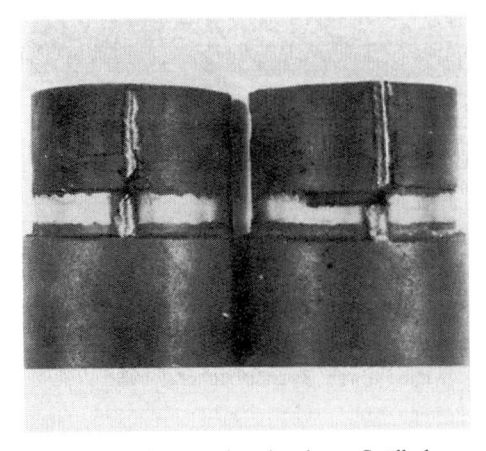

Bild 60: Schwingungsrisse in einem Spülbohrgestänge, ausgehend von aufgeschweißten Raupen (Kopfdurchmesser 110 mm).

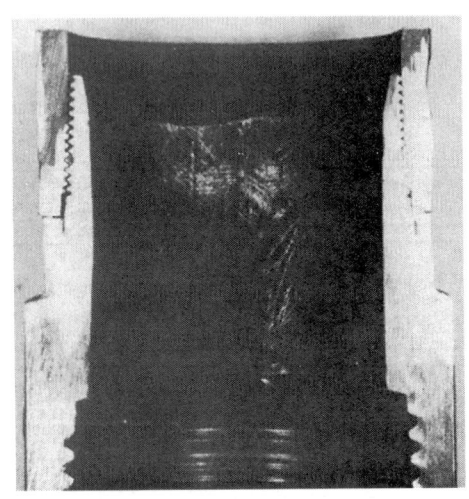

Bild 61: Schnitt durch den Rohrkopf von Bild 60; ungünstige Kombination von Schraub- und Schweißverbindung.

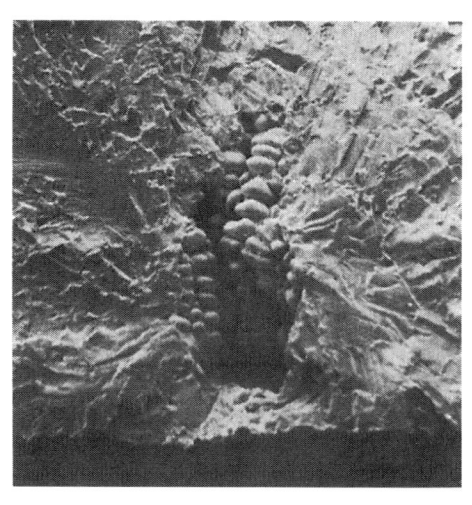

Bild 62: Kurbelgehäuse eines Motors (Breite 350 mm). Riß im mittleren Lager.

Bild 63: Rißausgang von einem Erstarrungslunker (Länge 1,5 mm).

Aluminiumlegierung 2014-T6 ungewöhnlich grobe Einschlüsse auf. Durch Auflösung des benachbarten Aluminiums wurden die chemisch edleren Einschlüsse herauskorrodiert (Bild 65). An den entstandenen Kerben entwickelten sich zahllose Schwingungsrisse (Bild 66).

Während des Landevorganges hatte sich an einem größeren Verkehrsflugzeug nach 1600 Metern Rollstrecke das rechte äußere Hauptfahrwerksrad gelöst: Das Zylinderteil des Hauptfahrwerksstrebs war beidseitig neben dem Flansch zur Befestigung des Bremsscheibengehäuses gebrochen (Bild 67). Es handelt sich in beiden Fällen um Gewaltbrüche, wobei ein harter Landestoß die Achse innen weitgehend, außen vermutlich sogar vollständig durchtrennt hatte (Bild 68). Das Rad konnte jedoch auch dann noch abrollen, da es seine rotierenden Bremsscheiben formschlüssig zwischen

Bild 64: Schwingbruch im Blattgriff 47 mm Ø).

Bild 65: An der Oberfläche herauskorrodierte grobe Einschlüsse (Bildbreite 0,15 mm). Schliff, ungeätzt.

126 *Makroskopische Erscheinungsformen des Schwingbruches*

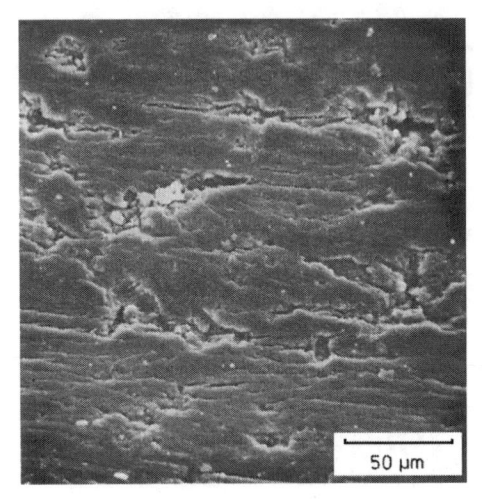

Bild 66: Wandoberfläche, herauskorrodierte Einschlüsse, Anrisse.

den am Flansch befestigten stationären Bremsscheiben führten. Das bei Betätigung der Bremse eingeleitete Moment vollendete den Bruch zwischen Flansch und Zylinder.

Nur bei genauer Betrachtung erkennt man auf dem Flanschfragment einen Haarriß, der sich von den Bruchflächen bis in eine der Bohrungen für die Schrauben erstreckt. Nach seinem Öffnen zeigte sich, daß sich in dieser Bohrung, begünstigt durch eine Korrosionsnarbe, ein typischer, daumennagelförmiger Schwingungsriß gebildet hatte (Bilder 69 und 70). Der Landestoß löste einen frühzeitigen Restbruch aus, der sich am Ende des Flansches bei Eintritt in den rohrförmigen Kernbereich der Achse gabelte und schließlich mehrfach verzweigte, so daß das Zylinderteil in drei Bruchstücke zerfiel. Trotz seiner noch geringen Tiefenausdehnung von ca. 1,5 mm

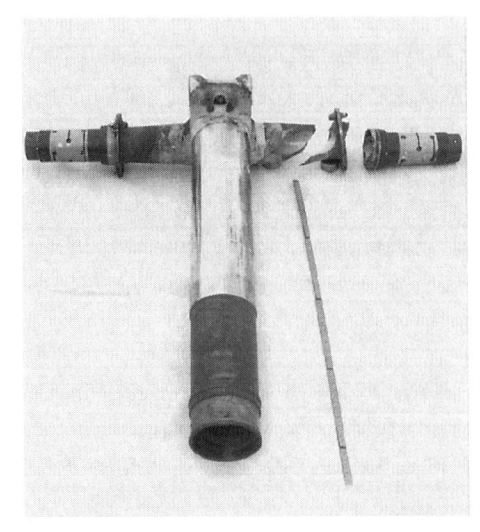

Bild 67: Zerstörtes Teil eines Hauptfahrwerksstrebs. Zylinderlänge ca. 1 m.

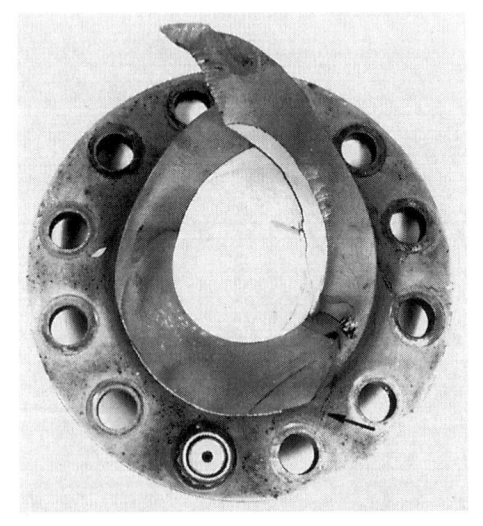

Bild 68: Zylinderseitige Bruchfläche des Flanschteils. Außendurchmesser 164 mm.

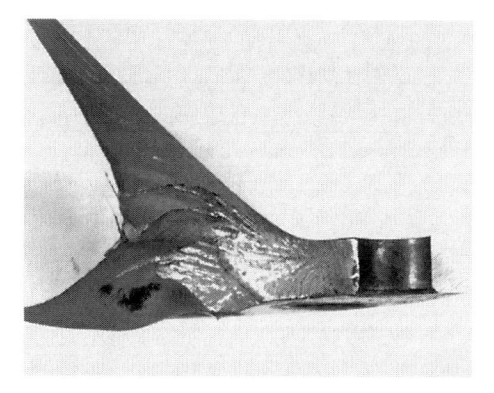

Bild 69: Ausgang des ausgedehnten, verzweigten Bruches an einer Flanschbohrung. Flanschdicke 10 mm (vgl. Bilder 67 und 68).

Bild 70: Detail aus Bild 69. Schwingungsanriß, ausgehend von einer Korrosionsnarbe in der Bohrungswand.

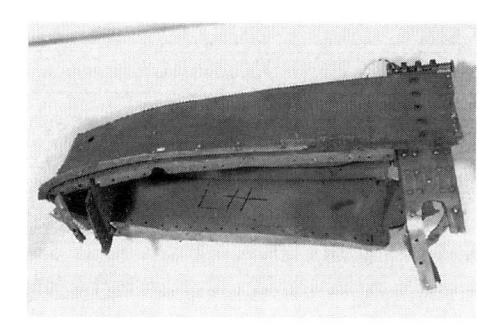

Bild 71: Schwingbrüche in der Holmbrücke eines Ganzmetall-Segelflugzeuges.

Bild 72: Schwingungsrisse, ausgehend von Riefen in den Nietbohrungen der Holmbrücke. Blechdicke 6 mm.

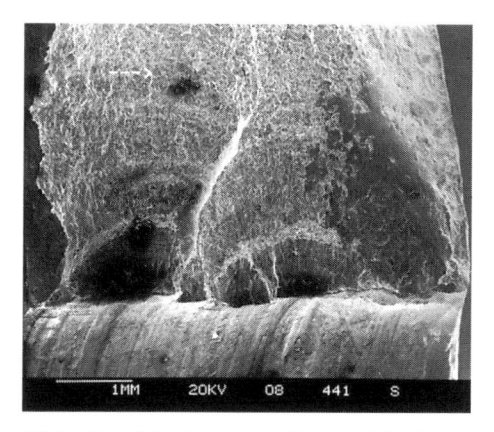

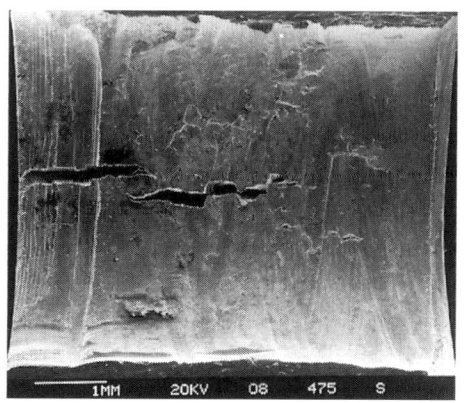

Bilder 73 und 74: Ausgangsstellen von Schwingungsrissen in Nietbohrungen (vgl. Bild 72).

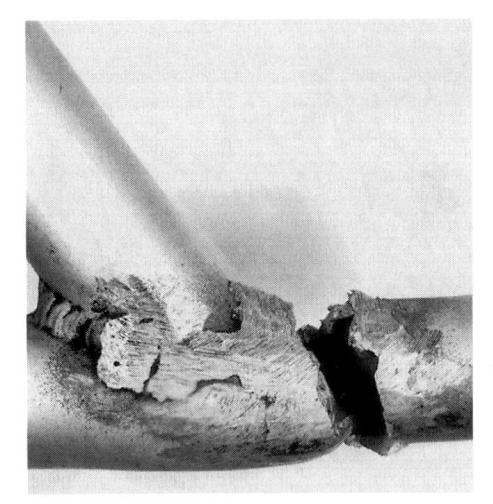

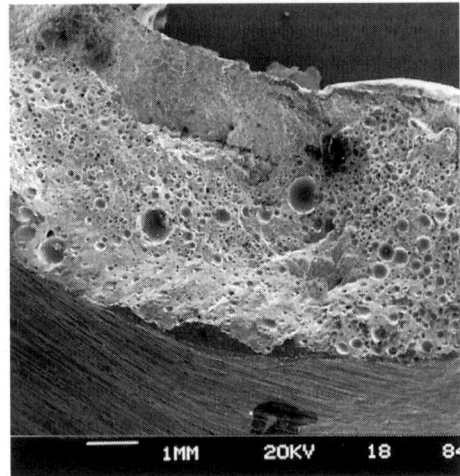

Bild 75: Bruch in einem reparaturgeschweißten Steuerknüppel aus AlMgMn-Legierung. Rohrdurchmesser 25 mm.

Bild 76: Poröses Schweißgut in der Naht von Bild 75.

dürfte der Schwingungsriß den Start des gewaltsamen Restbruches infolge der extrem hohen Festigkeit des Werkstoffes (gemessene Härte 593 HV10) merklich erleichtert haben (vgl. auch oben erwähnte Schäden an Blattfedern).

Ähnlich im Erscheinungsbild, jedoch verursacht durch grobe Riefen vom Bohren, hatten sich in mehreren Nietlöchern der Holmbrücke eines Ganzmetall-Segelflugzeuges Schwingungsrisse entwickelt und das 6 mm-dicke Aluminiumband zerstört (Bilder 71 bis 74).

Lediglich als abschreckendes Beispiel kann die laienhafte Reparaturschweißung eines Ultraleichtflugzeug-Steuerknüppels aus Aluminiumrohr dienen (Bild 75). Anhand der vollständig eingeebneten Bruchfläche war nicht mehr zu unterscheiden, ob Kerben und Steifigkeitssprünge zunächst einen Schwingungsriß eingeleitet hatten oder ob das schwimmfähige Schweißgut (Bild 76) sofort statisch überlastet worden war.

7.3 Schwingbrüche an ausgewählten Bauteilen

Motoren- und Triebwerksteile sind funktionsgemäß in besonderem Maße durch Schwingbrüche gefährdet. In Kurbelwellen beginnen sie vorzugsweise am Übergang Kurbelwange/Kurbelzapfen. Die Beanspruchung besteht aus Biegung und Torsion. Typische Schadensformen zeigen die Bilder 77 und 78. Auch Ölbohrungen in diesem Bereich dienen gelegentlich als Ausgangspunkte. Die in Bild 79 wiedergegebene vierfach gelagerte Kurbelwelle eines Sechszylindermotors wurde im schwingbruchanfälligen Übergangsbereich zusätzlich durch einen Werkstoffehler geschwächt. Wie deutlich ausgeprägte Rastlinien erkennen lassen, begann der Riß unterhalb der Oberfläche (Bild 80). Ein metallographischer Querschliff durch das nachträglich zerstörte

Bild 77: Schwingbruch in einer Kurbelwelle (Zapfendurchmesser 50 mm).

Bild 78: Schwingbruch in einer Kurbelwelle (Zapfendurchmesser 48 mm).

Bruchzentrum legte zahlreiche Werkstofftrennungen frei (Bild 81). Nachdem der Schwingbruch die Wange durchquert hatte (Bild 82), lief die Kurbelwelle aufgrund ihrer mehrfachen Lagerung formschlüssig weiter. Hohe Biegekräfte im nunmehr fliegend gelagerten vorderen Bruchstück führten zu einem zweiten Schwingbruch (Bild 83). Seine relativ rauhe Oberfläche und die geringe Zahl von Rastlinien bestätigen die erwartete hohe Rißausbreitungsgeschwindigkeit.

An der Kurbelwelle eines Einzylinder-Motors, wie er beispielsweise für Rasenmäher oder für Ultraleicht-Flugzeuge eingesetzt wird, hatte man die Übergänge

Bild 79: Schwingbrüche in der Kurbelwelle eines 6-Zylinder-Motors (Gesamtlänge 750 mm). Primärbruch in der 3. Wange, Folgebruch in der 1. Wange.

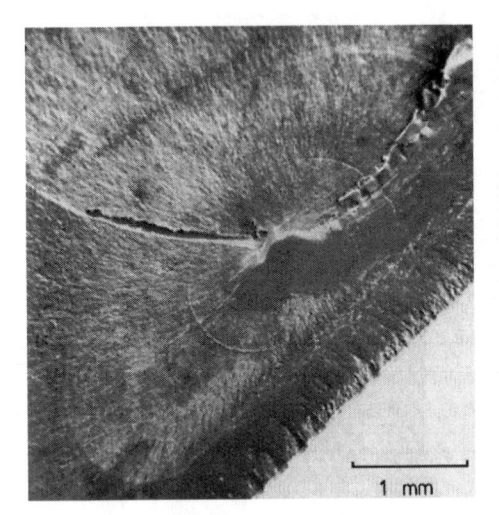

130 Makroskopische Erscheinungsformen des Schwingbruches

Bild 80: Ausgangspunkt des 1. Schwingbruches von Bild 79 unterhalb der Oberfläche.

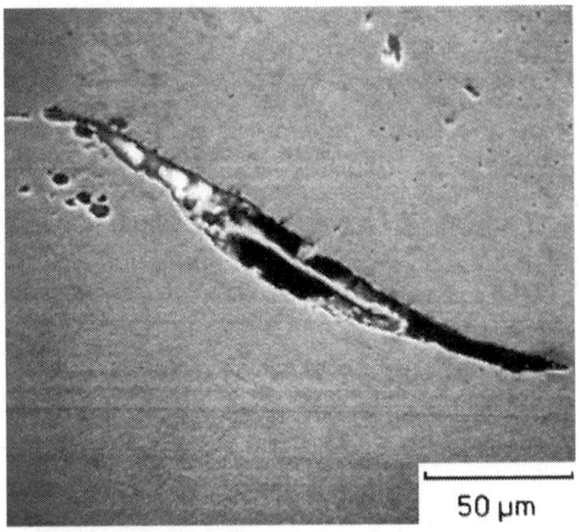

Bild 81: Schliff durch das Bruchzentrum von Bild 80. Eingeschmiedete Oxide

Schwungscheibe/Welle der zufälligen Abrundung der Drehmeißelspitze überlassen; der „Radius" betrug 0,4 mm (Bild 84). Zusätzliche grobe Drehriefen und Materialverquetschungen durch einen stumpfen Meißel (Bild 85) sicherten den Beginn eines Schwingungsrisses. Seine erhebliche Ausdehnung über rund 95% des Hohlwellenquerschnitts bestätigen die Kombination von niedriger Nennspannung mit extremer lokaler Kerbwirkung (Bild 86).

Kurbelwellen von Flugzeug-Triebwerken sind darüber hinaus am Übergang zum Propellerflansch gefährdet. Bei einer Bodenberührung der Luftschraube verformt sich die Kurbelwelle in erheblichem Maße elastisch. Die spröde, mit ca. 0,5 mm ungewöhnlich dicke Nitrierschicht reißt dabei häufig auf. Der sich daraus entwickelnde Schwingungsanriß verläuft zunächst in Umfangsrichtung, ehe er unter der Wirkung der Torsionsbeanspruchung schraubenwendelartig in den Bereich des Hauptlagers vordringt; grobe Drehriefen lenken den Riß örtlich ab und erzeugen einen treppenför-

Bild 82: Primärer Schwingbruch in der 3. Wange der Kurbelwelle von Bild 79 (Breite der Bruchfläche 90 mm).

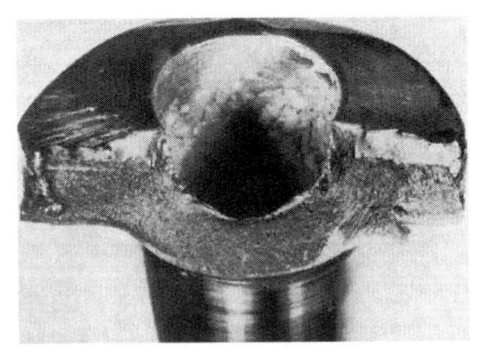

Bild 83: Folge-Schwingbruch in der 1. Wange der Kurbelwelle von Bild 79 (Breite der Bruchfläche 90 mm).

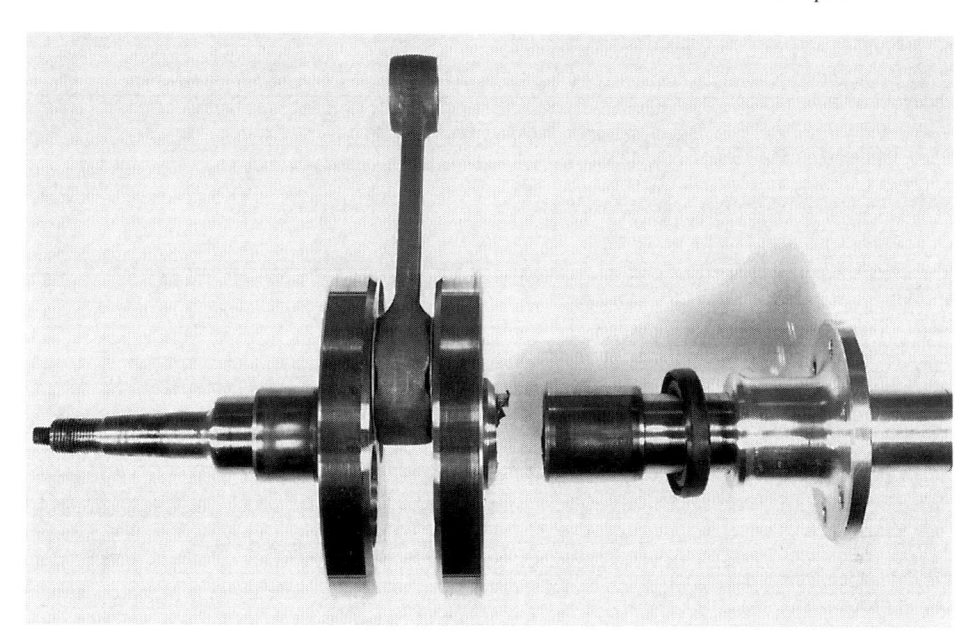

Bild 84: Schwingbruch in der Kurbelwelle eines Einzylinder-Motors, Schwungscheibendurchmesser 90 mm.

migen Verlauf (Bilder 87 und 88). Auf der Innenseite der hohl ausgeführten Wellen leiten nicht selten Korrosionsnarben Schwingungsanrisse ein, wenn in sacklochartigen Bereichen aus dem Drucköl abgeschiedenes Wasser die Wandung angegriffen hat (Bilder 89 und 90).

Pleuele versagen durch Schwingbrüche im Bereich des Schaftes oder am Übergang vom Schaft in den Fuß (Bild 91). Schaftbrüche werden häufig durch schmiedebedingte

Bild 85: Ausgeprägter Schwingbruch (Außendurchmesser 25 mm) in der Kurbelwelle von Bild 84. Äußerst kleiner Restbruch (hochstehend) in 10-Uhr-Position.

Bild 86: Grobe Drehriefen und Quetschspuren im „Übergangsradius" der Kurbelwelle von Bild 84.

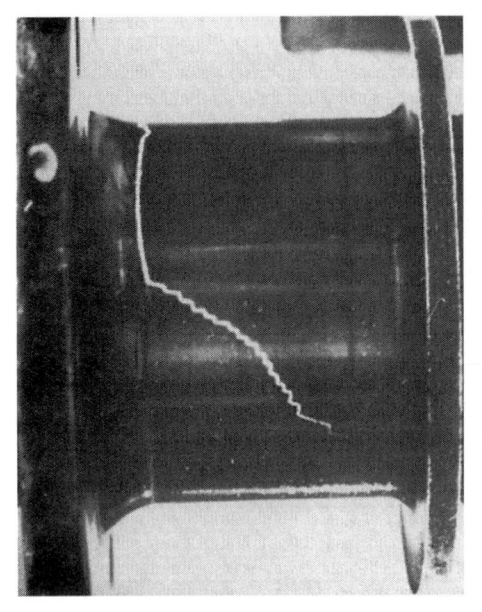

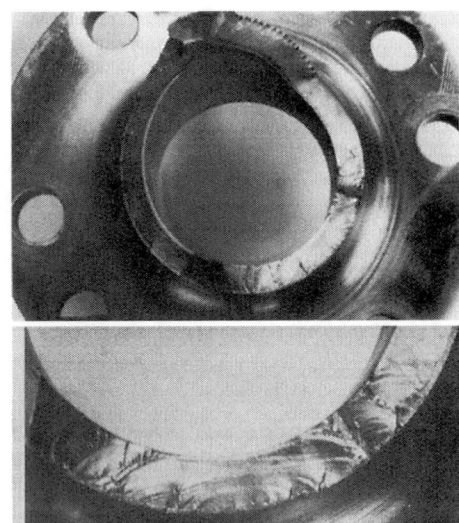

132 *Makroskopische Erscheinungsformen des Schwingbruches*

Bild 87: Schwingungsriß hinter dem Flansch einer Kurbelwelle (Wellendurchmesser 57 mm). Aufnahme während magnetischer Durchflutung.

Bild 88: Geöffneter Riß von Bild 87. Unteres Teilbild: Rißausgangsbereich.

Oberflächenfehler entscheidend begünstigt (Bild 92). Im Fuß führen u. a. Schmierstoffmangel oder fehlerhafte Passungen zu lokalen Beschädigungen der Pleuelinnenseite (Bild 93). Umgekehrt können grobe Bohrriefen in den Einsenkungen für die Dehnschrauben Schwingbrüche auf der Außenseite einleiten (Bild 94).

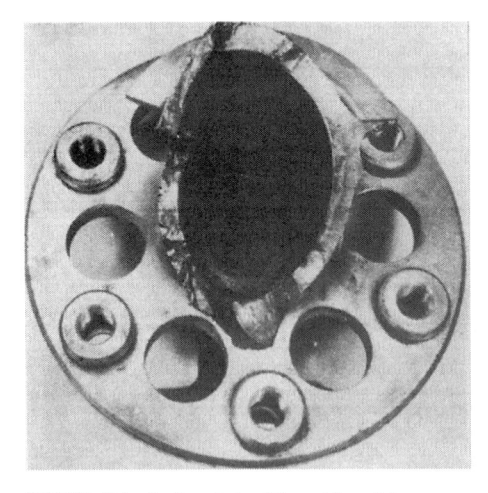

Bild 89: Schwingbruch im Flanschbereich, ausgehend von der Kurbelwellen-Innenwandung (Wellendurchmesser 60 mm).

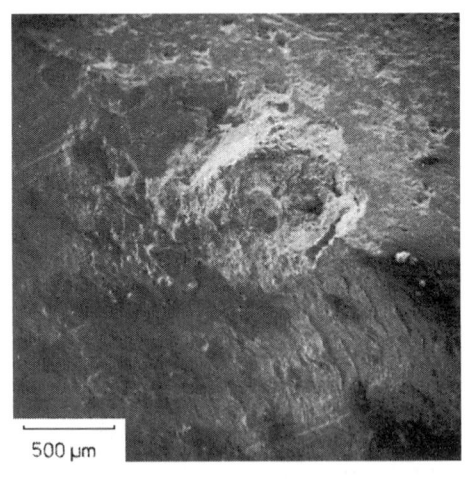

Bild 90: Korrosionsnarben auf der Kurbelwellen-Innenwandung. Ausgangspunkt des Schwingbruches von Bild 89.

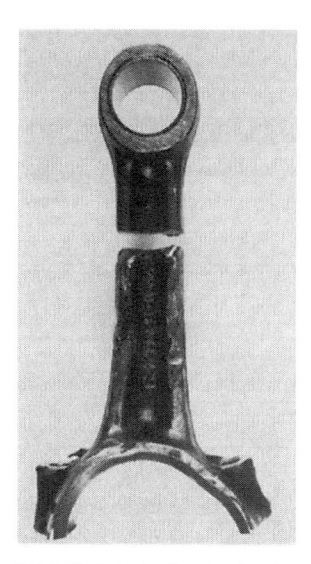

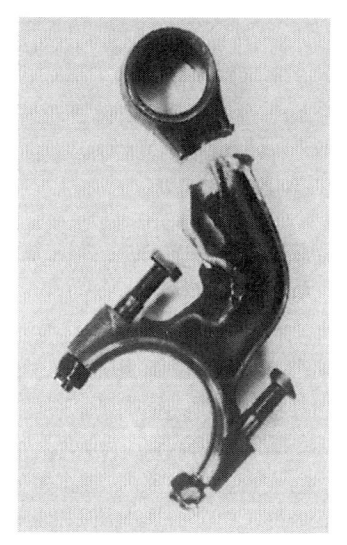

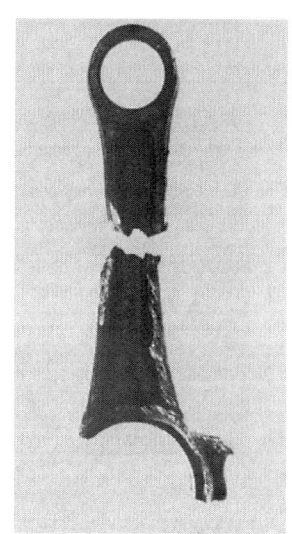

Bild 91: Schwingbrüche in Pleuelen. Schaftbrüche links und Mitte (nachträglich deformiert), Bruch im Pleuelfuß (rechts) mit nachträglichem Schaftabriß. Pleuellängen 170 bis 190 mm.

Der Ausfall einer Pleuelschraube führte zum Totalschaden eines Sechszylindermotors. Der Schwingungsriß hatte den verdickten (!) Querschnitt in der Schraubenmitte verformungslos durchtrennt, in den sich bei der Montage nach einer Grundüberholung der scharfkantige Bohrungsauslauf an der Teilfuge des Pleuelfußes eingepreßt hatte. In Bild 95 ist die unfallauslösende Dehnschraube drei weiteren, durch Überlastung gerissenen Schrauben gegenübergestellt (Folgeschäden); zugehörige Bruchfläche s. Bild 12.

Die scharfgratige Bohrung (Ölversorgung) leitete den Schwingbruch im Kipphebel eines Auslaßventiles ein (Bild 96). Nachdem der Riß den rohrförmigen Mittelteil des Kipphebels aufgetrennt hatte, entwickelte sich ein weiterer Schwingungsanriß entlang der Innenseite des am stärksten biegebeanspruchten Bereiches (Bild 97). Das Bauteil versagte schließlich durch übermäßige Deformation. Wie ein anderer Fall belegt, ist der Ausleger dieses Kipphebels ebenfalls schwingbruchanfällig (Bild 98). Das zugehörige Bruchbild zeigt die Zerstörung durch einseitige Biegung (Bild 99).

In Zylindern konzentriert sich der Schwingbruch vielfach auf den Wandbereich zwischen den Kühlrippen, insbesondere wenn dort die Korrosion die Oberfläche aufgerauht hat (Bilder 100 und 101). Anhand der Rastlinien kann man das Tiefen- und das Breitenwachstum des Risses verfolgen, wie es die Gesetze der Bruchmechanik beschreiben.

Die Antriebswellen von Kraftstoffpumpen waren jeweils mit zwei Sollbruchstellen versehen worden, um bei einem nicht auszuschließenden Blockieren der Räder (Zahnbruch, Fremdkörper) eine unkontrollierte Zerstörung und damit den Austritt des brennbaren Treibstoffes in jedem Falle zu verhindern. Die Bruchstelle für die statische Überlastung bestand beidseitig aus einem tiefen Einstich zwischen dem zylindrischen Abschnitt der Welle und dem Vierkant zur Übertragung des Drehmomentes (Bilder 102 und 103). Über diesen Außenvierkant greift der Innenvierkant im Zapfen des aufgesteckten Ritzels, das mit einer Mutter gesichert wird. Ein grundlegender

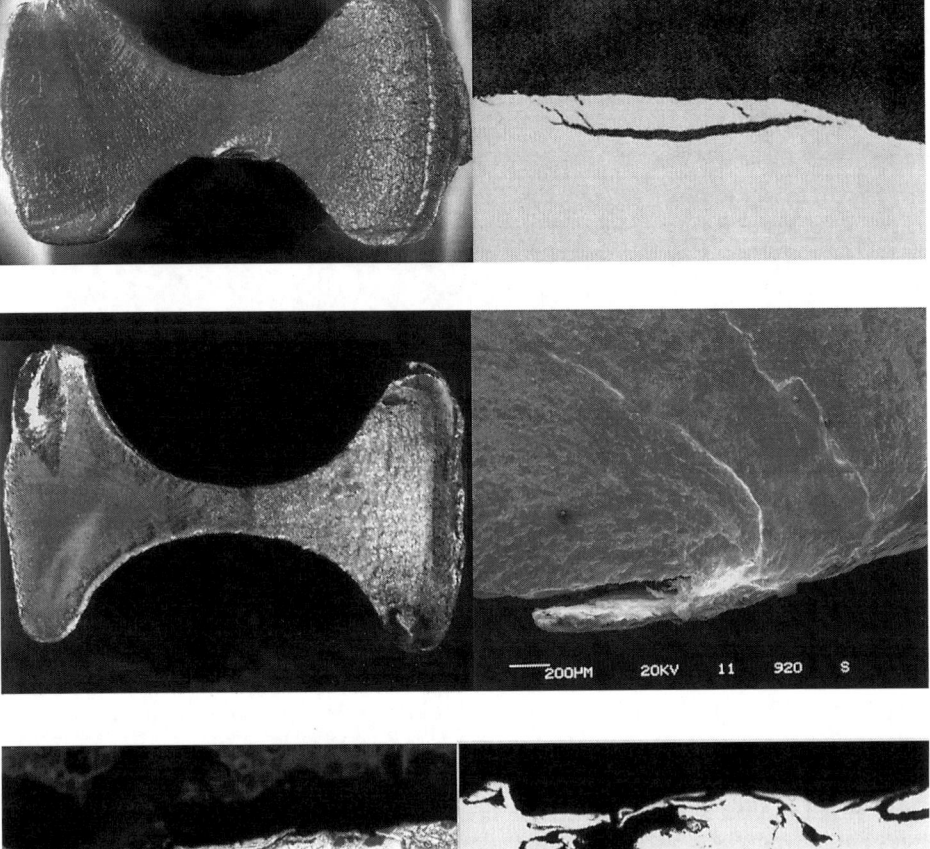

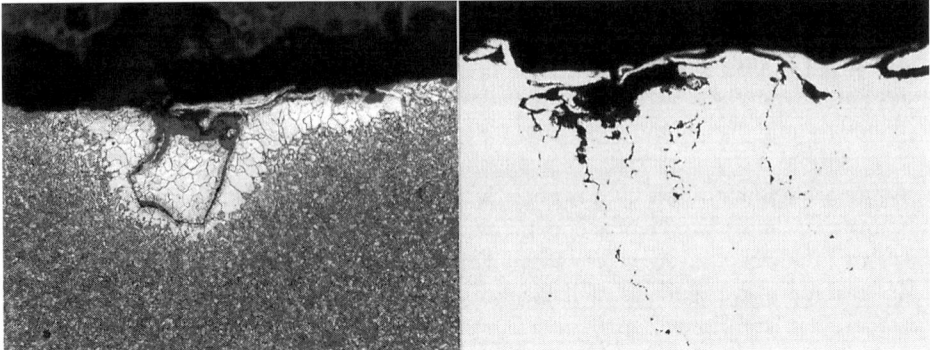

Bild 92: Schwingbrüche in Pleuelschäften (oben und Mitte links). Langsame Rißausbreitung jeweils in linker, rasche in rechter Querschnittshälfte, Restbruch: schmaler, dunkler Streifen am rechten Querschnittsrand. Pleuelbreiten 30 mm. Übrige Teilbilder: Überschmiedungen (rechts, Spaltbreite oben 0,25 mm); eingeschmiedeter Zunder (links unten, Teilchengröße 0,2 mm).

Mangel der Konstruktion besteht bereits darin, daß die Art der Kraftübertragung vom – nicht vorgeschriebenen – Anzugsmoment der Mutter abhängt: ist es niedrig, so gelangt das Moment formschlüssig über die Vierkantsteckverbindung in die Welle, ist es hoch, so preßt sich die Stirnfläche des Ritzelzapfens unmittelbar auf den Wellenabsatz und setzt die Sollbruchstelle außer Kraft. Stufenlose Übergangsformen sind denkbar. Im realen Fall dominiert offensichtlich der Fluß über den Vierkant, wobei

7. Beispiele   135

Bild 93: Schwingbruch im Pleuelfuß (Breite 32 mm), ausgehend von einer Freßstelle unter der Lagerschale.

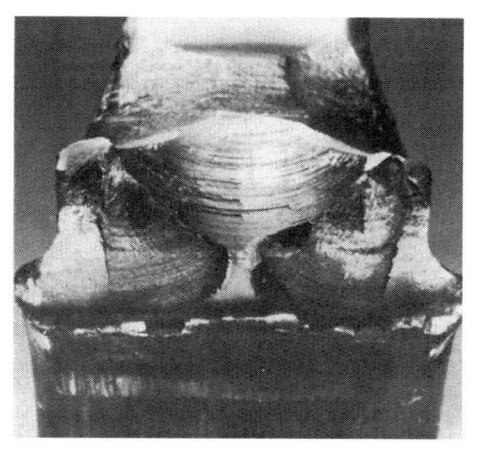

Bild 94: Schwingbrüche im Pleuelfuß (Breite 32 mm), ausgehend von Bohrriefen (Dehnschraubeneinsenkung).

Bild 95: Zerstörte Pleuel-Dehnschrauben (Länge 70 mm). Schwingbruch in der linken Schraube (durch den verdickten Querschnitt).

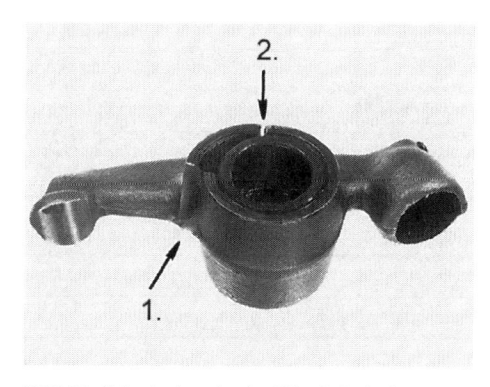

Bild 96: Schwingbrüche im Kipphebel eines Auslaßventils (Gesamtbreite 85 mm).

Bild 97: Kipphebel von Bild 96 (Restquerschnitt am 2. Riß zum Öffnen durchtrennt).

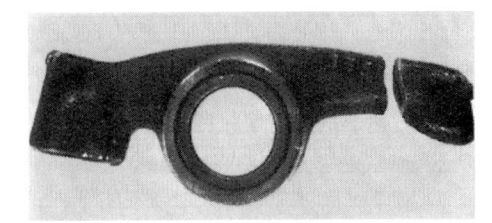

136 *Makroskopische Erscheinungsformen des Schwingbruches*

Bild 98: Schwingbruch im Arm eines weiteren Kipphebels.

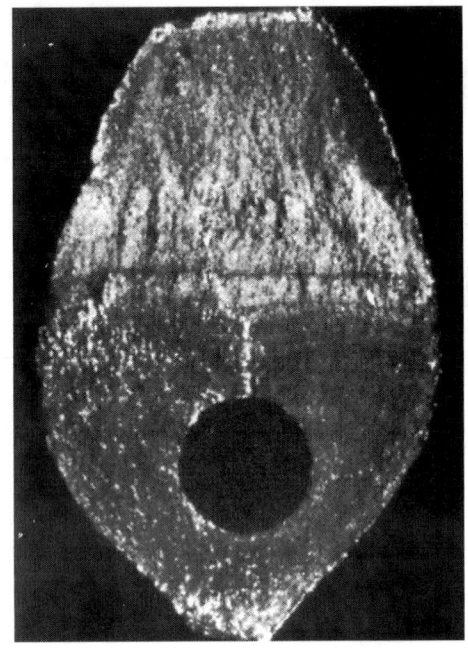

Bild 99: Bruchfläche des Kipphebelarmes von Bild 98.

der Einstich als dynamische (!) Schwachstelle voll zur Wirkung gelangt (Bild 104). Grobe Drehriefen unterstützten auch hier die Rißbildung zusätzlich (Bild 103). An einem der gebrochenen Teile war darüber hinaus der Einstich während des Nitrierens des zylindrischen Wellenabschnittes nur unvollständig abgedeckt gewesen, so daß einzelne Bereiche aufhärteten: Dem Hersteller war eine „versagenssichere" Konstruktion im wahrsten Sinne des Wortes gelungen.

Bild 100: Zerstörter Zylinder (Bohrungsdurchmesser 112 mm).

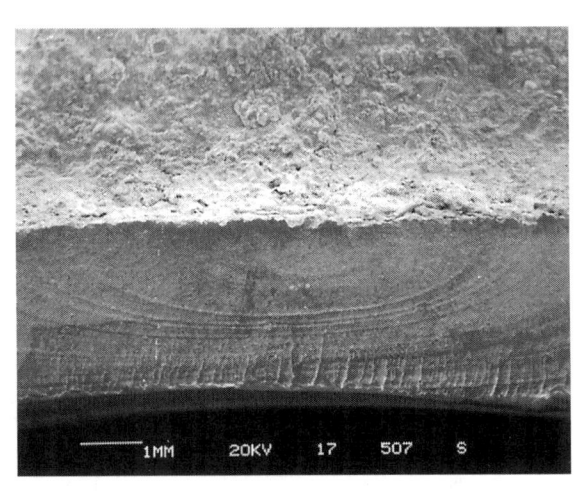

Bild 101: Daumennagelförmiges Wachstum des Schwingungsrisses, ausgehend von der Außenwand zwischen den Kühlrippen des Zylinders von Bild 100.

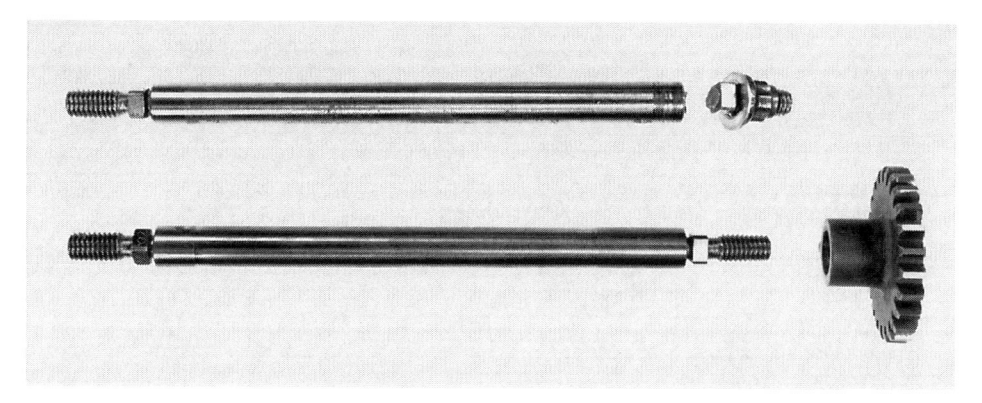

Bild 102: Schwingbruch in einer Kraftstoff-Pumpenwelle (oben, Durchmesser 9 mm). Neuteil mit Antriebsritzel (unten).

Räder von Gasturbinen, wie sie z. B. als Triebwerke für Hubschrauber benutzt werden, sind u. a. durch Kranzrisse am Außenrand der Radscheiben gefährdet. Die schwingende Belastung resultiert aus der Wärmedehnung beim Anlassen und Abschalten der Turbine. Bild 105 zeigt ein Laufrad der 1. Stufe, das nach knapp 900 Zyklen zerstört worden war (Betriebstemperatur im Schadensbereich ca. 900 °C). Auf dem etwa 4 mm tiefen Schwingungsriß (Bild 106) hatten sich 150 Lastspiele in Form deutlich ausgeprägter Schwingstreifen manifestiert, ehe die Mikrostruktur aufgrund zunehmender Ausbreitungsgeschwindigkeit stetig in den gewaltsamen Restbruch überging. Zwischen einigen anderen Schaufelfüßen hatten sich ebenfalls Kranzrisse entwickelt (Bilder 107 und 108). Schliffe durch die Schaufelreste lieferten Hinweise auf den Gefügezustand und damit auf eine mögliche Überhitzung des aus einer Nickelbasislegierung (mit je ca. 10% Wolfram, Chrom und Kobalt sowie zahlreichen weiteren Elementen) integral feingegossenen Rades.

Infolge eines komplexen Schadensablaufes hatte sich ein Flugzeug-Triebwerk nach 5200 Betriebsstunden zerlegt. Die Bilder 109 und 110 geben Lauf- und Leitrad der 3. Stufe

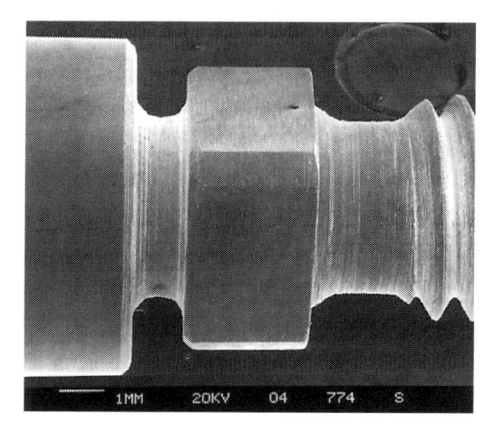

Bild 103: Sollbruchstelle der Wellen von Bild 102. Grobe Drehriefen.

Bild 104: Schwingbruch an der Sollbruchstelle gegen statische Überlastung.

138 *Makroskopische Erscheinungsformen des Schwingbruches*

Bild 105: Zerstörtes Laufrad einer Hubschrauber-Turbine. Radkranzdurchmesser (ohne Schaufeln) 127 mm.

Bild 106: Schwingungsriß (halber Daumennagel), ausgehend von rechter oberer Kante. Bruchfläche mit Tickopur von eingebranntem Kohlenstoff gesäubert. Kranzbreite 15 mm.

wieder. Wie aus der Prinzipskizze (Bild 111) hervorgeht, ist das Leitrad mit einem Dehnungselement aus zwei eingelöteten, gewölbten Blechen zur Kompensation der Wärmedehnungen ausgestattet. Aufgrund der Low-Cycle-Beanspruchung beim An- und Abfahren war das anströmseitige Dehnblech auf dem gesamten inneren Umfang, das abströmseitige auf 85% des äußeren Umfanges durchtrennt worden (Steifigkeitssprünge an den Lötstellen). Die Wellendichtung und das abströmseitige Blech stellten sich daraufhin schräg und streiften am Laufrad der 3. Stufe an, wodurch sich die vorspringende Wölbung des Blechbogens auf ca. zwei Dritteln des Umfangs abschliff (Bild 110). Der dabei am inneren Stützring der Wellendichtung entstandene scharfkantige Blechkranz (Kobalt-

Bild 107: Weiterer Kranzriß zwischen den Schaufeln.

Bild 108: Geöffneter Kranzriß von Bild 107.

Bild 109: Zerstörtes Laufrad einer Flugturbine (Durchmesser des Bruchkreises ca. 110 mm).

Bild 110: Benachbartes Leitrad (zu Bild 109), Außendurchmesser 240 mm. Abgeschliffenes Dehnungsblech.

Basislegierung) stach wie ein Fräswerkzeug eine 3 mm tiefe umlaufende Nut in das benachbarte Laufrad ein (Bild 112). Für die Qualität dessen Werkstoffes (Nickel-Basislegierung) spricht, daß dieser Einstich nicht sofort zur Zerstörung führte. Erst nachdem sich an seinem Grunde zahlreiche Schwingungsrisse entwickelt hatten (Kerbwirkung und Querschnittschwächung) zerlegte der Restbruch das Laufrad (vgl. Bild 109). Anstelle eines Inspektionsintervalles von 6000 Stunden hätte der Hersteller die Anzahl der Starts als Überprüfungskriterium heranziehen sollen.

Eine *statistische Auswertung* von *250 Schadensfällen* an *Luftfahrzeugen* ist am Schluß dieses Kapitels angefügt. Dabei sollte man jedoch beachten, daß über 60% der

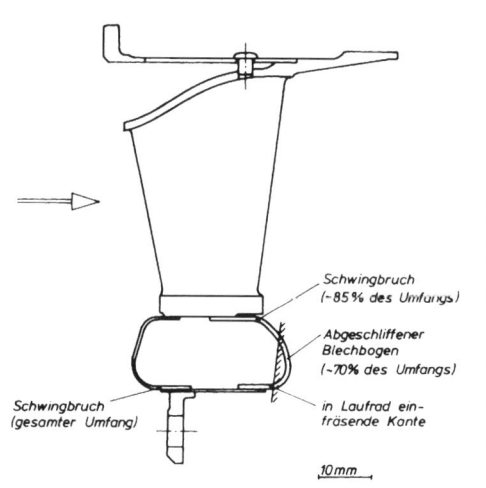

Bild 111: Aufbau des Leitrades (schematisch) mit Bruchstellen.

Bild 112: Laufrad mit eingestochenem, umlaufenden Kerb (Pfeil).

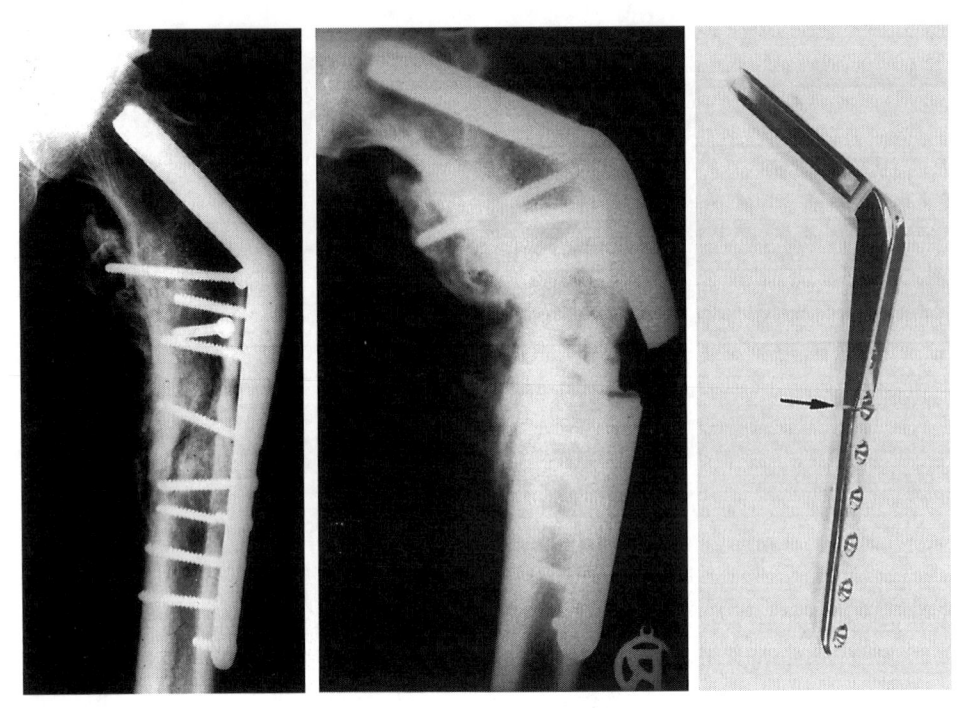

Bild 113: Winkelplatte zur Versorgung einer subtrochantären Fraktur. Postoperativ-gebrochen-explantiert.

Flugunfälle und Störungen durch menschliches Versagen verursacht werden, während technische Mängel lediglich mit knapp 10% beitragen. Auf „Materialermüdung" beruht – entgegen einer weitverbreiteten Ansicht – weniger als 1% (!) aller Flugunfälle, „Werkstoffehler" sind praktisch vernachlässigbar (die Zahlen basieren auf einer Auswertung von über 12.000 im Luftfahrt-Bundesamt registrierten Fällen aus der deutschen Zivilluftfahrt, vgl. auch (4)). Weitere Schäden an Luftfahrzeugen sind u. a. in (5) bis (11) beschrieben.

Auch die Ausfälle *medizinischer Implantate* – sowohl temporärer als auch permanenter – sind fast ausschließlich auf Schwingbrüche zurückzuführen. Kurzzeitimplantate wie Platten, Schrauben oder Nägel dienen in erster Linie der Frakturstabilisierung bei der Osteosynthese; darüber hinaus ermöglichen sie eine frühzeitige Mobilisierung des Patienten. Da sie nach ca. einem Jahr wieder entfernt werden, beschränkt man sich bei der Werkstoffwahl auf kaltverfestigten, austenitischen Chrom-Nickel-Molybdän-Stahl vom Typ AISI-316L; vgl. ISO 5832. Derartige Implantate sind gefährdet, sobald sie die normalerweise vom Knochen übertragene Last längerfristig und zu einem erheblichen Anteil selbst aufnehmen müssen. So können unzureichende Stabilisierung durch die Verschraubung (insbesondere bei komplizierten Mehrfachfrakturen), verzögerte Heilung oder zu frühzeitige und zu häufige Belastung nach der Operation zum Versagen von Osteosyntheseplatten führen (Bilder 113 bis 115). Freie Bohrungen in Höhe des Frakturspaltes begünstigen die Einleitung von Schwingungsrissen in besonderem Maße, ebenso ein zusätzlicher Korrosionsangriff unterhalb reibender Schraubenköpfe. Auch verdickte Querschnitte (Bild 113) können den prinzi-

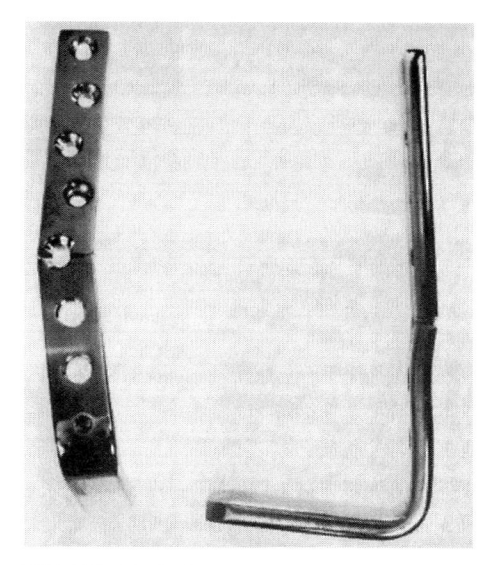

Bild 114: Schwingbruch in einer Winkelplatte zur Versorgung einer supracondylären Femurfraktur (Höhe 150 mm).

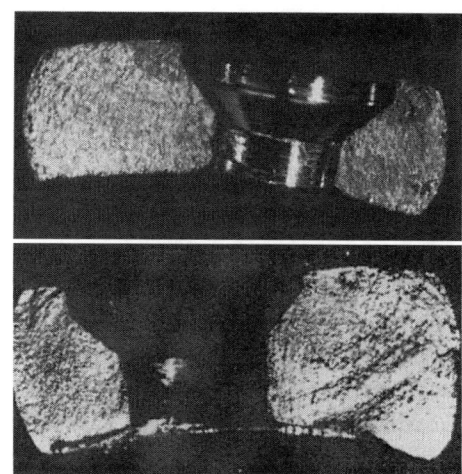

Bild 115: Typische Schwingbruchflächen von Winkelplatten. Rißausgang an den scharfkantigen Einsenkungen für die Knochenschrauben. Breite 16 mm.

piellen Mangel der Platte nicht beheben: Ihr Widerstandsmoment beträgt in der bohrungsgeschwächten Ebene nur etwa 1 % des Momentes, das der röhrenförmige Femurknochen der Biegung entgegensetzt. Die Mikrostruktur zeigt die charakteristischen duktilen Schwingungslinien (vgl. nachfolgendes Buchkapitel), sofern sie nicht infolge überlagerter Druckkräfte eingeebnet worden ist.

Schweren dynamischen Beanspruchungen sind auch die Harrington-Stäbe zur Behandlung von Skoliosen ausgesetzt. Als anfällig erweisen sich in den Druckstäben erwartungsgemäß die Abstufungen zum Einrasten der Haken (Bilder 116 und 117).

Das heute am häufigsten eingesetzte permanente Implantat ist – mit weltweit ca. 1000 Stück pro Tag – die Hüftendoprothese. Die gießtechnisch unvermeidbare Mikroporosität und das grob dendritische Gefüge begrenzen die Dauerfestigkeit der überwiegend eingesetzten Kobalt-Chrom-Molybdän-Gußlegierung auf größenordnungsmäßig 300 N/mm². Dieser relativ niedrige Wert, der auch von Prothesen aus nichtrostenden, austenitischen Stählen nicht übertroffen wird, reicht aus, solange der Schaft fest im Markraum des Femurs verankert bleibt. Lockert sich jedoch das Implantat, wofür überwiegend medizinische oder operationstechnische Ursachen maßgeblich sind, so führte der damit verbundene, gravierende Lastanstieg bei fast allen älteren Modellen zu einem Schwingbruch im Schaft (Bild 118). Eine zusätzliche, im Prinzip gefährliche Elektroschreiber-Gravur auf dessen höchstbeanspruchter, lateraler Seite verkürzt jedoch die Restlebensdauer noch weiter (rechts im Bild 118). Die grobe Gefügestruktur läßt sich häufig bereits mit dem bloßen Auge auf der Bruchfläche wahrnehmen (Bild 119). Im Rastermikroskop erkennt man den für Kobaltlegierungen charakteristischen kristallographisch orientierten Rißverlauf sowie die zahlreichen Mikrolunker (Bilder 120 und 121; vgl. auch S. 179, Bild 49).

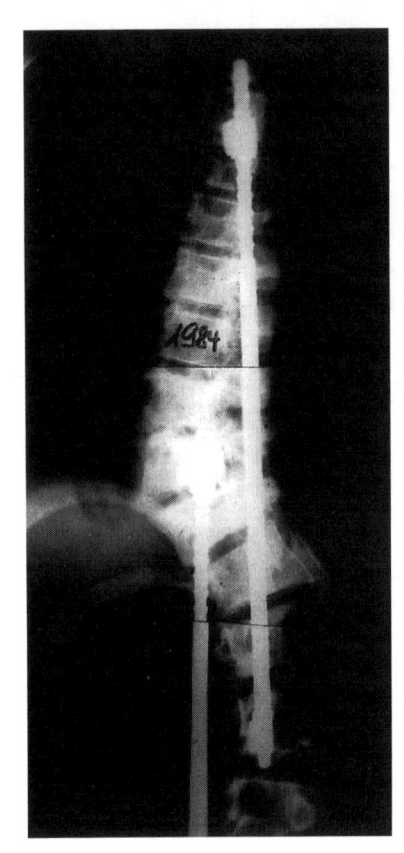

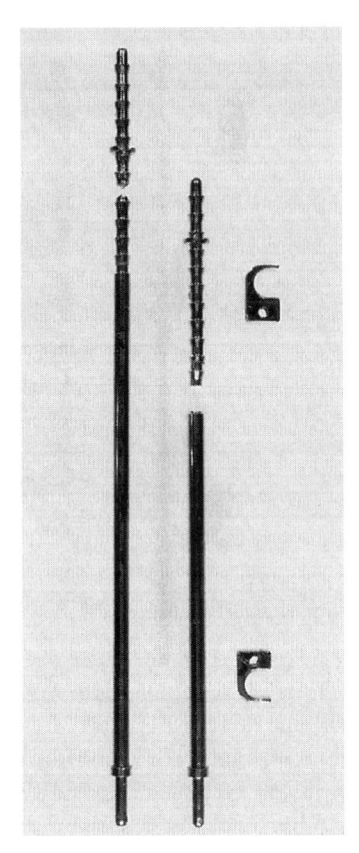

142 *Makroskopische Erscheinungsformen des Schwingbruches*

Bild 116: Harrington-Stäbe zur Versorgung von Skoliosen; implantiert bzw. gebrochen. Durchmesser 6,35 mm.

Der erheblichen Anzahl derartiger Versagensfälle in den 70er Jahren begegnete man erfolgreich durch zwei unterschiedliche Maßnahmen: Einerseits erhöhte man die Dauerfestigkeit der Gußwerkstoffe mittels Wärmebehandlungen, Hippen usw., ande-

Bild 117: Ausgeprägter Schwingbruch in einem Harrington-Stab von Bild 116. Bruchflächendurchmesser 5 mm.

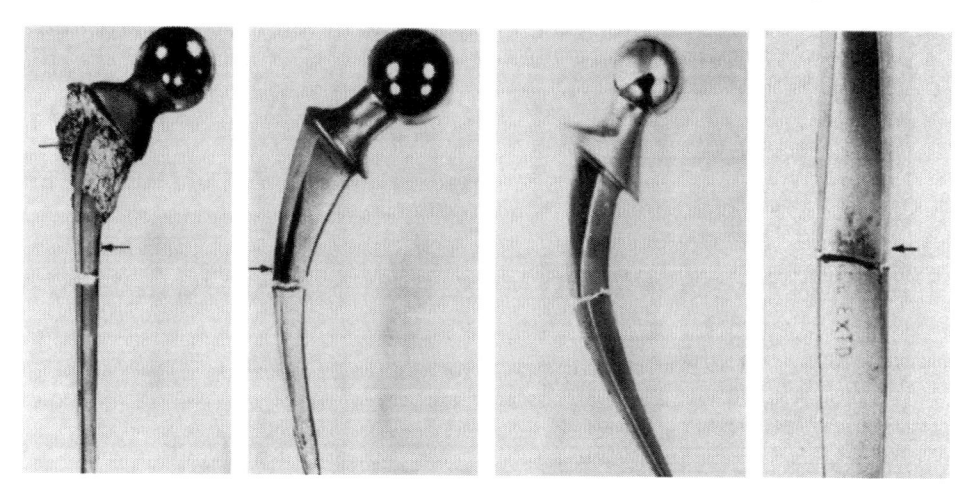

Bild 118: Schwingbrüche in Hüftendoprothesen. Schaftlänge (von links): 170 mm, 120 mm, 120 mm. Die Pfeile zeigen Lockerungs- und Reibspuren an. Ganz rechts: Elektroschreiber-Gravur auf dem Schaftrücken der nebenstehenden Prothese. Schaftbreite 11 mm.

rerseits ersetzte man sie durch schwingfestere Materialien wie geschmiedete TiAlV- oder CoNiCrMo-Legierungen; vgl. ISO 5832. Damit war die Gefahr des Schwingbruches nach einer Lockerung gebannt, nicht jedoch die der Lockerung selbst. Durch bioaktive Schichten (z. B. Hydroxylapatit), insbesondere aber durch Aufrauhen oder Strukturieren der Schaftoberflächen versuchte man, eine langfristige Fixierung in der Markhöhle zu gewährleisten. In Unkenntnis spannungstechnischer Zusammenhänge wurden Prothesen mit tiefgekerbten Oberflächen oder als filigrane Hohlkonstruktionen feingegossen. Wie zahlreiche Ausfälle beweisen, lockern sich jedoch auch derartige Implantate; sie erliegen dann rasch dem gewöhnlichen Schwingbruch („fractitis vulgaris"), Bilder 122 bis 124.

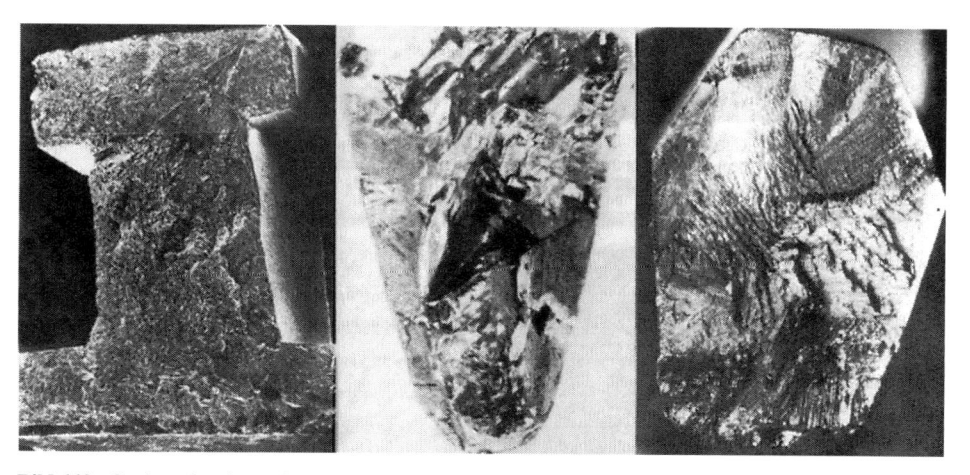

Bild 119: Grobstrukturierte Schwingbruchflächen in Hüftendoprothesenschäften aus CoCrMo-Guß. Dendriten, Lunker; mittlere Bruchfläche stark verhämmert. Schafthöhen 11 mm, 10 mm, 16 mm.

144   *Makroskopische Erscheinungsformen des Schwingbruches*

Bild 120: Kristallographisch orientierter Rißverlauf und Lunker auf der Schwingbruchfläche eines Endoprothesenschaftes aus CoCrMo-Guß. Rastermikroskopische Aufnahme.

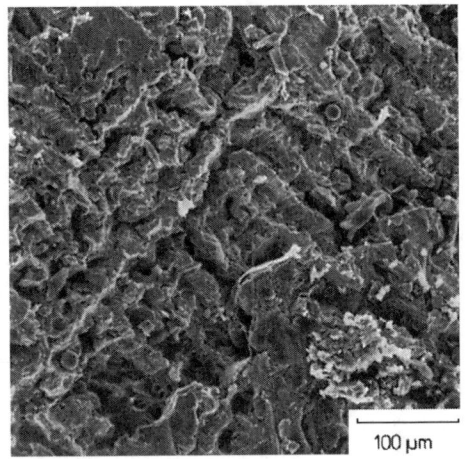

Bild 121: Mikroporosität im CoCrMo-Guß. Ausschnitt aus der linken Bruchfläche von Bild 41. Rastermikroskopische Aufnahme.

Das letzte, relativ ungewöhnliche Beispiel zeigt einen Schwingbruch im Übergang von Gelenkkopf in den Schaft (Bild 125). Bei diesem Baumuster waren beide Teile getrennt gegossen, über ein grobes Gewinde fixiert und miteinander verschweißt worden. Die Schweißnaht hatte den Gewindespalt jedoch weitgehend verfehlt, so daß am

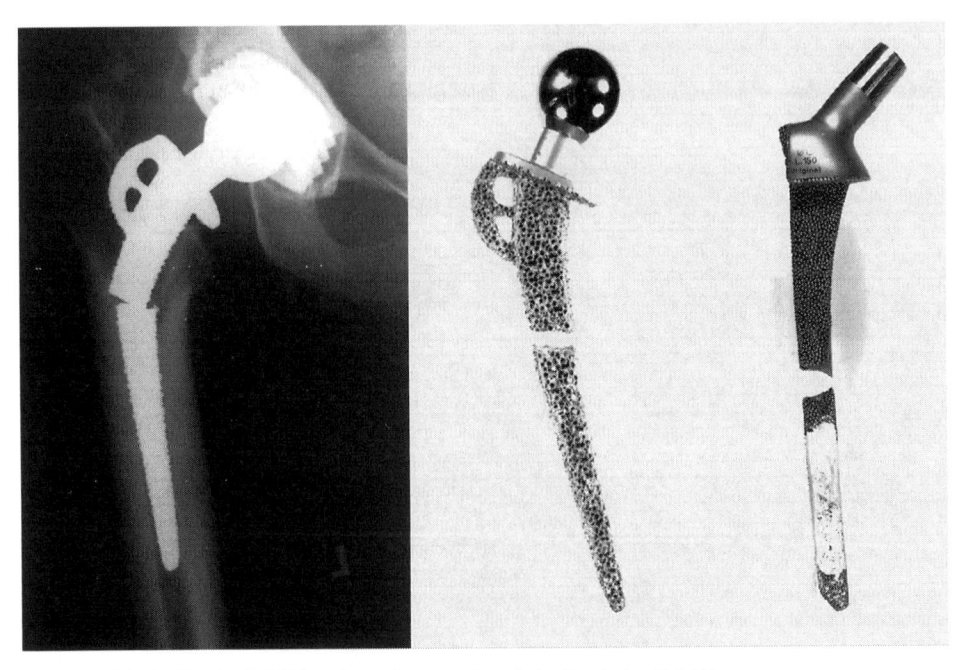

Bild 122: Schwingbrüche in Hüftendoprothesen mit grobstrukturierten Schäften.

7. Beispiele   145

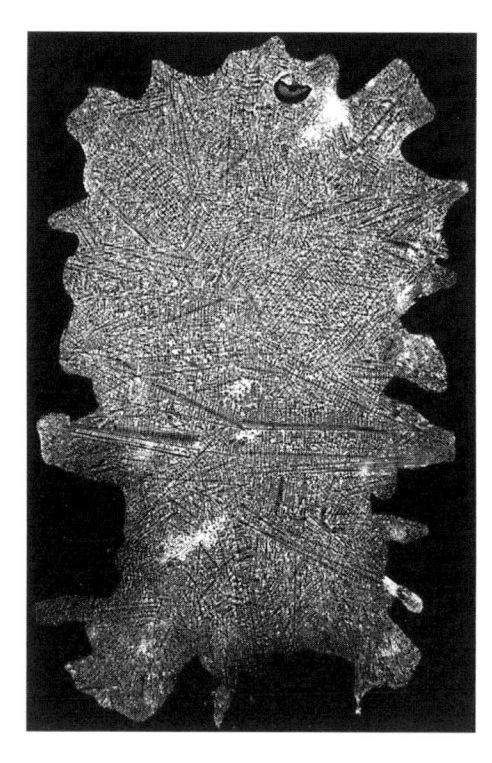

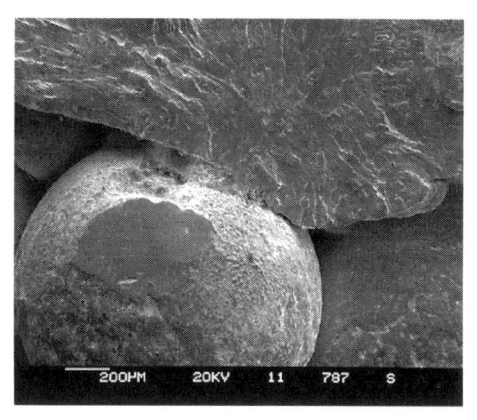

Bild 124: Ausgangspunkt des Schwingungsrisses im Fußbereich einer Kugel (integraler Feinguß). Rechte HEP in Bild 122 (oben).

Bild 123: Querschliff durch den Schaft der linken bzw. mittleren HEP von Bild 122 (links).

Bild 125: Umlaufender Schwingungsriß am Übergang Kopf/Schafthals einer Hüftendoprothese. Kopfdurchmesser 35 mm.

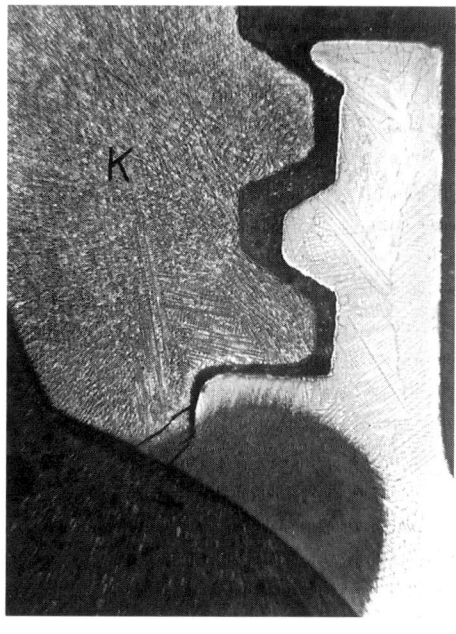

Bild 126: Fehlpositionierte Schweißnaht, weitgehend neben dem Gewindespalt zwischen Kopf (links) und Hals (rechts) der HEP von Bild 125.

Grunde des extremen Kerbs unverzüglich ein Schwingungsriß in den schmalen, auslaufenden Nahtquerschnitt startete (Bild 126). Allgemein wird die Beanspruchung in Implantaten unterschätzt: Auf eine Hüftendoprothese wirkt bereits beim normalen Gehen das 3- bis 5-fache des Körpergewichtes, wobei ihr Träger – je nach Aktivität – jährlich ein bis drei Millionen Lastspiele (Schritte) absolviert.

Zahlreiche Brüche an Implantaten sind u. a. in (12) beschrieben; zu Implantatwerkstoffen vgl. (13, 14).

Literatur:

(1) E.J. Pohl: Das Gesicht des Bruches metallischer Werkstoffe, Allianz Versicherungs AG., München und Berlin 1956.
(1) G. Lange: Oberflächeneffekte an Dauerbruchflächen von Aluminium, Aluminium 49 (1973), S. 617–621.
(3) Aluminium-Zentrale: Aluminium-Taschenbuch, 13. Auflage, Aluminium-Verlag, Düsseldorf 1974.
(4) G. Lange: Statistische Auswertung von Unfällen und Störungen in der zivilen Luftfahrt. in: Werkstoff-Bauteil-Schäden, S. 113, Verein Deutscher Ingenieure, Jahrestagung '87, München.
(5) G. Lange: Werkstoffkundliche Unfalluntersuchungen an Luftfahrzeugen, Radex-Rundschau 1980, Heft 1/2, S. 174–184.
(6) G. Lange: Schadensfälle an Flugzeug- und Hubschrauberbauteilen aus Leichtmetall, Metall 32 (1978), S. 435–439.
(7) G. Lange: Beiträge in den Berichtsbänden der 7., 8., 10. u. 14. Sitzung des Arbeitskreises Rastermikroskopie, herausgeg. vom Deutschen Verband für Materialprüfung e.V., 1975, 1977, 1981, 1990.
(8) G. Lange: Schadensuntersuchungen an Luftfahrzeugteilen, Metall 37 (1983), S. 365–371.
(9) G. Lange: Probleme der Schadensanalyse – dargestellt am Beispiel eines zerstörten Axialverdichters. Z. Metallkde. 75 (1984), S. 401–406.
(10) G. Lange: Werkstoffkundliche Untersuchung von Schwingbrüchen, in: D. Munz (ed.), Ermüdungsverhalten metallischer Werkstoffe, Deutsche Gesellschaft für Metallkunde, Oberursel 1985, S. 497–511.
(11) G. Lange: Schäden durch mangelhafte Verbindungstechnik im Flugzeugbau. in: Schäden in der Verbindungstechnik, VDI-Berichte 770, Verein deutscher Ingenieure, Düsseldorf 1989, S. 219–238.
(12) 1.–11. Vortragsreihe des Arbeitskreises „Implantate", Deutscher Verband für Materialforschung und Prüfung e.V., Berlin 1980–1990.
(13) G. Lange u. M. Ungethüm: Metallische Implantatwerkstoffe, Z. Metallkde. 77 (1986), S. 545–552. Sonderbände der Prakt. Metallographie, Bd. 17 (1986), S. 9, Dr. Riederer-Verlag, Stuttgart.
(14) G. Bensmann: Welcher Werkstoff ist für welche Endoprothese geeignet?, Techn. Mitteilungen Krupp 1/1992 S. 45–59

Analyse von 250 Schadensfällen an Luftfahrzeugen

1. Schwingbrüche   **151**

1.1 *Konstruktion*   68
Steifigkeitssprünge   53(+16)
(Absätze, Hohlkehlen, Gewinde,
Bohrungen, Nuten)
Einpressungen anderer Bauteile   7
Schweißnähte   4(+12)
Falsche Werkstoffwahl   1
Sonstige Konstruktionsfehler   3

1.2 *Werkstoff*   4(+4)
(Fehlerhaftes Gefüge, Einschlüsse,
Innenrisse, Lunker)

1.3 *Fertigung*   24
Schmiedefehler (eingeschmiedeter   8(+2)
Zunder, Randentkohlung)
Wärmebehandlungsfehler   3(+2)
(Härtefehler)
Spangebende Bearbeitung   6(+6)
Sonstige Fehler   7
(z. B. Schrumpfverbindung, Klebung)

1.4 *Betriebsschäden und Wartungsmängel*   36
Steinschlag, Bodenberührung   10
Lager- oder Motorschaden   9(+2)
Korrosionsnarben   9(+5)
Alter Gewaltriß   1
Gelockerte Verbindungselemente   7(+1)

1.5 *Reparaturen*   11
Schweißungen   2
Richtarbeiten   1
Montagefehler   8

1.6 *Ungeklärte Ursache*   8
z. B. nachträglich zerstörter Ausgangspunkt

2. Gewaltbrüche   **86**

2.1 *Überlastung*   *30*(+2)

2.2 *Werkstoff*   4(+8)
(Gußfehler, Einschlüsse)

2.3 *Fertigung*   *10*
Falsche Wärmebehandlung   3
Exzentrische Bohrung   1
Abgequetschte Drahtseile   2
Schweißfehler/Lötfehler   4

2.4 *Betriebsschäden und
Wartungsmängel*   7(+3)
(Alter Gewaltanriß, Lagerschaden,
Montagefehler, Fremdkörper)

2.5 *Reparaturen*   6
Richtarbeiten   2
Falsches Ersatzteil   1
Unvollständige Reparatur   1

2.6 *Vorsätzliche Zerstörung*   *1*

2.7 *Ohne erkennbare Ursache*   8

2.8 *Unfallfolge*   20

3. Korrosion   9(+12)

4. Sonstige Schäden   **4**

Die eingeklammerten Werte geben die Zahl der Fälle an, in denen die genannte Ursache zusätzlich mitgewirkt hat.

Mikroskopische Erscheinungsformen des Schwingbruches

Dietrich Munz, Institut für Zuverlässigkeit und Schadenskunde im Maschinenbau, Universität Karlsruhe,

mit ergänzenden Kommentaren und einem Zusatzkapitel (Nr. 11) von Günter Lange, Institut für Werkstoffe, Technische Universität Braunschweig

1. Einführung

Bei Betrachtungen über die Mikrostruktur des Schwingbruchs im Rahmen der systematischen Beurteilung von Schadensfällen muß die Frage im Vordergrund stehen: Welche Erkenntnisse über die Schadensursache und den Schadensablauf können aus einer mikroskopischen Betrachtung der Bruchflächen gezogen werden? Dabei geht es im einzelnen um folgende Fragestellungen:
– Schwingbruch oder andere Bruchursache (Gewaltbruch, Kriechbruch, Korrosionsbruch)
– Rißgeschwindigkeit
– Beanspruchungsamplitude (konstante oder wechselnde Höhe; Betrag)
– Korrosionseinfluß
– Werkstoffzustand.

Um diese Fragen beantworten zu können, ist eine gute Kenntnis der verschiedenartigen Erscheinungen, die sich auf der Bruchfläche ausbilden können, notwendig. Es gibt viele systematische und noch mehr weniger systematische Untersuchungen zur Mikrofraktografie des Schwingbruches. In diesem Beitrag wird versucht, die wichtigsten Erscheinungen der Bruchflächen des Ermüdungsbruches (Schwingbruches) darzustellen.

Die Schwierigkeit bei der Bewertung eines Schadensfalles besteht häufig darin, daß die Bruchflächen nicht so gut auszuwerten sind wie bei Laborversuchen. Mechanische und korrosive Einwirkungen können die ursprünglich ausgebildeten Bruchflächen verändert haben. Dies sollte bei der Betrachtung der im folgenden dargestellten Bruchflächen beachtet werden.

Die Werkstoffermüdung wird verursacht durch *plastische Verformungen*. Dabei muß diese plastische Verformung nicht im gesamten beanspruchten Werkstoffvolumen auftreten, sondern ein Ermüdungsbruch kann ausgelöst werden, wenn an einigen wenigen Stellen oder auch nur an einer einzigen Stelle lokale plastische Verformungen auftreten. Solche Stellen können Korngrenzen, Einschlüsse oder andere Werkstoffinhomogenitäten sein. Deshalb können auch dann Ermüdungsbrüche auftreten, wenn die wechselnde Belastung unterhalb der Streckgrenze liegt, d. h., wenn keine

150 *Mikroskopische Erscheinungsformen des Schwingbruches*

globale Verformung auftritt. Tatsächlich liegt die Dauerfestigkeit fast aller technischen Werkstoffe unterhalb der Streckgrenze.

Die werkstoffphysikalischen Mechanismen zur Erklärung der Ermüdungsschädigung beruhen daher alle auf den Vorstellungen der Wechselplastifizierung und somit auf dem Verhalten der Träger der plastischen Verformung, den Versetzungen.

Geht man von einem ungeschädigten Werkstoff aus, dann kann der Ermüdungsvorgang in folgende Bereiche unterteilt werden:
– Rißbildung
– Mikrorißausbreitung (Bereich I der Rißausbreitung)
– Makrorißausbreitung (unterteilt in den Bereich II und den Bereich III der Rißausbreitung)
– Restbruch.

Auf Bruchflächen feststellbar und bewertbar sind die Bereiche Makrorißausbreitung und Restbruch. Trotzdem soll kurz auf die ersten zwei Bereiche eingegangen werden.

2. Rißbildung

Ermüdungsrisse können sich an folgenden Stellen bilden:
– Gleitbändern
– Korngrenzen
– Zwillingskorngrenzen
– Einschlüssen

Gleitbänder entstehen während des Ermüdungsvorganges und stellen daher eine Vorstufe der Rißbildung dar (Bild 1). Die anderen drei Rißbildungsstellen sind dagegen Inhomogenitäten des Werkstoffes, die bereits vor dem Ermüdungsvorgang vorhanden sind. Bei technischen Bauteilen beginnen die Ermüdungsrisse an Stellen lokaler Spannungskonzentration wie Querschnittsprüngen oder Oberflächenbeschädigungen.

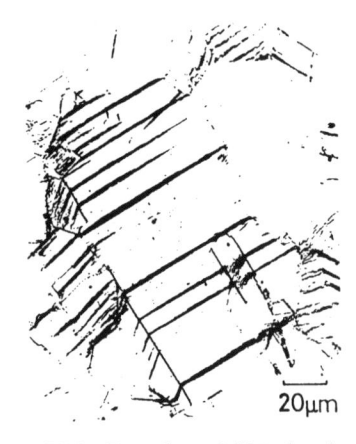

Bild 1: Ermüdungsgleitbänder in Kupfer (1).

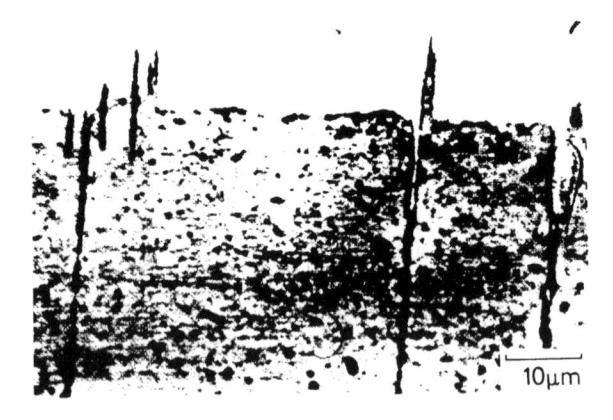

Bild 2: Extrusionen und Intrusionen (Schrägschnittverfahren) in Kupfer (1).

Die Bildung von Ermüdungsgleitbändern und die sich daraus entwickelnden Risse können auf der Oberfläche von gut polierten Versuchsproben verfolgt werden. Es soll hier nicht auf Einzelheiten eingegangen werden. Der Vorgang läßt sich vereinfacht wie folgt darstellen:

a) Die plastische Verformung erfolgt durch stapelweises Abgleiten auf kristallografischen Ebenen.
b) Die Wechselplastifizierung ist zwar global gesehen reversibel, lokal gesehen erfolgt aber das plastische Rückgleiten im Druckhalbwechsel nicht immer auf den gleichen Gleitebenen wie im Zughalbwechsel.
c) Auf diese Weise bilden sich Erhöhungen und Vertiefungen, die auf der Bruchfläche als Gleitbänder sichtbar sind und die die ersten Schritte zur Rißbildung darstellen.

Eine spezielle Form der Ermüdungsgleitbänder sind die Extrusionen und Intrusionen, die verschiedentlich beobachtet wurden (Bilder 2 bis 4). Die Extrusionen entstehen durch Herausschieben von Material aus der Oberfläche, die Intrusionen stellen entsprechende Vertiefungen dar. Es gibt verschiedene vorgeschlagene Mechanismen zur Entstehung dieser Intrusionen und Extrusionen.

Aus den Intrusionen bzw. Vertiefungen der Gleitbänder bilden sich größere Bereiche fehlenden Materialzusammenhalts. Haben diese Störungen etwa den Bereich einer Kornfläche eingenommen, dann kann man vom Abschluß der mikroskopischen Rißbildung sprechen. Anhand der Bilder 5a–d läßt sich die Entwicklung eines derartigen Risses verfolgen; seine Bildungsgeschwindigkeit ist allerdings durch eine hohe, bis in den plastischen Bereich führende Amplitude beschleunigt worden.

Bilden sich Risse ausgehend von Einschlüssen, so kann der Rißbildung ebenfalls die Entstehung von Gleitbändern vorausgehen. Ursache der bevorzugten Rißbildung an Einschlüssen sind die erhöhten Spannungen aufgrund der unterschiedlichen elastischen Eigenschaften von Einschluß und Matrix. Die Bilder 6a und b zeigen den Start

Bild 3: Extrusionen und Intrusionen an einer AlCuMg-Legierung (2).

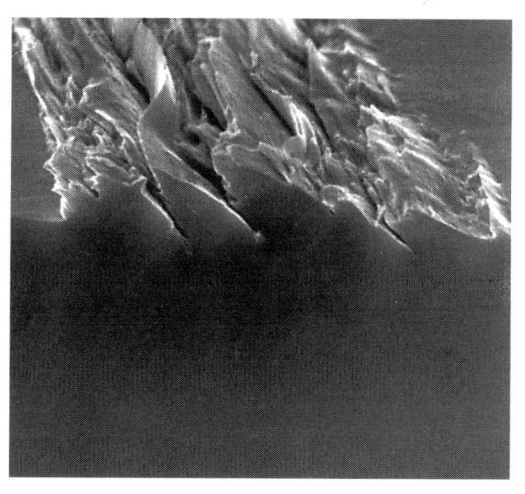

Bild 4: Extrusionen in einem ferritischen Stahl (nach P. Neumann, Düsseldorf).

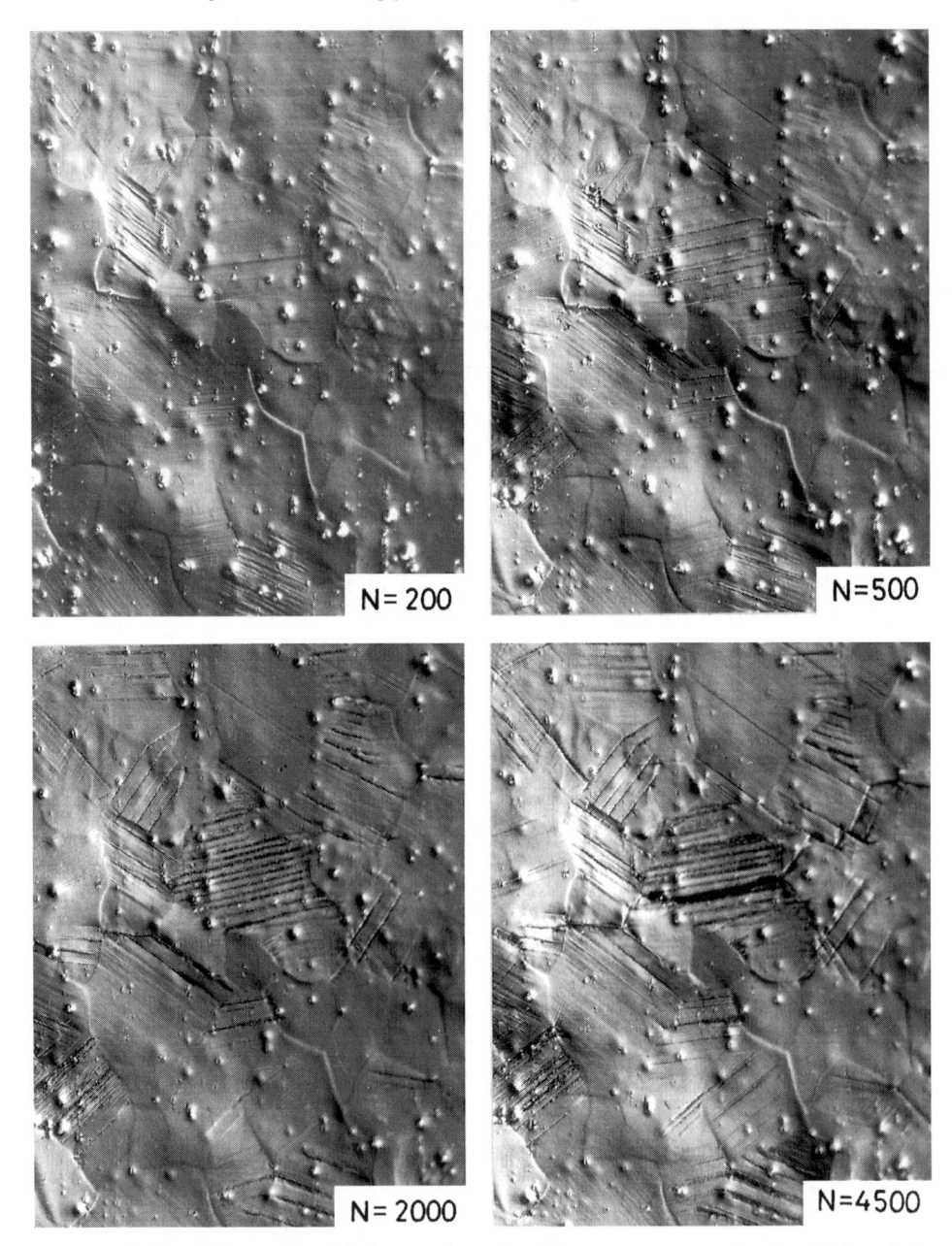

Bilder 5a–d: Entwicklung eines Schwingungsrisses im dehnungsgesteuerten Zug-Druck-Versuch in AlMg3 ($\Delta\varepsilon = \pm 0{,}5\%$, Korngröße 50 µm). Nach H.v. Wieding, Studienarbeit bei G. Lange.

eines Risses an einem groben Al_2Cu-Partikel ca. 1 mm unter der Oberfläche einer 9 mm dicken Schwingprobe aus der Legierung AlCu5. In unmittelbarer Umgebung des Einschlusses beobachtet man ausgeprägte Gleitspuren auf der Bruchfläche, im Abstand von 1 bis 2 Körnern setzen dann die signifikanten Schwingungslinien ein

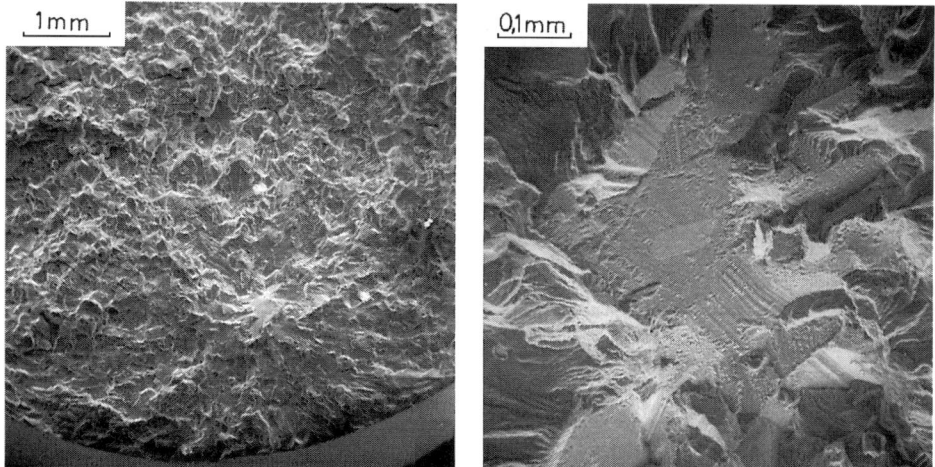

Bilder 6a und b: Start eines Schwingungsrisses an einem groben Al$_2$Cu-Einschluß in AlCu5 ca. 1 mm unterhalb der Probenoberfläche (links). Ausgangszentrum mit deutlich erkennbarem Einschluß (rechts). Nach G. Lange.

(s. Abschnitt 5, Bereich II). Ausgeprägte, wandernde Schwingungsrisse werden an derartigen Partikeln örtlich abgelenkt bzw. neu gestartet, Bilder 7a und b.

Risse an Korngrenzen bilden sich, weil dort
- erhöhte Spannungen auftreten. Diese Spannungen werden durch unterschiedliche Orientierungen der Körner hervorgerufen. Um den Korngrenzenzusammenhalt zu gewährleisten, sind elastische Verzerrungen notwendig.
- eine geringere Energie zur Erzeugung einer freien Oberfläche notwendig ist als im Korninneren.

Häufig ist eine Oberfläche bereits geschädigt, bevor eine Ermüdungsbeanspruchung aufgebracht wird. So können Ermüdungsrisse während der Herstellung einer

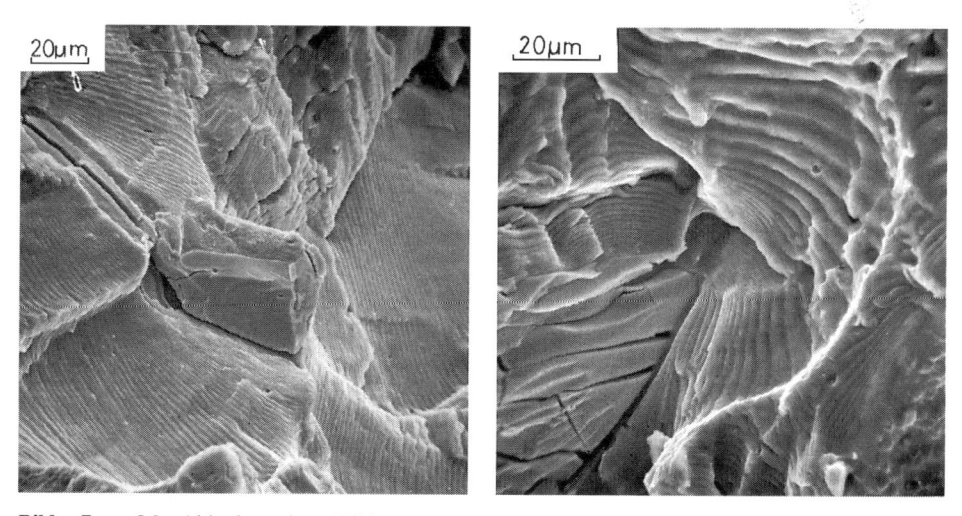

Bilder 7a und b: Ablenkung bzw. Bildung von Schwingungsrissen an groben Al$_2$Cu-Einschlüssen in AlCu5 (nach G. Lange).

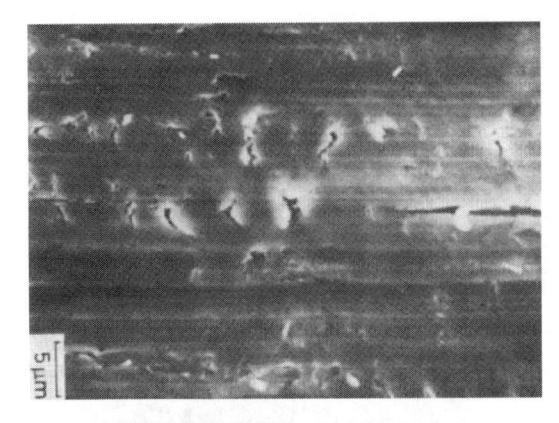

Bild 8: Oberflächenrisse in einem tiefgezogenen Stahlblech (2).

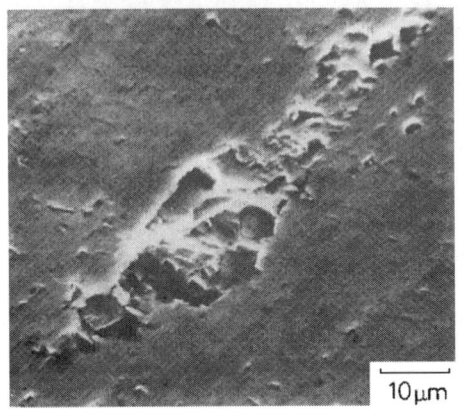

Bild 9: Gewalztes Blech eines 17% Cr-Stahls mit Al$_2$O$_3$-Einschlüssen (2).

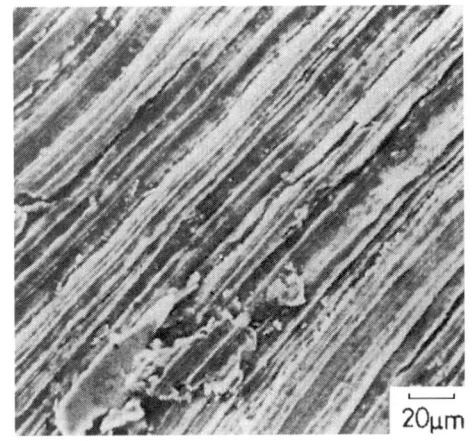

Bild 10: Schleifrisse (2).

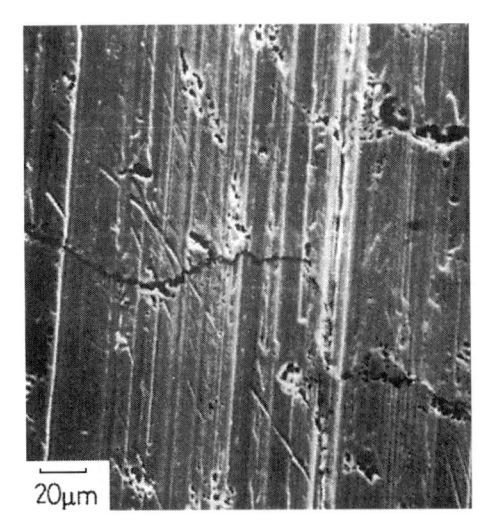

Bild 11: Schleifrisse in einem Co-Cr-Ni-Stahl (2).

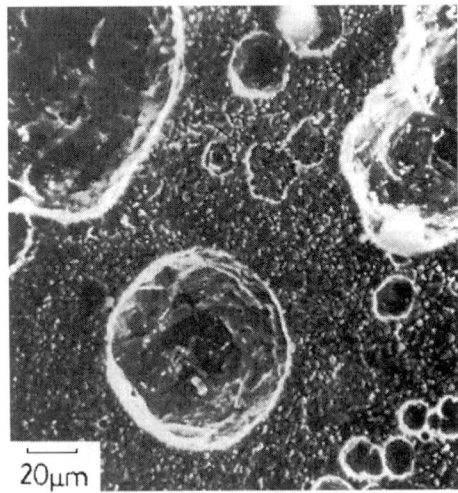

Bild 12: Lochfraß in einem Chrom-Nickel-Stahl (Wasser mit Perchloräthylen) (2).

Bild 13: Pits an den Flanken eines Zahnrades (2).

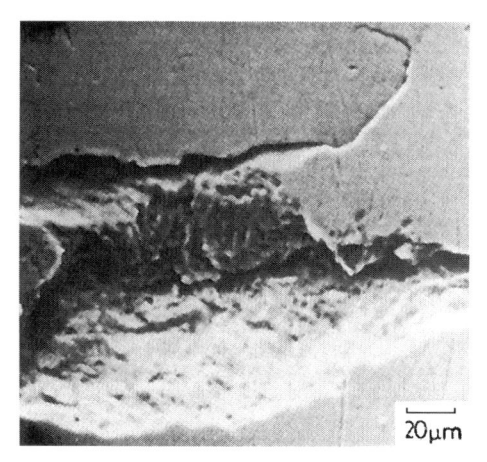

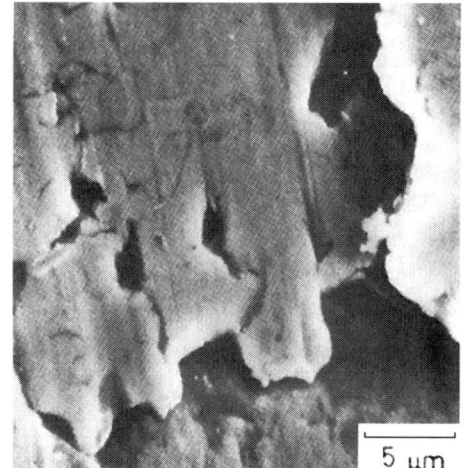

Bild 14: Risse in einem Lagerbolzen (2).

Komponente entstehen. Die nachfolgenden Beispiele sind dem Buch von Engel/Klingele „An Atlas of Metal Damage" (2) entnommen.
1. Tiefgezogenes Blech aus unlegiertem Stahl (Bild 8).
2. Gewalztes Blech eines 17% Cr-Stahls mit Al_2O_3-Einschlüssen (Bild 9).
3. Schleifrisse (Bilder 10 und 11).

Risse bzw. Oberflächenfehler können auch durch chemischen Angriff entstehen, ohne daß eine wechselnde Belastung notwendig ist. Bild 12 zeigt als Beispiel den Chrom-Nickel-Stahl eines Wärmetauschers (Korrosionsmedium: Wasser mit Perchloräthylen).

Eine Kombination von mechanischem und korrosivem Angriff ist schließlich eine häufige Ursache der Rißbildung. Dies tritt bei wiederholtem Kontakt auf, wie z. B. bei Zahnrädern (Verschleiß).

Beispiele:
1. Vertiefungen (pits) an den Flanken eines Zahnrades (Bild 13).
2. Risse in einem Lagerbolzen (Bild 14).

Zur Rißbildung an Oberflächenfehlern vgl. auch Abschnitte 7.2 und 7.3 des vorangegangenen Buchkapitels.

3. Bereich I der Rißausbreitung

Das zweite Stadium der Ermüdungsschädigung, die Mikrorißausbreitung, wird immer noch stark von der Mikrostruktur des Werkstoffes beeinflußt. Die Risse müssen jetzt die Korngrenzen überschreiten. Erfolgt die Rißausbreitung dabei noch immer in Ebenen, die etwa unter 45° zur Hauptbeanspruchungsrichtung liegen, so spricht man vom Bereich I der Rißausbreitung.

Bild 15: Stadium I der Rißausbreitung in Inconel 713 C (2).

Bild 16: Stadium I (45°) und II in Nimonic 105 (2).

Beispiele:
1. Bereich I Bruchfläche in einer Nickel-Legierung (Bild 15). Auf der Bruchfläche sind Gleitlinienspuren zu sehen (vgl. auch Abschnitt 11). Dies sind nicht die in Kapitel 5 zu besprechenden Bruch- oder Schwingungslinien!
2. Stadium I und Stadium II in einer anderen Nickel-Legierung (Bild 16): Deutlich sichtbar ist die transkristalline Rißausbreitung im Stadium I.
   Der Bereich I zeigt folgende charakteristische Merkmale:
a) Meist kristallografische Rißausbreitung.
b) Gleitspuren auf Bruchflächen (keine Bruchlinien!).
c) Verlauf etwa 45° zur Hauptspannung.
d) Langsame Rißgeschwindigkeit.

4. Bereich I, II und III in Bauteilen und Bruchmechanikproben

Im Breich der Makrorißausbreitung (Bereich II der Rißausbreitung) verläuft der Riß makroskopisch senkrecht zur Beanspruchungsrichtung. Mikroskopisch können davon Abweichungen auftreten. Das Bruchflächenaussehen kann jetzt mit dem Verlauf der da/dN-ΔK-Kurve korreliert werden (a = Rißlänge, N = Lastspielzahl, ΔK = Schwingbreite des Spannungsintensitätsfaktors).

Versuche zur Aufnahme einer da/dN-ΔK-Kurve werden mit Versuchsproben, die relativ große Risse haben, durchgeführt. Dabei können sehr kleine Rißgeschwindigkeiten durch entsprechend niedrige Spannungsamplituden eingestellt werden. Der Bereich kleiner ΔK-Werte und entsprechend kleiner Rißgeschwindigkeiten kann dabei dem Bereich I der Rißausbreitung von Bauteilen bzw. Proben entsprechen. Der Unterschied zwischen Bruchmechanikprobe und Bauteil bzw. Ermüdungsprobe ohne Anriß besteht darin, daß das Bauteil im Bereich I einen kleinen Riß besitzt, der unter etwa 45° zur Beanspruchungsrichtung verläuft und bruchmechanisch entweder gar nicht oder zumindest nicht durch einen Modus I-Spannungsintensitätsfaktor erfaßbar

4. Bereich I, II und III in Bauteilen und Bruchmechanik 157

Bild 17: Unterteilung der da/dN-ΔK-Kurve mit charakteristischen Bruchflächenerscheinungen (3).

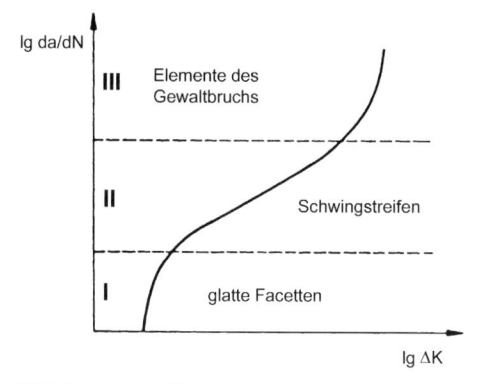

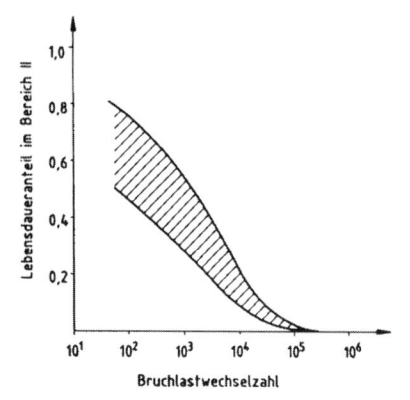

Bild 18: Lebensdaueranteil im Bereich II (21).

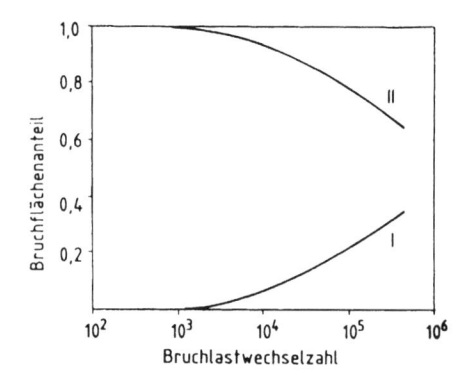

Bild 19: Relativer Bruchflächenanteil in den Bereichen I und II (21).

ist, während in der Bruchmechanikprobe der Riß zumindest makroskopisch sich wie ein Mode I-Riß verhält. Mikroskopisch weisen die Bruchflächen im Bereich I von vorher nicht angerissenen Proben Ähnlichkeiten mit den Bruchflächen bei kleinen ΔK-Werten von Bruchmechanikproben auf. Der Bereich III der Rißausbreitung stellt den Übergang zum Gewaltbruch dar. Insbesondere in Blechen kann dabei auch makroskopisch eine Bruchfläche entstehen, die etwa um 45° zur Beanspruchungsrichtung geneigt ist (vgl. z. B. Bild 32 im Kapitel „Makroskopische Erscheinungsformen des Schwingbruches").

Die Unterteilung der Rißausbreitung von Bruchmechanikproben in die Bereiche I, II und III ist in Bild 17 angedeutet.

Die relative Anzahl der Lastwechsel im Bereich III (bezogen auf die Gesamtlebensdauer) ist klein, da die Rißgeschwindigkeit in diesem Bereich sehr groß ist. Der Flächenanteil auf der Bruchfläche kann aber groß sein. Der Anteil der Lebensdauer im Bereich I nimmt mit zunehmender Gesamtlebensdauer zu, entsprechendes gilt für den Flächenanteil (Bilder 18 und 19).

158 *Mikroskopische Erscheinungsformen des Schwingbruches*

5. Charakteristische Bruchflächenerscheinungen in den drei Bereichen

Bereich I:
Die Bruchfläche spiegelt oft die Mikrostruktur des Werkstoffes wider. Man spricht daher von strukturempfindlichem Rißwachstum. Charakteristisch sind glatte Flächen (Facetten). Diese glatten Flächen sind häufig kristallografische Ebenen mit Stufen zwischen parallelen Ebenen. Der Bruch wird dann oft als „Quasi-Sprödbruch" bezeichnet *). Die Rißausbreitung (RA) kann aber auch interkristallin erfolgen. Die glatten Flächen stellen dann die Korngrenzen dar.

Bild 20a: Ermüdungsbruchflächen, Bereich I.

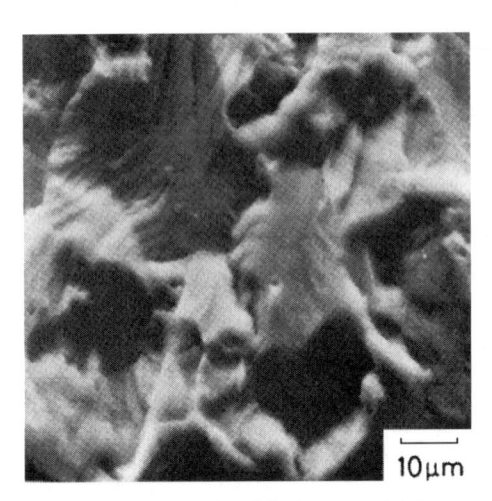

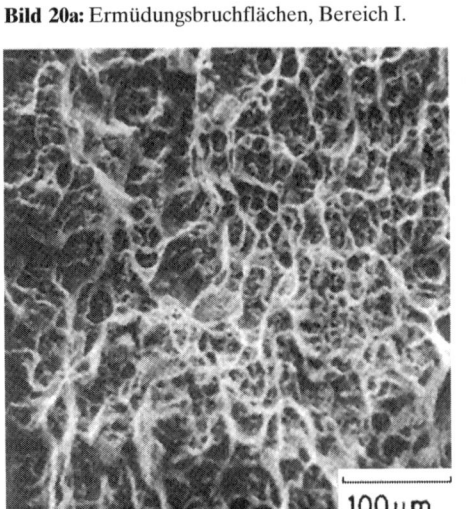

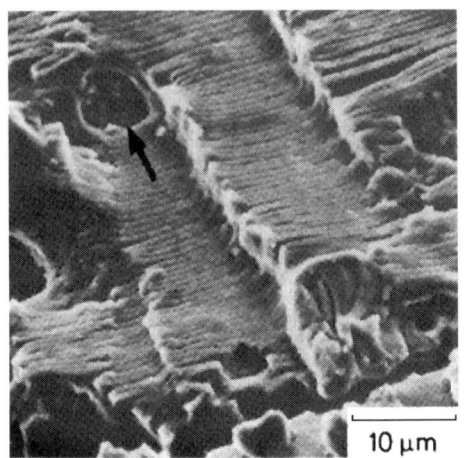

Bild 20b: Bereich II im Übergang zum Bereich III.

Bild 20c: Bereich III.

Bilder 20a–c: Ermüdungsbruchflächen der Al-Legierung AlZnMgCu 0,5 (3).

---

*) Der Begriff „Quasi-Sprödbruch" ist nicht in die Einleitung der Brüche gemäß Stahl-Eisen-Prüfblatt 1100 aufgenommen, da der „Sprödbruch" bereits als makroskopisch spröder Gewaltbruch (statisch!) belegt ist, vgl. Kapitel „Einteilung ... der Brüche".

5. Charakteristische Bruchflächenerscheinungen in den drei Bereichen 159

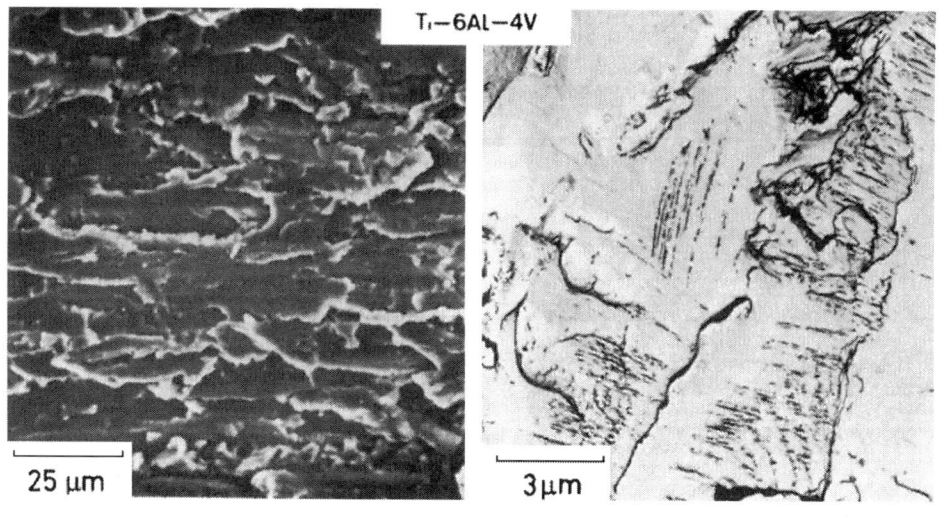

Bilder 21a und b: Bereich I der Titanlegierung Ti-6Al-4V (4).

Beispiele von Bereich I-Bruchflächen:
a) Bild 20a: AlZnMgCu 0,5 (transkristalline RA) (3).
b) Bild 21: Ti-6Al-4V („Quasi-Sprödbruch" auf {0001}-Ebenen mit Gleitspuren auf den Bruchflächen) (4).
c) Bild 22a: Ti-6Al-4V mit Widmanstätten-Gefüge (die Bruchfläche spiegelt deutlich die Mikrostruktur wider) (5).
d) Bild 23: Cr-Mn-Stahl in Wasser beansprucht (interkristalline RA) (6).

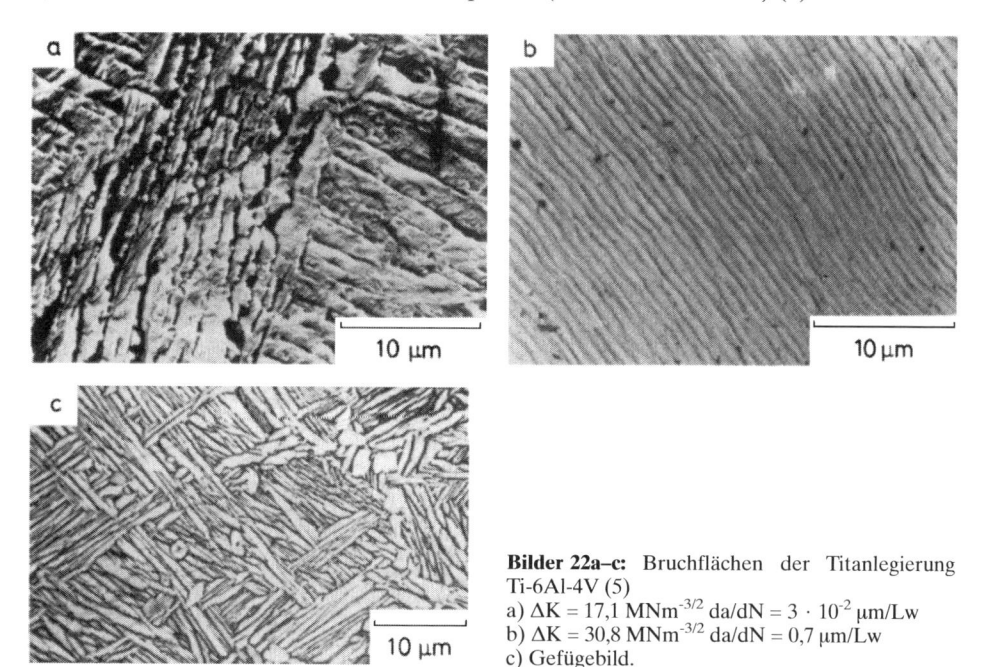

Bilder 22a–c: Bruchflächen der Titanlegierung Ti-6Al-4V (5)
a) $\Delta K = 17,1$ MNm$^{-3/2}$ da/dN = $3 \cdot 10^{-2}$ µm/Lw
b) $\Delta K = 30,8$ MNm$^{-3/2}$ da/dN = 0,7 µm/Lw
c) Gefügebild.

160   *Mikroskopische Erscheinungsformen des Schwingbruches*

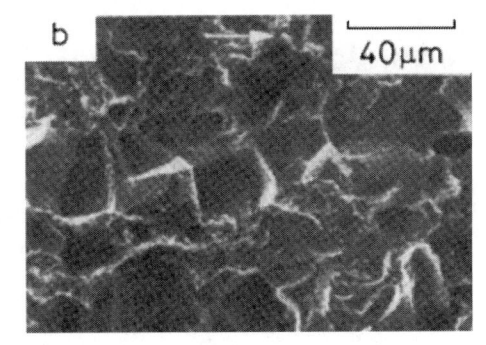

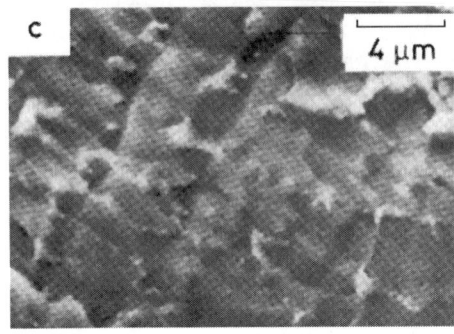

Bild 23: Bruchflächen eines in Wasser beanspruchten Cr-Mn-Stahls (6).
a) $\Delta K = 45$ MNm$^{-3/2}$, 0,01 Hz
b) $\Delta K = 13$ MNm$^{-3/2}$
c) $\Delta K = 45$ MNm$^{-3/2}$, 0,01 Hz.

e) Bild 24a: Al-5,7 Zn-2,5 Mg-1,5 Cu, Vakuum (transkristalline RA) (7).
f) Bild 24c: Al-5,7 Zn-2,5 Mg-1,5 Cu, 3,5% NaCl (interkstialline RA) (7).
g) Bilder 25a und b: Ti-8Al-1Mo-1V („Quasi-Sprödbruch") (9).
h) Bild 26: Titan.

Bereich II.

Charakteristische Erscheinung des Bereiches sind die Bruchlinien, die auch als Schwingungslinien, Riefen oder Striations bezeichnet werden; Schwingungsstreifen sind die Bereiche zwischen den Schwingungslinien. Diese Linien sind etwa ab 10^{-5} mm/Lw beobachtbar (Bilder 27 und 29). Ob sie auch bei kleineren Rißgeschwindigkeiten auftreten können, ist ungeklärt. Nicht alle Werkstoffe zeigen aber Bruchlinien. Treten sie auf, so verlaufen sie meistens etwa senkrecht zur makroskopischen Rißausbreitung, gefügebedingt können jedoch örtlich starke Abweichungen auftreten. Durch Versuche mit unterschiedlich großen Amplituden konnte gezeigt werden, daß jede Bruchlinie während eines Lastwechsels entsteht (Bild 28). (Bei Schadensanalysen beachten: Nicht jedes Lastspiel muß auch eine Schwingungslinie erzeugen! Abzählen von Linien ergibt Mindestzahl an Zyklen.)

Der Bruchlinienstruktur ist oft eine gröbere Struktur überlagert, wobei Stufen parallel zur Rißausbreitung auftreten (Bruchbahnen, Bild 27a). Die Mikrostruktur des Werkstoffes macht sich im Bereich II weniger bemerkbar als im Bereich I. Es kann aber trotzdem in einigen Fällen die Kornstruktur hervortreten (Bild 27c).

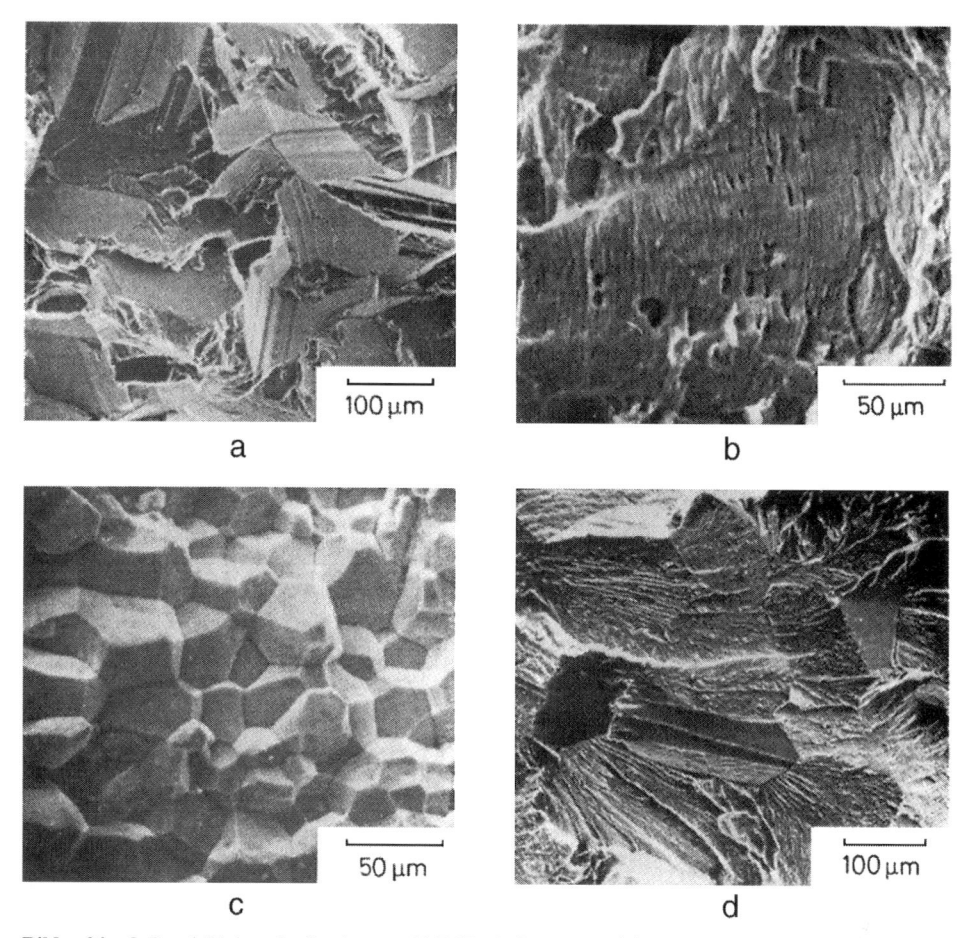

Bilder 24a–d: Bruchflächen der Legierung Al-7,5Zn-2,5Mg-1,5Cu (7).
a) Vakuum, $\Delta K = 12$ MNm$^{-3/2}$, da/dN = $5 \cdot 10^{-3}$ µm/Lw
b) Vakuum, $\Delta K = 35$ MNm$^{-3/2}$, da/dN = 0,4 µm/Lw
c) 3,5% NaCl, $\Delta K = 6$ MNm$^{-3/2}$, da/dN = $5 \cdot 10^{-2}$ µm/Lw
d) 3,5% NaCl, $\Delta K = 19$ MNm$^{-3/2}$, da/dN = 1 µm/Lw.

Man unterscheidet zwischen spröden und duktilen Bruchlinien. Duktile Bruchlinien haben ein wellenförmiges Profil (Bild 27). Sie treten vor allem in normaler Umgebung (Luft) auf.

Beispiele für den Übergang von strukturempfindlicher (Bereich I) zu strukturunempfindlicher Rißausbreitung (Bereich II) zeigen die Bilder 20a,b, 22a,b, 24a,b, 25a,c und 26.

Spröde Bruchlinien wurden vorzugsweise nach Ermüdungsbeanspruchung in korrosiver Umgebung beobachtet (Bilder 23c, 29c, 29d). Außerdem begünstigt eine niedrige Beanspruchungsfrequenz ihr Auftreten. Aber auch in normaler Atmosphäre wurden spröde Bruchlinien (vor allem bei spröden Werkstoffen) beobachtet (Bild 29b). Charakteristisch für die spröden Bruchlinien sind glatte, kristallographisch orientierte Flächen. Wie beim Bruch im Bereich I treten dabei Stufen parallel zur Rißausbreitung auf.

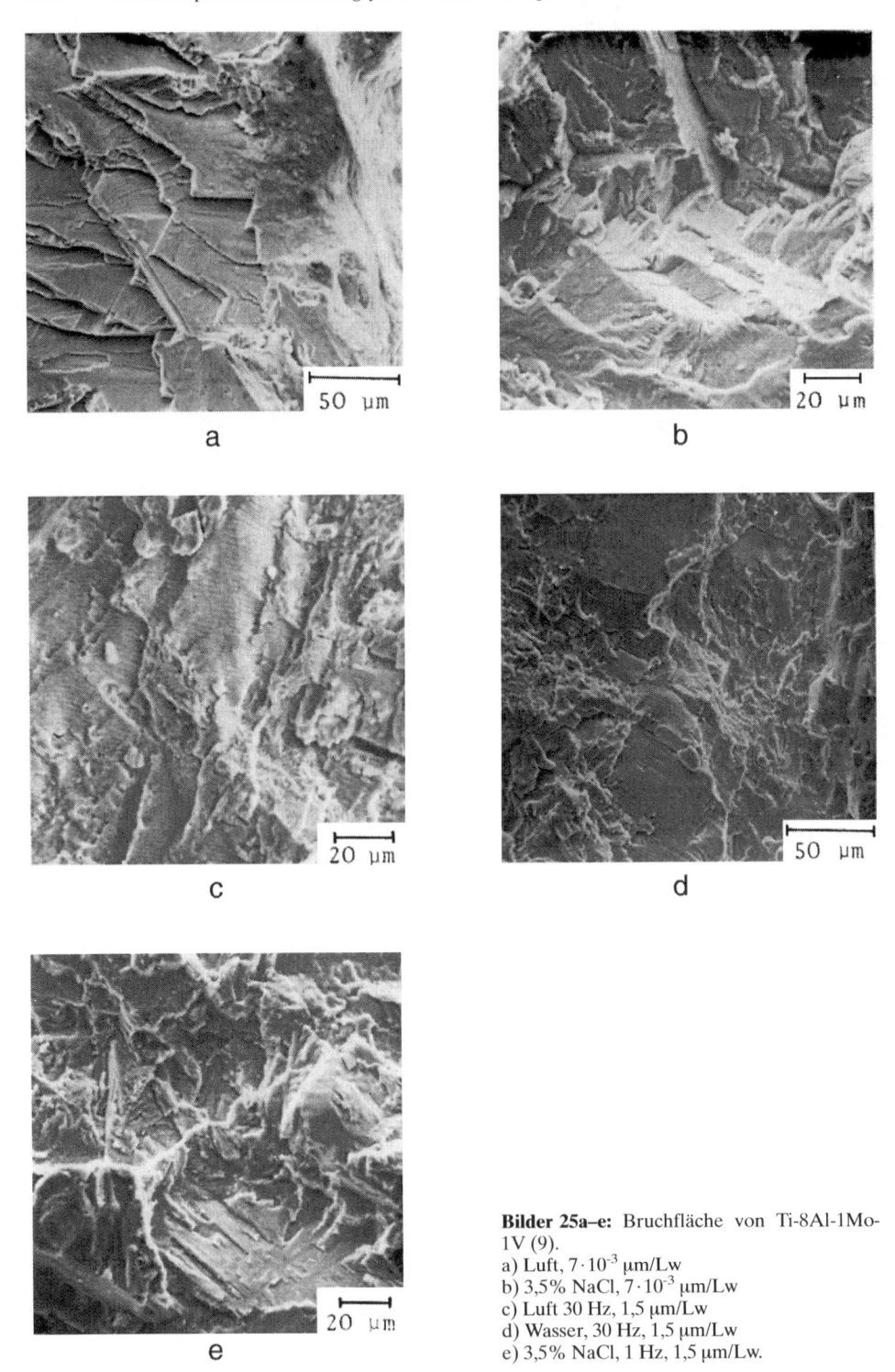

Bilder 25a–e: Bruchfläche von Ti-8Al-1Mo-1V (9).
a) Luft, $7 \cdot 10^{-3}$ µm/Lw
b) 3,5% NaCl, $7 \cdot 10^{-3}$ µm/Lw
c) Luft 30 Hz, 1,5 µm/Lw
d) Wasser, 30 Hz, 1,5 µm/Lw
e) 3,5% NaCl, 1 Hz, 1,5 µm/Lw.

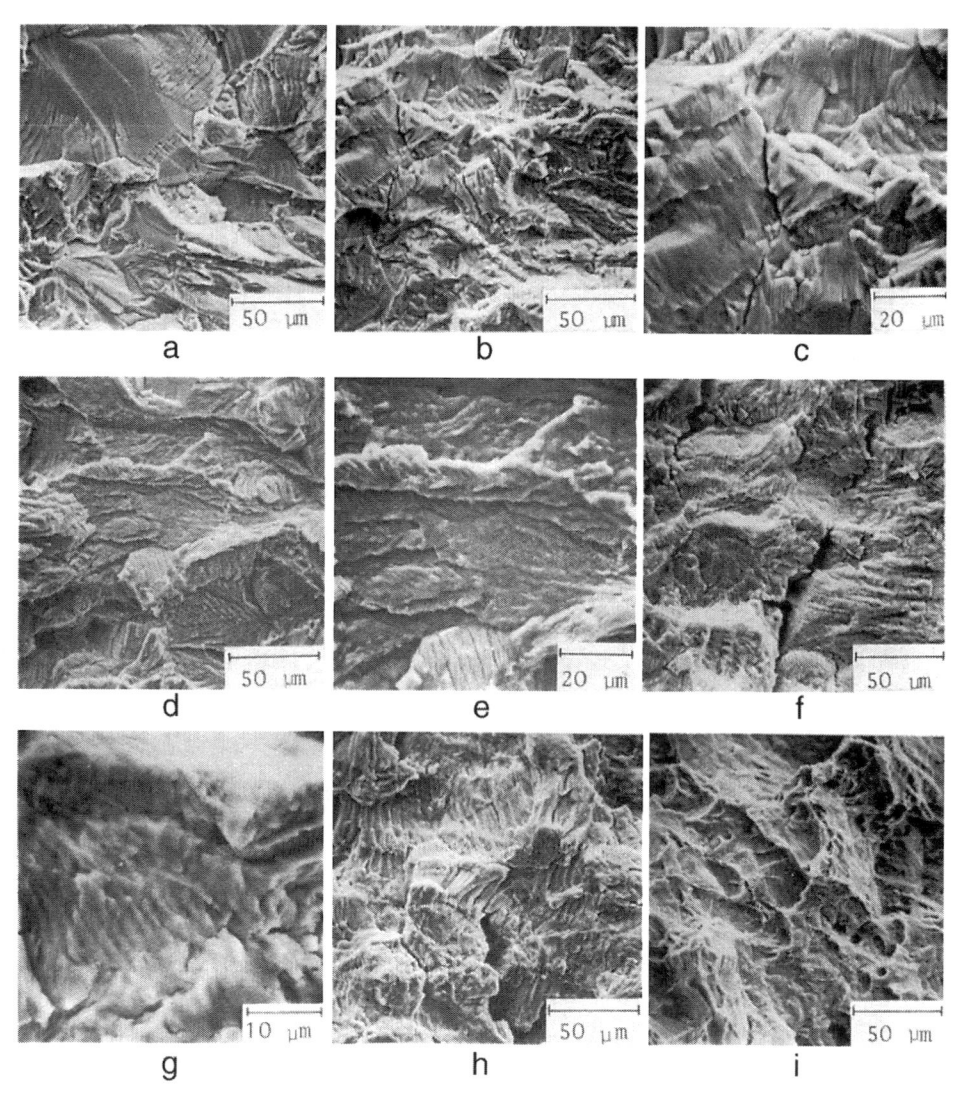

Bilder 26a–i: Bruchflächen von Titan
a) 10^{-3} µm/Lw
b), c) $5 \cdot 10^{-2}$ µm/Lw
d), e) 0,2 µm/Lw
f), g) 1,5 µm/Lw
h) > 1,5 µm/Lw
i) Restbruch.

Eine weitere Erscheinung im Bereich II der Rißausbreitung sind Sekundärrisse, die parallel zu den Bruchlinien verlaufen (Bilder 24b, 27d). Im normalen Bauteil nimmt die Anzahl der Sekundärrisse mit wachsendem Rißfortschritt, d. h. mit steigender Spannung, zu. Sie häufen sich kurz vor Eintritt des Restbruches.

Bereich III:
Der Bereich III zeigt in zunehmendem Maße Anteile des Gewaltbruches. Dies kann je nach Werkstoff eine Waben Struktur oder eine sprödbruchartige Bruchfläche

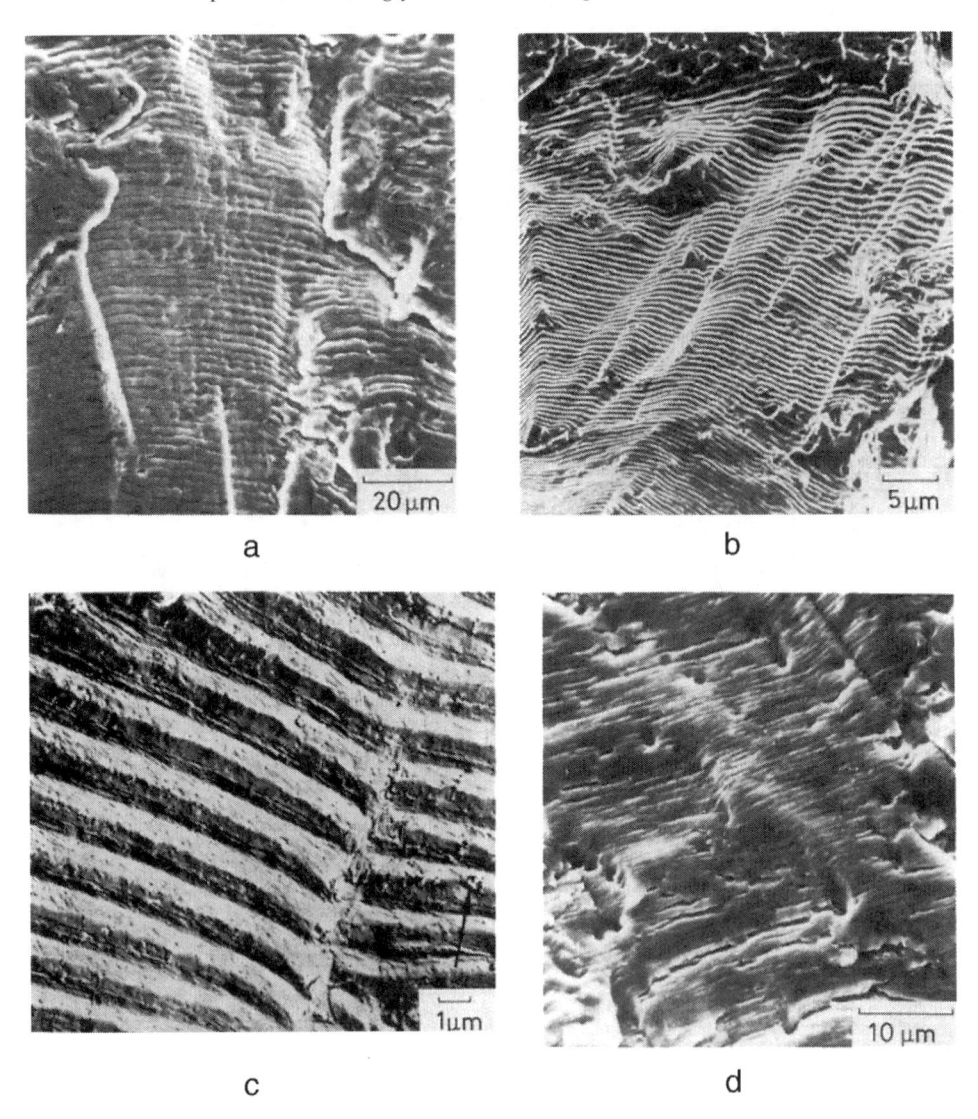

Bilder 27a–d: Duktile Bruchlinien
a) austenitischer Stahl (2).
b) Nimonic 80A (2).
c) Al-Legierung (7178) (8).
d) Inconel 718 (Sekundärrisse) (2).

sein. Bild 20b zeigt für die Legierung AlZnMgCu 0,5 den Übergangsbereich zum Bereich III mit vereinzelten Grübchen auf der Bruchfläche. Bei größerer Rißgeschwindigkeit zeigt die ganze Bruchfläche nur noch Grübchenstruktur (Bild 20c). Gelegentlich zeigen Inseln mit Schwingungsstreifen an, daß man sich noch nicht im Restbruchgebiet befindet (Bilder 30a, b).

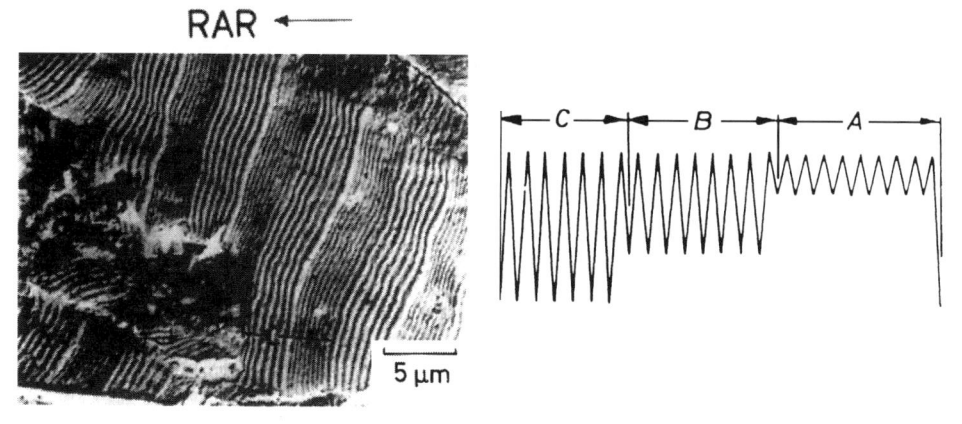

Bild 28: Bruchfläche einer AlCuMg-Legierung mit Lastprogramm (10).

6. Korrelation Bruchlinienabstand – mittlere Rißgeschwindigkeit

Da eine Bruchlinie bei einem Lastwechsel entsteht, sollte die mittlere Rißverlängerung pro Lastwechsel mit dem mittleren Linienabstand übereinstimmen. Verschiedene Untersuchungen zur Korrelation zwischen Bruchlinienabstand und mittlerer Rißgeschwindigkeit führten zu folgenden Ergebnissen:

a) In einem mittleren Bereich der Rißgeschwindigkeit wurde vielfach eine gute Übereinstimmung zwischen Bruchlinienabstand und mittlerer Rißverlängerung pro Lastwechsel festgestellt. Dieser Bereich liegt etwa zwischen 0,1 µm/Lw und 1 µm/Lw (3, 6, 15–20).

b) Bei kleinen Rißgeschwindigkeiten (< 0,1 µm/Lw) ist der Bruchlinienabstand größer als die Rißverlängerung pro Lastwechsel (3, 6, 16, 19–21), d. h. nicht jedes Lastspiel erzeugt eine Bruchlinie.

c) Bei großen Rißgeschwindigkeiten (da/dN > 1 µm/Lw) ist der Bruchlinienabstand kleiner als die mittlere Rißverlängerung pro Lastwechsel (3, 15, 17–20). Trotzdem ist zu vermuten, daß jede Bruchlinie während eines einzigen Lastwechsels entsteht. Die Diskrepanz kommt dadurch zustande, daß neben Bereichen mit Bruchlinien andere Bereiche auftreten (z. B. mit Wabenstruktur), in denen die lokale Rißgeschwindigkeit größer ist (nicht relevant für praktische Schadensfälle, da man in diesen Bereichen nicht auszählt).

d) Bei konstantem ΔK nimmt mit zunehmender Mittelspannung der Bruchlinienabstand zu (17, 21).

e) Der Abstand spröder Bruchlinien scheint größer zu sein als die mittlere Rißgeschwindigkeit (19).

Für die meisten Schäden trifft der Fall a) oder b) bzw. eine Kombination beider Möglichkeiten zu. Das unter c) beschriebene Verhalten beschränkt sich, falls überhaupt erkennbar, auf eine schmale Zone vor der Restbruchfläche. Ein Auszählen von Schwingungslinien liefert somit meistens eine untere Schranke, d. h. die Mindestzahl der zur Erzeugung des vorliegenden Bruches erforderlichen Lastspiele.

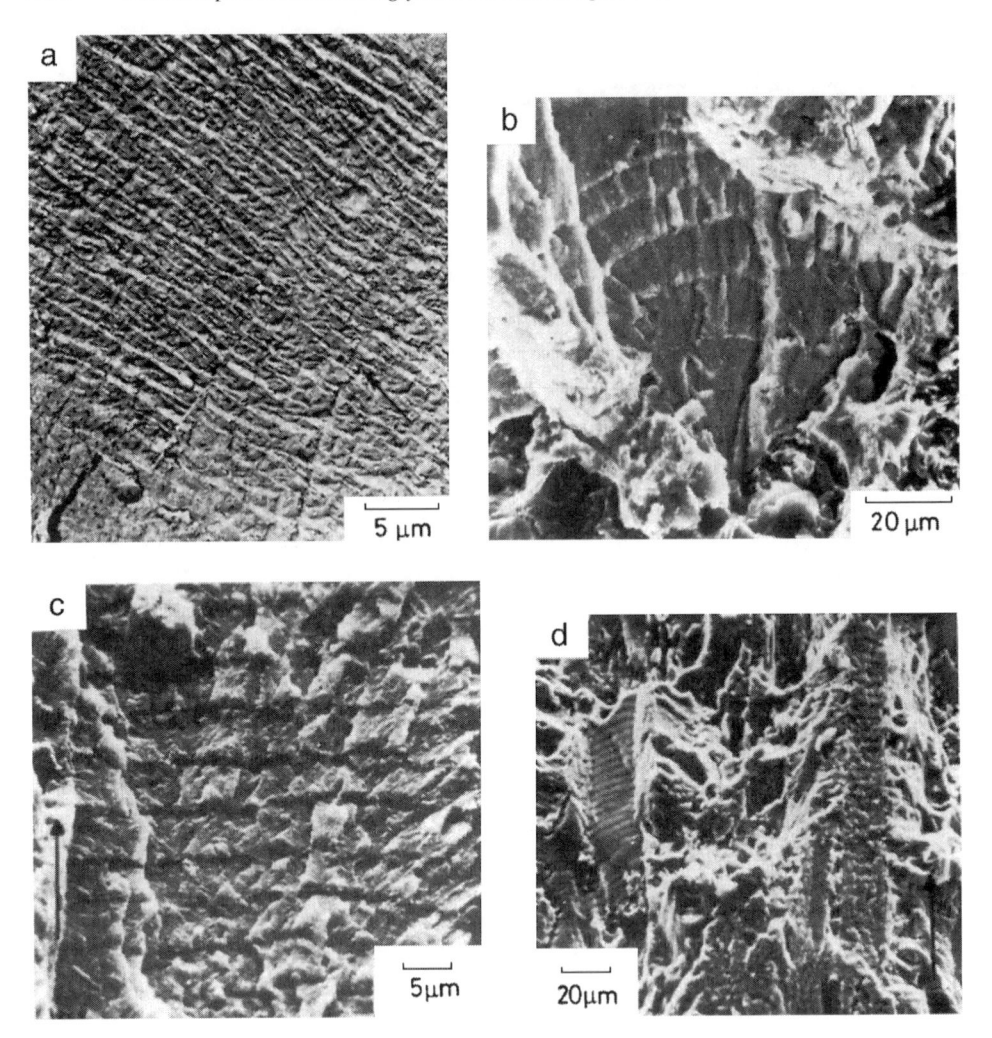

Bilder 29a–d: Spröde Bruchlinien
a) Al-Legierung 2014 (Schadensfall) (8).
b) Gußeisen (2).
c) Al-Legierung 7075 in 3,5% NaCl (11).
d) Al-Legierung 7075 in 3,5% NaCl (duktile und spröde Bruchlinien) (11).

7. Korrelation Bruchlinienabstand – ΔK

Es hat sich gezeigt, daß die da/dN-ΔK-Kurven verschiedener Werkstoffe bei normalen Umgebungsbedingungen in ein enges Streuband gebracht werden können, wenn da/dN gegen $\Delta K/E$ aufgetragen wird. In entsprechender Weise wurde versucht, eine universelle Beziehung zwischen dem Bruchlinienabstand (Schwingstreifenbreite) S und $\Delta K/E$ zu finden. Folgende Beziehungen wurden ermittelt (S in mm, $\Delta K/E$ in $mm^{1/2}$):

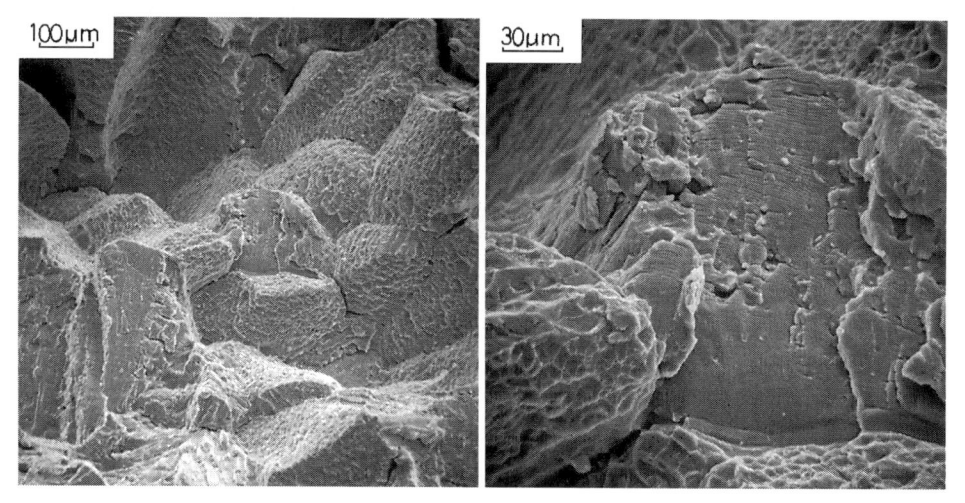

Bilder 30a und b: Inseln mit Schwingungsstreifen im Bereich interkristallinen Wabenbruches in AlCu5 (links). Rechts: zentraler Ausschnitt (nach G. Lange).

a) $S = 9{,}2\,(\Delta K/E)^{2{,}1}$ für verschiedene Werkstoffe (15)
b) $S = 8\,(\Delta K/E)^2$ für verschiedene Stähle (22)
c) $S = 24\,(\Delta K_{eff}/E)$ für eine Al-Legierung (23).

Dabei ist ΔK_{eff} die effektive Schwingbreite des Spannungsintensitätsfaktors unter Berücksichtigung des Rißschließens.

d) $S = 15{,}3\,\Delta K/E)^{2{,}1}$ für $R = 0{,}1$ $\left(R = \dfrac{\text{Unterspannung}}{\text{Oberspannung}}\right)$

   $S = 1{,}32\,(\Delta K/E)^{1{,}7}$ für $R = -1$ für eine Al-Legierung (17).

e) Aus einer Arbeit von Rhodes et al. (24), in der eigene Untersuchungen an verschiedenen Aluminiumlegierungen mit Ergebnissen anderer Autoren zusammengefaßt werden, ergibt sich

$$S = A(\Delta K/E)^2 \qquad \text{mit } 5 < A < 20.$$

Zusammenfassend können alle bisherigen Ergebnisse durch

$$S = A\,(\Delta K/E)^2 \qquad \text{mit } 3 < A < 20 \text{ dargestellt werden (Bild 31)}.$$

Daraus ergibt sich, daß für Schadensfallanalysen ohne zusätzliche Untersuchungen an dem speziellen Werkstoff aus vermessenen Bruchlinien mit $A = 8$ die Schwingbreite ΔK auf etwa ±50% genau ermittelt werden kann.

Die Schwingbreite der Spannung ergibt sich dann zu

$$\Delta\sigma = \frac{\Delta K}{\sqrt{a}\,Y} = \frac{E\sqrt{S}}{\sqrt{a}\,Y\sqrt{8}}$$

Y ist eine Funktion der auf eine charakteristische Bauteilgröße bezogenen Rißlänge.

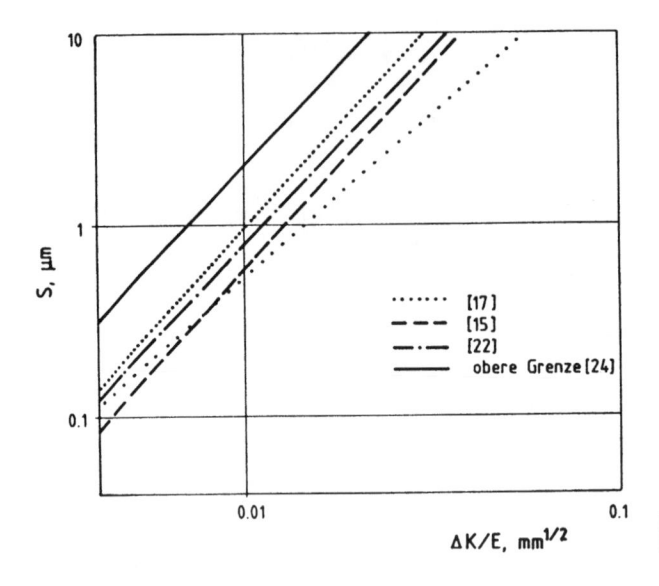

Bild 31: Beziehungen zwischen Bruchlinienabstand S und $\Delta K/E$.

8. Einfluß eines korrosiven Mediums

In bestimmten Medien ist die Rißgeschwindigkeit bei gleichem ΔK größer als in Luft. Dies gilt bei vielen Werkstoffen für Wasser oder Salzlösungen. Die Bruchflächen können bei Ermüdung in korrosiver Umgebung charakteristische Unterschiede gegenüber der Beanspruchung an Luft aufweisen. Dies kann aus den Bildern 24 und 25 entnommen werden. Charakteristische Bruchflächenerscheinungen für Beanspruchung in korrosiven Medien sind:
a) Spröde Bruchlinien in einem mittleren Bereich von ΔK (Bilder 23, 29).
b) Häufig transkristalliner „Quasi-Sprödbruch" bei großen ΔK (Bilder 24d, 26f).
c) Bei kleinen ΔK-Werten häufig ebenfalls transkristalliner „Quasi-Sprödbruch"; es kann aber auch durch die Korrosionseinwirkung interkristalliner Bruch hervorgerufen werden (Bild 24c).

9. Zusammenfassung der Brucherscheinungen

Als grober Anhaltspunkt für die Auswertung kann folgende Tabelle dienen:

Korngrenzenbruch: Kleine ΔK bei Stahl
                                 kleine ΔK bei Al-Legierungen in korrosiver Umgebung

Transkristalliner   Kleine ΔK bei Al- und Ti-Legierungen
„Quasi-Sprödbruch": große ΔK bei spröden Stählen
                                 alle ΔK in korrosiver Umgebung

Duktile Bruchlinien: Mittlere ΔK (häufigster Fall bei technischen Schäden)
Spröde Bruchlinien: Mittlere ΔK, korrosive Umgebung
Wabenstruktur: Hohe ΔK

10. Beispiele für schwierige Unterscheidung Ermüdungsbruch – statischer Bruch

Nicht immer führt die Bruchflächenanalyse zu eindeutigen Aussagen, ob ein Ermüdungsbruch vorliegt oder ob eine andere Beanspruchung (Überlastung, Spannungskorrosion) zum Versagen geführt hat. Bruchlinien (Schwingungslinien) sind ein eindeutiger Hinweis auf eine Ermüdungsbeanspruchung, jedoch nicht alle gestreiften Erscheinungen auf der Bruchfläche sind Bruchlinien.

Dies soll an einigen Beispielen gezeigt werden:
a) Bild 32: Inconel 713C im Gußzustand (12). Die in den Bildern 32a und b gezeigten Strukturen entstanden beim Bruch einer Zugprobe, während in Bild 32c echte Bruchlinien einer Ermüdungsprobe zu sehen sind.

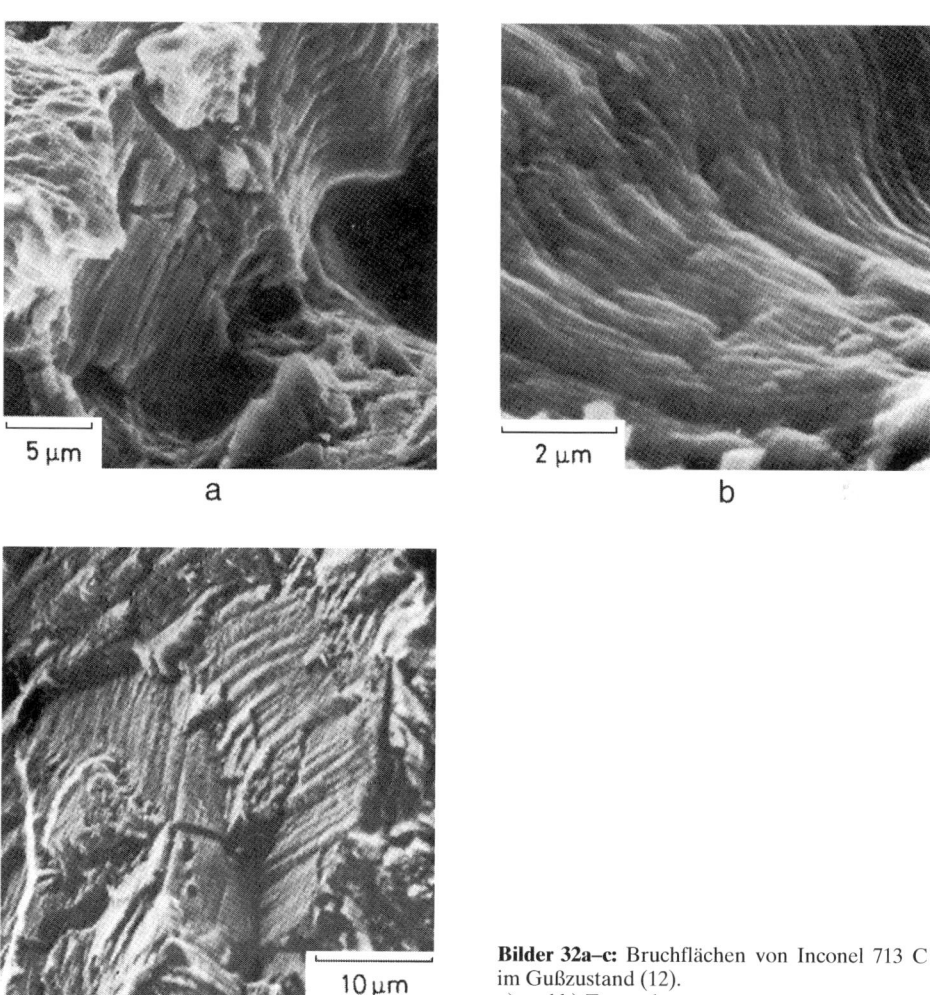

Bilder 32a–c: Bruchflächen von Inconel 713 C im Gußzustand (12).
a) und b) Zugprobe.
c) Ermüdungsbruch.

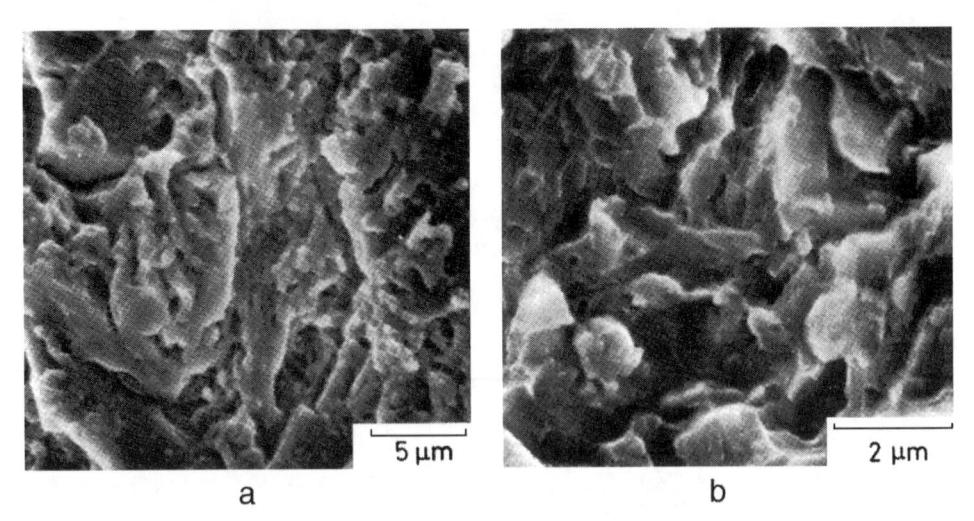

170 *Mikroskopische Erscheinungsformen des Schwingbruches*

Bilder 33a und b: Bruchflächen eines abgeschreckten 0,3% C-Stahls (12).
a) Charpy-Probe,   b) Kurzzeitermüdung.

b) Bild 33: Bei einem abgeschreckten 0,3% C-Stahl traten spröde Bruchflächen sowohl bei einer Charpy-Probe (hohe Beanspruchungsgeschwindigkeit) als auch bei Kurzzeitermüdung auf (12).

c) Bild 34: Beim Gewaltbruch von Gußeisen kam die Perlitstruktur auf der Bruchfläche zum Vorschein. Auch beim Ermüdungsbruch zeigte sich dies (Bild 34b). Durch Ätzen konnte gezeigt werden, daß die bruchlinienähnlichen Strukturen der Perlitstruktur zuzuordnen sind. Beim gleichen Werkstoff wurden auch echte Bruchlinien gefunden. (Nach dem Ätzen war die Bruchlinienstruktur verschwunden) (12).

d) Bild 35: Bei Titanlegierungen wurden Erscheinungen beobachtet, die bruchlinienähnliches Aussehen haben, aber nicht nur bei Ermüdung, sondern auch beim Gewaltbruch und bei der Spannungskorrosion auftraten (13).

e) Bild 36: Auf der Bruchfläche von punktgeschweißten Platten der Aluminiumlegierung 7075 wurden bruchlinienähnliche Erscheinungen festgestellt. Im Labor wurden anschließend Versuche unter wechselnder und einsinniger Belastung durchgeführt. Dabei ergaben sich in beiden Fällen gestreifte Strukturen. Durch Vergleich mit den Bruchflächen des Schadensfalles konnte gezeigt werden, daß der Schaden durch Überbelastung hervorgerufen worden war (14).

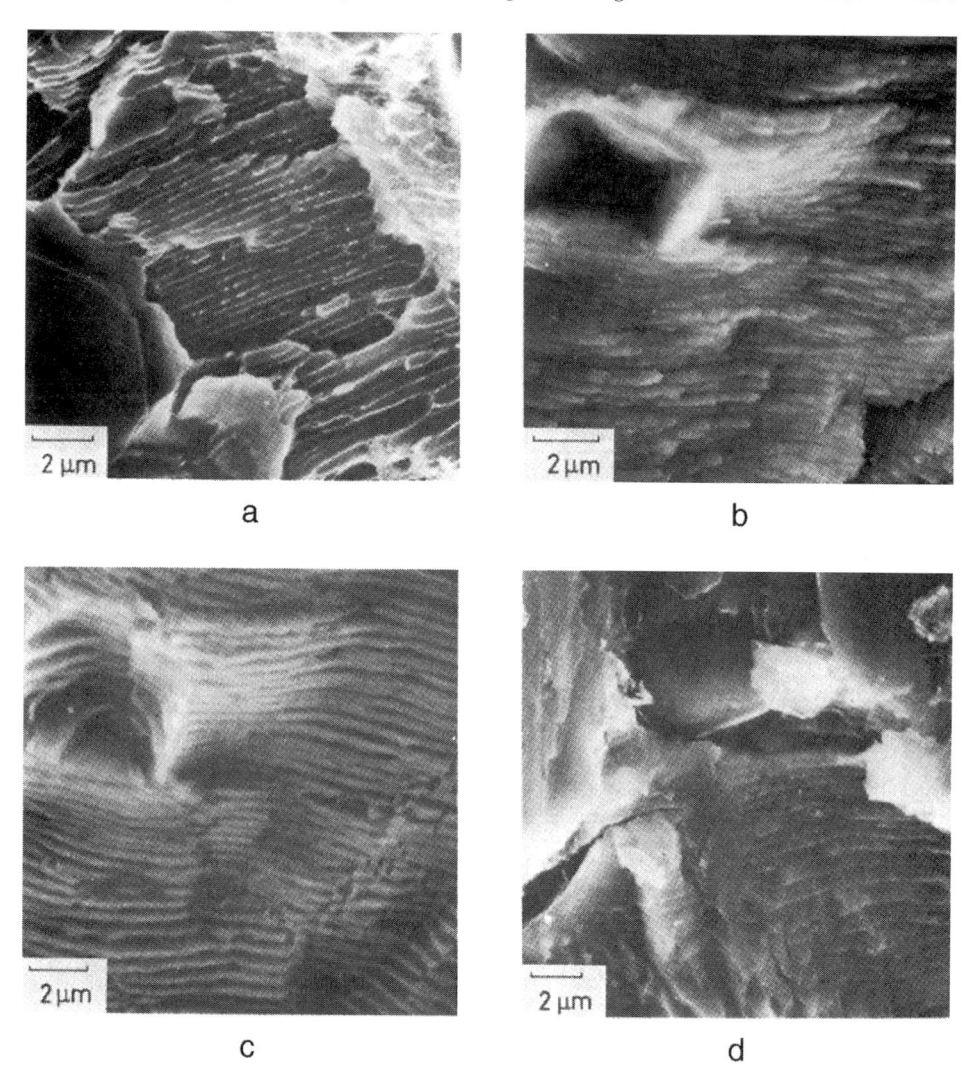

10. Beispiele für schwierige Unterscheidung Ermüdungsbruch – statischer Bruch

Bilder 34a–d: Bruchflächen in Gußeisen (12).
a) Gewaltbruch, b) Ermüdungsbruch (keine Bruchlinien!),
c) Gleiche Stelle wie b) nach Ätzen, d) Ermüdungsbruch (Bruchlinien).

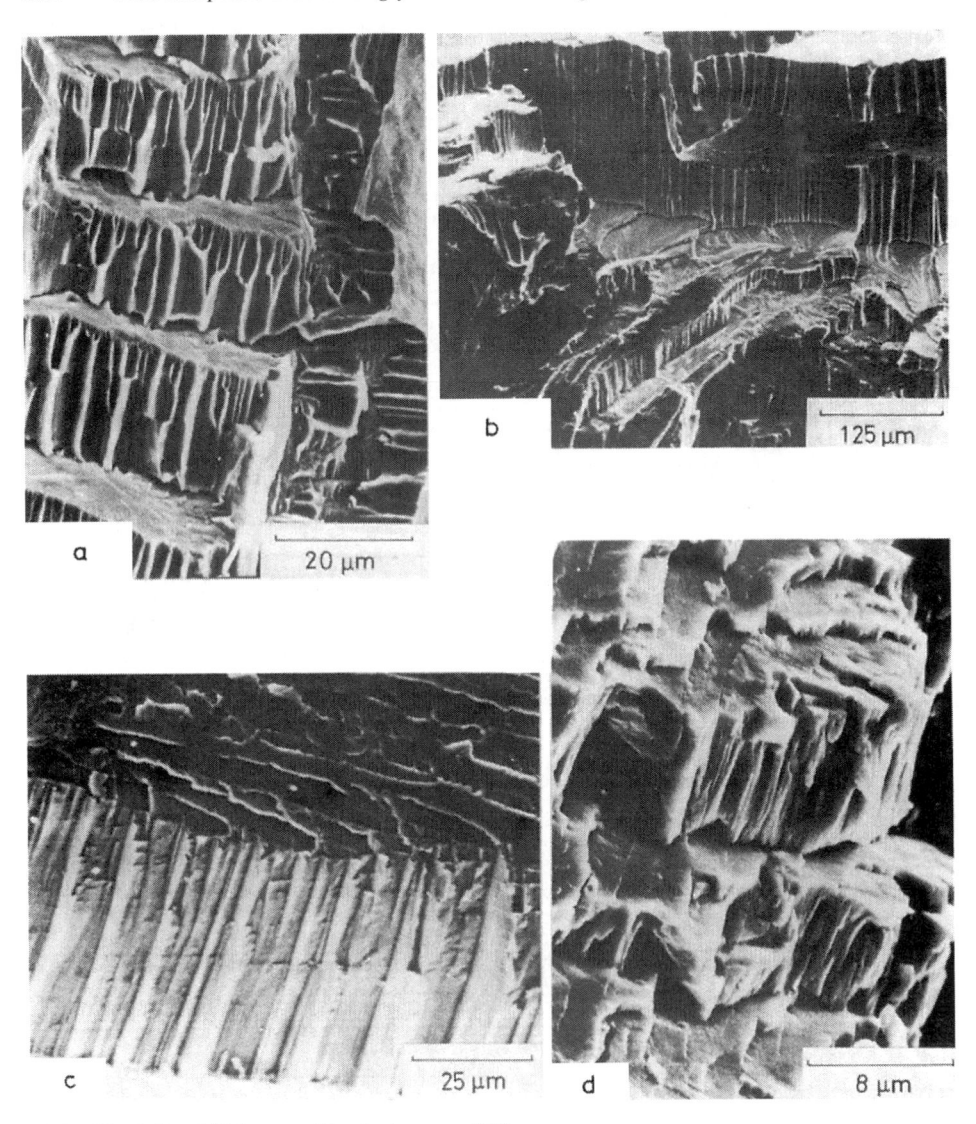

Bilder 35a–d: Bruchflächen von Titanlegierungen (13)
a) Ti-8Al-1Mo-1V, Spannungskorrosion,   b) Ti-0,35% O, Gewaltbruch,
c) Ti-8Al-1Mo-1V, Ermüdung in Luft,   d) Ti-8Al-1Mo-1V, Ermüdung in Salzwasser.

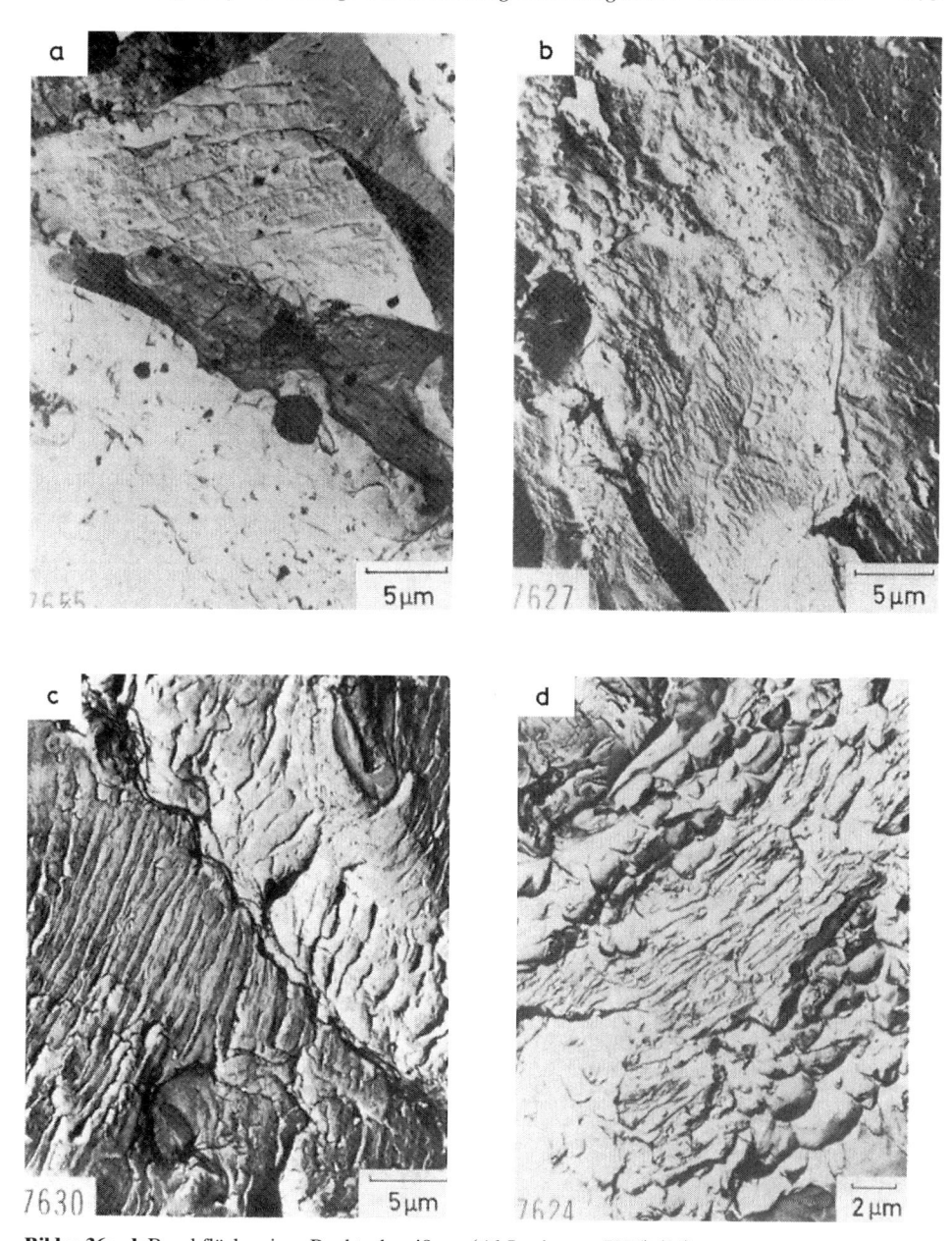

10. Beispiele für schwierige Unterscheidung Ermüdungsbruch – statischer Bruch 173

Bilder 36a–d: Bruchfläche einer Punktschweißung (Al-Legierung 7075) (14).
a), b) Schadensfall, c) Laborversuch – Ermüdung, d) Laborversuch – Gewaltbruch.

174 Mikroskopische Erscheinungsformen des Schwingbruches

11. Probleme bei der praktischen Bruchbestimmung

Ergänzend zu den im vorangegangenen Abschnitt beschriebenen Schwierigkeiten soll hier nochmals auf die häufigsten Quellen der Fehlinterpretation bei der praktischen Schadensanalyse eingegangen werden. Probleme bereitet in erster Linie das Verblassen der charakteristischen Schwingungslinien mit abnehmender Duktilität der Werkstoffe, beispielsweise bei hochfesten Stählen, Aluminium-, Magnesium- oder Titangußlegierungen. Darüber hinaus werden nicht selten die kristallographisch orientierten Strukturen in Kobalt- und in Nickelbasislegierungen als Spaltbrüche mißdeutet. In derartigen Fällen sollte man andere Kriterien wie makroskopisches Bruchaussehen, Werkstoffzustand u. a.m. verstärkt heranziehen (z. B., daß Nickel als kubisch-flächenzentriertes Metall nicht durch Spaltbruch versagen kann). Die wirkungsvollste Entscheidungshilfe leisten selbsterzeugte Vergleichsbrüche.

Bereits beim unlegierten Baustahl oder bei Messingen bilden sich anstelle breiter, wohlgeordneter Bruchbahnen (vgl. Bild 3c im Kapitel „Einteilung ... der Brüche") stark untergliederte Flächen (Bilder 37 und 38). Die rückläufige Ausbildung der Schwingungslinien mit steigender Härte veranschaulichen die Bilder 39 bis 41: zäh vergüteter Stahl, hart vergüteter Stahl (R_m = 1970 N/mm^2), kaltgezogener Klaviersaitendraht (R_m = 2400 N/mm^2). Als Identifikationskriterien können in Grenzfällen Sekundärrisse, weitgehend glatte Bereiche und – indirekt – fehlende Waben in den Vordergrund treten.

Extrem schwach hatten sich die auswertbaren Merkmale in einer Kolbenstange aus martensitischem Chromstahl ausgeprägt, wobei ein Härteabfall von 650 auf 590 HV1 in der interessierenden Randschicht die Deutung zusätzlich erschwerte. Erst Simulationsversuche an Proben aus dem Schadensteil konnten die Frage zu Lasten des Schwingbruches entscheiden (Bilder 42 und 43). Allerdings ließen sich Schwingungsriß und Restbruch nicht exakt gegeneinander abgrenzen; die Strukturmerkmale gingen nahezu kontinuierlich ineinander über.

Bild 37: Schwingungsstrukturen in unlegiertem Baustahl St 35.8.

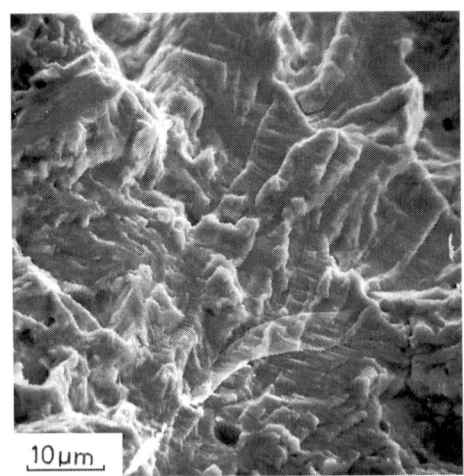

Bild 38: Aufgegliederte Schwingungsstrukturen in Messing.

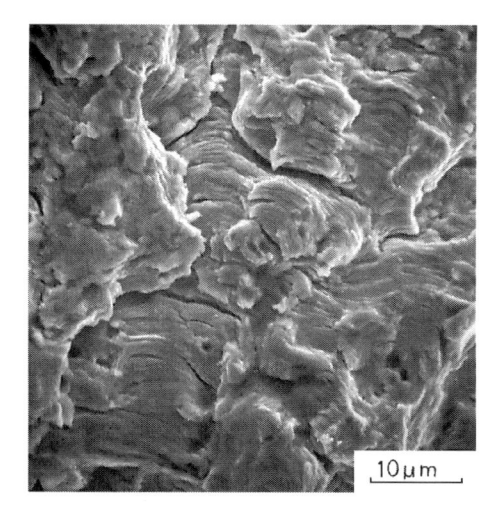

11. Probleme bei der praktischen Bruchbestimmung

Bild 39: Schwingungsstreifen und Sekundärrisse in zäh vergütetem Stahl.

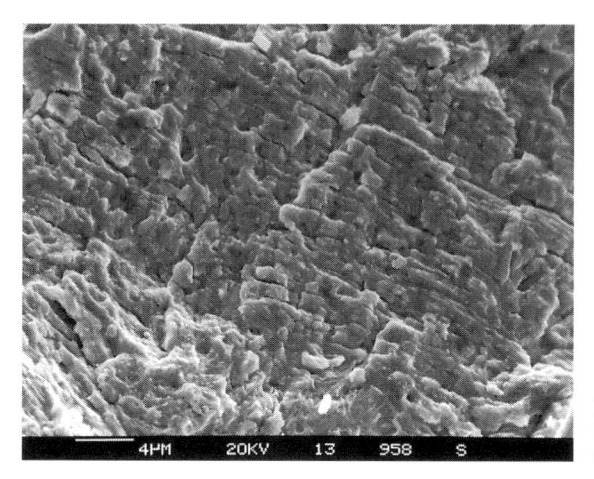

Bild 40: Schwingungsstrukturen (mit Sekundärrissen) in hart vergütetem Stahl.

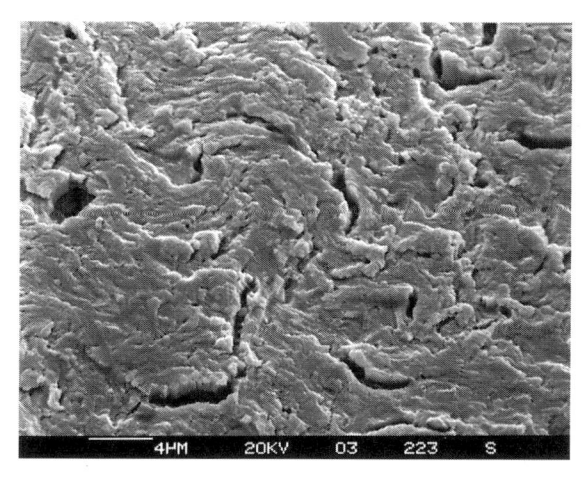

Bild 41: Schwingungsstrukturen mit ausgeprägten Sekundärrissen in kaltgezogenem Klaviersaitendraht.

Bild 42: Schwingungsriß (Simulationsversuch) in martensitischem Chromstahl.

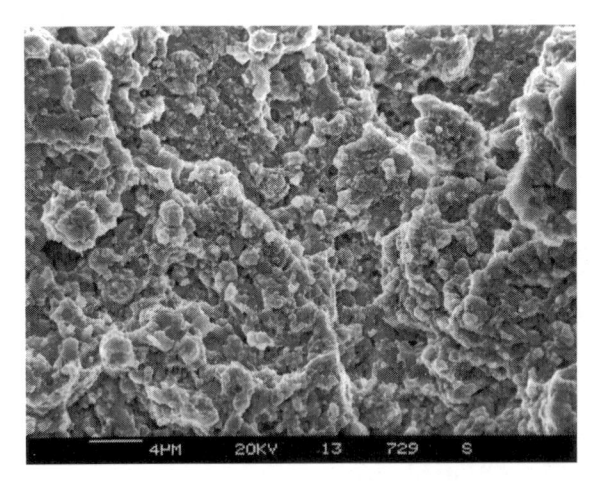

Bild 43: Gewaltbruch (Simulationsversuch) in martensitischem Chromstahl.

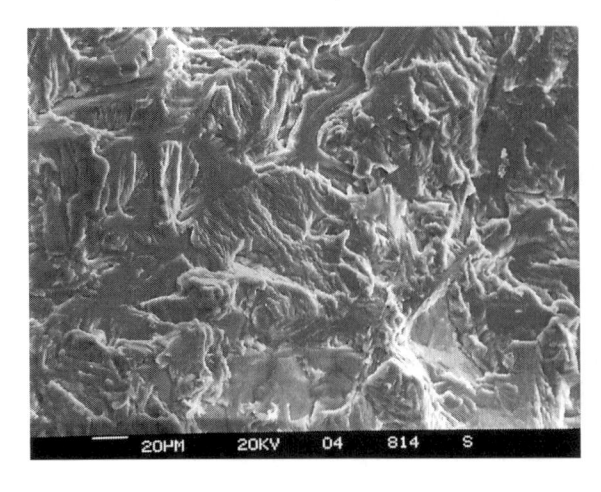

Bild 44: Schwingungsriß (Simulationsversuch) in Al-Si-Gußlegierung.

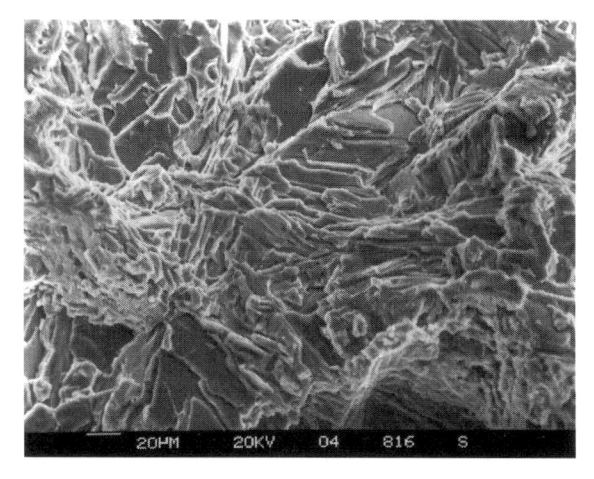

11. Probleme bei der praktischen Bruchbestimmung   177

Bild 45: Gewaltbruch (Simulationsversuch) in Al-Si-Gußlegierung.

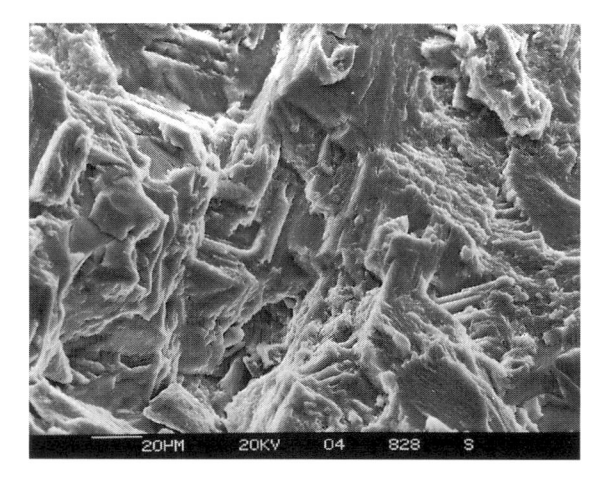

Bild 46: Schwingungsriß nahe Ausgangspunkt (Simulationsversuch) in Mg-9Al-1Zn-Gußlegierung.

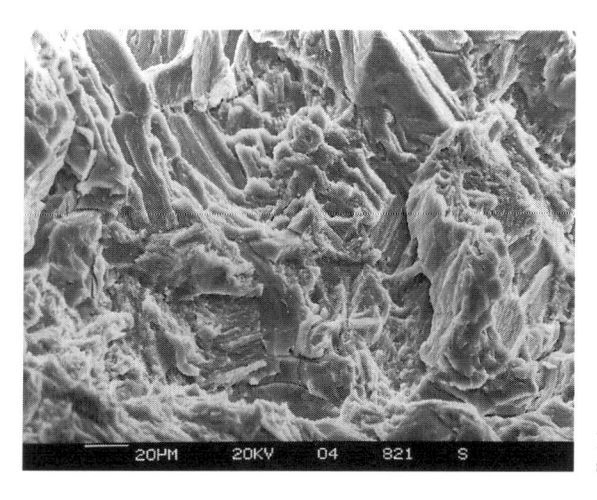

Bild 47: Gewaltbruch (Simulationsversuch) in Mg-9Al-1Zn-Gußlegierung.

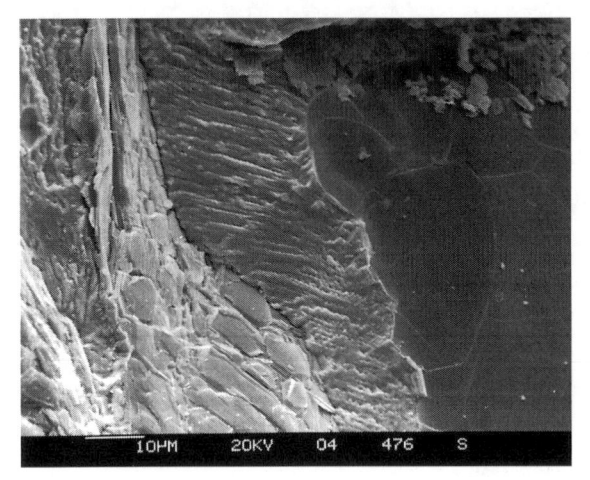

Bild 48: Schwingungsstreifen zwischen Graphitlamellen in Grauguß GG 20.

Auch bei Gußstücken aus Aluminium- oder aus Magnesiumlegierungen ermöglichen teilweise nur selbsterzeugte Vergleichsbrüche ein fundiertes Urteil. Neben der geringen Duktilität dieser Werkstoffe verändern die zahllosen spröden Einschlüsse das gewohnte Erscheinungsbild des Schwingungsrisses. (Die Bilder 44 bis 47 stellen jeweils simulierte Schwing- und Gewaltbrüche an Proben aus demselben Bauteil gegenüber.) Ungewöhnlich deutlich hatten sich dagegen Schwingungsstreifen zwischen den Graphitlamellen eines Gußeisenteiles (GG 20) ausgeprägt (Bild 48).

In Legierungen auf Kobalt-, häufig auch auf Nickelbasis breitet sich der Schwingungsriß meist über größere Bereiche kristallographisch orientiert aus (Bilder 49a bis d). Die Korngrenzen können durch Orientierungsdifferenzen deutlich hervortreten (Bild 50), wogegen man die interkristalline Rißausbreitung selbst – abgesehen von gleichzeitigem Korrosionsangriff – in der Praxis nur selten beobachtet (Bild 51).

Die ausgeprägten kristallographischen Strukturen wie in Bild 49 resultieren nach Ansicht des Herausgebers aus einer Folge begrenzter Spaltschritte. Eigene Versuche haben gezeigt, daß die Zahl der aufgebrachten Belastungszyklen die der Spaltstufen um ein Vielfaches übertrifft (25). Ähnlich wie bei duktilen Schwingungslinien dürfte jedoch die einzelne Spaltstufe von einem einzigen Lastspiel – nach einer Reihe inaktiver Zyklen – erzeugt werden. (Den Begriff „Spaltbruch" sollte man in diesem Zusammenhang unbedingt vermeiden, da er dem mikroskopisch spröden Gewaltbruch vorbehalten bleibt.) Eingesetzt werden Kobalt-Chrom-Molybdän-Gußlegierungen u. a. für medizinische Dauerimplantate, insbesondere Hüftendoprothesen und andere künstliche Gelenke (vgl. Abschnitt 7.3 im vorangegangenen Buchkapitel). Auch in diesem Werkstoff wird die kristallographische Trennung bei zunehmender Rißausbreitungsgeschwindigkeit allmählich von duktilen Schwingungslinien abgelöst (nicht bei Hüftendoprothesen: hier bleibt die Geschwindigkeit wegen Abstützung des Schaftes in der Markhöhle bis zum Schluß gering).

Auf der Bruchfläche eines künstlichen Fußgelenkes (Kunstglied) aus Ti-6Al-4V-Feinguß ließen sich die unterschiedlichen Strukturen nacheinander verfolgen: kristallographisch orientierte Ausbreitung in der Anfangsphase (Bilder 52a bis c), Übergang

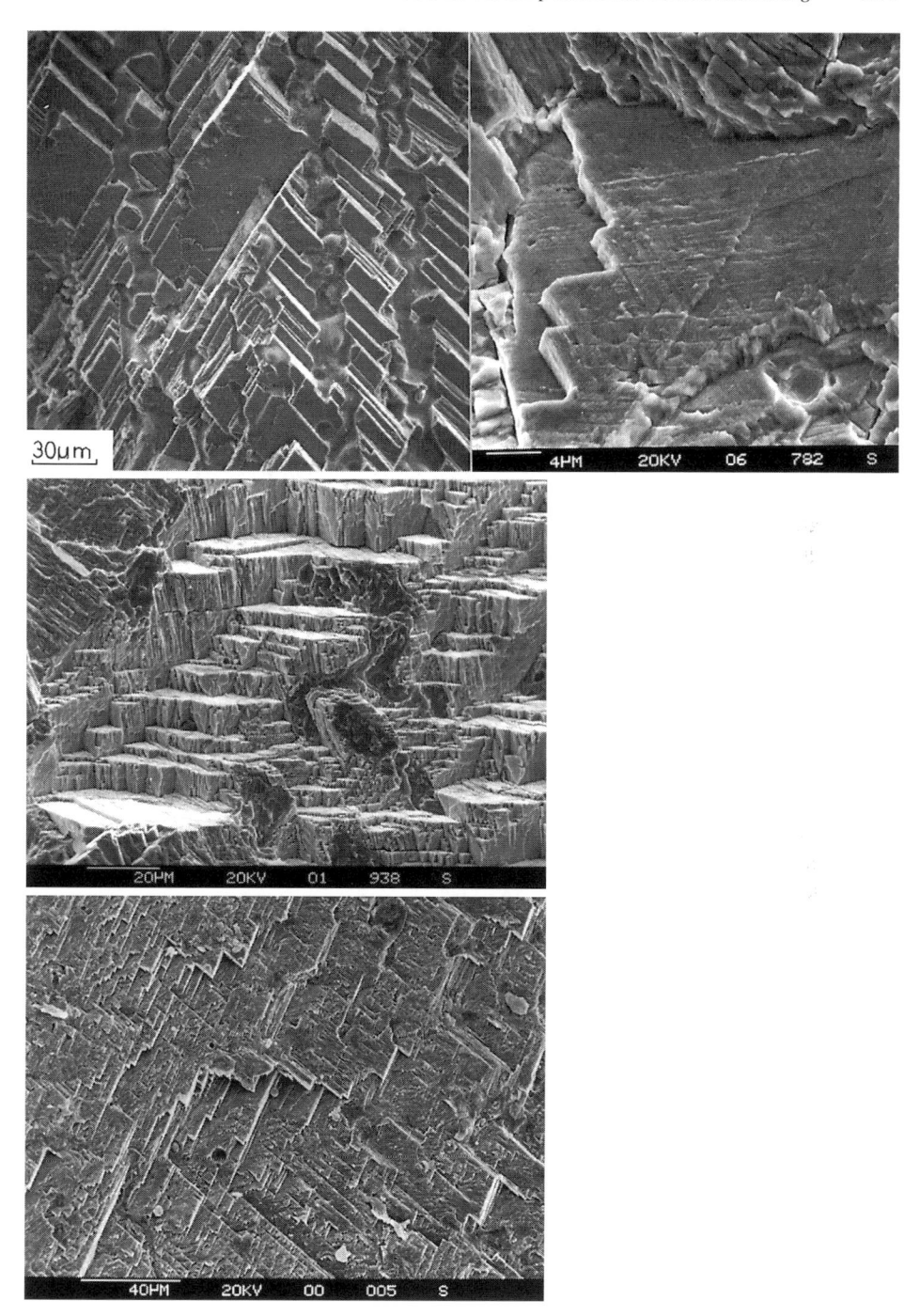

Bilder 49a–d: Kristallographisch orientierte Schwingungsstrukturen in Co-Cr-Mo-Gußlegierungen (für Hüftendoprothesen).

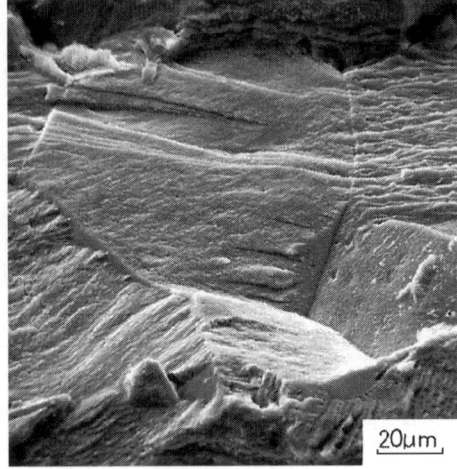

Bild 50: Einfluß der unterschiedlichen Kornorientierungen auf die Struktur des Schwingungsrisses in Co-Cr-Mo-Gußlegierungen.

Bild 51: Bereichsweise interkristalline Ausbreitung eines Schwingungsrisses in AlCu5.

zu duktilen Schwingungslinien im fortgeschrittenen, rascheren Ausbreitungsstadium (Bild 53) sowie Überlagerung von Anteilen zähen Gewaltbruches (Bild 54) unmittelbar vor Eintritt des Restbruches (Bild 55).

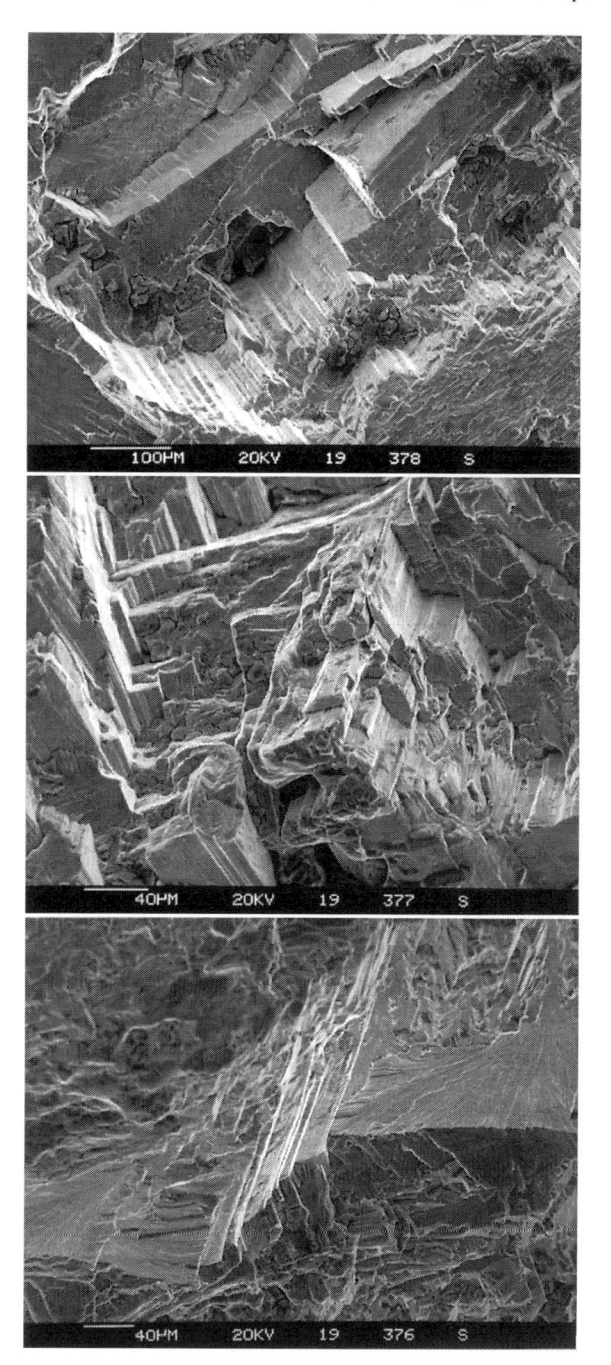

11. Probleme bei der praktischen Bruchbestimmung   181

Bilder 52a–c: Kristallographisch orientierte Strukturen in der Anfangsphase des Schwingungsrisses. Ti-6Al-4V.

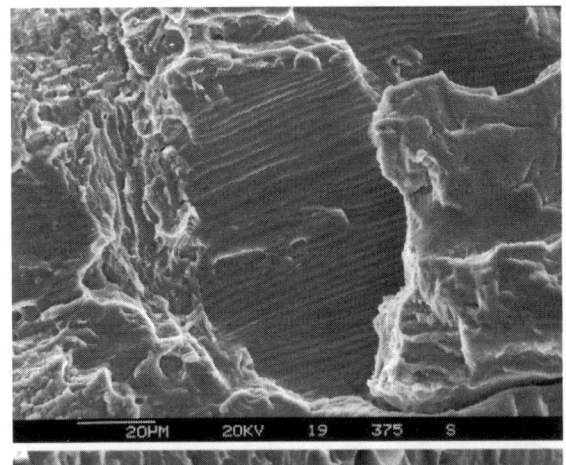

Bild 53: Duktile Schwingungsstreifen im fortgeschrittenen Ausbreitungsstadium. Ti-6Al-4V.

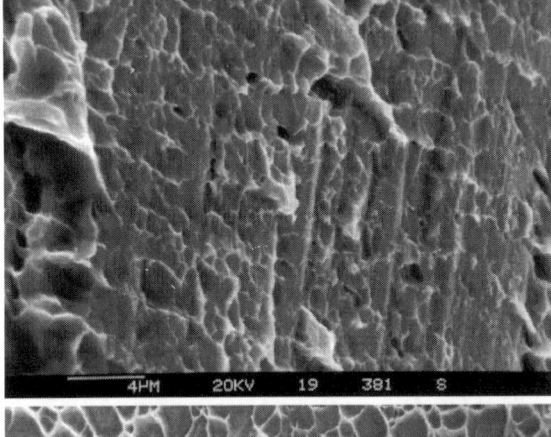

Bild 54: Grobe Schwingungsstreifen mit Elementen des duktilen Gewaltbruches unmittelbar vor Eintritt des Restbruches. Ti-6Al-4V.

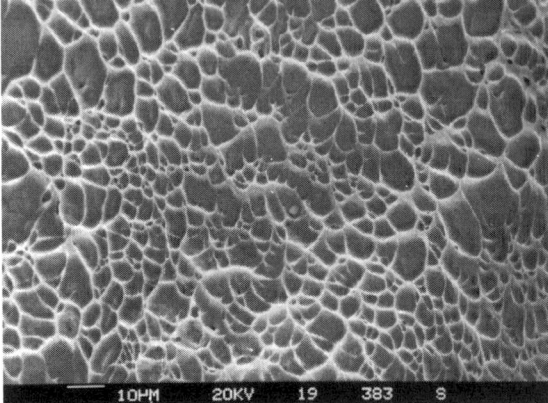

Bild 55: Restbruch (duktiler Gewaltbruch). Ti-6Al-4V.

Literatur:

(1) D. Munz, K. Schwalbe, P. Mayr: Dauerschwingverhalten metallischer Werkstoffe, Vieweg-Verlag, 1971.
(2) L. Engel, H. Klingele: An Atlas of Metal Damage, Wolf Science Books, 1981.
(3) K.H. Schwalbe: Bruchmechanik metallischer Werkstoffe, Carl Hanser Verlag, 1980.
(4) R.J.H. Wanhill, H. Döker: Report NLR MP 78002U, National Aerospace Laboratory, NLR, Amsterdam, Holland, 1977.
(5) G.R. Yoder, L.A. Cooley, T.W. Croroker: Met. Trans. 8A, 1977, 1737–1743.
(6) A. Mc Minn: Fatigue of Engineering Materials and Structures 4., 1981, 235–251.
(7) J. Lindigkeit, G. Terlinde, A. Gysler, G. Lütjering: Acta Met. 27, 1979, 1717–1725.
(8) R.M.N. Pelloux: in Source Book in Failure Analysis, American Society for Metals, 1974, 381–392.
(9) H. Döker: DFVLR-Forschungsbericht FB 80-08, 1980.
(10) J.C. Mc Millan, R.M.N. Pelloux: ASTM-STP 415, 1966.
(11) R.E. Stoltz, R.M.N. Pelloux: Met. Trans. 3, 1972, 2433–2441.
(12) IITRI Fracture Handbook, Failure Analysis of Metallic Materials by Scanning Electron Microscopy, IIT Research Institute, Chicago, 1979.
(13) D.A. Meyn, E.J. Brooks: ASTM-STP 733, 1981.
(14) D.Y. Mey, ASTM-STP 645, 1978, 49–72.
(15) R.C. Bates, W.G. Clark: Trans. ASME 62, 1969, 380–389.
(16) J.J. Au, J.S. Ke: ASTM-STP 733, 1979, 1979, 187–201.
(17) L. Albertin, S.J. Hudak: ASTM-STP 733, 1979, 187–201.
(18) A. Madeyski, L. Albertin: ASTM-STP 545, 1978, 73–83.
(19) O. Vosikovsky: Trans. ASME, J. Engng. Mat. and Techn., 1975, 298–304.
(20) F.A. Heiser, R.W. Hertzberg: Trans. ASME, J. Basic, Engineering, 1971, 211–217.
(21) B. Tomkins: in „Creep and Fatigue in High Temperature Alloys," Applied Science Publishers, 1981, 73–143.
(22) G.T. Hahn, R.C. Hoogland, A.R. Rosenfield: AF 33615-70-C-1630, Battelle Memorial Institute, Columbus, Ohio, 1971 (zitiert in (17)).
(23) R.W. Herztberg, E.F.J. von Evic: Met. Trans. 4, 1973, 887.
(24) D. Rhodes, J.C. Radon, L.E. Culver: Fatigue of Engng. Mat. and Struct. 4, 1981, 49–63.
(25) G. Lange, M. Heiser: Biomed. Techn. 29 (1984), 47.

Thermisch induzierte Brüche

Michael Pohl, Institut für Werkstoffe, Ruhr-Universität Bochum

1. Anforderungen an Werkstoffe für den Einsatz bei erhöhter Betriebstemperatur

Für die Nutzung hoher Wirkungsgrade von Verbrennungskraftmaschinen, Wärmekraftanlagen und Chemieanlagen werden Werkstoffe mit guten Festigkeits- und Korrosionseigenschaften unter den gegebenen Einsatzbedingungen benötigt (1,2). Dem Einfluß der Korrosion kann durch Überzüge begegnet werden, die gegen das angreifende Medium beständig sind, oder es werden dem Werkstoff Legierungselemente zugegeben, die seinen Korrosionswiderstand erhöhen. Die Bauteilfestigkeit wird bei erhöhten Temperaturen über die Warmstreckgrenze ermittelt. Bei Temperaturen oberhalb der Kristallerholungstemperatur T_K ($\geq 0,4\ T_s[K]$) gewinnt der Zeiteinfluß große Bedeutung, so daß die Auslegung nach den in Zeitstandversuchen ermittelten Werten erfolgt (3).

2. Warmfestigkeit

Eine Erhöhung der Warmfestigkeit läßt sich durch die Zugabe unterschiedlicher Mengen verschiedener Legierungselemente erzielen (Bild 1). Daraus ergibt sich eine große Zahl verschiedenartiger warmfester Stähle (4). Bei Baustählen kann die Warmfestigkeit bereits durch die Zugabe von Kohlenstoff und Mangan erhöht werden. Nach DIN 17155 enthalten die Kesselstähle mit den Bezeichnungen H I bis H IV 0,16 bis 0,26% C und 0,4 bis 0,6% Mn. Ihre Anwendung ist auf den unteren Temperaturbereich in Abbildung 1 beschränkt. Für höher beanspruchte Teile stehen Stähle mit erhöhten Mn-Gehalten zur Verfügung. Das ferritisch-perlitische Gefüge liegt meist im normalisierten Zustand vor. Durch Zusätze von Chrom, Molybdän und Vanadium wird die Warmfestigkeit über die Bildung von Karbiden, Nitriden und intermetallischen Phasen weiter erhöht, die sich im Verlauf der betriebsbedingten Wärmeeinbringung ausscheiden und der Entfestigung entgegenwirken (5). Eine weitere Erhöhung der Warmfestigkeit kann nur durch den Wechsel des Gittertyps der Matrix von krz auf kfz erfolgen. Die austenitischen Stähle weisen eine deutlich niedrigere Stapelfehlerenergie auf, die es den Versetzungen gestattet, sich stärker aufzuwei-

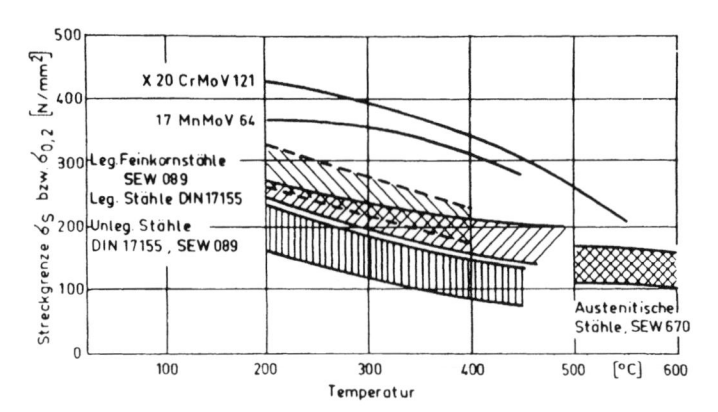

Bild 1: Warmstreckgrenzen warmfester Stähle.

ten, wodurch eine höhere Festigkeit bei erhöhter Temperatur erzielt wird. Dies gilt auch für Ni- und Co-Basislegierungen. Darüber rangieren einige intermetallische Phasen und die Keramiken mit ihren härteren Bindungen.

Brüche durch Überschreiten der Warmfestigkeit im Temperaturgebiet $\geq 0{,}4\,T_s$ bei hohen Spannungen und dementsprechend hohen Dehngeschwindigkeiten erfolgen bei Stählen meist transkristallin als Wabenbrüche mit großen Einzelwaben. Wird der bereits gebildete Bruch längere Zeit diesen Temperaturen ausgesetzt, so kommt es zur Einformung der Bruchtopographie, insbesondere der Wabenkämme.

3. Kaltrisse

3.1 Aufhärtungsrisse

Aufhärtungsrisse treten beim Zusammenwirken hoher thermisch bedingter Spannungen mit einer ausscheidungsbedingten Versprödung des wärmebeeinflußten Nebennahtbereichs von Schweißverbindungen auf (Bild 2). Diese Rißempfindlichkeit wird durch Anreicherung von Stahlbegleitelementen auf den Korngrenzen, insbesondere bei Grobkornbildung, verstärkt. Darüber hinaus können Oberflächenkerben, z. B. an der Fusionslinie, die Rißbildung begünstigen (Bild 3). Bei Baustählen können Härterisse ab einem Kohlenstoffgehalt von $C \geq 0{,}22\%$ bzw. einem Kohlenstoffäquivalent von $C^* \geq 0{,}4$ entstehen. Durch die Abhängigkeit der Gefüge legierter warmfester Stähle von der Wärmeeinwirkung können Schwierigkeiten, insbesondere beim Schweißen (6, 7) einiger Feinkornstähle durch ausgeschiedene Karbide und bei den Nb-stabilisierten hochwarmfesten austenitischen Chrom-Nickel-Stählen, insbesondere durch feindispers im Nebennahtbereich der Schweißverbindungen gebildete Karbonitride des Typs Nb(C,N) (8, 9) auftreten, die verhindern, daß die Schweißspannungen abgebaut werden.

Mechanismus der Aufhärtungsrißbildung

- Versprödung durch Martensitbildung (genügend hohe Abkühlungsgeschwindigkeit)
- hoher C-Gehalt bzw. hohes C-Äquivalent
- hoher Spannungszustand

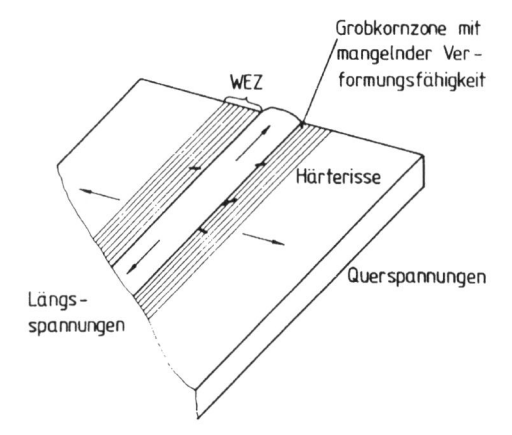

Bild 2: Mechanismus und Voraussetzung für das Entstehen von Aufhärtungsrissen in Schweißverbindungen (6).

Bild 3: Aufhärtungsriß in der WEZ eines Ck 45, ausgehend von der Fusionslinie.

3.2 Unterplattierungsrisse

Beim Plattieren von Reaktordruckgefäßen aus wasservergüteten Feinkornbaustählen traten in der Vergangenheit nach dem Spannungsarmglühen Unterplattierungsrisse auf. Dieser interkristallin verlaufende Rißtyp bildet sich in solchen Gefügebereichen, in denen die WEZ einer Plattierungsraupe von der WEZ der benachbarten Raupe überlappt wird (Bild 4). Für diese Rißbildung werden zwei Mechanismen verantwortlich gemacht:

188 *Thermisch induzierte Brüche*

Mechanismus der
Unterplattierungsrißbildung

- Spannungsarmglühen bei Plattierungen

- Schwächung der Kornflächen durch charakteristische Gefüge- und Ausscheidungszustände

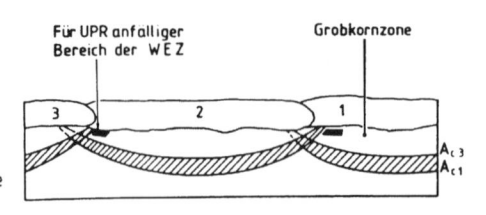

Bild 4: Voraussetzungen und anfällige Bereiche für Unterplattierungsrisse (6).

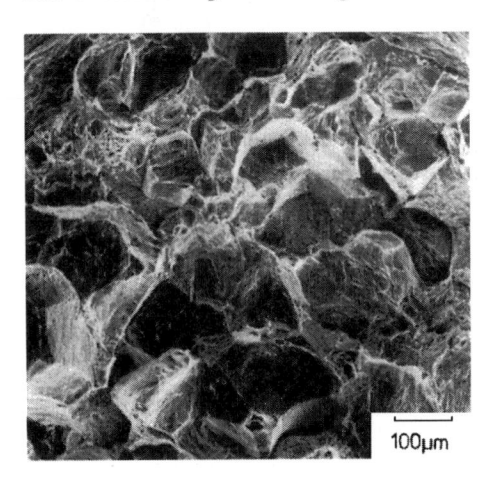

Bild 5: Bruchfläche eines Unterplattierungsrisses bei Stahl 22 NiMoCr 3 7.

- Durch eine Anreicherung von Begleit- und Spurenelementen erfolgt eine Versprödung der Korngrenzen. Der Riß entsteht, sobald die Korngrenzenfestigkeit durch anliegende Zugspannungen überschritten wird.
- Das Korn verfestigt sich selbst durch die Bildung von Ausscheidungen beim Spannungsarmglühen. Beim Stahl 22 NiMoCr 3 7 wurde hierfür die Ausscheidung von Mo_2C verantwortlich gemacht. Dabei muß die Verformung über Korngrenzengleitung ablaufen (Relaxation), und es erfolgt eine interkristalline Werkstofftrennung.

Für die Bildung von Unterplattierungsrissen ist ein Zusammenwirken beider Mechanismen wahrscheinlich. Als Einflußgrößen sind die Gefügeausbildung, die Stahlzusammensetzung und die Größe der Restspannungen bekannt. In Bild 5 ist ein im Bruch freigelegter Unterplattierungsriß wiedergegeben. Durch Einführung des Stahls 20 MnMoNi 5 5 wurde das Problem der Unterplattierungsrisse weitgehend beseitigt.

Unter der Bezeichnung „Kaltrisse" werden häufig auch Risse durch Wasserstoff und Lamellenrisse genannt, die jedoch nicht zu den thermisch induzierten Rissen zählen.

4. Heißrisse

Heißrisse sind interkristalline Werkstofftrennungen, die in einem Temperaturbereich entstehen, der sich von der Solidustemperatur bis zu weit tieferen Temperaturen erstrecken kann. Sie können beim Schweißen, Gießen und Warmumformen auftreten. Ihre unmittelbare Identifizierung am Bauteil gelingt meist nur, wenn sie an der Oberfläche vorliegen. Im Inneren sind Heißrisse wegen ihrer geringen Größe mit den üblichen zerstörungsfreien Prüfverfahren meist nicht nachweisbar. Sie lassen sich im Schliff oder besser noch als frei erstarrte innere Oberflächen an nachträglich herbeigeführten Gewaltbrüchen identifizieren. Nach ihrer Entstehungsursache wird zwischen Erstarrungs- und Aufschmelzungsrissen unterschieden (10–12).

4.1 Erstarrungsrisse

Während der Erstarrung reichert sich die Restschmelze vor der Kristallisationsfront an Elementen an, die die Erstarrungstemperatur der Restschmelzenfelder stark erniedrigen können. Erstarrungsrisse entstehen, wenn am Ende der Erstarrung die zwischen den Dendriten vorhandenen flüssigen Filme die auftretenden Schrumpfungen nicht mehr übertragen (Bild 6).

Infolge der fortgeschrittenen Kristallisation ist ein Ausheilen der gebildeten Risse durch Nachspeisung mit flüssiger Schmelze häufig nicht möglich. Die Erstarrungsrißneigung nimmt mit höheren Gehalten des Stahls an heißrißverursachenden Elementen wie Schwefel, Phosphor, Niob und Silizium zu. Die aus der Restschmelze ausge-

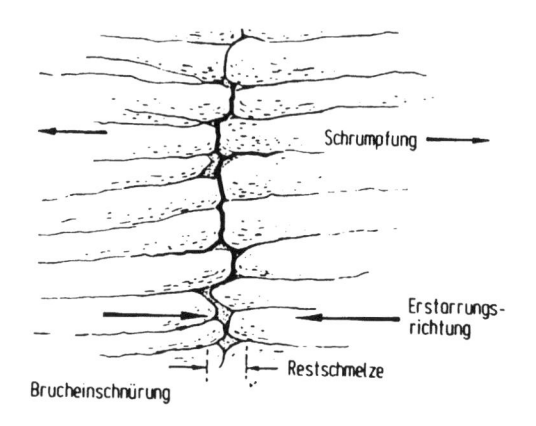

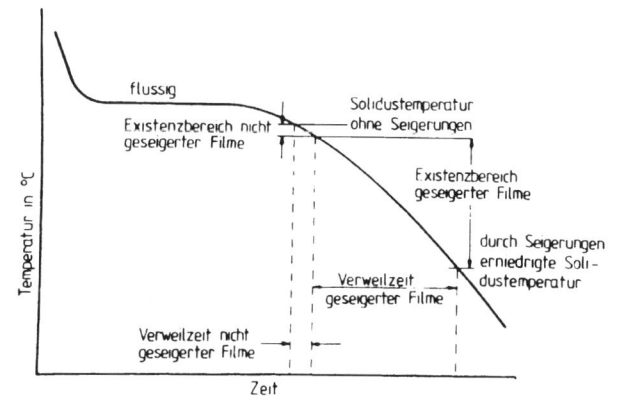

Bild 6: Mechanismus der Erstarrungsrißbildung (6).

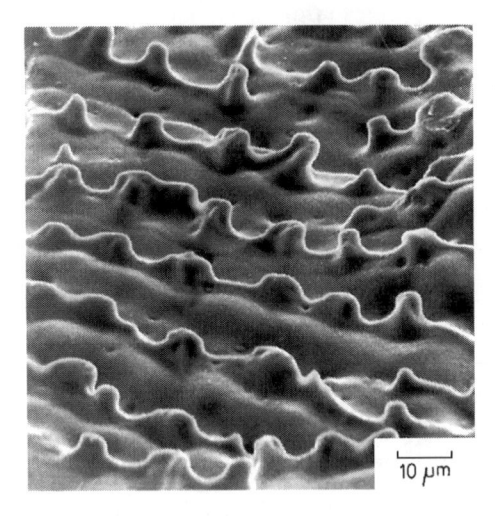

Bild 7: Frei erstarrte Dendritenoberfläche eines aufgebrochenen Erstarrungsrisses.

schiedenen niedrigschmelzenden Phasen können im Bruch mit der Elektronenstrahlmikroanalyse bestimmt werden. Das für Erstarrungsrisse typische Bruchaussehen zeigt Bild 7.

4.2 Aufschmelzungsrisse

Außer bei der primären Erstarrung können Heißrisse auch durch sekundäre Wärmezyklen entstehen, z. B. beim Schweißen im Grundwerkstoff nahe der Fusionslinie und in den unteren Lagen von mehrlagig geschweißten Verbindungen. Dabei kann es zum Aufschmelzen niedrigschmelzender Bereiche zwischen den Kristalliten kommen (Bild 8). Darüber hinaus kann durch Kristallseigerung der Schmelzpunkt in den Korngrenzenbereichen zusätzlich abgesenkt werden, so daß sie aufschmelzen und sich filmartig interkristallin ausbreiten. Unter der Einwirkung von schrumpfungsinduzierten Spannungen reißt der Werkstoff entlang flüssiger Korngrenzenfilme auf. Mit zunehmender Heißrißneigung erkennt man eine stärkere Einformung der Kristalle (Bild 9), und es lassen sich häufiger die heißrißverursachenden Phasen nachweisen.

4.3 Heißrißverursachende Phasen

Auf der Heißrißfläche liegen die verursachenden Elemente meist als stabile Phasen vor (Sulfide, Phosphide, Silizide, Karbide, Karbonitride usw.), die häufig recht hohe Schmelzpunkte aufweisen. Ihre heißrißfördernde Wirkung wird durch ihre Neigung zum Seigern und die mit ihrer Anreicherung in der Restschmelze verbundene Schmelzpunkterniedrigung hervorgerufen.

Auch wenn Phasen bereits im Ausgangswerkstoff vorlagen, z. B. transkristalline Mangansulfide Typ I in einem gewalzten Stahl, können Zugspannungen bei erhöhter Temperatur eine Benetzung der Korngrenze erzwingen und damit heißrißbildend wirken.

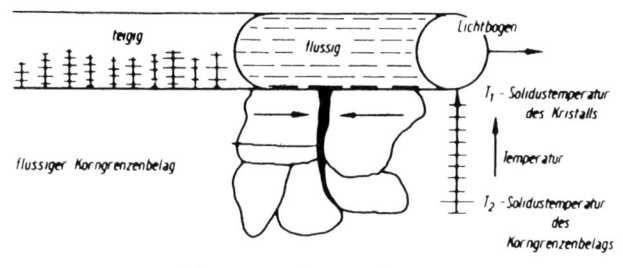

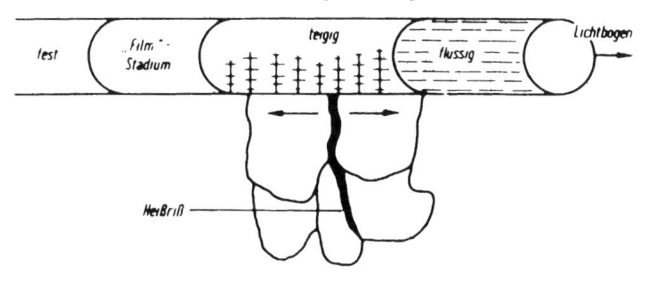

Bild 8: Mechanismus der Aufschmelzungsrißbildung nach Pellini (6).

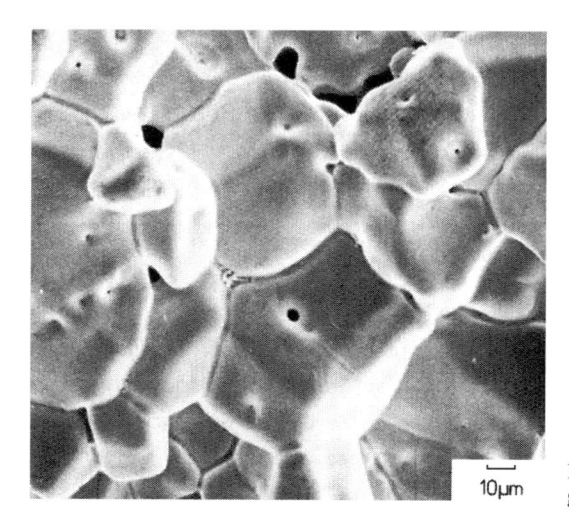

Bild 9: Eingeformte Kornflächen eines aufgebrochenen Aufschmelzungsrisses.

Das Entstehen niedrigschmelzender Phasen hängt vom Gehalt und der Löslichkeit der an ihrer Bildung beteiligten Elemente im Metallgitter ab. Austenitische Stähle sind wegen der geringen Löslichkeit für viele Elemente besonders heißrißgefährdet. Dem begegnet man durch einige Prozent Deltaferrit im Schweißgut, dem sichtbaren Zeichen, daß der Schweißwerkstoff primär ferritisch erstarrt ist.

Die Löslichkeit der heißrißfördernden Elemente ist im Ferrit größer als im Austenit. Ein Stahl, der primär ferritisch erstarrt, wird also eine geringere Heißrißanfälligkeit als bei primär austenitischer Erstarrung aufweisen. Der Ausdehnungskoeffizient des Werkstoffs bestimmt zusammen mit der Bauteilgeometrie die Größe der auf die flüssige Korngrenzenphase wirkenden Schrumpfbeträge. Werkstoffe mit hohen Ausdehnungskoeffizienten, wie die Austenite, besitzen aufgrund der beim Abkühlen auftretenden Schrumpfbeträge eine ausgeprägte Heißrißneigung. Darüber hinaus führt die geringe Wärmeleitfähigkeit der Austenite zu einem Wärmestau im Schweißnahtbereich, was ebenfalls zur verstärkten Heißrißneigung beiträgt. Ein feinkörniges Gefüge wirkt sich günstig auf die Heißrißbeständigkeit aus, da die Gesamtkornfläche größer als bei einem grobkörnigen Werkstoff ist und die vorhandene Menge an flüssiger Phase nicht zur Benetzung aller Kornflächen ausreicht.

5. Zeitstandfestigkeit

Wird ein nicht spröder Werkstoff bei Raumtemperatur innerhalb eines Zeitintervalls mit einer Spannung belastet, so reagiert er darauf durch eine elastische und plastische Formänderung, die in der Regel in dem Moment abgeschlossen ist, in dem die angelegte Spannung nicht mehr verändert wird. Diese Reaktion ist das Ergebnis einer Verfestigung, die sich während der Verformung im Mikrogefüge des Werkstoffs abspielt und der einwirkenden Spannung einen zunehmenden Verformungswiderstand entgegensetzt (3).

Dieses Werkstoffverhalten ändert sich bei erhöhter Temperatur. Auch nach Erreichen der Nennspannung erfolgt über beliebig lange Zeitintervalle eine meßbare Formänderung. Für den Verlust an Formänderungsfestigkeit sind thermisch aktivierte Prozesse verantwortlich, die durch den Einfluß der Temperatur im Werkstoff ablaufen (5). Für technische Beurteilungen kann man die Temperatur, ab der mit Kriechen gerechnet werden muß, mit $\geq 0{,}3\ T_s[K]$ angeben, wenngleich es wegen der kontinuierlich zunehmenden thermischen Aktivierung hierfür keine scharfe Grenze gibt.

Für die konstruktive Langzeitauslegung von Bauteilen bei erhöhter Betriebstemperatur werden Werkstoffkennwerte benötigt, die diese zeit- und temperaturabhängige Verformung berücksichtigen und den Bruchzeitpunkt festlegen. Sie werden in Zeitstandver-

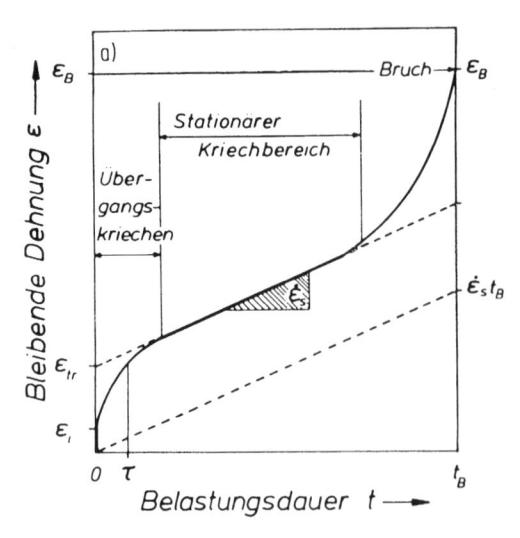

Bild 10: Schematische Darstellung einer Kriechkurve nach Ilschner.

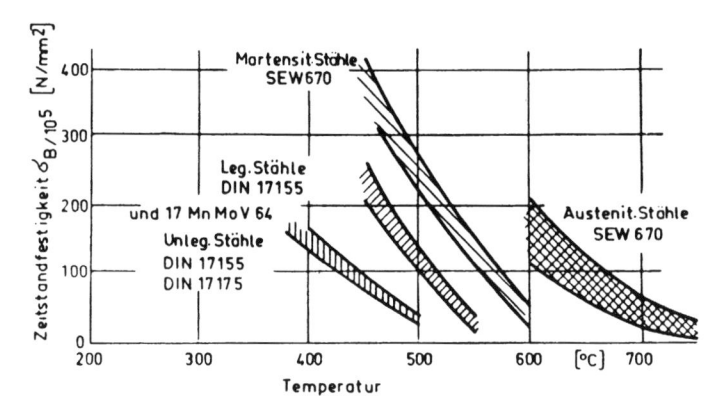

Bild 11: Zeitstandfestigkeit warmfester Stähle.

suchen ermittelt, wie sie in DIN 50118 beschrieben sind. Bei verschiedenen Ausgangsspannungen wird für zahlreiche Proben ihre Kriechcharakteristik aufgenommen und ihr Bruchzeitpunkt ermittelt (Bild 10). Daraus kann für den jeweiligen Lasthorizont der Zeitpunkt entnommen werden, an dem die zulässige Kriechdehnung erreicht wird. Die zulässigen Grenzdehnungen sind von der Funktion des Bauteils abhängig und können bei einer frei dehnbaren Geometrie, wie z. B. dem Durchmesser einer Heißdampfleitung, auch bis in die Größenordnung von mehreren Prozent reichen.

Bei Beginn der Kriechkurve liegt nach der Lastaufgabe bereits die elastische Dehnung, ggf. eine gewisse plastische Dehnung vor. Es schließt sich der technisch wichtige Bereich des Übergangskriechens an, in den die in den Regelwerken vorgeschriebenen Zeitdehngrenzen fallen. Die Abnahme der Kriechgeschwindigkeit zeigt eine überwiegende Werkstoffverfestigung durch den Kriechvorgang an.

Im stationären Kriechversuch werden Versetzungsbildung und -auslöschung durch Ausscheidungs- und Umwandlungsvorgänge überlagert. In der Realität ist dieser Kriechbereich daher häufig nur undeutlich ausgeprägt, da dieser innere Regelkreis sich nicht ständig im Gleichgewicht befindet.

Der tertiäre Kriechbereich ist durch die zunehmende Wirksamkeit innerer Werkstoffschäden gekennzeichnet, die zum beschleunigten Kriechen und schließlich zum Bruch führen.

Zur Prüfung der Hochtemperatureigenschaften von Werkstoffen werden Warmzugversuche, Zeitstandversuche und Relaxationsversuche durchgeführt.

Einen Überblick über die Zeitstandfestigkeit der unterschiedlichen Stahlgruppen und die entsprechenden Regelwerke gibt Bild 11.

5.1 Gefügeveränderungen

Für metallkundliche Untersuchungen im Bereich des Übergangskriechens eignen sich im besonderen Maße Modellegierungen. Bild 12 zeigt am Beispiel einer Al-Zn-Legierung die kriechinduzierte Bildung von Subkorngrenzen, die als wichtige Reaktionsflächen zur Einstellung eines stationären Gleichgewichts der beweglichen Verset-

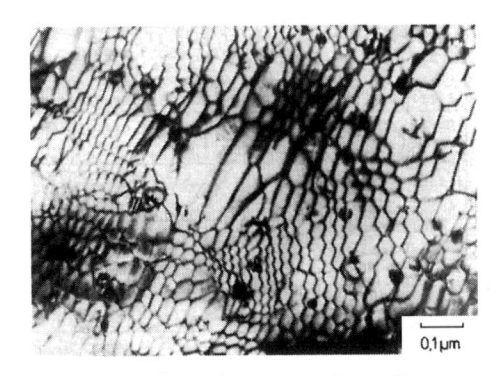

Bild 12: Subkornstruktur in einer bei 250 °C im Kriechversuch verformten Al-Zn-Legierung nach Blum (3).

zungen anzusehen sind. Bei einigen Werkstoffen, insbesondere den austenitischen Stählen mit ihrer niedrigen Stapelfehlerenergie, stellen sich Substrukturen erst nach technisch nicht mehr interessanten Dehnungen ein.

Das Ausscheidungsverhalten in Abhängigkeit von Temperatur und Zeit und die damit verbundenen Einflüsse auf das Kriechverhalten sollen am Beispiel der hochwarmfesten unstabilisierten Chrom-Nickel-Stähle erläutert werden (8, 13). Diese Stähle werden üblicherweise im lösungsgeglühten Gefügezustand eingesetzt. Bei der Lösungsglühtemperatur >1050 °C liegt der Kohlenstoff im Austenitgitter homogen gelöst vor.

Durch Wasserabschreckung wird dieser Zustand eingefroren, woraus sich ein C-übersättigtes System im Ungleichgewicht ergibt, da die Löslichkeit für C z.B. bei 700 °C nur rd. 0,003 % beträgt. Entsprechend der Affinität einiger Stahl-Legierungselemente zum Kohlenstoff kommt es bei Betriebstemperaturen in diesem Bereich zur Ausscheidung von Karbiden. Für das Zeitstandverhalten des Werkstoffs sind der Ausscheidungsbeginn, der Ausscheidungsmengenverlauf, der Ort der Ausscheidung, die Ausscheidungsmorphologie sowie die Wechselwirkungen zwischen den Ausscheidungen und der Stahlmatrix von Bedeutung.

Im Zeitdehnverhalten weisen Stähle der Gruppe X 6 CrNi 18 11 bei 600 °C ein Minimum auf, das bei rd. 10 % liegt. Dieser Bereich ist durch Karbidwolken entlang der Korngrenzen geprägt (Bild 13).

In der elektronenmikroskopischen Durchstrahlung sind neben groben Karbiden auf den Korngrenzen feine kubische Karbide des Typs $M_{23}C_6$ in korngrenzennahen Bereichen festzustellen, die in Wechselwirkung mit den durch das Kriechen bewegten Versetzungen treten und den Kriechvorgang behindern (Bild 14). die zeilenförmige Anordnung dieser Karbide erklärt sich aus den vor Ausscheidungsbeginn an Korngrenzen aufgestauten Versetzungen (Bild 15). Wegen der verhältnismäßig niedrigen Warmstreckgrenze kommen Mo-legierte Qualitäten des Typs X 6 CrNiMo 17 13 zum Einsatz. Molybdän bewirkt jedoch auch die Ausscheidung der intermetallischen Chi-, Laves- und Sigmaphasen (Bild 16) (14).

Zeitstandversuche langer Dauer zeigten, daß die anfängliche Überlegenheit der Mo-legierten Stähle nach langen Laufzeiten weitgehend abgebaut wird. Der Vergleich der Ausscheidungsmengenverläufe führt zu dem Ergebnis, daß Mo die Ausscheidungsgeschwindigkeit stark erhöht und zu rd. 10-fach größeren Ausscheidungsmengen

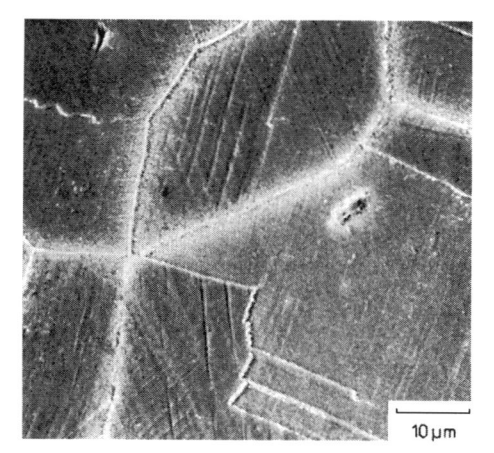

Bild 13: Karbidwolken an Korngrenzen
X 6 CrNi 18 11; 600 °C, 32.000 h.

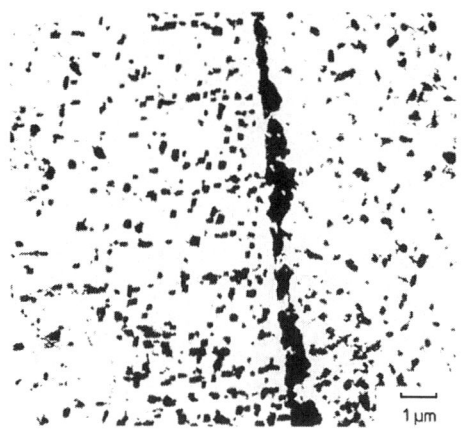

Bild 14: Durchstrahlungselektronenmikroskopische Aufnahme einer Korngrenze wie in Bild 13.

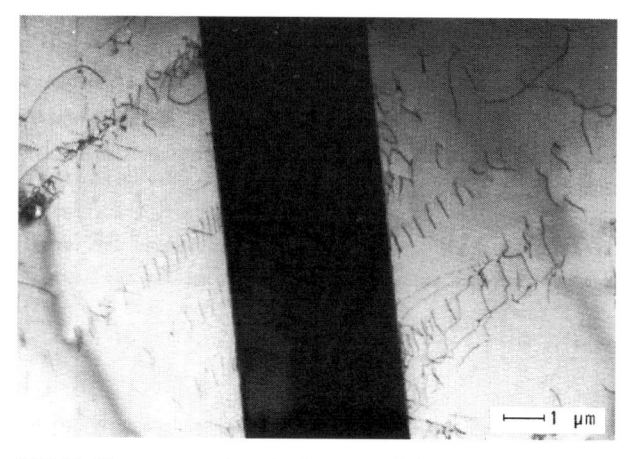

Bild 15: Versetzungsaufstau im lösungsgeglühten Zustand.

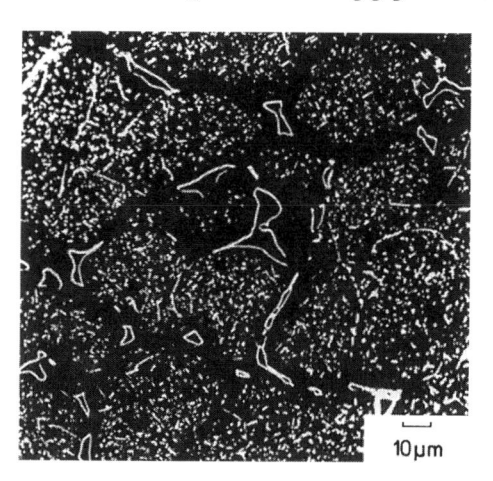

Bild 16: Gefüge des Stahls X 6 CrNiMo 17 13 nach rd. 20.000 h Glühung bei 800 °C.

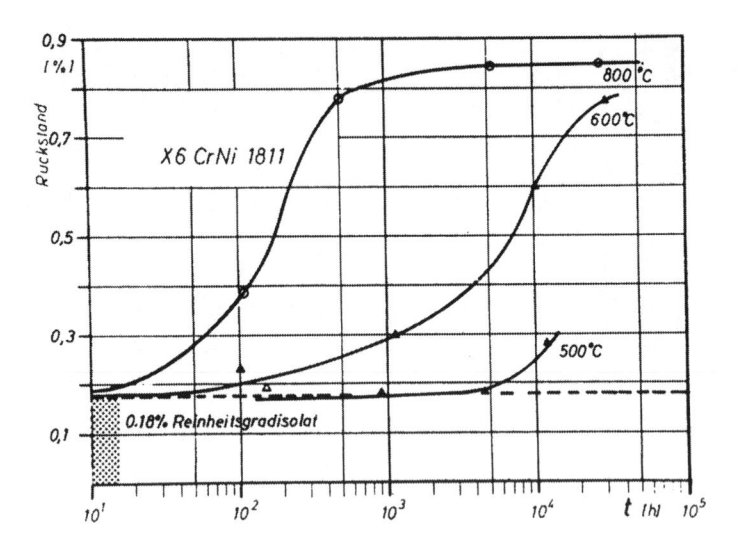

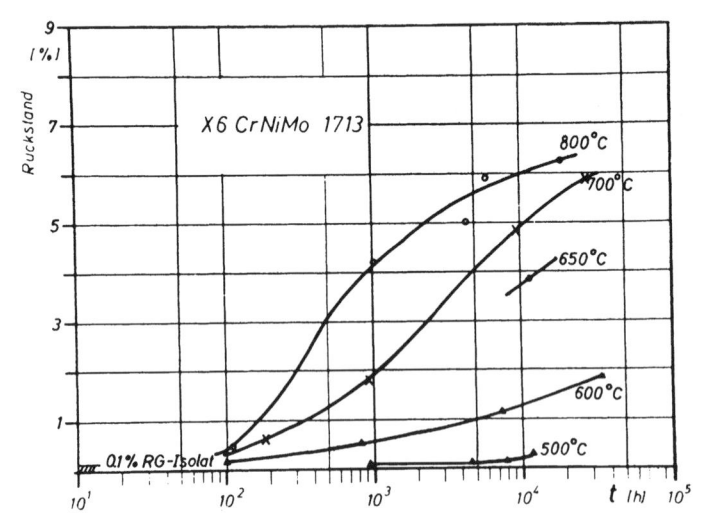

Bilder 17 und 18: Durch Rückstandsisolierung ermittelte Ausscheidungsmengenverläufe nach Zeitstandbeanspruchung der Stähle.

führt (Bilder 17 u. 18). Aus der Stoffbilanz ergibt sich schließlich, daß nach langen Laufzeiten bei hohen Temperaturen der Mo-Gehalt der Matrix auf Werte abgebaut ist, wie sie auch in den Qualitäten ohne Mo-Zugabe vorliegen und somit die Wirkung auf die Zeitstandfestigkeit nicht mehr vorhanden sein kann.

Die Ausscheidung grober Sigma-Phasen-Partikel auf den Korngrenzen (Bild 16) ließ eine Werkstoffversprödung befürchten. In-situ-Dehnversuche im REM zeigten, daß zwar nach rd. 3% örtlicher Verformung die meisten Partikel der Sigma-Phase bereits einen Riß aufweisen, daß die duktile austenitische Matrix jedoch noch rd. 50% örtliche Verformung zuläßt, bevor der Bruch eintritt (Bild 19). In-situ-Dehnver-

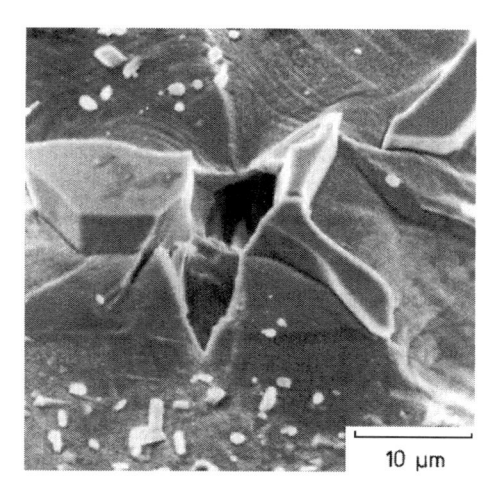

Bild 19: In-Situ-Dehnversuch an Zeitstandmaterial (30.000 h; 800 °C) mit 42,6 % örtlicher Dehnung.

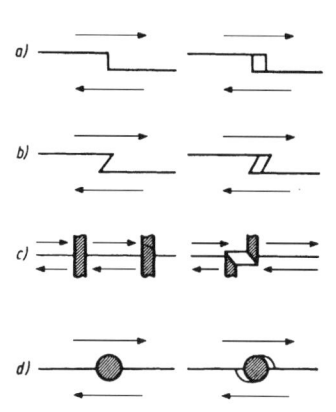

Bild 20: Entstehen von Zeitstandporen nach:
a) Chen u. Machlin
b) Gifkins
c) Smith u. Barnby
d) Harris.

suche im Temperaturbereich 500 bis 800 °C weisen darüber hinaus nach, daß bei Betriebstemperatur die Mechanismen des Kriechens, also Porenbildung an Phasengrenzflächen und Korngrenzen, überwiegen.

5.2 Zeitstandporen

Zeitstandporen entstehen durch Leerstellenkondensation, Versetzungsaufstau, Korngrenzengleitung (homogene Porenbildung) oder durch Blockieren von Versetzungen entlang der Korngrenzen an Ausscheidungen, Verunreinigungen sowie durch Phasengrenzablösungen zwischen Ausscheidungen und Grundmetall (heterogene Porenbildung) (Bild 20).

In kriechbeanspruchten Werkstücken sind im Gefüge bereits vor dem Bruchzeitpunkt zahlreiche Poren vorhanden. Diese Zeitstandschädigungen liegen nahezu alle an Korngrenzen. Sie lassen sich in zwei Grundtypen einteilen, und zwar in keilförmige und in abgerundete Poren (Bild 21). Keilförmige Poren bilden sich bevorzugt durch Aufstau von Gleitungsbeiträgen am Zusammenstoß dreier Korngrenzflächen. Diese Porenform entsteht bevorzugt bei hohen Spannungen und damit kurzen Standzeiten und/oder bei verhältnismäßig niedrigen Temperaturen. Abgerundete Poren bilden sich durch Leerstellenkondensation vorwiegend an Korngrenzen, die senkrecht oder schwach geneigt zur Hauptspannungsrichtung verlaufen, und zwar vor allem bei niedrigen Spannungen und damit langen Standzeiten und/oder hohen Temperaturen.

Kriechschädigung beginnt bei niedrigen Temperaturen und den dabei hohen Spannungen auf den Korngrenzen, bevor Ausscheidungen nachweisbar sind (Bild 22).

Bezogen auf die anliegende Spannung verlaufen die Poren in diesem Stadium der Zeitstandschädigung häufig unter 45° und sind mit starken Kornverformungen verbunden (Bild 23).

198   *Thermisch induzierte Brüche*

Tripelpunktsanriß   **Waben auf den Korngrenzen**

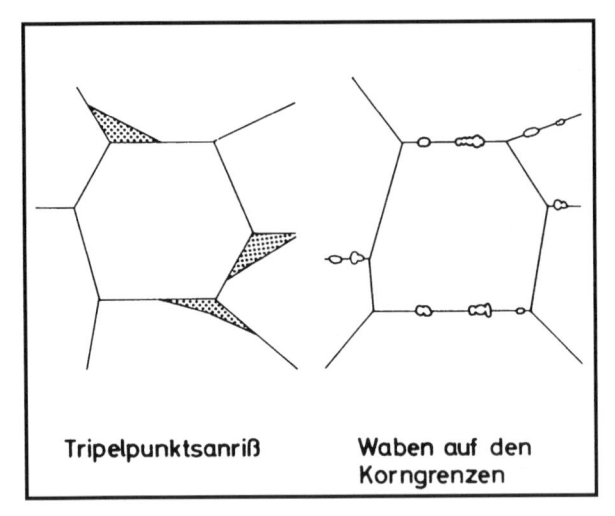

Bild 21: Schematische Darstellung von Zeitstandporen:
a) Keilporen   b) runde Poren.

Nach zunehmender Zeitstandbeanspruchung (Temperatur, Zeit) und naturgemäß niedrigeren Spannungen nimmt die Kornverformung ab (Bild 24), und es kommt zu einer Wechselwirkung mit Korngrenzenkarbiden (Bild 25).

Weiter zunehmende Zeitstandschädigung ist überlagert mit Ausscheidungen und ihren Wechselwirkungen mit dem Kriechverhalten. Das Porenbild ist geprägt durch klaffende Zeitstandporen (Bild 26), die bei niedrigen Spannungen nahezu senkrecht zur Belastungsrichtung angeordnet sind.

Das Zusammenwachsen von Zeitstandporen (Bild 27) führt zur Rißbildung und zum Zeitstandbruch. Spröde, auch bei hohen Betriebstemperaturen noch harte Phasen (z. B. Sigmaphase) stellen nur in verzweigter Form bevorzugte Orte für die Porenbildung dar. In hochwarmfesten Stählen mit hohem Hartphasengehalt kann einerseits eine Stützwirkung, z. B. durch ein Karbidskelett, bewirkt werden (16), andererseits kommt es schon bei geringen, meist technisch schon nicht mehr nutzbaren Kriechdehnungen zum Brechen der Phasen und gelegentlich zur Grenzflächenablösung (Bild 28).

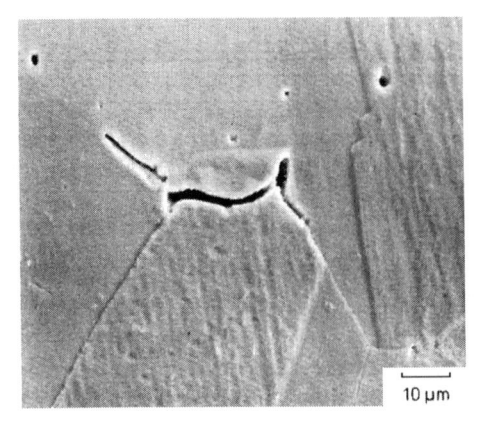

Bild 22: Zeitstandpore in Stahl X 6 CrNi 18 11 (460 h; 500 °C; 381 N/mm^2).

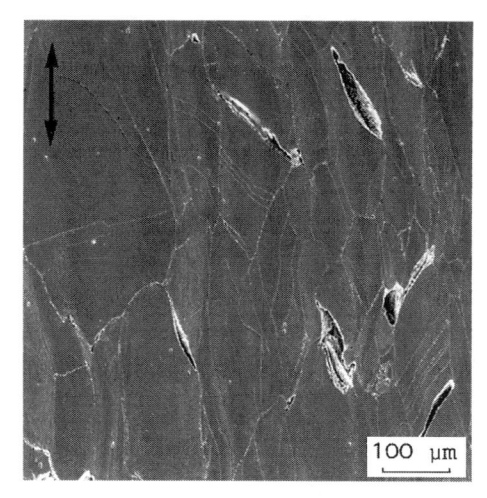

Bild 23: Zeitstandporen unter 45 °C zur Beanspruchungsrichtung. X 6 CrNiMo 17 13 (600 °C; 6.483 h).

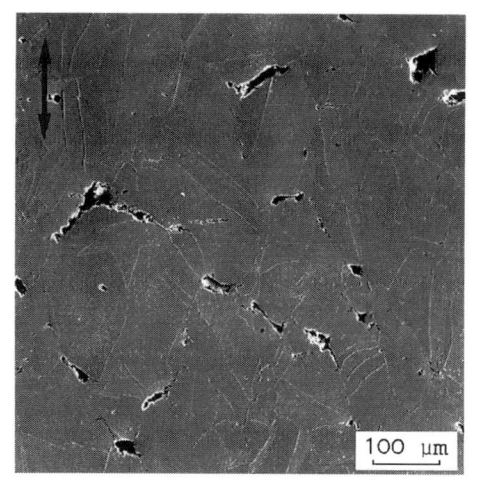

Bild 24: Zeitstandporen durch Korngrenzengleitung. X 6 CrNi 18 11 (700 °C; 11.062 h).

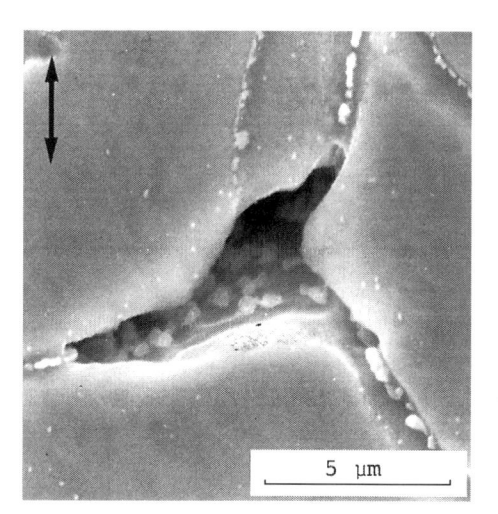

Bild 25: Zeitstandporen an Korngrenzentripelpunkt und Zwilling mit Karbiden. X 6 CrNiMo 17 13 (700 °C; 5.882 h).

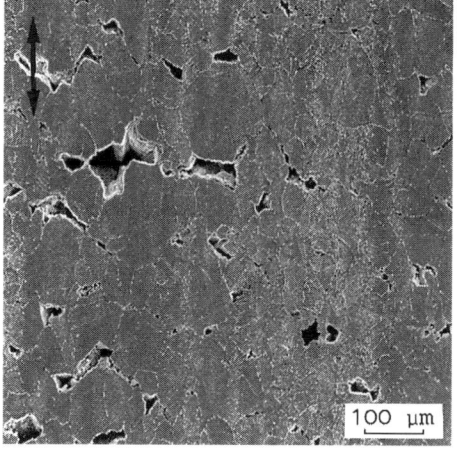

Bild 26: Ausscheidung von Karbiden und intermetallischen Phasen in Seigerungszeilen sowie weit aufklaffende Zeitstandporen. X 6 CrNiMo 17 13 (650 °C; 28.851 h; 94 MPa).

5.3 Zeitstandbrüche

Obwohl Untersuchungen zur Zeitstandschädigung in der Regel am metallographischen Schliff durchgeführt werden (17), läßt sich der Einfluß von Zeitstandporen auf das Werkstoff-/Bauteilversagen auch am Bruch nachweisen (Bild 29) (7), was jedoch häufig durch Verzunderung erschwert wird.

Die Abhängigkeit der bei Zeitstandbrüchen auftretenden Versagensmechanismen (18) ist in Bild 30 wiedergegeben.

200 *Thermisch induzierte Brüche*

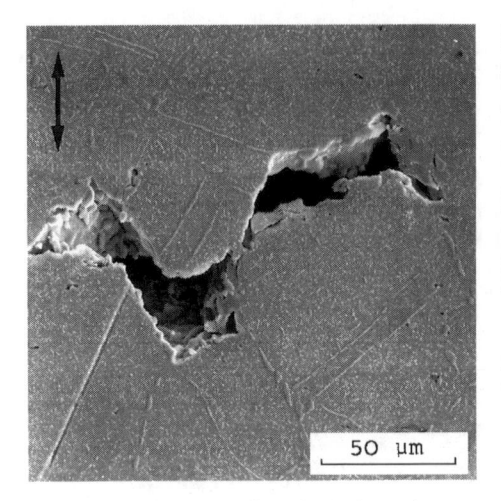

Bild 27: Zusammenwachsende Zeitstandporen. X 6 CrNiMo 17 13 (700 °C; 20.118 h).

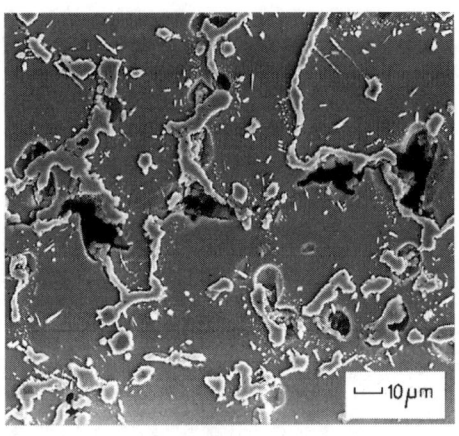

Bild 28: Zeitstandporen an interdendritischen Karbiden eines Schleudergußstahls X 40 NiCr 35 25 (900 °C; 1150 h; 45 MPa).

Bei Brüchen in Schweißverbindungen folgt die Zeitstandschädigung den Dendriten (Bild 31), und es kommt wegen der unterschiedlichen Steifigkeit der Kristallachsen zu erheblichen Verformungen der Dendritenpakete (Bild 32).

5.4 Restlebensdauer

Vor etwa 60 Jahren errechnete man die zulässigen Spannungen warmgehender Bauteile aus der Zugfestigkeit des Werkstoffs bei Raumtemperatur mit einem Sicherheitsbeiwert von 4,25. Um 1940 wurde die Warmstreckgrenze bei 300 °C ermittelt und mit einem Sicherheitszuschlag in der Regel von 60 % versehen. Ende der fünfziger

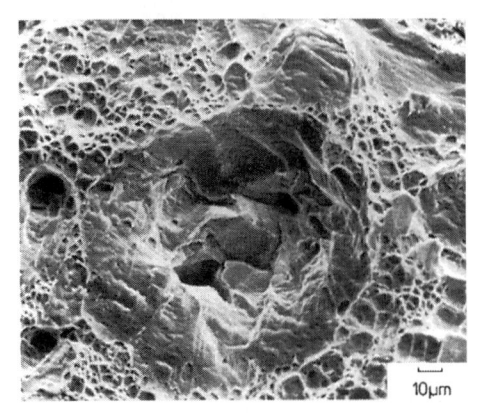

Bild 29: Zeitstandpore im Zeitstandbruch des Stahls X 6 CrNiMo 17 13 (500 °C; 2.732 h; 415 MPa).

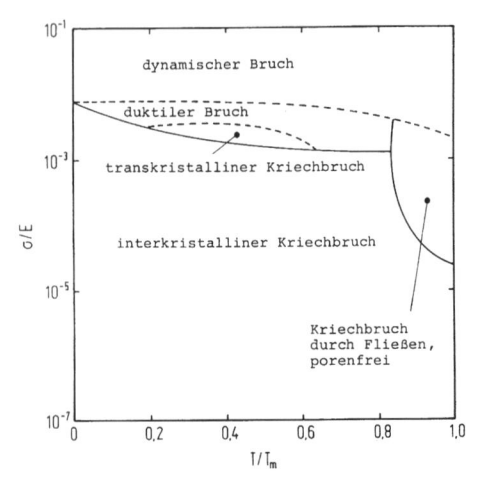

Bild 30: Zeitstandbrüche von kfz-Metallen in Abhängigkeit von Spannung und Temperatur.

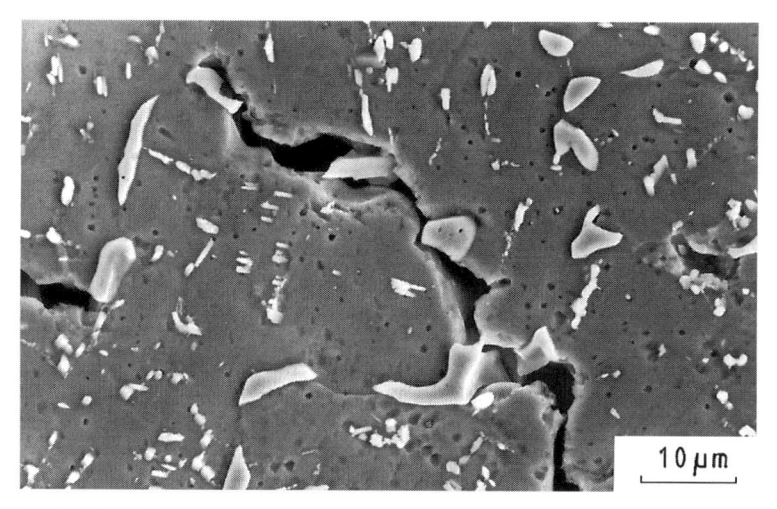

Bild 31: Interdendritische Zeitstandpore im Schweißgut X 5 CrNiMnMoN 16 9 4 (700 °C; 2.284 h).

Bild 32: Deformierte Zeitstandprobe (wie Bild 31).

Jahre lagen die ersten 100 000 h-Werte aus Zeitstandprüfungen vor, die in der Regel mit einem Sicherheitsfaktor 1,5 Verwendung fanden. Heute gilt die Untergrenze des Streubandes von 200 000 h-Werten als Berechnungsgrundlage für die Zeitstandfestigkeit. Damit werden Anlagen für erhöhte Betriebstemperaturen bis zu 25 Jahren Dauerbetrieb abgesichert. Diese Zeitstandergebnisse werden durch Prüfprogramme langer Dauer vorab ermittelt, mindestens jedoch durch voreilende Zeitstandproben abgesichert.

Die Überprüfung am Bauteil erfolgt an festgelegten Temperatur- und Dehnungsmeßstellen und in zunehmendem Maße durch Methoden der „ambulanten Metallo-

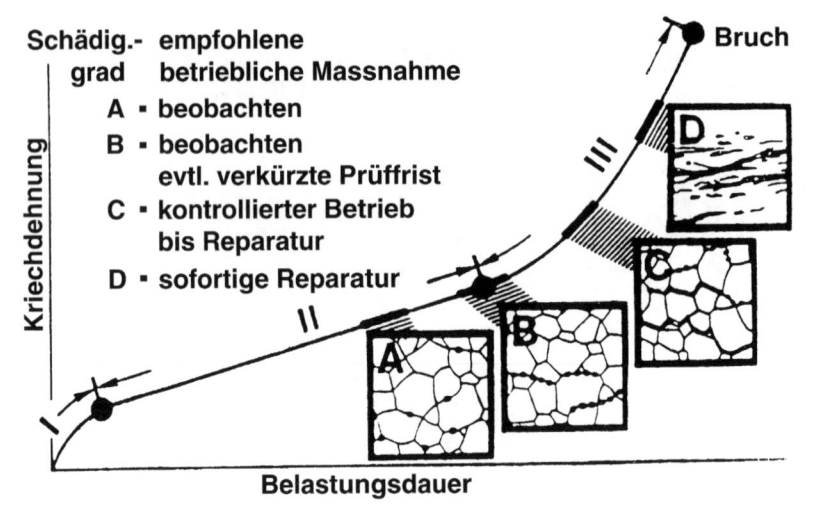

Bild 33: Schematische Einteilung zeitstandbeanspruchter Gefüge in Gefügeklassen.

graphie", wie sie als Verbändevereinbarung 1978/1 der VdTÜV im Merkblatt Dampfkessel 455-78/1 festgelegt sind. Dabei werden vor Ort Folienabzüge abgenommen und im Labor licht- und rasterelektronenmikroskopisch untersucht. So ist es möglich, zugängliche Bauteile in zeitlichen Abständen auf das Entstehen kritischer Zeitstandschädigungen zu überwachen (20).

Grundlage dieser Überprüfung sind „Meisterkurven" (Bild 33), mit denen die beim Auftreten von Zeitstandschäden immer kürzeren Inspektionsintervalle und schlußendlich die Reparatur festgelegt werden.

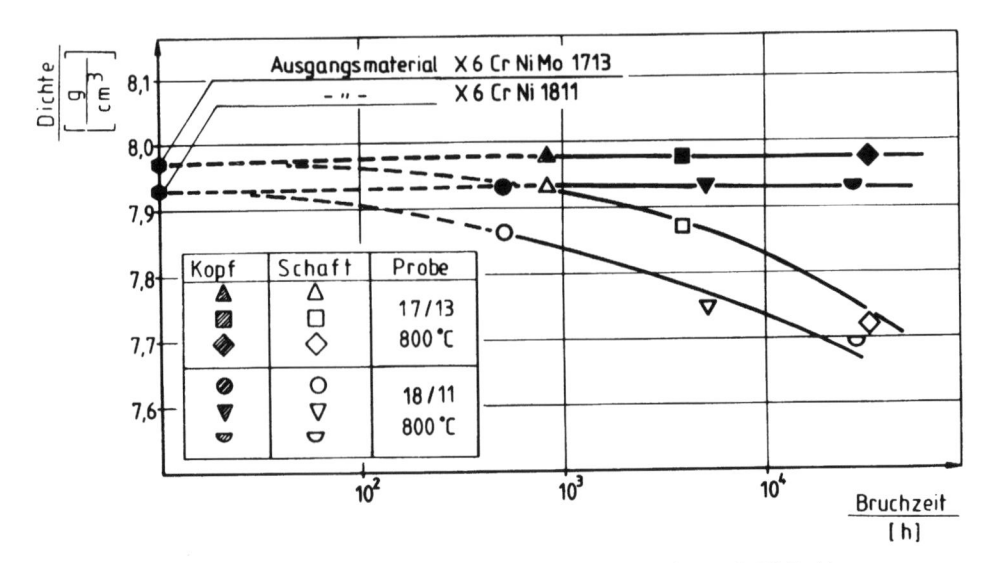

Bild 34: Dichteabnahme durch Zeitstandbeanspruchung bei hochwarmfesten Cr-Ni-Stählen.

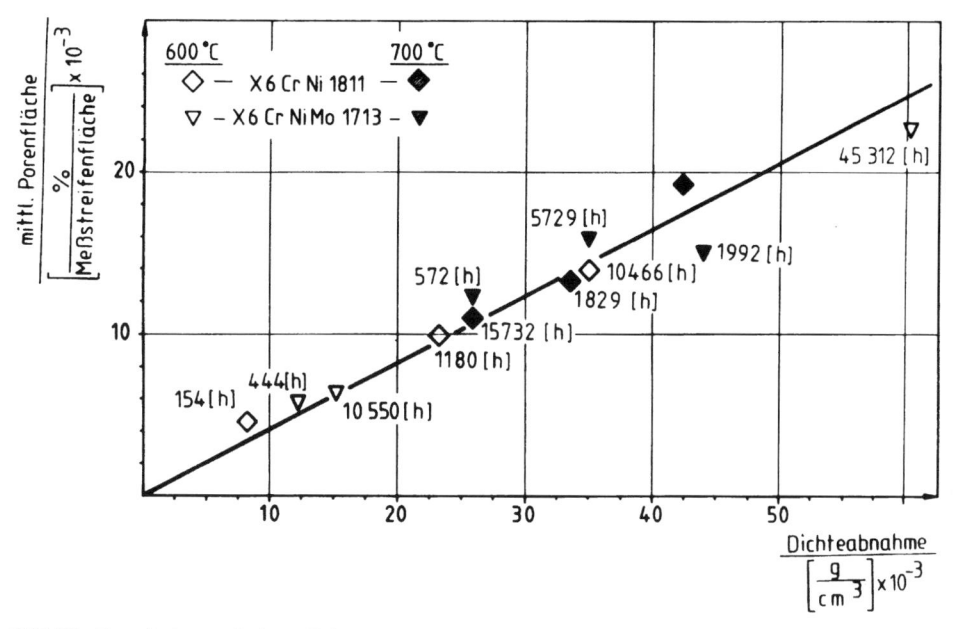

Bild 35: Korrelation zwischen Zeitstandporen und Werkstoffdichte hochwarmfester austenitischer Chrom-Nickel-Stähle (21).

Im Zusammenhang mit der rechnerischen Absicherung der Zeitstandwerte über Larson-Miller-Parameter und der Verfolgung von Schadens-Akkumulations-Hypothesen ergibt sich inzwischen eine sichere Überwachung der Restlebensdauer.

Eine direkte Messung der mittleren Gehalte an Zeitstandporen kann mit der Messung der Werkstoffdichte erfolgen. Es ergibt sich eine gute Korrelation zwischen Zeitstandschädigung und Dichteabnahme (Bild 34).

Zerstörungsfreie physikalische Meßverfahren wie Ultraschall- und Wirbelstromprüfung haben sich bisher ebensowenig als betrieblich anwendbar erwiesen wie die Laser-Thermographie („ALADIN"), obwohl die mittlere Werkstoffdichte mit den Zeitstandporen vollständig korreliert (Bild 35).

6. Härterisse

Härterisse werden auch als Wärmebehandlungsrisse bezeichnet. Sie entstehen durch innere Spannungen während oder unmittelbar nach der Wärmebehandlung von Stählen. Sie können durch Werkstoffinhomogenitäten, Grobkorn und nichtmetallische Einschlüsse, durch konstruktive Ursachen wie schroffe Querschnittsübergänge oder durch verfahrensabhängige Einflüsse bei der Wärmebehandlung ausgelöst werden. In allen Fällen werden Spannungen erzeugt, die über der örtlichen Zugfestigkeit des Werkstoffs liegen. Makroskopisch sind Härterisse meist schon an der Werkstückoberfläche sichtbar. Sie verlaufen als Korngrenzenbruch entlang der ehemaligen Austenitkorngrenzen senkrecht zu den im Werkstück auftretenden Zugeigenspannungen

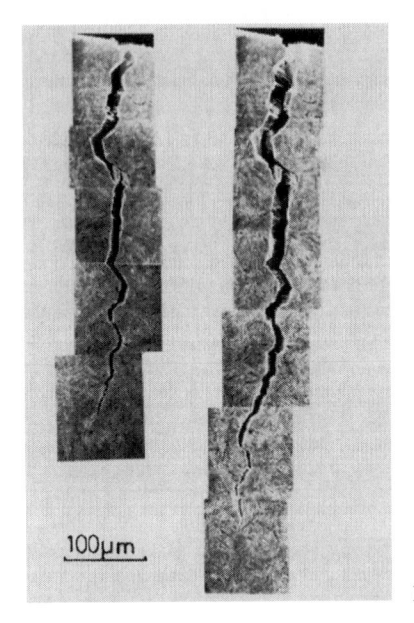

Bild 36: Interkristalline Härterisse (7).

(Bild 36). Bei der Bearbeitung nach dem Härten können sie in Form von Schleifrissen auftreten und sind entsprechend ihrer Entstehungsursache im allgemeinen als Rißnetzwerk auf der Oberfläche des Werkstücks zu erkennen.

7. Zusammenfassung

Unter dem Sammelbegriff „thermisch induzierte Brüche" wurden die wesentlichen Riß- und Bruchtypen zusammengefaßt, die durch den Einfluß erhöhter Temperatur entstehen. Bruchentstehung durch Hochtemperaturkorrosion sowie der Lötbruch, der zu den Brucharten durch Spannungsrißkorrosion zählt, wurden dabei nicht berücksichtigt.

Literatur:

(1) Eigenschaften warmfester Stähle; Fachberichte zur Tagung am 3.–5.5.1972 in Düsseldorf; Verein Deutscher Eisenhüttenleute, Düsseldorf (1972).
(2) N.N.: Das Verhalten thermisch beanspruchter Werkstoffe und Bauteile; VDI-Berichte 302 (1977).
(3) W. Dahl, W. Pitsch: Festigungs- und Bruchverhalten bei höheren Temperaturen; Verlag Stahleisen (1980).
(4) N.N.: Stahl-Eisen-Liste; Verlag Stahleisen, Düsseldorf (1989).
(5) B. Ilschner: Hochtemperatur-Plastizität; Springer Verlag Berlin, Heidelberg, New York (1973).
(6) F. Eichhorn, M. Pohl, P. Gröger, W. Eckel: Systematische Beurteilung von Fehlern in Schweißverbindungen; Sonderband Prakt. Met. 13 (1982), S. 515–231.
(7) D. Horstmann et al.: Riß- und Brucherscheinungen bei metallischen Werkstoffen; Verlag Stahleisen, Düsseldorf (1983).
(8) M. Pohl: Elektronenmikroskopische Untersuchungen zum Ausscheidungsverhalten unstabilisierter CrNi-Stähle im Temperaturbereich von 500 bis 800 °C; Diss. RWTH Aachen (1977).
(9) K. Detert, H. Kanbach, M. Pohl, E. Schmidtmann: Untersuchungen zur Warmversprödung in der wärmebeeinflußten Zone von Schweißverbindungen austenitischer Stähle; Arch. Eisenhüttenwes. 53 (1982), S. 239–244.
(10) M. Pohl, W.-G. Burchard, W. Eckel, L. Pleugel: Systematische Untersuchung von Heißrissen; Beitr. elektronenmikr. Direktabb. Oberfl. 12/1 (1979), S. 177–186.
(11) L. Pleugel: Einfluß der Gefügestruktur auf die Hochtemperaturfestigkeit und -zähigkeit von niedriglegierten Baustählen bis 0,2% Kohlenstoff und unterschiedlichen Mangan- zu Schwefelverhältnissen unter besonderer Berücksichtigung des Stahlstranggießens; Diss. RWTH Aachen (1980).
(12) W. Eckel: Untersuchungen zur Heißrißbildung beim Schweißen des Werkstoffs X 10 NiCrAlTi 32 10 mit höher nickelhaltigen und artgleichen Schweißzusatzwerkstoffen sowie der mechanischen Eigenschaften des Schweißguts; Diss. RWTH Aachen (1982).
(13) M. Pohl, W.-G. Burchard: Das Ausscheidungsverhalten austenitischer CrNi- und CrNiMo-Stähle; Sonderband Prakt. Met. 10 (1979), S. 361–372.
(14) M. Pohl, W.-G. Burchard: Die Sigma-Phase in austenitischen Cr-Ni-Stählen; DVM-Tagungsband: Vorträge der 8. Sitzung des Arbeitskreises Rastermikroskopie (1979), S. 115–125.
(15) M. Froitzheim: Untersuchungen zum Porenbildungs- und -wachstumsverhalten zeitstandbeanspruchter warmfester Stähle; Diss. RWTH Aachen (1990).
(16) H. Dinkler: Einfluß des Gefüges auf die Hochtemperatureigenschaften des hitzebeständigen Gußstahls G-X 40 NiCr 35 25; Diss. Ruhr-Universität Bochum (1991).
(17) R. Mitsche et al.: Anwendung des Rasterelektronenmikroskops bei Eisen und Stahlwerkstoffen; Radex Rundschau (1978).
(18) I. Aydin: Ausscheidungsverhalten einiger hitzebeständiger, chromhaltiger Gußlegierungen auf Eisen- und Nickelbasis; Diss. RWTH Aachen (1982).
(19) K. Borst: Zeitstandverhalten von austenitischem Schweißgut mit geringem Deltaferritanteil; Diss. Ruhr-Universität Bochum (1990), VGB Technisch-wissenschaftliche Berichte Nr. 506.
(20) W. Arnswald, R. Blum, B. Neubauer, K.E. Poulsen: Einsatz von Oberflächengefügeuntersuchungen für die Prüfung zeitstandbeanspruchter Kraftwerksbauteile; VGB Kraftwerkstechnik 59 (1979), S. 581–593.
(21) M. Pohl, M. Froitzheim: Beurteilung der Kriechporosität in hochwarmfesten unstabilisierten Cr-Ni-Stählen; Sonderband Prakt. Met. 15 (1988).

Korrosionsschäden an metallischen Werkstoffen ohne mechanische Belastung

P. Forchhammer, Institut für Werkstofftechnik und Korrosion, Schadensuntersuchung und Materialprüfung, Köln

1. Einleitung

Definitionen, was Korrosion ist, welche Korrosionsarten auftreten können, wie man sie meßtechnisch erfaßt, findet man z. B. in der DIN 50 900 (in (1)) und in zahlreichen Lehrbüchern (2).

Welche Gesichtspunkte man bei der Verwendung von verschiedenen Werkstoffen – unlegierter Stahl, rostfreier Stahl, Nichteisenlegierungen usw. – bezüglich Korrosion und Korrosionsschutz beachten soll, findet man unter anderem in Stahl-Eisen-Werkstoffblättern, DIN-Normen, Firmendatenblättern, Fachaufsätzen usw.

Die Erkenntnisse dieser Regelwerke und Empfehlungen, die fast stets die geltenden Regeln der Technik wiedergeben, richtig angewendet, sollten Schäden in technischen Anlagen zumindest bei bekannten Technologien weitgehend ausschließen. Betrachtet man die Realität, trifft man nach wie vor auf zahlreiche Schadenfälle, die durch Korrosion verursacht sind.

Dies geht einmal auf Fehler in Planung, Montage, Inbetriebnahme und Betrieb zurück. Zum anderen können auch die Verhältnisse bezüglich Korrosion im Betrieb anders sein, als bei der Anlagenplanung berücksichtigt. Ferner besteht bei manchen der eingesetzten Werkstoffe und Bauteile die Möglichkeit, daß z. B. die vorausgegangene Korrosionsuntersuchung nicht bei allen Parametern, wie Temperatur, Druck, Lösungsbestandteilen, Lösungskonzentration, mechanischer Belastung und besonders Versuchsdauer den späteren betrieblichen Belastungen in einer Anlage entsprechen konnte.

Schäden infolge Korrosion treten dann auf, wenn das Anforderungsprofil an die Art und Dauer der Funktion eines Bauteils nicht mit dem späteren Belastungsprofil durch Korrosion übereinstimmt.

2. Warum bekämpft man die Korrosion?

Einmal aus Gründen der Kosten, die durch Schäden an Maschinenelementen, Baugruppen usw. selbst, aber darüber hinaus besonders als Folgekosten und zusätzlicher Betriebsstillstand erwachsen. So entstehen der deutschen Volkswirtschaft im Jahr

Schäden von ca. 3,5 bis 4,2% des Bruttosozialproduktes als Folge von Korrosion. Von diesen sind durch Einsatz des vorhandenen Wissens über Korrosionsschutz leicht 10% zu sparen. Ein weiterer Gesichtspunkt ist die Hygiene bzw. Produktreinheit, da durch Korrosionsprodukte verunreinigtes Gut (Trinkwasser, Lebensmittel, Kesselspeisewasser) kaum verwertbar ist bzw. schadenauslösend sein kann. Die Umwelt wird vergiftet, wenn Tanklager oder Benzinleitungen infolge Korrosion undicht werden und ausgelaufenes Öl das Grundwasser verseucht. Auch können sich Korrosionsprodukte in Klärschlämmen anreichern und deren Verwendung erschweren.

Nicht zuletzt spielt in den letzten Jahren die Frage der Ressourcensicherung eine verstärkte Rolle, da wegkorrodiertes Metall dem Werkstoffkreislauf im allgemeinen endgültig entzogen ist. Ferner ist die Frage der Korrosion auch unter dem Gesichtspunkt der Sicherheit für Mensch und Material zu sehen.

3. Erläuterung des Begriffes Korrosion

Die DIN-Norm 50900 (Teile 1 – 3) ist die Grundnorm für die Korrosion. In Teil 1 erläutert sie die Begriffe Korrosion und Korrosionsschutz, die Korrosionserscheinungen und die Korrosionsarten, in Teil 2 die Begriffe der Elektrochemie, die für die Korrosion relevant sind, und in Teil 3 die Begriffe für Korrosionsuntersuchungen und Korrosionsprüfungen.

Die DIN-Norm 50900, Teil 1, liefert eine Definition des Begriffes Korrosion: „Reaktion eines metallischen Werkstoffes mit seiner Umgebung, die eine meßbare Veränderung des Werkstoffes bewirkt und zu einer Beeinträchtigung der Funktion eines Bauteils oder eines ganzen Systems führen kann. In den meisten Fällen ist diese Reaktion elektrochemischer Natur, in einigen Fällen kann sie jedoch auch chemischer (nicht elektrochemischer, z. B. im Rahmen der Hochtemperaturkorrosion die Bildung flüchtiger Halogenide) oder metallphysikalischer (Spannungsrißkorrosion durch Druckwasserstoff, Brüche von Stählen durch Zinkschmelzen) Natur sein."

Damit eine Korrosionsreaktion erfolgen kann, ist eine reaktionsfähige Umgebung erforderlich. Diese kann flüssig (Wasser, Säure, Lauge, Elektrolytlösung), gasförmig (Korrosion durch heiße Gase, Verzunderung) oder fest (Diffusion bestimmter Legierungsbestandteile oder Elemente) sein. Kennzeichen der elektrochemischen Natur der Korrosion ist die Abhängigkeit der Reaktion vom Stromfluß bzw. von den elektrischen Spannungsdifferenzen oder dem Elektrodenpotential.

Als „Korrosionserscheinung" bezeichnet man die meßbare Veränderung am metallischen Werkstoff durch Korrosion.

Der „Korrosionsschaden" ist die Beeinträchtigung der Funktion eines metallischen Bauteils oder eines ganzen Korrosionssystems durch Korrosion. Die z. B. gewünschte Schutzschichtbildung auf unlegiertem Stahl in reinem Wasser, z. B. Kesselwasser, oder die Bildung der Passivhaut auf Chrom- und Chromnickelstahl oder Aluminium, die ebenfalls aus einer Reaktion des Werkstoffes mit der Umgebung entsteht, gelten als Korrosion, aber nicht als Korrosionsschaden. Auch beschränkt sich ein Korrosionsschaden nicht nur auf das wanddickengeschwächte, auf das gerissene, auf das unansehnlich gewordene Bauteil, sondern zum Korrosionsschaden gehört auch die durch

z. B. einen Wassereinbruch als Folge eines korrosionsbedingten Wanddurchbruchs erzeugte Schädigung oder Funktionsunfähigkeit von weiteren Komponenten in einem Betriebskreislauf bzw. in einem System.

Von der Korrosionserscheinung, die das Bild der Korrosion beschreibt, unterscheiden sich die Korrosionsarten, die zu ihrer Entstehung bestimmter Bedingungen bezüglich der Werkstoffeigenschaften und Umgebungsbedingungen bedürfen. Gleichmäßiger Flächenabtrag, Muldenfraß, Lochfraß, interkristalliner Angriff, Spongiose und Korrosionsrisse sind Korrosionserscheinungen am Werkstoff, die sich bereits nach ihrem Bild identifizieren und voneinander unterscheiden lassen.

Was geschieht beim Auflauf der Korrosion? Einen einfachen Einstieg zum Verständnis der Vorgänge der Korrosion ermöglicht die Betrachtung des sogenannten Evans-Elementes (Bild 1).

Läßt man einen Tropfen einer neutralen Salzlösung auf ein Eisenblech einwirken, bildet sich nach einiger Zeit am Rand des Tropfens ein brauner Rostring. Das für diese Rostbildung nötige Eisen hat sich in Tropfenmitte, an der sogenannten Anode, aufgelöst nach der vereinfachten Reaktionsgleichung

$Fe \rightleftharpoons Fe^{2+} + 2\,e^-$ (Oxidation).

Bei ihrem radialen Weg zum Tropfenrand treffen die Eisenionen auf Hydroxilionen, die aus dem Wasser unter Reaktion mit von außen in den Tropfen eindringendem Sauerstoff entstehen

$H_2O + 1/2\,O_2 + 2\,e^- \rightleftharpoons 2\,OH^-$ (Reduktion).

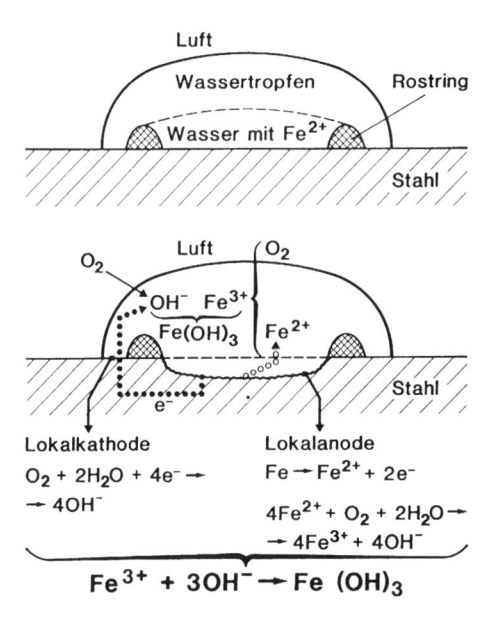

Bild 1: Evans-Element: Korrosion (Auflösung) von Eisen und Rostbildung

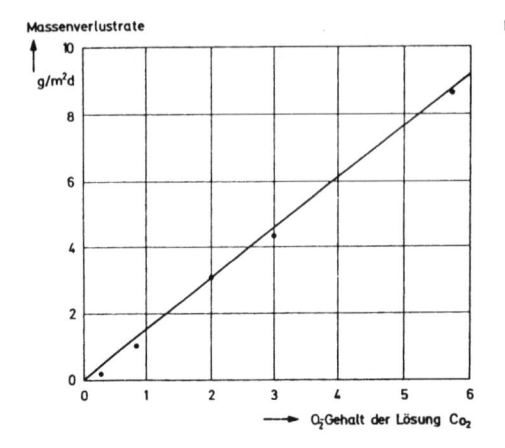

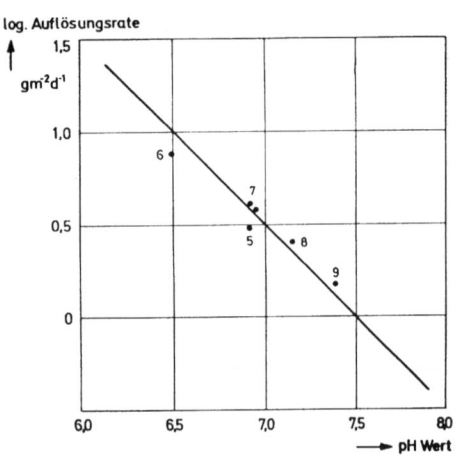

Bild 2: Massenverlustrate von unlegiertem Stahl in Abhängigkeit vom Sauerstoffgehalt (48 h, 165 mg/l CaCl$_2$, RT) nach Uhlig, Triades und Stern.

Bild 3: pH-Abhängigkeit der Auflösungsrate von Reinzink (0,13 m/s Strömungsgeschw., RT) nach W. Schwenk.

Diese Reaktion läuft am Stahl am Außenring des Tropfens ab. Den Ort dieser Umsetzung nennt man Kathode.

Am Tropfenrand treffen die Eisen-Ionen, dreiwertig aufoxidiert, auf die Hydroxylionen und vereinigen sich zu Eisenhydroxid:

$$Fe^{3+} + 3\,OH^- \rightleftharpoons Fe(OH)_3.$$

Dieses dreiwertige Eisenhydroxid ist sehr schwer löslich (Löslichkeitsprodukt $L = 6 \times 10^{-38}$) und fällt nach Umsetzung zu Rost als FeOOH aus. Da die Menge des andiffundierenden Sauerstoffs die Größe ist, die die Korrosionsgeschwindigkeit bestimmt, spricht man auch von Sauerstoffkorrosion (Bild 2).

Spielt sich der Vorgang in einem sauren Medium – Säure (pH-Wert < 7) – ab, übernimmt die Reduktion des Wasserstoffs die kathodische Reaktion nach

$$2\,H^+ + 2\,e^- \rightarrow H_2 \text{ (Reduktion)},$$

man spricht von Säurekorrosion (Bild 3).

Die flüssigen, festen oder gasförmigen Stoffe, die durch die Korrosionsreaktion entstehen, sind Korrosionsprodukte, wie Rost, Zunder, Wasserstoff usw.

Unter welchen Voraussetzungen setzt diese Reaktion der Sauerstoff- oder Säurekorrosion ein? Überall dort, wo ein leitfähiges Medium, d.h. ein Elektrolyt und Sauerstoff bzw. Säure, an ein blankes Gebrauchsmetall treten kann.

Daß die Vorgänge elektrochemisch sind (DIN 50900, Teil 2), erkennt man auch an dem Auftauchen der erzeugten (Anode) bzw. verbrauchten (Kathode) Elektronen in den Reaktionsgleichungen. Da freie Strommengen bzw. Elektronen nicht existieren können, erfordert die Elektroneutralität, daß stets gleiche Mengen Elektronen verbraucht wie erzeugt werden. In der Tatsache des Vorhandenseins von Elektronen ist

3. Erläuterung des Begriffes Korrosion 211

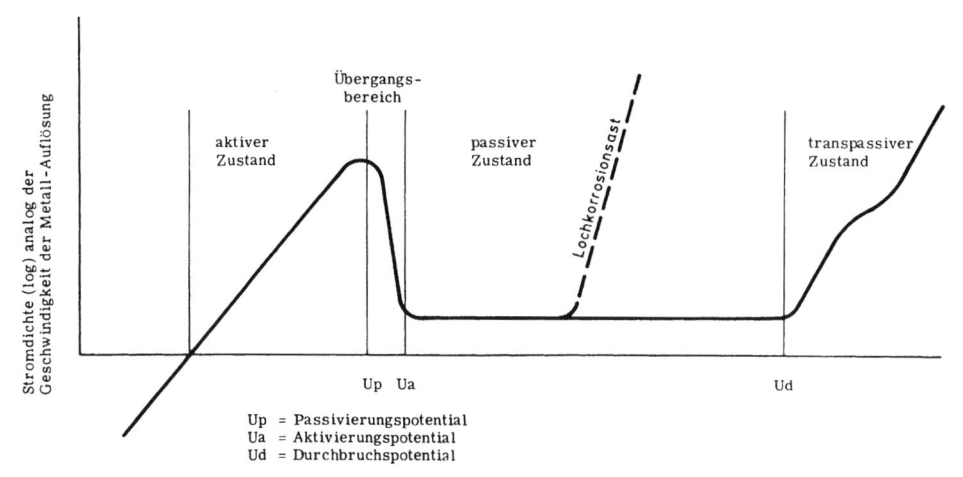

Bild 4: Stromdichte-Potential-Kurve (schematisch) mit Potentialbereichen für den aktiven, passiven und transpassiven Zustand eines passivierbaren Metalls und dem Lochkorrosionsast.

Up = Passivierungspotential
Ua = Aktivierungspotential
Ud = Durchbruchspotential

auch die Möglichkeit der Messung von Korrosionsstrom durch Strommesser bzw. Strommengenmesser begründet. Im Unterschied zum Evans-Element trennt man im Korrosionsversuch den Anoden- vom Kathodenort und mißt über einen Verbindungsdraht den fließenden Strom.

Im einfachsten Fall taucht man die zu untersuchende Elektrode (Werkstoff) und eine inerte Elektrode in ein elektrolytgefülltes Gefäß und verbindet beide außerhalb des Gefäßes über ein Strommeßgerät. Beim Korrosionsvorgang gehen an der Anode positive Ionen (Kationen) in Lösung unter Zurücklassung von Elektronen, deren Menge je Zeiteinheit als Stromstärke gemessen wird und die an einer zweiten Elektrode (Kathode) verbraucht werden. Dabei ist ein Elektrolyt ein Medium (wäßrige Lösung, Salzschmelze, Erdboden), das als Stromleiter elektrisch geladene Ionen enthält und den elektrischen Strom leitet.

Mißt man zusätzlich das Potential der korrodierenden Anode in bezug auf eine gleichfalls in das Elektrolytgefäß tauchende potentialkonstante Elektrode (Bezugselektrode), erhält man das Elektrodenpotential. Fügt man in den Außenkreis noch eine Spannungsquelle (z. B. Batterie) oder eine steuerbare Spannungsquelle (potentialsteuerbaren Verstärker bzw. Potentiostaten) ein, läßt sich die zu jedem Potentialwert gehörige Stromstärke ermitteln. So mißt man eine Strom-Potential-Kurve, bzw. bei auf die Elektrodenfläche bezogenem Strom eine sogenannte Stromdichte-Potential-Kurve (Bild 4). Diese gestattet, das Korrosionsverhalten bei eingestellten Werkstoff- und Betriebsparametern unter Berücksichtigung der Versuchsdauer mit Einschränkung für die Praxis vorauszusagen.

Im Aktivgebiet steigt die Korrosionsrate mit dem Elektrodenpotential. Im Passivgebiet sinkt die Geschwindigkeit der Metallauflösung um Zehnerpotenzen des Maximalwertes der Aktivkorrosion. Im Transpassivbereich bei hohem Potential erfolgt gleichfalls starke Korrosion.

Die Frage des Ein- und Nichteintretens von Korrosion läßt sich bei Metallen im aktiven Zustand ohne Deckschichten aus thermodynamischen Daten beantworten.

Auf diesen tabellierten thermodynamischen Daten sind auch die von M. Pourbaix (2) eingeführten Pourbaix-Diagramme (Bild 5) aufgebaut: Diese stellen eine Beziehung zwischen dem Gleichgewichts-Elektrodenpotential (Ordinate) in sehr verdünnten Metallionen-Konzentrationen von 10^{-6} mol/l) und dem pH-Wert (Abszisse) einer Lösung her.

In Abhängigkeit der Kenntnis der in den einzelnen Potential-pH-Gebieten existenten Phasen (Korrosionsprodukte), verschiedenartigen Metallionen und deckschichtbildenden Vorgängen sind in dem Diagramm Gebiete der Korrosion, der Passivität und das Inertgebiet eingezeichnet. Diese Pourbaix-Diagramme ermöglichen eine Abschätzung der Korrosionswahrscheinlichkeit.

Die Geschwindigkeit der Korrosionsvorgänge dagegen beschreibt man mit den Mitteln der elektrochemischen Kinetik.

Metalle und Legierungen sind passiv (z. B. Eisen, Nickel, Chrom, Chromstähle, Chromnickelstähle usw.), wenn sie lückenlos mit einer unsichtbaren, porenfreien und elektronenleitenden Oxidhaut bedeckt sind, die Metall und angreifenden Elektrolyten trennt und damit dem Metall einen edleren Charakter verleiht als thermodynamisch zu erwarten wäre. Von den Passivschichten sind Deckschichten zu unterscheiden, bei denen es sich um massive Ablagerungen auf dem Metall handelt. Sind diese gleichmäßig auf der gesamten Oberfläche vorhanden und verringern sie das Ausmaß der Korrosion wesentlich, spricht man von Schutzschichten.

Wichtiger als thermodynamische Daten sind für die Voraussage der Korrosionswahrscheinlichkeit entweder Auslagerungsversuche, sei es im Labor oder in einem

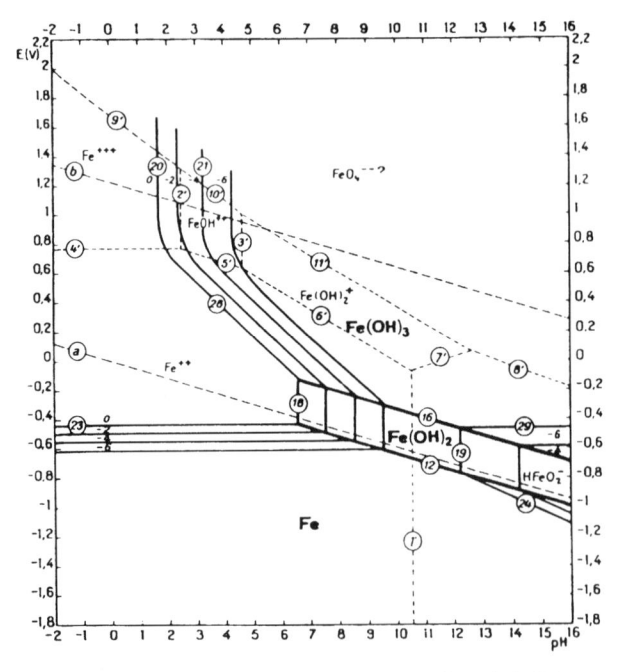

Bild 5: Potential-pH-Gleichgewichtsdiagramm (Pourbaix-Diagramm) für das System Eisen-Wasser bei 25 °C nach M. Pourbaix

3. Erläuterung des Begriffes Korrosion

Werkstoff
chemische Zusammensetzung
Gefügestand
Oberflächenzustand

Medium
chemische Zusammensetzung
Zahl der Phasen
Bewegungszustand
elektrochemische Bedingungen
Kontinuität der Mediumeinflußgrößen
Temperatur
Einwirkzeit, Zyklendauer, Zyklenzahl

Mechanische Belastung
äußere Spannungen
Eigenspannungen
Belastungsänderungen
Flüssigkeitsströmung
Erosion
Wassertropfen, Blasenimplosion
Reibung

Bild 6: Parameter für die Korrosion in einem System aufgrund der Eigenschaften des Werkstoffes, des Mediums und mechanischer Belastung.

Betriebskreislauf, oder elektrochemische Versuche, in denen sich die Belastungsparameter in weiten Grenzen variieren lassen. Bevor man jedoch Versuche plant, ist es empfehlenswert, das über Jahrzehnte in Lehrbüchern und Tabellenwerken gesammelte Wissen auszuwerten.

Zum Korrosionsschutz gehören alle Maßnahmen, die Korrosionsschäden vermeiden: Man kann einmal den Werkstoff, das Medium, seine Temperatur, Konzentration und Inhaltsstoffe (z. B. Inhibitoren) ändern und damit schädliche Korrosion vermindern oder verhindern (aktiver Korrosionsschutz). Zum aktiven Korrosionsschutz gehört auch der elektrochemische Korrosionsschutz als kathodischer oder anodischer

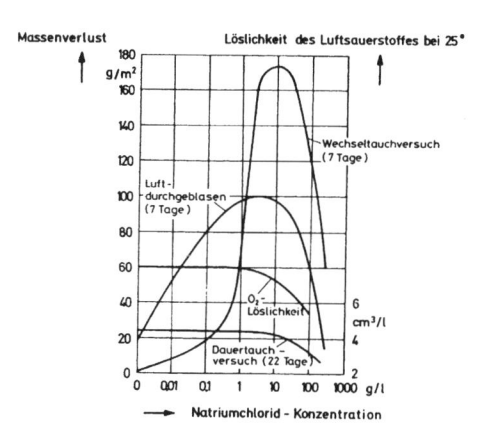

Bild 7: Massenverlust von Stahl in NaCl-Lösung unter verschiedenen Bedingungen bei RT (nach Schikorr).

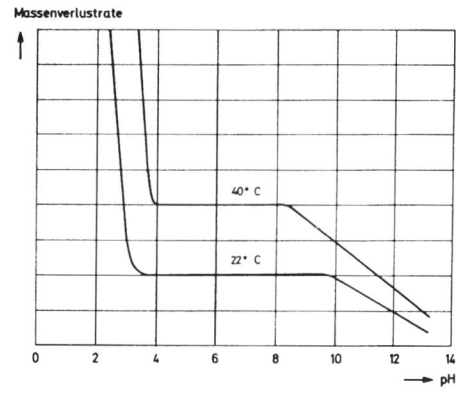

Bild 8: Einfluß des pH-Wertes und der Temperatur sauerstoffhaltiger Wässer auf die Massenverlustrate von Stahl (nach Steinrath).

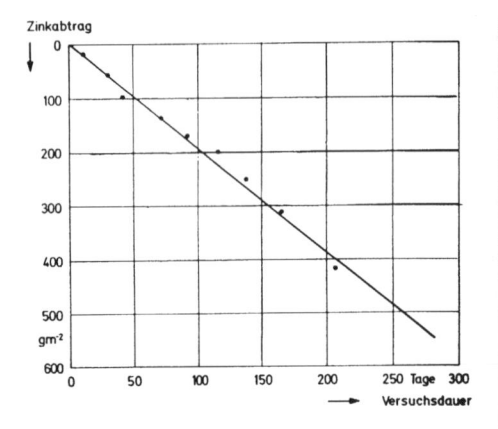

Bild 9: Abnahme einer Zinkauflage in ständig fließendem Leitungswasser (nach Schwenk).

Bild 10: Flächiger Abtrag auf der Sekundärseite der Dampferzeugerberohrung eines Druckwasserreaktors.

Schutz. Dabei verändert man das Potential des korrosionsgefährdeten Bauteils in eine Richtung, bei welchem der anodische Auflösungsstrom auf ein ungefährliches Maß verringert ist.

Zum anderen kann man durch Beschichten (organische oder anorganische Überzüge) der korrosionsgefährdeten Materialien das aggressive Medium vom Werkstoff trennen (passiver Korrosionschutz) und den Korrosionsschaden vermeiden. Die Aktivität eines korrodierenden Systems wird im Betrieb bzw. im Versuch von Parametern gesteuert, die entweder im Werkstoff bzw. im Werkstück, im Medium und in den äußeren Bedingungen liegen (Bilder 6 – 9).

4. Die verschiedenen Korrosionsarten ohne mechanische Belastung

(siehe auch DIN 50900, Teil 1, VDI-Richtlinie 3822, Schadensanalyse, Blatt 3, Schäden durch Korrosion in wäßrigen Medien)

DIN 50900 teilt die Korrosionsarten auf in solche ohne mechanische Belastung und solche mit mechanischer Belastung. Erstere sind nachfolgend beschrieben, die Korrosionsarten mit mechanischer Belastung folgen im anschließenden Kapitel. Ein Zusammenhang zwischen beiden besteht teilweise darin, daß z. B. Korrosion ohne mechanische Belastung die Korrosion mit mechanischer Belastung initiiert. Durch Lochkorrosion können Kerbspannungen entstehen, die zur Spannungsrißkorrosion führen. Abtragende Korrosion kann Oberflächenbereiche abtragen, in welchen Druckspannungen herrschen und so ein Korrosionsmedium an zugspannungsbehaftete Oberflächenbereiche heranbringen mit der Folge von z. B. Spannungsrißkorrosion. Entsprechend der Absicht, Schadenursachen zu identifizieren und Maßnahmen gegen Schäden anzugeben, werden die einzelnen Korrosionsarten und ihre Ursachen beschrieben und Maßnahmen zur Vermeidung aufgeführt.

4.1 Gleichmäßige Flächenkorrosion

Diese ist die „angenehmste" Korrosionsart. Der Korrosionsangriff erfolgt auf der mediumberührten Fläche überall mit nahezu gleicher Abtragungsrate. Besonders starke Angriffsmittel wie Säuren (Beizen) bei Stählen lösen diese Korrosionsart aus. Ist für ein bestimmtes Korrosionssystem aus Literaturdaten oder Vorversuchen die Abtragungsrate bekannt, läßt sich für vorhandene Bauteile der mittlere Korrosionsfortschritt bzw. daraus die Lebensdauer von Bauteilen angenähert ermitteln. Dabei müssen die Verhältnisse u. a. bezüglich Werkstoff, Medium, Temperatur, pH-Wert usw. im Betrieb und im Versuch bzw. in der Literaturangabe übereinstimmen. Wenn Stahl in neutralen Medien korrodiert und die Strömungsgeschwindigkeit zu muldenförmigem Abtrag führende Deckschichtbildung unterdrückt, ist ebenfalls gleichmäßige Flächenkorrosion möglich. In den meisten praktischen Korrosionsfällen geht die flächige Korrosion nach einer gewissen Dickenabnahme in eine flächenmuldige Korrosion über (Bild 10). Bei Stahl entspricht eine Abtragungsrate von 1 mm/a einem Masseverlust von 1 $g/m^2/h$ bzw. ungefähr 1000 h/mm, bei Umrechnung auf Stromdichte 0,1 mA/cm^2.

4.2 Muldenkorrosion

Dabei erfolgt der Abtrag von Ort zu Ort mit unterschiedlicher Geschwindigkeit, es bilden sich Mulden. Ursache sind Korrosionselemente, die durch Werkstoffinhomogenitäten, unterschiedliche Werkstoffe, ungleichmäßige Deckschichten und unterschiedliche Elektrolyte bedingt sind. Die angegriffenen Stellen haben eine größere Breiten- als Tiefenausdehnung.

4.3 Lochkorrosion

Sie tritt bevorzugt an passiven bzw. passivierbaren Werkstoffen, z. B. passiven Stählen, Kupfer, Kupferlegierungen, Aluminium, Titan usw. auf und führt bei im wesentlichen intakter Oberfläche zu vereinzelten Angriffen oder Wanddurchbrüchen. Die Löcher haben Durchmesser bis zu 1 bis 2 mm (Bild 11). Lochkorrosion wird besonders durch Halogenide bei Anwesenheit von Oxidationsmitteln verursacht (Bild 12). Man nennt sie entsprechend auch Chloridkorrosion.

In einem Stromdichte-Potential-Diagramm erscheint bei Eintreten von Lochkorrosion der Lochkorrosionsast (Bild 4), welcher das Passivgebiet in Richtung positiver Potentialwerte verkürzt und die Anwendbarkeit der Stähle einschränkt. Der Stromanstieg entspricht dem Auflösungsstrom der wachsenden Löcher.

Man ordnet die passiven Chrom- und Chromnickelstähle in Relation zu den Potentialen des Lochkorrosionsastes – je höher oder je edler dieses Potential ist, desto lochkorrosionsbeständiger ist ein Stahl. Die Gefahr der Lochkorrosion ist umso geringer, je kleiner der Chloridgehalt und die Temperatur der Lösung, je höher der Gehalt an Chrom, Molybdän und Stickstoff (Bild 13) und je homogener das Werkstoffgefüge sind. Lösungsbewegung mindert ebenfalls die Gefahr der Lochkorrosion.

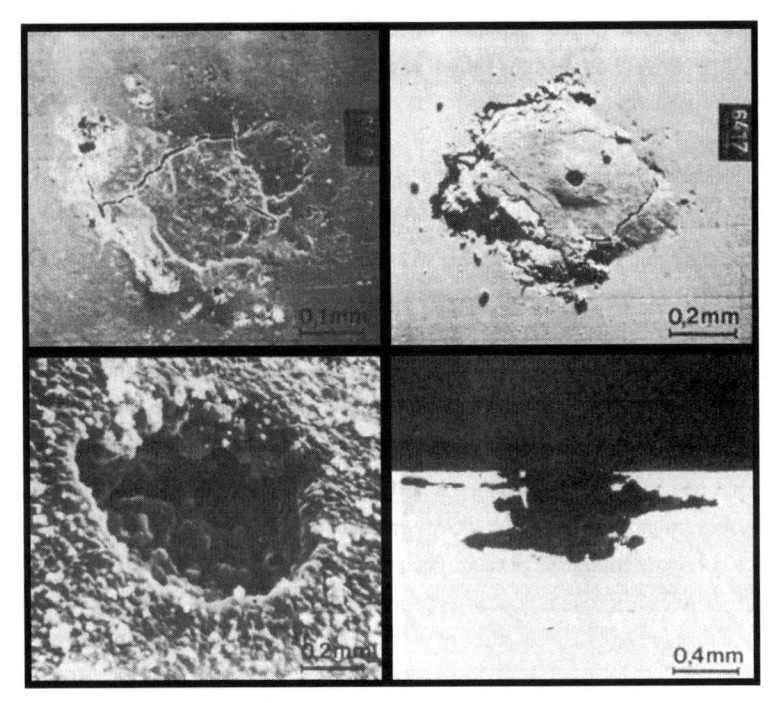

Bild 11: Lochkorrosion an X 20 Cr 13 (0,5 n NaCl, pH 7, 80 °C, luftgesättigt, Versuchsdauer 24 h, E = – 0,2 V_H) oben: Löcher mit Deckel, unten: Lochinneres im Rasterelektronenmikroskop (links) und Schliffbild (rechts)

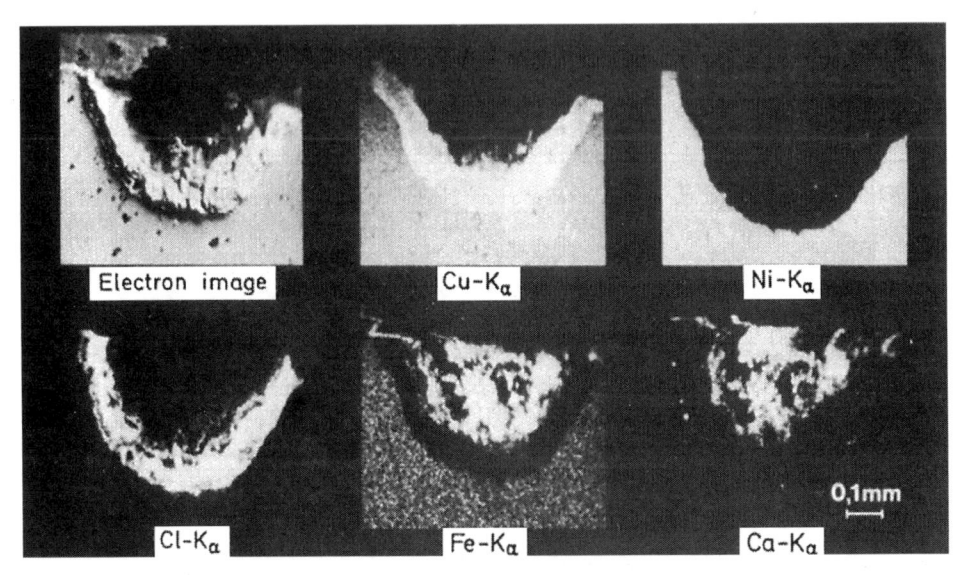

Bild 12: Verteilung der Legierungselemente, von Chlor und von Calcium in der Lochkorrosionsstelle eines CuNi 10 Fe 1 Mn-Kondensatorrohres: Aufnahmen an der Mikrosonde

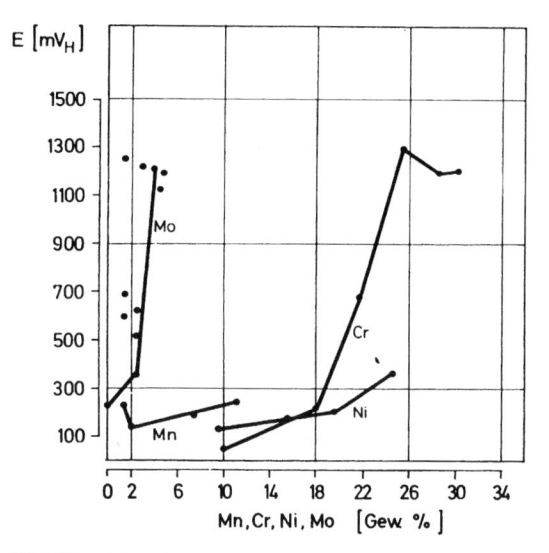

Bild 13: Abhängigkeit des Lochkorrosionspotentials austenitischer CrNi- und CrNiMo-Stähle vom Legierungsgehalt (3% NaCl, RT)

4.4 Spaltkorrosion

Diese tritt als Folge von Konzentrationsunterschieden im korrosiven Medium im Spalt und in der restlichen Lösung auf. Die Unterschiede können in der Elektrolytkonzentration selbst oder auch im Sauerstoffgehalt (Belüftungselement) liegen. Spalte bilden z. B. Flansche, Verschraubungen, Ablagerungen usw. Hierher gehört auch die Spaltkorrosion durch Anlauffarben, Schweißspritzer (Bild 14), Schlackenreste, Oxidhäute und Rohrversatz an Schweißnähten (s.a. Korrosion unter Ablagerungen, Konzentrationselement).

4.5 Kontaktkorrosion (Galvanische Korrosion)

Bei der Berührung von verschieden edlen (d. h. an verschiedenen Orten der Spannungsreihe angeordneten) Metallen oder der Verbindung von einem Metall mit einem Elektronenleiter in einem Elektrolyten kann das unter den obwaltenden Verhältnissen unedlere Metall zu einer auflösenden Anode werden (s. a. Flächenregel, praktische Spannungsreihe, kathodischer Schutz). Diese Gefahr ist bei dem elektrisch leitenden Zusammenbau unterschiedlicher Werkstoffe zu bedenken: U. a. darum wählt man den Schweißzusatzwerkstoff etwas edler als den Grundwerkstoff. Zu Untersuchungen der Kontaktkorrosion findet man Angaben in DIN 50919.

218 *Korrosionsschäden an metallischen Werkstoffen ohne mechanische Belastung*

Bild 14: Loch- und Spaltkorrosion an geschweißter Rohr-Flansch-Verbindng u. a. als Folge verschleppter Schweiße, Werkstoff 18/8 CrNi-Stahl, in Schweißnahtnähe schwach sensibilisiert.

4.6 Taupunktkorrosion

Taupunktkorrosion kann auftreten, wenn der Taupunkt von Luft, von Rauchgas oder anderen Gasen unterschritten wird und sich wäßriges Kondensat an metallischen Oberflächen bildet. Die meisten technischen Oberflächen besitzen eine dünne Schicht aus Umgebungsstaub mit Salzen. Wird diese benetzt, weil ihre Temperatur geringer ist als die Taupunkttemperatur der Umgebungsluft, kann Korrosion eintreten.

Bild 15: Weißrost auf verzinktem Blech durch im Blechstapel fixiertes Regenwasser.

Kann Wasser aus geschlossenen Räumen oder Behältern nicht entweichen, ist Schwitzwasserkorrosion eine mögliche Folge (Bild 15). Schäden durch atmosphärische Korrosion haben einmal zur Voraussetzung, daß die technischen Oberflächen feucht sind. Ab ca. 60% und mehr relativer Luftfeuchtigkeit setzt atmosphärische Korrosion meßbar ein, gefördert durch Verunreinigungen aus der Atmosphäre wie saure Niederschläge, Salze, Staub, Düngemittelreste usw. Manche Salze, z. B. LiCl, $CaCl_2$, bilden bereits unter 60% relativer Luftfeuchtigkeit wäßrige und damit korrosionsfördernde Medien.

4.7 Stillstandskorrosion

Von Stillstandskorrosion spricht man, wenn die Korrosion während Phasen betrieblichen Stillstandes eingetreten ist. Dazu kann z. B. im Betriebszustand in bezug auf die Korrosion harmloses Wasser sich durch Verdunsten im Salzgehalt aufkonzentrieren und Korrosion auslösen. Oder Restwasser und seine Inhaltsstoffe erzeugen durch Fäulnis Ammoniak, das in Kondensatorrohren aus Messing interkristalline Spannungsrißkorrosion auslöst.

4.8 Sauerstoffkorrosion

Liegt ein verunreinigtes Kesselwasser in einem Kraftwerk vor, zu dem auch Sauerstoff Zutritt hat, bilden sich auf unlegiertem Stahl lockere, nichtschützende Oxide und Verbindungen, unter denen starker Wandabtrag auftreten kann (Bild 16).

4.9 Selektive Korrosion

Orientiert sich die Korrosion an Korngrenzen, an bestimmten Legierungs- oder Gefügebestandteilen, spricht man von selektiver Korrosion. Diese kann trans- oder interkristallin verlaufen, mit dem Hauptgewicht auf der letzten Form.
Transkristallin ist selektive Korrosion, wenn Legierungszeilen z. B. aus Sulfiden korrodieren und der Korrosionsangriff schichtförmig verläuft.

4.9.1 Interkristalline Korrosion

Bei der interkristallinen Korrosion lösen sich die Korngrenzenbereiche voreilend gegenüber den Kornflächen auf (Bild 17) bis zum Zerfall des Werkstoffs.
Anfällig für Kornzerfall sind Aluminium und seine Legierungen, eisenhaltige Nikkelbasislegierungen und besonders die passiven CrNi- und Cr-Stähle.
Ursache für den Kornzerfall der passiven Stähle ist die Ausscheidung von Chromkarbid $(Cr, Fe)_{23}C_6$ oder Chromnitrid oder intermetallischer Phasen in der Wärme an den Korngrenzen. Dies entzieht bevorzugt den Korngrenzenbereichen Chrom, und

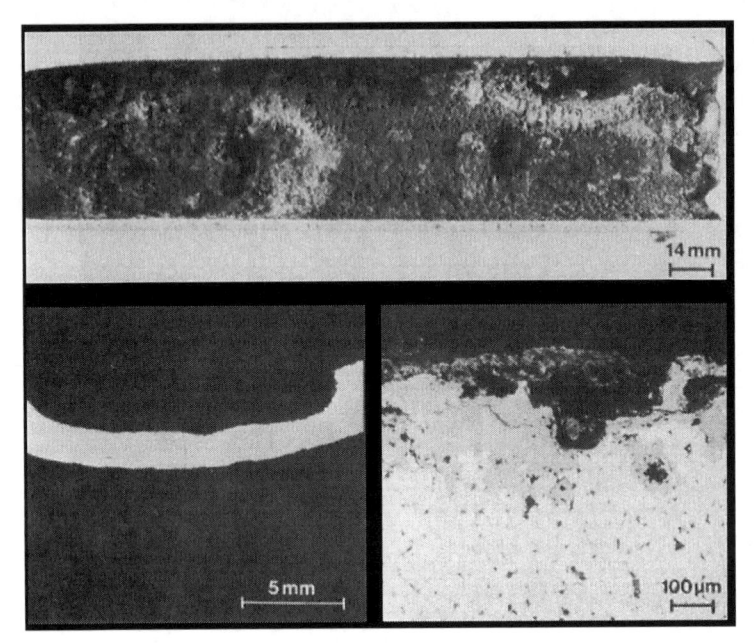

Bild 16: Sauerstoffkorrosion in Kesselrohr (Werkstoff St 35.8); oben Rohrinnenseite, unten Wandabzehrung (li), lockerer nichtschützender Belag (re).

entsprechend wird der Grad der Passivität in diesen Gebieten gemindert. Die für interkristalline Korrosion potentiell anfälligen Chrom-Nickel-Stähle (auch Nickel-Basis-Legierungen) werden im sogenannten lösungsgeglühten Zustand verarbeitet, d. h. nach dem Glühen bei 1050 bis 1150 °C schreckt man den Stahl in Wasser ab. Der dadurch geschaffene homogene Werkstoffzustand ist bezüglich z. B. Chrom und Kohlenstoff ein Zwangszustand, er ist an Kohlenstoff übersättigt. Erhitzt man den Werk-

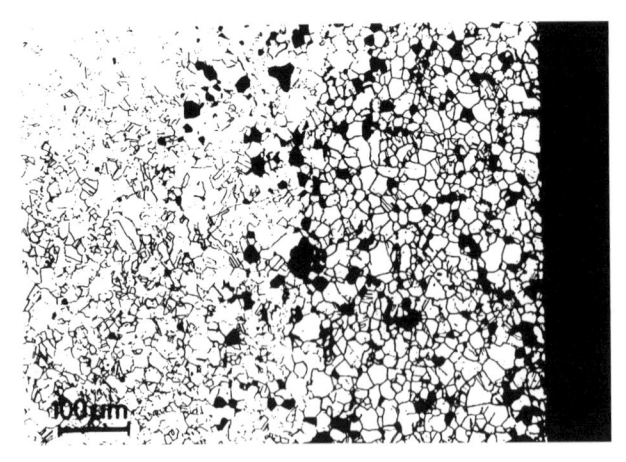

Bild 17: Interkristalliner Angriff nach Strauß-Test von X 10 NiCrAlTi 32 20 nach Wärmebehandlung 90 h/550 °C.

stoff auf ca. 350 – 850 °C, wie es z. B. beim Schweißen, besonders aber beim Spannungsarmglühen geschieht, können sich bevorzugt an den Korngrenzen Chromkarbide ausscheiden und der Werkstoff ist anfällig für interkristalline Korrosion. Der Werkstoff liegt dann im sogenannten sensibilisierten Zustand vor.

Gegenmaßnahmen sind die Absenkung des Kohlenstoffgehaltes und/oder das Legieren mit kohlenstoffabbindenden Elementen wie Titan, Niob oder Vanadium. Diese bilden bereitwilliger Karbide als Chrom und erhalten damit die Passivität. In diesem Zusammenhang sind die Sensibilisierungsschaubilder oder Kornzerfallschaubilder von Interesse (Bild 18), die für die bekannteren Stähle aussagen, ob die Zeit des Wärmeeinbringens, z. B. beim Glühen, Sensibilisierung bzw. Ausscheidung intermetallischer Phasen auslösen kann. Die ferritischen Chromstähle sensibilisieren bei einer Erwärmung auf ca. 850–1000 °C.

Der Nachweis der interkristallinen Risse in Werkstücken ist ohne Probenentnahme äußerst schwierig. Die Prüfung auf eine Anfälligkeit gegen Kornzerfall nimmt man für passive nichtrostende Stähle mit dem Strauß-Test (DIN 50914) vor, dem Kupfersulfat-Schwefelsäure-Verfahren.

Steht ein sensibilisiertes Werkstück außerdem noch unter Zugspannungen, ist interkristalline Spannungsrißkorrosion möglich. Dabei verlaufen die Risse senkrecht zur Zugspannungsrichtung im Unterschied zu den unorientierten Rissen bei interkristalliner Korrosion.

Unter interkristalliner Korrosion ist auch die *Messerschnitt-Korrosion* an nachträglich spannungsfrei geglühten Schweißnähten von stabilisierten (Ti, Nb) austenitischen CrNi-Stählen einzuordnen. Voraussetzung ist eine Überhitzung der Schweiße mit Inlösunggehen der Karbide. Unmittelbar neben der Schweiße scheiden sich bei der

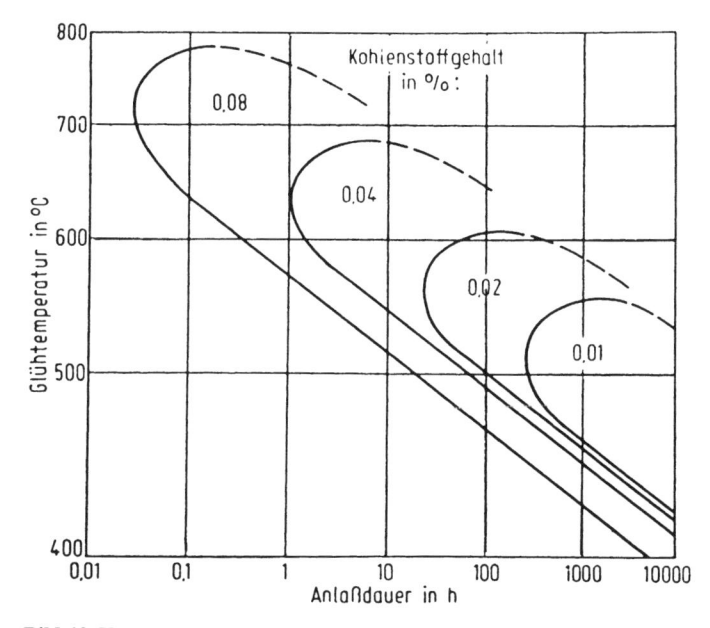

Bild 18: Kornzerfallschaubilder unstabilisierter austenitischer Stähle mit rd. 18% Ni (nach H.H. Rocha)

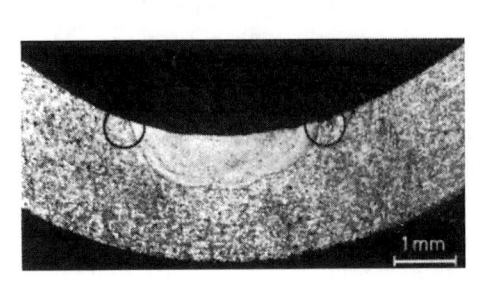

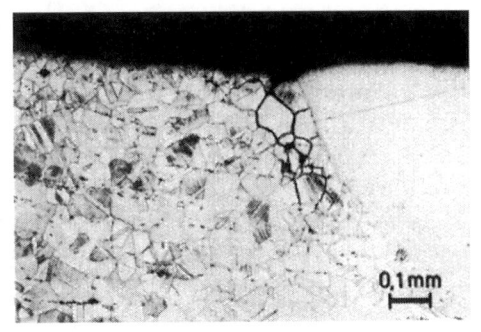

Bild 19: Messerschnitt-Korrosion an einer Schweißnaht (Werkstoff X 10 CrNiNb 18 9)

nachträglichen Glühung Chromkarbide, aber keine Sonderkarbide des Titans oder des Niobs aus. Die chromverarmten Streifen neben der Schweißnaht oder neben den einzelnen Lagen können unter Kornzerfallsbedingungen interkristalliner Korrosion unterliegen (Bild 19). Gegenmaßnahmen sind die Verwendung niedrig gekohlten Stahls oder eine Lösungsglühung des Schweißnahtbereiches.

4.9.2 Lötbrüchigkeit

Bei der Benetzung mit Metallschmelzen können an statisch oder dynamisch auf Zug, Druck oder Biegung beanspruchten Bauteilen aus Metallen interkristalline spröde Trennungen auftreten, wenn eine Löslichkeit von Metall in der Schmelze oder umgekehrt besteht, d. h. eine unbeabsichtigte Legierungsbildung möglich ist. Besonders ausgeprägt ist diese Erscheinung bei Stahl in Berührung mit Kupferlegierungsschmelzen und bei Chromnickelstahl in Berührung mit flüssigem Zink (Bild 20).

Die korngrenzengeschädigten Bauteile zeigen zahlreiche senkrecht zur Zugspannungsrichtung verlaufende Risse. Die feinen interkristallinen Trennungen sind mit ehemaliger Schmelze gefüllt (z. B. Bild 21). Interkristalline Trennungen, die sich bei Stahl vorwiegend entlang der ehemaligen Austenitkorngrenzen orientieren, werden durch einen Abfall der Korngrenzenfestigkeit infolge Legierens der Korngrenzen und durch Erniedrigung der Grenzflächenenergie bei Metallbenetzung erklärt.

Spongiose

Songiose bedeutet selektive Korrosion bei Gußeisen. Es lösen sich Ferrit und Perlit auf, das Graphitskelett bleibt zurück, und häufig wird die ursprüngliche Form des Bauteils beibehalten.

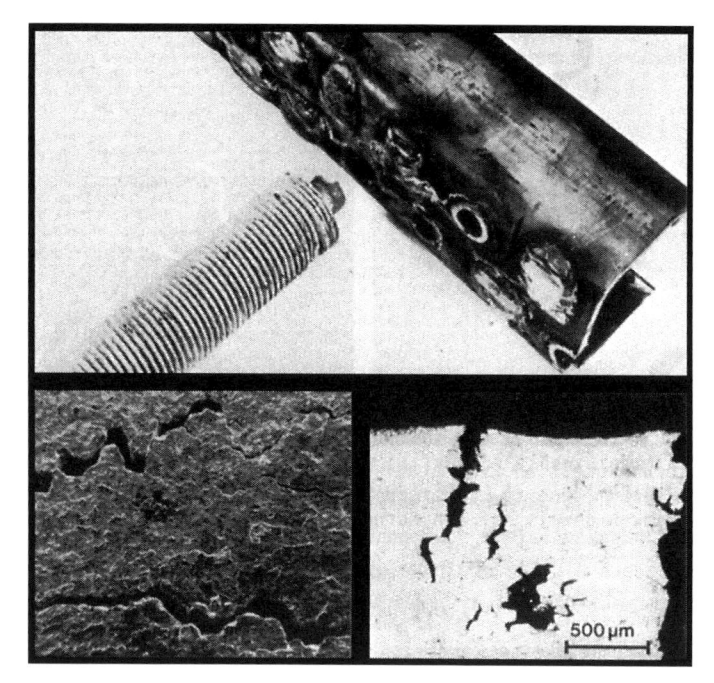

4. *Die verschiedenen Korrosionsarten ohne mechanische Belastung*   223

Bild 20: Lötbrüchigkeit in verzinktem Rippenrohr aus 18/8 CrNi-Stahl nach Einschweißen in einen Sammler

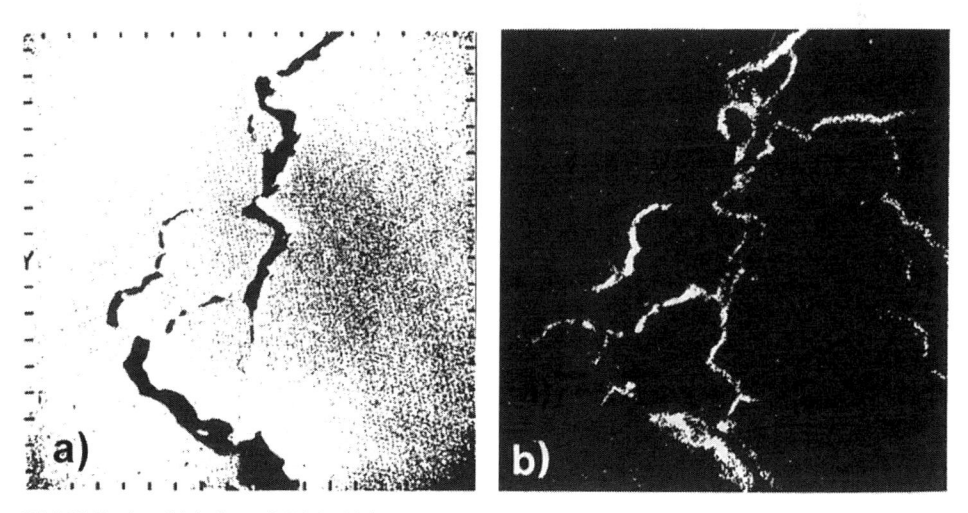

Bild 21: Lötbrüchigkeit an CrNi-Stahl (X 5 CrNi 18 9)
a) Rißabbildung im Elektronenbild der Mikrosonde,
b) Zink-Nachweis auf den Korngrenzen ($Zn_{K\alpha}$).

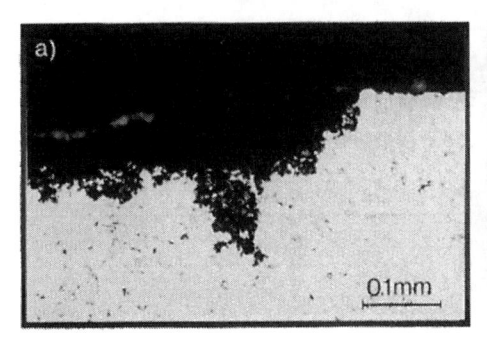

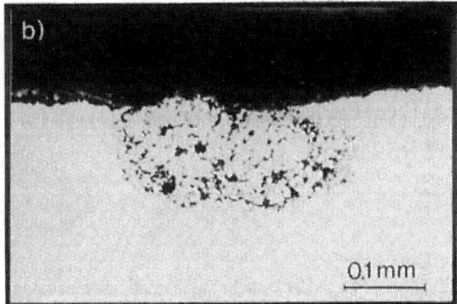

Bild 22: Entzinkung der a) α-Phase, b) Pfropfenentzinkung

4.9.4 Entzinkung

Diese kann bei z. B. Messinglegierungen mit mehr als 20% Zink auftreten, wobei sich das Zink auflöst und Kupfer zurückbleibt (Bild 22). Besonders gefährdet ist die β-Phase in den heterogenen (α+β)-Legierungen.

4.10 Mikrobiologische Korrosion

Kennzeichen ist, daß Mikroorganismen bzw. deren Stoffwechselprodukte die kathodische Reaktion ermöglichen.

4.11 Anlaufen, Verzunderung

Die Vorgänge der Hochtemperaturkorrosion bzw. Verzunderung sind in einem getrennten Kapitel behandelt.

5. Untersuchungen zum Korrosionsverhalten

Es ist sinnvoll, Korrosionsversuche einzuteilen in Standardtests bzw. Korrosionsprüfungen, bei denen die Vorgehensweise in Normen, Standards usw. festgelegt ist, in Auslagerungsversuche, zu denen auch Kreislaufversuche gehören, bei denen man die Strömungsbedingungen des Mediums und die Wasserqualität einstellen kann (s. DIN 50 905, Teil 1 – 4, 50 900, Teil 3) und in elektrochemisch gesteuerte Untersuchungen.

Ziel von Versuchen ist speziell bei Schadensfällen die Ermittlung von Meßwerten, welche bei der Schadenklärung helfen. Die Aufgabe angesprochener Normen ist es nicht, die Untersuchungsstelle in ihrer Beweglichkeit einzuengen, vielmehr kann eine Vorgehensweise, die sich an Normen orientiert, die Vergleichbarkeit der Ergebnisse verschiedener Untersuchungsstellen verbessern. Auch bei von der Norm abweichenden Untersuchungen ist es vorteilhaft, wenn man eine einheitliche Sprache spricht.

5. Untersuchungen zum Korrosionsverhalten

Gemeinhin hat man aus Erfahrung, Korrosionsart, Betriebsbedingungen, verwendeten Werkstoffen oder ähnlichem eine Vermutung über den Schadenverlauf, den man durch einen Versuch bestätigen oder widerlegen möchte. Man sucht dazu die einfachste Versuchsart, welche den Schaden möglichst genau reproduziert, d. h. eine der genannten Versuchsarten. Durch Variation von Parametern ist zu ermitteln, welche Parameter zum Versagen eines Bauteils führen und welche nicht, d. h. man muß Vergleichsversuche durchführen. Für jeden Meßpunkt setzt man mindestens zwei Proben ein. Eine Verschärfung der Angriffsbedingungen liefert, wie angestrebt, Resultate in kurzer Zeit; eine zu starke Verschärfung der Angriffsbedingungen kann jedoch nicht mehr unbedingt auf die Praxis übertragbare Resultate ergeben, z. B. Schnellkorrosionsversuche, Korrosionsversuche unter verstärkter Korrosionsbelastung. Die Ergebnisse von Schnellkorrosionsversuchen sind unter Beachtung der nötigen Vorsicht auf betriebliche Gegebenheiten zu übertragen.

Bei den Versuchen sind der Werkstoff der Versuchsproben (chemische Zusammensetzung, Wärmebehandlung, Abmessung, Erzeugnisform, Masse, Beschichtung, Oberflächenzustand), das Angriffsmedium (Art und Konzentration, pH-Wert, Belüftung, Strömung, Temperatur usw.) und die äußeren Bedingungen wie z. B. mechanische Belastungen eindeutig festzulegen. Wird ein Werkstoff untersucht, welcher später durch Schweißen verarbeitet wird, sollte man auf den Untersuchungsproben auch eine Schweißnaht anbringen, damit dieser Einfluß gleichzeitig erfaßt wird. Die Möglichkeit unbeabsichtigter Veränderung des Angriffsmediums, z. B. durch Verdunsten von Wasser, ist zu vermeiden. Die am Werkstoff insgesamt angreifenden Parameter stellen gesammelt die sogenannte Korrosionsbeanspruchung dar, mit welcher der Werkstoff belastet wird. Die Korrosionsbelastung rührt von der Art des Angriffsmediums und seinen Parametern, der elektrischen, mechanischen und thermischen Belastung her. Sie ist für Korrosionsuntersuchungen möglichst betriebsnahe einzustellen.

Alle Versuchsproben sind unzerstörbar zu kennzeichnen. Ferner müssen sie vor dem Einsatz sauber und fettfrei sein.

Bestimmt man nach Versuchsende den Massenverlust, ist die Probe vorher von anhaftenden Korrosionsprodukten mechanisch oder chemisch zu reinigen. Im allgemeinen empfiehlt sich nach Versuchsende auch eine Beschreibung des Probenaussehens, besonders im Hinblick auf Ähnlichkeit mit dem aktuellen Schadenbild (Stereomikroskop, Fotoapparat, Rasterelektronenmikroskop usw.).

Die Korrosionsgrößen für gleichmäßigen Abtrag sind (DIN 50 905): flächenbezogener Massenverlust Δm_A (g/m^2), Dickenabnahme Δs (mm), flächenbezogene Massenverlustrate v ($g/m^2/h$), Abtragungsgeschwindigkeit w (mm/h).

Der Massenverlust ändert sich in Abhängigkeit von der Korrosionsbelastung und der Korrosionsbeanspruchung linear, progressiv oder degressiv mit der Zeit.

Bei Vorliegen nichtflächiger Korrosion wertet man z. B. die Zahl der Löcher und deren Tiefe (Lochkorrosion), Rißtiefe oder -länge (Spannungsrißkorrosion) oder Massenverlust und Angriffstiefe (interkristalline Korrosion) aus, trifft eine Ja-Nein-Aussage oder gibt die Zeit bis zum Eintritt des Ereignisses an. Auch kann man den Massenverlust durch Messen des entsprechenden Metallgehaltes der Lösung errechnen.

Zu den Standardtests gehören u. a. folgende nach DIN (1) o. ä. genormte Prüfungen, angesprochen in DIN 50 905, Teil 1:

Allgemeine Korrosionsprüfungen

DIN 50 017	Klimate und ihre technische Anwendung; Kondenswasser-Prüfklimate
DIN 50 018	Korrosionsprüfungen; Beanspruchung im Kondenswasser-Wechselklima mit schwefeldioxidhaltiger Atmosphäre
DIN 50 021	Korrosionsprüfungen; Sprühnebelprüfungen mit verschiedenen Natriumchloridlösungen

Korrosionsprüfungen für Eisenwerkstoffe

DIN 50 915 Teil 1	Prüfung von unlegierten und niedriglegierten Stählen auf Beständigkeit gegen interkristalline Spannungsrißkorrosion; ungeschweißte Werkstoffe
SEP 1861	Prüfung von Schweißverbindungen an unlegierten und niedriglegierten Stählen auf ihre Beständigkeit gegen Spannungsrißkorrosion
DIN 50 914	Prüfung nichtrostender Stähle auf Beständigkeit gegen interkristalline Korrosion; Kupfersulfat-Schwefelsäure-Verfahren; Strauß-Test
SEP 1877	Prüfung der Beständigkeit hochlegierter, korrosionsbeständiger Werkstoffe gegen interkristalline Korrosion
DIN 50 921	Korrosion der Metalle; Prüfung nichtrostender austenitischer Stähle auf Beständigkeit gegen örtliche Korrosion in stark oxidierenden Säuren; Korrosionsversuch in Salpetersäure durch Messung des Massenverlustes (Prüfung nach Huey)

Korrosionsprüfungen für Aluminiumwerkstoffe

MIL H-6088	Prüfung von Aluminiumwerkstoffen auf Anfälligkeit für interkristalline Korrosion
LN 65 666	Spannungsrißkorrosionsprüfung von Aluminium-Knetlegierungen für Luftfahrtgerät

Korrosionsprüfungen für Kupferwerkstoffe

DIN 50 911	Prüfung von Kupferlegierungen; Quecksilbernitratversuch
DIN 50 916 Teil 1	Prüfung von Kupferlegierungen; Spannungsrißkorrosionsversuch mit Ammoniak; Prüfung von Rohren, Stangen und Profilen
DIN 50 916 Teil 2	Prüfung von Kupferlegierungen; Spannungsrißkorrosionsprüfung mit Ammoniak; Prüfung von Bauteilen

Prüfung von anorganischen Überzügen

DIN 50 947	Prüfung von anorganischen nichtmetallischen Überzügen auf Reinaluminium und Aluminiumlegierungen; Prüfung anodisch erzeugter Oxidschichten im Korrosionsversuch; Dauertauchversuch
DIN 50 958	Prüfung galvanischer Überzüge; Korrosionsprüfung von verchromten Gegenständen nach dem modifizierten Corrodkote-Verfahren
DIN 50 980	Prüfung metallischer Überzüge; Auswertung von Korrosionsprüfungen

Korrosionsuntersuchungen von allgemeiner Bedeutung

DIN 50 917 Teil 1	Korrosion der Metalle; Naturversuche; Freibewitterung
DIN 50 917 Teil 2	Korrosion der Metalle; Naturversuche; Naturversuche in Meerwasser
DIN 50 918	Korrosion der Metalle; elektrochemische Korrosionsuntersuchungen
DIN 50 919	Korrosion der Metalle; Korrosionsuntersuchungen der Kontaktkorrosion in Elektrolytlösungen
DIN 50 920 Teil 1	Korrosion der Metalle; Korrosionsuntersuchungen in strömenden Flüssigkeiten; Allgemeines
DIN 50 922	Korrosion der Metalle; Untersuchung der Beständigkeit von metallischen Werkstoffen gegen Spannungsrißkorrosion.

Außerdem gibt es Fachbücher, die sich ausschließlich der Korrosionsuntersuchung widmen (2).

Bei Auslagerungsversuchen kann man häufig den Betriebsbedingungen bezüglich Lösung, Lösungskonzentration, Temperatur, mechanischer Belastung, Druck, Strömungszustand des Mediums usw. recht genau nachkommen. Für Prüfungen bis 100 °C reicht das einfache Laborbecherglas, bei höheren Temperaturen setzt man einen druckfesten Behälter ein (Autoklav).

Kreislauf- bzw. Durchflußversuche erlauben Untersuchungen bei kontrollierten Mediumparametern. Diese Mediumparameter sind u. a. chemische Zusammensetzung, Beschaffenheit der Lösung, Sauerstoffgehalt, pH-Wert, Leitfähigkeit, Strömungsgeschwindigkeit usw.

Elektrochemische Korrosionsuntersuchungen (s. a. DIN 50918) stellen häufig bezüglich finanzieller Ausstattung erhebliche Ansprüche. Man benutzt sie gern zu Vergleichszwecken bei lokalen Korrosionsarten wie Loch-, Spalt- oder Spannungsrißkorrosion.

Literatur:

(1) DIN 50 900, Korrosion der Metalle, Teil 1: Allgemeine Begriffe, Teil 2: Elektrochemische Begriffe, Teil 3: Begriffe der Korrosionsuntersuchung in DIN-Taschenbuch 219, Korrosion und Korrosionsschutz, Beurteilung, Prüfung, Schutzmaßnahmen, Normen, Technische Regeln, Beuth Verlag GmbH Berlin, Köln, 1. Auflage 1987.
DIN-Taschenbuch 143, Korrosionsschutz von Stahl durch Beschichtungen und Überzüge 1, Beuth Verlag GmbH.
DIN-Taschenbuch 168, Korrosionsschutz von Stahl durch Beschichtungen und Überzüge 2, Beuth Verlag GmbH.

(2) U.R. Evans: Einführung in die Korrosion der Metalle, Verlag Chemie GmbH, Weinheim 1969.
H. Kaesche: Die Korrosion der Metalle, Springer Verlag Berlin/Heidelberg, 3. Auflage, 1990.
A. Rahmel und W. Schwenk: Korrosion und Korrosionsschutz von Stählen, Verlag Chemie Weinheim, New York 1977.
DECHEMA Werkstofftabelle, DECHEMA Deutsche Gesellschaft für chemisches Apparatewesen e.V., 6000 Frankfurt 97, Postfach 97 01 46.
P.J. Gellings: Korrosion und Korrosionsschutz von Metallen, Carl Hanser Verlag München, Wien 1981.
G. Wranglén: Korrosion und Korrosionsschutz, Springer Verlag 1985.
E. Wendler-Kalsch u. H. Gräfen: Korrosionsschadenkunde, Springer-Verlag 1998.

(3) Prüfung und Untersuchung der Korrosionsbeständigkeit von Stählen, Herausgeber: Verein Deutscher Eisenhüttenleute, Verlag Stahleisen, Düsseldorf 1973.

Korrosionsschäden bei zusätzlicher mechanischer Beanspruchung

John Hickling

1. Einleitung

Bei der Definition der Korrosionsarten nach DIN 50 900, Teil 1, wird zwischen Korrosion mit und ohne zusätzlicher mechanischer Beanspruchung unterschieden, da sowohl die Schadenerscheinungen als auch die Schadenverhütung von unterschiedlichem Charakter sind. Die rißbildenden Arten der Korrosion bei zusätzlicher mechanischer Beanspruchung (Spannungsrißkorrosion (SpRK), Schwingungsrißkorrosion (SwRK) und Zwischenformen wie spannungs- oder dehnungsindizierte Korrosion) sind nach Statistiken anteilmäßig nur mit etwa 25% an den Gesamtschäden durch Korrosion vertreten. Dennoch müssen sie aufgrund ihrer scheinbaren Unberechenbarkeit, sowohl aus Sicherheitsgründen als auch aus wirtschaftlicher Sicht, ständig beachtet werden. Bei den eher abtragenden Arten wie Erosions-, Kavitations- und Reibkorrosion ist der Schadenanteil nicht bekannt, jedoch sind die betrieblichen Konsequenzen solcher Korrosionserscheinungen für bestimmte Anlagenteile durchaus beträchtlich.

Im folgenden werden die oben erwähnten Korrosionsarten vom Standpunkt der Schadenanalyse und der Schadenverhütung näher erläutert.

2. Spannungsrißkorrosion (SpRK)

2.1 Definition, Voraussetzungen und Mechanismen

Die terminologische Festlegung des Begriffes SpRK und die Unterteilung der Arten (DIN 50900, Teil 1, DIN 50922 und Kommentare hierzu) ist durch die Laborforschung geprägt und für praktische Belange nur bedingt hilfreich. Im letzteren Sinne bedeutet SpRK „eine Rißbildung mit inter- oder transkristallinem Verlauf in Metallen bei gleichzeitiger Einwirkung bestimmter korrosiver Mittel und Zugspannungen" und tritt nur dann auf, wenn eine gute Beständigkeit gegenüber gleichmäßiger Flächenkorrosion durch die Bildung einer Deckschicht (Passiv- oder Schutzschicht) an der Phasengrenze zwischen Metall und Angriffsmittel gegeben ist.

Die Voraussetzungen der SpRK sind in Bild 1 dargestellt.

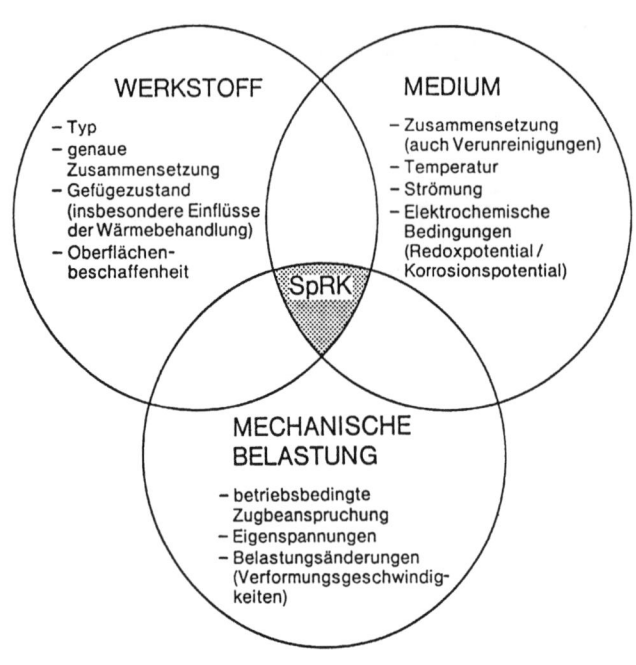

```
                    WERKSTOFF                  MEDIUM
           – Typ                         – Zusammensetzung
           – genaue                        (auch Verunreinigungen)
             Zusammensetzung            – Temperatur
           – Gefügezustand              – Strömung
             (insbesondere Einflüsse    – Elektrochemische
             der Wärmebehandlung)         Bedingungen
           – Oberflächen-                 (Redoxpotential /
             beschaffenheit              Korrosionspotential)
                              SpRK

                    MECHANISCHE
                    BELASTUNG
                  – betriebsbedingte
                    Zugbeanspruchung
                  – Eigenspannungen
                  – Belastungsänderungen
                    (Verformungsgeschwindig-
                    keiten)
```

Bild 1: Voraussetzungen der SpRK: Gleichzeitiges Vorliegen von kritischen Bedingungen für alle Systemteile (Schnittfläche).

Dementsprechend handelt es sich um ein kritisches Zusammenwirken der drei Parameter Werkstoff, Medium und mechanische Belastung, wobei dem Werkstoff sowohl im Hinblick auf seine Zusammensetzung als auch auf seinen Materialzustand Bedeutung zukommt (1). Folgende weitere Unterteilung ist für die Schadenbekämpfung von Nutzen.

2.1.1 „Herkömmliche" SpRK

Je nach Werkstoff tritt die herkömmliche SpRK in bestimmten Medien auf (2). Bei anfälligen Werkstoff-Korrosionsmittel-Paarungen genügen oft sehr geringe Zugspannungen, die auch als Eigenspannungen vorliegen können, um eine Rißbildung auszulösen. Dennoch muß mit Inkubationszeiten gerechnet werden, die manchmal im Zusammenhang mit einer durch andere örtliche Korrosionsvorgänge erzeugten SpRK-begünstigenden Vorschädigung des Werkstoffes stehen (z. B. Lochkorrosion). Ohne einen Anspruch auf Vollständigkeit zu erheben, gibt die folgende Tabelle einige wichtige Beispiele der herkömmlichen SpRK wieder:

Tabelle 1: Einige Beispiele der herkömmlichen SpRK.

Werkstoff	Medium	Bemerkungen
Niedriglegierte ferritische Stähle	Alkalische Flüssigkeiten (Laugen, Carbonat- und Bicarbonat-Lösungen)	U. a. sog. „Laugenversprödung". Genaue Zusammensetzung und Wärmebehandlung des Werkstoffes sowie Temperatur u. Konzentration der Lösungen von großer Bedeutung.
	Nitrathaltige Lösungen	Wie oben. Prüfung in einer siedenden wäßrigen $Ca(NO_3)_2$-Lösung genormt (DIN 50915) als Test auf interkristalline SpRK-Anfälligkeit.
Hochlegierte austenitische Stähle	Chloridhaltige Lösungen	Mindesttemperatur von etwa 60 °C meistens erforderlich, transkristalline Rißbildung.
	Alkalihydroxid-Lösungen	Trans- oder interkristalline Rißbildung je nach elektrochemischem Potential, Konzentration, Wärmebehandlung usw.
	Sauerstoffhaltiges Hochtemperaturwasser	Interkristalline Rißbildung bei sensibilisiertem Material (Chromverarmung: IK ohne Zugspannung im Strauß-Test).
Nickelbasis-Legierungen	Alkalihydroxid-Lösungen	Trans- oder interkristalline Rißbildung je nach Werkstoff (bzw. Zustand), elektrochemischem Potential, Konzentration usw.
	Reines Hochtemperaturwasser	„Coriou"-Effekt: werkstoffabhängig, lange Inkubationszeiten, Spaltbedingungen wirken sich negativ aus.
Kupferbasis-Legierungen	Ammoniakhaltige Lösungen, Nitrit-Lösungen	Lösungszusammensetzung kritisch
Aluminiumbasis-Legierungen	Insbesondere halogenhaltige Lösungen	Interkristalline Rißbildung, Zusammensetzung und Wärmebehandlung des Werkstoffes von großer Bedeutung.
Titanbasis-Legierungen	Chloridhaltige wäßrige und organische Lösungen	Rißbildung häufig nur beim Vorliegen scharfer Kerben.

Beim Mechanismus der herkömmlichen SpRK überwiegen Modellvorstellungen, die eine beschleunigte anodische Metallauflösung an einem durch chemische und mechanische Einwirkungen von Schutzschichten freigehaltenen Rißgrund gemeinsam haben. Um die Bildung eines scharfen Risses zu erklären, wird angenommen, daß die neu entstandenen Rißflanken durch den Aufbau von Passiv- oder Deckschichten sofort geschützt werden, da es sonst zu einer Rißabstumpfung käme.

Bei interkristalliner Spannungsrißkorrosion (IKSpRK) geht man davon aus, daß eine bevorzugte anodische Auflösung entlang der Korngrenzen des Metalles aus verschiedenen Ursachen (örtliche Zusammensetzung, Ausscheidungen, Gitterstörungen usw.) stattfindet.

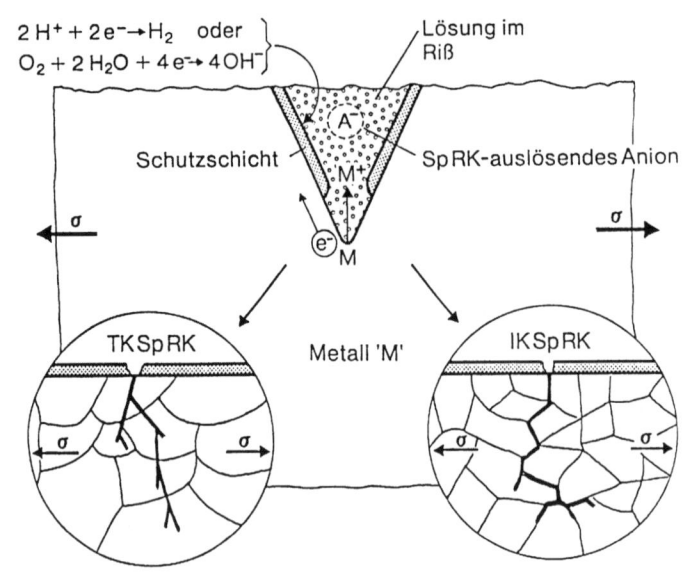

232   *Korrosionsschäden bei zusätzlicher mechanischer Beanspruchung*

Bild 2: Mechanismus der herkömmlichen SpRK durch anodische Auflösung (schematisch).

Eine allgemeine Bestätigung dieser Theorie des „elektrochemischen Messers" liefert eine Darstellung von Parkins (3):

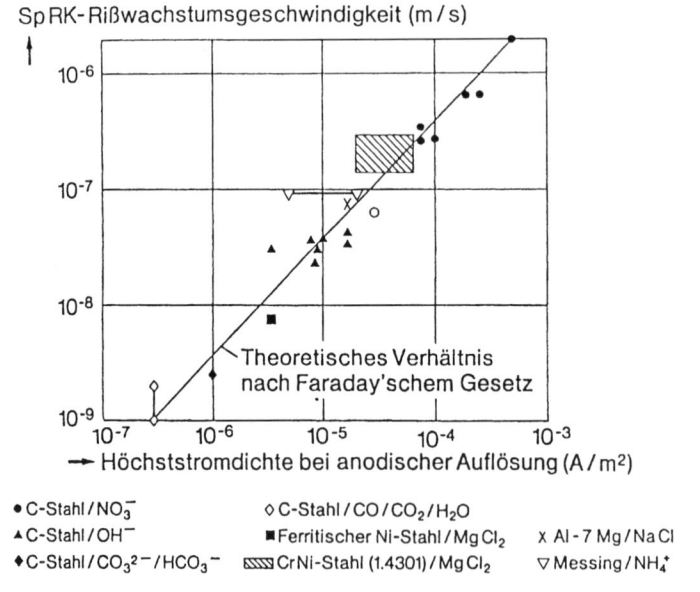

- ● C-Stahl / NO_3^-
- ▲ C-Stahl / OH^-
- ♦ C-Stahl / CO_3^{2-} / HCO_3^-
- ◊ C-Stahl / CO / CO_2 / H_2O
- ■ Ferritischer Ni-Stahl / $MgCl_2$
- ▧ CrNi-Stahl (1.4301) / $MgCl_2$
- × Al - 7 Mg / NaCl
- ▽ Messing / NH_4^+

Bild 3: Zusammenhang zwischen gemessener SpRK-Rißwachstumsgeschwindigkeit und Höchststromdichte bei anodischer Auflösung für verschiedene Werkstoff-Medium-Paarungen.

2.1.2 Wasserstoffinduzierte (H-ind.) SpRK

Die H-ind. SpRK ist seit langem im Zusammenhang mit dem Einsatz hochfester Stähle (Streckgrenze > ca. 900 N/mm^2) bekannt. Die wichtigste Voraussetzung für das Auftreten von H-ind. SpRK ist ein empfindlicher Werkstoff bzw. –zustand, wobei der Materialhärte sowie dem Gefüge besondere Bedeutung beizumessen ist. Die mechanische Beanspruchung spielt bei H-ind. SpRK eine untergeordnete Rolle. Als Medium reicht in manchen Fällen reines Wasser, Dampf oder sogar Feuchtigkeit aus, obwohl H-ind. SpRK verstärkt in Säuren sowie insbesondere in sulfid- und arsenidhaltigen Lösungen (Anwesenheit von Promotoren) auftritt. In allen Fällen muß mindestens ein geringer, möglicherweise örtlicher Korrosionsangriff des Werkstoffes stattfinden (z. B. Loch- oder Spaltkorrosion).

Die vorwiegende Rolle der Werkstoffestigkeit bei H-ind. SpRK ist durch folgende Betrachtung des Vorganges zu verstehen: Bei der Korrosion eines Werkstoffes in Säuren, sowie in neutralen oder sogar alkalischen Lösungen bei weitgehender Abwesenheit von Sauerstoff, wird atomarer Wasserstoff als Produkt der simultanen kathodischen Teilreaktion freigesetzt. Wasserstoffatome, die nicht rekombinieren und sich nicht als Gas abscheiden, sondern in das Metallgitter eindringen, führen an empfindlichen Stellen zu einer erhöhten Konzentration an interstitiell eingelagertem Wasserstoff. Solche Stellen sind z. B. Kerbgründe und Rißspitzen, wo eine lokale elastische Aufweitung aufgrund eines mehraxialen Zugspannungszustandes die Anreicherung der Wasserstoffatome erleichtert. Die elastische Aufweitung ist umso größer, je höher die Werkstoffestigkeit ist, so daß bei hochfesten Materialien die örtliche Wasserstoffmenge rasch eine kritische Konzentration erreichen kann. Diese verursacht trotz des insgesamt geringen Wasserstoffgehaltes im Werkstoff eine lokale Rißbildung, also SpRK.

Die H-ind. SpRK unterscheidet sich von einigen anderen Arten der Rißbildung durch Wasserstoff nur in der Herkunft des atomaren Wasserstoffes (vgl. die Druck-

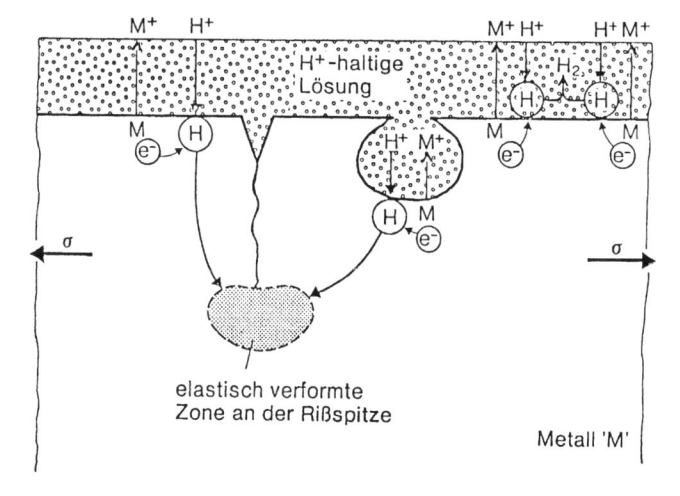

Bild 4: Mechanismus der H-ind. SpRK (schematisch).

2.2 Charakteristische Merkmale der SpRK für die Schadenanalyse

2.2.1 Äußerer Befund

SpRK-Risse führen auch in hochduktilen Werkstoffen zu verformungsarmen Brüchen, obwohl der benachbarte Werkstoffbereich keine Versprödungsmerkmale aufweist. Es treten häufig mehrere Risse auf, die etwa senkrecht zur Hauptzugspannung im Bauteil (Betriebsbeanspruchung + Eigenspannungen) verlaufen. Eine bevorzugte Rißbildung im Schweißnahtbereich kann sowohl durch Eigenspannungen als auch durch Werkstoffänderungen (Zusammensetzung des Schweißgutes, Gefügeausbildung in der WEZ) verursacht werden. Manchmal weisen die schadhaften Stellen kaum einen Korrosionsangriff auf, in anderen Fällen ist eine Oberflächenschädigung (insbesondere durch Lochkorrosion) sichtbar (vgl. (5)).

2.2.2 Erscheinungsform im Schliffbild

Je nach Kombination der Hauptparameter (s. Bild 1) treten überwiegend inter- oder transkristalline Rißverläufe, aber auch Mischformen auf (Bild 5.1 – 5.3). Als charakteristisch ist eine ausgeprägte Verästelung oder Verzweigung der wenig klaffenden

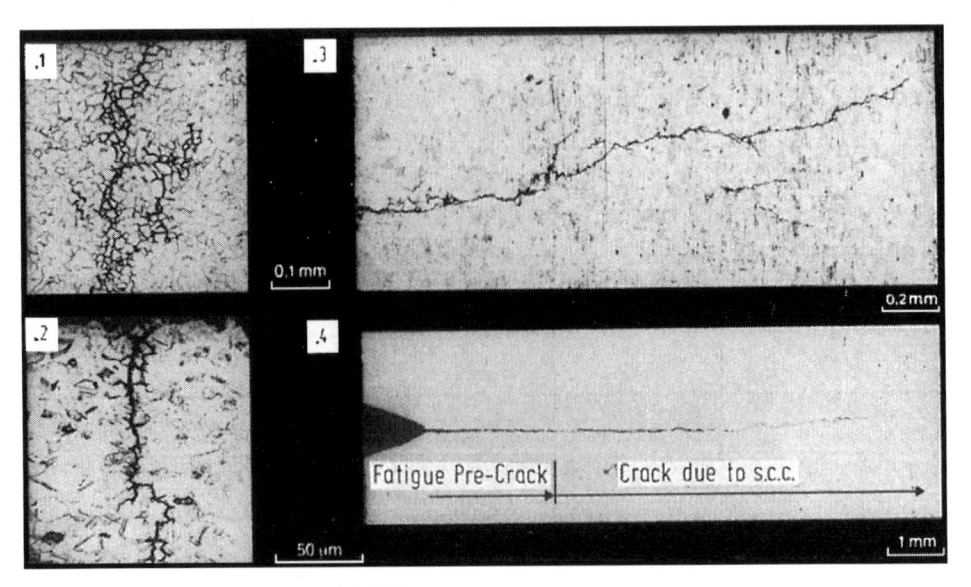

Bild 5: Beispiele für Rißverläufe bei SpRK.

Haupt- und Nebenrisse anzusehen, obwohl in seltenen Fällen auch ein geradliniger Verlauf beobachtet wird (Bild 5.4).

Auch im Schliffbild sind Korrosionsprodukte oft nicht zu erkennen.

2.2.3 Bruchflächencharakteristika im REM

Makrofraktographisch ist, neben dem spröden Charakter, oft auffallend, daß SpRK-Risse halbelliptisch von einem oder mehreren Ausgangspunkten an der mediumbenetzten Oberfläche des Bauteiles in den Werkstoff hineingewachsen sind. Mikrofraktographisch werden bei transkristallinen Rissen Quasispaltbrüche festgestellt, die z.T. charakteristische feder- oder fächerartige Strukturen in Bruchfortschrittsrichtung besitzen, während bei interkristallinen Rissen glatte Korngrenzflächen ohne Duktilitätsmerkmale auftreten (Bild 6.1 – 6.3). Bei H-ind. SpRK mit interkristallinem Rißverlauf sind manchmal die charakteristischen Merkmale eines Wasserstoffversprödungsbruches, wie klaffende Korngrenzen, Mikroporen und duktile Grate in Form von „Krähenfüßchen" zu erkennen (Bild 6.4, 6.5, vgl. auch Kapitel: Schäden durch Wasserstoff, S. 255 ff).

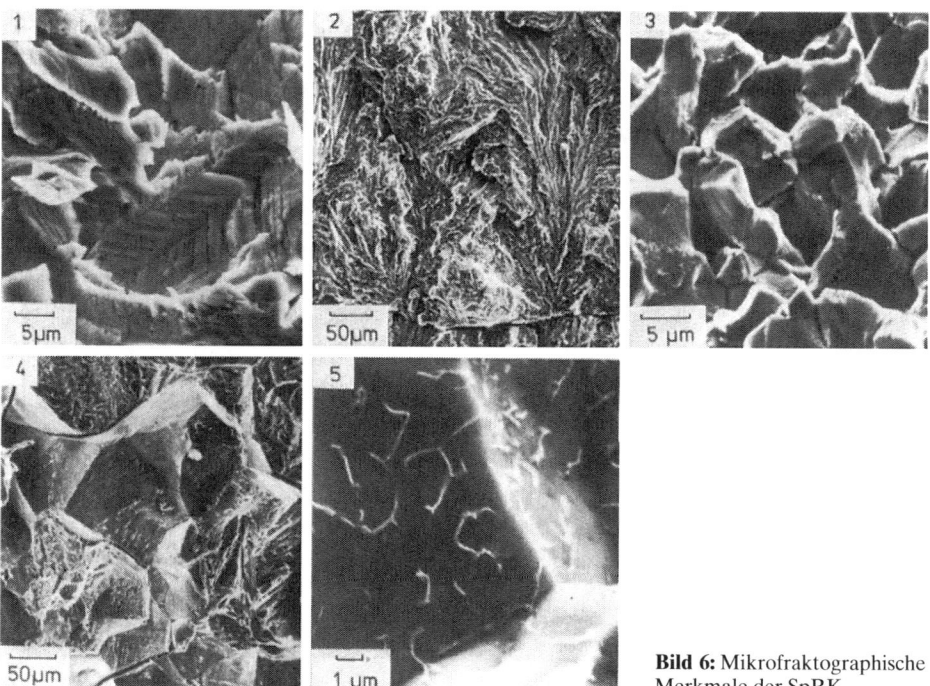

Bild 6: Mikrofraktographische Merkmale der SpRK.

2.3 Maßnahmen zur Schadenverhütung

Da die rißauslösende Zugbeanspruchung bei der *herkömmlichen SpRK* häufig weit unterhalb der Streckgrenze liegt und manchmal in Form von Eigenspannungen im Bauteil gegeben ist, wird eine zuverlässige Schadenverhütung selten allein durch Begrenzung der mechanischen Belastung erreicht. Als allgemein vorbeugend kann jedoch das Spannungsarmglühen von geschweißten Komponenten angesehen werden. Als weitere Maßnahme gilt das gezielte Einbringen von Druckeigenspannungen in die Werkstoffoberfläche bei mediumberührten Komponenten durch Strahlen mit Feststoff. Dabei muß dafür gesorgt werden, daß die so erzeugte SpRK-beständige Oberflächenschicht nicht durch andere Vorgänge (z. B. Erosion) abgetragen wird.

Die Hauptmaßnahmen gegen das Auftreten herkömmlicher SpRK sind die Auswahl eines für das gegebene Betriebsmedium geeigneten SpRK-beständigen Materials sowie die Überwachung aller in Kontakt mit dem Bauteil kommenden Flüssigkeiten auf SpRK-auslösende Verunreinigungen. In diesem Zusammenhang sei erwähnt, daß SpRK-Schäden an hochwertigen Werkstoffen mehrmals beim Bau oder während der Inbetriebnahme von Anlagen aufgetreten sind, weil in diesem Zeitraum im Gegensatz zum späteren Betrieb schlecht definierte wasserchemische Verhältnisse geherrscht haben.

Bei der Vermeidung von *H-ind. SpRK* steht die geeignete Werkstoffauswahl, die korrekte Wärmebehandlung und die sachgemäße Fertigung von Komponenten im Vordergrund. Allgemeine Richtlinien zur Verhütung der H-ind. SpRK bei der Beaufschlagung von Stählen mit Sauergas wurden in den Vereinigten Staaten ausgearbeitet und sehen die Einhaltung eines höchstzulässigen Härtewertes von 22 HRC (entsprechend 245 HV 5) vor. Jedoch sind die Einsatzbedingungen hier mediumseitig als besonders kritisch anzusehen. So wird für Komponenten aus niedriglegiertem Stahl im Kraftwerksbereich z. B. ein SpRK-Härtegrenzwert von 350 HV oft angegeben, da diese in Kontakt mit neutralem oder leicht alkalischem Wasser hoher Reinheit stehen. Werden sehr hochfeste Werkstoffe eingesetzt, muß zur Vermeidung von H-ind. SpRK jegliches Korrosionsmedium (auch Kondensat und Feuchtigkeit) von den betroffenen Teilen ferngehalten werden.

Als Sonderfall bei beiden Arten der SpRK gilt die Schadenverhütung durch Änderung der elektrochemischen Bedingungen im System. Dies kann z. B. durch Anwendung des kathodischen oder anodischen Schutzes, durch Änderungen im Redoxpotential des Mediums oder in Ausnahmefällen durch Zugabe von Inhibitoren erfolgen.

3. Spannungsinduzierte Korrosion und dehnungsinduzierte Rißkorrosion (DRK)

3.1 Begriffsentstehung und mechanistische Deutung

Bei der sog. *„spannungsinduzierten" Korrosion* handelt es sich um eine Angriffsform, die an wasserberührten Kesselteilen aus niedriglegierten Stählen (insbesondere an Lochleibungen und Rohrbögen) vor einiger Zeit häufig festgestellt wurde. Der ursprünglich vermutete Korrosionsmechanismus ist in Bild 7 schematisch dargestellt. Demzufolge findet zunächst an Stellen hoher Spannungskonzentration (z. B. Wurzelkerben an Schweißnähten) eine örtliche Störung der Magnetitschutzschicht auf der wasserbenetzten Stahloberfläche statt. Durch spätere korrosive Beanspruchung während Stillstandsphasen kommt es an solchen Stellen zur Bildung von Korrosionsgrübchen oder sog. „Auskolkungen", die bei nachfolgender Wechselbelastung des Teiles Rißbildung durch Ermüdung ermöglichen. Beim wiederholten Wechsel von Stillstands- und Betriebsphasen können „perlenschnurartige" Risse gebildet werden, wobei die im Riß vorhandenen Auskolkungen der Stillstandskorrosion zuzuordnen sind. Offen blieb zunächst, inwieweit die mechanische Wechselbeanspruchung hier hoch- oder niederzyklisch ist.

Praxisnahe Versuche haben gezeigt, daß die Schutzschichtstörung eher dehnungs- als spannungsbedingt ist. Weiterhin wird eine Beteiligung von korrosiven Vorgängen auch an der eigentlichen Rißbildung vermutet, so daß aus heutiger Sicht die spannungsinduzierte Korrosion besser als ein Sonderfall der *dehnungsinduzierten Rißkorrosion* (7) zu betrachten ist. Unter dem neueren Begriff ist eine transkristalline Korrosionsrißbildung in un- und niedriglegierten Stählen durch reines Hochtemperaturwasser infolge einer langsamen Zunahme der *örtlichen* plastischen Materialdehnung zu verstehen. Sie findet entweder ohne schwingende Belastung statt bzw. steht höchstens im Zusammenhang mit einer sehr niedrigen Zahl von zeitlich unterbrochenen Lastzyklen (z. B. An- und Abfahr-Transienten).

Der eigentliche Mechanismus der Werkstofftrennung an der Rißspitze bei dehnungsinduzierter Rißkorrosion ist noch mehrdeutig: In Zusammenhang mit Gleitvorgängen sind sowohl anodische Auflösung als auch kathodische Wasserstoffaufnahme denkbar.

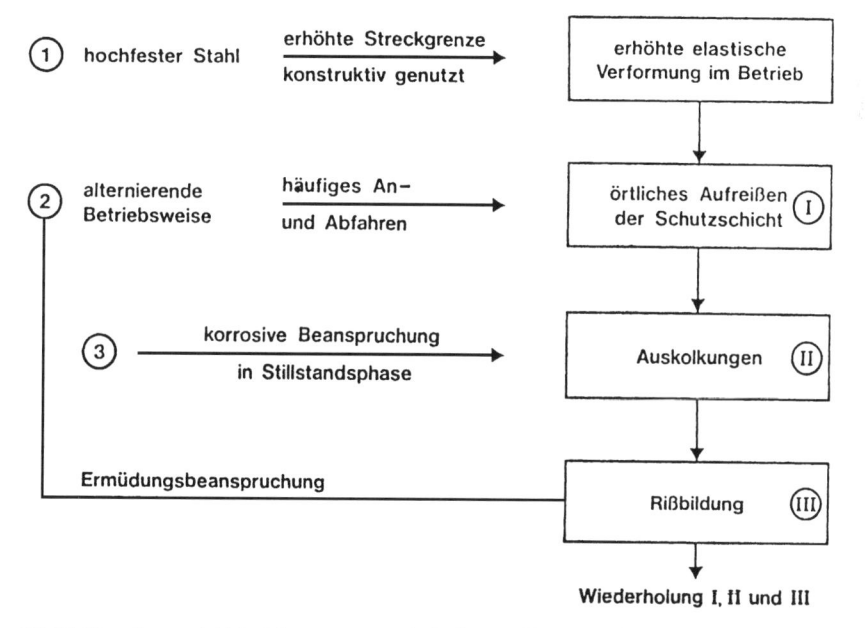

Bild 7: Ursachen und Ablauf der „spannungsinduzierten" Korrosion (schematisch, nach Düren et al. (6)).

3.2 Charakteristische Merkmale der dehnungsinduzierten Rißkorrosion für die Schadenanalyse

Typisch für dehnungsinduzierte Rißkorrosion ist, daß die Risse von Korrosionsgrübchen ausgehen und einen transkristallinen Verlauf mit von Eisenoxid stark belegten Rißflanken sowie z. T. Auskolkungen zeigen (Bild 8).

Bei der fraktographischen Untersuchung gereinigter Bruchflächen sind bei hoher Vergrößerung eventuell sog. Fliederungen als Zeichen der Gleitstufenaktivität zu erkennen.

3.3 Maßnahmen zur Schadenverhütung

Die DRK beschränkt sich auf un- bzw. niedriglegierte Stähle, jedoch ist sie – im Gegensatz zu den oben beschriebenen SpRK-Arten – nicht weiter durch die Werkstoffauswahl zu beeinflussen. Obwohl mediumseitige Gegenmaßnahmen (z. B. verminderter O_2-Gehalt oder erhöhte Strömung) möglich sind, wird bei DRK der mechanischen Belastung die Hauptbedeutung beigemessen (8). Als allgemeine Maßnahmen zur Schadenverhütung gelten Optimierung der Schweißtechnik (z. B. Entschärfung von Wurzelkerben, Abbau von Eigenspannungen durch Spannungsarmglühen) und Vermeidung von Zusatzbelastungen durch thermische oder mechanische Spannungen. Im Einzelfall muß anhand einer Belastungsanalyse (sowie gegebenenfalls Dehnungsmessungen im Betrieb) für eine Herabsetzung der Beanspruchung einer Komponente gesorgt werden, um eine Beschädigung der schützenden Magnetitschichten durch örtliches Fließen des Werkstoffes mit kritischen Dehnraten zu vermeiden.

Aus der Sicht des Ingenieurs stellt die dehnungsinduzierte Rißkorrosion einen Grenzfall der Schwingungsrißkorrosion dar, bei dem sich die Frequenz der zyklischen Belastung dem Nullwert nähert.

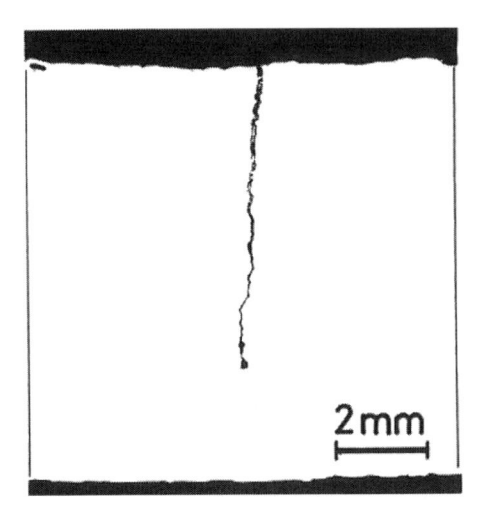

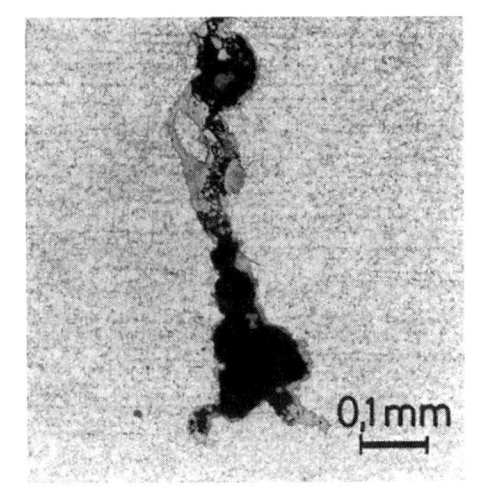

Bild 8: Dehnungsinduzierte Rißkorrosion an einem ferritischen Stahl.

4. Schwingungsrißkorrosion (SwRK)

4.1 Definition, Voraussetzungen und Auswirkungen

Laut DIN 50 900 ist Schwingungsrißkorrosion (älterer Begriff: Korrosionsermüdung) eine „transkristalline verformungsarme Rißbildung in Metallen bei Zusammenwirken von mechanischer Wechselbeanspruchung und Korrosion". Dementsprechend sind die Voraussetzungen für SwRK überall dort erfüllt, wo wechselbeanspruchte Bauteile gleichzeitig einem Medium (und hierzu zählt unter Umständen feuchte Luft) ausgesetzt werden. Es wird somit klar, daß es in der Praxis auf das Ausmaß der Einleitung und/oder Beschleunigung einer Rißbildung durch Korrosion ankommt. Hier unterscheidet man zwischen SwRK im Bereich der Dauer- und der Zeitfestigkeit eines Materials, also zwischen hoch- und niederzyklischer SwRK.

4.1.1 Hochzyklische SwRK

Der Einfluß der Korrosion bei hochzyklischer SwRK wird anhand des bekannten Wöhler-Diagrammes dargestellt:

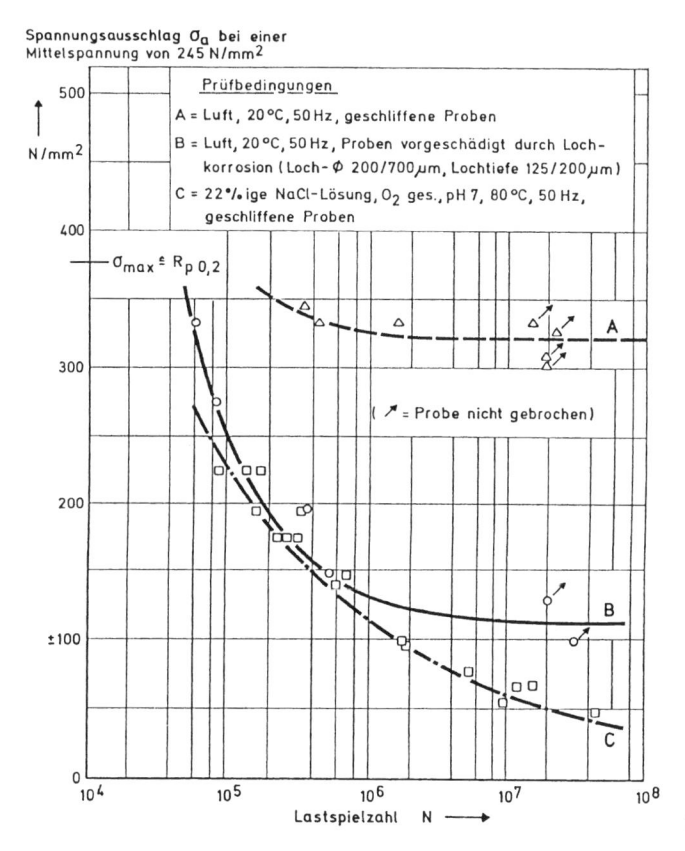

Bild 9: Einfluß der Korrosion auf die Dauerschwingfestigkeit des Stahles X 20 Cr 13.

Eine *Vorschädigung* der Werkstoffoberfläche durch Korrosion (z. B. Stillstands- oder Lochkorrosion) bewirkt eine Herabsetzung der Dauerschwingfestigkeit des Materials im inerten Medium, die durch erhöhte Kerbwirkung erklärt werden kann (Kurve B). Dagegen führt eine *gleichzeitige* Korrosionsbeanspruchung zum Verlust der lastspielzahlunabhängigen Dauerschwingfestigkeit: Es kann nunmehr nur eine Schwingfestigkeit angegeben werden, die für eine bestimmte Zyklenzahl gilt (Kurve C).

Die Hauptparameter, die die hochzyklische SwRK beeinflussen, sind Frequenz und Mittelspannung. Da die Korrosionsvorgänge eher zeit- als zyklenzahlabhängig sind, nimmt der Grad der Schwingfestigkeits-Beeinträchtigung mit abnehmender Frequenz deutlich zu. Obwohl die Verminderung der Dauerfestigkeit durch Korrosion in einem weiten Bereich unabhängig von positiver Mittelspannung sein kann, wirken sich Druckvorspannungen auf die Korrosionsschwingfestigkeit, wie ebenfalls auf die Dauerschwingfestigkeit in inerten Medien, durchwegs positiv aus.

Von Bedeutung für die Praxis ist der Befund, daß sich die Kerbwirkungszahlen von mechanischen und korrosionsbedingten Kerben multiplikativ überlagern können, d. h. es sind hohe Formfaktoren möglich.

4.1.2 Niederzyklische SwRK

Niederzyklische SwRK findet in einem Bereich der Materialfestigkeit statt, in dem die Streckgrenze während der zyklischen Beanspruchung zeitweise überschritten wird. Daher kommt es im Werkstoff zu örtlich begrenzten Fließvorgängen. Der beschleunigende Einfluß der Korrosion geht am deutlichsten aus einer bruchmechanischen Betrachtung der Abhängigkeit des Rißwachstums pro Zyklus da/dN von der Schwingbreite der Spannungsintensität ΔK hervor (Bild 10).

Bei inertem Medium gilt das Paris'sche Gesetz

$$da/dn = C \cdot \Delta K^m$$

mit C und m = Konstanten, d. h. im doppellogarithmischen Maßstab ergibt sich eine Gerade. Unter entsprechenden Versuchsbedingungen macht sich niederzyklische SwRK durch eine Verschiebung der Linien bzw. durch eine Änderung der Kurvenform bemerkbar.

Einige Parameteränderungen, die zu einer korrosionsbedingten Beschleunigung des Rißwachstums führen können, sind:
– Erhöhung der Aggressivität des Mediums (u. a. durch Änderung von Temperatur, pH-Wert, Sauerstoffgehalt, elektrochemischem Potential)
– Erniedrigung der Frequenz der Wechselbelastung
– Änderung der Wellenform der zyklischen Beanspruchung
– Erhöhung der Mittellast (ausgedrückt durch das sog. R-Verhältnis = K_{min}/K_{max}).

Versuchsbedingungen				
Kurve	Medium	Frequenz (Hz)	Wellenform	$R = \dfrac{K_{min}}{K_{max}}$
A	Luft	0,017 oder 1,0	Sinus oder Dreieck	0,2 oder 0,7
B	Wasser	1,0 0,017	Sinus oder Dreieck Dreieck	0,2 oder 0,7
C	Wasser	0,017	Sinus	0,2
D	Wasser	0,017	Sinus	0,7

$\dfrac{da}{dN}$ = Rißwachstum pro Zyklus

ΔK = Schwingbreite der Spannungsintensität

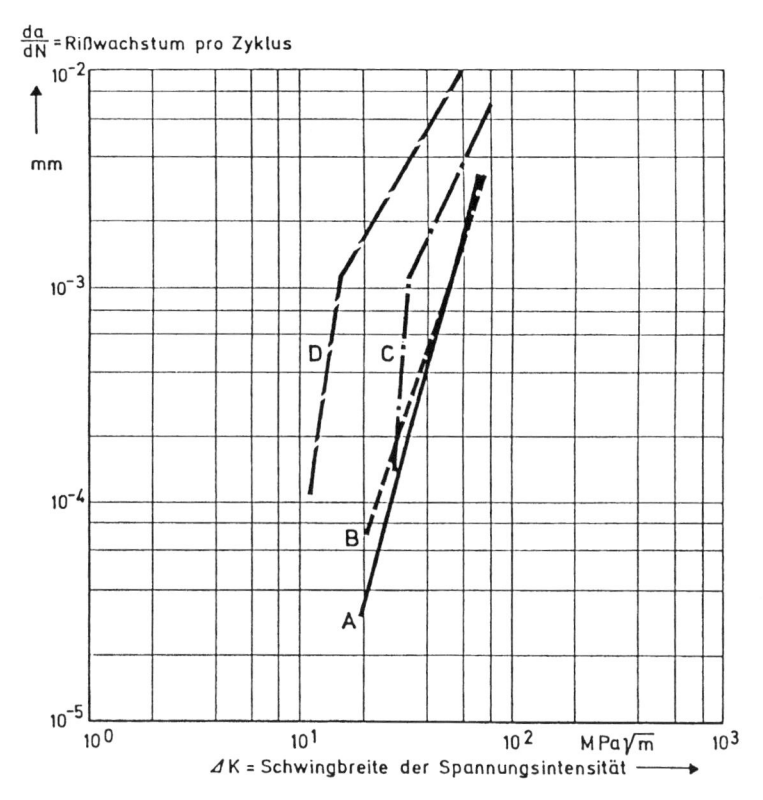

Bild 10: Niederzyklische SwRK am Beispiel des RDB-Stahles A 533-B ($\triangleq$ 22 NiMoCr 37) unter verschiedenen Bedingungen bei 288 °C.

4.2 Charakteristische Merkmale der SwRK für die Schadenanalyse

Die Merkmale der SwRK unterscheiden sich, je nachdem ob das Metall sich bei der Wechselbelastung elektrochemisch im „aktiven" oder „passiven" Zustand befindet (9).

4.2.1 SwRK im aktiven Zustand

Typisch für SwRK im aktiven Zustand ist ein Oberflächenangriff durch Korrosion, meist in Form von Grübchen, von denen aus Risse in den Werkstoff hineinwachsen. Im Schliffbild sind Korrosionsprodukte sowohl in den Grübchen als auch an den Rißflanken zu erkennen. Der Rißverlauf ist fast ausschließlich transkristallin und wenig verästelt oder verzweigt, wobei im Gegensatz zur Ermüdung ohne Korrosionsmedium mehrere parallel laufende Risse häufig auftreten (Bild 11).

Bei der fraktografischen Untersuchung fällt auf, daß die Bruchflächen im Vergleich zum normalen Dauerbruch häufig wesentlich stärker zerklüftet sind (insbesondere bei niederzyklischer SwRK). Obwohl der Rißausgangspunkt an der Werkstoffoberfläche und die Rißfortschrittsrichtung meistens zu erkennen sind, fehlen oft bei SwRK im aktiven Zustand die für Wechselbeanspruchung charakteristischen Schwingungsstreifen im mikrofraktographischen Bruchbild (Bild 12).

4.2.2 SwRK im passiven Zustand

Bei der SwRK im passiven Zustand ist ein Korrosionsangriff weder an der Metalloberfläche noch im Riß zu erkennen. Die Risse gehen häufig unmittelbar von der Oberfläche aus und verlaufen sehr gradlinig. Fraktographisch ist mit überwiegend glatten Bruchflächen zu rechnen, die Schwingungsstreifen wie bei der Ermüdung in inerten Medien aufweisen (Bild 13).

Da unter Umständen nur ein Riß gebildet wird, ist es bei der Schadenanalyse häufig nicht möglich, eine Beteiligung der Korrosion an der Beschädigung eines Bauteiles im passiven Zustand durch Rißbildung unter Wechselbeanspruchung festzustellen. Oft erge-

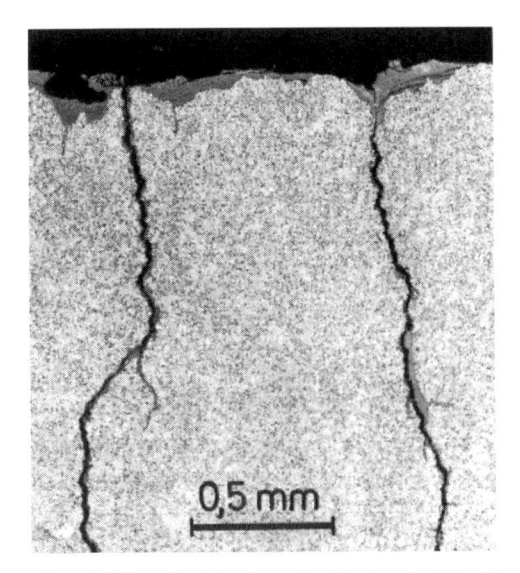

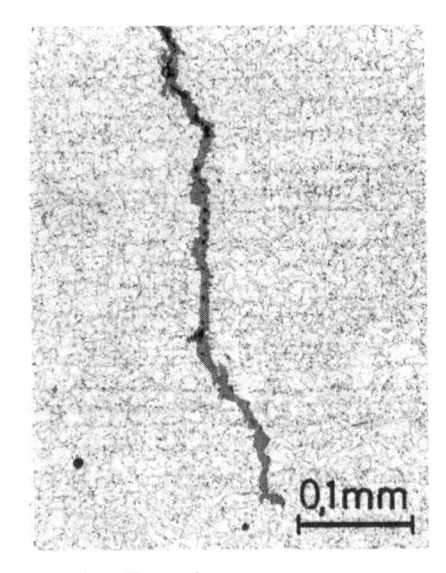

Bild 11: Rißverläufe in einem ferritischen Stahl bei SwRK im aktiven Zustand.

Bild 12: Fraktographische Merkmale der SwRK im aktiven Zustand bei einem ferritischen Stahl.

ben sich erste Verdachtsmomente durch eine Belastungsanalyse der Komponenten, wenn festgestellt wird, daß die Dauerschwingfestigkeit in Luft nicht überschritten wurde. Das Vorliegen von SwRK ist dann am ehesten durch simulierende Versuche nachzuweisen.

4.2.3 Schwingungsstreifen

Die Feststellung Schwingungsstreifen (linienartige Markierungen, etwa senkrecht zur Bruchfortschrittsrichtung, die sich über mehrere Kornbreiten bis zur gesamten

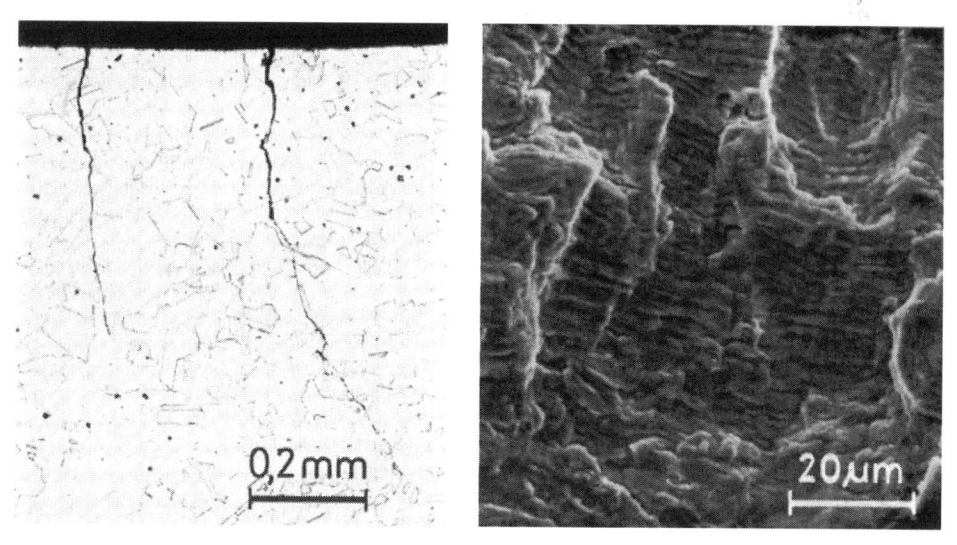

Bild 13: SwRK im passiven Zustand bei einem austenitischen Stahl.

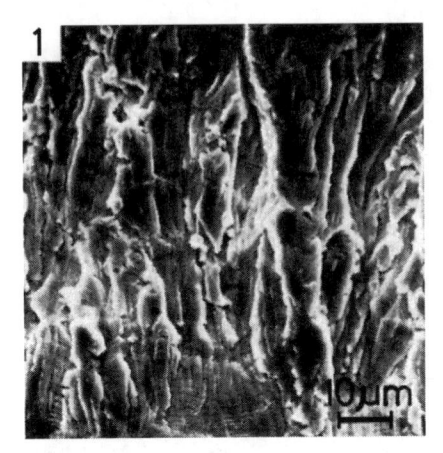

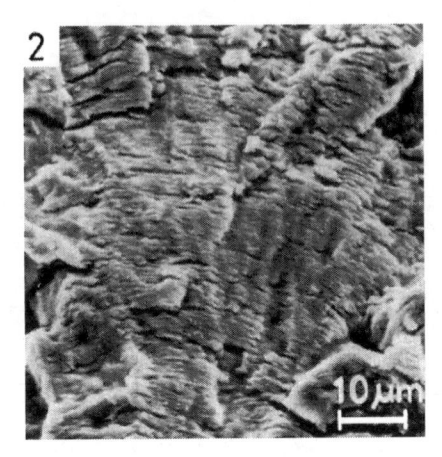

Bild 14: Vortäuschung von Schwingungsstreifen bei diskontinuierlichem Wachstum eines SpRK-Risses sowie unregelmäßige Streifenbildung bei niederzyklischer SwRK.

Rißbreite erstrecken) auf einer Schadenbruchfläche wird als eindeutiger Beweis für das Vorliegen einer mechanischen Wechselbelastung angesehen. Wenngleich dies meistens zutrifft, ist bei der Korrosionsrißbildung unter Umständen Vorsicht geboten, da z. B. ein SpRK-Riß, der diskontinuierlich wächst, zu ähnlichen mikrofraktographischen Bruchflächenerscheinungen führen kann. Solche „Rastlinien" treten häufig auch makrofraktographisch bei allen Arten der Korrosionsrißbildung auf, bei denen Änderungen der Rißfortschrittsgeschwindigkeit stattfinden. Weiterhin ist (bei tatsächlicher Wechselbeanspruchung) das Zählen von Schwingungsstreifen, um Rückschlüsse auf die zum Schaden führende Zyklenzahl zu ziehen, bzw. die Bestimmung des Streifenabstandes, um auf die Rißwachstumsgeschwindigkeit zu schließen, nur bedingt zulässig, da nicht für jeden Zyklus ein Streifen entstehen muß. Dies gilt insbesondere für niederzyklische SwRK.

4.3 Maßnahmen zur Schadensverhütung

Die Hauptmaßnahme zur Schadenverhütung bei SwRK besteht darin, die mechanische Belastung eines mediumbenetzten, wechselbeanspruchten Bauteiles so weit herabzusetzen, wie dies technisch und wirtschaftlich möglich ist (10). Hierbei muß an die örtliche Belastung gedacht werden, d. h. die Rolle von Kerben, Form und Gefügeänderungen usw. darf nicht außer Acht gelassen werden. Weiterhin kann unter Umständen eine differenzierte Betrachtung nach Spannungsausschlag, Mittelspannung, Frequenz, Wellenform usw. erforderlich sein.

Als allgemeine Abhilfemaßnahme gilt die Erzeugung von Druckeigenspannungen in der Bauteiloberfläche (z. B. durch eine Strahlung mit Feststoffen). Manchmal kann dies auch durch Beschichtungen erreicht werden, wobei gleichzeitig das Medium vom Trägerwerkstoff ferngehalten wird. Jedoch ist hierbei zu bedenken, daß Beschichtungsfehler einen SwRK-Angriff lokalisieren und dadurch auch beschleunigen können.

Eine weitere Möglichkeit der Schadenverhütung besteht in Änderungen der Korrosionseigenschaften des Systems Werkstoff/Medium, z. B. durch die Wahl eines korrosionsbeständigeren Materials (jedoch ist Vorsicht beim Übergang von SwRK im aktiven Zustand in SwRK im passiven Zustand geboten) oder durch die Zugabe eines Korrosionsinhibitors. Hierbei kommt auch die Anwendung des kathodischen Schutzes in Frage.

Bei vielen Maßnahmen, die auf Änderungen der Eigenschaften an der Phasengrenze Werkstoffoberfläche/Medium zielen, ist zu bedenken, daß sie höchstens die Bildung eines Anrisses durch SwRK vermeiden können, nicht aber die Ausbreitungsgeschwindigkeit eines vorhandenen Risses beeinflussen.

5. Erosionskorrosion

Die in der DIN-Norm 50 900 enthaltene Definition der Erosionskorrosion („Zusammenwirken von mechanischer Oberflächenabtragung (Erosion) und Korrosion, wobei die Korrosion durch Zerstörung von Schutzschichten als Folge der Erosion ausgelöst wird") ist als Oberbegriff anzusehen (11), der zweckmäßig in folgende Formen unterteilt werden kann:

5.1 Strömungsbeeinflußte Korrosion

Unter strömungsbeeinflußter Korrosion ist ein oberflächlicher Materialabtrag an deckschichtbildenden Metallen und Legierungen zu verstehen, der durch auflösende Korrosion unter konvektiver Wirkung reiner Flüssigkeitsströmung entsteht:

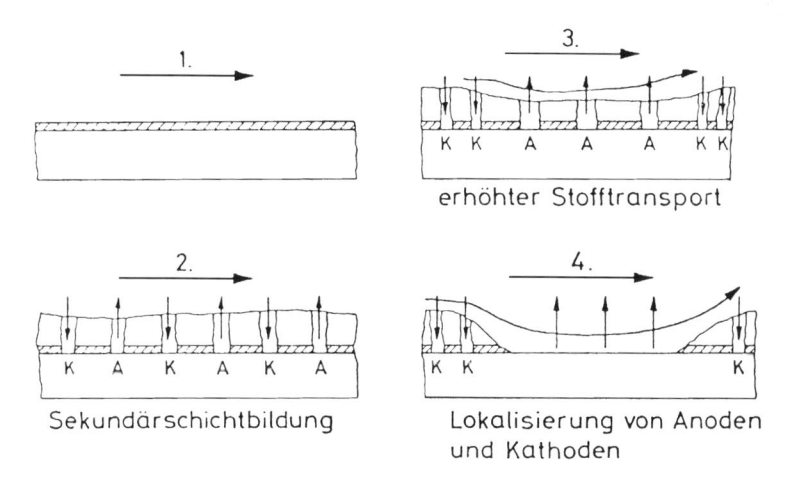

Bild 15: Entstehung der Erosionskorrosion (nach Loss und Heitz (12)).

246 *Korrosionsschäden bei zusätzlicher mechanischer Beanspruchung*

Strömungsbeeinflußte Korrosion wird beeinflußt von
- der Korrosionsrate des Systems Werkstoff/Medium (Korrosionskomponente)
- der Sherwood-Zahl der Strömungsart (Strömungsgeometrie), die den konvektiven Stofftransport an der Metalloberfläche charakterisiert (Strömungskomponente)
- der Struktur der Schutzschicht (Werkstoffkomponente).

Die Erscheinungsform der strömungsbeeinflußten Korrosion ist gekennzeichnet von
- makroskopisch glatten Abtragszonen mit metallisch glänzendem Aussehen (hohes Reflexionsvermögen) in unangegriffenen Nachbarbereichen mit erkennbaren Deckschichten. Die Konturen sind weich. Bei hohen Strömungsgeschwindigkeiten können Furchen hervortreten.

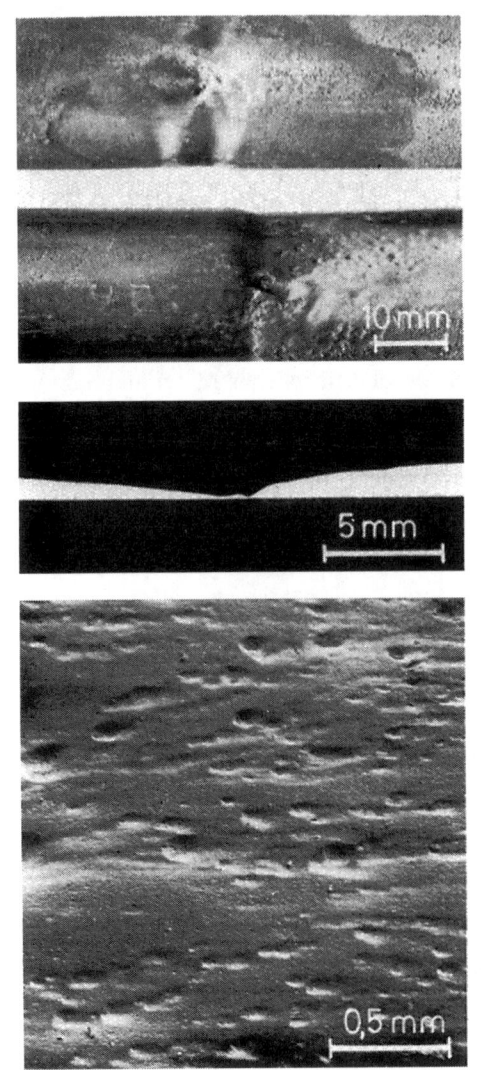

Bild 16: Strömungsbeeinflußte Korrosion im Ringspalt der Umlenkbleche eines ND-Vorwärmers (Rohrwerkstoff: St 35.8).

- im mikroskopischen Bild, insbesondere in der rasterelektronenmikroskopischen Oberflächenbildung, wird eine unregelmäßige zerklüftete Struktur mit Korrosionsvertiefungen in glatten Bereichen (Mikroelemente) erkenntlich.
- Das Produkt des Angriffs ist immer ein Oxidationsprodukt des abgetragenen Metalles, nie Metall selbst.

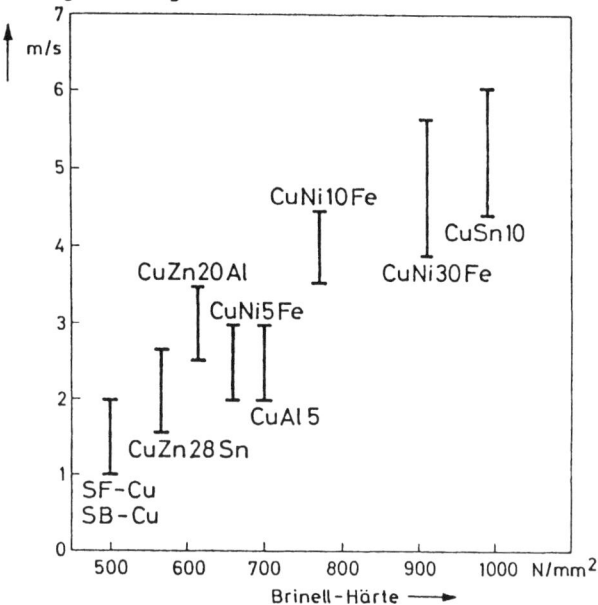

Bild 17: Maximal zulässige Wassergeschwindigkeit für verschiedene Rohrwerkstoffe (nach Sick (13)).

Zur Vermeidung strömungsbeeinflußter Korrosion bieten sich je nach Schwerpunkt der Schadenursachen verschiedene Möglichkeiten an, wie z. B.:
- Auswahl eines beständigeren Werkstoffes (siehe Bild 17).
- Herabsetzung der Korrosionsgeschwindigkeit durch mediumseitige Änderungen (z. B. im pH-Wert, Sauerstoffgehalt, durch kathodischen Schutz usw.).
- Herabsetzung der Strömungsgeschwindigkeit und/oder Einstellung einer günstigeren Strömungsgeometrie durch Konstruktionsänderungen.

5.2 Flüssigkeitsaufprallerosion (z. B. Tropfenschlag)

Unter Flüssigkeitsaufprallerosion ist ein Materialabtrag von festen Oberflächen zu verstehen, der durch den Aufprall von Flüssigkeitstropfen aus einer Gasströmung oder eines Flüssigkeitsfreistrahles entsteht (zweiphasige Erosionskorrosion), vgl. z. B. (14).

An der Auftreffstelle verursacht der große Flächendruck, je nach Duktilität des Materials, entweder plastische Verformungen mit Kraterbildung oder direkt kreisförmige Risse im Material wegen Überschreitung der Druckfestigkeit. Nachfolgende

248 *Korrosionsschäden bei zusätzlicher mechanischer Beanspruchung*

Flüssigkeitstropfen vertiefen bzw. erweitern diese Risse unter Druckschwellbeanspruchung. Durch Vereinigung mehrerer derartiger Risse zu Ausbrüchen erfolgt der eigentliche Materialabtrag.

Flüssigkeitsaufprallerosion wird wesentlich beeinflußt von
– der Übertragung der kinetischen Energie der Flüssigkeit auf die Materialoberfläche (z. B. Tropfengröße, Relativgeschwindigkeit)
– dem plastischen Verformungsverhalten des Materials unter Druck und Druckschwellbeanspruchung.

Die Erscheinungsform der Flüssigkeitsaufprallerosion wird in starkem Maße vom Werkstoff bestimmt. Weitgehend korrosionsbeständige Werkstoffe weisen eine rauhe, zerklüftete Oberfläche auf, die durch Ausbruch von Materialpartikeln entsteht. Unlegierte und niedriglegierte Stähle zeigen dagegen glatte, metallisch glänzende Abtragungszonen, weil hier auflösende Korrosion an der Einebnung der Oberfläche wesentlich beteiligt ist. Makroskopisch ist kein Unterschied zur strömungsbeeinflußten Korrosion vorhanden. In hoher Vergrößerung zeigt sich dagegen ein charakteristischer Unterschied: In der völlig glatten Oberfläche sind die Perlitinseln ausgebrochen (Hindernisse der Radialströmung).

Bei Flüssigkeitsaufprallerosion ist das Abtragprodukt faktisch identisch mit dem Material der Oberfläche; im Falle von Stahl also metallische Stahlpartikel (wichtiges Unterscheidungsmerkmal zur strömungsbeeinflußten Korrosion). Flüssigkeitsauf-

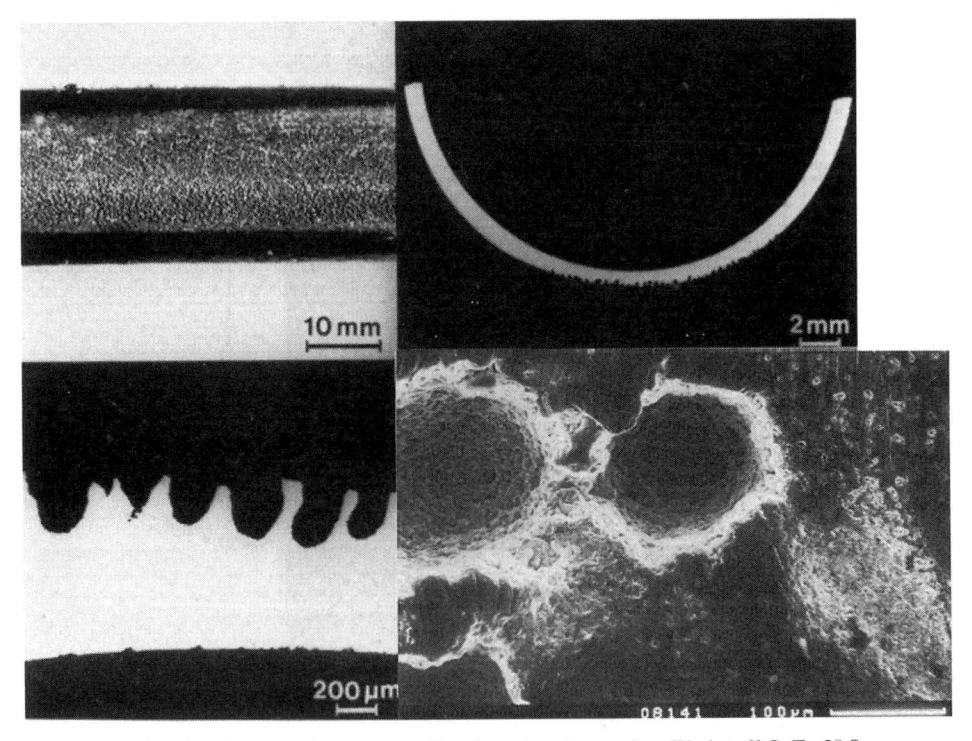

Bild 18: Flüssigkeitsaufprallerosion an einem Kondensatorrohr aus dem Werkstoff CuZn 28 Sn.

prallerosion läßt sich durch Änderung der korrosionschemischen Parameter nicht nennenswert beeinflussen. Neben der Herabsetzung der Strömungsgeschwindigkeit und Tropfengröße durch konstruktive Maßnahmen werden die Probleme fast immer gelöst, wenn die nächst bessere Werkstoffgruppe gewählt wird (z. B. bei un- und niedriglegiertem Stahl → ferritischer Chromstahl, oder bei ferritischem Chromstahl → austenitische Chromnickelstähle oder verschleißfeste Auftragspanzerungen).

5.3 Feststoffaufprallerosion

Die Feststoffaufprallerosion kann auch als Sonderfall der Reibkorrosion angesehen werden und wird gelegentlich als Strahl-, Abrasions- oder Erosionsverschleiß bezeichnet. Darunter ist die mechanische und chemische Einwirkung einer schnellströmenden, feststoffhaltigen Flüssigkeit auf eine Metalloberfläche zu verstehen, wobei dem Aufprallwinkel, mit dem die Feststoffteilchen auf die Metalloberfläche treffen, besondere Bedeutung beizumessen ist. Bei harten Werkstoffen sind große Aufprallwinkel besonders schädigend. Dagegen zeigen weiche Metalle meist bei kleinen Winkeln einen höheren Abtrag.

Trotz der industriellen Bedeutung der Feststoffaufprallerosion sind ihre Eigenschaften und Gesetzmäßigkeiten wenig erforscht. Maßgebend für das Ausmaß des Angriffes beim konstanten Winkel ist die kinetische Energie der Partikel.

Im Vergleich zur Flüssigkeitsaufprallerosion ist die Feststellung von Fremdmaterial in der beschädigten Werkstoffoberfläche als unterscheidendes Merkmal bei der Schadenanalyse aufzuführen. Zur Schadenverhütung tragen aber in erster Linie ähnliche Maßnahmen bei, wobei dem Gehalt an in der Flüssigkeit suspendiertem Feststoff zusätzlich Bedeutung zukommt.

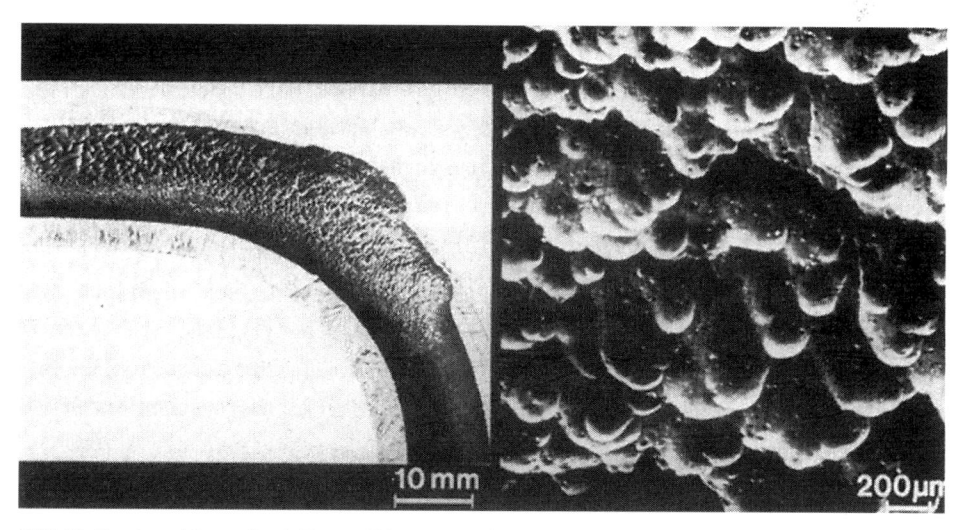

Bild 19: Erosiver Abtrag durch Feststoff (Eisenoxide) im Rohrkrümmer eines HD-Vorwärmers.

250 *Korrosionsschäden bei zusätzlicher mechanischer Beanspruchung*

6. Kavitationskorrosion

In DIN 50 900 wird Kavitationskorrosion definiert als das „Zusammenwirken von Flüssigkeitskavitation und Korrosion, wobei die Korrosion durch örtliche Verformung und auch durch Zerstörung von Schutzschichten als Folge der Kavitation ausgelöst wird".

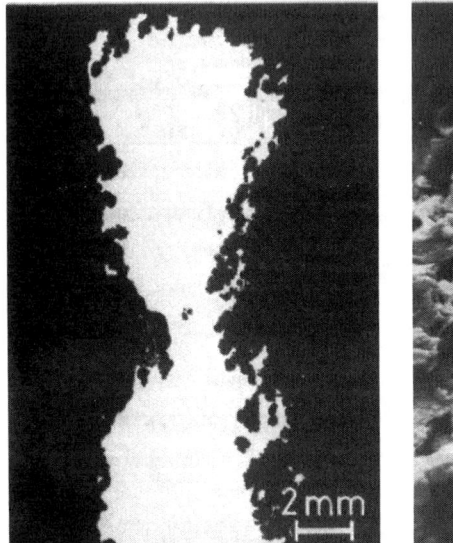

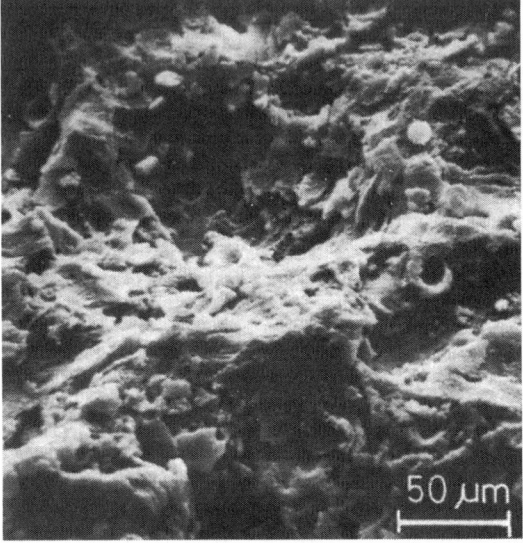

Bild 20: Kaviationskorrosion an einem Pumpenlaufrad aus dem Werkstoff G NiAlBz F60 nach Brackwassereinsatz.

6. Kavitationskorrosion

Der mechanische Angriff erfolgt durch implodierende Gasblasen, die sich in schnellströmenden Flüssigkeiten nach plötzlichen Druckerniedrigungen bilden können, falls der Druck den Dampfdruck des Mediums unterschreitet (14, 15). Durch wiederholte Blasenimplosionen an derselben Stelle entstehen zyklische Druckspannungen in der Metalloberfläche, die zu mikroskopischen Ermüdungsschädigungen führen. Obwohl rein mechanische Kavitationsangriffe auch bei nichtmetallischen Werkstoffen beobachtet werden, wird die Materialschädigung durch gleichzeitige Korrosionsbeanspruchung meistens erheblich verstärkt.

Es wird zwischen den Entstehungsformen der *Strömungskavitation* (Blasenbildung und -zusammenbruch an verschiedenen Stellen in der strömenden Flüssigkeit) und der *Schwingungskavitation* (Bildung und Zusammenbruch der Blasen im Bereich hochfrequenter schwingender Festkörperoberflächen) unterschieden. Im Gegensatz zur Schwingungskavitation tritt bei Strömungskavitation der höchste Materialabtrag oft erst am Ende der Kavitationszone auf.

Das Erscheinungsbild beider Formen der Kavitationskorrosion wird an mehreren Stellen erforscht (16). Im Schliffbild sind plastische Verformungen, Riß- und Kavernenbildung häufig zu erkennen. Der REM-Befund ist stark vom Ausmaß bzw. von der Einwirkungszeit der Kavitationsbeanspruchung abhängig, zeigt jedoch im allgemeinen zuerst plastische Verformung und Rißbildung und später die Entstehung von Kratern, die zum Teil der Wabenstruktur eines duktilen Bruches ähneln.

Die Hauptmaßnahme zur Schadenverhütung bei Kavitationskorrosion besteht in der Herabsetzung der mechanischen Komponente der Kavitation durch entsprechende Änderungen der hydraulischen Verhältnisse. Je nach Mediumbeanspruchung ist auch werkstoffseitig eine gewisse Abhilfe zu erzielen, wie am Beispiel der schwingenden Kavitation von Pumpenwerkstoffen in Meerwasser in Bild 21 dargestellt wird:

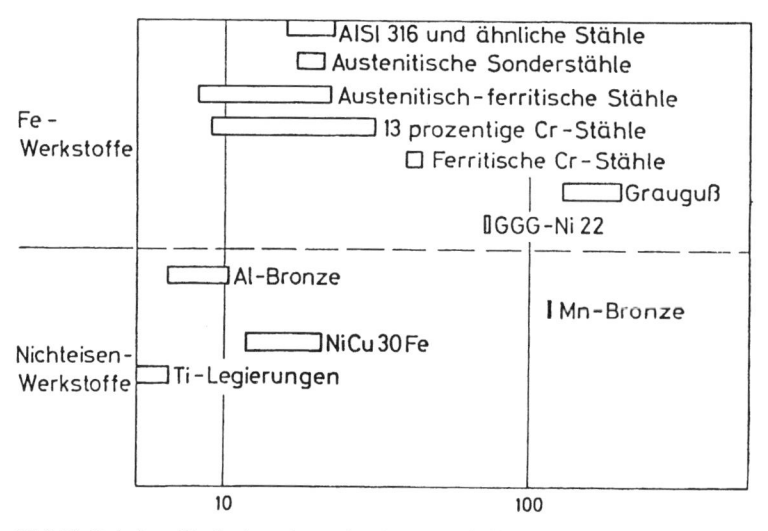

Bild 21: Relativer Kavitationsabtrag (nach Weber (11)).

252 *Korrosionsschäden bei zusätzlicher mechanischer Beanspruchung*

7. Reibkorrosion (Reiboxidation)

Laut DIN 50 900 ist Reibkorrosion (allgemein auch Korrosionsverschleiß genannt) eine „örtliche durch Reibung ohne äußere Wärmeeinwirkung stattfindende Korrosion an Metalloberflächen". Findet die Reibkorrosion in sauerstoffhaltiger Atmosphäre statt, wird sie häufig als Reiboxidation bezeichnet.

Im allgemeinen stehen die mechanischen Aspekte des Verschleißes im Vordergrund, die nach DIN 50 320 in folgende Verschleißmechanismen unterteilt werden:
– Adhäsion
– Abrasion
– Oberflächenzerrüttung
– Tribochemische Reaktionen

Streng genommen ist die Reibkorrosion somit dem letztgenannten Mechanismus zuzuordnen (vgl. auch S. 303 ff).

Die möglichen Wechselwirkungen zwischen Verschleiß und Korrosion sind zahlreich (als Sonderfall wurde z. B. die Feststoffaufprallerosion bereits genannt). Besonders wichtig ist bei passiv- oder deckschichtbildenden Werkstoffen die mechanische Entfernung der Schutzschichten, die zu einem erheblichen oder sogar totalen Verlust der Korrosionsbeständigkeit führen kann. Von Bedeutung sind auch Fälle, in denen die Reaktionsprodukte selbst zu einer Beeinträchtigung der Funktion des Bauteiles (z. B. Festfressen von Maschinenelementen) oder des gesamten Systems (z. B. Verunreinigung des Betriebsmediums) führen. Die Reibkorrosion kann ebenfalls bei der Einleitung von Ermüdungsrissen eine wesentliche Rolle spielen.

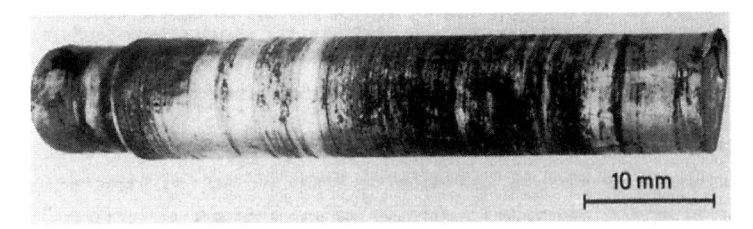

Bild 22: Reibkorrosion an einem Lagerzapfen aus einer Schneckenpresse infolge falscher Lagerpassung.

Allgemein kennzeichnend für Reibkorrosion bei der Schadenanalyse ist das Vorliegen von Reaktionsprodukten als Schichten oder Partikel (17). Ansonsten treten die für Verschleiß charakteristischen Merkmale auf:
- Adhäsion: Fresser, Löcher, Kuppen, Schuppen, Materialübertrag,
- Abrasion: Kratzer, Riefen, Mulden, Wellen,
- Oberflächenzerrüttung: Risse, Grübchen.

Bei der Schadenverhütung stehen allgemeine Maßnahmen gegen Verschleiß im Vordergrund. Manchmal sind diese jedoch auch mit einer Unterbindung der Korrosionsreaktion (z. B. Fernhaltung eines Korrosionsmediums durch Schmierstoffe) verbunden.

Literatur:

(1) H. Kaesche: Z.f.Metallkunde 67 (1967) 439.
(2) E. Wendler-Kalsch: Werkst. und Korr. 29 (1978) 703.
(3) R.N. Parkins: Br. Corros. J. 14 (1979) 5.
(4) J. Weber: Material und Technik (1976) No. 2, 87.
(5) P.-H. Effertz, P. Forchhammer, J. Hickling: VGB-Kraftwerkstechnik 62 (1982) 390.
(6) C. Düren et al.: Schweißen und Schneiden 26 (1974) 1.
(7) J. Hickling: Der Maschinenschaden 55 (1982) 95.
(8) J. Hickling, D. Blind: Nucl. Eng. and Design 91 (1986) 305.
(9) H. Spähn: VDI-Berichte Nr. 235 (1975) 103.
(10) K.-G. Schmitt-Thomas, A. Leidig: VDI-Berichte Nr. 235 (1975) 117.
(11) J. Weber: VDI-Berichte Nr. 365 (1980) 73.
(12) C. Loss, E. Heitz: Werkst. und Korr. 24 (1973) 38.
(13) H. Sick: Werkst. und Korr. 23 (1972) 12.
(14) H. Rieger: „Kavitation und Tropfenschlag", Werkstofftechnische Verlags-GmbH, Karlsruhe (1977).
(15) R.T. Knapp, J.W. Daily, F.G. Hammitt: „Cavitation", McGraw-Hill, Inc., New York (1970).
(16) S. Höss et al.: Werkst. und Korros. 31 (1980) 1.
(17) R.B. Waterhouse: „Fretting Corrosion", Pergamon Press, Oxford (1982).

Schäden durch Wasserstoff

Günter Lange, Institut für Werkstoffe, Technische Universität Braunschweig

1. Vorbemerkung

Wasserstoffbedingte Schäden beobachtet man in erster Linie an Bauteilen aus ferritischen bzw. martensitischen Stählen. Die Sensibilität einiger anderer Werkstoffe behandelt ein kurzer Überblick am Ende dieses Kapitels.

Der Wasserstoff kann bei den unterschiedlichsten Anlässen in den Stahl gelangen: beim Erschmelzen, beim Schweißen, beim Galvanisieren, beim Beizen, beim Kontakt mit Druckwasserstoff sowie mit wasserstoffhaltigen (Schutz-) Gasen oder Flüssigkeiten. Als weitere Quelle erweist sich häufig die kathodische Teilreaktion von Korrosionsprozessen, wenn der dort erzeugte atomare Wasserstoff durch Rekombinationsgifte am Übergang in den molekularen Zustand gehindert wird. Zu ihnen zählen u. a. Schwefelwasserstoff, Kohlenmonoxid, Cyanwasserstoffsäure, Thiocyanwasserstoffsäure sowie Hydride der Elemente Phosphor, Arsen, Antimon, Wismut, Selen oder Tellur, vgl. z. B. (1).

Die vielfältigen, vom Wasserstoff bewirkten Effekte beruhen im wesentlichen auf zwei Eigenschaften: seiner hohen Diffusionsgeschwindigkeit im Eisengitter und seiner Fähigkeit, sich sowohl atomar zu lösen als sich auch molekular oder atomar auszuscheiden. Bei Temperaturen zwischen 200 und 500 °C vermag der Wasserstoff darüber hinaus, Eisenkarbid zu Methan umzusetzen.

2. Atomarer und molekularer Wasserstoff

Infolge des geringen Durchmessers – Wasserstoff kann im Gitter als Proton aufgefaßt werden – übertrifft der gemessene, effektive Diffusionskoeffizient mit ca. 10^{-7} cm^2/s den des Kohlenstoffs um rund zehn Größenordnungen (α-Eisen bei Raumtemperatur). Beseitigt man die diffusionshemmenden inneren Fehlstellen, so steigt der Koeffizient auf Werte zwischen 10^{-4} und 10^{-5} cm^2/s an. Die hohe Beweglichkeit befähigt den Wasserstoff, sich relativ rasch in energetisch günstigen Lagen anzureichern, beispielsweise in elastisch aufgeweiteten Gitterbezirken. Hierzu zählen in erster Linie die Gebiete dreiachsigen Zugspannungszustandes vor Kerb- und Rißspitzen. Stähle mit hoher Streckgrenze und der damit verbundenen beträchtlichen elastischen Gitterdehnung erweisen sich aus diesem Grunde als besonders gefährdet. Als groben Richtwert für die kritische Kombination betrachtet man eine Zugfestigkeit ≥900 N/mm² bei einer Wasserstoffkonzentration von ca. 1 Ncm³/100 gFe. Martensitausgehärtete Stähle gelten als extrem anfällig.

Die verspödende Wirkung des gelösten Wasserstoffs äußert sich in einem spaltbruchartigen Versagen bei stark reduzierter Brucheinschnürung im Temperaturbereich zwischen etwa −70 °C und +140 °C. Die Ursachen sind noch nicht restlos geklärt. Gewöhnlich führt man den Effekt auf verminderte Kohäsionskräfte zwischen den Atomen des aufgeweiteten Gitters zurück; eine behinderte Versetzungsbewegung als Begründung wirkt dagegen wegen der hohen Beweglichkeit des Wasserstoffes weniger überzeugend.

Der in inneren Hohlräumen (Poren) molekular ausgeschiedene Wasserstoff versprödet den Stahl nicht. In handelsüblichen Stählen kommen als Hohlräume im wesentlichen die Spalte zwischen Einschlüssen (z. B. Mangansulfiden) und Matrix in Betracht. Selbst in Reineisen beobachtet man zwischen gemessener Dichte und Röntgendichte (7,8744 g/cm³) eine Differenz, der ein Porenvolumen von rund 0,1% entspricht und die sich nicht mit Versetzungen und Leerstellen deuten läßt. Exakt diese Porosität benötigt man, um die bei unterschiedlichen Beladungsdrucken und -temperaturen aufgenommenen Wasserstoffmengen als Summe des atomaren und des molekularen Anteils zu erklären, vgl. z. B. (2), (3). Neben den genannten Hohlräumen für molekulares Gas enthalten die Stähle weitere Fehlstellen – häufig als Fallen (traps) bezeichnet –, in denen der Wasserstoff atomar gefangen ist. Diskutiert werden in diesem Zusammenhang Gitterstörstellen und Verzerrungsfelder von Versetzungen. Der in dieser Form gebundene und damit ebenfalls versprödungsunwirksame Wasserstoffanteil hängt in starkem Maße von der Stahlsorte und vom Gefügezustand ab. Bei Raumtemperatur kann dieser Anteil einen erheblichen Prozentsatz der aufgenommenen Gesamtmenge erreichen: Wie Beladungsversuche von Wollschläger und Vibrans (4) zeigen, speichern vergütete Stähle vom Typ 34 CrMo 4 und 34 CrNiMo 6 praktisch den gesamten Wasserstoff in Fallen ab. Ihre Anzahl steigt durch Kaltverformung und sinkt beim Normalglühen. In sulfidhaltigem Stahl 9 SMn 28 kann dagegen der molekulare Anteil bis auf 50% des Gesamtgehaltes ansteigen (kaltgezogener Werkstoff, 500 bar Beladungsdruck).

Atomar gelöster und molekular ausgeschiedener bzw. von außen angebotener Wasserstoff stehen in einem thermodynamischen Gleichgewicht, das in guter Näherung durch das Sievertssche $\sqrt{p}$-Gesetz beschrieben wird: Die im Gitter gelöste Menge verhält sich proportional zur Wurzel aus dem Beladungsdruck (s. Anhang). Für die Eisenmatrix bleibt es dabei – thermodynamisch – völlig unerheblich, ob der gasförmige Wasserstoff von einer inneren Pore oder an der Probenoberfläche von der Umgebung offeriert wird. Aus diesem Grund kann bei einem äußeren Wasserstoffangebot in inneren Hohlräumen höchstens der Außendruck aufgebaut werden, konstante Temperatur vorausgesetzt. Für Gasgemische gilt der Partialdruck. Der atomar in Fallen gefangene Wasserstoff gehorcht ebenfalls dem $\sqrt{p}$-Gesetz.

An stationären Diffusionsprozessen beteiligt sich demnach ausschließlich der im Gitter gelöste Anteil. Bei instationären Vorgängen werden dagegen Poren und Fallen als Quellen oder Senken aktiviert, wobei sie jeweils der Konzentrationsänderung im Gitter entgegenwirken. Gleichzeitig geht ihr unschädlicher Wasserstoff in sprödbruchbegünstigenden über oder umgekehrt.

Aus kinetischen Gründen stellt sich jedoch das thermodynamische Gleichgewicht zwischen atomarem und molekularem Wasserstoff häufig nicht ein. Insbesondere behindert an den Wandungen bzw. äußeren Oberflächen adsorbierter Sauerstoff die komplexe Reaktionsfolge von Dissoziation, Adsorption und Absorption beim Übergang vom molekularen in den gelösten Zustand des Wasserstoffs. (Andererseits läßt sich dadurch Wasserstoff in Stahlflaschen aufbewahren.) Verständlich wird vor diesem Hintergrund die Versprödung des Stahles unter langsamer plastischer Verformung bei gleichzeitiger Einwirkung hochreinen Wasserstoffgases. Schon geringe Anteile von Sauerstoff (wenige ppm) beginnen, den Effekt zu unterdrücken, da dieses Gas die neu geschaffenen Oberflächenbereiche sofort bedeckt. Der plastischen Verformung wird darüber hinaus ein beschleunigter Wasserstofftransport durch die bewegten Versetzungen zugeschrieben. Der Berstversuch oder Beultest (Disc Pressure Test), d. h. das langsame Aufblasen einer am Umfang fest eingespannten Blechscheibe durch Gasdruck, hat sich daher als geeignete Prüfung für die Wasserstoffempfindlichkeit von Metallen erwiesen. Als Versprödungskennzahl definiert man das Verhältnis der Berstdrücke unter Helium und unter Wasserstoff (5), (6). (Der Versuch ist seit 1988 in Frankreich genormt unter E29-732, „Bouteilles pour le conditionnement d'hydrogène comprimé".)

Die Löslichkeit für Wasserstoff nimmt näherungsweise nach einer Arrhenius-Funktion exponentiell mit sinkender Temperatur ab. Die bei Abkühlung eintretende Umverteilung soll ein Zahlenbeispiel demonstrieren. Sättigt man Reineisen mit 0,1% Porenvolumen (0,0127 cm^3/100g) bei 500 °C mit Druckwasserstoff von 10,13 MPa (100 atm), so nimmt das Gitter 7,12 Ncm^3 Wasserstoff pro 100 Gramm Eisen auf, in den Poren sammeln sich zusätzlich 0,44 Ncm^3 an. Nach Abschrecken auf 20 °C wäre ein äußerer Wasserstoffdruck von 1,92 GPa ($1,9 \cdot 10^4$ atm) erforderlich, um die Konzentration von 7,12 Ncm^3/100g in Lösung zu halten. Der Druck in den Poren ist durch die Abkühlung auf 3,84 MPa (37,9 atm) abgefallen; diesem Wert entspricht eine Gleichgewichts-Gitterkonzentration von 0,003 Ncm^3/100g. Der Wasserstoff diffundiert nun so lange in die Hohlräume, bis der dort ansteigende Druck mit der abnehmenden Menge im Gitter ins Gleichgewicht gelangt. Es stellt sich im gewählten Beispiel bei rund 111 MPa (111 N/mm^2 = 1095 atm) Poren-Innendruck und 0,02 Ncm^3/100g gelösten Gases ein. Damit hat sich praktisch der gesamte Wasserstoff in den Hohlräumen ausgeschieden. Zusätzliche Fallen für atomaren Wasserstoff füllen sich im wesentlichen auf Kosten der Poren.

An Umgebungsatmosphäre verläßt der gelöste Wasserstoff aufgrund des fehlenden Gegendruckes allmählich das Bauteil. Die als Speicher wirkenden Hohlräume und Fallen liefern den effundierten Wasserstoff nach und entleeren sich schließlich selbst. Wegen der oben erwähnten Verzögerungsmöglichkeiten bei der Rückreaktion kann sich die vollständige Entgasung über längere Zeiträume (Jahre) erstrecken (7).

In der Literatur findet man gelegentlich extrem hohe Werte für den Wasserstoffdruck in inneren Hohlräumen. Dabei ist häufig versäumt worden, den Wasserstoff als reales Gas zu behandeln. Bei Raumtemperatur beginnt sich das Eigenvolumen der Moleküle ab etwa 10 MPa spürbar gegenüber dem idealen Gas bemerkbar zu machen (Minderung des Ausscheidungsdruckes um ca. 6% bei 20 °C und 10 MPa, um ca. 66% bei 20 °C und 100 MPa idealem Gasdruck). Die sogenannte „Sprengdruckhypothese", d. h. die Zerstörung des Werkstoffes durch inneren Gasdruck, kann in diesem Zusammenhang als überholt betrachtet werden.

258   *Schäden durch Wasserstoff*

Völlig andere Verhältnisse herrschen dagegen, wenn der Wasserstoff an der Materialoberfläche *atomar* angeboten wird, beispielsweise bei elektrolytischer Beladung oder bei Korrosionsprozessen. Atome des Wasserstoffs nimmt der Stahl in nahezu unbegrenzter Menge auf. An inneren Fehlstellen rekombiniert, kann das Gas den Werkstoff aufreißen. Ein bekanntes Beispiel bilden die Beizblasen. Die in der Erdölbranche an sauergas- oder erdölführenden Stahlrohren gefürchteten Hydrogen Induced Cracks (HIC) beruhen auf demselben Effekt: Hier erfolgt die Molekülbildung des atomar angebotenen und eindiffundierten Wasserstoffs an den langgestreckten Einschlüssen oder anderen Gefügeinhomogenitäten (Härtungszeilen) im Wandinneren der niedriglegierten Stahlrohre. Wie die oberflächennahen Beizblasen können die „HICs" auch ohne Zugspannung entstehen.

3. Beispiele

3.1 Versprödungserscheinungen

Bekannte Erscheinungsformen der Stahlversprödung durch Wasserstoff sind der verzögerte Bruch, die Fischaugen, die Flocken und die wasserstoffinduzierte Spannungsrißkorrosion. Die Effekte erklären sich zwanglos aus den oben erläuterten Zusammenhängen und sollen anhand einiger Beispiele veranschaulicht werden. Unabhängig von seiner Herkunft hinterläßt der Wasserstoff auf der Bruchfläche gewöhnlich signifikante, wenn auch im Einzelfall unterschiedliche Merkmale. Im Rastermikroskop findet man aufgefiederte Spaltflächen, klaffende Korngrenzen (ehemaliger Austenitkörner), freigelegte Kornflächen mit duktilen, verzweigten Graten (Krähenfüßen) und Poren als typische Strukturelemente, die sich in verschiedenartigen Kombinationen anordnen können. Die starke Aufgliederung der oft blattförmig gewölbten Spaltflächen resultiert bei vergüteten Stählen in erster Linie aus der unterschiedlichen Orientierung der Martensitnadeln innerhalb eines Austenitkornes. Hinzu kommt, daß der Wasserstoff ein gewisses Volumen verseucht und damit zahlreiche Bruchebenen latent zur Verfügung stehen. Dominiert dieser transkristalline Anteil, so spricht man häufig vom Quasispaltbruch. (Auf Verwechselungsmöglichkeiten wird am Schluß dieses Kapitels kurz eingegangen.) Er tritt bevorzugt bei Stählen im Bereich der kritischen Mindestfestigkeit auf. Mit weiter zunehmender Festigkeit steigt die Tendenz zu interkristallinem Versagen.

Der *verzögerte Bruch* (delayed fracture) beruht auf einem Rißwachstum nach Art des Pilgerschrittverfahrens. Der Wasserstoff reichert sich im aufgeweiteten Gitter vor der Rißspitze an (s.o.), spaltet das Gitter lokal auf und vereinigt den erzeugten Anriß – von innen kommend – mit dem Außenriß. Damit verlagert sich die Zone maximalen hydrostatischen Zugspannungszustandes vor die neugeschaffene Rißspitze. Der Wasserstoff diffundiert in diese Region nach (zeitabhängiger Vorgang); der Prozeß wiederholt sich. Von dieser Schadensart können beispielsweise höherfeste, verzinkte Schrauben betroffen werden, die Wasserstoff beim Beizen aufgenommen haben (Bilder 1 bis 6). Mit einem 3 bis 24-stündigen Tempern bei 180 bis 200 °C zwischen dem

3. Beispiele 259

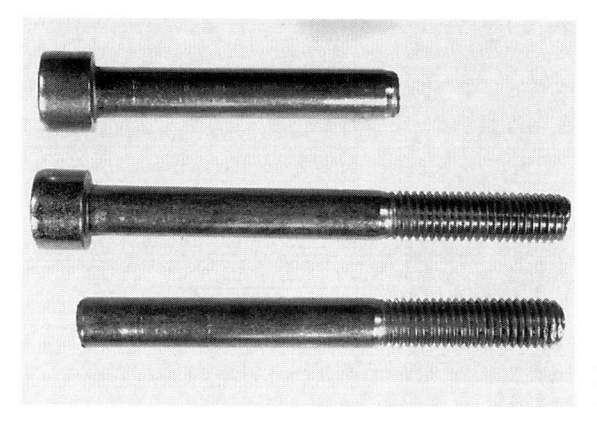

Bild 1: Wasserstoffinduzierte Brüche an verzinkten Schrauben (12.9; M 10).

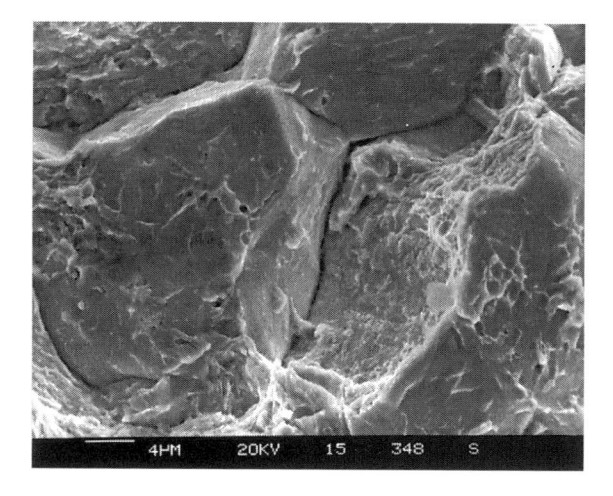

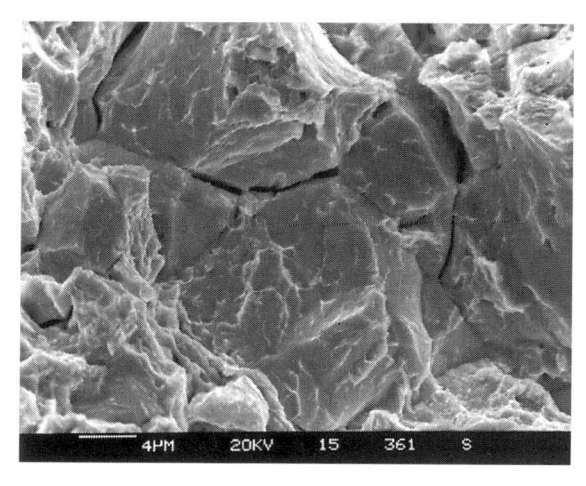

Bilder 2 und 3: Wasserstoffbedingter Bruch; untere Schraube von Bild 1. Rastermikroskopische Aufnahmen.

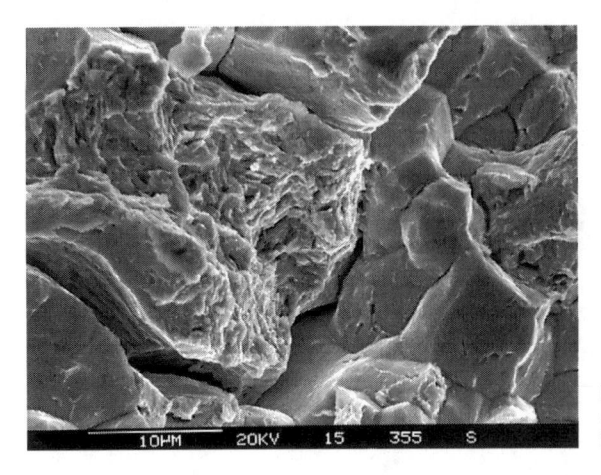

Bild 4: Wasserstoffbedingter Bruch; untere Schraube von Bild 1. Rastermikroskopische Aufnahme.

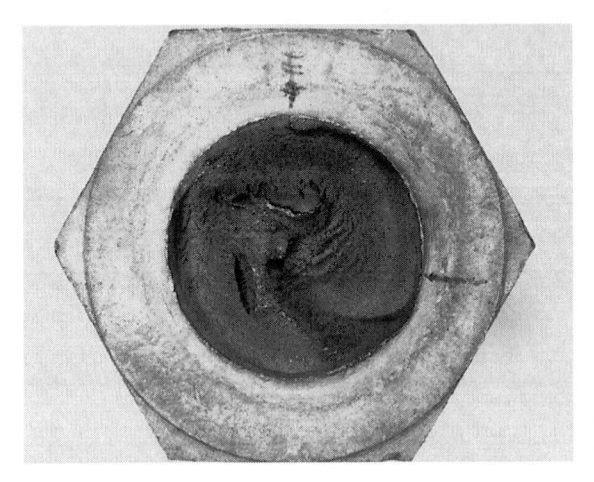

Bild 5: Wasserstoffbedingter Bruch; Kopf einer verzinkten Schraube (M 30).

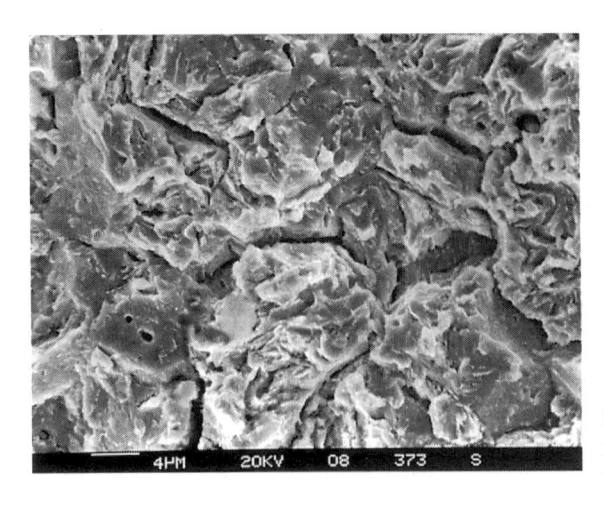

Bild 6: Rastermikroskopische Aufnahme aus dem Randbereich der Bruchfläche von Bild 5.

Vorverzinken (Schichtdicke 1-2 µm) und dem Fertigverzinken (Schichtdicke 3–6 µm) versuchen einige Hersteller, derartige Ausfälle zu vermeiden.

Die keilverzahnte Welle des Antriebskegelrades eines Pkw-Differentials war nach mehrmonatigem Betrieb unter der Mitwirkung von Wasserstoff gebrochen (Bilder 7 und 8). Mittels Heißextraktion – 72-stündiges Auslagern bei 250 °C in evakuierten Glasampullen – wurden noch 0,4 Ncm^3/100g nachgewiesen. Eine systematische Überprüfung der Produktion ergab, daß der Stahl den Wasserstoff beim Aufkohlen aus der Gasatmosphäre (Methan) aufnimmt.

Pedalfedern von Klavieren versagten wenige Tage nach Einbau aufgrund des beschriebenen Mechanismus, nachdem der problemlose Lackanstrich durch einen galvanisch aufgebrachten Messingüberzug ersetzt worden war (Bilder 9 und 10). Auch die wasserstoffbedingten Kaltrisse in Schweißnähten höherfester Baustähle sind hier sinngemäß einzuordnen, wobei die Zugbeanspruchung meist aus abkühl- oder umwandlungsbedingten Eigenspannungen resultiert (s. Kapitel Schäden an Schweißnähten).

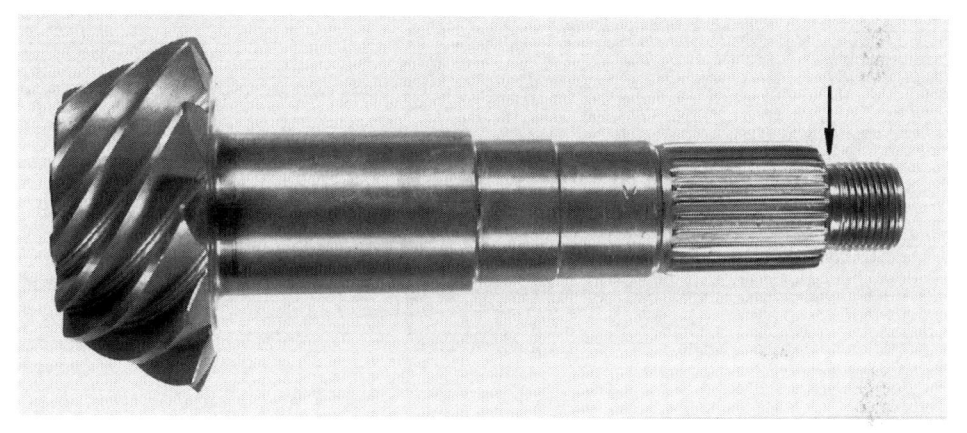

Bild 7: Einsatzgehärtetes Antriebskegelrad (Neuteil). Bruchstelle – bei einer älteren Serie – markiert. Gesamtlänge des Bauteiles 175 mm.

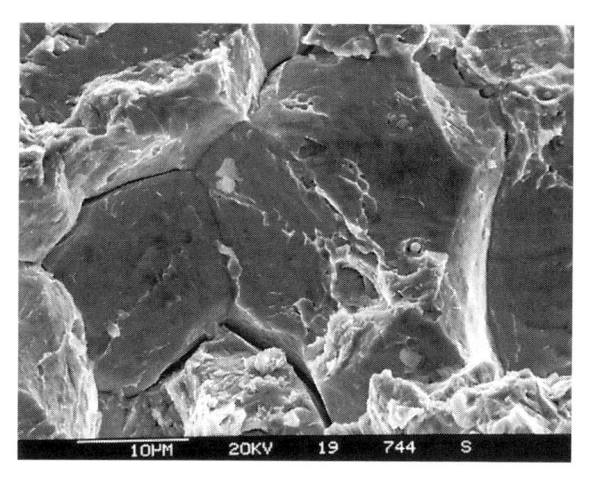

Bild 8: Wasserstoffinduzierter Bruch am Auslauf des Gewindezapfens eines Kegelrades vom Typ Bild 7.

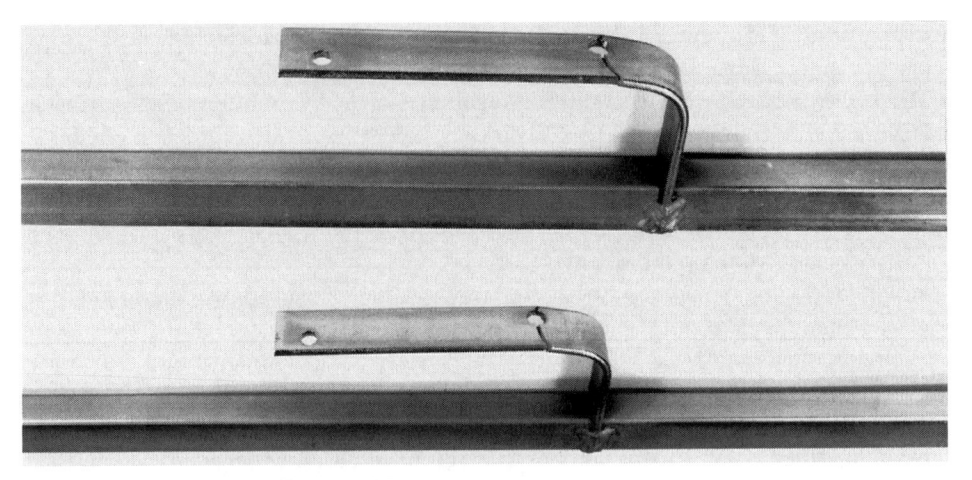

Bild 9: Verzögerter Bruch in Klavierpedalen.

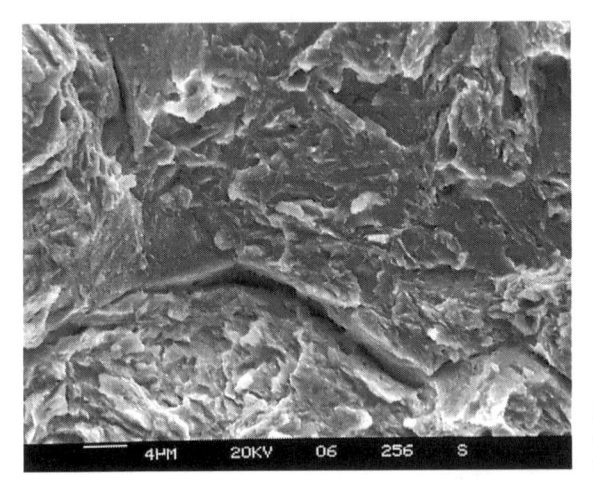

Bild 10: Wasserstoffbedingter Bruch in den Klavierpedalen von Bild 9. Rastermikroskopische Aufnahme.

Bild 11: Fischaugen auf der Bruchfläche einer Schweißnaht-Zugprobe. (Breite 30 mm).

Fischaugen können sich u. a. beim Schweißen bilden, wenn das Schmelzbad Wasserstoff aus ungenügend getrockneten Elektroden, feuchter Atmosphäre, feuchten Pulvern, Schwitzwasser, Rost, Fett o.ä. aufnimmt. Das Gas scheidet sich nach dem Abkühlen vorwiegend molekular an Einschlüssen aus.

Während eines nachfolgenden langsamen Zugversuches infiziert dieses Reservoir seine Umgebung mit atomarem Wasserstoff, so daß sich auf der insgesamt duktilen Bruchfläche ein spaltflächiger Hof um den Einschluß bildet (Bilder 11 bis 16). Derartige klassische Fischaugen lassen sich meist erst einige Zeit (Größenordnung 1 Tag) nach dem Schweißen erzeugen. Sofortiges Aufbrechen führt in hinreichend verseuchtem Werkstoff zum Spaltbruch über den gesamten Nahtquerschnitt, da sich der Wasserstoff noch verteilt im Gitter aufhält. Längere Zeit nach dem Schweißen hat das Gas den Stahl weitgehend verlassen; Fischaugen bleiben dann ebenfalls aus. Im Kerbschlagversuch findet man wegen der hohen Verformungsgeschwindigkeit zu keinem Zeitpunkt Fischaugen.

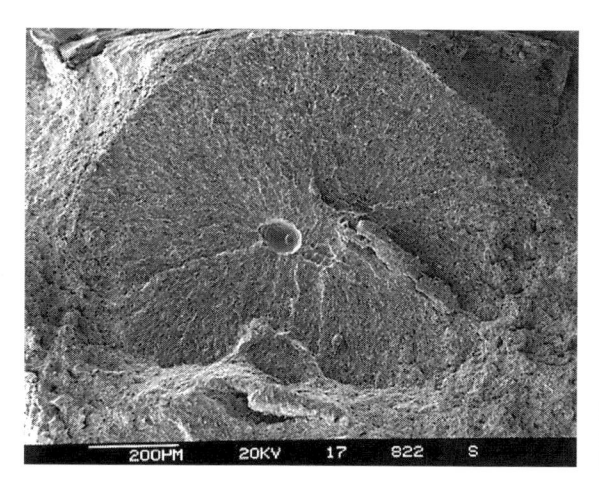

Bild 12: Fischauge im Schweißgut eines unlegierten Stahles. Rastermikroskopische Aufnahme.

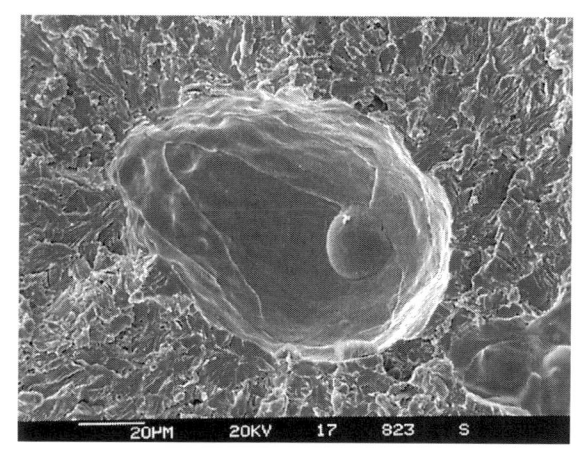

Bild 13: Zentrum des Fischauges von Bild 12. Nichtmetallischer Einschluß, Pore.

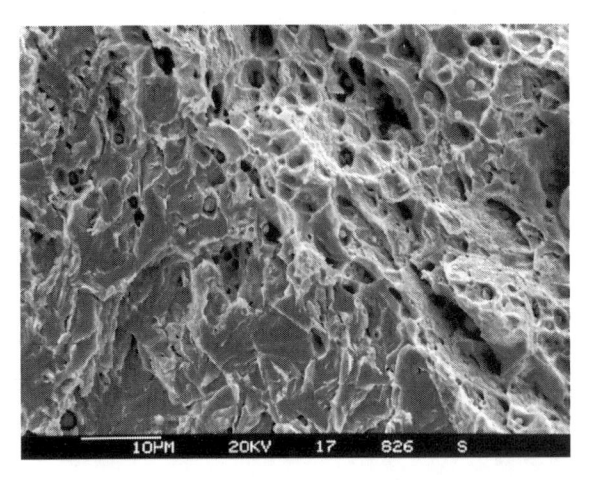

Bild 14: Übergang des versprödeten Hofes in duktile Umgebung. Ausschnitt aus Bild 12.

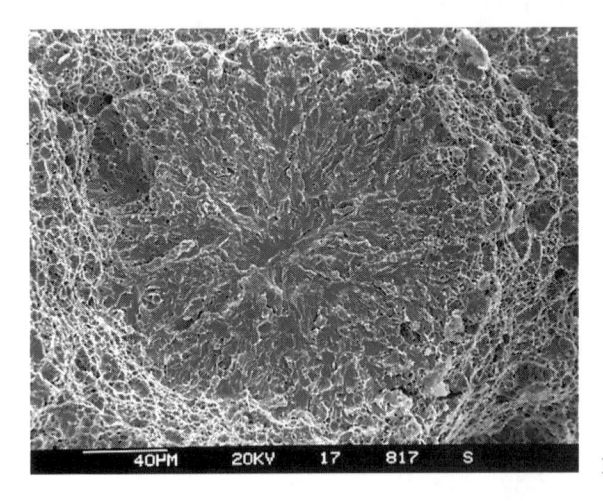

Bild 15: Mikro-Fischauge.

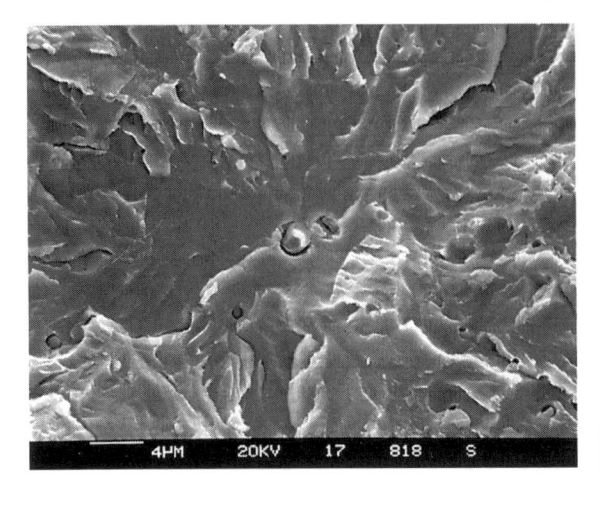

Bild 16: Zentrum des Fischauges von Bild 15; Einschluß.

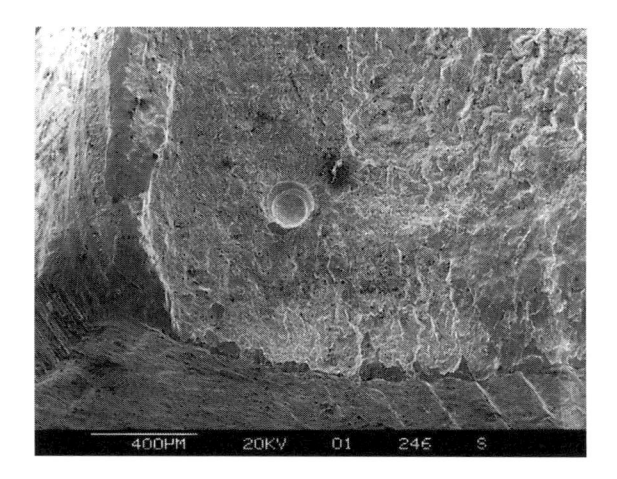

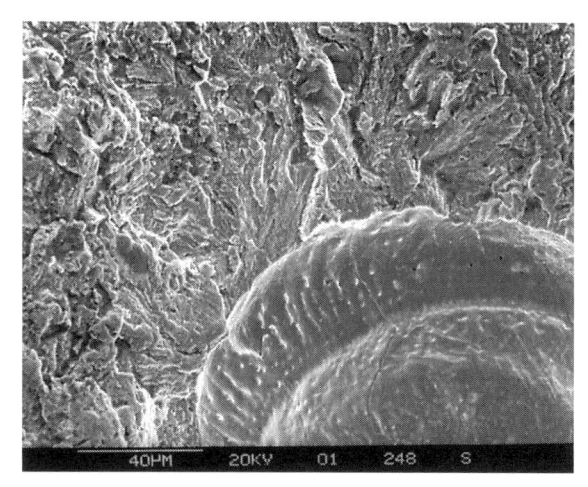

Bilder 17 und 18: Gaspore mit wasserstoffinduziertem Anriß als Ausgangspunkt eines Schwingungsrisses in einer Schweißnaht. Rastermikroskopische Aufnahmen.

Je nach Gefüge- und Beanspruchungsbedingungen können derartige Effekte in verschiedenen Modifikationen auftreten. So wurden mit Hilfe der Schallemissionsanalyse lokale Spaltbrüche in Schweißnähten bereits während der Abkühlung oder anschließend unter statischer Last registriert, vgl. z. B. (8). Schrumpfspannungen und durch Wasserstoffeffusion ausgelöste Umwandlung von Restaustenit dürften sich hier auswirken. Der Übergang zum verzögerten Bruch bzw. zum Kaltriß vollzieht sich nahtlos. Vibrans (9) beobachtete Fischaugen an Zugproben, die er zuvor 48 Tage einer Wasserstoff-Reinstatmosphäre von 10 MPa bei Raumtemperatur ausgesetzt hatte.

Die in den Bildern 17 und 18 wiedergegebene fischaugenähnliche Fehlstelle leitete in einer dynamisch beanspruchten Schweißnaht einen Schwingbruch ein. Es handelt sich um eine Pore, die von einem Gas – nicht unbedingt Wasserstoff – im schmelzflüssigen Material erzeugt worden ist. Der Wasserstoff schied sich in diesem Hohlraum aus und infizierte den angrenzenden Werkstoff. Montage- oder Betriebsspannungen lösten vermutlich den wachstumsfähigen, scharfen Innenriß aus.

Mit ähnlichen Vorgängen erklärt man das Auftreten von *Flocken* (flakes) in größeren Gußteilen. Der während des Schmelzens aufgenommene Wasserstoff reichert sich beim Abkühlen in austenitischen Gebieten an, die eine höhere Löslichkeit aufweisen als die ferritischen Gefügebestandteile. Die Umwandlung des Austenits kann dadurch bis auf etwa 200 °C gesenkt werden. Dann führen Abkühl- und Umwandlungsspannungen zu begrenzten Spaltbrüchen in den übersättigten, nunmehr raumzentrierten Gitterbereichen. Flocken sind daher nicht zwangsläufig an Einschlüsse gekoppelt.

Die Mechanismen der *wasserstoffinduzierten Spannungsrißkorrosion* gleichen weitgehend denen des verzögerten Bruches. Lediglich wird hier der Wasserstoff durch die kathodische Teilreaktion unmittelbar am Tatort produziert. Ein vorauseilender örtlicher Angriff wie Loch- oder Spaltkorrosion erzeugt meist den prozeßeinleitenden Primärkerb, häufig verbunden mit einer lokalen Aufkonzentration des Elektrolyten (vgl. Kapitel: Korrosionsschäden bei zusätzlicher mechanischer Beanspruchung). Auf der Bruchfläche findet man dieselben Spuren wie nach der Versprödung durch anderweitig aufgenommenen Wasserstoff.

Der schlagartige, verformungslose Bruch eines Spannankers aus Spannstahl der Güte 1080/1230 (0,2% Dehngrenze/Zugfestigkeit) nach viermonatiger Standzeit deutete nachdrücklich auf wasserstoffinduzierte Spannungsrißkorrosion hin. Neben Lochfraß als Initiator bestätigte das wasserstoffgeprägte Bruchbild diese Versagensart (Bilder 19 bis 21). Analysen des Gesamtwasserstoffgehaltes ergaben mittlere Konzentrationen von 1,06 Ncm^3/100g im Randbereich und von 0,57 Ncm^3/100g im Kern des 32 mm dicken Stabes. Das Konzentrationsgefälle zeigt an, daß der Wasserstoff erst nach der Herstellung in den Anker eingedrungen ist (Kontakt mit aggressivem Wasser am Boden einer Baugrube vor dem Einbau).

Ähnliche Umstände hatten zum Ausfall eines Fittings aus dem Hauptfahrwerkslager eines Verkehrsflugzeuges geführt (Bilder 22 und 23). Der auf eine Zugfestigkeit von 1510 N/mm^2 vergütete Stahl des Bauteils muß als extrem anfällig gegenüber Spannungsrißkorrosion angesehen werden. Im Rißausgangsgebiet erkennt man das typische Bild der Wasserstoffeinwirkung (Bilder 24 bis 26).

Verwechselungsmöglichkeiten: Aufgrund seiner Fähigkeit, den Stahl bei Raumtemperatur verlassen zu können, wird der Wasserstoff bei unverständlichen Schadensereignissen gern als – angeblich nicht nachweispflichtige – Ursache genannt. Gelegentlich läßt sich jedoch auch bei seriösen Untersuchungen keine Entscheidung treffen, wenn nachweislich wasserstofffreie Gefüge ebenfalls die für diese Gaseinwirkung spezifischen Merkmale ausbilden. Das gilt in gewissem Grade für die aufgefiederten Spaltflächen vergüteter Stähle im Übergangsgebiet der Kerbschlagarbeit, in besonderem Maße jedoch für gehärtete Stähle. Umfangreiche eigene fraktographische Vergleichsuntersuchungen an wasserstoffbeladenen und an wasserstofffreien Kugellagerstählen der Qualität 100 Cr 6 führten in beiden Fällen zu gleichartigen mikrostrukturellen Elementen (Bilder 27 bis 29). Auch der in Bild 30 wiedergegebene Härteriß eines Zahnrades aus C45 ließe sich zwanglos als „Wasserstoff-Bruch" einordnen.

3. Beispiele 267

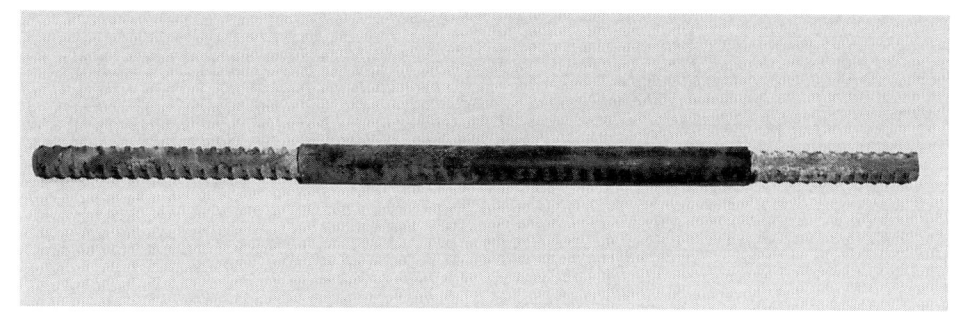

Bild 19: Durch Spannungsrißkorrosion gebrochener Spannanker (Durchmesser 32 mm).

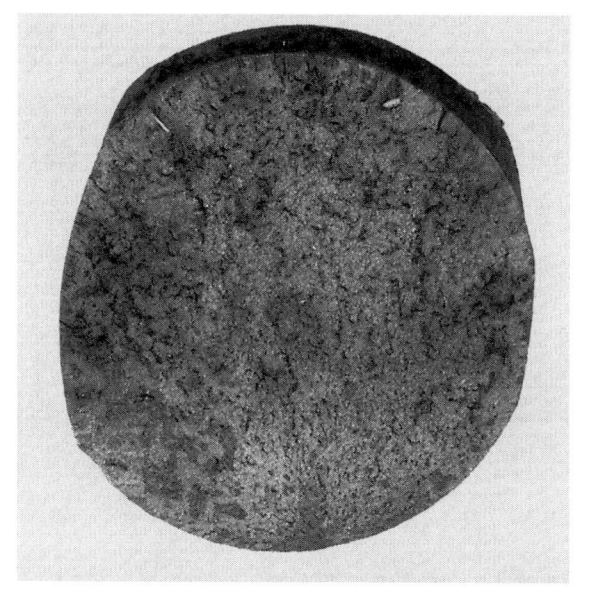

Bild 20: Bruchfläche des Spannankers von Bild 19.

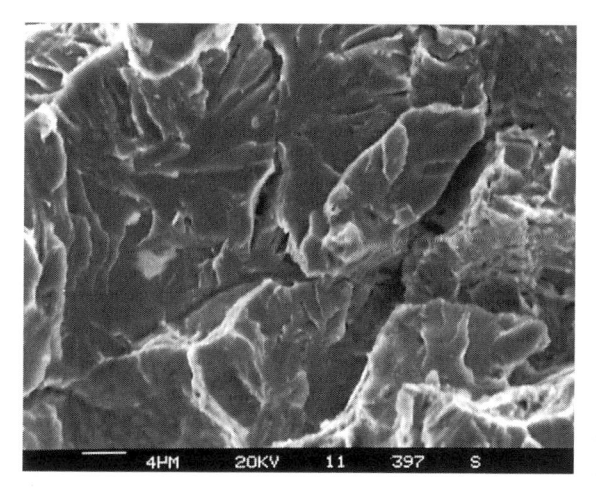

Bild 21: Wasserstoffinduzierter Bruch im Ausgangsbereich des Bruches von Bild 20 (unten). Rastermikroskopische Aufnahme.

Bild 22: Verkehrsflugzeug nach Bruch des rechten Hauptfahrwerks.

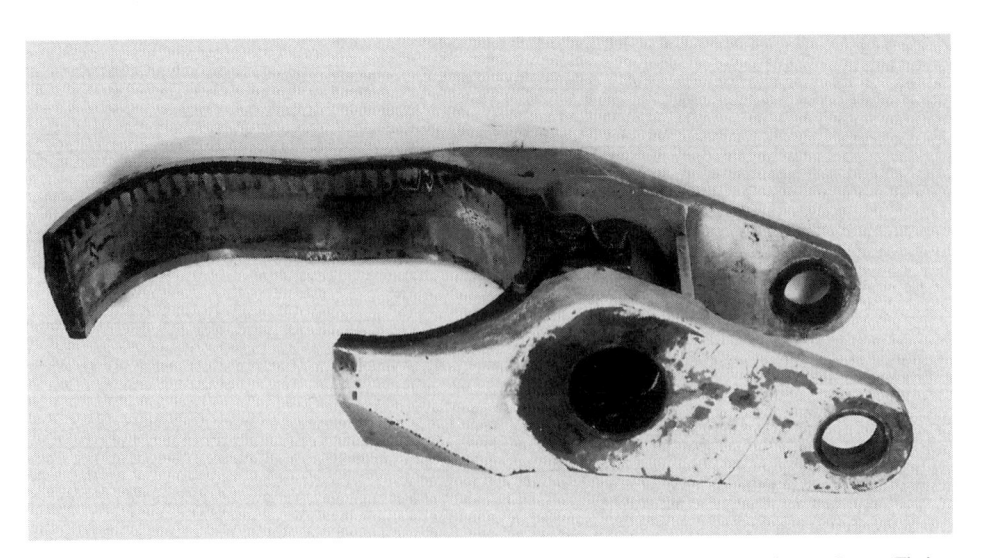

Bild 23: Durch Spannungsrißkorrosion gebrochener und nachträglich aufgeweiteter Lager-Fitting (Lager-Durchmesser 95 mm).

3. Beispiele   269

Bild 24: Bruchfläche des Lager-Fittings von Bild 23. (Höhe 57 mm).

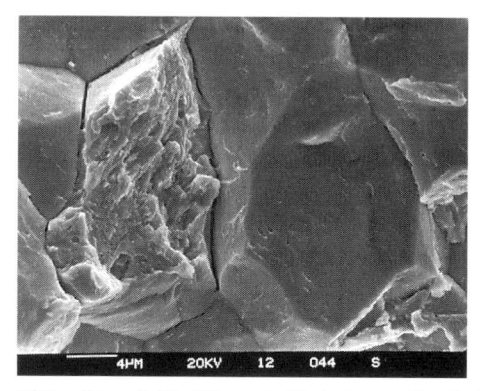

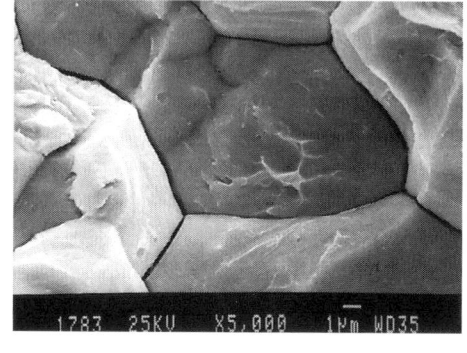

Bilder 25 und 26: Wasserstoffinduzierter Bruch im älteren Bereich der Bruchfläche von Bild 24. (Bild 26 aufgenommen im Rastermikroskop von Prof. Pohl/Bochum).

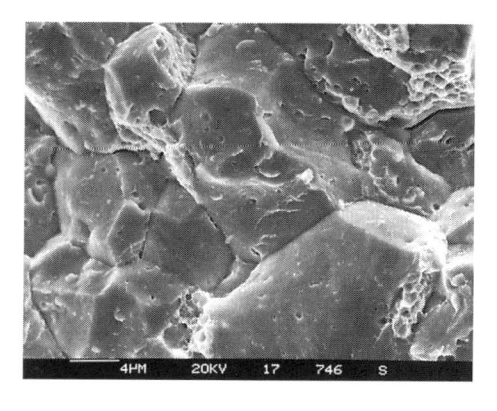

Bild 27: Bruchfläche eines wasserstoffbeladenen Kugellagerstahles 100Cr6. Gemessener Gehalt 3,90 Ncm^3/100g. Rastermikroskopische Aufnahme.

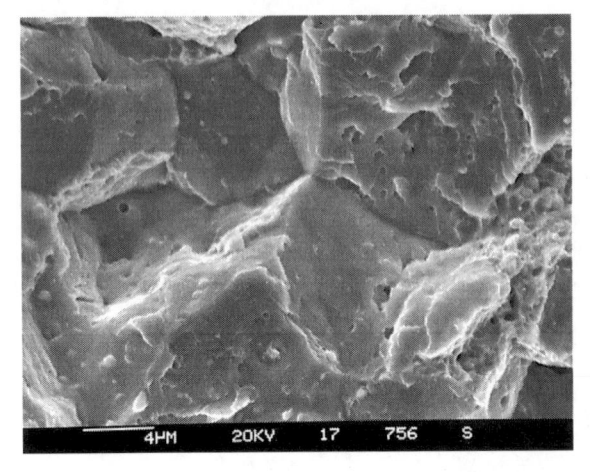

Bild 28: Bruchfläche eines nachweislich wasserstofffreien Kugellagerstahles 100Cr6 (gleicher Wärmebehandlungszustand wie in Bild 27). „Poren" durch herausgefallene Karbide.

Bild 29: Typische „Wasserstoffmerkmale" in wasserstofffreiem Kugellagerstahl 100Cr6.

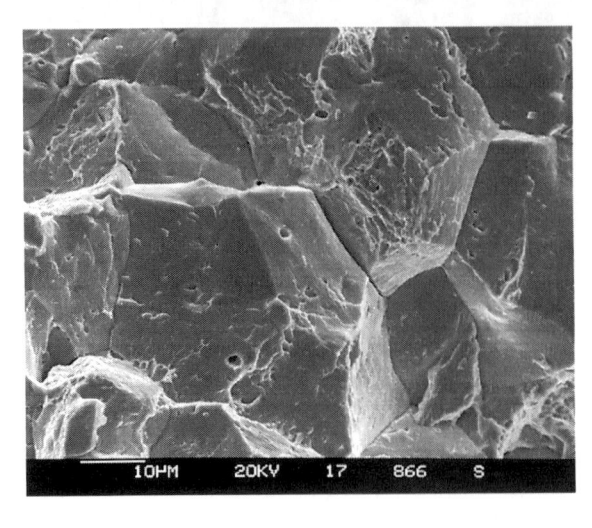

Bild 30: Geöffneter Härteriß eines Zahnkettenrades aus C45. Rastermikroskopische Aufnahme.

3.2 Methanbildung

Neben den vielfältigen Formen der Versprödung kann der Wasserstoff den Stahl auch durch Methanbildung gefährden, wie ein abschließendes Beispiel demonstrieren soll: In einer Erdölraffinerie hatte ein Leck im T-förmigen Verzweigungsstück eines Rohrsystems einen Brand ausgelöst. Das Bauteil (Rohrdurchmesser 340 mm, Wanddicke 22 mm) war 19 Jahre lang von einem Gemisch aus Wasserstoff und Kohlenwasserstoffen bei einer Betriebstemperatur von 510 °C durchströmt worden. Der Wasserstoffpartialdruck hatte 26 bar betragen, der Gesamtdruck 37 bar. Neben der Durchbruchstelle fanden sich auf der Innenwand des T-Stückes mehrere blasenförmige Aufwölbungen. Bild 31 zeigt den Querschliff durch eine dieser Blasen.

Bild 31: Blase an der Innenwand eines wasserstoffdurchströmten Rohres (Blasendurchmesser ca. 35 mm).

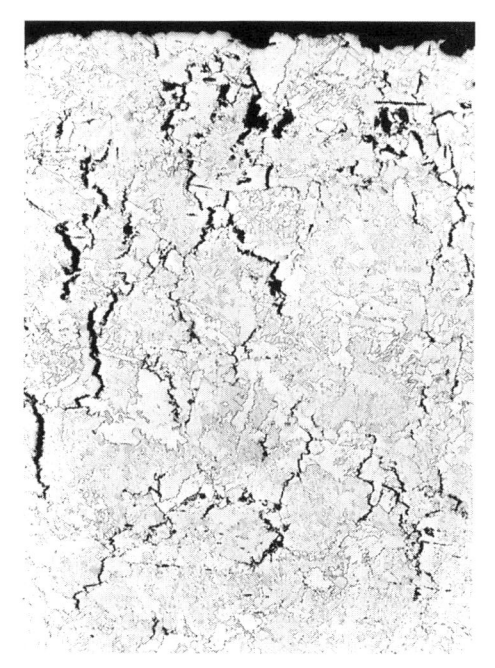

Bild 32: Metallographischer Schliff im Bereich der Rohrwand-Innenseite (obere Bildkante. Bildhöhe ca. 1,5 mm).

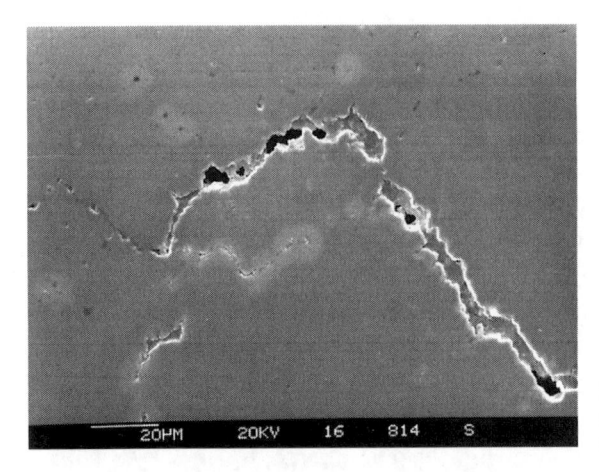

Bild 33: Zusammenwachsen geschädigter Bereiche. Rastermikroskopische Aufnahme.

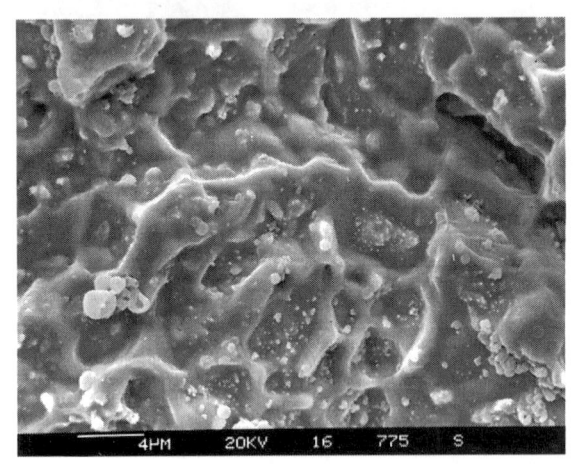

Bild 34: Eingeformte, ältere Rißoberfläche. Rastermikroskopische Aufnahme.

Bild 35: Frische Rißoberfläche (scharfgratige Waben) in nachträglich aufgebrochener Umgebung (Spaltbruch). Rastermikroskopische Aufnahme.

Die metallographische Untersuchung belegte zweifelsfrei, daß der Schaden auf die Zersetzung von Karbiden zurückzuführen war ($Fe_3C+2H_2 \rightarrow CH_4+3Fe$). Der Schädigungsgrad nimmt zur Rohraußenseite hin ab (Bild 32), wie das annähernd lineare Konzentrationsgefälle des im Gitter gelösten Wasserstoffes erwarten läßt (an der Innenseite entsprechend der Wurzel aus dem Partialdruck in der Leitung, an der Außenseite Null). Der Druck des gebildeten Methans steigt proportional zum Quadrat des molekularen Wasserstoffdruckes und damit zur 4. Potenz des im Gitter gelösten Wasserstoffes an. Gleichzeitig schließen die thermodynamischen Beziehungen eine Aufweitung durch molekularen Wasserstoff aus, der – sollte er sich durch Rekombination in Poren bilden – maximal den Partialdruck von 26 bar erreichen kann. (Die Bedingungen unterscheiden sich hier grundlegend von denen der Beizblase, wo der Wasserstoff atomar an der Metalloberfläche angeboten wird.)

An Schliffen und nachträglich aufgebrochenen Querschnittsbereichen lassen sich die verschiedenen Stadien dieses Zeitstandsschadens durch inneren Methandruck verfolgen: Bildung von Einzelporen, Zusammenwachsen zu Porenfeldern, Einformung der zunächst scharfkantigen Grate zwischen den Einzelporen, Ende des Blasenwachstums durch Bildung eines durchgängigen Risses zur Oberfläche (Bilder 31 bis 35). Ursache des Schadens war eine Verwechselung des Werkstoffes gewesen: Statt der vorgeschriebenen 1,0 – 1,5% Chrom (druckwasserstoffbeständige Karbide) enthielt der Stahl lediglich 0,27%.

4. Wasserstoffempfindlichkeit verschiedener metallischer Werkstoffe

Mit der bereits erwähnten Methode des Berstversuches hat Speitling (11) eine große Zahl metallischer Werkstoffe geprüft. Er bestimmt zunächst den Verlauf der Berstdrücke unter Helium und unter Wasserstoff in Abhängigkeit von der Druckanstiegsgeschwindigkeit. Als Versprödungsindex E definiert er die größte relative Differenz der Berstdrücke (bei gleicher Druckanstiegsrate):

$$E = \frac{(P_{Berst,He} - P_{Berst,H2})_{max}}{P_{Berst,He}} \cdot 100\%.$$

Die Ergebnisse sind für eine Reihe gängiger Werkstoffe in Tabelle 1 zusammengestellt (E = 0 bedeutet: keine Versprödung).

Tabelle 1: Versprödungsindex verschiedener metallischer Werkstoffe.

Werkstoffe	Wärmebehandlung Werkstoffzustand	Härte HV 10	Versprödungs-index E in %
34 CrMo 4 V	850 °C/40 min/Öl +610 °C/35 min/Luft	330	51–54
15 Mo 3 V	900 °C/40 min/Öl +630 °C/35 min/Luft	256	50
13 CrMo 44 V	930 °C/40 min/Öl +690 °C/35 min/Luft	242	50
34 CrNiMo 6 V	845 °C/30 min/Öl +610 °C/35 min/Luft	341	61
X20 CrMoV 12 1 V	1050 °C/30 min/Öl +730 °C/30 min/Luft	290	65
X5 CrNi 18 9*)	Anlieferungszustand, rekristallisiert	160	33
X10 NiCrAlTi 32 20	1080 °C/1 h/Wasser	136	0
X10 NiCrAlTi K1000	+ Walzen ($\varphi = 56\%$)	355	≤ 9
X2 CrNiMoN 22 5 3	1060 °C/30 min/Luft	246	56
Nickel	rekristallisiert	80	ca. 75
Inconel 600	lösungsgeglüht	128	ca. 56
Hastelloy C4	rekristallisiert	255	90,6
Titan	rekristallisiert	115	49
Zirkonium	rekristallisiert	154	66
Vanadium	gewalzt	215	45
Niob	rekristallisiert	83	44
Tantal	rekristallisiert	95	57
Molybdän	gewalzt	264	50
Aluminium 99,5	rekristallisiert		0
AlZnMgCu 1,5	ausgehärtet		11
AlMg 4,5 Mn	weich bzw. walzhart		0
AlMg 3	walzhart	102	0
AlMg 3	weich	58	≤ 10
AlMgSi 0,5	weich bzw. hart	34/118	0
Sinteraluminium SAP 4/7/10		78/–/–	0
SAP 14		100	≤ 5
Ni 78 Si 8 B14	amorph	≈ 850	61
Co 66 Fe 4 Mo 2 Si 16 B12	amorph	≈ 1000	0
Fe 39 Ni 39 Mo 2 Si 12 B8	amorph	≈ 1000	43
Fe 40 Ni 40 B20	amorph		90

*) Martensitbildung durch plastische Verformung im Beultest

Herrn Kollegen Vibrans dankt der Verfasser für zahlreiche Anregungen und Diskussionen.

5. Anhang (Verwendete Größen und Gleichungen)

Wasserstoffkonzentration:
1 Ncm^3/100g Fe = 1 Nml/100g Fe ≈ 0,90 Gew.-ppm
Dichte des Wasserstoffs im Normzustand $0{,}8987 \cdot 10^{-4}$ g/cm^3

Wasserstoffaufnahme C_{gesamt}	= $C_{at,Gitter} + C_{at,Fallen} + C_{mol}$
$C_{at,Gitter}$	= atomar im Gitter gelöster Wasserstoff in Ncm^3/100g Fe
$C_{at,Gitter}$	= $198 \sqrt{p} \exp\left(-\dfrac{3460 - 0{,}706\,p}{T}\right)$ (10)
p	= Außen- oder Poreninnendruck in MPa
T	= Temperatur in K
$C_{at,Fallen}$	= atomar in Fallen gefangener Wasserstoff in Ncm^3/100g Fe, $\sqrt{p}$-abhängig
C_{mol}	= molekular ausgeschiedener Wasserstoff in Ncm^3/100g Fe
C_{mol}	= $1413 \dfrac{V_{Pore}}{v}$
V_{Pore}	= Porenvolumen in %
v	= spezifisches Volumen des Wasserstoffs in cm^3/g, zu berechnen aus der Zustandsgleichung

$$v = \frac{R \cdot T}{p} + \alpha$$

R = spezielle Gaskonstante des Wasserstoffs
α = 7,8 cm^3/g, Korrekturglied für das reale Gas (10)

Literatur:

(1) Isecke, Bernd: Korrosion von Stahl in Betonbauwerken; in: Korrosion im Bauwesen. Deutscher Verband für Materialprüfung e.V. (1986) S. 79/103.
(2) Vibrans, Gerwig: Beitrag zur Löslichkeit und Diffusion von Wasserstoff in Stahl. Arch. Eisenhüttenwes. 32 (1961) S. 667/73.
(3) Lange, Günter u. Wilhelm Hofmann: Zusammenhang zwischen Wasserstoffaufnahme und Porigkeit von Eisen. Arch. Eisenhüttenwes. 37 (1966) S. 391/97.
(4) Vibrans, Gerwig u. Paul Wollschläger: Das Gleichgewicht zwischen Wasserstoff und Stahl bei Raumtemperatur. Steel Research 1/87 p. 8/12.
(5) Fidelle, J.-P., R. Broudeur, C. Pirrovani and R. Roux: Disk Pressure Technique. American Society for Testing and Materials, Special Technical Publication 543 (1974) S. 34/47.
(6) Speitling, Andreas u. Gerwig Vibrans: Druckversuch an Scheiben zur Prüfung der Wasserstoffversprödung von Metallen. Z. Werkstofftech. 16 (1985) S. 209/15.
(7) Lange, Günter: Der Einfluß von Poren auf die Effusion von Wasserstoff aus Eisen bei Raumtemperatur. Arch. Eisenhüttenwes. 40 (1969), S. 635/39.
(8) Jürgens, Volker u. Jürgen Ruge: Der wasserstoffinduzierte Bruch. Schweißen u. Schneiden 23 (1971) S. 1/4.
(9) Vibrans, Gerwig: Fisheyes in Rolled Steel Exposed to Hydrogen at Room Temperature. Metallurgical Transactions A (1977), Vol. 8A, p. 1318/20.
(10) Phragmén, G.: Jernkont. Ann. 128 (1944) S. 537/52.
(11) Speitling, Andreas: Die Versprödung von Stählen und NE-Metallen durch gasförmigen Wasserstoff im Berstversuch, Dissertation TU Braunschweig 1989.

Schäden durch Hochtemperaturkorrosion

P. H. Effertz

1. Allgemeine Bemerkungen

Unter Hochtemperaturkorrosion (HTK) werden alle Korrosionsvorgänge zusammengefaßt, die bei Temperaturen oberhalb der Existenz wäßriger Elektrolyte ablaufen. Positiv ausgedrückt heißt das: Korrosion in heißen Gasen, in Schmelzen und unter heißen Ablagerungen.

Schäden durch HTK sind relativ selten. Etwa 30% aller im Allianz-Zentrum für Technik untersuchten industriellen Schäden sind primär durch korrosionschemische Überbeanspruchung verursacht. Weniger als ein Zehntel davon entfällt derzeit auf HTK.

Der Grund für diesen relativ geringen Schadenanteil ist die hohe Zahl der bewußt in Kauf genommenen Beschädigungen durch HTK, die durch routinemäßigen Austausch von z. B. verzunderten Bauteilen in bestimmten Zeitabständen behoben werden (begrenzte Lebensdauer).

Schäden durch HTK und selbstverständlich auch deren Beschädigungen treten verstärkt bei der Energieerzeugung, in der Petrochemie und der Metallurgie auf. Betroffen sind insbesondere Bauteile in fossil gefeuerten Dampferzeugern, Gasturbinen, Kohlevergasungsanlagen, Pyrolyse- und Reformeröfen, Wärmebehandlungsöfen, Brennstoffzellen und Katalysatorträgern, um die wesentlichen zu nennen.

Schäden durch HTK äußern sich in den meisten Fällen in einem allgemeinen Abtrag oder Anrißbildung. Der Schaden selbst ist dann eine Folge von örtlicher Überbeanspruchung im geschwächten Querschnitt in Form von Undichtheiten, Warmgewaltbrüchen, Zeitstandsrissen, Temperaturwechselrissen usw..

Es ist üblich, HTK nach den angreifenden Medien zu behandeln, wobei folgende Unterteilung vorgenommen wird:

HTK in heißen Gasen
– Oxidation (O_2, H_2/H_2O, CO_2/CO)
– Aufkohlung (KW, CO)
– Oxidation und Aufkohlung (CO_2)
– Schwefelung (H_2S)
– Oxidation und Schwefelung (SO_2)

- Wasserstoffangriff (H_2)
- Oxidation und Wasserstoffangriff (H_2O)
- Aufstickung (N_2, NH_3)

HTK unter Ablagerungen
- alkalisulfathaltige
- vanadiumoxidhaltige
- chloridhaltige
- niedrigschmelzende Oxide

HTK in Schmelzen
- Kupfer, Bronzen
- Zink, Quecksilber
- Alkalimetalle
- Salzschmelzen (Nitrate, Karbonate)

Im Folgenden werden die wichtigsten Vorgänge und Schadenformen der HTK näher behandelt. Sonst wird auf das umfangreiche Schrifttum verwiesen (s. Abs. 6).

2. Thermodynamik und Kinetik

Da HTK als physikochemischer Vorgang bei erhöhter Temperatur abläuft, ist für ein vertieftes Verständnis die Anwendung der Reaktionsthermodynamik und -kinetik nützlich.

2.1 Gleichgewichte

Eine Oxidationsreaktion wie

$Me + O_2 = MeO_2$

($\frac{3}{2} Fe + O_2 = \frac{1}{2} Fe_3O_4$)

ist z. B. nur dann möglich, wenn die freie Standardreaktionsenthalpie $\Delta G°$ (Sauerstoffaffinität, Wärmetönung) negativ ist. Diese Werte $\Delta G°$ lassen sich in ihrer Temperaturabhängigkeit heute einfach berechnen. Der Sauerstoffpartialdruck des Gleichgewichts p^*O_2 ergibt sich dann zu:

$\log p^*O_2 = \frac{\Delta G°}{4,6} \cdot T$ (T = abs. Temperatur K)

Bei höherem O_2-Partialdruck (Sauerstoffaktivität) als beim Gleichgewicht erfolgt Oxidation, darunter Reduktion.

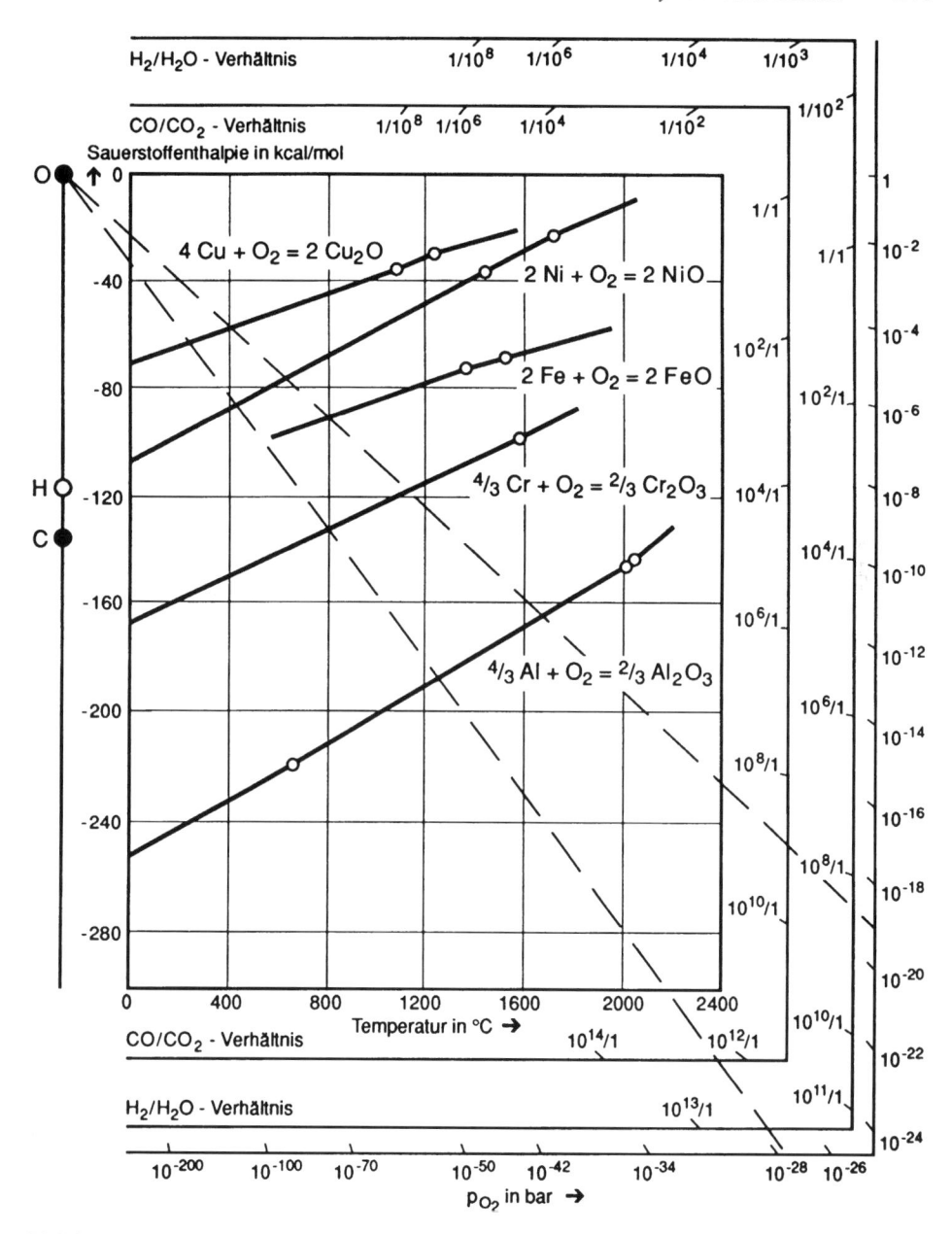

Bild 1: Temperaturabhängigkeit der Reaktionsenthalpie pro Mol Sauerstoff in Oxidsystemen.

In Bild 1 sind die Reaktionsenthalpien $\Delta G°$ der Bildungsreaktionen einiger Oxide als Funktion der Temperatur dargestellt (Richardson-Diagramm).
Die Randskalen

(pO_2, $\frac{H_2}{H_2O}$ -, $\frac{CO}{CO_2}$ -Verhältnis)

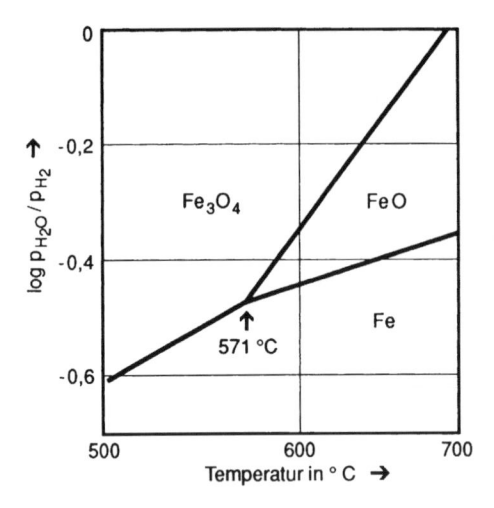

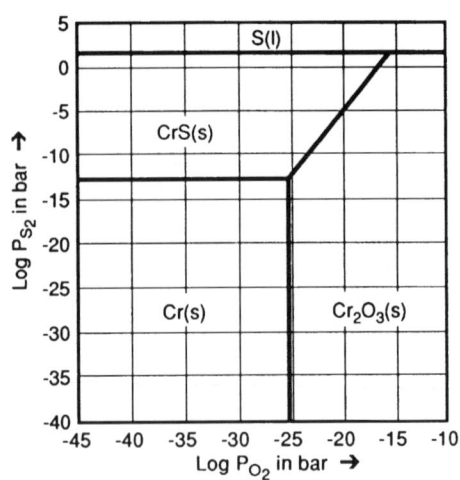

Bild 2: Stabilitätsfelder im System Fe-O.

Bild 3: Phasenstabilitätsdiagramm für das System Cr-O-S bei 871 °C.

dienen dazu, die Gleichgewichtsgaszustände zu bestimmen. Bei 800 °C beträgt z. B. der Sauerstoffgleichgewichtsdruck für die FeO-Reaktion 10^{-19} bar bzw. 10^{-28} bar für die Cr_2O_3-Bildung (gestrichelte Linien). Bei z. B. 10^{-24} bar würde Cr noch oxidiert, während Fe unverzundert bliebe. Das erklärt qualitativ, warum in Fe-Cr-Legierungen Cr selektiv aufoxidiert werden kann (s. Abs. 4.1.1).

Treten mehrere Oxidphasen (Oxidationsstufen) bei einem Metall auf, so lassen sich deren Bildungsbedingungen in thermodynamischen Stabilitätsdiagrammen darstellen. Beispiel dafür ist Eisen in Bild 2. Bei gleicher Temperatur (>570 °C) werden mit zunehmendem Sauerstoffdruck nacheinander die Oxide FeO, Fe_3O_4 und Fe_2O_3 existent. Eine gleiche Reihung zeigen auch die Zunderschichten auf unlegiertem Stahl. Wüstit ist nur oberhalb 570 °C existent.

Nehmen mehrere Gase am Korrosionsangriff teil, z. B. Sauerstoff und schwefelhaltige Gase, so lassen sich Phasenstabilitätsfelder in Abhängigkeit von Sauerstoffaktivität (pO_2) bzw. Schwefelaktivität (pS_2) ebenfalls berechnen (aus den Reaktionsenthalpien der Umsetzungen). Beispiel dafür ist ein isothermer Schnitt für Chrom (Bild 3).

2.2 Wachstum und Struktur

Die Thermodynamik liefert nur eine Ja/Nein-Aussage zur Möglichkeit einer Reaktion. Sie gibt keine Geschwindigkeitsinformation. In der überwiegenden Zahl der Fälle bilden sich beim Medienangriff mehr oder weniger dichte Oberflächenschichten, die das Angriffsmedium vom Werkstoff trennen. Der zeitliche Verlauf des Angriffs ist vom Massetransport der Gasmoleküle bzw. der Metallionen durch diese Sperrschicht abhängig (Bild 4).

Die Wachstumsgeschwindigkeit wird bei gasdicht gewachsenen Schichten von der Konzentration und Beweglichkeit der Gitterfehlstellen, bei voluminösen, porigen

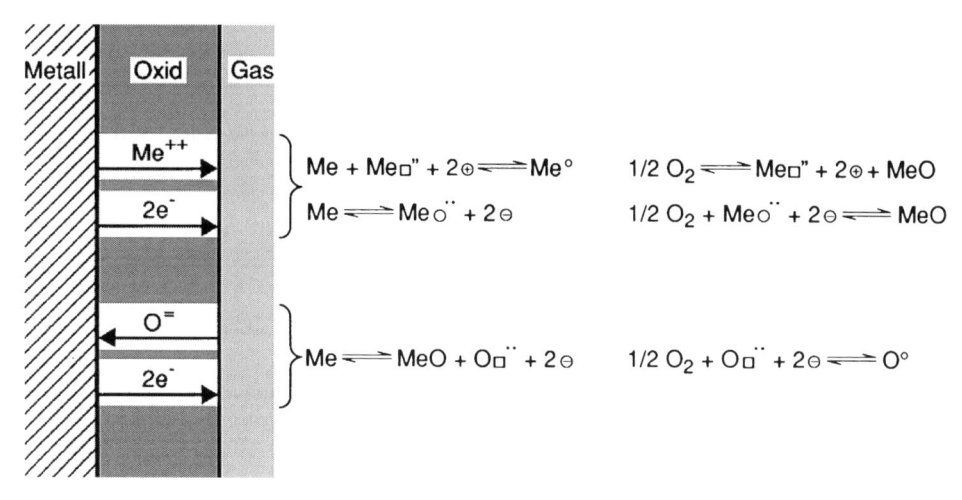

Bild 4: Materialtransport durch die Oxidschicht und die an Phasengrenzen ablaufenden Reaktionen (n. Pfeiffer und Thomas)
Me☐" = Kationenleerstelle (2 fach –)   Me o¨ = Überschußion (2fach +)
⊖ = freies Elektron   ⊕ = Elektronendefektstelle

Schichten von der Porendiffusion bestimmt. Die Tiefe des Metallangriffs (d) nimmt exponentiell mit der Zeit (t) zu:

$$d^x = k_{(T)} \cdot t \quad (k_{(T)} = \text{Konstante der HTK}).$$

Bei gasdichten Schichten gehorcht der Angriff oft einem parabolischen Zeitgesetz ($x = 2$); bei stark porösen oder rissigen Schichten einem weitgehend linearen ($x = 1$). Unter Schmelzen oder korrosiven Ablagerungen bilden sich häufig überhaupt keine oder kaum zusammenhängende Schutzschichten aus. Die Konstante $k_{(T)}$ kann dann sehr große Werte (>10 mm/a) annehmen, was völliger Unbeständigkeit des Werkstoffs entspricht.

Die HTK-Korrosionsgeschwindigkeit ($\Delta d/\Delta t$) wird in hohem Maße von der Temperatur beeinflußt, was sich durch eine Arrhenius-Funktion der Konstanten $k_{(T)}$ ausdrücken läßt:

$$\log k_{(T)} = A - \frac{B}{T} \qquad (A, B = \text{Konstanten})$$

3. HTK in heißen Gasen

Das Verhalten der Werkstoffe in den einfachen Heißgasen und deren einfachen Mischungen ist weitgehend bekannt. Es kann aus Tabellenwerken entnommen werden (Corrosion Data Survey, NACE 1974; Dechema Werkstofftabellen). Wenn trotzdem Schäden in Heißgasen auftreten, so kann das auf komplexe, oft wechselnde Gaszusammensetzung, zusätzliche Ablagerungen, falsche Werkstoffauswahl, unvorhergesehene Übertemperaturen oder schroffe Temperaturwechselbeanspruchung zurückgeführt werden.

3.1 Oxidation

Unter Verzunderung wird der chemische Angriff von sauerstoffhaltigen Gasen auf Metalle und Legierungen bei erhöhter Temperatur verstanden. Dabei ist molekularer Sauerstoff (O_2) oder chemisch gebundener Sauerstoff (H_2O, CO_2, SO_2) wirksam. Jedem dieser Gase kann eine Sauerstoffaktivität zugeordnet (berechnet) werden, auch wenn die chemische Analyse keinen molekularen Sauerstoff ausweist. Für Wasserdampf von 180 bar und 540 °C ist der Gleichgewichtsdruck $p^*O_2 < 10^{-24}$ (MPa = 10^{-18} vpm), also sehr gering. Trotzdem entstehen festhaftende Oxidschutzschichten auf Stahl, ohne die die sichere Dampferzeugung in industriellem Maßstab nicht vorstellbar wäre.

Bild 5 zeigt zwei solcher Zunderschichten auf einem Überhitzerrohr aus warmfestem Stahl in Hochdruckdampf. Die sehr unterschiedlichen Strukturen beider Sperrschichten sind auf eine Beschleunigung der Oxidation durch die Temperaturerhöhung um 150 K (600 auf 750 °C) verursacht (Bild 6). Die Kinetik ändert sich dabei von parabolischem zu linearem Ablauf. Dementsprechend treten Schäden durch isotherme Heißgasverzunderung bei Stahl faktisch ausschließlich im Geltungsbereich des linearen Zeitgesetzes auf. Ein Beispiel hierfür zeigt Bild 7.

Das Kühlluftrohr eines Brüdenbrenners verzunderte bis auf Reste nach Ausfall des Luftkompressors. Die dunkleren Oxidzonen (Bild 7) beidseitig der Rohrwand bestehen aus eutektoid zerfallenem Wüstit (Bild 8), wobei sich die Eisenausscheidungen (hell) um die Magnetitausscheidungen (grau) anordnen.

Die Zunderschichten vieler Metalle und Legierungen wachsen in Heißgas bei bestimmungsgemäßer Temperaturbeaufschlagung gleichzeitig beidseitig der ursprünglichen Werkstoffoberfläche, wobei die äußere Schicht epitaktisch aufwächst und die

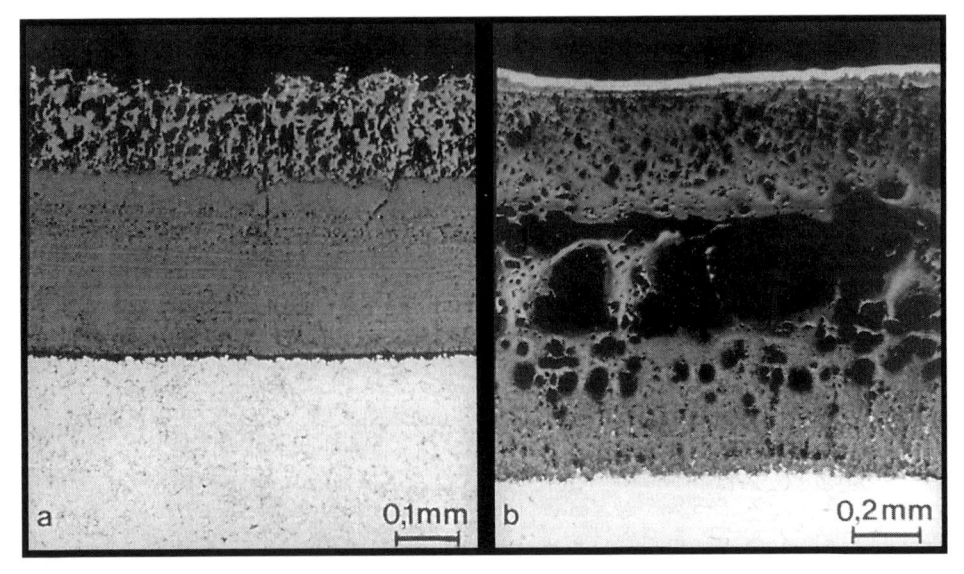

Bild 5: Zunderstruktur an niedriglegiertem Stahl 10 CrMo 9 10 in Heißdampf
a) 600 °C, 30 000 h   b) 750 °C, 120 h

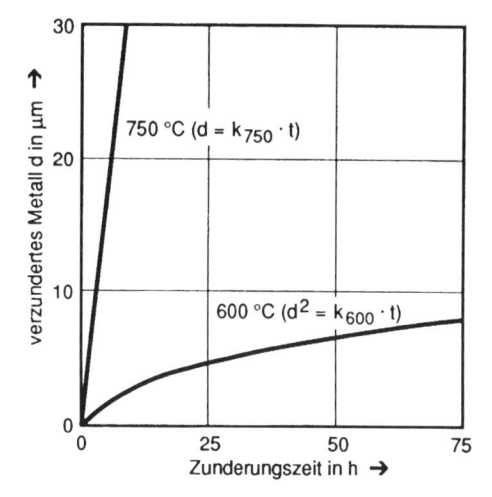

Bild 6: Parabolisches und lineares Zeitgesetz bei niedrig legiertem Stahl in Wasserdampf (10 CrMo 9 10).

Bild 7: Längsschliff durch Kühlluftrohr (X10 CrAl 7) von 4 mm Ausgangswanddicke nach Überhitzung.

innere unter sukzessiver Aufzehrung der Metallkörner in den Werkstoff topotaktisch einwächst. Das Verhältnis der Schichtdicken ist von der Legierungsart, der Einsatztemperatur und der Gasart abhängig. Ein Beispiel hierfür ist ein verzundertes Halteeisen aus GG-25 (Bild 9). Die Graphitlamellen markieren deutlich die ursprüngliche Oberflächenposition.

Im Querbruch des Zunders läßt sich die Ursprungsoberfläche an dem Kristallhabitus ebenfalls ausmachen (Bild 10).

Das parabolische Wachstumsgesetz von Oxidschichten in Heißdampf auf den warmfesten Stählen 13 CrMo 44 und 10 CrMo 9 10 ist im Temperaturbereich von 500 bis 620 °C vom Autor in Langzeitversuchen quantifiziert worden. Es lautet:

$$d^2 = k_{(T)} \cdot t \qquad (d[mm], t[h], T[K]),$$

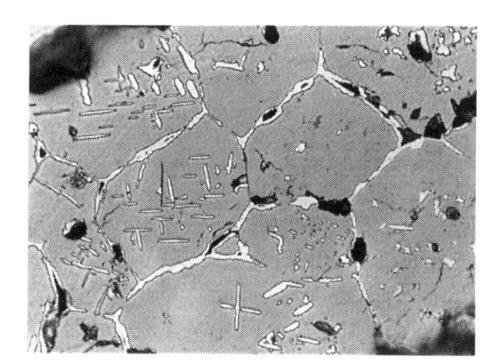

Bild 8: Wüstitzerfall unterhalb 570 °C
$FeO = 4\ Fe_3O_{4(grau)} + Fe_{(hell)}$.

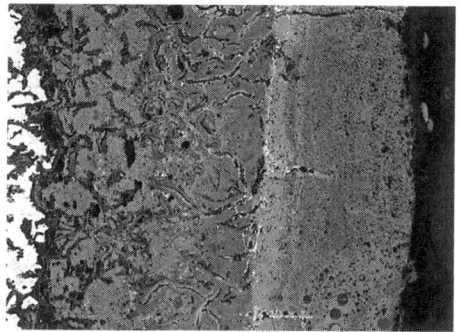

Bild 9: Querschnitt durch eine verzunderte Gußplatte (GG-25) aus einem Ofen nach 160 000 Betriebsstunden.

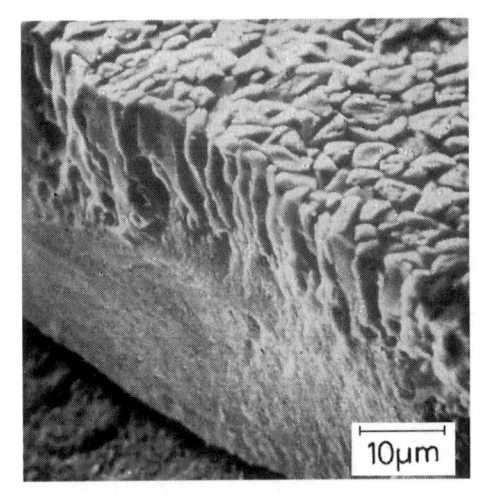

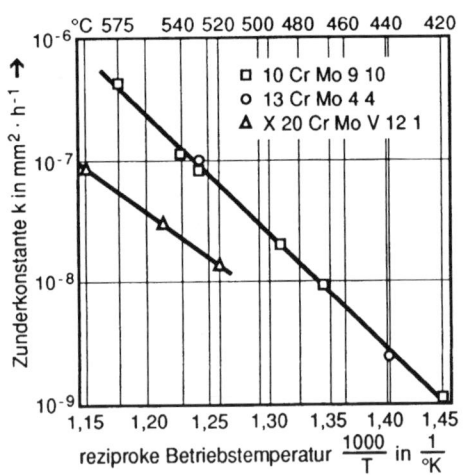

Bild 10: Bruchfläche eines zweischichtigen Magnetitzunders in einem HD-Überhitzerrohr.

Bild 11: Temperaturabhängigkeit der Zunderkonstanten von 13 CrMo 44, 10 CrMo 9 10 und X20 CrMo V 12 1 in Heißdampf.

wobei die Temperaturabhängigkeit der Zunderkonstanten mit:

$$\log k = -\frac{9856}{T} + 5{,}22$$

ermittelt wurde (Bild 11).

Aus der Betriebszeit und der im metallographischen Schliff ermittelten Zunderdicke kann die Zunderkonstante errechnet werden, aus der sich dann nach Bild 11 die mittlere Betriebstemperatur abschätzen läßt. Solche Angaben sind bei Schadenuntersuchungen an heißdampfbeaufschlagten Komponenten von großem Nutzen. Sie erlauben, neben der Auslegungstemperatur eine realistischere Betriebstemperatur anzugeben oder auch das Alter von geöffneten Rissen zu bestimmen.

3.1.1 Zunderbeständigkeit durch Legieren

Durch Legieren bestimmter Elemente läßt sich die Zundergeschwindigkeit der reinen Metalle erheblich herabsetzen. Für ferritischen Stahl sind Cr- und daneben auch Al- und Si-Zusätze besonders wirkungsvoll (Bild 12).

Der Steilabfall der Zundergeschwindigkeit zwischen 0 und 5% Cr ist Folge einer zunehmenden Cr-Spinellbildung, wobei im Magnetitzunder ein Teil des dreiwertigen Eisens durch Chrom ersetzt wird (Fe(Fe,Cr)$_2$O$_4$). Nach einem Cr-unabhängigen Zunderplateau setzt ab etwa 13% Cr eine nochmalige, drastische Verlangsamung der Zundergeschwindigkeit ein, die mit der Bildung dünner Schichten aus fast reinem Chromoxid einher geht. Beide Abnahmen lassen sich auf erschwerte Diffusion der Metall- und Metalloidionen (Bild 4) in den Cr-spinellhaltigen Zunderschichten oder auf die faktisch perfekte Diffusionssperre der Cr$_2$O$_3$-Schichten zurückführen. Bei Cr-Ni-Stählen läßt sich die Oxidationsrate durch Zusatz von Silizium im Prozentbereich und

3. HTK in heißen Gasen   285

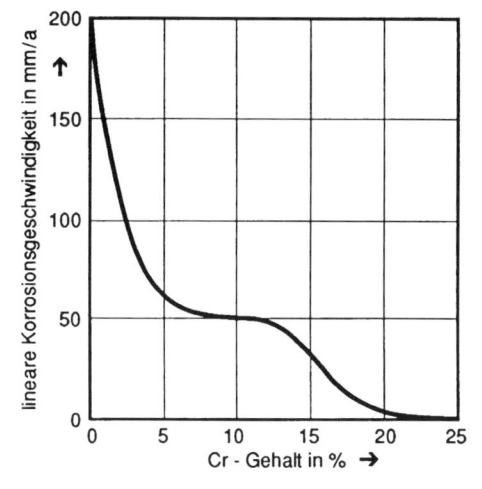

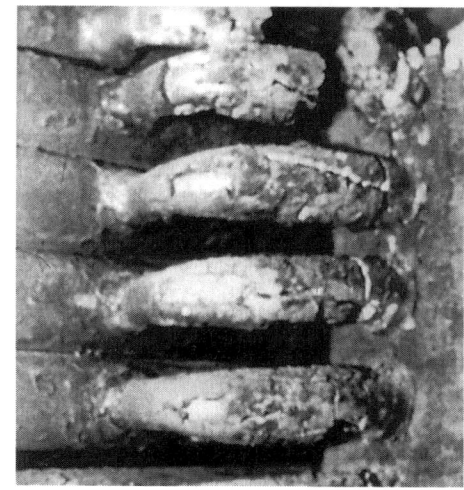

Bild 12: Einfluß von Cr auf die Zundergeschwindigkeit bei Fe-Cr-Legierungen (1000 °C, Luft).

Bild 13: Abzunderung von Rohrhalterungen nach Rauchgastemperaturerhöhung (X 10 CrAl 13).

besonders von Si mit „Seltenen Erden" (REM) in 1/100%-Gehalten merklich verbessern. Grund ist wahrscheinlich eine Verzögerung der Metallionendiffusion in der Oxidschicht.

Die hitzebeständigen Stähle sind im Stahleisenblatt W 470 – 76 nach ferritischen, ferritisch-austenitischen und austenitischen Stählen zusammengefaßt. Ein Stahl gilt bei einer Temperatur T als zunderbeständig, wenn die verzunderte Metallmenge bei dieser Temperatur im Durchschnitt den Betrag 1 g/m²·h und bei der Temperatur T + 50 K einen Betrag von 2 g/m²·h für eine Zeitdauer von 120 h bei vier Zwischenabkühlungen nicht überschreitet. Umgerechnet ergibt das eine Wanddickenschwächung von 1 – 2 mm/a. Entsprechend dieser Prüfung ist die Zundergrenztemperatur für Luft angegeben (Tabelle 1). In jedem Falle liegt diese Grenztemperatur unterhalb des Steilanstieges der Zundergeschwindigkeit, der mit der Bildung chromarmer Wüstitschichten einhergeht (Bild 12).

Schäden an hitzebeständigen Stählen durch Verzunderung in nur oxidativ wirkenden Gasen sind meistens die Folge von Übertemperaturen. Ein Beispiel dafür war die Umstellung der Feuerung eines Dampferzeugers von Kohle- auf Gasfeuerung. Die dadurch erfolgte Anhebung der Rauchgastemperatur um 100 bis 150 °C auf über 900 °C ließ Rohrhalterungen stark verzundern (Bild 13).

3.1.2 Innere Oxidation

Innere Oxidation von Legierungen ist gekennzeichnet durch Ausscheidungen von feinen Oxidpartikeln (0,1 bis 10 µm) des Legierungsmetalls in einer schmalen Randzone bei Glühung in sehr schwach oxidierender Atmosphäre (Bild 14 und 15).

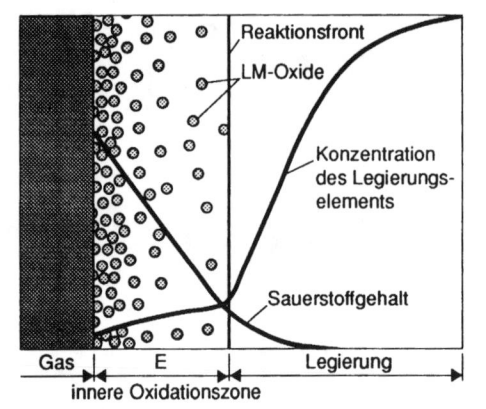

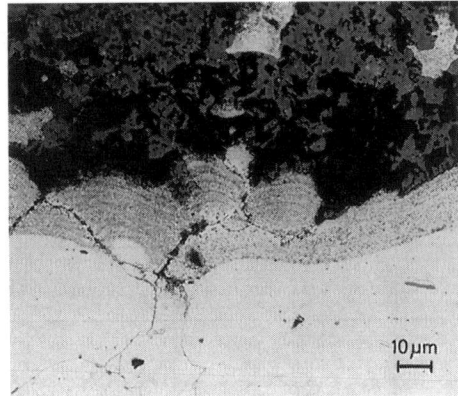

Bild 14: Schematische Darstellung der Konzentrationsverhältnisse bei innerer Oxidation.

Bild 15: Innere rhythmische Oxidation eines Bodenblechs aus einem Houdry-Turm (13 CrMo 44).

Dieser Vorgang führt nie zu einem Schaden; sein Erscheinungsbild ermöglicht aber wichtige Rückschlüsse bei der Schadenanalyse, z. B. auf den Entstehungszeitpunkt von Rissen.

Tabelle 1: Zunderbeständigkeit der hitzebeständigen Walz- und Schmiedestähle (StE-W 470 – 76).

Kurzname	Werkstoff-Nr.	Zundergrenztemperatur in Luft °C	Gefüge
8 SiTi 4	1.5310	620	Ferrit
X 10 CrAl 7	1.4713	800	Ferrit
X 7 CrTi 12	1.4720	800	Ferrit
X 10 CrAl 13	1.4724	850	Ferrit
X 10 CrAl 18	1.4742	1000	Ferrit
X 10 CrAl 24	1.4762	850 – 1150	Ferrit
X 20 CrNiSi 25 4	1.4821	850 – 1100	Ferrit-Austenit
X 12 CrNiTi 18 9	1.4878	850	Austenit
X 15 CrNiSi 20 12	1.4828	1000	Austenit
X 7 CrNi 23 14	1.4833	1000	Austenit
X 12 CrNi 25 21	1.4845	1050	Austenit
X 15 CrNiSi 25 20	1.4841	1150	Austenit
X 12 NiCrSi 36 16	1.4864	850 – 1100	Austenit
X 10 NiCrAlTi 32 20	1.4876	1100	Austenit

Der Vorgang der inneren Oxidation ist an mehrere Voraussetzungen geknüpft:
- Das Grundmetall besitzt eine geringe Sauerstofflöslichkeit.
- Der Transportkoeffizient des Sauerstoffs im Grundmetall ist größer als der des selektiv zu oxidierenden Legierungsmetalls.
- Das Legierungsmetall hat eine wesentlich höhere Sauerstoffaffinität als das Grundmetall.
- Die Sauerstoffaktivität der Gasphase muß niedriger sein als das Gleichgewichts-Sauerstoffpotential des niedrigsten Grundmetalloxids und höher als das des Legierungsmetalloxids.

Für eine Fe-Cr-Legierung sind bei 800 °C die Verhältnisse in Bild 1 mit den gestrichelten Geraden gekennzeichnet: $10^{-28} < pO_2 < 10^{-19}$ bar.

An mit Wasserdampf oder Luft in Berührung stehenden Stahloberflächen wird deshalb innere Oxidation nicht beobachtet, weil die Sauerstoffaktivität dieser Gase $p(O_2)$ immer weit größer ist als die Gleichgewichtsauerstoffaktivität (p^*O_2) aller Eisenoxide. Klaffende Risse, deren Flankensäume innere Oxidation aufweisen, können deshalb nicht in diesen Medien, sondern müssen vorher, z. B. bei der Wärmebehandlung oder während eines Schweißvorgangs, entstanden sein.

3.2 Aufkohlung (Innere Karbidbildung)

Unter Aufkohlung im Sinne eines HTK-Vorgangs wird die ungewollte Anreicherung von Kohlenstoff in der Randzone eines Bauteils verstanden (gewollt ist z. B. die Einsatzhärtung). Sie ist eine innere saumartige Karbidbildung, die in der Industriepraxis von einer Oxidbildung begleitet wird.

Aufkohlende Bedingungen herrschen in CO-reichen bzw. kohlenwasserstoffhaltigen Gasen oberhalb ca. 600 °C (reduz. Glühgase, Spalt-, Reformer- und Pyrolysegase). Aufkohlung kann weiterhin eintreten, wenn Öl-, Fett- oder Ziehmittelreste auf Werkstoffoberflächen beim Glühen zu Kohlenstoffilmen zersetzt werden oder Rußablagerungen bei unvollständiger Verbrennung entstehen.

3.2.1 Aufkohlende Gase

Für die Aufkohlung in CO-reichem Gas ist die Reaktion:

$$2\,CO = CO_2 + C \qquad\qquad a_C = K_{CO} \cdot \frac{p_{CO}^2}{p_{CO2}}$$

für kohlenwasserstoffhaltiges Gas im einfachsten Fall die Reaktion:

$$CH_4 = 2\,H_2 + C \qquad\qquad a_C = K_{CH4} \cdot \frac{p_{H2}}{p_{CH4}}$$

maßgebend.

Die Kohlenstoffaktivität ist $a_c = 1$ bei Gasgleichgewicht mit Graphit. Bei $a_c > 1$ kann Abscheidung von Graphit erfolgen, bei $a_c < 1$ können Kohlenstoff noch im Metall gelöst oder Karbide der Legierungselemente (Cr,Nb) im Werkstoff gebildet werden. Die Existenzfelder im System Fe C sind für CO/CO_2-Gasmischungen im Gleichgewicht in Abhängigkeit von der Temperatur in Bild 16 dargestellt.

Die Zusammensetzung von Gasen in technischen Prozessen ist in Bild 17 wiedergegeben.

Bei Temperaturen, z. B. von 825 und von 1000 °C (Bild 17), kommt es im Gleichgewicht zu Kohlenstoffabscheidungen ($a_c = 1$) bei der Ethylen-Pyrolyse und der Kohlevergasung. In der Praxis ist die Gleichgewichtseinstellung jedoch verzögert, weil die Übertragungsreaktion (insbesondere durch CH_4) eine sehr langsame Kinetik besitzt.

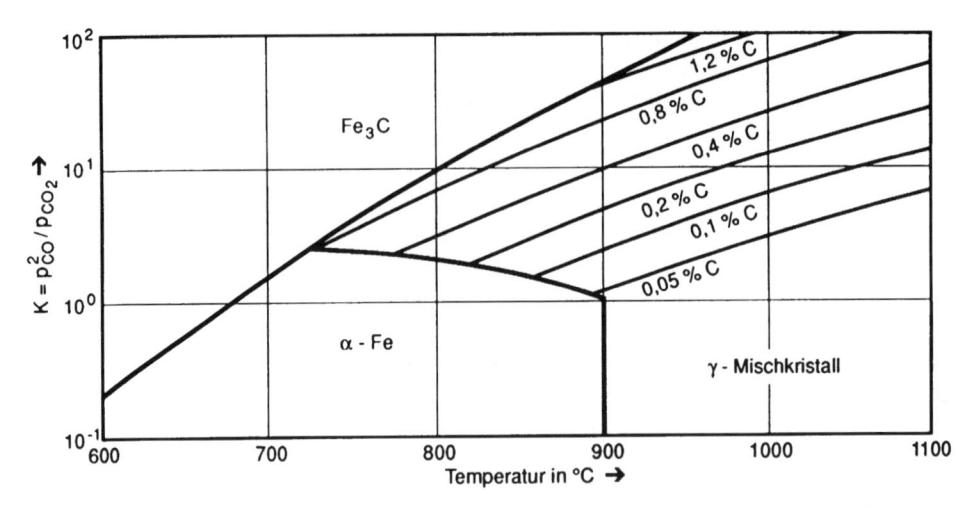

Bild 16: Aufkohlungsgleichgewichte von Eisen in CO/CO$_2$-Gasgemischen bei verschiedenen Temperaturen.

Die Kohlenstoffaktivität auf den Werkstoffoberflächen bleibt deshalb wesentlich kleiner als im Gleichgewicht.

Bei den genannten Prozessen stehen mit dem aufkohlenden Gas ausnahmslos Rohre oder Bleche aus hochlegiertem Fe-Cr-Ni-Si-Stahl oder Ni-Cr-Legierungen in Kontakt, die sich mit Kohlenstoff (Coke) belegen können. Die Widerstandsfähigkeit dieser Materialien gegenüber Aufkohlung wird entscheidend von der Integrität einer oxidischen Schutzschicht aus Chromoxid oder chromreichen Spinellen bestimmt (Bild 18).

Reißen diese Schichten unter Temperaturwechselbeanspruchung auf, werden sie aberodiert oder tritt eine Umwandlung durch Reaktion mit dem festen Kohlenstoff

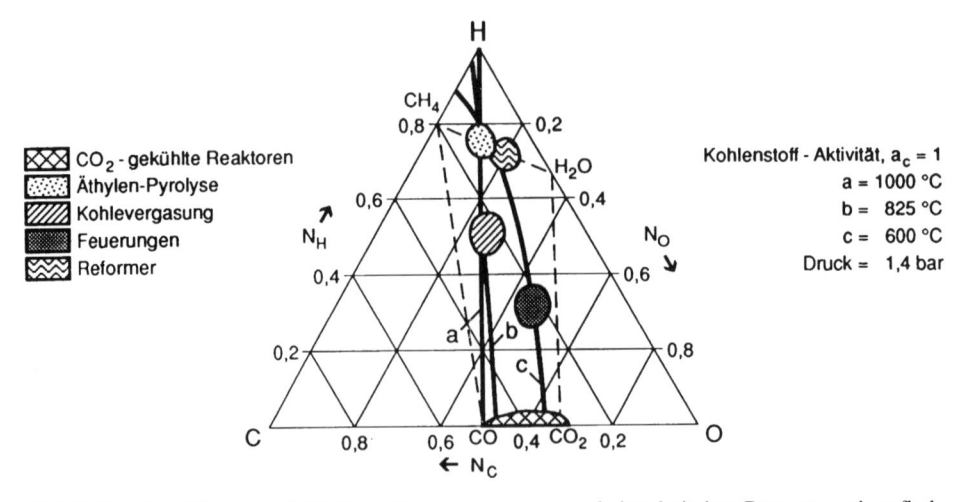

Bild 17: Ternäres Diagramm C-O-H der Gaszusammensetzung bei technischen Prozessen mit aufkohlenden Gasgemischen.

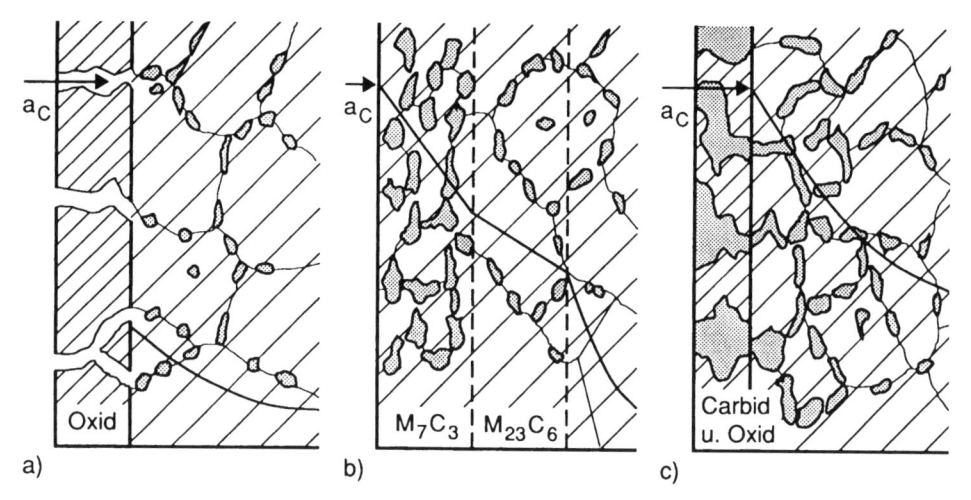

Bild 18: Innere Carbidbildung bei FeNiCr-Legierungen (n. Grabke)
a) Aufkohlung in rissiger Oxidschicht
b) Aufkohlung ohne schützende Oxidschicht (z. B. aberodiert)
c) Verlust des Korrosionsschutzes durch Umwandlung von Oxid in Karbid.

zu Karbiden ein, so ermöglicht erst dann der direkte Kontakt des Gases mit der Legierung eine Aufkohlung der oberflächennahen Schicht. Es scheiden sich Cr-reiche Karbide vom Typ $M_{23}C_6$ und M_7C_3 aus, wodurch der Matrix Chrom entzogen wird. Bei durch Chromverarmung herabgesetzter Beständigkeit erfolgt dann beschleunigte Verzunderung. Auch beim Ausbrennen des „Coke" von Crackrohren mit Luft-Dampf-Gemischen bei hohen Temperaturen können sich die oxidischen Schutzschichten durch Karbidumwandlung völlig zerstören. Ein Beispiel für die Wirkung einer Verzunderung in aufkohlender Atmosphäre gibt Bild 19.

Im linken Teilbild ist eine Leitschaufel aus der 1. Reihe einer mit Gichtgas betriebenen Gasturbine nach rd. 31 000 Betriebsstunden wiedergegeben. Das gesamte Schaufelblatt ist stark abgezehrt. Bei einer Gaseintrittstemperatur von 750 °C war bei fortschreitender Feststofferosion der Schaufelwerkstoff X 12 CrNiWTi 16 13 infolge unvollständiger Verbrennung am Rande aufgekohlt worden. Die damit verbundenen Ausscheidungen auf den Korngrenzen und im Korn führten über eine Chromverarmung der Grundmasse zu einer Verminderung der Zunderbeständigkeit und damit zu den beobachteten Abzehrungen, die im Angelsächsischen „metal dusting" genannt werden.

3.2.2 Selbstaufkohlung

Gelegentlich wird Aufkohlung auch in oxidierenden Feuerungsgasen (Bild 20) bei Temperaturen um 600 °C beobachtet.

Betroffen sind Überhitzerrohre fossil gefeuerter Dampferzeuger. Bemerkenswerterweise wird diese saumartige Cr-Karbidausscheidung (Bild 21) nur bei hochchromhaltigen Werkstoffen (X 12 CrMo 9 1, X 20 CrMoV 12 1, X 8 CrNiMoNb 16 16) mit

Bild 19: Abzehrung einer Turbinenschaufel aus einer Gichtgasturbine nach Aufkohlung und Verzunderung (X 12 CrNiWTi 16 13).

merklichen Kohlenstoffgehalten (> 0,02%) und nie bei niedriglegierten warmfesten Stählen (10 CrMo 9 10, 13 CrMo 44) festgestellt. Dritte Bedingung war eine merkliche Rohrwandabzehrung durch HTK. An derartig geschädigten Rohren ist es zu spröden Rohrreißern vom Fischmaultyp gekommen (Bild 20).

In HTK simulierenden Versuchen mit CO/CO_2-freiem, synthetischen Rauchgas konnte bewiesen werden, daß diese Aufkohlung durch Diffusion von Kohlenstoff aus korrodierenden Schichten in die momentan angrenzenden Stahlschichten erfolgt (Selbstaufkohlung).

Dementsprechend nahm die Dicke des Aufkohlungssaums mit dem korrosiven Metallabtrag zu (Bild 22). Der Kohlenstoff des Saumes stammt somit nicht aus dem Feuerungsgas.

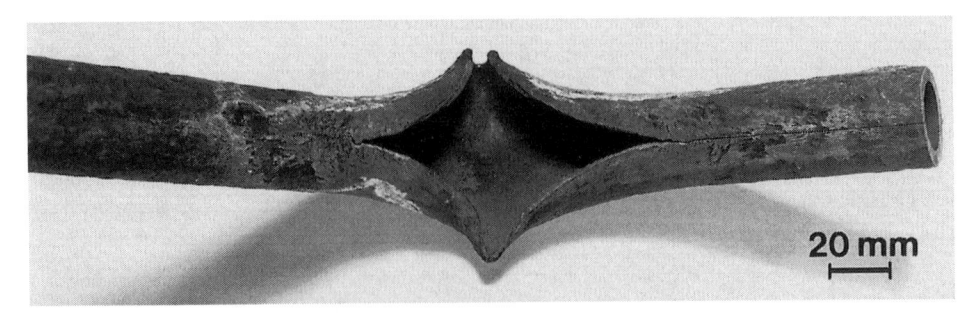

Bild 20: Nach Aufkohlung gerissenes Überhitzerrohr (X 20 CrMoV 12 1).

Bild 21: Aufkohlung eines Überhitzerrohres (X 20 CrMoV 12 1) mit Saum S (1%C).

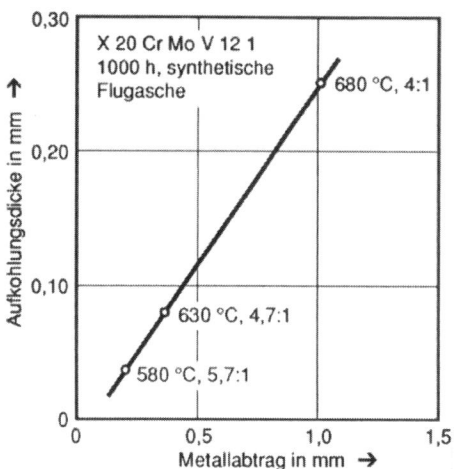

Bild 22: Abhängigkeit der Aufkohlungsdicke vom Metallabtrag durch HTK.

3.3 Wasserstoffangriff

Eine Wechselwirkung zwischen Wasserstoff und Metall ist in vielfacher Form möglich. Bei HTK ist nur der chemische Umsatz von heißem wasserstoffhaltigen Gas mit Gefügebestandteilen wichtig.

3.3.1 Druckwasserstoffangriff oberhalb 200 °C auf Stahl

Bei unlegiertem Stahl kann es zu Umsetzung des Gefügebestandteils Zementit unter Kohlenwasserstoffbildung entsprechend

$Fe_3C + 2H_2 = 3\,Fe + CH_4$

kommen. Dieser Angriff erfolgt rasch an den Korngrenzen, das Material wird interkristallin rissig. Er kann sich aber auch auf Fe_3C im Perlit richten. Durch Zusatz von karbidstabilisierenden Elementen (Cr, Mo, V, Ti, Nb) wird die Wasserstoffbeständigkeit verbessert (Bild 23).

3.3.2 Wasserstoffkrankheit bei Kupfer

Bei sauerstoffhaltigem Kupfer greift Wasserstoff das Kupferoxid unter Wasserdampfbildung entsprechend

$Cu_2O + H_2 = 2\,Cu + H_2O$

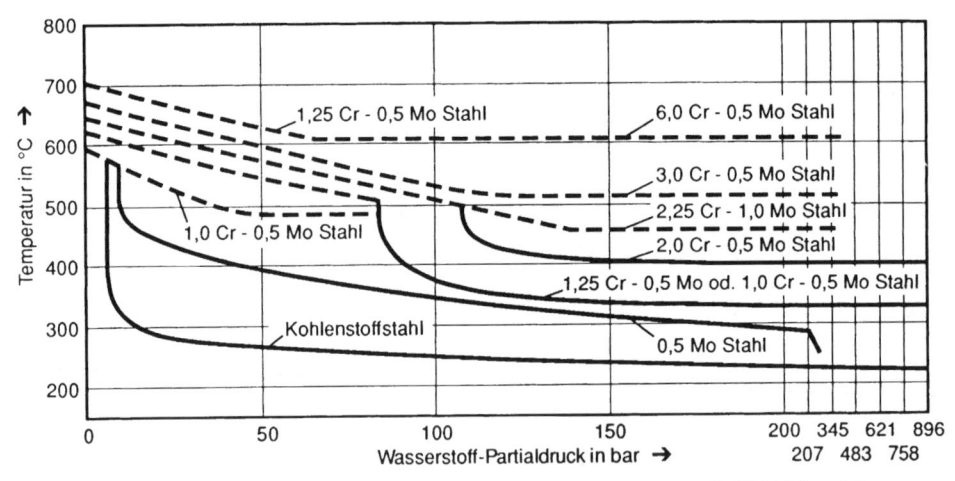

Bild 23: Grenzlinien der Beständigkeit für Stähle in heißem Druckwasserstoff. API-Nelson-Diagramm, 1983.

an. Es entstehen Poren, die sich zu Rißnetzwerken vereinigen können (Wasserstoffkrankheit). Derartige Schäden treten des öfteren beim Hartlöten mit der Flamme auf, wenn organische Verunreinigungen im Lötbereich vorhanden sind. Bild 24 zeigt eine Lötverbindung, wobei nur das sauerstoffhaltige Kupfer (rechts) rißbehaftet ist, während der Anschluß zu der S-Kupferqualität (oben) in Ordnung ist.

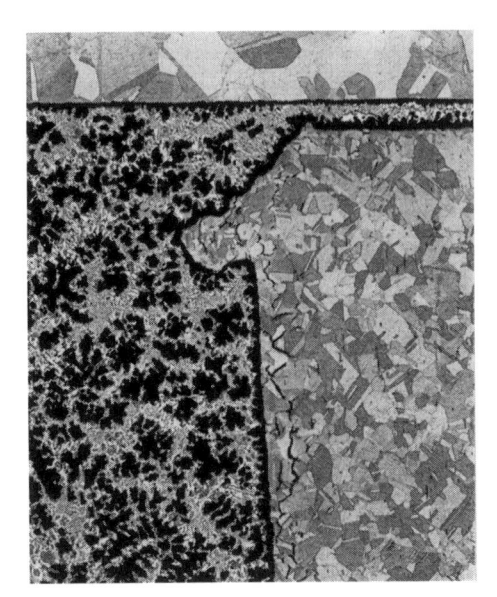

Bild 24: Wasserstoffkrankheit in Cu_2O-haltigem Kupfer an einer Lötstelle.

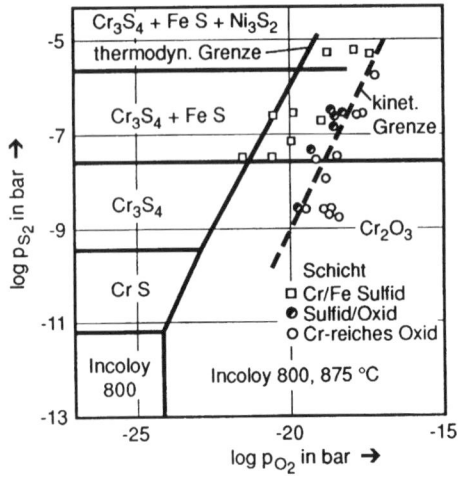

Bild 25: Art der Korrosionsschicht auf Incoloy 800 in Abhängigkeit von O- und S-Aktivität (n. Natesan).

3.4 Schwefelung

3.4.1 Schwefelaktivität von Gasen

Sulfidierend auf Metalle und Legierungen können schwefelhaltige Gase (oder Gasmischungen) wirken. Es sind bei Pyrolyse und Kohlevergasung vorwiegend H_2S und bei Feuerungsgasen fossiler Brennstoffe vorwiegend SO_2 (SO_3). Der Grad der Sulfidierungswirkung wird von der Schwefelaktivität (pS_2) des Gases bestimmt. Der Wert muß $> 10^{-9}$ bar sein, um Wirkung zu zeigen, was in den erwähnten Gasen häufig der Fall ist. Die Berechnung von pS_2 erfolgt mit den Gleichgewichtskonstanten der Reaktionen und den Gasanalysen:

$$2\,H_2S = S_2 + 2\,H_2 \qquad\qquad p_{S_2} = K_{H_2S} \cdot \frac{p_{H_2S}^2}{p_{H_2}^2}$$

$$2\,SO_2 = 2\,O_2 + S_2 \qquad\qquad p_{S_2} = K_{SO_2} \cdot \frac{p_{SO_2}^2}{p_{O_2}^2}$$

Das Wachstum von Sulfiden ist sehr viel schneller als das von Oxidschichten. Es führt bei hohen Temperaturen zu katastrophaler Korrosion. Die Korrosionskonstante der Sulfidierung ist dementsprechend um Zehnerpotenzen größer als bei der Oxidation. Der Grund hierfür ist die höhere Fehlstellenkonzentration in den Sulfiden, die wiederum größere Diffusionskonstanten der Kationen bedingt.

3.4.2 Stabilisierung der oxidischen Schutzschicht

In der industriellen Praxis existieren faktisch keine reinen sulfidierenden Atmosphären.

Durch Gehalte an O_2, H_2O bzw. CO_2 ist die Sauerstoffaktivität (pO_2) meistens hinreichend hoch, so daß sich Oxide wie Cr_2O_3, Al_2O_3, SiO_2 oder spinelle Phasen auf der Oberfläche der Legierungen bilden können. In Abhängigkeit von der Höhe des pS_2 des angreifenden Gases ist theoretisch ein Mindest-pO_2-Druck notwendig, um eine oxidische Schutzschicht aufzubauen (Bild 25, thermodynamische Grenze). Experimentell ermittelt sich der notwendige Mindestdruck um drei Größenordnungen größer (Bild 25, kinetische Grenze).

Beispiele für eine Beteiligung von Sulfidierungsreaktionen an der HTK geben eine Halterung aus Incoloy 800 (Bild 26) und Schweißgut auf Nickellegierungsbasis (Bild 27) in SO_2-haltigem Feuerungsgas. Gründe sind zum einen die notwendige, wesentlich höhere Sauerstoffaktivität für die NiO-Stabilisierung, zum anderen die Möglichkeit der Bildung von tiefschmelzenden Ni-Ni_3S_2-Eutektika (645 °C). Dadurch wird ein Angriff mit geringer Diffusionshemmung möglich.

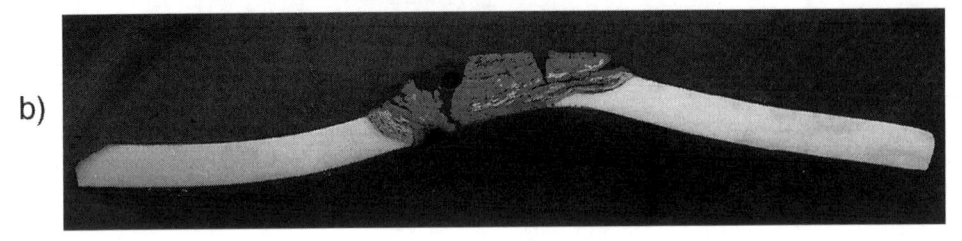

Bild 26: a) Korrodierte Rohrhalterung (Incoloy 800 H; W.-Nr. 1.4876) aus fossil gefeuertem Dampferzeuger (15 000 Bh; 800 bis 900 °C), b) Querschnitt mit oxidisch-sulfidischem Korrosionsprodukt.

4. HTK unter Ablagerungen

Eine Häufung von HTK-Schäden tritt dann ein, wenn die mit Heißgas beaufschlagte Bauteiloberfläche zusätzlich mit Ablagerungen bedeckt ist. Das hat zwei Ursachen:

Neben der Gasreaktion mit dem Werkstoff kann gleichzeitig eine Änderung der Gaszusammensetzung durch Reaktion mit Ablagerungskomponenten erfolgen, so daß die Zusammensetzungen der Gasmedien im Belag und in der äußeren Strömung unterschiedlich sind (Belag-Mikroklima). Ablagerungskomponenten können schmelzen und damit einen Schmelzangriff auf die oxidischen Schutzschichten ermöglichen. Beide Veränderungen können zu einer Beschleunigung der Korrosion um Größenordnungen führen. Typische Fälle sind HTK an Überhitzerrohren in mit fossilem Brennstoff gefeuerten Dampferzeugern, an Beschaufelungen von stationären Gasturbinen und an Auslaßventilen von Verbrennungsmotoren. Typische Medien sind staubhaltiges Verbrennungsgas und alkalisulfat-, vanadat- oder chloridhaltige Ablagerungen bzw. niedrig schmelzende Verbindungen.

4.1 HTK an Überhitzerberohrungen steinkohlengefeuerter Dampferzeuger

Bei der Verbrennung von Steinkohlenstaub in Kesseln werden Teile der mit dem Rauchgasstrom geförderten gasförmigen, flüssigen und festen Aschebestandteile der Kohle auf den kälteren, angeströmten Rohrflächen kondensiert, abgelagert und teilweise eingeschmolzen. Unter solchen Ablagerungen kommt es häufiger zu stärkerem Angriff auf die Rohrwerkstoffe 13 CrMo 44, 10 CrMo 9 10 und X 20 CrMoV 12 1 bei

Bild 27: HTK des Nickelbasis-Schweißzusatzwerkstoffs SG-NiCr20Nb an einer Lufteindüseglocke (X 15 CrNiSi 2520) in Wirbelschichtfeuerung (ZAWF)
a) nach 2000 Betriebsstunden   b) Neuzustand

Temperaturen von 550 – 650 °C. Eine typische Analyse des über die Ablagerungen strömenden Rauchgases ist:

0,2 % SO_2,   < 2 % O_2,   15 % CO_2,   20 % H_2O,   Rest N_2.

Bei stark korrodierten Rohren ist ein gleichartiger Belagaufbau festzustellen, der schematisch in Bild 28 im Querprofil wiedergegeben wird.

Die topotaktisch eingewachsene Fe_3O_4-Schicht (Zt) enthält Chrom in etwa der gleichen Volumenkonzentration wie der Werkstoff. Sie ist mit Ausnahme eines an die

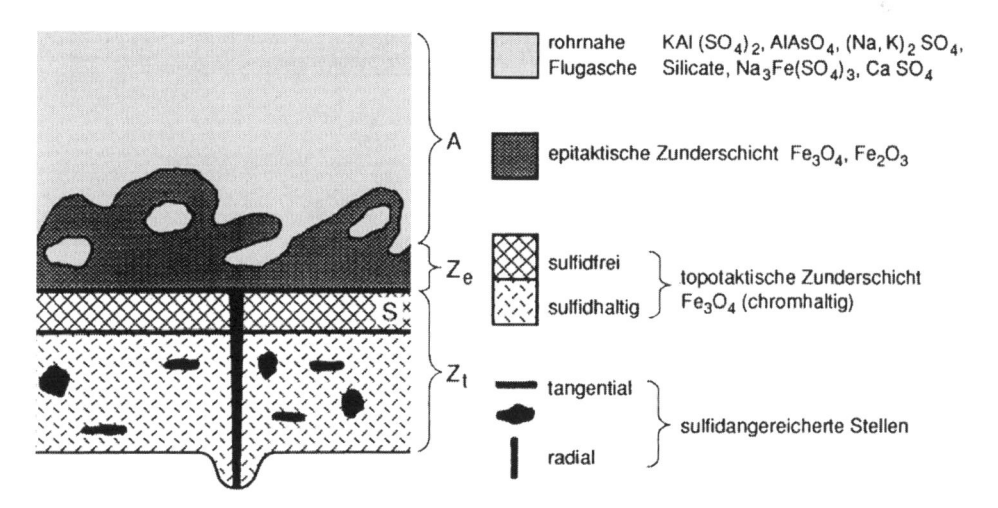

Bild 28: Schematische Darstellung des Aufbaus von Überhitzerrohrbelägen in Dampferzeugern nach HTK.

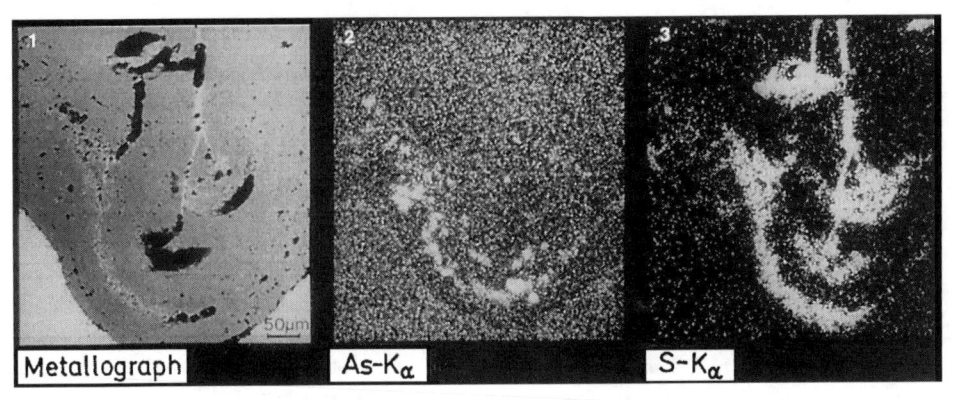

Bild 29: Sulfid- und Arsenidanreicherung in Zunderrissen nach HTK (34 000 Bh) an Überhitzerrohren.

Ursprungsstahloberfläche angrenzenden Saumes S mit Sulfidschwefel durchsetzt. In radialen und tangentialen Zunderrissen sowie in Poren ist Sulfid- bzw. Arsenidanreicherung festzustellen (Bild 29).

Die topotaktische Schicht ist frei von Flugaschekomponenten wie Sulfat, K, Na, Al, Si, Ca u. a..

Auf dieser Schicht wächst, im Schliffbild nicht immer klar erkennbar, eine diffuse epitaktische Fe_3O_4/Fe_2O_3-Schicht (Ze) auf, die mit Flugascheverbindungen stellenweise durchsetzt ist.

An diese Zunderschicht schließt sich zum Rauchgas hin das dicke Flugascheagglomerat mit den Verbindungen: Alkalisulfate, Erdalkalisulfate, Alkalidoppelsulfate, Aluminiumorthoarsenat, Hämatit, Silikate u. a. an. Anzeichen von erstarrten Schmelzen in Berührung mit den Oxidschichten Ze und Zt (Bild 28) oder mit dem Rohrwerkstoff selbst konnten bei vielen Schadenuntersuchungen nicht festgestellt werden. Der Belagaufbau, die Element- und die Verbindungsverteilung lassen vermuten, daß Hochtemperaturkorrosion als Gas/Feststoffreaktion abläuft.

Die $SO_2/SO_3/O_2$-haltigen Rauchgase dringen durch den porigen und rissigen Zunder an die momentane Rohroberfläche vor und reagieren mit dem Stahl nach:

$$3\ Fe + 2\ O_2 = Fe_3O_4$$

$$5\ Fe + 2\ SO_2 = Fe_3O_4 + 2\ FeS$$

$$13\ Fe + 4\ SO_3 = 3\ Fe_3O_4 + 4\ FeS.$$

Auf durch Hochtemperaturkorrosion stark abgezehrten Überhitzerrohren stellt man faktisch immer Alkalidoppelsulfate fest wie $KAl(SO_4)_2$. Solche Sulfate sind im Temperaturbereich von 550 – 650 °C nur existent, wenn der SO_3-Partialdruck größer 0,01 Vol.% ist, also um mindestens eine Größenordnung über dem des Rauchgases liegt. Es kommt also in den Ablagerungen zu einer merklichen SO_2/SO_3-Aufoxidation, wahrscheinlich durch Fe_2O_3-Katalyse. Insofern kommt der SO_3-Reaktion besondere Bedeutung bei der Hochtemperaturkorrosion zu.

4. HTK unter Ablagerungen   297

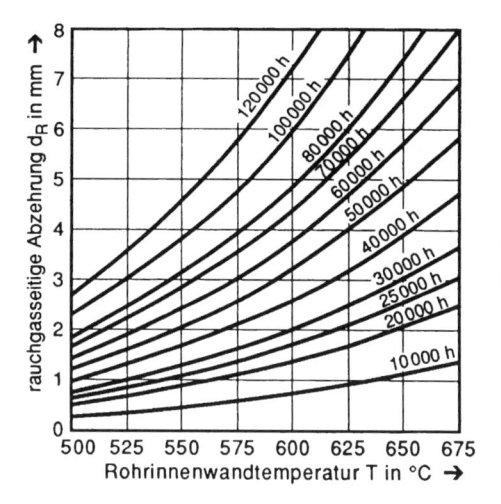

Bild 30: Rauchgasseitige Metallabzehrung in Abhängigkeit von Temperatur und Betriebszeit.

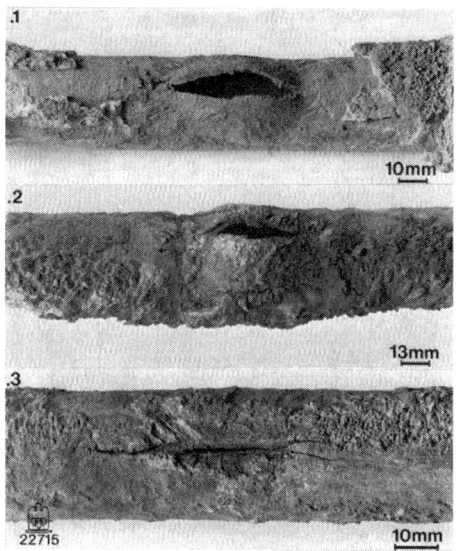

Bild 31: ÜH-Rohrreißer nach HTK
1. 10 CrSiMoV 7, 80 000 Bh
2. 15 Mo 3, 96 000 Bh
3. 10 CrMo 9 10, 64 000 Bh.

Die Hochtemperaturkorrosion an den Überhitzerrohren aus warmfesten, niedriglegierten Stählen folgt in steinkohlengefeuerten Kesseln öfters einem fast linearen Zeitgesetz, ein Hinweis dafür, daß direkter Gaszutritt zur Stahloberfläche möglich ist. Die Geschwindigkeit der Rohrabzehrung ist von der Rohrwandtemperatur und vom Temperaturgradienten im Belag abhängig (Bild 30). Sie verdoppelt sich je 70 K.

Überschreitet die Korrosionsabzehrung ein gewisses Maß, so setzt in der Restwand unter Innendruckbeanspruchung Kriechen bis zum Bruch ein. In Bild 31 sind drei auf

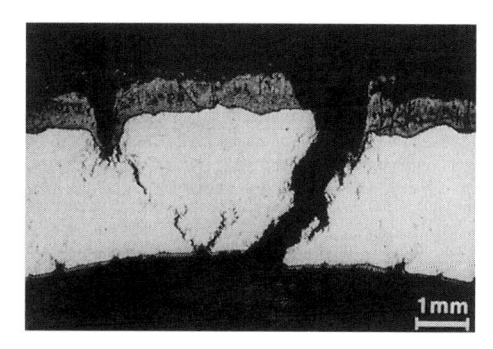

Bild 32: Zeitstandsrisse an durch HTK wanddickengeschwächtem ÜH-Rohr 15 Mo 3, 96 000 Bh.

Bild 33: HTK nach Salzschmelzenmodell (schematisch).

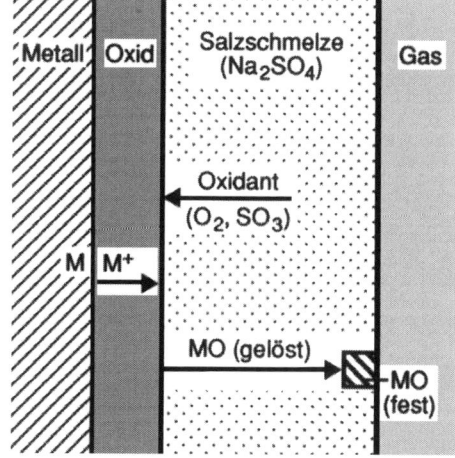

diese Weise längsgerissene Rohre abgebildet. Im Querschliff erscheinen längs Zunderkeilen die typischen Zeitstandsrisse mit Mikroporenfeldern beidseitig der Trennungen (Bild 32).

4.2 HTK an Gasturbinenschaufeln

Die Lebensdauer der Beschaufelungen von stationären Gasturbinen kann in starkem Maße von Hochtemperatur-Korrosionsvorgängen beeinflußt werden. Entscheidend dafür ist bei vorgegebener Eintrittstemperatur von 750 – 950 °C und gewählter Schaufellegierung (Ni-, Co-Leg.) bzw. Beschichtung die Reinheit des Brennstoffs (reine Heizöle und Naturgase) und der Verbrennungsluft. Schädlichste Verunreinigungselemente sind Na + K, V, S und Cl. Tritt Oberflächenangriff (Bild 34) auf, so lassen sich in jedem Falle Ablagerungen mit hohen Na_2SO_4-Gehalten nachweisen. Man geht davon aus, daß der Angriff von dünnen Schichten aus Na_2SO_4-Schmelzen (Smp 884 °C) ausgelöst wird (Bild 33). An der Phasengrenze oxidische Schutzschicht/ Salzschmelze wird die Oxidschicht (oder nur einzelne Komponenten) aufgelöst. Das Gelöste diffundiert durch die Schmelzenschicht und wird an der Schmelze/Gas-Phasengrenze wieder abgeschieden, wobei die Konzentrationsdifferenz durch unterschiedliche örtliche Na_2O/SO_3-Gehalte der Schmelze erhalten wird. Entsprechend kann von alkalischer oder saurer Salzschmelzenkorrosion gesprochen werden:

$MeO + S_2O_7^{2-} = MeSO_4 + SO_4^{2-}$ (sauer)

$2\,MeO + O^{2-} + 1/2\,O_2 = 2\,MeO_2^-$ (alkalisch)

Bild 34: HTK an GT-Schaufel (Udimet 520) nach 27 000 Bh bei 750 °C durch H_2S-haltiges Naturgas.

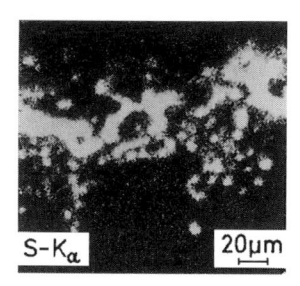

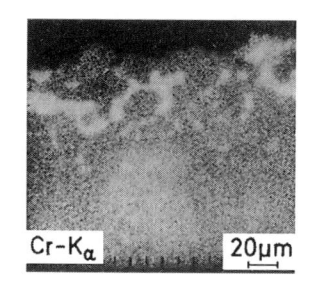

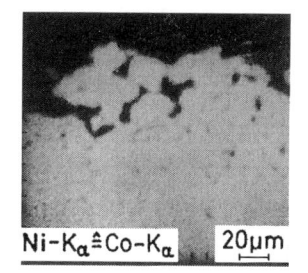

Bild 35: HTK an GT-Schaufel (FSX 414) durch Alkalisulfatschmelzen. Verteilung der Elemente S, Cr, Co(Ni) an der Angriffsfront.

Das Ergebnis ist in beiden Fällen eine poröse, wenig haftende Oxidschicht, durch die die Salzschmelze nun bis zur Grundlegierung vordringen kann.

Sobald die aufgebrachten Schutzschichten (Oxid) durch Lösevorgänge beschädigt sind, erfolgt ebenfalls ein direkter Schmelzenangriff auf die Legierung, z. B. durch selektive Sulfidierung:

$$4\,Na_2SO_4 + 11\,Cr = Cr_3S_4 + 4\,Na_2CrO_4.$$

Die Sulfidierung eilt entlang der Korngrenzen voraus (Bild 35). Der auf diese Weise Cr-verarmte Saum wird in der Folge partiell aufoxidiert. Die Angriffsintensität wird bei den Ni- und Co-Basislegierungen von ihrem Cr-Gehalt wesentlich beeinflußt (Bild 36). Bei gleichem Cr-Gehalt ist das Verhalten der Ni-Legierung hinsichtlich HTK wesentlich günstiger als das der CO-Legierung.

Die GT-Schaufeln werden zur Verringerung der HTK oft mit Oberflächenschutz versehen. Folgende Schichttypen werden (nach ASEA, BBC) angewandt:

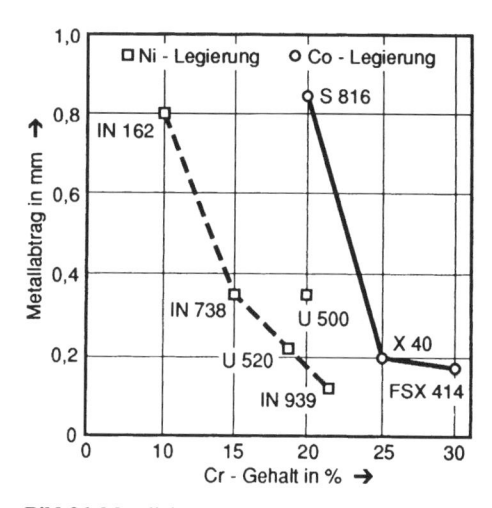

Bild 36: Metallabtragung an Ni- und an Co-Basislegierungen für GT-Schaufeln; Testbedingungen 750 °C, 500 h, synth. Asche in Luft mit 0.03 Vol.% SO_2/SO_3 (Siemens/KWU).

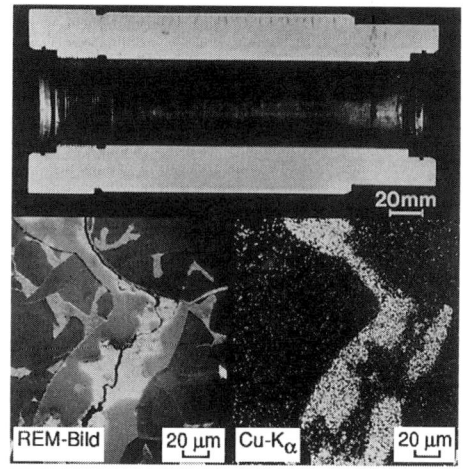

Bild 37: a) IK-Risse durch geschmolzene Lagerbronze an Planetenradbolzen (C 25) aus Stökkichtgetriebe
b) Schliffe durch die mit Bronze gefüllten Risse.

Schichttyp	Auftragsverfahren	Oxidschicht
MeCrAlY (Me = Fe, Cr, Co) Auftrag	PVD (Physical Vapour Deposition) LPPS-Plasmaspritzen (Low Pressure Plasma Spray)	Cr_2O_3 bzw. Al_2O_3
Pt-Al Diffusion	CVD-Pack (Chemical Vapour Deposition)	Al_2O_3
Ni-Cr-Si Auftrag	Plasmaspritzen	Cr_2O_3
Cr-Fe	galvanisch (Pack)	Cr_2O_3

5. HTK in Metallschmelzen

Bei der Benetzung metallischer Werkstoffe mit Metallschmelzen sind zwei schädigende Vorgänge wichtig:
– Legierungsbildung (Auflösung, intermetallische Phasen)
– interkristalline Rißbildung.

Die Beschädigungen durch Legierungsbildung bei ständigem Kontakt sind selten unerwartet und werden meistens als natürliche Abnutzung betrachtet (z. B. Verzinkungskessel). IK-Rißbildung (Lötbrüchigkeit) führt dagegen zu gravierenden Bauteilschäden.

Das Schadensbild ist gekennzeichnet durch zahlreiche senkrecht zur Zugspannung verlaufende interkristalline Risse, die bis in die Rißspitzen mit erstarrter Schmelze

Bild 38: IK-Risse nach Verschweißen austenitischer Cr-Ni-Stahlbleche, die mit zinkstaubhaltiger Farbe verunreinigt waren.

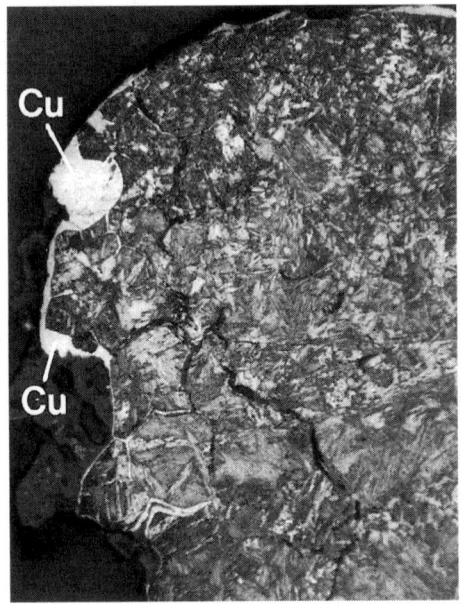

Bild 39: IK-Risse nach dem Verschweißen von Rohren mit kupferhaltigen Belägen.

ausgefüllt und deren Rißflanken auflegiert sind. Der Mechanismus der Rißbildung wird durch Abnahme der Korngrenzenfestigkeit infolge Legierens der Korngrenzensubstanz (Korngrenzendiffusion) und Erniedrigung der Grenzflächenenergie durch Benetzung erklärt.

Praktische Schadenfälle dieser Spannungsrißkorrosionsart sind:
- IK-Risse in bronzeumgossenen Lagerbolzen (Bild 37) oder Kurbelwellenlagern aus unlegiertem Stahl.
- IK-Risse in austenitischen Cr-Ni-Stahl-Blechen, die mit zinkstaubhaltiger Farbe verunreinigt waren (Bild 38).
- IK-Risse beim Verschweißen von geringfügig mit metallischem Kupfer belegten Verdampferrohren (Bild 39).

6. Zusammenfassendes Schrifttum

W.T. Reid: External Corrosion and Deposits, Boiler and Gasturbines, Elsevier, New York, 1971.

O. Kubaschewski, B.E. Hopkins: Oxidation of Metals and Alloys, Butterworths, London 1967.

A.B. Hart, A.J.B. Cutler: Deposition and Corrosion in Gasturbines, Applied Science Publishers Ltd., London 1973.

VdEH: Prüfung und Untersuchung der Korrosionsbeständigkeit von Stählen, Teil I: Korrosionsbeständigkeit in gasförmigen Angriffsmitteln, Verlag Stahleisen mbH, Düsseldorf 1973.

A. Rahmel, W. Schwenk: Korrosion und Korrosionsschutz von Stählen, Verlag Chemie Weinheim 1977, Kapt. 5.: Korrosion in heißen Gasen; Kapt. 6: Korrosion in Schmelzen und unter Ablagerungen.

Autorenkollektiv: High Temperature Alloys for gas turbines, Part I: Corrosion and Coatings, Applied Science Publishers Ltd., London 1978.

D.R. Holmes, A. Rahmel: Materials and Coatings to resist; High Temperature Corrosion, Applied Science Publishers Ltd., London 1978.

Guttmann, M. Merz: Corrosion and Mechanical Stress at High Temperatures, Applied Science Publishers Ltd. Barking, 1981.

A. Rahmel: Aufbau von Oxidschichten auf Hochtemperaturwerkstoffen und ihre technische Bedeutung; Deutsche Gesellschaft für Metallkunde e.V., Oberursel, 1983.

R.A. Rapp: High Temperature Corrosion NACE-6, National Association of Corrosion Engineers, Houston, 1983.

High Temperature Corrosion, Proc. 11th International Corrosion Congress, Florence, 1990, Vol. 4.

Werkstoffschäden durch Verschleiß

Michael Pohl, Institut für Werkstoffe, Ruhr-Universität Bochum

1. Grundlagen zum Verschleißverhalten von Werkstoffen

„Verschleiß ist der fortschreitende Materialverlust aus der Oberfläche eines festen Körpers, hervorgerufen durch mechanische Ursachen, d. h. Kontakt und Relativbewegung eines festen, flüssigen oder gasförmigen Gegenkörpers". So ist der Verschleiß in der DIN 50 320 (Verschleiß: Begriffe – Systemanalyse von Verschleißvorgängen – Gliederung des Verschleißgebietes) definiert. Bereits 1966 begründete die Jost-Commission in England das Kunstwort Tribologie für die Wissenschaft und Technik von gegeneinander bewegten, in Kontakt und Wechselwirkung befindlichen Oberflächen. Die Tribologie umfaßt das Gesamtgebiet von Reibung, Schmierung und Verschleiß. Die Tribotechnik befaßt sich mit der technischen Anwendung tribologischer Erkenntnisse und den zugehörigen Verfahren (DIN 50 323 „Begriffe").

Tribologische Probleme begleiten die Menschheit seit sie gelernt hat, Feuer zu machen und seit sie Werkzeuge und Waffen anfertigt und benutzt. Heute geht man davon aus, daß Reibung den Verlust von rd. 10% der technisch erzeugten Energie verursacht und daß 3% des Bruttosozialproduktes der Industrienationen durch Werkstoffverschleiß vernichtet werden (1, 2) in Form von Produktionsausfällen bzw. unvollständiger Anlagenverfügbarkeit und durch Material- und Personalkosten der Instandhaltung sowie durch ökologische Folgekosten. Maßnahmen zur Verringerung von Verschleiß sind daher sowohl im Hinblick auf eine Reduzierung der dadurch verursachten Verluste als auch unter dem Gesichtspunkt der Einsparung wichtiger Rohstoffe von volkswirtschaftlichem Interesse.

Zur Optimierung des Verschleißverhaltens von Werkstoffen ist die Kenntnis der verursachenden Mechanismen Voraussetzung. Für diese Untersuchungen hat sich der Einsatz des Rasterelektronenmikroskops bewährt (3–8), da es Aussagen über die Oberflächenverformung und die Veränderung des Metallgefüges im oberflächennahen Bereich sowie über die gebildeten Reaktionsschichten ermöglicht. Die Untersuchung der Erscheinungsformen von Verschleißflächen ist zur Optimierung tribotechnischer Elemente von Maschinen ebenso von Interesse wie bei der Verschleißanalyse im praktischen Betrieb bei der Schadensbeurteilung (9–12). Tribosysteme treten bei der funktionalen Lösung von Bewegungsabläufen in den meisten technischen Systemen auf (Bild 1).

Funktionsbereiche	Tribosysteme bzw. Bauteile
Bewegungsausübung	Gleitlager, Wälzlager, Führung, Spielpassung, Gelenk, Spindel
Bewegungshemmung	Bremse, Stoßdämpfer
Bewegungsübertragung	Getriebe, Riementrieb, Kupplung, Nocken und Stößel
Informationsübertragung	Steuergetriebe, Relais, Drucker
Energieübertragung	Schaltkontakt, Schleifkontakt
Materialtransport	Rad und Schiene, Reifen und Straße, Förderband, Pipeline, Rutsche
Spanende Materialbearbeitung	Dreh-, Fräs-, Schleif- oder Bohrwerkzeug
Materialumformung	Walze, Ziehdüse, Gesenk, Matrize
Materialzerkleinerung	Kugelmühle, Preßlufthammer, Backenbrecher, Schredderanlage

Bild 1: Beispiele zu Funktionsbereichen von Tribosystemen (13).

Reibungszustand	Zwischenmedium	Reibungswert
Trockene Reibung	–	$\mu \approx 0{,}1$
Mischreibung	teilweise Öl	$\mu \approx 0{,}01 \div 0{,}1$
Flüssigreibung	Öl	$\mu \approx 0{,}01$
Wälzreibung	Wälzkörper	$\mu \approx 0{,}001$
Luftreibung	Gas	$\mu \approx 0{,}0001$

$$\mu = \frac{F_T}{F_N}$$

Bild 2: Größenordnung der Reibungswerte für verschiedene Reibungszustände.

Durch Reibung wird ein Teil der in ein Tribosystem eingebrachten Energie in andere Energieformen – hauptsächlich Wärme – umgesetzt. Je nach Erfordernis ist Reibung erwünscht, oder sie wird durch konstruktive Maßnahmen weitgehend vermieden bzw. durch Schmiermittel eingeschränkt (Bild 2). Im folgenden wird im wesentlichen über Verschleißvorgänge ohne den Einfluß von Schmiermitteln berichtet.

2. Tribosystem

Für den Aufbau von Tribosystemen sowie die Zahl und den Zustand der beteiligten Partner und Parameter gibt es eine große Zahl von Kombinationsmöglichkeiten, die aus Bild 3 zu entnehmen sind.

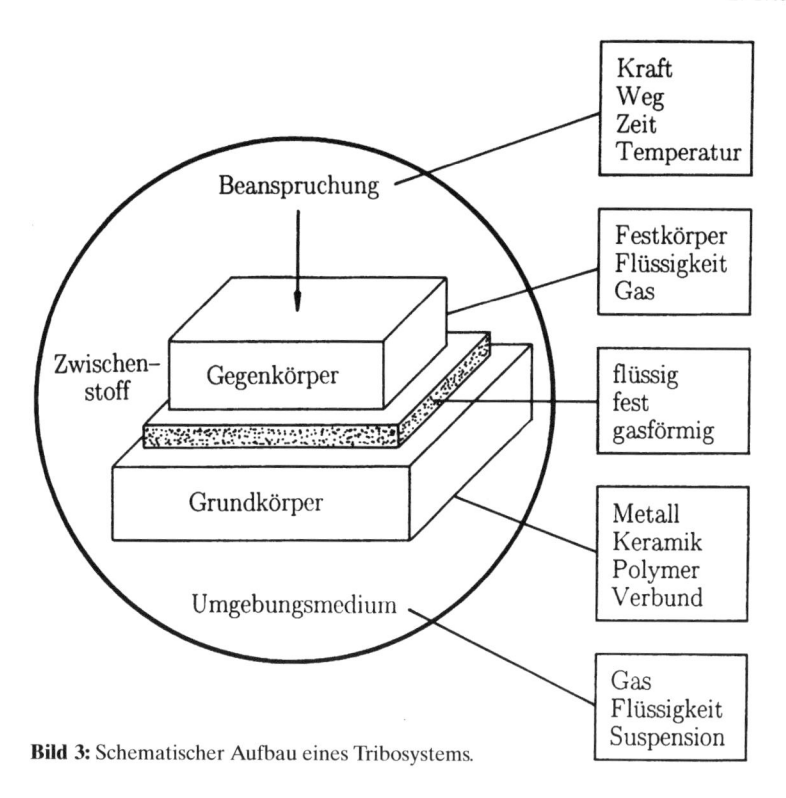

Bild 3: Schematischer Aufbau eines Tribosystems.

Die Oberfläche metallischer Körper wird von Grenzschichten gebildet, die im Normalfall einen unmittelbaren Metallkontakt verhindern (Bild 4). Man unterscheidet zwischen der äußeren Grenzschicht, die sich auf einer z. B. im Fertigungsprozeß neu entstandenen Oberfläche aufbaut, und der inneren Grenzschicht, die sich als Störungsfeld im Übergang zum unbeeinflußten Grundgefüge darstellt. Reibungsvorgänge zwischen metallischen Partnern bewirken eine Zerstörung der primären äußeren Grenzschicht und führen zu plastischen Verformungen des beanspruchten Oberflächenbereiches und zu verstärkter Oxidation (14). Je nach Ausbildung der tribologisch verformten Randschicht und der Reaktionsschicht ergibt sich daraus eine Veränderung fast aller physikalischen und chemischen Eigenschaften des Werkstoffs im Oberflächenbereich und damit auch eine Änderung des Verschleißverhaltens (15).

Die herstellungs- oder bearbeitungsbedingte topographische Oberflächenfeingestalt verändert sich durch das einwirkende Tribosystem. Die tatsächliche Berührungsfläche zwischen Reibungspartnern ist stets erheblich kleiner als die scheinbare, aus der Projektion der geometrischen Abmessungen berechnete Kontaktfläche (Bild 5).

In Abhängigkeit von der Werkstoffestigkeit kommt es beim ersten tribologischen Kontakt häufig zur Abplattung von Rauhigkeitsspitzen und Hügeln, bis die größer werdende wahre Aufstandsfläche in der Lage ist, die im Tribosystem wirkenden Kräfte zu übertragen. Bei fortschreitender tribologischer Beanspruchung kommt es während dieses Einlaufvorganges durch Vergrößerung der wahren Kontaktfläche zu einem makroskopisch wahrnehmbaren „Einlaufspiegel", der dadurch entsteht, daß

Bild 4: Schematische Darstellung des Aufbaus metallischer Reibungskörperoberflächen im Bereich kompakter Deckschichten nach (16).

immer mehr und immer größere Flächenanteile gleichorientiert das Licht reflektieren. Verschleißmessungen ergeben während dieses Einlaufvorganges häufig abnehmende Verschleißbeträge, und das Tribosystem geht dann in einen stationären Verschleißzustand über (Bild 6).

Ein Beispiel für ein solches Verhalten eines Tribosystems ist die Paarung Zylinder/ Kolben in Verbrennungsmotoren. Bild 7 zeigt die fertig bearbeitete Zylinderlauffläche eines Groß-Dieselmotors im Vergleich zu der Oberflächenausbildung nach dem Einlaufvorgang mit stationärem Verschleißverhalten.

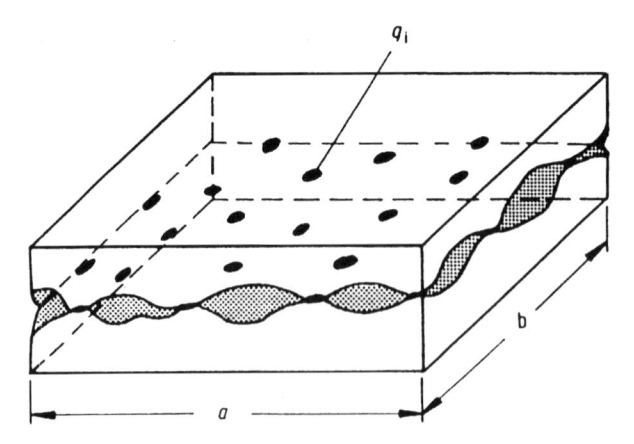

Bild 5: Schematische Darstellung der Berührung zweier rauher Oberflächen.

2. Tribosystem   307

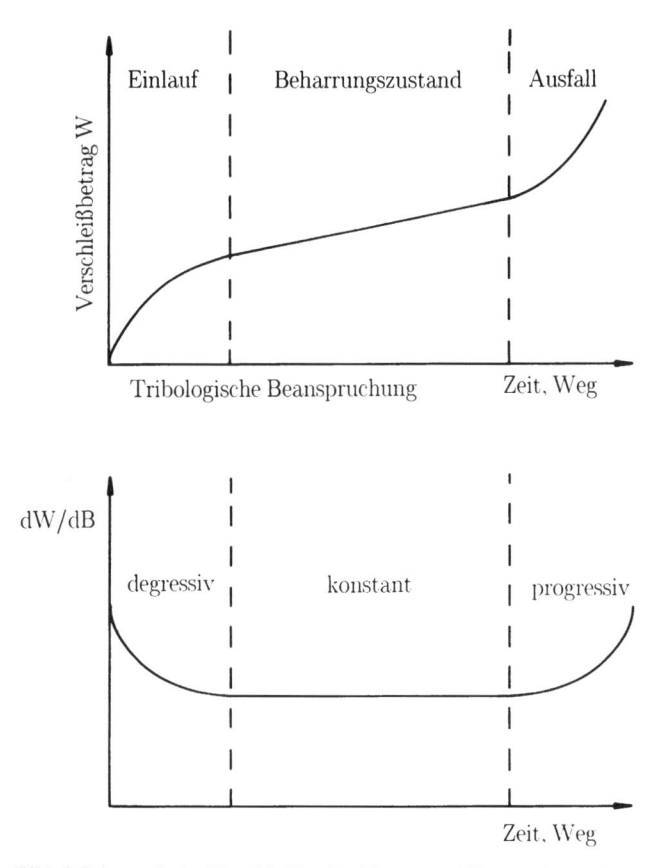

Bild 6: Schematische Verschleißverlaufskurve und ihre mathematische Ableitung.

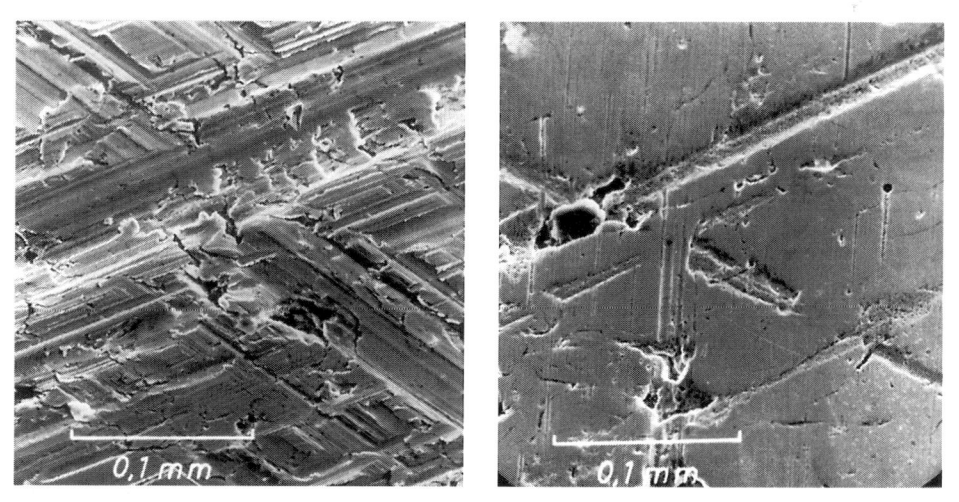

Bild 7: Lauffläche eines GGL-Zylinders aus einem Großdiesel
a) durch Honen fertig bearbeitet   b) nach dem Einlaufen.

308 *Werkstoffschäden durch Verschleiß*

3. Verschleißarten und Verschleißmechanismen

Entsprechend den zahlreichen tribologischen Beanspruchungsarten von Bauteilen wurden in der Vergangenheit sehr viele Begriffe für die dabei auftretenden Verschleißarten geprägt. Großenteils beschreiben sie die Relativbewegung zwischen den Körpern wie beim Gleit-, Roll-, Wälz-, Prall- und Schwingungsverschleiß. Teilweise sagen sie etwas über den einwirkenden Gegenkörper wie bei den Kornverschleißarten oder dem Furchungs- und dem Erosionsverschleiß aus. Gelegentlich beschreiben die Begriffe der Verschleißarten ganze Tribosysteme wie bei der Kavitationserosion und beim Tropfenschlag.

Alle diese zahlreichen und unterschiedlichen Verschleißarten lassen sich auf 4 Verschleißmechanismen zurückführen (Bild 8). Bei der Untersuchung praktischer Verschleißfälle treten die Verschleißgrundmechanismen selten in reiner Form auf. In einem

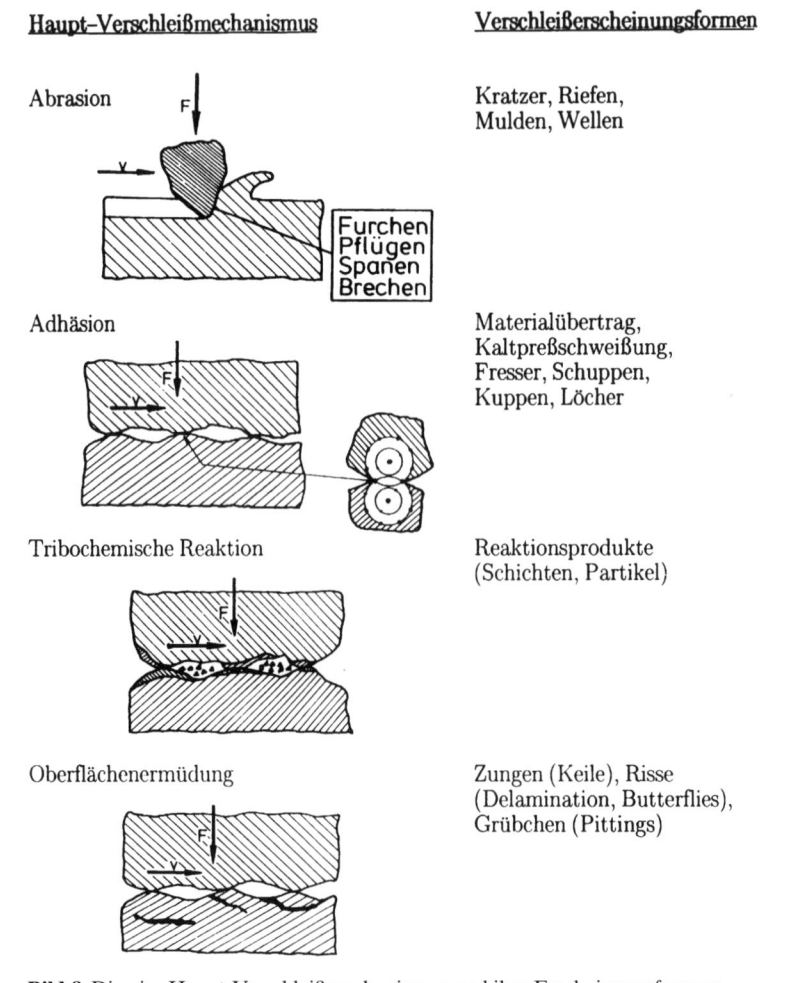

Haupt-Verschleißmechanismus	Verschleißerscheinungsformen
Abrasion	Kratzer, Riefen, Mulden, Wellen
Adhäsion	Materialübertrag, Kaltpreßschweißung, Fresser, Schuppen, Kuppen, Löcher
Tribochemische Reaktion	Reaktionsprodukte (Schichten, Partikel)
Oberflächenermüdung	Zungen (Keile), Risse (Delamination, Butterflies), Grübchen (Pittings)

Bild 8: Die vier Haupt-Verschleißmechanismen und ihre Erscheinungsformen.

tribologischen System wirken meist mehrere Mechanismen gleichzeitig mit unterschiedlichen Anteilen. Diese Anteile können sich während der Beanspruchungsdauer verändern. Bei Variation der Beanspruchungsparameter muß außerdem mit einer prinzipiellen Änderung der wirksamen Verschleißmechanismen gerechnet werden (16).

Für die Lösung tribologischer Probleme und die Optimierung von Verschleißsystemen ist es notwendig, die für den Materialverschleiß verantwortlichen Mechanismen zu erkennen und zu bewerten. Nachfolgend werden daher die vier Verschleißmechanismen definiert und an Beispielen aus Laborversuchen und realen Schadensfällen erläutert.

3.1. Verschleiß durch Abrasion

Verschleiß durch Abrasion ist die spektakulärste Verschleißform. Sie entsteht in einem Tribosystem, wenn die härtere Oberflächenstruktur eines Körpers die äußere Grenzschicht des Reibpartners durchdringt und es im Verlauf der Relativbewegung zur Bildung neuer Oberflächen und zum Abtrag von Verschleißpartikeln kommt (17). Naturgemäß sind in Abhängigkeit von Härte und Oberflächenfeingestalt der Tribopartner auch Zwischenformen möglich (Bild 9).

Hervorgerufen durch die mikroskopische Formänderung und die Bruchzähigkeit der Werkstoffe werden die Mikromechanismen Mikropflügen, Mikrospanen und Mikrobrechen (19) bei der Abrasion beobachtet (Bild 10).

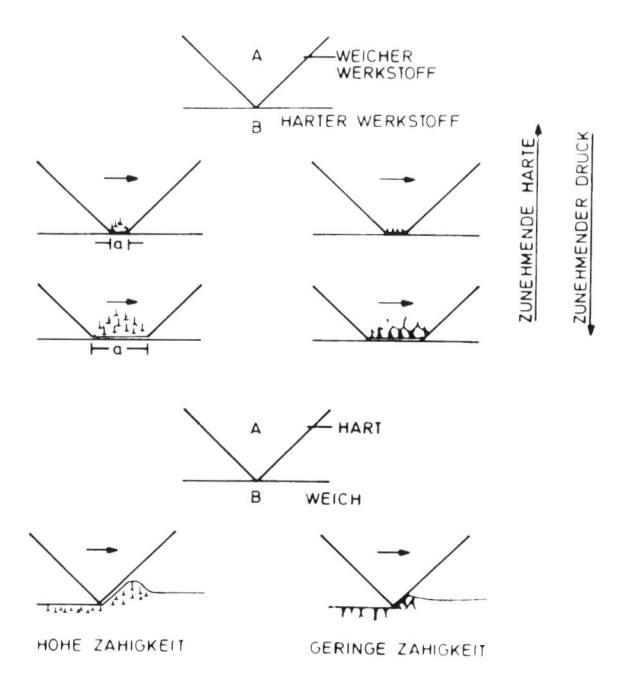

Bild 9: Schematische Darstellung der Abrasionswirkung eines Tribosystems in Abhängigkeit von Härte und Bruchzähigkeit der beteiligten Werkstoffe (18).

310 Werkstoffschäden durch Verschleiß

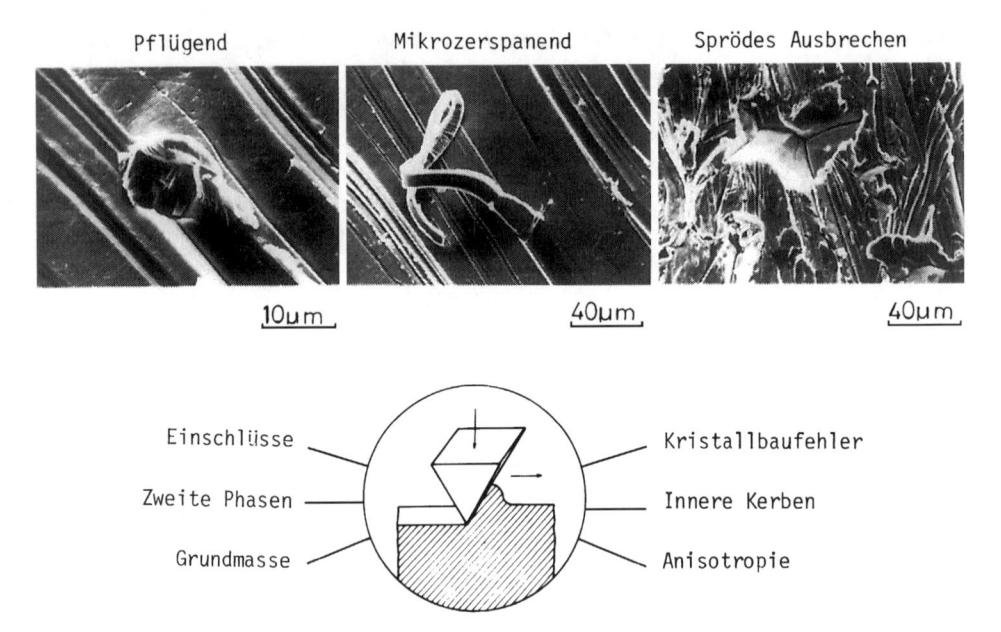

Pflügend Mikrozerspanend Sprödes Ausbrechen

10μm 40μm 40μm

Einschlüsse — Kristallbaufehler
Zweite Phasen — Innere Kerben
Grundmasse — Anisotropie

Bild 10: Mikromechanismen bei der Abrasion.

Verschleiß, der fast vollständig auf dem Mechanismus der Abrasion beruht, tritt bei zahlreichen technischen Anlagen auf und dort häufig als sogenannter Dreikörperverschleiß: Bei Zerkleinerungsmaschinen wie Kegel-, Walzen- und Stachelbrechern ebenso wie bei Betriebsstörungen, die als „Sand im Getriebe" beschrieben werden können.

In einem Schadensfall waren bei mehreren Campingwagen und Wohnmobilen Leckagen an den Gasinstallationen aufgetreten mit dem damit verbundenen Sicherheitsrisiko der Brand- und Explosionsgefahr. Die Gasverluste traten an den Ventilen der Verbraucher (Heizung, Herd, Warmwasserbereiter) auf (Bild 11). Ursache waren harte intermetallische Phasen (Fe-Mo), die sich zwischen dem Ventilküken und dem Passungssitz des Ventilgehäuses befanden (Bild 12). Es handelte sich um Verunrei-

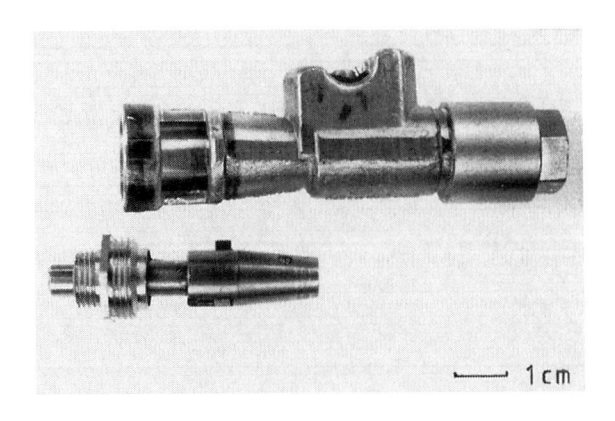

Bild 11: Undichtes Gasventil eines Caravans.
oben: Ventilgehäuse
unten: Ventilküken.

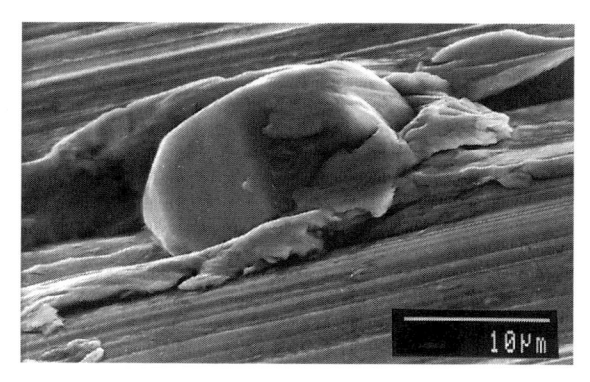

3. Verschleißarten und Verschleißmechanismen   311

Bild 12: Fe-Mo-Partikel und Verschleißfurchen in der Dichtfläche des Gasventils aus Bild 11.

gungen, die über den MoS$_2$-haltigen Festschmierstoff in das Schmier- und Dichtungsfett gelangt waren. Sie wurden in die Außendichtfläche (Messing-Guß; 95 HV 30) implantiert und verursachten auf der Innendichtfläche (Messing-Stangenmaterial, geschmiedet; 145 HV 30) Furchen, die das Gas entweichen ließen. Bei jeder Drehbewegung des Ventils wurde das Dichtungsfett neuerlich aus der Furche entfernt, so daß Ausströmquerschnitte bis zu 0,6 mm^2 entstanden.

Zu den Mikro-Erscheinungsformen der Dreikörper-Abrasion gehören auch die „Tire-Tracks" als Abrollmuster von harten Partikeln des Zwischenstoffs, bei denen es sich um z. B. keramische Fremdsubstanzen oder um hochverfestigte Abrasivpartikel der Tribopartner selbst handelt (Bild 13).

Hydroabrasion von Werkstoffen durch schnell strömende Flüssigkeiten mit Schwebstoffen vollzieht sich ebenso mit den Abrasions-Mikromechanismen Furchen, Pflügen, Brechen wie der Werkstoffabtrag beim Prallverschleiß (20) (Bild 14).

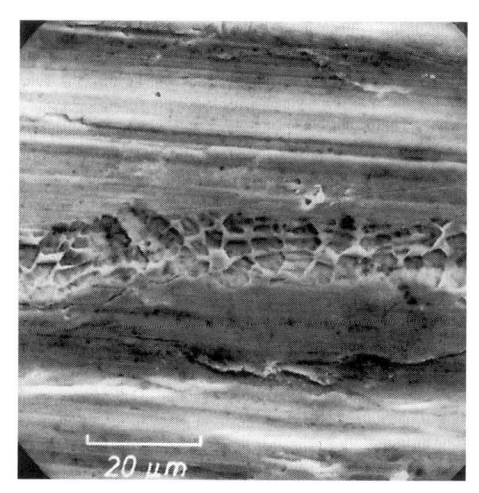

Bild 13: Tire-Track-Muster auf einer Gleitlager-Oberfläche.

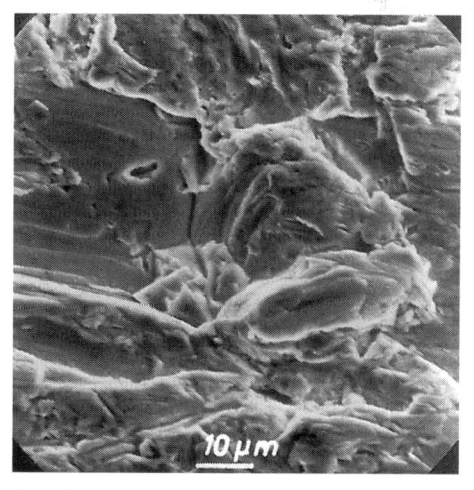

Bild 14: Prallverschleiß an einem Baustahl durch Hochofensinter mit implantiertem Quarzkorn.

312 *Werkstoffschäden durch Verschleiß*

3.2 Verschleiß durch Adhäsion

Der Mechanismus des Verschleißes durch Adhäsion besteht darin, daß mit hohen lokalen Pressungen an einzelnen Oberflächenrauheitshügeln schützende Oxidschichten durchbrochen werden und lokale Mikrokaltverschweißungen entstehen (21).

Im Fusionsbereich kommt es in Abhängigkeit von Werkstoffpaarung, Oberflächenausbildung, Druck, Temperatur und Relativgeschwindigkeit zur Adhäsion durch Adsorptionskräfte, mikromechanische Verklammerung und Elektronenbindung. Die Werkstoffverfestigung durch Mischkristall- und Ausscheidungshärtung infolge Diffusion und mechanischen Legierens sowie durch Kaltverfestigung bewirkt, daß bei weiterer Relativbewegung der Tribopartner dann in der Regel nicht mehr die Fusionsebene aufreißt, sondern eine Nebenzone, wodurch es zum Werkstoffübertrag kommt.

Von Verschleiß durch Adhäsion sind bevorzugt artgleiche Metallpaarungen betroffen, insbesondere wenn beide Partner zur Gruppe der kfz-Metalle gehören. Abhilfe ist durch Gegenkörper aus Keramik oder Polymerwerkstoffen bzw. einem Metall der krz- oder hex-Gruppe zu suchen.

Das am häufigsten verwendete Tribosystem ist die Paarung von niedrig legiertem Stahl (z. B. Welle) mit Bronze (Lager). Aber auch hier kann es bei Mischreibungszuständen zum adhäsiven Übertrag von Bronze auf die Stahloberfläche kommen (Bild 15), was meist mit einem erheblichen Anstieg des Reibwertes und damit der Erzeugung von Wärme verbunden ist. Die Folge ist dann die Bildung von Brandrissen auf der Stahloberfläche (Bild 16) mit nachfolgenden Ausbrüchen, so daß die Oberfläche beider Tribopartner zerstört wird.

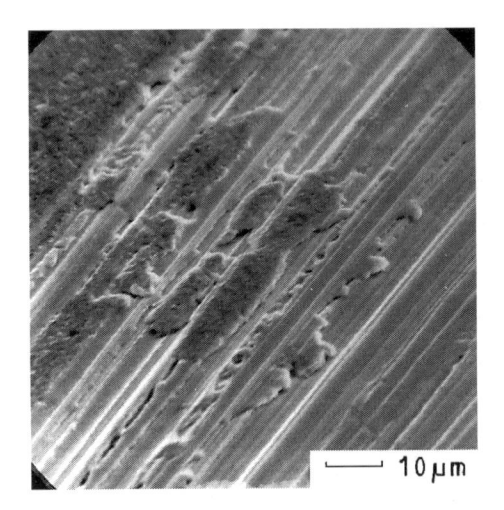

Bild 15: Stahlgleitfläche mit Bronzeauftragung nach Trockenlaufversuch.

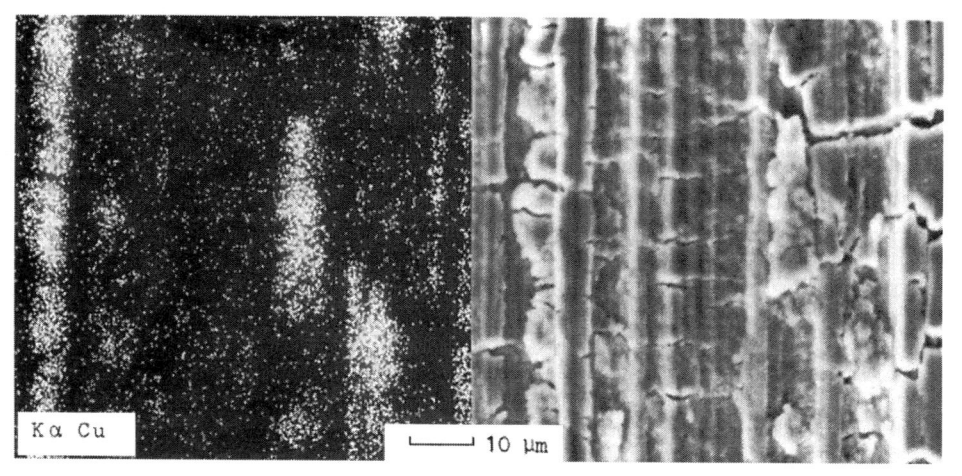

Bild 16: Wie Bild 15, fortgeschrittener Verschleiß mit Brandrissen.
links: Röntgenverteilungsbild für Cu zum Nachweis der adhäsiven Bronzeauftragung

3.3 Verschleiß durch tribochemische Reaktion

Auf diesem Mechanismus beruhen wohl die zahlenmäßig häufigsten Verschleißschäden. Die Verschleißvorgänge laufen in der äußeren, artfremden Grenzschicht metallischer Reibpartner ab. Im Gegensatz zu den anderen Verschleißmechanismen führt Verschleiß durch tribochemische Reaktion nicht zum plötzlichen Ausfall reibungsbeanspruchter Maschinenelemente, sondern bewirkt eine allmähliche Abnahme des Wirkungsgrades in Reibungssystemen (22).

Bei tribologischen Vorgängen an Luft handelt es sich bei der tribochemischen Reaktion in der Regel um die sogenannte „Reiboxidation", bei entsprechenden Bauteilen auch um die Sonderform des „Passungsrostes". Dabei wird durch elastische und plastische Verformungen die äußere Grenzschicht zerstört. Dann wird zuerst an der Metalloberfläche, später an der Phasengrenze Metall/Reiboxidschicht die Metalloberfläche aktiviert und die Austrittsarbeit der Metallionen verringert, wodurch sich die Oxidationsgeschwindigkeit stark erhöht und eine Passivierung sehr viel später oder gar nicht mehr eintritt. Die Dicke dieser Oxidschicht kann z. B. bei Eisen bis zu 400mal größer sein als bei der Niedrigtemperaturoxidation unverformter Oberflächen (Bild 17). Je nach Ausbildung der Reaktionsschicht ergibt sich daraus eine Veränderung fast aller physikalischen und chemischen Eigenschaften des Werkstoffs im Oberflächenbereich und damit auch eine Veränderung des Verschleißverhaltens (23).

Die Übertragbarkeit theoretischer Ansätze auf das reale Reibungs- und Verschleißverhalten ist insbesondere bei diesem Tribosystem noch unbefriedigend. Ohnehin sind Verschleißmeßgrößen als Funktion eines Tribosystems und nicht als Werkstoffkennwerte anzusehen. Eine Vertiefung der Kenntnisse über die der Reibung und Abnutzung zugrundeliegenden Vorgänge ist daher oft nur in Modellversuchen möglich.

Im folgenden wird aus Versuchsergebnissen über das Verschleißverhalten verschiedener Werkstoffgruppen bei technisch trockener Wälzreibung berichtet, wobei besonders auf den Mechanismus der Reiboxidation eingegangen wird. Wälzreibung ist eine

314 *Werkstoffschäden durch Verschleiß*

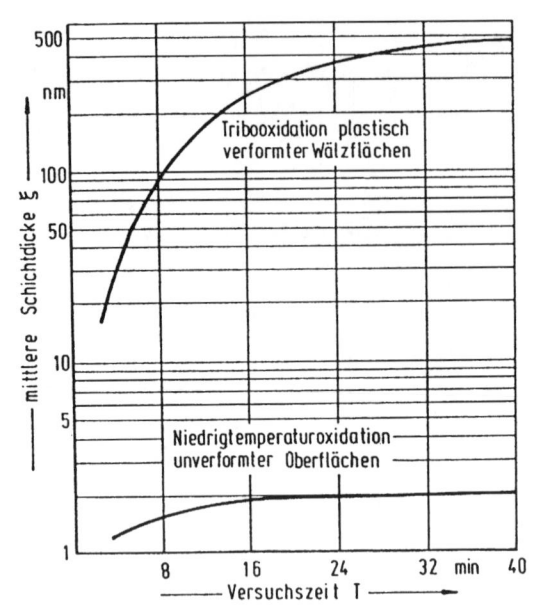

Bild 17: Mittlere Reiboxidationsschichtdicke in Abhängigkeit von der Versuchsdauer, gegenübergestellt der Niedrigtemperaturoxidation unverformter Oberflächen, Werkstoff: Ck 45, nach (23).

Überlagerung der Grundreibungsarten Rollreibung und Gleitreibung (Bild 18). Über den apparativen Aufbau von Prüfmaschinen nach dem Prinzip des offenen Leistungskreislaufs mit getrennt angetriebenen Rollenpaaren wurde an anderer Stelle mehrfach berichtet (4, 25, 26).

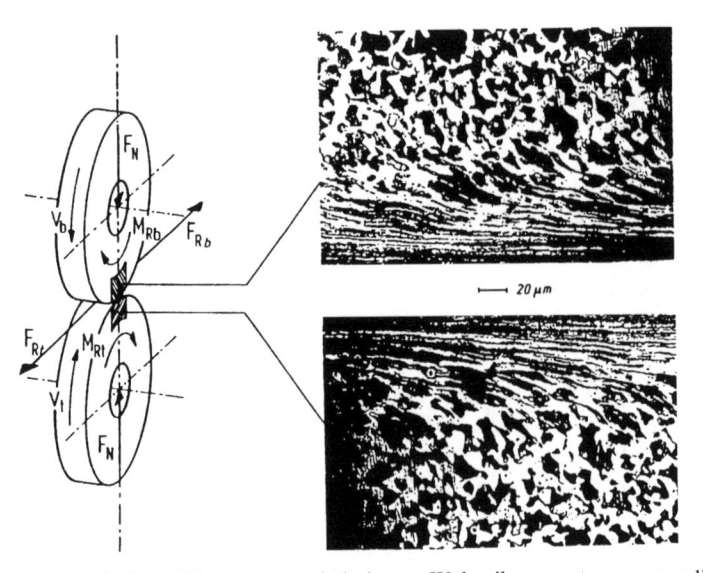

Bild 18: Kraft- und Bewegungsverhältnisse an Wälzreibungssystemen aus zylindrischen Körpern (24).

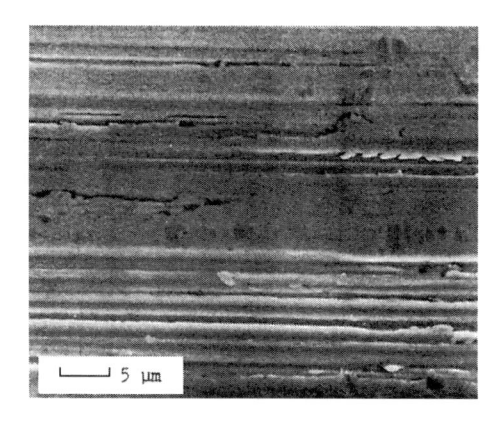

Bild 19: Lauffläche von Ck 45-Rollen nach dem Einlauf ohne Schlupf.

Da die tatsächliche Berührungsfläche zwischen Reibungspartnern immer erheblich kleiner ist als die scheinbare, aus der Projektion der geometrischen Abmessungen berechnete (Bild 5), ist es erforderlich, für alle Versuche einen vergleichbaren Ausgangszustand herzustellen. Daher wurden alle Probenrollen unter normierten Bedingungen hergestellt, gereinigt und ohne Schlupf 1500 m eingelaufen. Während dieses Einlaufvorganges werden die Bearbeitungsgrate auf den Oberflächen glattgedrückt (Bild 19) und so die wahren Kontaktflächen zwischen den Reibungspartnern vergrößert.

Die rasterelektronenmikroskopischen Untersuchungen wurden zerstörend an Serien mit mehreren Rollen oder intermittierend an herausnehmbaren Rollensegmenten (16) durchgeführt. Es wurde das Abnutzungsverhalten verschiedener Werkstoffe über einen großen Schlupfbereich untersucht (0–80%).

Niedriglegierte Stähle

Bei Verschleißbeanspruchung durch Schlupf und der damit verbundenen tangentialen Beanspruchung der Grenzschicht setzt spontan die Reiboxidation ein. Die sich dabei bildende Oxidschicht bröckelt bzw. platzt ab, sobald sie eine größere Dicke erreicht hat und durch die Verformungsvorgänge zerrüttet wird. Dabei stellt sich nach einer Inkubationszeit eine konstante Verschleißgeschwindigkeit durch ein Gleichgewicht zwischen Oxid-Bildung und –Ablösung ein. Bild 20 zeigt eine derartige Verschleißoberfläche mit fleckenartigem Oxidbelag durch ausgebrochene Bereiche der Oxidschicht.

Bild 21 zeigt an einer Bruchkante den polykristallinen Aufbau der Oxidschicht aus Einzeloxiden < 1 µm und Oxidagglomeraten. Die Oxidschicht wird einerseits durch die auftretende Flächenpressung verdichtet und andererseits durch den Schlupf aufgerissen und zerbröckelt. Diese Vorgänge der Reiboxidation sind bei dem sehr duktilen Armco-Eisen besonders ausgeprägt (16).

Während Stillstandszeiten des Tribosystems kommt es zu einer Nachoxidation der im Reiboxid übersättigt vorliegenden Metallionen. Die damit verbundene Volumenzunahme der Reiboxidschicht verursacht Druckspannungen, die spätestens bei der nächsten tribologischen Beanspruchung zu Schichtabplatzungen führen (27) (Bild 22).

Bild 20: Wälzfläche nach einem Laufweg von 4200 m, Werkstoff Ck 45, Schlupf s = 0,5 %.

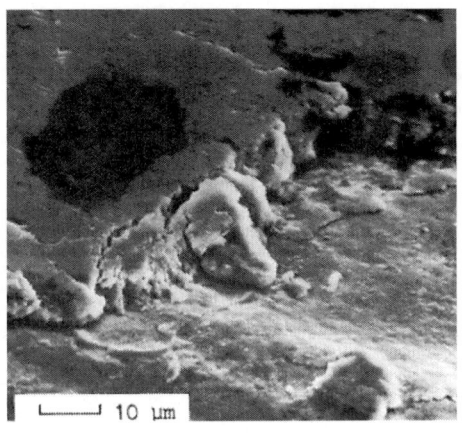

Bild 21: Bruchkante mit aus der Reiboxidschicht abbröckelnden Einzeloxiden und Oxidagglomeraten.

Bei hohem Schlupf überwiegen die Effekte der Metallermüdung durch plastische Verformung und Keilbildung (siehe 3.4.). Im Verschleißbild sind diese Vorgänge durch die in die verformten Zungen hineinlaufenden Ermüdungsrisse gekennzeichnet (Bild 23).

Die quantitative Bestimmung der örtlichen Verformung kann an den Verformungslinien durch die Tangentenmethode erfolgen. Es wurden Verformungen von mehreren hundert Prozent im Oberflächenbereich von Verschleißteilen festgestellt (28). Diese Untersuchungen können an Kantenschliffen oder im Rasterelektronenmikroskop an Gewaltbrüchen durchgeführt werden (Bild 24).

Noch höhere örtliche Tangentialspannungen führen zum gewaltsamen Abreißen von Verformungszungen. Diese Mikro-Bruchflächen sind z. B. an der Wabenbruch-

Bild 22: Hochgewölbte Reiboxidplatten.

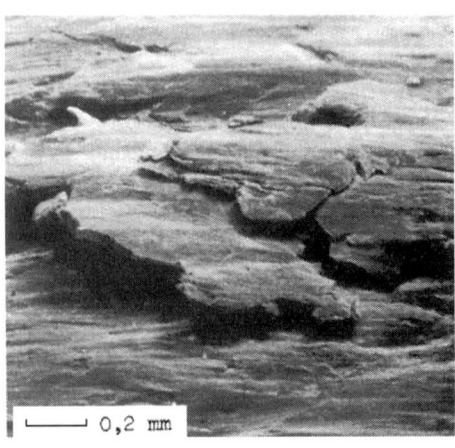

Bild 23: Bildung von Verformungskeilen und Ermüdungsanrissen bei hohem Schlupf, Werkstoff Ck 45.

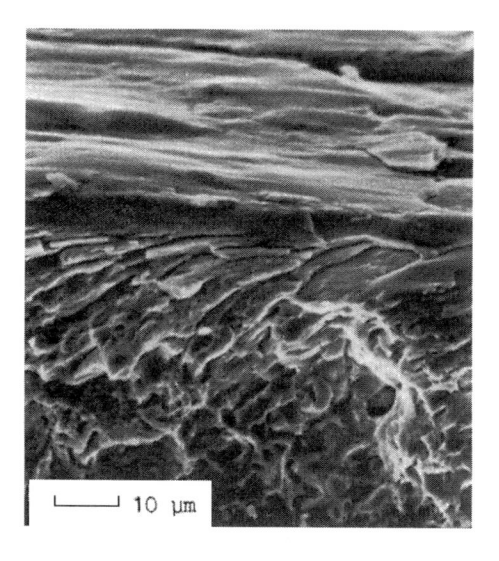

Bild 24: Verformte Randschicht, Gewaltbruch.

struktur zu erkennen. Der Übergang von einem primär durch die Reiboxidation gesteuerten Verschleiß zu dem durch metallischen Abrieb bestimmten Verschleiß bei höherem Schlupf läßt sich durch die Teilchenanalyse der Verschleißpartikel selbst nachweisen (Bild 25).

Für die analytische und strukturelle Untersuchung von Verschleißpartikeln lassen sich verschiedene Verfahren anwenden:

A. Struktur
  I Röntgenbeugung (Goniometer)
  II Feinbereichsbeugung (Durchstrahlungselektronenmikroskop)

B. Analyse
  I   ESMA (Elektronenstrahlmikroanalyse)
  II AES (Augerelektronenspektroskopie)
  III SIMS (Sekundärionenmassenspektroskopie)
  IV ESCA (Elektronenspektroskopie zur chemischen Analyse)

Durch Röntgenbeugung konnte im Bereich der Reiboxidation bislang nur α-Fe_2O_3 nachgewiesen werden (16). Hierbei dürfte es sich um das Gleichgewichtsoxid handeln, das jedoch nicht in allen Schichten von vornherein vorgelegen hat. ESCA-Untersuchungen zeigten mit zunehmender Sputtertiefe, ausgehend von der Oberfläche des Reiboxids bis zur Grenzfläche zum Stahl, die Abfolge der Modifikationen (29):

$FeOOH \rightarrow Fe_2O_3 \rightarrow Fe_3O_4 \rightarrow FeO \rightarrow \alpha\text{-}Fe$

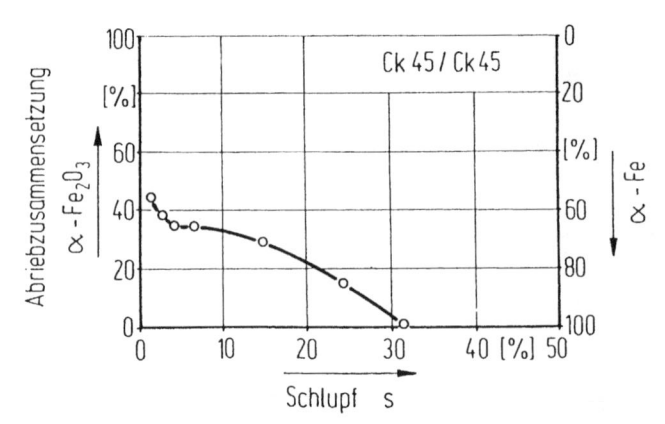

Bild 25: Abhängigkeit der Abriebsubstanzanteile vom Schlupf nach (16).

Höherfeste Stähle

Es wurden Verschleißversuche an unterschiedlichen Werkstoffpaarungen mit Zugfestigkeiten zwischen rd. 800 und 1250 N/mm² durchgeführt (30). Die Abfolge der Verschleißmechanismen entspricht im wesentlichen der der niedriglegierten Eisenwerkstoffe. Die durch Reiboxidation gebildeten Oxidschichten der höherfesten Werkstoffe erreichen jedoch infolge der höheren gegenseitigen Abrasion in der Regel nur geringere Schichtdicken (Bild 26), d. h. es ist ein Übergang vom überwiegenden Verschleißmechanismus der Reiboxidation zum Ermüdungsverschleiß festzustellen. Bild 27 zeigt die Reste einer Reiboxidschicht, unter der sich bereits eine Metallzunge ablöst.

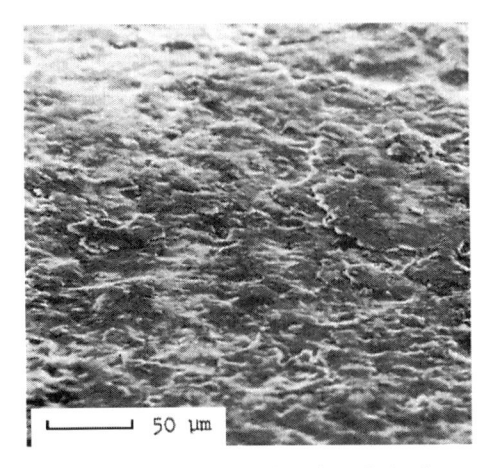

Bild 26: Verschleißoberfläche eines höherfesten Kohlenstoffstahles.

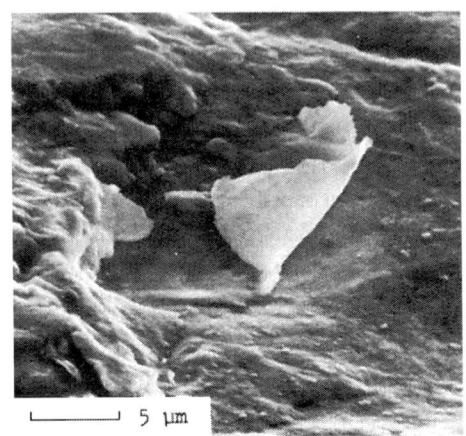

Bild 27: Metallzunge mit einer Decklage von Reiboxid.

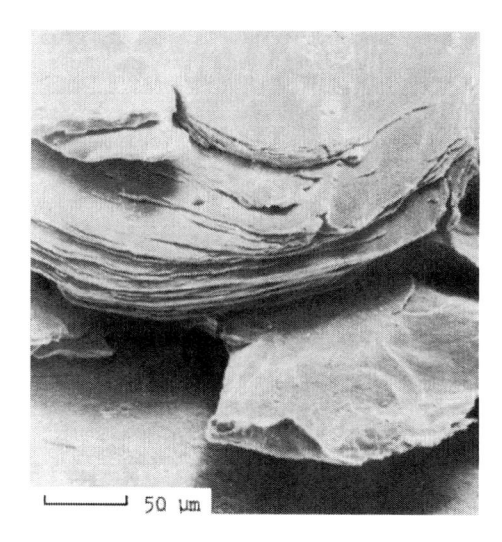

Bild 28: Plastische Verschiebungen des Oberflächenmaterials des Stahls X 12 CrNi 18 8, s = 31%.

Nichtrostende Chrom-Nickel-Stähle

Untersuchungen mit nichtrostenden Chrom-Nickel-Stählen gestatten auch bei geringem Schlupf Aussagen zur Verschleißkomponente des metallischen Abriebs. Da bei den nichtrostenden Stählen die Verschleißkomponente „Reiboxidation" unterdrückt ist, tritt hier nur Verschleiß durch Oberflächenermüdung auf.

Darüber hinaus zeichnet sich die Werkstoffgruppe der austenitischen Stähle infolge der kfz-Gitterstruktur durch hohe Verformbarkeit aus. Dies führt zur Keilbildung in Form von Paketen aus stark ausgeformten und sich gegenseitig überlappenden Zungen (Bild 28).

Einfluß der Temperatur

Verschleißuntersuchungen zur Werkstoff- und Verfahrensoptimierung von Walzwerks-Rollgängen und –Seitenführungen wurden an Material aus dem betrieblichen Einsatz und an Proben aus einer eigens zur Simulation der Vorgänge in Warmbreitband-Walzwerken konstruierten Verschleißmaschine durchgeführt (31). Die dabei auftretenden komplexen Verschleißvorgänge beinhalten eine ausgeprägte Korrosionskomponente durch das gleichzeitige Einwirken von Feuchtigkeit und hoher Temperatur. Es liegt ein starker Teilchenverschleiß durch den harten Walzzunder vor. An den Seitenführungen erfolgt der Verschleiß bei einem Schlupf von 100%. Die dabei auftretenden hohen Verschleißraten sind durch eine starke, flächendeckende Reiboxidation geprägt, die auch bei nichtrostenden Chrom-Nickel-Stählen auftritt (Bild 29). Bei den niedriglegierten Stahlqualitäten werden durch die thermische und korrosionschemische Aktivierung größere Schichtdicken (rd. 20 µm) und größere Einzelkristallite (rd. 5 µm) gebildet, als sie bei der Reiboxidation bei Raumtemperatur auftreten.

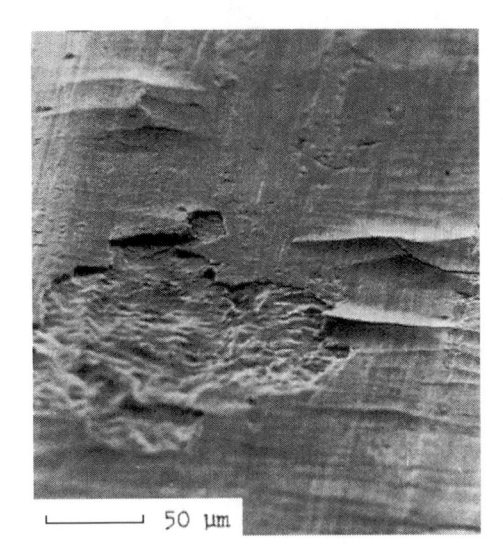

Bild 29: Oberfläche des Stahls X 5 CrNi 18 9 mit Reiboxidschicht nach Verschleißversuch bei 550 °C.

An metallographischen Schliffen längs und quer zur Beanspruchungsrichtung läßt sich die mechanisch und thermisch verursachte Veränderung der Werkstoffgefüge feststellen. Daraus ergeben sich Rückschlüsse auf Änderungen der Werkstoffeigenschaften in den oberflächennahen Randschichten durch den Verschleiß. Die kombinierte Untersuchung der Oberfläche und des Anschliffs gestattet die Korrelation der Verschleißstruktur mit der örtlichen Gefügeausbildung. Bild 30 zeigt die verschleißhemmende Wirkung des „Skeletts" von Korngrenzenkarbiden und die Verformungsstrukturen im Oberflächenbereich am Beispiel des Werkstoffs G-X 70 CrNi 14, der im

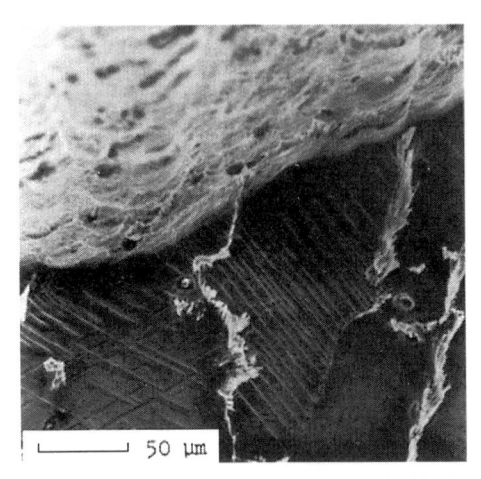

Bild 30: Querschliff zur Oberfläche des Stahls G-X 70 CrNi 14 nach Verschleißversuch bei 550 °C.

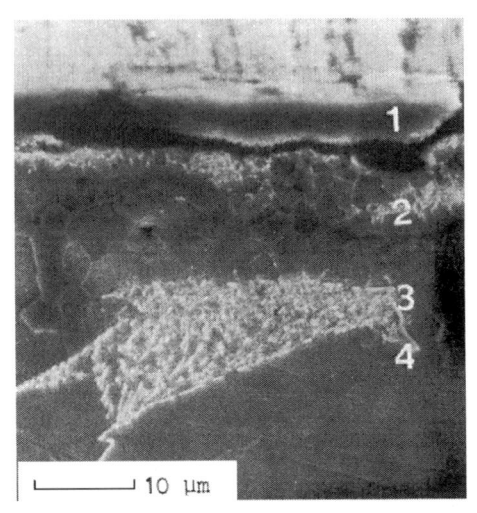

Bild 31: Querschliff durch die oberflächennahe Randzone eines St 37 nach Verschleißversuch bei 550 °C. (Ziffern 1–4 siehe Text).

Rahmen der Walzwerks-Verschleißversuche durch die Kante eines auf 550 °C aufgeheizten Stahlbleches beansprucht wurde.

Die gleiche Beanspruchung zur Simulation von Verschleiß an Walzwerks-Rollgängen zeigt bei einem St 37 eine Kombination von thermischen, tribochemischen und verformungsbedingten Reaktionen des Oberflächenbereichs (Bild 31): Unterhalb der kompakten Reiboxidschicht (1) befindet sich eine randentkohlte Zone mit Feinkornbildung und innerer Oxidation (2). Hier überwiegt offensichtlich die Rekristallisation den Verformungseinfluß. Anschließend geht die überwiegend thermische Wirkung mit Einformung der Zementitlamellen (3) in eine bevorzugt mechanisch beeinflußte Zone (4) über, die durch zerbrochene Zementitlamellen geprägt ist.

3.4. Verschleiß durch Oberflächenermüdung

Mit Verschleiß durch Oberflächenermüdung wird Rißentstehung sowie das Ausbrechen von Stoffteilchen aus der inneren Grenzschicht bezeichnet, die auf schwellende Druck-Schubbeanspruchungen der Grenzflächenbereiche, gegebenenfalls überlagert durch wechselnde Oberflächentemperaturen, zurückzuführen sind (32, 33). Die reine Thermoermüdung mit zyklischer Änderung der Eigenspannungen ohne tribologischen Kontakt mit einem Gegenkörper zählt nicht zum Verschleißgebiet, wohl aber Tribosysteme wie Bremsscheiben, Walzen und Stranggußrollen, die primär durch thermisch induzierte Brandrisse versagen, wobei dies in unmittelbarem Zusammenhang mit der Einwirkung eines Ggegenkörpers steht.

Die klassischen Tribosysteme, bei denen Verschleiß über den Mechanismus der Oberflächenermüdung eintritt, sind kraftgebundene Bauteile wie Wälzlager und Zahnräder. Bei ihnen werden die zu übertragenden Kräfte durch Wälzen (Rollen +

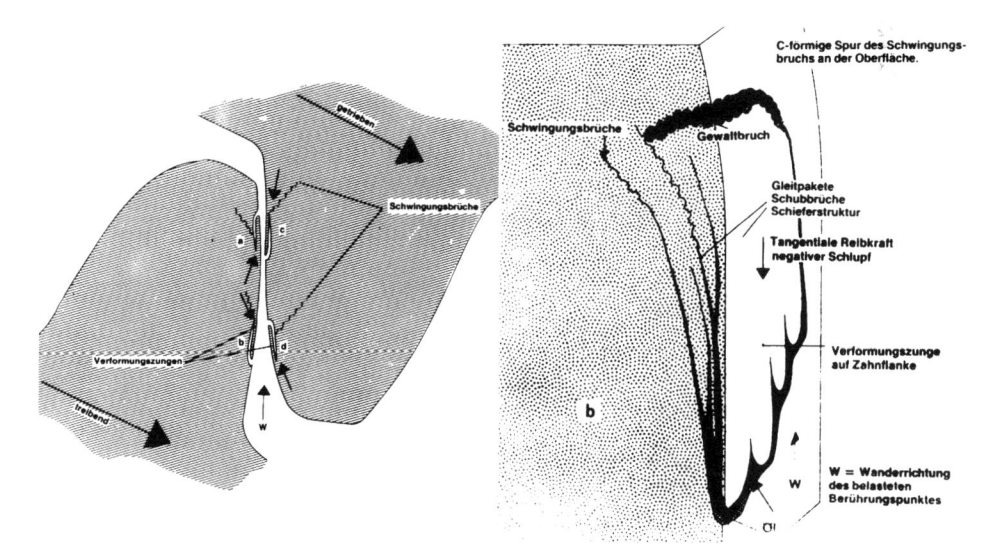

Bild 32: Schematische Darstellung der Pittingbildung an Zahnflanken (34).

322   *Werkstoffschäden durch Verschleiß*

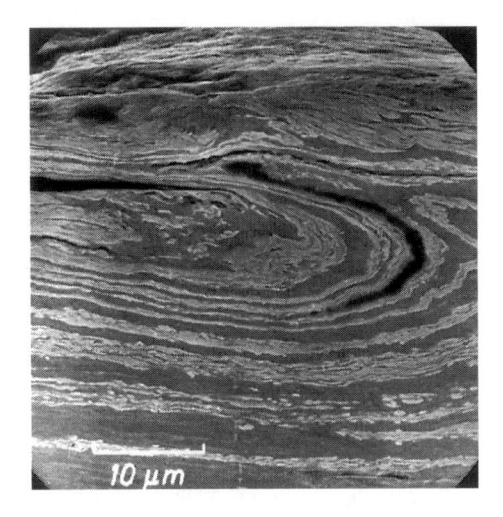

Bild 33: Verformungskeil an einer Zahnflanke mit „Delamination" unter der Oberfläche und „Schleifenbildung" infolge Antriebsumkehr.

Gleiten) über die Bauteiloberflächen eingeleitet. Die an Zahnflanken ablaufenden Vorgänge sind vergleichbar der in Kapitel 3.3. beschriebenen Bildung von Verschleißkeilen und -zungen bei großem Schlupf (Bild 23 und 24). Eine schematische Darstellung der Vorgänge zeigt Bild 32.

Die Hertz'sche Pressung (Normalspannung) führt zu einem Beanspruchungsmaximum unterhalb der Oberfläche, dessen Tiefenlage von der Höhe der Normalkraft und der Geometrie der Bauteilpartner abhängt. Mikrorisse unterhalb der Werkstoffoberfläche entstehen dann, wenn die Beanspruchung so weit erhöht wird, daß im Mikrobereich plastische Verformungen auftreten, und das Verformungsvermögen des Werkstoffs erschöpft ist (Bild 33).

Bei Wälzlagern wurde die Rißbildung häufig an nichtmetallischen Einschlüssen beobachtet, da die umgebende Metallmatrix in ihrer Dauerfestigkeit überfordert

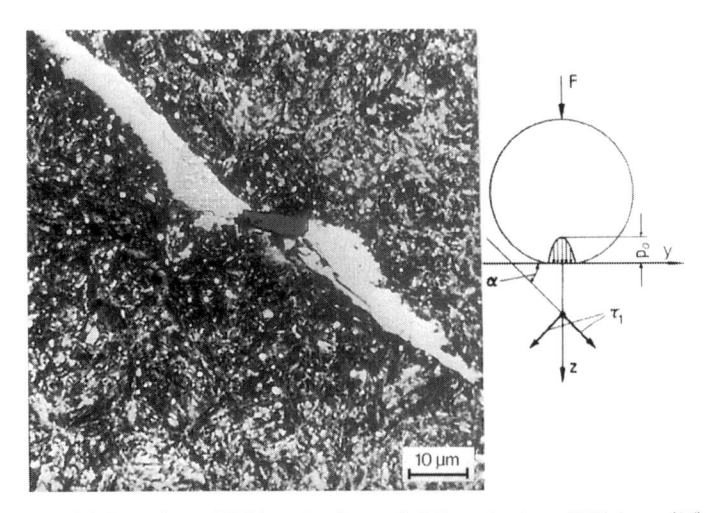

Bild 34: Ermüdungsrißbildung in „Butterfly"-Form in einem Wälzlager (35).

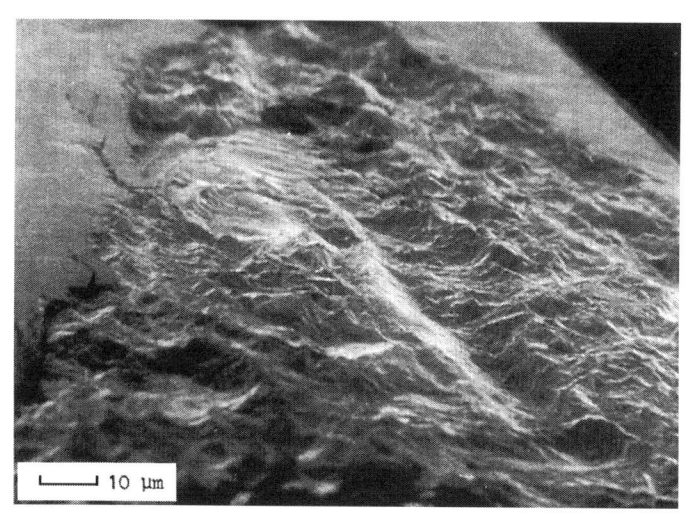

Bild 35: Grübchenbildung auf dem Innenring eines Wälzlagers aus 100 CrMn 6.

wurde. Bei weiterer zyklischer Belastung erfolgt der Rißfortschritt als Schwingbruch schräg zur Oberfläche (9, 12). Im Schliffbild erkennt man die mit „butterfly" bezeichneten Risse mit Reibmartensit-Flanken (Bild 34). Rißfortschritt bewirkt den Ausbruch flacher Oberflächenbereiche, die sogenannte Grübchenbildung („Pittings", Bild 35). Die Oberflächen dieser ausgebrochenen Bereiche sind in der Regel durch

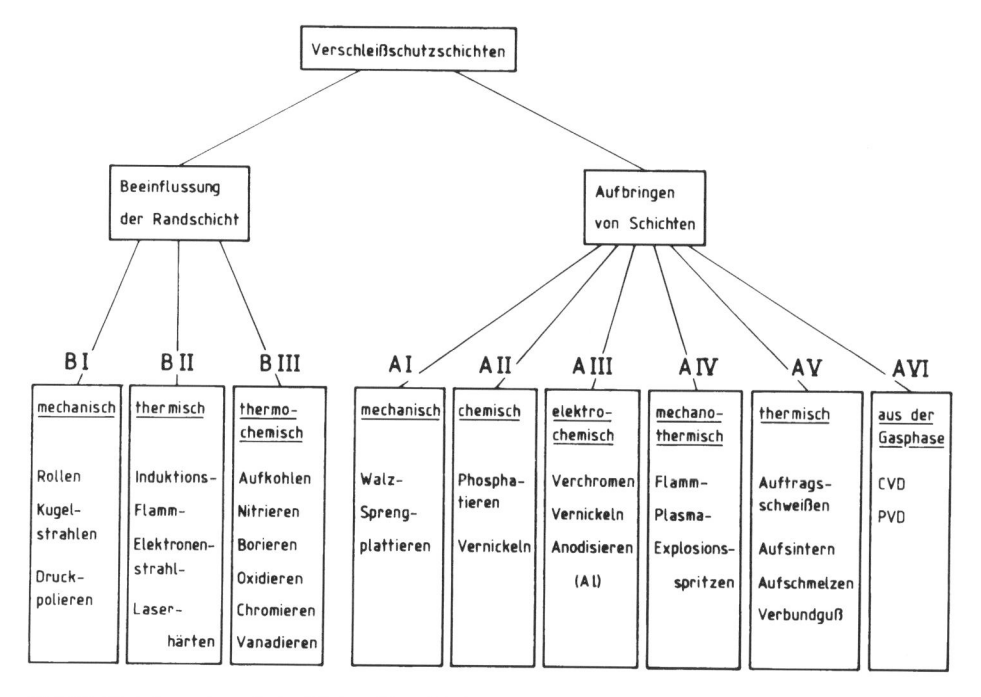

Bild 36: Einteilung der gebräuchlichen Verschleißschutzschichten in Verfahrensgruppen.

324 *Werkstoffschäden durch Verschleiß*

Gleit- oder Rollvorgänge zerdrückt und kaltverformt, so daß die typischen Mikrostrukturen wie Schwingstreifen, Gleitpakete, Schub- und Scherwaben häufig nicht zu erkennen sind.

Ebenfalls zu den Verschleißarten, die auf dem Mechanismus der Oberflächenermüdung beruhen, gehört die Kavitationserosion: Wegen der komplexen Vorgänge bei diesem Tribosystem sei an dieser Stelle auf die Fachliteratur verwiesen (36).

4. Verschleißschutzschichten

Eine der zahlreichen Strategien zur Verbesserung der Verschleißresistenz ist das Ertüchtigen der Bauteiloberflächen durch Verschleißschutzschichten. Dabei werden die Struktureigenschaften (Festigkeit, Duktilität, Masse, Form usw.) durch den Werkstoff im gesamten Bauteilinneren bereitgestellt, die Funktionseigenschaften (Verschleiß-, Korrosionswiderstand, Reibwert usw.) werden in der Bauteiloberfläche konzentriert. Dies trägt darüber hinaus dazu bei, Kosten zu sparen und die Ressourcen knapper Legierungselemente zu schonen.

Die Verfahren zur Beeinflussung der Randschichten bzw. der Beschichtung von Werkstoffoberflächen sind außerordentlich zahlreich (37). In Bild 36 sind die verbreiteten Verfahren schematisch dargestellt. Nicht nur die Vielzahl der Verfahren ist schwer zu überblicken und gegeneinander abzuwägen, selbst verfahrenstechnisch ähnlich erzeugte Schichten unterscheiden sich in Einzelheiten, die das Anwendungsgebiet stark verändern können und eine einheitliche Betrachtungsweise erschweren. Es kann daher in diesem Rahmen nur auf einige Beispiele eingegangen werden.

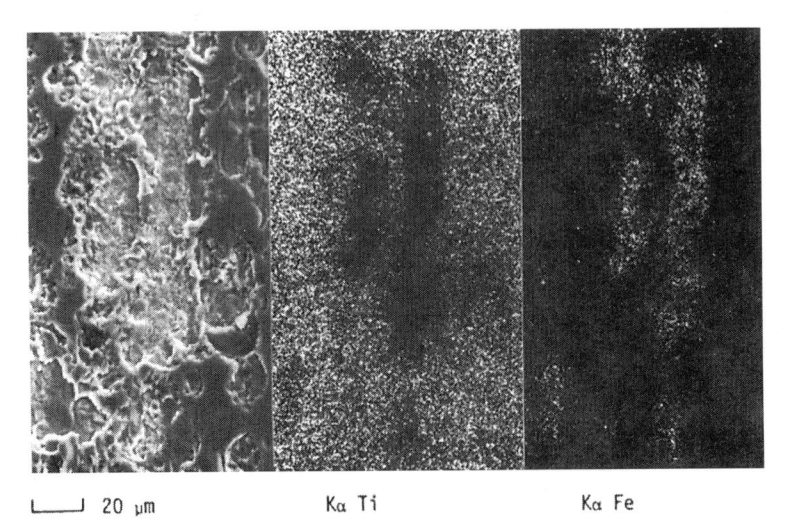

Bild 37: Oberfläche einer mit TiC beschichteten Probe nach Verschleißbeanspruchung; SE-Bild und Röntgenverteilungsbilder.

4.1. Verfahren zur Untersuchung von Verschleißschutzschichten

Einfach zu handhabende Untersuchungsverfahren zur Qualifizierung von Verschleißschutzschichten stellen die Rauhtiefenbestimmung der Oberfläche, die Schichtdickenmessung und die Messung des Reibwertes dar.

Die Härtemessung dünner Hartstoffschichten ist z.Zt. Gegenstand zahlreicher Untersuchungen einschließlich der Entwicklung neuer Meßverfahren (38). Verschleißschutzschichten versagen bei übermäßiger Beanspruchung durch Ausbrüche und Abblätterungen der Schicht (30). Es ist daher von Interesse, Kenntnisse über die kohäsiven und adhäsiven Eigenschaften der Schichten zu erhalten. Zur Zeit existieren jedoch nur Prüfverfarhen, die noch keine allgemeine Gültigkeit erlangt haben (39). Der Nachweis, inwieweit örtlich die gesamte Schichtdicke abgetragen wurde, läßt sich flächenmäßig mit den Methoden der Elektronenstrahlmikroanalyse erbringen, wie es am Beispiel einer TiC-Schicht in Bild 37 dargestellt ist. Aussagen zur Schichtdicke, zur Haftfestigkeit und zum Verschleiß werden durch Untersuchungen an Gewaltbrüchen ermöglicht (Bild 38).

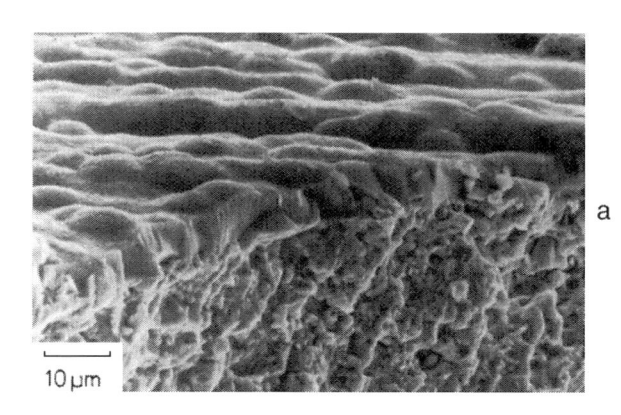

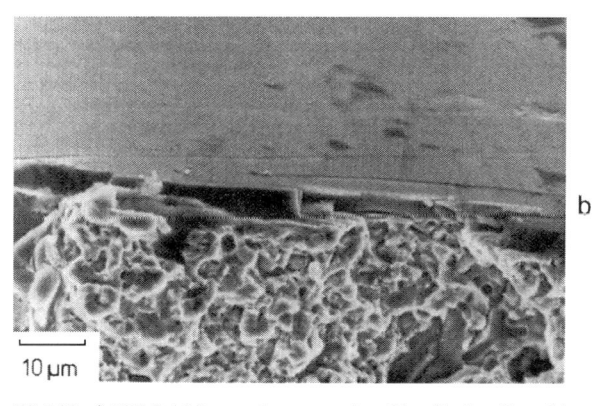

Bild 38: a) TiC-Schicht – unbeanspruchte Oberfläche, Gewaltbruch
b) TiC-Schicht – nach Verschleißversuch, Gewaltbruch.

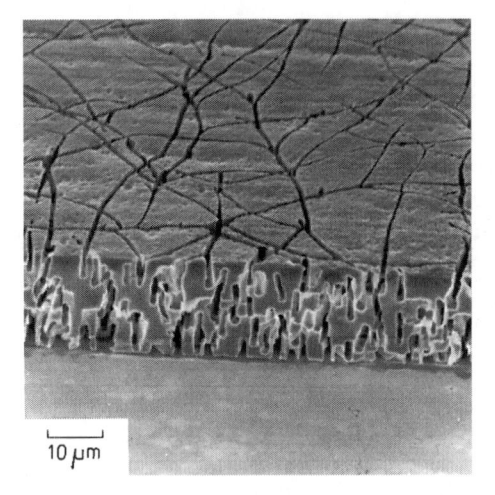

Bild 39: Kantenansicht einer Hartchromschicht nach Ätzung mit V2A-Beize.

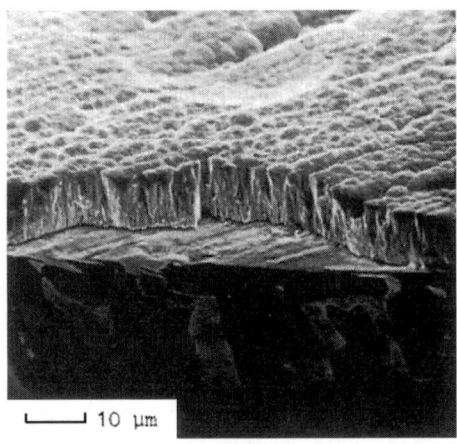

Bild 40: Kantenansicht eines Querschliffes von einer Ni-B-beschichteten Stahlprobe mit Schichtausbruch.

4.2. Galvanisch abgeschiedene Chromschichten

Hartchromschichten weisen wegen ihrer hohen Härte eine gute Verschleißfestigkeit auf. Wegen der abscheidungsbedingten Mikrorissigkeit (Bild 39) kommt es leicht zu Ausbrüchen mit den entsprechenden Folgen für den Verschleiß und bei Korrosionsbeanspruchung zu korrosiver Unterwanderung der Schicht (40).

4.3. Außenstromlos abgeschiedene Nickelschichten

Chemisch abgeschiedene Nickel-Bor-Schichten sind wie Chromschichten hart und damit verschleißresistent, können aber ebenfalls korrosiv unterwandert werden, da sich bei diesem Verfahren Stengelkristalle bilden (Bild 40).

Durch chemische Reduktion von Nickelsalzen abgeschiedene Nickel-Phosphor-Schichten sind strukturlos (Bild 41). Über die Variation des Phosphorgehaltes von rd. 3 bis 13% läßt sich die Härte dieser Schichten in einem breiten Spektrum variieren (41, 42). Die Gebrauchseigenschaften derartiger Schichtsysteme hängen sehr subtil von der jeweils vorhandenen Mikrostruktur ab (43). Zur Problemlösung, hohen Verschleißwiderstand bei gleichzeitig aggressiven Korrosionsbedingungen zu bieten, wurden inzwischen Verbundbeschichtungen entwickelt (40). Dabei wird eine harte Ni-P-Verschleißschutzschicht auf einer duktilen Ni-P-Sperrschicht abgeschieden (Bild 42).

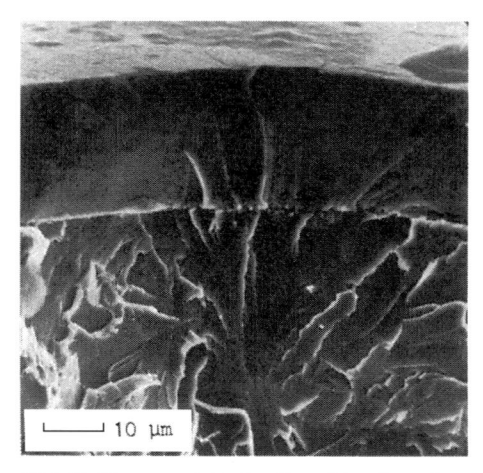

Bild 41: Kantenansicht des Gewaltbruches einer Ni-P-Schicht auf Stahl (Spaltbruch).

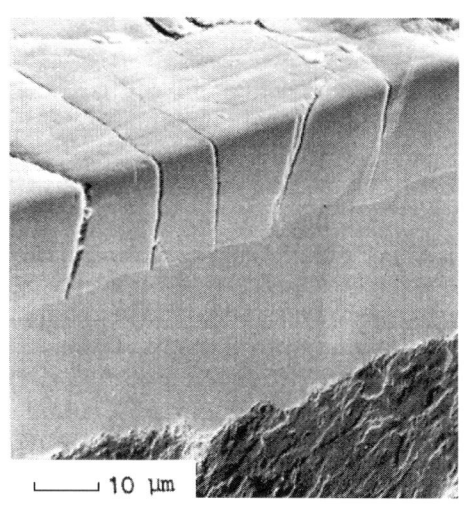

Bild 42: Kantenansicht des ionengeätzten Querschliffs einer Ni-P-Doppelschicht nach Biegeprüfung.

5. Zusammenfassung

Wegen der unbegrenzten Vielfalt möglicher tribologischer Werkstoffbeanspruchungen und der großen Zahl von Maßnahmen, speziellen Beanspruchungen zu begegnen, kann zum Thema Verschleiß nur ein Überblick gegeben werden.

Die Veränderung der Werkstoffgefüge und damit der Werkstoffeigenschaften in oberflächennahen Randschichten im Verlauf der Verschleißbeanspruchung führen zu Veränderungen der Verschleißeigenschaften des Systems. Daher kann das Verschleißverhalten nicht als Werkstoffeigenschaft definiert werden, sondern nur als spezifisches Verhalten eines Werkstoffs in einem tribologischen System.

Alle Verschleißvorgänge sind auf die vier Haupt-Verschleißmechanismen Abrasion, Adhäsion, tribochemische Reaktion und Oberflächenermüdung zurückzuführen. In der Werkstoffentwicklung, Qualitätssicherung und Schadensanalyse hat es sich für die Lösung von Verschleißproblemen als praktikabel erwiesen, über den mikromorphologischen und mikroanalytischen Nachweis der Verschleißmechanismen Strategien für die Optimierung von Tribosystemen zu entwickeln.

Literatur:

(1) N.N.: Surface coatings for savings in engineering; The Welding Institute, 1972.
(2) Tribologie – Reibung, Verschleiß, Schmierung; Dokumentation zum Forschungs- und Entwicklungsprogramm des Bundesministeriums für Forschung und Entwicklung (BMFT), Band 12 (1988).
(3) H. Czichos: Entwicklung eines Probenwagens zur Untersuchung großer reibbeanspruchter Objekte im Stereoscan; Beitr. elektronenmikr. Direktabb. Oberfl. 2 (1969), S. 129 – 138.
(4) H. Frey, H.-G. Feller: Verschleißuntersuchungen mit dem Rasterelektronenmikroskop; Prakt. Met. 9 (1972), S. 187 – 197.
(5) H. Krause, E. Christ, W.-G. Burchard, F.-S. Chen: Über die Struktur sogenannter „weißer Schichten" – entstanden in den Laufflächenbereichen von Eisenbahnrädern; DVM, Tagungsband Vorträge der 7. Sitzung des Arbeitskreises Rastermikroskopie (1975), S. 69 – 78.
(6) H. Krause, H. Demirci: Elektronenmikroskopische Untersuchungen an Verschleißflächen von Wälzkörpern; Vulkan-Verlag Essen, H. 368 (1976), S. 54 – 56.
(7) H. Uetz, J. Föhl: Erscheinungsformen von Verschleißschäden; VDI-Berichte Nr. 243 (1975), S. 127 – 142.
(8) E. Hornbogen, K.-H. Zum Gahr: Metallurgical Aspects of Wear; DGM-Proceedings (1981).
(9) L. Engel, H. Klingele: Rasterelektronenmikroskopische Untersuchungen von Metallschäden; Gerling Institut, Köln 1982.
(10) D. Scott: Treatise on Materials Science and Technology; Wear, Vol. 13 (1979).
(11) P.A. Engel: Impact Wear of Materials; Elsevier Scientific Publishing Co., Amsterdam – Oxford – New York (1976).
(12) L. Engel, H. Klingele: An Atlas of Metal Damage; Wolfe Science Books, Carl Hanser Verlag München – Wien (1981).
(13) K.-H. Habig: Verschleiß und Härte von Werkstoffen; Hanser Verlag München – Wien (1980).
(14) M. Fink: Neuere Ergebnisse auf dem Gebiet der Verschleißforschung; Organ für Fortschritt des Eisenbahnwesens 84 (1929), Nr. 20, S. 405 – 412.
(15) H. Krause: Mechanisch-chemische Reaktionen bei der Abnutzung von St 60, V 2 A und Manganhartstahl; Diss. RWTH Aachen (1966).
(16) A.H. Demirci: Untersuchungen über bevorzugte Kristallorientierung (Textur) unter Berücksichtigung der Gesamtheit werkstofflicher Veränderungen in den Grenzschichten eines metallischen Wälzsystems; Diss. RWTH Aachen (1977).
(17) W. Wahl: Abrasive Verschleißschäden und ihre Verminderung; VDI-Berichte Nr. 243 (1975), S. 171 – 187.
(18) E. Hornbogen: Werkstoffeigenschaften und Verschleiß; Metall 34 (1980), S. 1079 – 86.
(19) K.-H. Zum Gahr: Microstructure and Wear of Materials; Tribology Series, 10, Elsevier Science Publishers Amsterdam – Oxford – New York – Tokyo (1987).
(20) O. Deutscher: Erprobung und Optimierung verschleißbeständiger Werkstoffe bei Abrasion und Oberflächenzerrüttung durch abrasive Schüttgüter; Verein Deutscher Eisenhüttenleute, Betriebsforschungsinstitut, Bericht Nr. 1228 (1991).
(21) I..W. Kragelskii: Reibung und Verschleiß; Carl Hanser-Verlag, München (1971).
(22) E. Broszeit: Modellverschleißuntersuchungen über den Einfluß des Zwischenmediums auf das Gleitverhalten unterschiedlicher Werkstoffpaarungen; Diss. TH Darmstadt (1972).
(23) H. Krause: Tribochemical reactions in the friction and wearing process of iron; Wear 18 (1971), S. 403 – 412.
(24) H. Krause: Mechanisch-chemische Reaktion bei der Abnutzung von St 60, V2A und Manganhartstahl; Diss. RWTH Aachen (1966).
(25) H. Bugarcic: Einfluß der Feuchtigkeit auf mechanisch-chemische Vorgänge bei der Reibungsbeanspruchung von Armco-Eisen, Einsatz- und Radreifenstahl unter Verwendung einer neukonstruierten Reibungsprüfmaschine; Diss. RWTH Aachen (1964).
(26) E. Christ: Röntgenographische Ermittlung und Bewertung von Randschichteigenspannungen nach einer Wälzbeanspruchung; Diss. RWTH Aachen (1976).
(27) H. Krause, Chr. Schroelkamp: Einfluß nichtmetallischer Einschlüsse bei Eisenwerkstoffen auf den Ablösemechanismus von tribochemischen Reaktionsschichten; Schmierungstechnik 18 (1987), S. 51 – 53.
(28) H.-H. Jühe: Einsatz der röntgenographischen Spannungsmessung bei der Ermittlung und Bewertung der Zustände plastisch verformter Werkstoffe; Diss. RWTH Aachen (1979).

(29) H. Krause, Chr. Schroelkamp: Untersuchungen über den Einfluß von Werkstoffgefüge und Reaktionsschichten auf das Wälzreibungs- und Verschleißverhalten vergüteter Stähle; Forschungsbericht des Landes Nordrhein-Westfalen Nr. 3084, LfF (1981), Westdeutscher Verlag, Oplanden.
(30) J. Scholten: Ein Beitrag zur Optimierung des Verschleißverhaltens metallischer Wälzreibungssysteme bei technisch trockener Reibung durch Einsatz von Kohlenstoffstählen und Titanwerkstoffen; Diss. RWTH Aachen (1978).
(31) R. Zimmermann: Verschleißminderung an Rollgängen und Seitenführungen in Warmbreitbandstraßen; Diss. RWTH Aachen (1982), BFI-Bericht 824.
(32) K.H. Kloos, E. Broszeit: Verschleißschäden durch Oberflächenermüdung; VDI-Berichte Nr. 243 (1975), S. 189 – 204.
(33) K.H. Kloos: Werkstoffoberfläche und Verschleißverhalten in Fertigung und konstruktiven Anwendungen; VDI-Berichte Nr. 194 (1973), S. 45 – 56.
(34) L. Engel: Zuordnung von Schäden an Metallen mit der Rasterelektronenmikroskopie; VDI-Berichte Nr. 862 „Bauteilschäden" (1990), S. 49 – 61.
(35) E. Schreiber: Untersuchung von Schadensfällen an Wälzelementen; VDI-Berichte Nr. 862 „Bauteilschäden" (1990) S. 161 – 182.
(36) M. Pohl: Mikroverschleißmechanismen bei der Kavitationserosion; DVM-Tagungsband: 14. Vortragveranstaltung des Arbeitskreises Rastermikroskopie in der Materialprüfung (1990), S. 25 – 35.
(37) M. Pohl: Verschleißschutzschichten; Prakt. Met. Sonderbd. 14 (1983), S. 179 – 197.
(38) M. Pohl, U. Waldherr: Härtemessung mit kleinen Prüflasten; DVM-Tagungsband: 14. Vortragsveranstaltung des Arbeitskreises Rastermikroskopie in der Materialprüfung (1990), S. 131 – 142.
(39) M. Pohl, M. Feyer: Charakterisierung und Prüfung dünner Schichten durch Kavitationserosion; Tribologie und Schmierungstechnik (1992), S. 29 – 44.
(40) G. Schmitt, E. Schmeling, M. Pohl: REM-Untersuchungen an galvanisch und außenstromlos abgeschiedenen Verschleißschutzschichten; ZwF 77 (1982), S. 247 – 251.
(41) E Schmeling, B. Röschenbeck, J. Drake, G. Schmitt: Elektrochemische Untersuchungen zum Korrosionsverhalten galvanisch und stromlos abgeschiedener Überzugsmetalle in chloridhaltigen Lösungen; Werkstoffe und Korrosion 24 (1973), S. 112 – 118.
(42) B. Olbertz: Erzeugung und Eigenschaften von Nickel-Phosphor-Schichten (stromlose Vernickelung) auf Aluminium-Gußteilen; Gießerei 69 (1982), S. 72 – 76.
(43) A. Goecke, M. Pohl: Das Kavitationserosionsverhalten von außenstromlos abgeschiedenen Ni-P-Schichten; in: Reibung und Verschleiß bei metallischen und nichtmetallischen Werkstoffen, DGM-Informationsgesellschaft Verlag (1990), S. 289 – 296.

Schäden an Schweißnähten

H.-J. Schüller, München

1. Einleitung

Zur stürmischen Entwicklung der Technik hat die Schweißtechnik einen entscheidenden Beitrag geleistet. Die Anwendung der verschiedenen Schweißverfahren bot dabei nicht nur die Möglichkeit zu einer sprunghaften Steigerung der Anlagengrößen, sondern auch zur Entwicklung ganz neuer Konstruktionen. So wäre der Bau der heute üblichen, vor einigen Jahren noch kaum vorstellbaren Großanlagen in vielen Bereichen der Technik, wie z. B. in der Chemie, der Energieerzeugung, dem Schiffs- und Offshorebau, der Fördertechnik u. a., ohne den Einsatz des Schweißens in Verbindung mit verbesserten Werkstoffen nicht möglich gewesen. Auch im Rahmen der Instandhaltung sowie der Reparatur eingetretener Schäden beweist die Schweißtechnik ihre führende Rolle. Rückblickend erscheint es daher nicht verwunderlich, daß im Rahmen einer solchen Entwicklung auch werkstoff- und fertigungstechnische Schwierigkeiten aufgetreten sind, da die erforderlichen Erfahrungswerte vielfach noch nicht in dem benötigten Ausmaß zur Verfügung standen. Daneben war ein großer Teil der Schäden eine Folge ungeeigneter Schweißkonstruktionen, vor allem beim Einsatz höherfester Stähle. So konnten zahlreiche Schadensfälle, die teilweise mit erheblichen wirtschaftlichen Folgen verbunden waren, auf Risse im Bereich der Schweißnähte zurückgeführt werden.

Über Risse im Schweißnahtbereich liegt bereits ein umfangreiches Schrifttum mit vielen wertvollen Beobachtungen vor (1 bis 12). Darin werden sowohl das Rißgeschehen als auch die Schadensursache, die heute allgemein auf ein ungünstiges Zusammenwirken von mindestens zwei Faktoren aus den Grundfehlerarten Konstruktions-, Werkstoff-, Fertigungs- und Betriebsfehler zurückgeführt wird, beschrieben. Leider sind die Angaben im Schrifttum sehr weit gestreut und daher nicht immer leicht zugänglich. Es fehlen, abgesehen von wenigen Ausnahmen (1,2,6,9), zusammenfassende Darstellungen mit entsprechenden Schadensbeispielen, die gerade für den praktisch tätigen Ingenieur sehr wertvoll wären.

Im folgenden sollen daher ein durch Beispiele unterstützter Überblick über die wichtigsten in Schweißnähten beim Schmelzschweißen auftretenden Rißarten gegeben und, soweit möglich, Wege zu ihrer Vermeidung aufgezeigt werden. Verfahrensbedingte Schweißfehler, z. B. Poren, Binde- und Formfehler, werden hier dagegen nicht behandelt. Diese Beschreibung erhebt keinen Anspruch, vollständig und erschöpfend zu sein.

2. Werkstoffbeeinflussung durch den Schweißprozeß

Schweißverbindungen sind kritisch zu betrachtende Bereiche in Schweißkonstruktionen, da sie deren Funktionsfähigkeit entscheidend bestimmen. Zudem wird der Werkstoff gerade im Bereich der Schweißnaht einer extremen thermisch-mechanischen Beeinflussung unterworfen, infolge der sich das Gefüge und damit auch die Werkstoffeigenschaften stärker verändern als sonst bei der Verarbeitung des Grundwerkstoffs. So wird z. B. beim Lichtbogenschweißen das Bauteil durch eine sich in Schweißrichtung fortbewegende, intensive örtliche Energiezufuhr hoch erhitzt. Das sich dabei infolge Wärmeleitung ausbildende Temperaturfeld, dem die jeweilige Schweißstelle und ihre Umgebung ausgesetzt sind, weist Temperaturen auf, die von Umgebungs- bis über die Schmelztemperatur hinausreichen. Als Folge kommt es einerseits zum
– Schmelzen von Grund- und Schweißzusatzwerkstoff und damit zu
– metallurgischen Wechselwirkungen zwischen Grund- und Schweißzusatzwerkstoff, Lichtbogenatmosphäre und Schlacke
sowie andererseits zu
– Gefügeveränderungen (7 bis 14) und
– Schweißeigenspannungen (13, 15)
im Schweißgut und im Grundwerkstoff (WEZ). Falls jedoch Konstruktion, Werkstoff und Fertigung (Schweißparameter) nicht richtig aufeinander abgestimmt sind, kann es im Schweißgut und besonders in der Wärmeeinflußzone (WEZ) – verglichen mit dem übrigen Grundwerkstoff – zu ungünstigen Werkstoff- und Spannungszuständen kommen, z. B. durch Zähigkeitsverlust infolge Aufhärtung, Ausscheidungen u. a. sowie durch Eigenspannungen. Aus diesem Grund treten werkstoffbeeinflußte rißartige Fehler unter sonst gleichen Bedingungen im Nahtbereich häufiger auf. Nach der Schadensstatistik bilden „Schweißnahtrisse" eine der häufigsten Fehlerquellen (1,2).

3. Rißbereiche in Schweißkonstruktionen

Bei aller Freizügigkeit, die gerade die Schweißtechnik dem Konstrukteur bietet, ist auf die zweckmäßige konstruktive Ausbildung der einzelnen Schweißverbindungen im Rahmen der Gesamtkonstruktion größter Wert zu legen. Sie beeinflußt sowohl das Verhalten bei der Fertigung als auch später im Betrieb. Das gilt besonders bei dynamischer Beanspruchung. Dabei sollte nicht unberücksichtigt bleiben, daß der größte Teil aller Konstruktionen irgendwann während des Betriebes ungleichförmigen Beanspruchungen unterworfen sein kann. Als besonders kritisch in dieser Hinsicht sind Bauteile mit starker Änderung der Bauteilform zu betrachten, zumal sich dadurch beim Schweißen auch Einflüsse auf den Eigenspannungszustand ergeben. In der gleichen Richtung wirken sich auch Formfehler durch starke Nahtüberhöhungen, schroffe

Nahtübergänge, Wurzelkerben usw. aus. Solche konstruktive Steifigkeitssprünge sowie Mängel in der Ausführung der Schweißnähte verursachen Änderungen des Kraftflusses und führen aufgrund hoher Form- bzw. Kerbwirkungszahlen zu Spannungsspitzen an diesen Stellen (1,5,7,12,16 bis 18).

3.1 Schwachstellen

Sowohl für den Nachweis von Rissen im Rahmen einer Überprüfung als auch für die Deutung ihres Entstehens ist die Kenntnis der jeweiligen Schwachstellen von größter Bedeutung. Eine Schadensstatistik vermag diese Schwachstellenanalyse wesentlich zu erleichtern. Aufgrund vorliegender Erfahrung wird man das Augenmerk vor allem auf die von der Konstruktion abhängigen Stellen der Spannungskonzentration richten müssen (1,12).

Einen Hinweis auf die Lage solcher bei Schadensfällen bevorzugt formbedingt rißbehafteter Schweißnähte geben die Bilder 1 und 2 mit Beispielen aus dem Rohrleitungsbau wieder (19). Die Schäden konzentrieren sich z. B. bei einem T-Formstück (Bild 1) vor allem auf die Schweißnaht im Abgang oberhalb der Aushalsung (Rißbereich 1), wo unter Betriebsdruck hohe Spannungsspitzen nachgewiesen wurden (Bild 2), sowie auf die Anschlußschweißnähte Formstück/Rohr im Durchgang mit Wanddickenabnahme (Rißbereich 2) bzw. mit Querschnittsänderung, z. B. im Falle einer Einziehung (Rißbereich 3). Aufgrund der in einem Rohrleitungssystem gegebenen Beanspruchungsverhältnisse durch Betriebs-, System- und Eigenspannungen können neben Rissen in der Schweiße vor allem Risse neben der Naht auf der Seite des höheren Widerstandsmomentes (starke Materialanhäufung) auftreten. Als rißbegünstigend haben sich vor allem Zusatzbeanspruchungen erwiesen, die im Rohrleitungs-

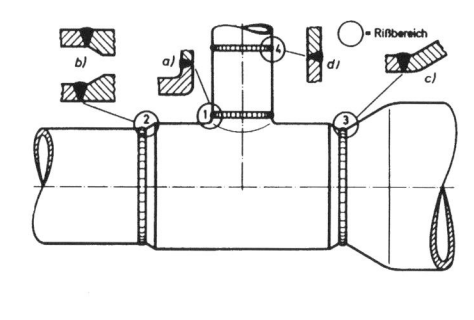

Bild 1: Rißbereiche in Schweißverbindungen von Formstücken (19); a bis d: Ausführungsarten von Übergängen (oben).

Bild 2: Spannungsverlauf in einem Formstück (rechts) unter Innendruck (20).

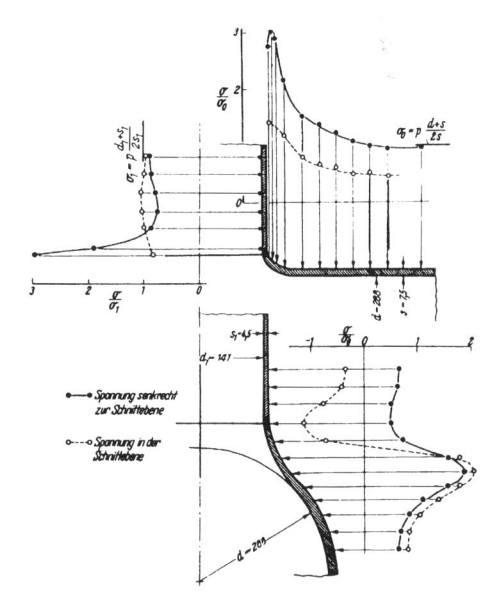

334 Schäden an Schweißnähten

system unter Betriebsbedingungen infolge von Wärmedehnungen, Gewichtsbelastungen, Schwingungen usw. entstehen und z. B. in Form von Biegungen, Torsion, dynamischen Beanspruchungen u.ä. auf die Schweißnähte einwirken können. In Rohr/Rohr-Verbindungen (Rißbereich 4) traten Risse dieser Art dagegen nur dann auf, wenn bei der Auslegung nicht ausreichend berücksichtigte Zusatzbeanspruchungen und Ausführungsmängel zu entsprechend hohen Spannungsspitzen geführt hatten. Ähnliche geometrische Verhältnisse sind auch bei Behältern oder sonstigen Schweißkonstruktionen die Ursache von Schwachstellen.

3.2 Rißlagen

Ein kurzer Hinweis auf die Lage der Risse im Hinblick auf die Schweißnaht: Risse im Bereich der Schweißnaht treten sowohl im Schweißgut als auch in der Wärmeeinflußzone (WEZ) längs, quer oder auch unorientiert zur Nahtrichtung auf, wie in Bild 3 schematisch angedeutet (1).

Je nach Lage innerhalb des Schweißnahtbereiches und nach ihrem Verlauf kann man in Bild 3 unterschiedliche Rißtypen erkennen. Rißtyp 1 kommt im Schweißgut zum Stehen, während Rißtyp 2 im Betrieb weitergewachsen ist – teilweise bis in den Grundwerkstoff hinein. Die anderen Risse verlaufen in der WEZ parallel oder quer

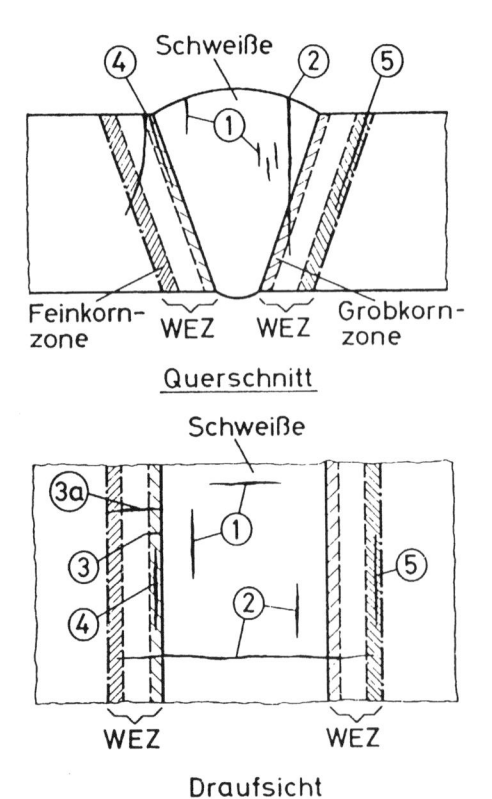

Bild 3: Schematische Darstellung verschiedener Rißlagen im Schweißnahtbereich (1).

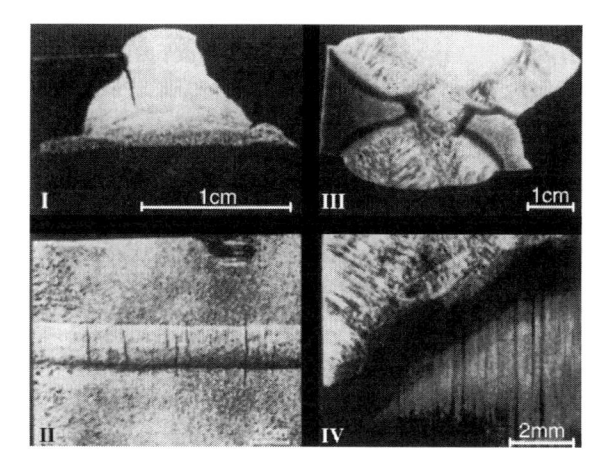

Bild 4: Beispiele verschiedener Rißtypen (21).

zur Naht. Die Rißtypen 3, 3a und 4 entstehen in der Großkornzone der WEZ und können sich nur darin, unter Betriebsbedingungen aber auch bis in den Grundwerkstoff hinein, ausbreiten. Risse vom Typ 5 treten nur parallel zur Naht im feinkörnigen Bereich der WEZ auf. Einige Schadensbeispiele für diese Rißtypen sind in Bild 4 wiedergegeben.

4. Rißarten in Schweißverbindungen

Die Ursachen für das Auftreten von Rissen in Schweißnähten können vielfältig sein, lassen sich jedoch auf die vier Grundfehlerarten
Konstruktions-, Werkstoff-, Fertigungs- und Betriebsfehler
zurückführen (22).

Die so entstandenen Risse werden im allgemeinen in zwei Gruppen eingeteilt. Entsprechend dem Zeitpunkt der Rißentstehung unterscheidet man zwischen Fertigungs- und Betriebsrissen (Tabelle 1) (1,4,9,10,23). Überschneidungen sind insoweit möglich, als gewisse, bei der Fertigung entstandene, aber unerkannt gebliebene Fehler der Ausgangspunkt von Rissen sein können, die sich erst unter der Betriebsbeanspruchung entwickelt haben oder weitergewachsen sind. Dazu muß man zwischen Anrißbildung und Rißfortschritt unterscheiden, wobei jedoch nicht jede Anrißbildung auch einen Rißfortschritt im Betrieb zur Folge haben muß.

Tabelle 1: Mögliche Rißarten in Schweißverbindungen.

	Fertigungsrisse		Betriebsrisse	
Schweißen	Glühen		Ohne Fertigungsfehler	Ausgehend von Fertigungsfehlern
Heißriß Kaltriß: • Aufhärtungsriß • Wasserstoffriß Lamellenriß	Relaxationsriß		Gewaltbruch Schwingungsbruch Spannungsrißkorrosion Schwingungsrißkorrosion Interkristalline Korrosion Zeitstandriß	Gewaltbruch Schwingungsbruch (ausgehend von geo- metrischen oder metal- lurgischen Kerben)

4.1 Fertigungsrisse

Für die Entstehung als Fertigungsrisse ist hier die Anrißbildung infolge des Zusammenwirkens von mindestens zwei ungünstigen Faktoren der Grundfehlerarten entscheidend:

a) Konstruktion — Ungünstige, nicht schweißgerechte Gestaltung der zu verbindenden Teile: dadurch fehlerhafte Ausführung der Schweißung, hohe Kerbwirkung, hohe Eigenspannungen, Aufhärtungen usw.

b) Werkstoff — Werkstoffbedingte Fehler, die eine einwandfreie Schweißung in Frage stellen: Ungänzen, schlechter Reinheitsgrad, Versprödungsneigung usw.

c) Fertigung — Fehlerhafte Ausführung der Schweißung infolge nicht ausreichenden Könnens bzw. mangelnder Sorgfalt des Schweißpersonals: schlechte Schweißnahtverbindungen, ungünstige Schweißparameter, ungenügendes Durchschweißen, Einbrandkerben, Bindefehler usw.

Wenn also die schweißtechnische Fertigung noch Probleme aufwirft, so liegt das vielfach daran, daß diesen drei Einflußgrößen, die die Schweißbarkeit eines Bauteils bestimmen, im Stadium der Planung und Konstruktion zu wenig Beachtung geschenkt wird. Mängel, die auf eine nicht schweißgerechte, konstruktive Gestaltung sowie auf den Werkstoff und seine falsche Behandlung beim Schweißen zurückzuführen sind, können durch eine gute Zusammenarbeit zwischen Konstrukteur, Schweiß- und Werkstoff-Fachmann weitgehend ausgeschaltet werden. Daneben ist auf eine gute Ausbildung des Schweißpersonals Wert zu legen, dessen Sorgfalt durch eine laufende Überprüfung der ausgeführten Schweißungen gesteigert werden kann.

4.1.1 Heißrisse

Heißrisse sind Rißerscheinungen, die beim Schweißen von Bauteilen aus niedrig- und hochlegierten Stählen, austenitischen Sonderwerkstoffen, Aluminium-Legierungen u. a. im Bereich hoher Temperaturen auftreten können. Es handelt sich dabei um interkristalline Werkstofftrennungen, die sich entweder im Schweißgut oder im hoch-

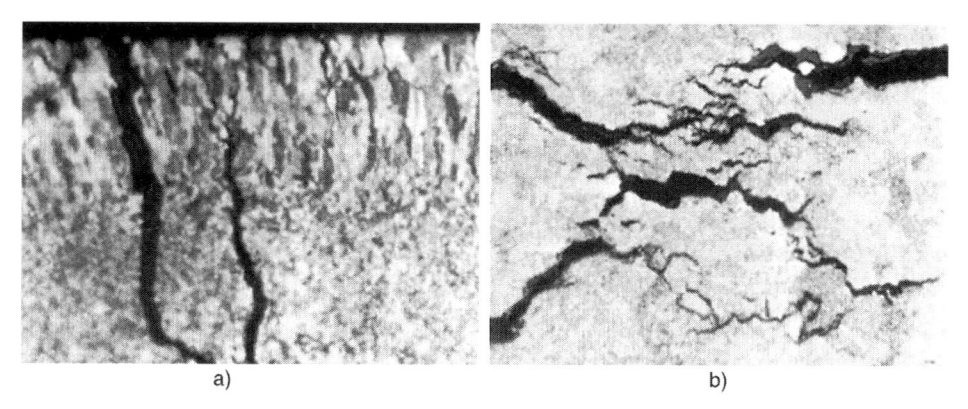

Bilder 5a und b: Heißrisse in einer Auftragsschweißung: a) Querschliff, b) Flachschliff.

erhitzten Bereich der Wärmeeinflußzone je nach Hauptschrumpfrichtung als Längs- oder als Querrisse bilden (3 bis 11, 24 bis 29). Wegen ihrer geringen Abmessungen – außerdem liegen sie häufig dicht unter der Oberfläche – bereitet der zerstörungsfreie Nachweis große Schwierigkeiten; vielfach ist er überhaupt nicht möglich. Da Heißrisse unter gewissen Beanspruchungsbedingungen im Betrieb weiterwachsen können, stellen sie latente Fehlerquellen dar. Allerdings ist die Anzahl der so entstandenen Schäden sehr gering (30). Einige Beispiele von Heißrissen, die im Betrieb verzundert und teilweise als Zeitstandrisse weitergewachsen sind, zeigt Bild 5. Es handelt sich dabei um Risse in einer Auftragsschweißung, die an einem T-Stück einer HD-Leitung ausgeführt worden ist (19).

Die interkristallinen Heißrisse bilden sich im Zweiphasengebiet flüssig/fest. Dabei ist für ihre Entstehung das gleichzeitige Auftreten von flüssiger neben fester Phase und vom Werkstoff nicht ertragbarer Zugspannungen Voraussetzung. Flüssige Phase kann entweder bei der Erstarrung als Restschmelze zwischen den Dendriten vorliegen oder bei der vom Schweißprozeß abhängigen Erwärmung durch Aufschmelzen niedrigschmelzender Bestandteile an den Korngrenzen entstehen. Daraus ergeben sich charakteristische Rißoberflächenstrukturen mit abgerundeten Kanten – teilweise in typisch dendritischer Form (Bild 6) – und häufig farnartigen dendritischen Erstar-

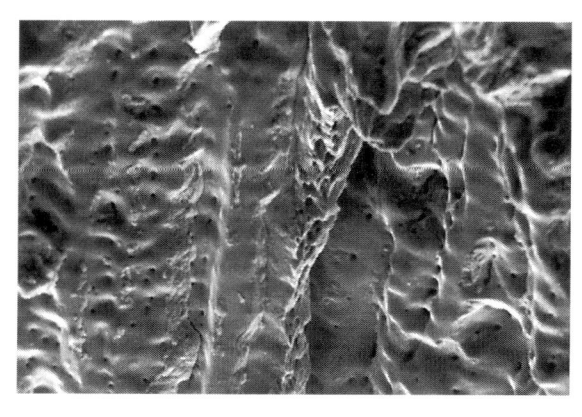

Bild 6: Oberflächenstruktur eines Heißrisses (32).

rungsprodukten (1,5,23,24,27,28). Die Oberflächen entsprechen den Korngrenzen der Primärkristalle, an denen sich die niedrigschmelzenden Phasen als Film abgesetzt haben. Falls die Heißrisse mit der Luft in Berührung kommen, d. h. bis zur Nahtoberfläche reichen, sind ihre Rißflächen stets angelaufen (29).

Je nach den Entstehungsmerkmalen der Heißrisse unterscheidet man zwischen Erstarrungsrissen und Wiederaufschmelzungsrissen. Erstarrungsrisse können nur im Schweißgut und Wiederaufschmelzungsrisse nur im thermisch hochbeanspruchten Bereich einer Wärmeeinflußzone des Grundwerkstoffes oder der gerade überschweißten Lage einer Mehrlagenschweißung vorkommen.

Erstarrungsrisse: Bei der Erstarrung des Schweißbades wachsen zellenartige oder dendritische Primärkristalle von den Schmelzlinien des Grundwerkstoffes entgegen dem Temperaturgefälle in die Schmelze hinein. Dabei schieben die Kristallisationsfronten die verbleibende Schmelze, die sich infolge von Seigerungen ständig mit bestimmten Legierungs- und Begleitelementen anreichert und dadurch ihren Erstarrungspunkt erniedrigt, vor sich her. Wenn am Ende der Erstarrung die Kristallisationsfronten schließlich zusammentreffen, können zwischen den Zellen oder Dendriten verbliebene Flüssigkeitsfilme der Restschmelze noch einige Zeit existieren, sofern ihr Erstarrungspunkt ausreichend erniedrigt wurde.

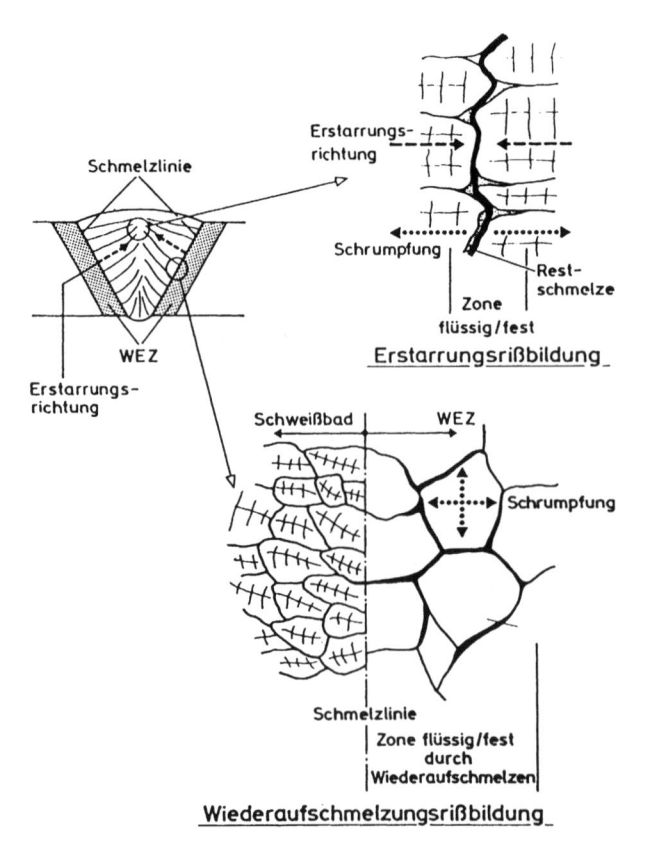

Bild 7: Entstehung von Erstarrungs- und von Wiederaufschmelzungsrissen (schematisch).

4. Rißarten in Schweißverbindungen

Infolge der gleichzeitig bei der Abkühlung auftretenden Schrumpfungen sind in dieser Zone Dehnungen und Verschiebungen zwischen den Primärkristallen möglich. Falls dadurch einzelne Kristallbrücken getrennt und/oder die Zell- bzw. Dendritenzwischenräume so erweitert werden, daß die noch vorhandene Restschmelze nicht ausreicht, sie wieder aufzufüllen, sind Erstarrungsrisse als Werkstofftrennungen die Folge (5,6,25 bis 29, 31). Dieser Vorgang ist in Bild 7 schematisch angedeutet. Dabei ist es von der Angriffsrichtung der durch Schrumpfung hervorgerufenen Zugbeanspruchung und dem Erstarrungsablauf bzw. von der Lage der Korngrenzenfilme abhängig, ob die Erstarrungsrisse längs, quer oder ungerichtet zur Naht entstehen. Ein Beispiel für solche Erstarrungsrisse im austenitischen Schweißgut einer Umfangsnaht am Saugrohr einer Kaplanturbine gibt Bild 8 wieder.

Wiederaufschmelzungsrisse: Beim Schweißen erreichen der Grundwerkstoff oder die gerade überschweißte Raupe einer Mehrlagenschweißung in der Wärmeeinflußzone nahe der Schmelzlinie Temperaturen bis dicht an die Solidustemperatur der Matrix. Dabei schmelzen Seigerungszonen oder Phasen mit niedrigeren Erstarrungstemperaturen wieder auf und bilden auf den Korngrenzen je nach Benetzungsvermögen und herrschenden Zugbeanspruchungen flüssige Korngrenzenfilme, die bei der Abkühlung zu Gefügetrennungen führen. Häufig reichen sie, wie in Bild 7 schematisch angedeutet, bis an die Schmelzlinie heran. Da sich die Abkühlungsschrumpfungen in diesem Temperaturbereich stärker in Nahtlängsrichtung auswirken, entstehen bevorzugt Querrisse. Sie erstrecken sich gewöhnlich nur über einige Körner. Unterstützt wird das Entstehen von Flüssigkeitsfilmen auf den Korngrenzen durch die beim Schweißen in dieser Zone verursachte Kornvergröberung. Einmal ist es möglich, daß die wandernde Korngrenze weitere Verunreinigungselemente, die den Erstarrungspunkt herabsetzen, aus dem Korn mitnimmt und ansammelt; zum anderen ist mit der Kornvergröberung eine Konzentration der Verunreinigungen auf eine kleinere Kornfläche verbunden. Beide Vorgänge verstärken die Gefahr der Wiederaufschmelzungsrißbildung (27), ebenso wie eine rasche Abkühlung z.B. beim Schweißen dickerer Bauteile (29).

Als Beispiel für Wiederaufschmelzungsrisse zeigt Bild 9a eine durch Schweißen reparierte Laufschaufel (Ni-Basislegierung Inconel 738) aus einer Gasturbine. Direkt

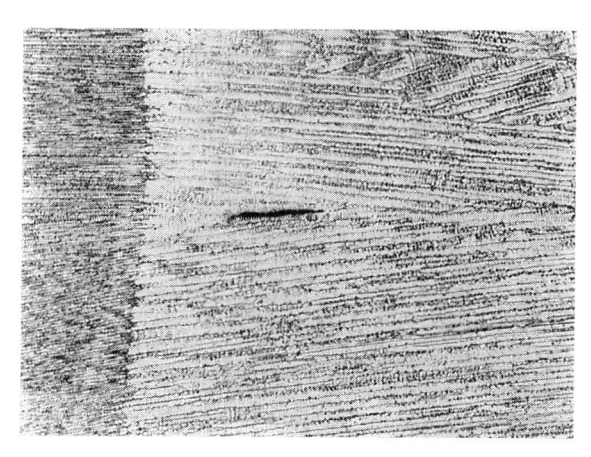

Bild 8: Erstarrungsriß in austenitischem Schweißgut (32).

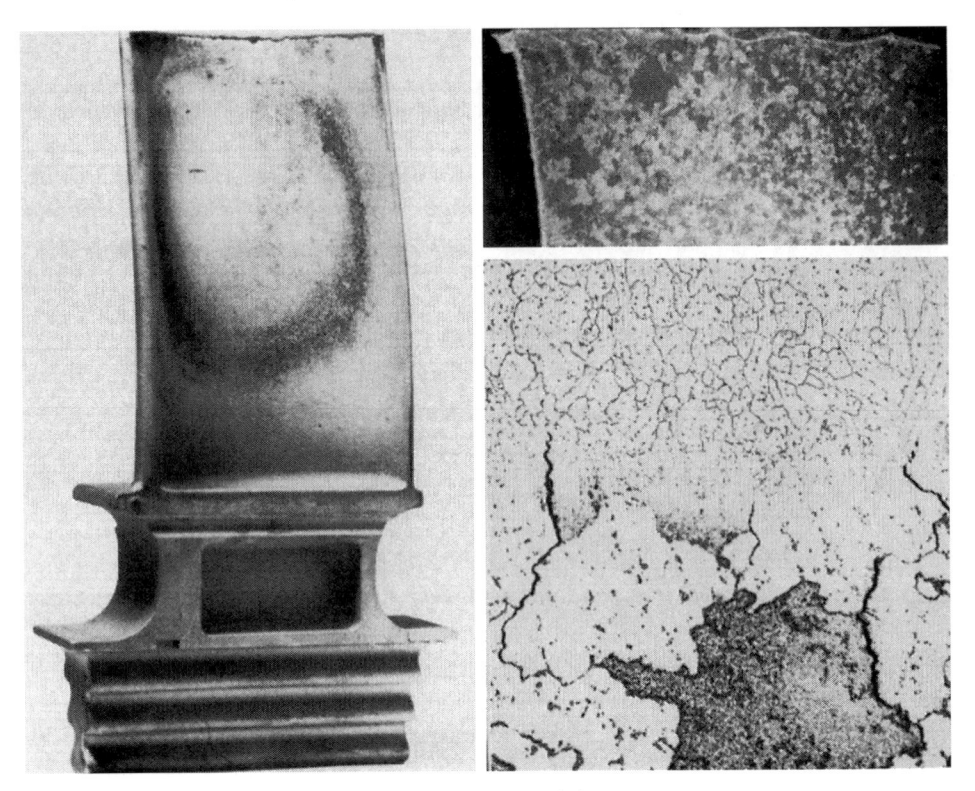

Bild 9: Wiederaufschmelzungsrisse nach Schweißreparatur (33)
a) Schaufel (links)
b) Makroätzung des Schaufelkopfes (oben rechts)
c) Risse in der Grobkornzone (unten rechts).

neben der nach einer Makroätzung sichtbaren Schweiße (Bild 9b) – offensichtlich war ein Anstreifschaden ausgebessert worden – konnten im grobkörnigen Bereich der Wärmeeinflußzone zahlreiche interkristalline Trennungen nachgewiesen werden

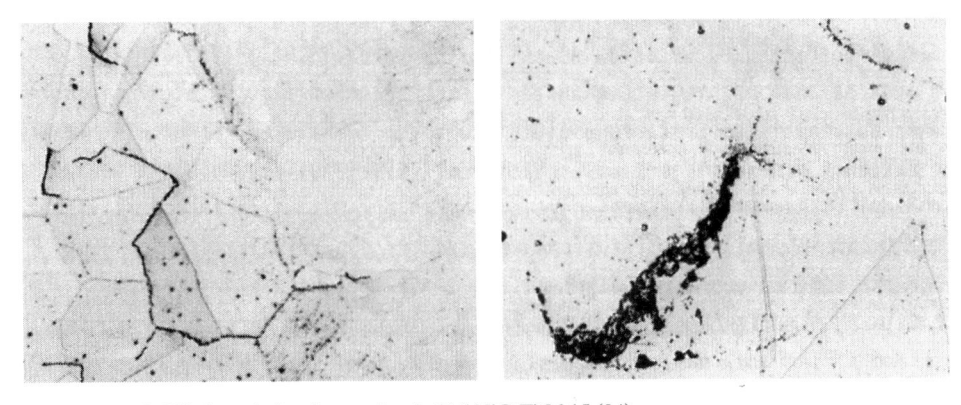

Bilder 10a u. b: Wiederaufschmelzungsrisse in X 5 NiCrTi 26 15 (34).

(Bild 9c). Durch isostatisches Heißpressen (HIP) solcher Schaufeln ist es heute möglich, Heißrisse zu schließen. Wegen der am Schaufelkopf sehr niedrigen Betriebsbeanspruchung war in diesem Fall eine solche Nachbehandlung jedoch nicht nötig.

Auch bei Reparaturversuchen an Gasturbinenschaufeln aus der austenitischen Eisen-Basislegierung X 5 NiCrTi 26 15 traten z. T. in erheblicher Dichte Wiederaufschmelzungsrisse auf (Bilder 10a und b). Besonders in der schräg angeschnittenen, leicht geöffneten Korngrenze (rechts) sind die Aufschmelzungen infolge der Lichtreflexe gut zu erkennen (34).

Abhilfemaßnahmen: Damit beim Schweißen Heißrisse entstehen können, müssen
1. Zugspannungen
2. in einem bestimmten Temperaturbereich auf
3. im Werkstoff gerade noch existente Flüssigkeitsfilme gewisser niedrigschmelzener Bestandteile

einwirken. Es sind demnach, das bestätigen auch alle Untersuchungen zum Rißbildungsgeschehen und von Schadenfällen, drei Einflüsse (28,29)
1. mechanischer Einfluß
2. metallurgischer Einfluß
3. thermischer Einfluß des Schweißvorganges,

die gleichzeitig wirksam werden und dadurch die Rißbildung auslösen. Sie ergeben sich aus dem Zusammenwirken von Konstruktion, Werkstoff und Fertigung und sind für das Verständnis der Vorgänge und die daraus abzuleitenden Abhilfemaßnahmen von Interesse.

Um Heißrisse zu vermeiden – und das gilt für Erstarrungs- und Wiederaufschmelzungsrisse – sollte durch entsprechende Werkstoffauswahl erreicht werden, daß die Gehalte an bestimmten Legierungs-, Begleit- und Verunreinigungselementen (wie z. B. bei Stählen C, S, P, B, Nb, Si und Ti), die das Auftreten niedrigschmelzender Phasen und Eutektika begünstigen, möglichst niedrig liegen. Eine besondere Rolle spielt daneben auch die Art der Erstarrungsstruktur der jeweils eingesetzten Werkstoffe. Sowohl bei den niedriglegierten Stählen (35, 36) als auch bei den hochlegierten austenitischen Stählen (8,9,29,31,37) fördert primär austenitische Erstarrung die Bildung von Heißrissen. Einerseits weist der Austenit eine geringere Löslichkeit für heißrißauslösende Elemente auf als der Ferrit, andererseits verhindert die geringere Diffusionsfähigkeit vieler Elemente im Austenit den Diffusionsausgleich in den Primärkristallen. Die Folge ist eine ausgeprägte Seigerung und damit verbunden eine stärkere Neigung zur Bildung niedrigschmelzender Phasen. Weiterhin führt der größere Ausdehnungskoeffizient des Austenits zu stärkeren Verformungen, die bei der abkühlungsbedingten Schrumpfung die gerade erstarrenden Korngrenzenfilme auf den Primärkristallen belasten. Es empfiehlt sich daher bei vielen austenitischen Stählen, den Zusatzwerkstoff so zu wählen, daß bei rein primär-ferritischer Erstarrung während der weiteren Abkühlung ein austenitisches Schweißgut mit rd. 4 bis 8% δ-Ferrit entsteht. Auch im Grundwerkstoff übt ein gewisser δ-Ferritgehalt beim Schweißen eine günstige Wirkung aus, da er einer grobkörnigen Rekristallisation in der WEZ entgegenwirkt. Falls jedoch vollaustenitisch geschweißt werden muß (primär austenitische Erstarrung), sollten nur Werkstoffe mit entsprechendem Reinheitsgrad zum Einsatz kommen. In Zweifelsfällen ist die Heißrißempfindlichkeit der ausgewählten Materialien anhand von Schweißversuchen (Doppelkehlnaht-, Zylinder-, Ringsegment-, Ringnut- oder Zugprobe bzw. Gleeble-, MVT-Versuch sowie PVR-Test u. a.) zu überprüfen (29,38,39).

Weiterhin muß dafür Sorge getragen werden, daß durch eine entsprechende Gestaltung der Schweißnahtumgebung und durch eine auf den jeweiligen Fall abgestimmte Schweißfertigung die im Schweißnahtbereich aus der Temperatureinwirkung resultierenden Spannungen bzw. Verformungen möglichst gering bleiben. In diesem Zusammenhang sollte auch der Einfluß von Form und Steifigkeit des Bauteils bzw. der Schweißkonstruktion berücksichtigt werden. So steigt z. B. die Rißneigung an, je dikker der zu verschweißende Werkstoff ist, da die auftretenden Schweißspannungen dann nicht mehr durch eine Verformung des gesamten Bauteils bzw. der Schweißkonstruktion abgebaut werden können. Vielmehr konzentrieren sich diese Verformungen mit steigender Materialdicke zunehmend auf den Schweißnahtbereich und fördern so die Rißbildung.

Im Rahmen der Schweißfertigung tragen die richtige Nahtfolge, gute Haltevorrichtungen bzw. gutes Heften ebenfalls dazu bei, Schrumpfungen oder Verwerfungen von der erstarrenden Naht fernzuhalten. Unter Einhaltung dieser Bedingungen lassen sich Werkstoffe, bei denen eine gewisse Heißrißempfindlichkeit zu erwarten ist, noch rißfrei schweißen (6). Das ist vor allem bei Reparaturen von Bedeutung, da Werkstoff und Konstruktion vorgegeben sind und der Erfolg von der Schweißfertigung abhängt.

Daneben üben die Schweißparameter einen unterschiedlichen Einfluß auf die Heißrißanfälligkeit aus. Während nach (40) die Auswirkung eines zunehmenden Wärmeeinbringens oder eines Vorwärmens auf die Erstarrungsrißbildung nur gering ist, fördert eine erhöhte Schweißgeschwindigkeit diese Rißbildung durch Zunahme der Aufmischung aus dem Grundwerkstoff. Das Auftreten von Wiederaufschmelzungsrissen wird dagegen durch eine erhöhte Abkühlungsgeschwindigkeit begünstigt (29). So bilden sich z. B. beim Schweißen von dickerem Material – wegen der rascheren Abkühlung – eher Wiederaufschmelzungsrisse als beim Schweißen von dünnerem Material.

4.1.2 Kaltrisse

Kaltrisse sind eine der häufigsten Schadensursachen beim Schweißen hochfester, härteempfindlicher Stähle. Sie entstehen in der letzten Phase der Abkühlung – zwischen Umwandlungs- und Raumtemperatur – oder zeitverzögert auch ohne äußere Belastung bis zu 14 Tagen nach Beendigung des Schweißvorganges im Grobkornbereich der Wärmeeinflußzone, wärmebeeinflußter Überlagerungszonen sowie im Schweißgut (s. Tabelle 1).

4.1.2.1 Aufhärtungsrisse

Bei einem Teil der Kaltrisse handelt es sich um reine Aufhärtungsrisse, die dort auftreten, wo infolge besonderer Abkühlbedingungen Gefügebestandteile mit hoher Härte und daher geringer Verformungsfähigkeit, wie Martensit und unterer Bainit in bestimmten Bau- und Vergütungsstählen, entstanden sind. Falls diese Gefügebereiche nicht in der Lage sind, die bei der Abkühlung auftretenden Schweißeigenspannungen aufzunehmen, kommt es zu Werkstofftrennungen.

Voraussetzung für das Auftreten solcher Aufhärtungsrisse sind demnach
– ein empfindlicher Gefügezustand und
– hohe Spannungen,
also werkstoff- und fertigungsbedingte Ursachen. Daneben vermögen spannungserhöhende konstruktive Einflüsse, wie Kerbwirkung sowie Steifigkeit und Verspannung des Bauteils, die Auslösung der vorwiegend interkristallinen, entlang der ehemaligen Austenitkorngrenzen verlaufenden Risse zu begünstigen. Je nach Größe, Richtung und Verteilung der Spannungen ist mit Längs- oder Querrissen, die beim Verlassen der Aufhärtezonen im weicheren Grundwerkstoff zum Stillstand kommen, zu rechnen (5,9,41,42).

Risse dieser Art wurden in den letzten Jahren häufig beim Schweißen von Vergütungsstählen, hochfesten Feinkornbaustählen sowie der warmfesten 12%igen Chromstähle gefunden. Diese Werkstoffe neigen aufgrund ihrer zur Erzielung der Festigkeit notwendigen chemischen Zusammensetzung, falls die vorgegebenen Verarbeitungsbedingungen beim Schweißen (Vorwärmung, Wärmeführung, Glühen usw.) nicht eingehalten werden, eher zur Rißbildung als Stähle geringer Festigkeit. So zeigen die Bilder 11a und b Aufhärtungsrisse an Kehlnähten Mannlochstutzen/Boden eines Heißwasserspeichers (WStE 355), die neben einem unverschweißten Spalt starke Nahtüberhöhungen sowie Einbrand- und Randkerben aufwiesen, bzw. Aufhärtungsrisse an der Kehlnaht Gleitschiene/Mantel eines HD-Vorwärmers (11 NiMoV 5 3 – Welmonil 43).

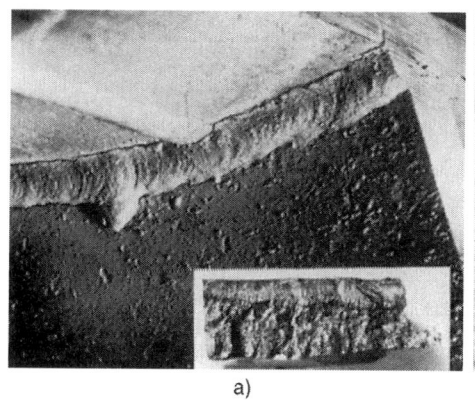

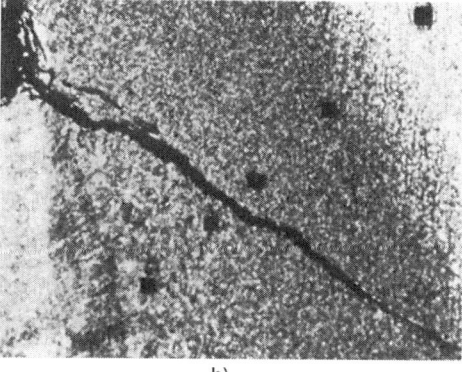

Bilder 11a und b: Aufhärtungsrisse an Kehlnähten
a) Mannlochstutzen/Boden eines Heißwasserspeichers (links)
b) Gleitschiene/Mantel eines HD-Vorwärmers (rechts).

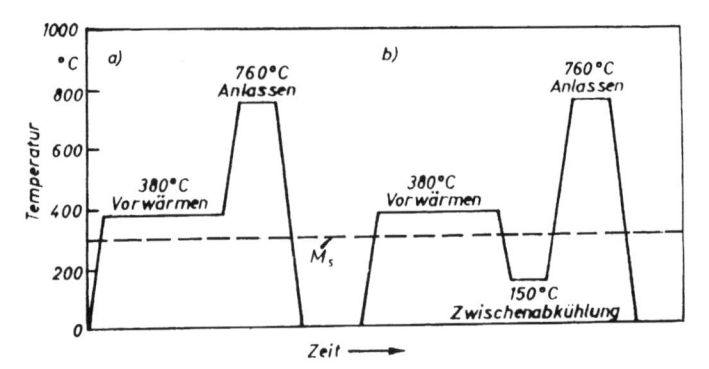

Bild 12: Wärmeführung beim Schweißen von X 20 CrMoV12 1
a) falsch   b) richtig.

In beiden Fällen ist die Anrißbildung auf die hohen Aufhärtungen infolge mangelnder Vorwärmung und auf hohe Kerbfaktoren zurückzuführen.

Aufhärtungsrisse dieser Art wurden u. a. beim Schweißen des warmfesten 12%igen Chromstahls X20 CrMoV 12 1 beobachtet. Dieser gemäß seinem Legierungsgehalt martensitische Werkstoff ist im gehärteten Zustand äußerst rißempfindlich. Entsprechend seinem Umwandlungsverhalten sollte er daher „austenitisch" bei rd. 380 °C (d. h. oberhalb des M_s-Punkts von rd. 300 °C) oder – bei dickeren Querschnitten – auch „teilmartensitisch" zwischen 200 und 300 °C geschweißt werden (Bild 12b). In jedem Fall ist direkt aus der Schweißwärme auf 150 bis 80 °C abzukühlen, um eine möglichst vollständige Umwandlung in Martensit zu erreichen. Sofort danach ist zur Erzielung eines zähen warmfesten Vergütungsgefüges anzulassen (1, 43 bis 46).

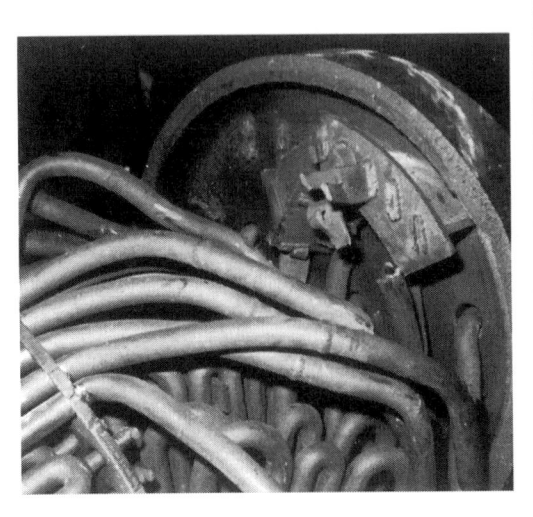

Bilder 13a und b: Zerknall eines Wärmetauschers (X 20 CrMoV 12 1)
a) Bruchaussehen   b) Gefüge der Schweißnaht.

Wird dagegen, wie Beispiel (43) zeigt, ohne diese Zwischenabkühlung angelassen, so entsteht bei der Endabkühlung aus dem verbliebenen Restaustenit Martensit mit den entsprechenden Folgen (Bild 12a). Daher riß bei der Inbetriebnahme eines Wärmetauschers aus dem Stahl X20 CrMoV 12 1 die Rundschweißnaht Boden/Mantel schlagartig auf (Bild 13a). Der Bruch verlief auf dem gesamten Umfang im Schweißgut (X20 CrMoV 12 1) der 41 mm dicken Tulpennaht. Im Bereich der Wurzel (artgleich) war ein älterer Bruchbereich zu erkennen. Das Gefüge der Naht (Härte 530 HV) bestand aus Martensit und feinen eutektoidischen Säumen der Ferrit-Karbid-Stufe auf den ehemaligen Austenitkorngrenzen (Bild 13b). Hier war die für die Zähigkeit notwendige Zwischenabkühlung unterblieben und direkt aus der Schweißwärme auf 760 °C/2h angelassen worden. Nach kurzer Haltezeit in der Ferrit-Karbid-Stufe (Karbidsaumbildung) wandelte sich der verbliebene Restaustenit bei der Endabkühlung in Martensit um (47), (s. ZTU-Schaubild X20 CrMoV 12 1 bei isothermer Umwandlung). Wahrscheinlich war es bereits während der Abkühlung oder kurz danach zur ersten Anrißbildung gekommen (alter Riß).

Aufhärtungsrisse können aber auch beim Anschweißen von Hilfshalterungen oder sonstigen „untergeordneten" Schweißungen ohne bzw. ohne ausreichende Vorwärmung sowie an unbeabsichtigten Zündstellen entstehen.

Gefördert wird die Auslösung der Aufhärtungsrisse durch die zusätzliche Anwesenheit von
– Wasserstoff im Werkstoff → zeitverzögerte Wasserstoffrisse (wasserstoffbeeinflußte Kaltrisse)
oder
– einer wäßrigen Lösung → wasserstoffinduzierte Spannungsrißkorrosion, bei der der Wasserstoff erst während des Betriebes infolge eines Korrosionsvorganges entsteht, also nicht fertigungsbedingt ist (s. Beiträge von J. Hickling und von G. Lange).

Gerade der Stahl X20CrMoV 12 1 ist im gehärteten Zustand sehr empfindlich für diese Art der Spannungsrißkorrosion und sollte daher bei Wanddicken ≥10 mm sofort nach dem Schweißen (Härtung) angelassen werden, falls kein ausreichender Schutz gegen Witterungseinflüsse und Feuchtigkeit gegeben ist.

Für diese drei Rißarten gibt es folgende Gemeinsamkeiten (48):
1. Ausschlaggebend für die Rißauslösung ist die Höhe der Aufhärtung in der Wärmeeinflußzone bzw. im Schweißgut.
2. Die Risse wachsen senkrecht zur größten Zugspannungsrichtung.
3. Beim Verlassen der Aufhärtezone kommen die Risse allgemein zum Stillstand.
4. Die Bruchstruktur ist verformungsarm.

4.1.2.2 Wasserstoffrisse

Wasserstoffrisse werden vor allem beim Schweißen höherfester Baustähle beobachtet. Sie treten bevorzugt in der Wärmeeinflußzone, gelegentlich aber auch im Schweißgut, als Quer- oder als Längsrisse in Form von Unternaht-, Kerb- und Wurzel-

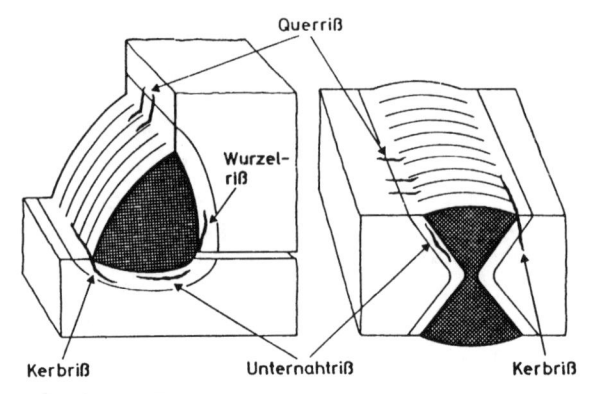

Bild 14: Lage der Wasserstoffrisse in Kehl- und in Stumpfnähten (49).

rissen direkt beim Schweißen oder bis zu 14 Tagen verzögert auf (Bild 14), wenn das Zusammenwirken von
– empfindlichem Gefüge,
– Spannungen und
– Wasserstoffgehalt
einen kritischen Grenzwert überschreitet. Darüber hinaus können sie sich insbesondere bei Mehrlagenschweißungen auch in einem Winkel von rd. 45° zur Längsachse der Naht bilden (sog. Chevron-Risse).

Wasserstoff gelangt beim Schweißen durch Zersetzung von Wasser (Feuchtigkeit) oder Kohlenwasserstoffen im Lichtbogen in das flüssige Schmelzbad. Diese werden dem Schweißprozeß über die Schweißzusatzwerkstoffe (Draht, Elektrodenumhüllung, Pulver), die Umgebung (feuchte Atmosphäre, Schutzgas) sowie Schwitzwasser, Verunreinigungen und Rost auf den Fugenflanken der Bauteile zugeführt. Wegen des verdeckten Lichtbogens ist die Wasserstoffaufnahme beim UP-Schweißen besonders effektiv. Aus dem Schmelzbad diffundiert der Wasserstoff bevorzugt in den grobkörnigen Bereich der Wärmeeinflußzone, deren Umwandlungsgefüge besonders durch Eigenspannungen beansprucht wird. Falls der im Werkstoff gelöste Wasserstoff bei rascher Abkühlung der Schweißnaht nicht mehr entweichen kann, sind eine Übersättigung und damit verbunden eine Versprödung die Folge (vgl. S. 255 ff).

Der Grad der Versprödung hängt außer vom Wasserstoffgehalt von der chemischen Zusammensetzung des Werkstoffes bzw. von seinem Gefüge in der Wärmeeinflußzone ab, das, wie auch die Höhe der Eigenspannungen, von der durch die Schweißbedingungen und die Werkstückdicke vorgegebenen Abkühlzeit $t_{8/5}$ bestimmt wird. Dabei ist der Grobkornbereich der Wärmeeinflußzone besonders gefährdet, weil er
a) am längsten austenitisch bleibt und daher bevorzugt Wasserstoff aufnehmen kann,
– dabei reichert sich der Wasserstoff wegen des allmählichen Temperaturanstieges im Werkstück während des Schweißens bevorzugt am Ende einer Raupe und bei der Mehrlagenschweißung vor allem in der letzten Lage an –,
b) durch Umwandlung am stärksten aufgehärtet wird und
c) im Bereich höchster Schweißeigenspannungen liegt.

4. Rißarten in Schweißverbindungen 347

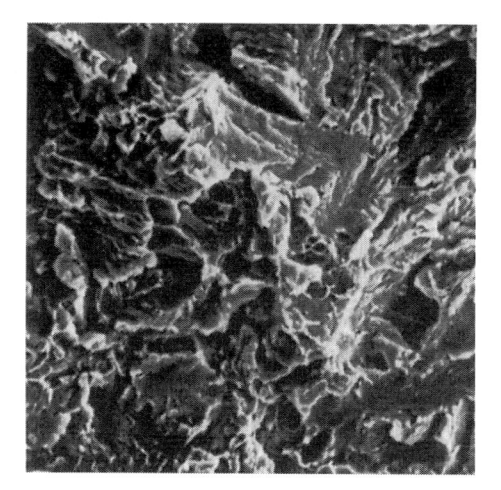

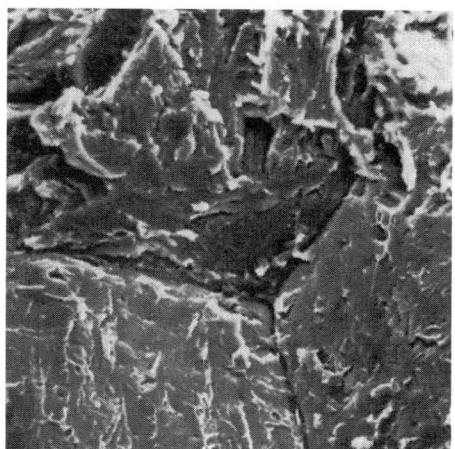

Bilder 15a und b: Wasserstoffrisse
a) transkristallin (links), b) interkristallin (rechts).

Betroffen sind vor allem Stähle hoher Festigkeit und Streckgrenze, da die Höhe der ertragbaren Beanspruchung vom Fließverhalten der beteiligten Werkstoffe abhängt (5 bis 7, 49 bis 57).

Der Rißverlauf der Wasserstoffrisse kann im Hinblick auf das ehemalige Austenitkorn je nach Werkstofftyp sowohl transkristallin als auch interkristallin – mit transkristallinen Anteilen – sein. Einige Beispiele für inter- bzw. transkristalline Risse aus Versuchsschweißungen (StE 460 u. 500) zur bewußten Erzeugung von Wasserstoffrissen geben die Bilder 15a und 15b wieder. Bild 16 zeigt Wasserstoffrisse in der Fertigungsschweißung eines Ventilgehäuses. Charakteristisch ist in allen Fällen die Verformungsarmut.

Weitere besondere Kennzeichen sind (4,5,53,56 bis 59)
für die transkristallinen Risse:
1. Quasispaltbruch – mit aufgewölbten Blattformen
2. Mikroporen,

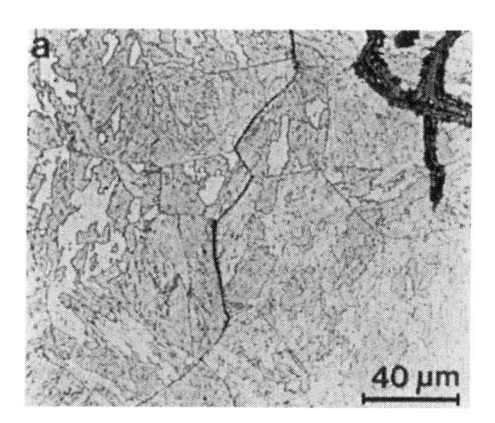

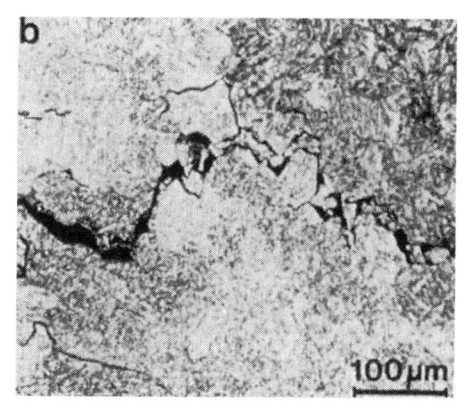

Bild 16: Wasserstoffrisse in der Fertigungsschweißung eines Ventilgehäuses aus Stahlguß

für die interkristallinen Risse:
1. klaffende Korngrenzen
2. Haarlinien auf den Korngrenzenflächen (Krähenfüße als Hinweis auf eine geringe Restverformung)
3. Mikroporen auf den Korngrenzen.

Darüber hinaus sind die Angaben im Schrifttum zum jeweiligen Verlauf der Wasserstoffrisse widersprüchlich. Nach (11) überwiegt bei niedriglegierten Stählen mit mittlerer Streckgrenze die transkristalline Rißform, während die interkristalline Version – entsprechend den Aufhärtungsrissen – vor allem bei legierten Stählen mit entsprechend höherer Streckgrenze auftritt. Andererseits beobachteten Neumann und Florian (53) bei den höherfesten niedriglegierten Feinkornbaustählen im wasservergüteten Zustand (StE 690 u. StE 460) transkristalline Rißverläufe im harten Grobkornbereich der WEZ oder im Schweißgut nahe der Schmelzlinie. Die normalgeglühten Feinkornstähle (StE 500 u. StE 460) brachen dagegen vorwiegend interkristallin, während der St 52-3 eine Zwischenstellung einnahm. Auch bei Untersuchungen von Böhme (54) an Feinkornbaustählen des gleichen Typs (StE 460, StE 500 u. StE 690) erwies sich eine Quasispaltbruchfläche als typisches Merkmal für einen transkristallinen Bruch mit interkristallinen Anteilen.

Abhilfemaßnahmen: Härte- bzw. wasserstoffbeeinflußte Kaltrisse lassen sich durch entsprechende konstruktive sowie werkstoff- und fertigungstechnische Maßnahmen vermeiden, wenn sie gewährleisten, daß sich die Kombination der bereits erwähnten Einflußfaktoren nicht mehr kritisch auswirken kann. Dazu müssen ein wenig empfindlicher Gefügezustand, ein niedriges Spannungsniveau und ein minimaler Wasserstoffgehalt eingestellt werden (10,14,60 bis 64).

1. Einen weniger empfindlichen Gefügezustand in der Schweiße bzw. Wärmeeinflußzone erhält man, wenn es durch
– entsprechende Auswahl von Grund- und Zusatzwerkstoff (Einfluß der chemischen Zusammensetzung – C-Äquivalent)
– Einstellung einer angemessenen Abkühlzeit $t_{8/5}$ (Optimierung der Wärmeführung, Vorwärm- und Zwischenlagertemperatur, auf den Werkstoff abgestimmtes Wärmeeinbringen),
gelingt, eine Umwandlung in weniger zähe Gefügezustände zu vermeiden. In diese Vorkehrungen sind natürlich auch sämtliche Hilfsschweißungen einzubeziehen.

Das Vorwärmen kann auch durch eine entsprechende Schweißfolge ersetzt werden, sofern dadurch ebenfalls ein zu schnelles Abkühlen der nur teilweise gefüllten Naht vermieden wird.

2. Die Schweiß- und Bauteilspannungen lassen sich durch
– Vermeiden konstruktiv bedingter Spannungserhöhungen (keine schroffen Querschnittsübergänge, Kerben u. a.),
– weniger steife Konstruktion,
– entsprechende Wärmeführung und
– Anwendung geeigneter Schweißverfahren und -parameter
gering halten.

3. Zur Begrenzung des Wasserstoffgehaltes im Schweißgut bzw. in der Wärmeeinflußzone tragen folgende Vorkehrungen bei:

- Auswahl von Zusatzwerkstoffen, die ein wasserstoffarmes Schweißgut ergeben (Kb-Elektroden) sowie sachgerechte Lagerung und Nachtrocknung vor dem Gebrauch,
- Wasserstoffarmglühung nach dem Schweißen direkt aus der Schweißwärme heraus, in kritischen Fällen vor jeder Nahtabkühlung,
- Schutzgasschweißen und
- gründliche Säuberung und Trocknung des Schweißnahtbereiches.

4.1.3 Lamellenrisse

Über Schadensfälle an Schweißkonstruktionen mit parallel zur Oberfläche verlaufenden Rissen ist vielfach berichtet worden. Wegen ihres charakteristischen Aussehens werden sie Lamellen- oder Terrassenrisse genannt. Diese Lamellenrissigkeit ist jedoch kein neues Problem, sondern wegen nicht ausreichender Nachweismöglichkeit bereits länger unbemerkt vorhanden (6). Es handelt sich dabei um Risse, die nahezu ausschließlich bei der Schweißfertigung im Bereich der Schweißnaht im Inneren von gewalzten Erzeugnissen (z. B. Bleche), in der Regel aber nicht unbedingt in der Wärmeeinflußzone auftreten. Beim Schweißen von Eck-, Kreuz-, T-Stößen oder anderen Verbindungen mit hoher Dehnbehinderung wird stets ein Bauteilbereich senkrecht zur Erzeugnisoberfläche, d. h. in Dickenrichtung, durch die infolge von Schrumpfvorgängen auftretenden Spannungen örtlich hoch belastet (Bild 17). Wenn der Werkstoff in dieser Richtung kein ausreichendes Formänderungsvermögen aufweist, kommt es zur Ausbildung von Lamellenrissen. Hierbei spielen Nahtform und -dicke, Beanspruchung in Dickenrichtung, konstruktiv bedingte Steifigkeit, Vorwärmtemperatur und Schweißbedingungen eine wichtige Rolle (6,9,65,66).

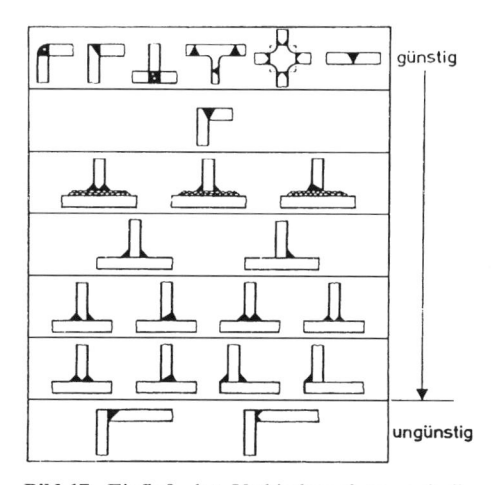

Bild 17: Einfluß der Verbindungsform auf die Entstehung von Lamellenrissen (65).

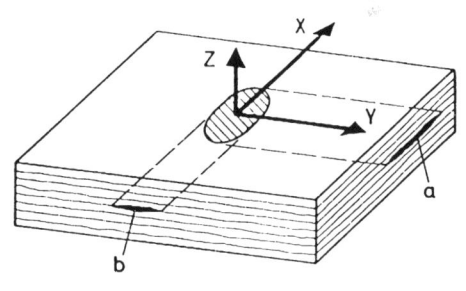

Bild 18: Ausbildung der Gefügezeiligkeit (schematisch).

X — Walz-, Längsrichtung
Y — Querrichtung
Z — Dickenrichtung
a,b — Projektion eines Einschlusses im Längs- bzw. Querschnitt

Lamellenrisse sind die Folge von schichtweise angeordneten ebenen Einschlußzeilen parallel zur Erzeugnisoberfläche. Sie entstehen in den Seigerungszeilen aufgrund der Verformungsbedingungen beim Walzen, z. B. von Warmband, Grobblech u. a. (9,16,67). Die dafür notwendige Gesamtverformung führt u. a. auch zu einer starken Streckung der nichtmetallischen Einschlüsse (Sulfide, Oxide, Silikate), die sich in Zeilen parallel zur Oberfläche anordnen (Bild 18). Sowohl einzelne große, lang gestreckte Einschlüsse als auch zeilige Ansammlungen vieler kleiner Einschlüsse können gefährlich werden. Dadurch erhalten die Stähle eine starke Anisotropie der mechanischen Eigenschaften, besonders der Dehnung und der Einschnürung in Dickenrichtung (6,16,66,68). So kann die Brucheinschnürung in Dickenrichtung bis auf wenige Prozent der in Längsrichtung gemessenen Werte absinken. Die Rißanfälligkeit nimmt mit der Einschlußdichte und mit der Festigkeit des Stahles zu, jedoch muß die Möglichkeit der lamellaren Rißbildung stets in Betracht gezogen werden, wenn die Nahtgeometrie hohe Dehnungen in Dickenrichtung zum Abbau der Spannungen erfordert. Allerdings nimmt die Empfindlichkeit bei mittleren Brucheinschnürungswerten ≥25% bereits stark ab (6,66,67).

Die Lamellenrisse verlaufen im Bereich der Schweißnaht quer zur Dickenrichtung und orientieren sich an den zeilig gestreckten Verunreinigungen des Grundwerkstoffes. Unter dem Einfluß der in Dickenrichtung wirkenden Schweißspannungen, die durch Dehnung des Werkstoffes nicht abgebaut werden konnten, reißt der Werkstoff zunächst entlang der Einschlüsse auf. Dabei zerbrechen die Einschlüsse – z. B. Sulfide – und lösen sich von der metallischen Grundmasse. Zusätzliches Abscheren an den Rißenden zwischen benachbarten Ebenen führt zu dem bekannten stufenförmigen Aussehen mit einer holzfaserartigen Struktur (Bild 19).

Bild 20 gibt einen der Lamellenrisse im Stutzen (Kesselblech H II) eines Speisewasserbehälters (Werkstoff 17 Mn 4) unter den Schweißnähten Behältermantel/Stutzen und Verstärkungsring/Stutzen wieder, die aufgrund von Ultraschallanzeigen nachgewiesen wurden (69). Hier war ein Durchsteckstutzen in den Mantel des Speisewasserbehälters in Form eines T-Stoßes mit einer K-Naht und in einem zusätzlichen Verstärkungsring mit einer halben V-Naht eingeschweißt worden (Bild 21). Beide Anschlußarten führen in Verbindung mit der großen Steifigkeit solcher durchgesteckten und ringsum eingeschweißten Stutzen zu hohen Spannungen im Stutzenwerkstoff

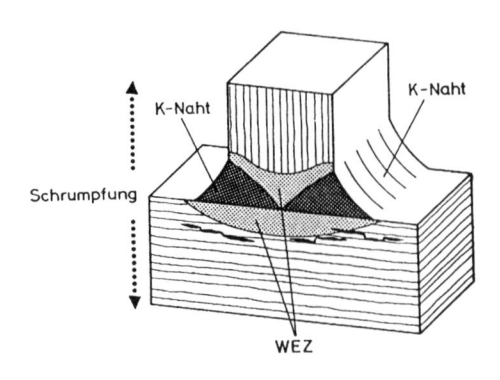

Bild 19: Lamellenrißbildung (schematisch)   **Bild 20:** Lamellenriß in einer Stutzenschweißnaht.

Bild 21: Behälter mit Stutzen.

Bild 22: Gefüge des Stutzens.

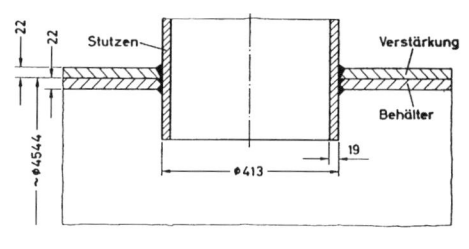

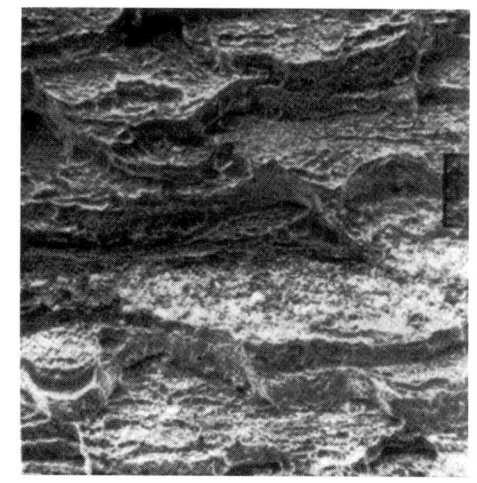

Bild 23: Lamellenrißfläche mit Stufen.

in Dickenrichtung; sind also lamellenrißfördernd. Die zahlreichen Trennungen gehen hier häufig von der Schmelzlinie der K-Naht aus und erreichen bis zu 20 mm Länge. Sie orientieren sich an zahlreichen nichtmetallischen Einschlüssen (Sulfide, Oxide, Silikate) im Gefüge (Bild 22).

Im aufgebrochenen Zustand sind die verschiedenen Stufen und die darauf angeordneten zeiligen bzw. körnigen Einschlüsse gut zu erkennen (Bild 23).

Damit ergeben sich charakteristische Merkmale für das Aussehen und Auftreten der Lamellenbrüche:
1. Die Risse verlaufen stufenförmig entlang den Ebenen parallel zur Erzeugnisoberfläche.
2. Sie treten innerhalb des Bleches im Bereich ganz bestimmter Schweißverbindungen auf und erreichen kaum die Oberfläche. Ein Nachweis ist daher, wenn es die Form der Verbindung überhaupt zuläßt, nur durch Röntgen oder Ultraschall möglich.
3. Die freigelegten Bruchoberflächen weisen eine typische geschichtete bzw. „holzfaserartige" Struktur auf.
4. Die horizontalen Rißanteile fallen stets mit Einschlußzeilen zusammen. Zwischen der Tendenz zur Rißbildung und der Einschlußmenge im Werkstoff besteht eine direkte Beziehung.
5. Lamellenrisse sind nicht an eine bestimmte Stahlsorte gebunden.

Abhilfemaßnahmen:

Um an Schweißkonstruktionen das Auftreten von Lamellenbrüchen zu vermeiden, bieten sich eine Reihe von Maßnahmen
a) konstruktiver,
b) metallurgischer und

c) fertigungstechnischer Art
an, die dazu beitragen sollen,
1. die Spannungen in Dickenrichtung möglichst niedrig zu halten und
2. die Dehnfähigkeit des Werkstoffes in Dickenrichtung zu verbessern.
Diese verschiedenen Möglichkeiten sollen im folgenden kurz angesprochen werden.

Konstruktive Maßnahmen: Die wirtschaftlichste Vorkehrung zur Vermeidung von Lamellenrissen ist in der konstruktiven Berücksichtigung des verminderten Dehnverhaltens in Dickenrichtung gewalzter Erzeugnisse zu sehen (9). Daher sollte dem im Bereich der Schweißverbindung benötigten Formänderungsvermögen durch eine dehnfähige Konstruktion und durch die Anordnung der Schweißnähte im Hinblick auf die Walzrichtung Rechnung getragen werden (6,65,70). In besonders kritischen Fällen ist auch der aufwendigere Einsatz von geschmiedeten oder gepreßten Zwischenstücken, die nur noch Stumpfnähte erfordern, in Erwägung zu ziehen (6,65,66). Viele Schäden durch Lamellenbrüche hätten bei Beachtung dieser Maßnahmen vermieden werden können.

Metallurgische Maßnahmen: Da die Neigung, Lamellenrisse zu bilden – abgesehen von der Beanspruchung – auch von der Menge und Form der nichtmetallischen Einschlüsse bestimmt wird, besteht ein allgemeiner Trend, über einen verbesserten Reinheitsgrad der Stähle zu einer höheren Zähigkeit in Dickenrichtung zu gelangen. So kann der Einsatz „reinerer" Stähle als Ergebnis neuerer Stahlherstellungsverfahren, wie Einblasen von Calciumverbindungen, Vakuumbehandlung, Elektroschlackeumschmelzverfahren, dazu beitragen, das Problem der Lamellenrisse zu beseitigen. Den Schwefelgehalt bestimmter hochfester Stähle senkt man heute bis auf 0,004% ab. Daneben lassen sich durch die Zugabe von Calcium – obwohl es hauptsächlich als Desoxidations- und Entschwefelungsmittel anzusehen ist – sowie von Cer, Titan oder Zirkon Form und Verteilung der Sulfide beeinflussen und die Zähigkeit verbessern (Bild 24) (6,64 bis

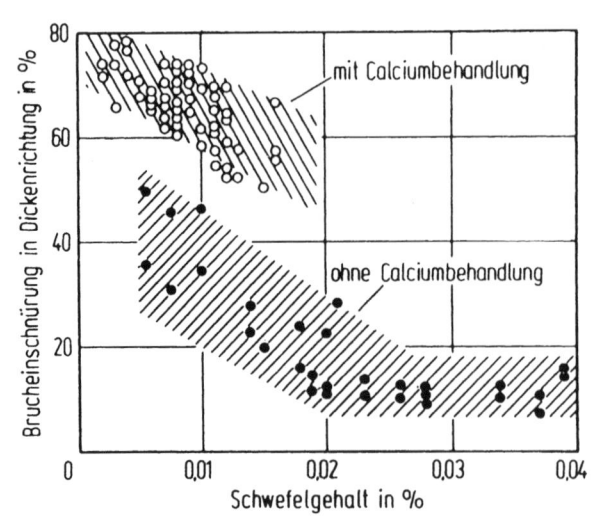

Bild 24: Zusammenhang zwischen Schwefelgehalt und Brucheinschnürung von Stahlblechen mit und ohne Calciumbehandlung (Messung in Z-Richtung) (74).

66,71). Daneben lassen sich die Werkstoffeigenschaften auch durch eine Verminderung des C-Äquivalents verbessern (64).

Fertigungstechnische Maßnahmen: Aus fertigungstechnischer Sicht bieten sich vor allem Maßnahmen an, die durch schweißtechnische Vorkehrungen die Schrumpfungen und die Schweißeigenspannungen im Bauteil möglichst gering halten. Dazu trägt eine gute Abstimmung von Schweißverfahren, Wärmeeinbringen, Elektrodenwahl, Schweißfolge, Nahtaufbau u. a. entscheidend bei (70). Daneben hat sich auch der Einsatz von Schweißgut mit geringerer Festigkeit als der Grundwerkstoff als vorteilhaft erwiesen, weil dann der Abbau der Schweißschrumpfungen in Dickenrichtung bevorzugt vom weicheren Schweißgut übernommen und das Blech weniger belastet wird (6,64,66,70,73,74). In der gleichen Richtung wirkt sich auch die Technik des „Aufbutterns" mit einer Schicht Schweißgut geringerer Festigkeit aus, bevor die Verbindung mit normalem Schweißgut vollendet wird. Angewendet wird diese Technik häufig bei Reparaturen, wenn Lamellenrisse herausgearbeitet werden mußten, da sie hilft, Dehnungen abzubauen. Eine Sicherheit, daß dann keine Lamellenrisse mehr auftreten, ist damit jedoch nicht gegeben (6,64,66).

Für die Auswahl von Blechen im Rahmen der Fertigung empfiehlt sich der Zugversuch in Dickenrichtung, da sich eine Empfindlichkeit für Lamellenrißbildung nach den bisherigen Erfahrungen am besten durch die Brucheinschnürung kennzeichnen läßt. Geringe Brucheinschnürung läßt Lamellenrißbildung erwarten. Inzwischen sind auch „Empfehlungen zum Vermeiden von Lamellenbrüchen in geschweißten Konstruktionen aus Baustählen" erarbeitet worden, nach denen sich die jeweils erforderlichen Brucheinschnürungen abschätzen lassen. Diese können dann in den Lieferbedingungen vereinbart werden (7,9,68,75,76).

4.1.4 Relaxationsrisse

In den letzten Jahren haben Rißschäden im grobkörnigen Bereich der Wärmeeinflußzone beim Schweißen von Behältern und Rohrleitungen verschiedentlich Schwierigkeiten bereitet (1,19,55,77 bis 85). Diese Relaxations- oder Ausscheidungsrisse traten als Unterplattierungsrisse sowie in Schweißverbindungen als Nebennahtrisse längs und quer zur Naht auf (s. Tabelle 1). Der Rißausgang lag direkt neben der Schweiße in der grobkörnigen, durch Überschweißen nicht mehr umgewandelten Überhitzungszone. Der Rißverlauf ist stets interkristallin – entlang der ehemaligen Austenitkorngrenzen – wie Bild 25 für einen solchen Schaden in einem austenitischen Sammler zeigt (1). Die Wabenbildung auf den Korngrenzenflächen deutet auf einen gewissen Verformungsanteil im Bereich der Korngrenzen hin. Trotzdem handelt es sich bei dieser Rißart um insgesamt verformungsarme Spannungsrisse, die beim Spannungsarmglühen bzw. in der ersten Betriebsphase auftreten. Besonders gefährdet sind Bereiche mit hohen Spannungskonzentrationen, wie z. B. Wanddicken- und Querschnittsänderungen, Schweißnahtüberhöhungen oder Einbrandkerben; aber auch zu schnelles Aufheizen kann wegen der damit verbundenen Spannungen von Nachteil sein.

Die Rißentstehung beim Spannungsabbau (Relaxation) während des Spannungsarmglühens hat letztlich zur Namensgebung „Relaxationsrisse" („stress relief cracks")

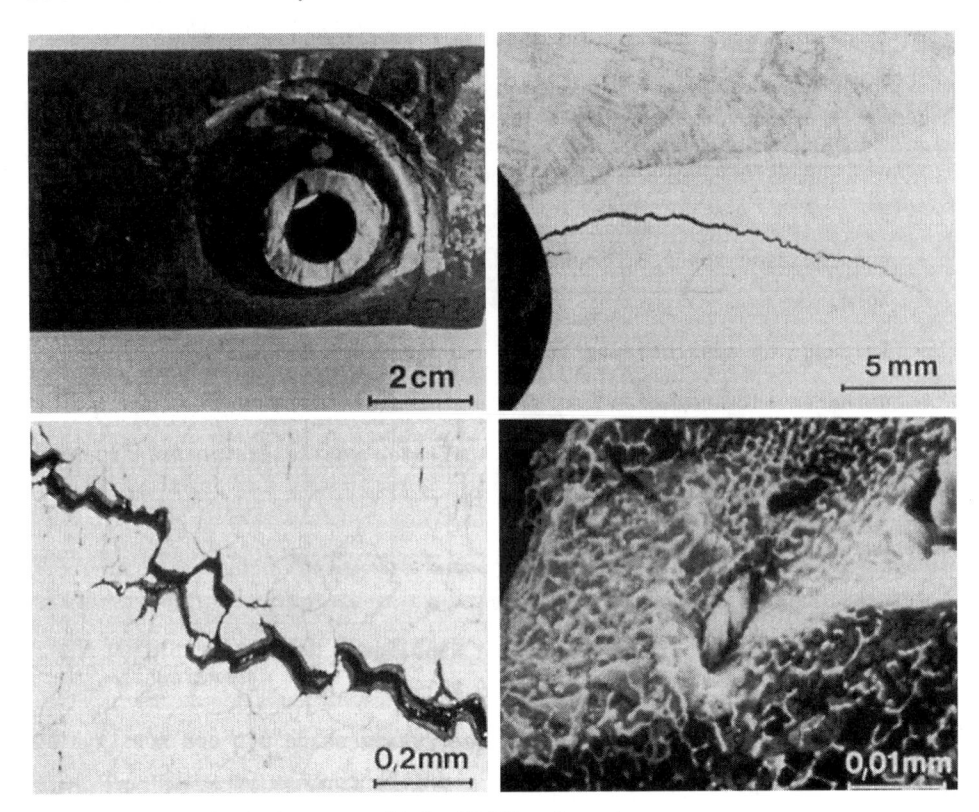

Bild 25: Relxationsrisse in einem austenitischen Heißdampfsammler.

geführt. Sie sind auch als „reheat cracks" bekannt, entsprechend dem Entstehungszeitpunkt beim Wiedererwärmen zum Spannungsarmglühen.

Eine derartige Rißbildung wurde zunächst beim Schweißen dickwandiger Bauteile aus hochwarmfesten austenitischen Chrom-Nickel-Stählen mit Zusätzen von Niob oder Titan, später auch bei niedriglegierten warm- sowie hochfesten Baustählen, die mit Chrom, Molybdän, Vanadin und Niob legiert sind, beobachtet. Auch ausscheidungshärtende Nickel-, Kupfer- und Aluminiumlegierungen sind dafür anfällig (1,2,19).

Nach den bisherigen Erkenntnissen ist die Rißbildung an Korngrenzengleitprozesse bei der erhöhten Temperatur des Spannungsarmglühens gebunden. Diese werden durch
– Grobkornbildung, d. h. Konzentration der für den Spannungsabbau notwendigen Relaxationsvorgänge auf wenige Korngrenzen, sowie
– Schwächung der Korngrenzen bzw. –bereiche gegenüber dem Korninneren infolge
– Ausscheidung von Sonderkarbiden bzw. –karbonitriden im Korn,
– Bildung von ausscheidungsfreien Säumen und
– Korngrenzenseigerungen von Verunreinigungselementen
beim Spannungsabbau erzwungen. Für das Auftreten von Relaxationsrisse sind daher folgende Voraussetzungen notwendig:
– genügend hohe Spannungen und

– Ausscheidungen im Korn.

Verunreinigungen dagegen können zwar die Rißbildung begünstigen, sind aber nicht die eigentlichen Ursachen (1,2,19,86,87).

Die hohen Spannungen stehen in einem engen Zusammenhang mit der Konstruktion und der schweißtechnischen Fertigung. Sie entstehen beim Schweißen vor allem in der Wärmeeinflußzone im Zusammenwirken von Schrumpf-, Abschreck- und Umwandlungsspannungen längs und quer zur Schweißnaht, aber auch beim anschließenden Spannungsarmglühen, z. B. durch zu schnelles Aufheizen. Eine Vorstellung vom Verlauf solcher Schweißeigenspannungen quer zu einer Verbindungsschweißung Rohr/Formstück aus dem Stahl 14 MoV 6 3 vermittelt Bild 26 (18).

Am Übergang Schweiße/WEZ ergeben sich Spannungsspitzen im Zugbereich, die auf der Seite der dickeren Wand deutlich höher sind. Durch Spannungsarmglühen können Eigenspannungen weitgehend abgebaut werden, dennoch bleibt auf der Seite der dickeren Wand ein Zugspannungsmaximum erhalten. Eigenspannungen können schließlich auch die Bildung von Ausscheidungen begünstigen.

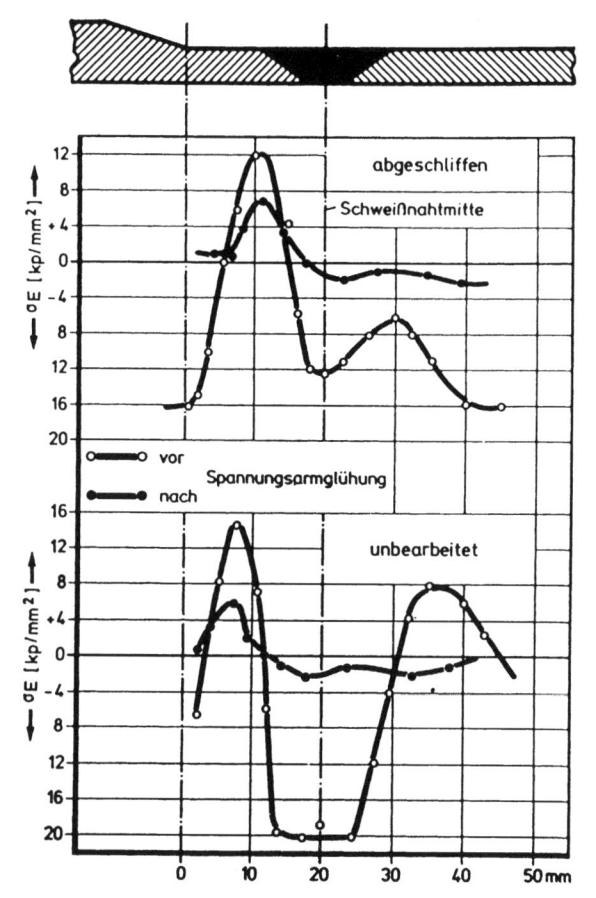

Bild 26: Röntgenografisch gemessener Spannungsverlauf senkrecht zur Schweißnaht.

Die durch das Spannungsarmglühen nach dem Schweißen erzwungenen Ausscheidungsvorgänge im grobkörnigen Gefüge der Wärmeeinflußzone führen zu einer starken Verfestigung im Korn. Dadurch wird die Möglichkeit zur Verformung im Korn so stark vermindert, daß die Relaxation praktisch über Korngrenzengleitung erfolgen muß. Sind die Verformungsreserven der Korngrenzen erschöpft, kommt es dort zur Rißbildung (1,19,55,82,86 bis 89). Das erklärt auch, warum Relaxationsrisse nur in Stählen beobachtet wurden, die durch bestimmte Legierungselemente ausgehärtet werden können, aber nie in weichen unlegierten Stählen.

Daneben begünstigen auch gewisse Verunreinigungen in den Stählen, wie P, S, As, Cu, Sb, Sn u. a., die Bildung von Relaxationsrissen. Sie neigen zu einer Seigerung an den Korngrenzen und schwächen so den interkristallinen Zusammenhalt (19, 86 bis 88). Die Ausnutzung von Stählen höherer Festigkeit setzt daher einen hohen Reinheitsgrad voraus. Mit abnehmender Festigkeit kann dagegen ein geringerer Reinheitsgrad toleriert werden, ohne daß es zur Rißbildung kommt (89).

Beim Schmelzschweißen gehen in der schmalen Überhitzungszone direkt neben der Schmelzlinie die zur Festigkeitssteigerung und zur Kornverfeinerung notwendigen Karbide und Nitride oberhalb 1100 °C mehr oder weniger in Lösung. Die Folge ist eine starke Kornvergrößerung des Austenits und bei der Abkühlung – im Falle umwandlungsfähiger Stähle – eine Umwandlung in Bainit mit Martensitanteilen. Es ist nun eine Frage der Abkühlungsgeschwindigkeit, ob dieser „lösungsgeglühte" Zustand – bei austenitischen Werkstoffen ohne Gefügeänderung – bis zur Werkstücktemperatur erhalten bleibt. Aufgrund der beim Schweißen allgemein recht hohen Abkühlungsgeschwindigkeit ist eine Neuausscheidung der übersättigt in Lösung gehaltenen Sonderkarbid- bzw. –nitridbildner sowie eine Korngrenzenseigerung nicht oder nur in geringem Maße auf den Austenitkorngrenzen möglich.

Beim Überschweißen (Mehrlagenschweißung), vor allem aber beim nachfolgenden Anlassen zum Spannungsarmglühen, scheiden sich – abgesehen von Austauschreaktionen in den im Umwandlungsgefüge vorhandenen Karbiden – bevorzugt im Korn zunächst meist kohärente Karbide bzw. Karbonitride (MX, M_2X u. a.) fein verteilt wieder aus (55). Mit dieser spannungsinduzierten Ausscheidung ist eine erhebliche Verfestigung der ferritischen bzw. austenitischen Grundmasse verbunden. Inkohärente Ausscheidungen auf den Korngrenzen – bei Umwandlungsgefüge auf den ehemaligen Austenitkorngrenzen – und die damit verbundene ausscheidungsfreie Zone erniedrigen dagegen die Korngrenzenfestigkeit. Daneben verstärken sich die Seigerungsvorgänge der Verunreinigungen. Neben diesen Vorgängen im Gefüge setzt gleichzeitig der Spannungsabbau durch Relaxationsvorgänge ein. Wegen der durch die Ausscheidungsvorgänge bereits eingetretenen Kornverfestigung verlagert sich die gesamte dazu notwendige Verformung auf die korngrenzennahen Bereiche. Können diese, begünstigt durch das Grobkorn, den für den Spannungsabbau erforderlichen Betrag nicht mehr aufnehmen, tritt Rißbildung ein (Bild 27). Trotz teilweiser Wabenbildung auf den Korngrenzflächen (vgl. Bild 25) sind die bekannten interkristallinen Risse mit geringer Gesamtverformung die Folge. Da alle genannten Vorgänge zeit- und temperaturabhängig sind, treten die Relaxationsrisse bevorzugt in einem bestimmten Temperaturbereich auf, wie Relaxationsversuche gezeigt haben (55, 83).

4. Rißarten in Schweißverbindungen   357

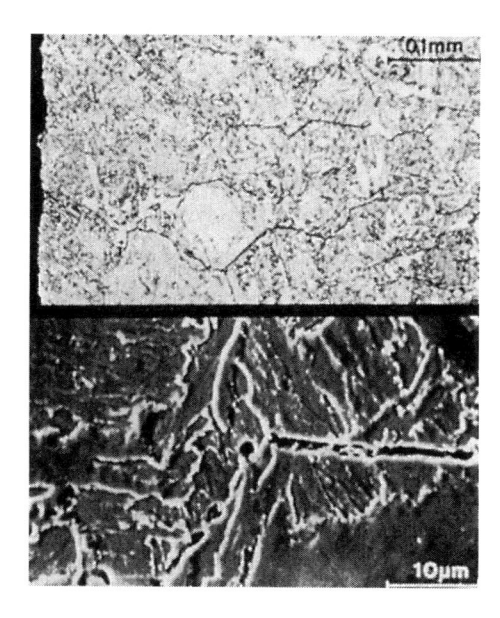

Bild 27: Relaxationsrisse.

Durch Relaxationsversuche konnten auch der Einfluß bestimmter Legierungs- und Verunreinigungselemente sowie des Gefügezustandes geklärt werden. So können alle Elemente, die ausscheidungshärtend wirken, wie Cr, Mo, V, Nb und Ti, ab bestimmten Grenzkonzentrationen zur Rißbildung führen (Bild 28). Für Chrom und Molybdän beträgt dieser Grenzwert rd. 0,5%, für Vanadin und Niob liegen die Vergleichswerte wesentlich niedriger (55, 90).

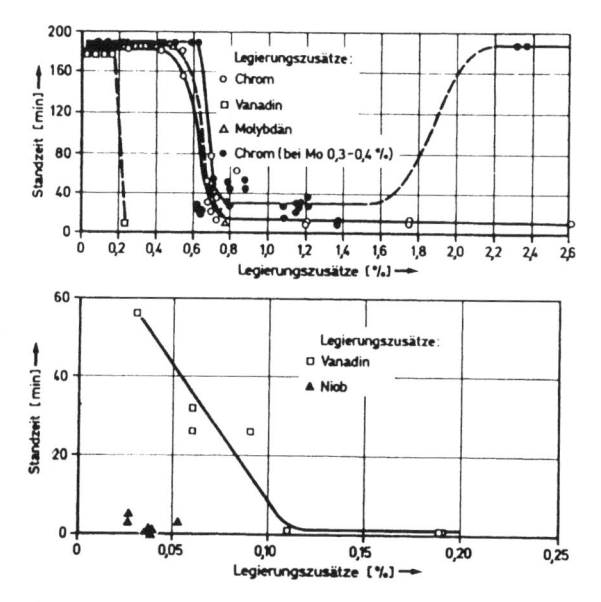

Bild 28: Einfluß verschiedener Legierungszusätze auf das Relaxationsverhalten bei 640 °C (90).

Als Beispiel zeigen die Bilder 29a bis c eine Probe aus einer Rundschweißnaht Rohr/Formstück (14 MoV 6 3) im Rohrleitungssystem zwischen Kessel und Turbine (91). Neben Heißrissen in den Deckraupen wurden in der Wärmeeinflußzone perlschnurartig angeordnete Poren bzw. Risse auf den ehemaligen Austenitkorngrenzen gefunden. Sie liegen im grobkörnigen Bereich der Wärmeeinflußzone einer Raupe, die durch die nächste Lage entweder teilweise umgekörnt oder angelassen worden ist. Eine Zeitstandschädigung konnte weder im Grundwerkstoff noch im Schweißnahtbereich nachgewiesen werden.

Zur Vermeidung von Relaxationsrissen ist es notwendig,
– die chemische Zusammensetzung des Werkstoffes und
– des Schweißgutes,
– die Schweißfertigung und Wärmebehandlung sowie
– die Gestaltung

so aufeinander abzustimmen, daß die dann noch vorhandenen Spannungen beim Spannungsarmglühen im Gefüge der Wärmeeinflußzone durch Verformung abgebaut werden können. Dazu empfiehlt es sich, möglichst verunreinigungsarme Werkstoffe zu wählen, deren Legierungsgehalte außerhalb der kritischen Grenzwerte liegen. Darüber hinaus besteht die Möglichkeit, durch besondere Gestaltungs- und Fertigungmaßnahmen die auftretenden Spannungen möglichst gering zu halten sowie grobkörnige martensithaltige Gefügebereiche zu vermeiden. Eine Umkörnung martensithaltiger Gefüge läßt sich durch einen entsprechenden Lagenaufbau erreichen, während

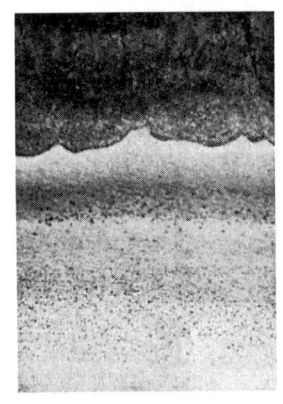

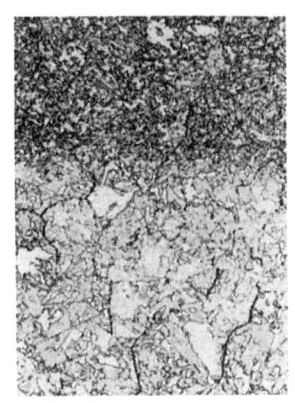

Bilder 29a–c: Relaxationsrisse in einer Rundschweißnaht Rohr/Formstück (14 MoV 6 3)
a) Probe aus Rundschweißnaht (oben)
b) u. c) Schliffe durch Schweiße und WEZ.

sich die Spannungen durch Vermeidung schroffer Querschnitts- und Nahtübergänge, durch hinreichend hohe Vorwärmtemperaturen, Begrenzung des Wärmeeinbringens nach unten – aber auch nach oben – und langsames oder stufenweises Aufheizen sowie Einsatz eines möglichst weichen Schweißgutes, das einen großen Teil der Verformung übernimmt, niedrig halten lassen. Bei ausreichender Beachtung dieser Vorsichtsmaßnahmen können auch komplizierte, rißempfindliche Bauteile erfolgreich gefertigt werden (55).

4.2 Betriebsrisse

Unter Betriebsrissen seien hier solche Risse verstanden (23), die
– allein durch Überbeanspruchung entstanden sind oder
– ihre Ursache in von der Fertigung herrührenden Schweißfehlern haben.

4.2.1 Betriebsrisse infolge Überbeanspruchung

Hierbei handelt es sich um Risse, die während des Betriebes infolge mechanischer, korrosiver und/oder thermischer Überbeanspruchung im Bereich der Schweißnaht entstehen. Die Schweißnaht wirkt hier durch Kerbwirkung und Gefügeveränderungen ortsbestimmend für die Rißentstehung.

4.2.1.1 Gewalt- und Schwingungsbrüche

Gewalt- und Schwingungsbrüche sind auf statische bzw. auf dynamische Überbelastung zurückzuführen, deren Ursache in konstruktiven, betrieblichen und auch fertigungstechnisch bedingten Fehlern zu suchen ist (s. Beiträge von G. Lange, H. Müller und D. Munz). Für das Betriebsverhalten von geschweißten Konstruktionen, die einer wechselnden Belastung ausgesetzt sind, ist die Schwingfestigkeit der Schweißverbindungen von besonderer Bedeutung. Dabei sind vor allem innere und äußere Kerben sowie bereits vorhandene Anrisse im Bereich der Schweißnähte bevorzugte Ausgangspunkte für das Versagen von Bauteilen (7,12,21,93 bis 97). Hinzu kommt, daß höherfeste Stähle bei Schwingungsbeanspruchung besonders kerbempfindlich sind. Die erhöhte Streckgrenze dieser Stähle bringt daher nur dann Vorteile, wenn durch entsprechende Konstruktion und durch fertigungstechnische Maßnahmen jede Kerbwirkung entscheidend gemindert wird. Außerdem kann die Schwingfestigkeit gerade bei diesen Stählen durch künstlich aufgebrachte Druckeigenspannungen stark verbessert werden (15,21,92,96,98).

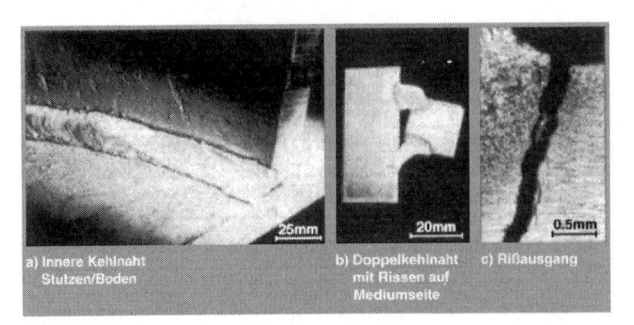

Bild 30: Schweißnahtlängsriß infolge Spannungsrißkorrosion.

4.2.1.2 Spannungs- und Schwingungsrißkorrosion

Spannungsrißkorrosion (SpRK) tritt bei vielen Werkstoffen (niedrig- und hochlegierte Stähle, Aluminium-, Kupferlegierungen u. a.) auf, die in bestimmten Angriffsmitteln gleichzeitig einer Zugbeanspruchung ausgesetzt werden. Dabei kann es sich um von außen aufgebrachte Spannungen, aber auch um Eigenspannungen (z. B. vom Schweißen her) handeln (s. Beitrag J. Hickling) (48,100 bis 106).

Man unterscheidet dabei zwischen
a) der „herkömmlichen" SpRK, die je nach Werkstoff in ganz spezifischen Medien auftritt (anodischer Mechanismus) und
b) der wasserstoffinduzierten SpRK, die unter bestimmten Bedingungen – empfindlicher Werkstoffzustand – bei hochfesten Baustählen in Wasser oder wäßrigen Lösungen (kathodischer Mechanismus) beobachtet wird.

Im Gegensatz dazu wird Schwingungsrißkorrosion (SwRK) in allen Medien bei Schwingungsbeanspruchung beobachtet.

Die Risse gehen in allen Fällen von der Werkstückoberfläche aus, ihr Verlauf kann je nach Werkstoff, Werkstoffzustand und Angriffsmittel sowohl inter- als auch transkristallin sein. Bild 30 zeigt durch Spannungsrißkorrosion ausgelöste Schweißnahtlängsrisse im Bereich der WEZ eines Speisewasserbehälters.

4.2.1.3 Interkristalline Korrosion

Der Vollständigkeit halber sei hier auch noch auf die Schädigung durch interkristalline Korrosion (IK) hingewiesen. Sie kann bei hochlegierten ferritischen oder austenitischen Werkstoffen als Folge von chromreichen Karbid- bzw. Nitridausscheidungen auf den Korngrenzen nach bestimmten Wärmebehandlungen, u. a. auch hervorgerufen durch das Schweißen, auftreten. Es handelt sich dabei um eine selektive Korrosion, bei der nur die durch die Ausscheidung chromverarmten korngrenzennahen Bereiche angegriffen werden, nicht aber das Korninnere. Da der Angriff u.U. längs der Korngrenzen bis in große Tiefen möglich ist und so zum Zerfall des Werkstoffes in einzelne Körner führen kann, spricht man auch von Kornzerfall (107 bis 109).

Die IK läßt sich durch
- eine Wärmebehandlung nach dem Schweißen
- Abbinden des Kohlen- bzw. Stickstoffes durch Zusätze von Titan oder Niob/Tantal
- Einsatz von Stählen mit besonders niedrigem Kohlenstoffgehalt (ELC-Stähle)

vermeiden.

4.2.1.4 Zeitstandsrisse

Bei Zeitstandbeanspruchung – d. h. Belastungen bei erhöhten Temperaturen, wie sie z. B. im Kraftwerk vielfach vorliegen – laufen im Werkstoff Verformungsvorgänge ab, die als Kriechen bezeichnet werden. Nach entsprechender Belastungsdauer führt das Kriechen stets zum Bruch. Die jeweilige Bruchart hängt dabei von der Belastung ab und steht damit in Beziehung zur Standzeit. So beobachtet man bei niedrigen Temperaturen bzw. hohen Spannungen bzw. kurzen Standzeiten fast immer – entsprechend dem normalen Zugversuch – transkristalline Brüche. Bei hohen Temperaturen bzw. niedrigen Spannungen bzw. langen Standzeiten treten dagegen interkristalline Brüche auf. Das Gefüge so gebrochener Proben oder Bauteile ist in der Nähe der Bruchflächen durch zahlreiche Poren und Anrisse auf den Korngrenzen, im allgemeinen senkrecht zur Zugrichtung, gekennzeichnet (110).

In Heißdampfleitungen sind mehrfach Risse bevorzugt neben den Rundschweißnähten von Formstücken beobachtet worden. Dabei handelt es sich um Zeitstandrisse im feinkörnigen Bereich der wärmebeeinflußten Zone (s. Tabelle 1). Das war zunächst überraschend, weil gerade diese Nähte bei Beanspruchung unter Betriebsdruck niedrigbeansprucht sind (111,112).

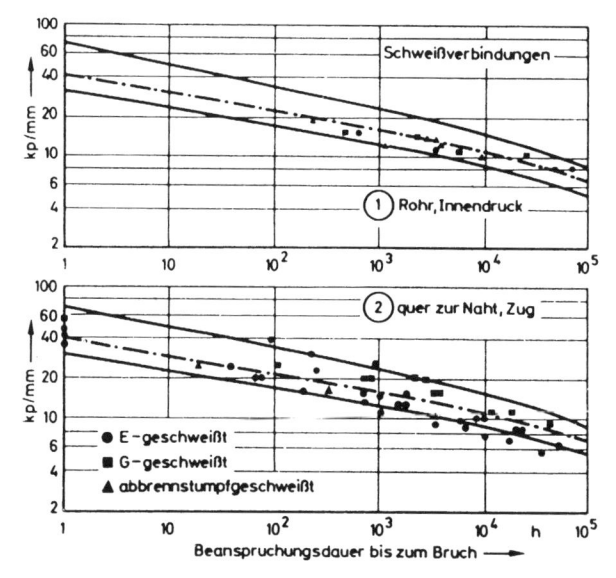

Bild 31: Zeitstandfestigkeit von Schweißverbindungen (113); Werkstoff: 10 CrMo 9 10; Prüftemperatur: 550 °C.

Obwohl aus Zeitstandsversuchen an Schweißnähten aus warmfesten ferritischen Stählen bekannt war, daß im Falle der quer beanspruchten Naht die schmale Anlaßzone zwischen dem unbeeinflußten Grundwerkstoff und dem hocherhitzten Teil der Wärmeeinflußzone eine Schwachstelle mit verminderter Zeitstandfestigkeit darstellt – die Werte liegen an oder sogar etwa unterhalb der jeweiligen unteren Streubandgrenze (Bild 31) – sind solche Schäden in der Praxis erst verhältnismäßig spät aufgetreten. Seit 1971 gaben solche Rißschäden in Heißdampfleitungen vor allem aus dem Stahl 14 MoV 6 3 mehrfach Anlaß zu Ausfällen (19,22,30,111,112).

Betroffen waren bevorzugt Schweißnähte Rohr/Formstück, d. h. mit Wanddickenänderung bzw. Änderung des Durchmessers (vgl. Bild 1, Rißbereiche 1, 2 und 3). Dort verliefen die Umfangsrisse parallel zur Schweißnaht auf der Seite der größeren Materialanhäufung (größeres Widerstandsmoment). Das deutet auf die Mitwirkung von Zusatzbeanspruchungen hin.

Das Auftreten solcher Zeitstandrisse soll im folgenden an zwei Schadensfällen im Bereich einer Rohr/Rohr- und einer Rohr/Formstück-Verbindung erläutert werden.

Bild 32 zeigt einen Querschliff durch den 250 mm langen Umfangsriß neben einer Rohr/Rohr-Verbindungsnaht im geraden Teilstück einer heißen ZÜ-Leitung (391 × 17 mm) aus dem Werkstoff 14 MoV 6 3. Der Riß hatte nach 47.500 Betriebsstunden zu einem Leck geführt.

In einem anderen Fall wurden nach 21.000 bzw. 37.000 Betriebsstunden bei einer Überprüfung wegen eines Lecks neben den Montagenähten Rohr/Vorschuhstück (14 MoV 6 3) am Ende der ZÜ-Austrittssammler (10 CrMo 9 10) formstückseitig Umfangsrisse von 135 bis 300 mm Länge und, abgesehen vom Leck, bis zu 18 mm Tiefe gefunden. Zur besseren Anpassung an die Rohrleitung (395 × 19 mm) waren die Wände der Vorschuhstücke außen von 26 auf 19 mm mit einer Steigung von 15° abgedreht worden (Bild 33). Diese Form entspricht angenähert dem Rißbereich 2 in Bild 1. Bis auf einen Riß direkt am Beginn der Abschrägung verliefen alle übrigen unmittelbar neben der Schweißnaht.

Sämtliche Risse gehen stets von der Außenoberfläche aus und verlaufen neben der Schweiße entlang der durch Ätzen gut sichtbaren Grenze zwischen der Wärmeeinflußzone und dem übrigen Grundwerkstoff. Ein späteres Abbiegen in den Grundwerkstoff hinein ist möglich. Die Rißflanken sind im allgemeinen bis zur Spitze ver-

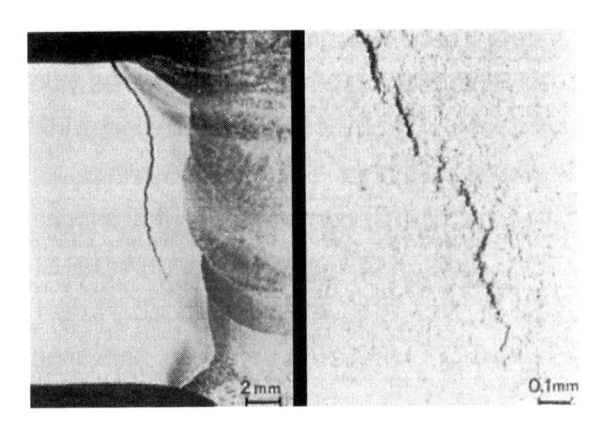

Bild 32: Umfangsriß im Übergang WEZ/Grundwerkstoff.

4. Rißarten in Schweißverbindungen 363

Bild 33: Zeitstandrisse in einem Vorschuhstück.

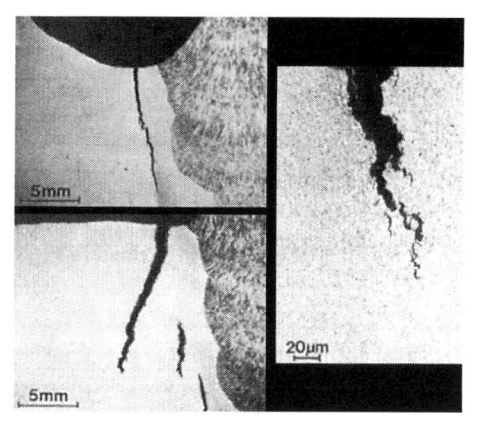

Bild 34: Zeitstandrisse mit Rißauslauf im Grenzbereich der teilweise umgewandelten Zone.

zundert. Vom Rißbeginn bis hin zur Rißspitze weist das Gefüge die für eine Zeitstandschädigung charakteristischen Poren und Anrisse auf den Korngrenzen auf (Bild 34). Dort ist auch der interkristalline Verlauf und das Fortschreiten des Risses in dem ihm vorauseilenden Porenfeld durch Vereinigung einzelner Poren auf den Korngrenzen zu kleineren Anrissen, die dann in größeren aufgehen und sich schließlich mit dem Hauptriß vereinigen, deutlich zu erkennen. Im allgemeinen treten die Risse in einem Gefügebereich auf, der infolge der Wärmeeinwirkung beim Schweißen auf Temperaturen zwischen Ac_1 und Ac_3 erwärmt und daher nur teilweise umgekörnt worden ist. Sie folgen dabei bevorzugt der Grenze zwischen dem nur teilweise (Ac_1 bis Ac_3) und dem völlig umgewandelten Bereich ($\geq Ac_3$) der Wärmeeinflußzone. In dieser Übergangszone trennen die Risse Gefüge mit sehr feinem Korn von solchen, in denen auch noch gröbere Körner des nur teilweise umgewandelten Grundwerkstoffes enthalten sind. Je nach Betriebsdauer erfahren die beim Schweißen und Anlassen gebildeten Gefüge zusätzlich eine langzeitige Anlaßwirkung.

Es ist zu vermuten, daß diese beim Schweißen auftretende, nicht vermeidbare Schwächezone mit geringerer Zeitstandfestigkeit durch eine Überlagerung der Einflüsse von Korngröße und Ausscheidungszustand (112) sowie durch eine besondere Empfindlichkeit der Korngrenzen zwischen alten und neu gebildeten Körnern im Gebiet der Teilumwandlung entsteht.

4.2.2 Betriebsrisse – ausgehend von Schweißfehlern

Als Schweißfehler werden hier entsprechend DIN 8524 Fehler verstanden, die in Verbindung mit dem Schweißen – ohne Einfluß einer zusätzlichen äußeren Beanspruchung – entstehen können. Sie umfassen außer den bereits besprochenen Rissen noch die fünf Fehlergruppen

Hohlräume, feste Einschlüsse, Bindefehler und ungenügende Durchschweißung, Formfehler sowie sonstige Fehler.

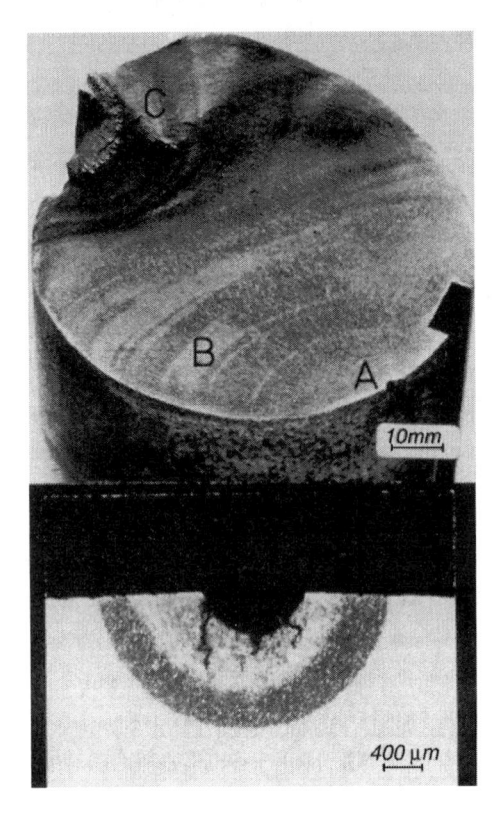

Bild 35: Schwingungsriß in einer Turbinenwelle, ausgehend von einer Zündstelle (117).

Zur Sicherung der Güte von Schweißarbeiten sind solche Fehler durch Besichtigen und Ausmessen (äußerer Befund) bzw. – soweit erforderlich – durch geeignete zerstörungsfreie oder zerstörende Prüfverfahren (innerer Befund) nachzuweisen und entsprechend den im Hinblick auf die Beanspruchung vorgegebenen Anforderungen an die Schweißverbindungen zu bewerten (DIN 8563, Teil 3). Danach nicht zulässige Fehler müssen beseitigt werden, da sie vor allem unter dem Einfluß dynamischer Beanspruchungen als geometrische oder metallurgische Kerben Ausgangspunkte von Betriebsrissen sein können.

Sie kommen stets dann zur Auswirkung, wenn es z. B. schon bei der Beurteilung des äußeren Zustandes an der Qualität der ausgeführten Arbeiten hapert, weil keine verantwortliche Schweißaufsichtsperson mit der Überwachung der ordnungsgemäßen Schweißausführung betraut wurde. Auch werden wohl die tragenden Nähte einer Konstruktion mit der geforderten Sorgfalt hergestellt, während sogenannte „Hilfsnähte" diese Sorgfalt vermissen lassen und später Anlaß zu Ausfällen geben (115).

Der Einfluß solcher Schweißfehler auf die Rißbildung kann jedoch sehr unterschiedlich sein. Während z. B. ein Kantenversatz durch seine Kerbwirkung, aber auch aufgrund der Verminderung des Nahtquerschnittes eine Rißbildung unter Betriebsbeanspruchung auslösen kann, machen sich bei einer Zündstelle kleine Risse infolge von Aufhärtungserscheinungen und den sich dabei ausbildenden Eigenspannungen unangenehm bemerkbar (116). Bild 35 zeigt als Beispiel einen von einer Zündstelle ausgehenden Schwingungsriß in einer Turbinenwelle (117). Demgegenüber stellen Poren bzw. Schlackeneinschlüsse rein von ihrer geometrischen Form keine so potente Gefahrenquelle infolge Kerbwirkung dar.

5. Schlußbetrachtung

Diese Beispiele aus der täglichen Praxis, die sich beliebig erweitern ließen, zeigen, daß trotz aller Fortschritte der Technik Anrisse in geschweißten Bauteilen nicht mit letzter Sicherheit vermieden werden können. Um unter diesen Voraussetzungen „mit Rissen leben" zu können, auch wenn das nicht gerade wünschenswert ist, muß es möglich sein, vorhandene Risse nachzuweisen und im Hinblick auf die Versagenswahrscheinlichkeit sicher zu beurteilen.

Literatur:

(1) Allianz-Handbuch der Schadenverhütung. 3. neubearb. u. erw. Aufl.; Allianz, Berlin, München; VDI-Verlag, Düsseldorf 1984.
(2) H.-J. Schüller: Neue Hütte 33 (1988), H. 3, S. 98–105.
(3) Bruchuntersuchung und Schadenklärung. Allianz, Berlin, München 1976.
(4) L. Engel u. H. Klingele: Rasterelektronenmikroskopische Untersuchungen von Metallschäden. 2. neubearb. Aufl., Carl Hanser Verlag, München, Wien 1982.
(5) D. Aurich: Bruchvorgänge in metallischen Werkstoffen. Werkstofftechn. Verlagsges. mbH, Karlsruhe 1978.
(6) R.G. Baker: The welding of pressure wessel steels. Climax Molybdenum Co. Ltd., London
(7) J. Ruge: Handbuch der Schweißtechnik. Bd. I: Werkstoffe. Springer-Verlag, Berlin 1980.
(8) P. Müller u. L. Wolff: Handbuch des Unterpulverschweißens. Teil I: Verfahren-Einstellpraxis-Geräte-Wirtschaftlichkeit. DVS-Verlag, Düsseldorf 1983, und Teil III: Draht-/Pulverkombinationen für Stähle. Schweißergebnisse-Schweißparameter. DVS-Verlag, Düsseldorf 1978.
(9) U. Boese, D. Werner u. H. Wirtz: Das Verhalten der Stähle beim Schweißen. Teil I: Grundlagen. 3., überarb. u. erw. Aufl., DVS-Verlag, Düsseldorf 1980.
(10) Werkstoffkunde Stahl. Bd. 1: Grundlagen. Springer-Verlag, Berlin, Heidelberg; Verlag Stahleisen, Düsseldorf 1984.
(11) M. Dadian u. H. Granjon: In: De Ferri Metallographia, Bd. IV, Teil II, Verlag Stahleisen, Düsseldorf 1983.
(12) A. Neumann: Schweißtechnisches Handbuch für Konstrukteure. Teil 1: Grundlagen, Tragfähigkeit, Gestaltung. 6., überarb. Aufl., Fachbuchreihe Schweißtechnik Bd. 80/I, DVS-Verlag, Düsseldorf 1990.
(13) E. Macherauch: Praktikum in Werkstoffkunde. 4., überarb. u. verb. Aufl., Vieweg, Braunschweig, Wiesbaden 1983.
(14) H. Thier: DVS-Berichte, Bd. 107, S. 18–28. DVS-Verlag, Düsseldorf 1987.
(15) H. Wohlfahrt: Schweißeigenspannungen. Entstehung-Berechnung-Bewertung. In: E. Macherauch u. V. Hauk (Hrsg.): Eigenspannungen. Bd. 1, S. 85–116, DGM, Oberursel 1983.
(16) W. Mewes: Kleine Schweißkunde für Maschinenbauer. VDI-Verlag, Düsseldorf 1978.
(17) J. Grosch: VDI-Bericht 385 (1980).
(18) H.-J. Schüller, H. Christian u. A. Kober: Der Maschinenschaden 47 (1974), H. 2, S. 69–74; VGB-Kraftwerkstechn. 54 (1974), H. 5, S. 338–344.
(19) H.-J. Schüller, L.Hahn u. A. Woitscheck: Der Maschinenschaden 47 (1974), H. 1, S. 1–13; VGB-Kraftwerkstechn. 54 (1974), H. 5, S. 344–357.
(20) S. Schwaigerer: Festigkeitsberechnung im Dampfkessel-, Behälter- und Rohrleitungsbau. 4.Aufl., Springer-Verlag, Berlin, Heidelberg, New York, Tokyo 1983.
(21) P.-H. Effertz, H.-J. Schüller u. A. Woitscheck: Der Maschinenschaden 54 (1981), H. 2, S. 41–49; Techn. Rdsch. 73 (1981), Nr. 41, S. 25–29.
(22) H.-J. Schüller u. A. Woitscheck: Der Maschinenschaden 48 (1975), H.5, S.168–176.

(23) H.-J. Schüller, P. Löbert u. H. Christian: Der Maschinenschaden 53 (1980), H. 4, S. 141–151; Schweißtechnik 34 (1980), H. 11, S. 197–201, H. 12, S. 217–222.
(24) G. Homberg, E. Schmidtmann u. G. Wellnitz: In „Bruchuntersuchung und Schadenklärung", Allianz, Berlin, München 1976, S. 181–186.
(25) G. Homberg u. G. Wellnitz: Schweißen u. Schneiden 27 (1975), H. 3, S. 90–93.
(26) S. Klingant: Schweißen u. Schneiden 27 (1975), H. 11, S. 456; Diss. TU Hannover 1975.
(27) S. Klingant: Schweißen u. Schneiden 32 (1980), H. 7, S. 258-263.
(28) K. Wilken: Forschung in der Kraftwerkstechnik 1980, S. 63.
(29) E. Folkhard: Metallurgie der Schweißung nichtrostender Stähle. Springer-Verlag, Wien, New York 1984.
(30) L.-R. Glahn u. A. Woitscheck: Prakt. Metallogr. 14 (1977), H. 12, S. 606–616.
(31) E. Perteneder u. F. Jeglitsch: Prakt. Metallogr. 19 (1982), S. 573–591.
(32) R. Schaar: unveröffentlicher Bericht.
(33) W. Elsner: unveröffentlicher Bericht.
(34) W. Elsner: Der Maschinenschaden 53 (1980), H. 5, S. 192–197.
(35) J.-G. Kim, K.-T. Rie u. J. Ruge: Steel research 56 (1985), No 12, S. 639–644.
(36) F.E. Rakoski: Schweißen u. Schneiden 38 (1986), H. 1, S. 42–43, Diss., TH Aachen 1984.
(37) H. Thier: DVS-Berichte, Bd. 76, S. 1–8, DVS-Verlag, Düsseldorf 1983.
(38) K. Wilken: Schweißen u. Schneiden 37 (1985), H. 4, S. 170–174.
(39) E. Ohrt: Schweißen u. Schneiden 36 (1984), H. 10, S. 474–479.
(40) H.-D. Steffens, U. Killing u. J. Blum: Schweißen u. Schneiden 38 (1986), H. 11, S. 564–567.
(41) H. Jöst, P. Mecke u. K. Schneider: In „Bruchuntersuchung und Schadenklärung", Allianz Berlin, München (1976), S. 114–118.
(42) E. Macherauch, H. Müller u. O. Vöhringer: In „Bruchuntersuchung und Schadenklärung", Allianz Berlin, München (1976), S. 119–130.
(43) H. Brokop, L.-R. Glahn u. H.-J. Schüller: Der Maschinenschaden 47 (1974), H. 6, S. 212–216.
(44) G. Kalwa: VGB Kraftwerkstechn. 63 (1983), H. 4, S. 356–365.
(45) H. Spähn, W. Schoch u. H. Kaes: VGB Kraftwerkstechn. 63 (1983), H. 5, S. 436–443.
(46) H.R. Kautz u. E.D. Zürn: Schweißen u. Schneiden 37 (1985), H. 10, S. 511–519.
(47) R. Petri, E. Schnabel u. P. Schwaab: Arch. Eisenhüttenwes. 52 (1981), H. 1, S. 27–32.
(48) A. Bäumel: VGB-Kraftwerkstechn. 61 (1981), H. 2, S. 155–167.
(49) G. Gnirß: In „Vermeidung qualitätsmindernder Einflüsse drucktragender Bauteile". Seminar der VdTÜV beim TÜV Rheinland e.V. am 5. u. 6. Juni 1978, S. 117.
(50) M. Reuter u. V. Jürgens: In „Bruchverhalten und Brucherscheinungen – Primärsystem und Sicherheitsbehälter –,. 4. MPA-Seminar am 4./5. Okt. 1978, Stuttgart.
(51) G.M. Evans u. F. Weyland: DVS-Berichte, Bd. 50, S. 21–33, DVS-Verlag, Düsseldorf 1978.
(52) E. Breckwoldt, H. Cerjak, F. Papouschek u. J. Schmidt: DVS-Berichte, Bd. 52, S. 89–93, DVS-Verlag, Düsseldorf 1978.
(53) V. Neumann u. W. Florian: Schweißen u. Schneiden 32 (1980), H. 9, S. 383–387.
(54) D. Böhme u. Ch. Eisenbeis: Schweißen u. Schneiden 32 (1980), H. 10, S. 409–413.
(55) J. Degenkolbe, K. Forch, K.-H. Piel u. D. Uwer: DVS-Berichte, Bd. 50, S. 198–208, DVS-Verlag, Düsseldorf 1978.
(56) H. Cerjak, E. Breckwoldt, R. Löhberg, J. Schmidt u. F. Papouschek: VGB-Konferenz „Werkstoffe und Schweißtechnik im Kraftwerk". VGB-Werkstofftagung 1980, Düsseldorf, S. 156–174.
(57) H. Spähn, H.-W. Lenz u. G.H. Wagner: VGB-Konferenz „Werkstoffe und Schweißtechnik im Kraftwerk", VGB-Werkstofftagung 1980, Düsseldorf, S. 130–155.
(58) R. Mitsche, F. Jeglitsch, S. Stanzl u. H. Scheidl: Radex-Rundschau (1978), Nr. , S. 575–890.
(59) M. Möser: Schweißtechnik (Berlin) 35 (1985), H. 1, S. 45–47 u. H. 3, S. 140–143.
(60) C. Düren: In „Schweißen von Baustählen", Vortragsveranstaltung am 21.–22.04.1983 in Düsseldorf, S. 114–151, Verlag Stahleisen, Düsseldorf 1983.
(61) C.L.M. Cottrell: Metal Construction (1984), Dez., S. 740–744.
(62) B. Graville: Welding World 24 (1986), H. 9/10, S. 190–198.
(63) C. Düren: DVS-Berichte, Bd. 108. S. 1–5, DVS-Verlag, Düsseldorf 1987.
(64) C. Düren u. W. Schönherr: Verhalten von Metallen beim Schweißen. DVS-Berichte, Bd. 85, DVS-Verlag, Düsseldorf 1988.
(65) W. Schönherr: DVS-Berichte, Bd. 50, S. 83–87, DVS-Verlag, Düsseldorf 1978.
(66) N.N.: „Lamellar tearing". British Engine, Technical Report 10 (1971), S. 72–77.
(67) H. Baumgardt, W. Bräutigam u. L. Meyer: Stahl u. Eisen 98 (1978), Nr. 7, S. 349–356.
(68) G. Dennin: Schweißtechnik 29 (1975), S. 37–40.
(69) P. Öbert: unveröffentlicher Bericht.
(70) L. Dorn u. L.K. Lai Choe Kming: Schweißen u. Schneiden 30 (1978), H. 3, S. 84–86.

(71) L. Dorn u. L.K. Lai Choe Kming: Schweißen u. Schneiden 30 (1978), H. 2, S. 57–61.
(72) Richtlinie DASt 014 „Empfehlungen zum Vermeiden von Terrassenbrüchen in geschweißten Konstruktionen aus Baustahl". Stahlbau Verlag, Köln 1981.
(73) Y. Kataura u. D. Oelschlägel: Stahl u. Eisen 100 (1980), Nr. 1, S. 20–30. E. Spetzler u. I. Wendorff: Thyssen Techn. Ber. 7 (1975), H. 1, S. 8–13.
(74) R. Steffen: SKW-Metallurgie-Symposium vom 7. bis 9. Mai 1980 in Berchtesgaden. Bericht von R. Bruder, E. Schulz u. H. Richter: Stahl u. Eisen 100 (1980), Nr. 18, S. 1074–1081.
(75) SEL 096-74: Blech, Band und Breitflachstahl mit verbesserten Eigenschaften zur Beanspruchung senkrecht zur Erzeugnisoberfläche. 1. Ausg. Mai 1974.
(76) H. Cerjak, M. Erve u. F. Papouschek: DVS-Berichte, Bd. 52, S. 74–78, DVS-Verlag, Düsseldorf 1978.
(77) K. Kußmaul: Schweißen u. Schneiden 22 (1970), H. 12, S. 509–514.
(78) K.H. Piehl: Mitt. VGB 50 (1970) , H. 4, S. 304–314.
(79) H.-H. Oude-Hengel: Mitt. VGB 53 (1973), H. 2, S. 110–120.
(80) F.-J. Adamsky u. P. Hofstötter: VGB-Kraftwerkstechn. 54 (1974), H. 10, S. 678/690.
(81) H.-P. Hoffmann: In „Vermeidung qualitätsmindernder Einflüsse drucktragender Bauteile". Seminar der VdTÜV beim TÜV Rheinland e.V. am 5. u. 6. Juni 1978, S. 83.
(82) A. Dhooge, R.E. Dolby, J. Sebille, R. Steinmetz u. A.G. Vinckier: Press. Vessels and Piping 6 (1978), S. 329–409.
(83) A.D. Batte, R.C. Miller u. M.C. Murphy: In „Bruchuntersuchung und Schadenklärung", Allianz, Berlin, München 1976, S. 173–180.
(84) A. Glover: In „Bruchuntersuchung und Schadenklärung", Allianz, Berlin, München 1976, S. 167–172.
(85) J. Myers: Met. Technol. 5 (1978), S. 391–396. J. Myers u. J.N. Clark: Met. Technol. 8 (1981), Okt., S. 389–394.
(86) E. Tenckhoff: J. Nucl. Mater. 82 (1979), S. 239–256.
(87) H. Horn u. H.-D. Kunze: DVS-Berichte, Bd. 108, S. 32–37.
(88) J. Ruge u. B. Kemmann: steel res. 56 (1985), H. 6, S. 347–358; J. Ruge, B. Kemmann u. K. Forch: Arch. Eisenhüttenwes. 51 (1980), H. 11, S. 469–476 u. 477–483.
(89) M. Prüfer, M. Möser u. G. Hurt: Neue Hütte 25 (1980), H. 6, S. 229–232.
(90) P. Vougioukas, K. Forch u. K.-H. Piel: Stahl u. Eisen 94 (1974), Nr. 17, S. 806–813.
(91) J. Woitscheck: unveröffentlichter Bericht.
(92) J. Degenkolbe u. D. Uwer: Schweißen u. Schneiden 27 (1975), H. 9, S. 348–353.
(93) H. Dißelmeyer u. J. Degenkolbe: Schriftenreihe „Schweißen u. Schneiden" 4 (1973) Nr. 2.
(94) R. Olivier: In W. Dahl: „Verhalten von Stahl bei schwingender Beanspruchung". Verlag Stahleisen, Düsseldorf 1978, S. 319–328.
(95) M. Müller: Schweißen u. Schneiden 29 (1977), H. 2, S. 49–52.
(96) M. Briner: Sonderabdruck aus: Techn. Rundschau, Sulzer (Winterthur), Forschungsheft 1972.
(97) K.E. Hagedorn: Stahl u. Eisen 98 (1978), H. 3, S. 102–107.
(98) E. Haibach: Schweißen u. Schneiden 27 (1975), H. 5, S. 179–182.
(99) W. Witte: Rheinstahl-Techn. 10 (1972), S. 107.
(100) C. Düren, H. Müsch, R. Pöpperling u. W. Schwenk: Schweißen und Schneiden 26 (1974), H. 11, S. 421–425.
(101) G. Herbsleb: Korrosionsschutz von Stahl. Verlag Stahleisen, Düsseldorf 1977, S. 22–26.
(102) G. Herbsleb, R. Pöpperling u. W. Schwenk: Werkstoffe u. Korrosion 29 (1978), H. 2, S. 165–171.
(103) P. Drodten: Stahl u. Eisen 101 (1981), Nr. 18, S. 1171–1172.
(104) E. Kauczor: Schweißen und Schneiden 31 (1979), H. 9, S. 365–367.
(105) P.-H. Effertz, P. Forchhammer u. J. Hickling: VGB-Kraftwerkstechnik 62 (1982), H. 5, S. 390–408.
(106) J. Hickling: Der Maschinenschaden 55 (1982), H. 2, S. 95–105.
(107) H. Kaesche: „Die Korrosion der Metalle", 2., völlig neubearb. u. erw. Aufl., Springer-Verlag, Berlin-Heidelberg-New York 1979.
(108) F.W. Strassburg: „Schweißen nichtrostender Stähle". 2., überarb. u. erw. Aufl., DVS-Verlag, Düsseldorf 1982.
(109) G. Herbsleb: Schweißtechnik 31 (1977), Nr. 5, S. 53 u. 69–72.
(110) B. Ilschner: „Hochtemperatur-Plastizität", Springer-Verlag, Berlin, Heidelberg, New York 1973.
(111) T. Geiger: „Bruchuntersuchung und Schadenklärung", Allianz, Berlin, München 1976, S. 162–166.
(112) H.-J. Schüller: „Bruchuntersuchung und Schadenklärung", Allianz, Berlin, München 1976, S. 187–195.
(113) W. Ruttmann, P. Bettzieche, E. Jahn, E.-O. Müller u. U. Schieferstein: „Schweißen und Schneiden" 21 (1969), H. 1, S. 8–17.

(114) B. Walser, A. Rosselet u. T. Geiger: „Forschung in der Kraftwerkstechnik 1980", VGB-Kraftwerkstechnik GmbH, Essen, S. 45–49.
(115) A. Hobbacher: Der Praktiker 34 (1982), H. 3, S. 63–64.
(116) J. Ruge u. H. Wösle: Der Maschinenschaden 35 (1962), H. 7/8, S. 115–116.
(117) E. Schmidt: Der Maschinenschaden 38 (1965), H. 1/2, S. 27–28.

Bruchmechanik in der Schadensanalyse

Dietrich Munz, Institut für Zuverlässigkeit und Schadenskunde im Maschinenbau, Universität Karlsruhe

1. Einleitung

Unter dem Begriff Bruchmechanik versteht man üblicherweise die Mechanik der Rißausbreitung in Werkstoffen. Da bei den meisten auftretenden Schadensfällen die Ausbreitung von Rissen eine entscheidende Rolle spielt, stellt die Bruchmechanik ein wichtiges Hilfsmittel bei der Aufklärung von Schadensfällen dar. Die Bruchmechanikforschung hat sich zum Ziel gesetzt, das Rißausbreitungsverhalten quantitativ zu beschreiben. Dies bedeutet, daß ein Zusammenhang zwischen der Größe eines Risses, den äußeren Belastungen, anderen äußeren Bedingungen (z. B. dem Umgebungsmedium), geeignet zu definierenden Werkstoffkenngrößen und der Rißausbreitungsgeschwindigkeit hergestellt werden muß. Liegt dieser Zusammenhang für das geschädigte Bauteil vor, so kann im Idealfall der Schadensfall quantitativ nachgerechnet werden. Sind alle in die bruchmechanische Berechnung eingehenden Größen bekannt, dann kann gezeigt werden, daß der Schadensfall unter den gegebenen Bedingungen auftreten mußte. Fehlt die Kenntnis einer Größe, z.B. die Versagensspannung, so kann die bruchmechanische Rechnung Angaben über diese Größe machen und damit zur Klärung der Schadensursache beitragen.

Der Anspruch der Bruchmechanik, den Versagensablauf in allen Fällen quantitativ zu beschreiben, ist noch nicht vollständig erreicht. Es gibt Werkstoffe und Belastungsbedingungen, bei denen die bruchmechanische Analyse zu quantiativer Übereinstimmung mit dem realen Verhalten der Bauteile führt. Bei komplizierten Belastungsabläufen, bei zähen Werkstoffen und häufig bei Hochtemperaturbeanspruchungen sind aber oft nur Näherungsberechnungen möglich.

Im folgenden soll gezeigt werden, mit welchen Methoden das Rißausbreitungsverhalten in Bauteilen erfaßt wird und wie diese Methoden bei der Schadensanalyse eingesetzt werden können.

2. Stabile, instabile und unterkritische Rißausbreitung

In Bild 1 ist schematisch die durch einen Längenparameter charakterisierte Rißgröße a gegen die Zeit aufgetragen. Es wird davon ausgegangen, daß zur Zeit t = 0,

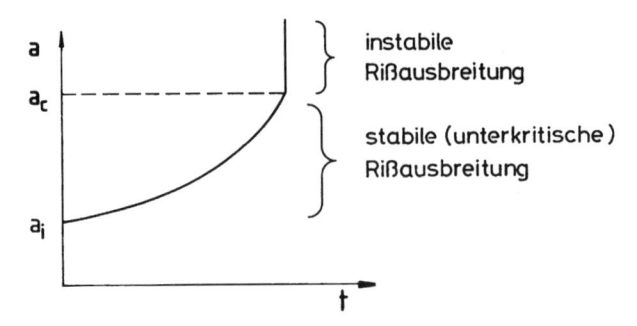

Bild 1: Rißlänge in Abhängigkeit von der Zeit.

d. h. beim Einsatz des Bauteils, ein Riß der Länge a_i vorhanden ist. Unter der Einwirkung der äußeren Belastung kann dieser Riß zunächst stabil wachsen. Erreicht der Riß eine kritische Länge a_c, tritt plötzliche, instabile Rißverlängerung auf, und es kommt zum plötzlichen Versagen. Die stabile Rißverlängerung wird vor allem von den wechselnden Betriebsbelastungen hervorgerufen. Dies können Schwingungen sein, wie sie beispielsweise in Kraftfahrzeugen oder Flugzeugen auftreten. Auch in größeren zeitlichen Abständen auftretende Laständerungen, z. B. beim An- und Abfahren einer Anlage oder bei Betriebslaständerungen, können zur stabilen Rißverlängerung beitragen. Ein Riß kann aber auch unter konstanter Belastung wachsen, wenn z. B. ein korrosives Medium vorhanden ist.

Die kritische Rißlänge ist abhängig von der maximalen Belastung, wobei a_c um so kleiner ist, je größer die maximale Belastung ist. Deshalb führt eine unvorhergesehene Überlastung zu vorzeitigem Versagen (Bild 2). Die Bruchmechanik muß demnach folgende Abhängigkeiten ermitteln:

da/dt = f (Belastungsverlauf, Umgebung, Werkstoff)

a_c = f (Spitzenbelastung, Werkstoff).

Die durch wechselnde Belastung oder durch konstante Belastung in einem korrosiven Medium hervorgerufene stabile Rißverlängerung wird häufig auch als unterkritisches Rißwachstum bezeichnet. Daneben kann noch eine andere Art der stabilen Rißverlängerung auftreten. Wird ein Bauteil mit einem Riß einer stetig zunehmenden Belastung ausgesetzt, dann wird vor allem bei spröden Werkstoffen Rißverlängerung nach Erreichen einer kritischen Belastung sofort instabil einsetzen. Es gibt aber auch Werkstoffe, bei denen sich der Riß nach Einsetzen der Rißverlängerung bei der Kraft F_o noch stabil unter zunehmender Kraft verlängert und erst bei einer Kraft $F_c > F_o$ Instabilität auftritt (Bild 3).

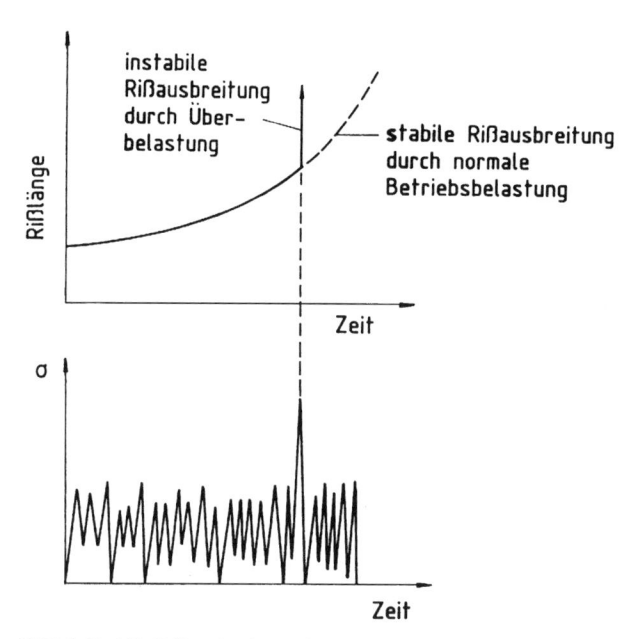

2. Stabile, instabile und unterkritische Rißausbreitung 371

Bild 2: Stabile Rißausbreitung durch normale Betriebsbelastung, instabile Rißausbreitung durch Überbelastung.

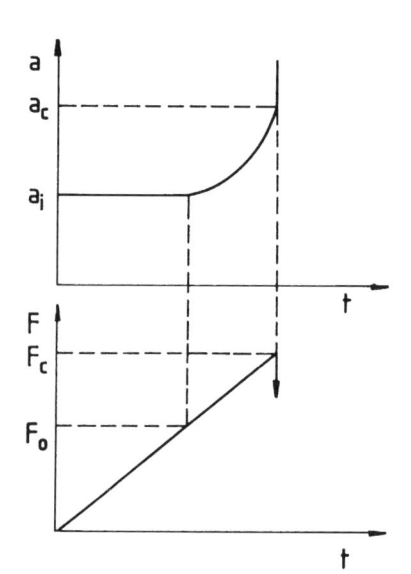

Bild 3: Stabile Rißverlängerung bei stetig zunehmender Belastung.

3. Spannungsintensitätsfaktor

3.1 Definition

Das Rißausbreitungsverhalten wird bestimmt durch die Spannungen und Dehnungen in der Nähe der Rißspitze. Bei den bruchmechanischen Betrachtungen werden Kenngrößen eingeführt, die das Spannungsfeld in der Nähe der Rißspitze in Abhängigkeit von den äußeren Belastungen charakterisieren.

Bei elastischer Verformung an der Rißspitze ist der Spannungsintensitätsfaktor K die bruchmechanische Größe, die eine Aussage über die Spannungen an der Rißspitze macht. Wird ein Bauteil mit einem Riß der Länge a mit der Bruttospannung σ (Kraft bezogen auf den vollen Querschnitt ohne Riß) belastet, dann ist die Spannung in Belastungsrichtung (Bild 4)

$$\sigma_y = \frac{\sigma\sqrt{a}\,Y(a/W)}{\sqrt{2\pi r}} \cdot f_y(\theta) = \frac{K}{\sqrt{2\pi r}} \cdot f_y(\theta). \tag{1}$$

r und θ sind die Ortskoordinaten, $f_y(\theta)$ ist eine Funktion des Winkels θ, und $Y(a/W)$ ist eine Funktion der auf eine charakteristische Bauteilgröße bezogenen Rißlänge. Der Spannungsintensitätsfaktor

$$K = \sigma\sqrt{a}\,Y(a/W) \tag{2}$$

ist somit proportional zur angelegten äußeren Belastung und eine Funktion der Riß- und Bauteilgeometrie.

Für die anderen Spannungskomponenten σ_x, σ_z, τ_{ij} gilt ebenfalls Gl. (1), nur ist die Winkelfunktion für jede Komponente anders. Der Spannungszustand an der Rißspitze ist somit eindeutig durch die Größe des Spannungsintensitätsfaktors K gegeben.

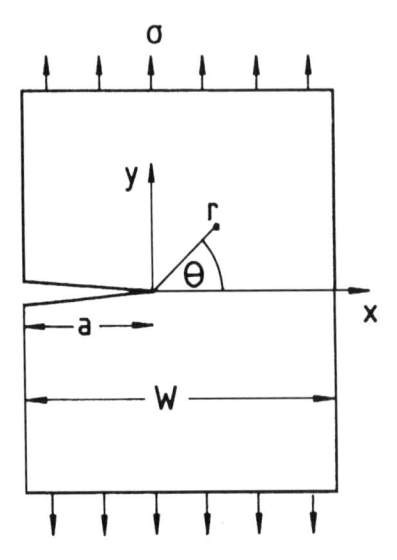

Bild 4: Probe mit Außenriß.

Die Funktion Y(a/W) ist abhängig von der Bauteil- und Rißgeometrie. So ist z. B. für die in Bild 4 gezeigte Platte mit Außenriß unter Zugbelastung (mit parallel geführten Einspannungen)

$$Y(a/W) = \frac{5\sqrt{\pi}}{\left[20 - 13(a/W) - 7(a/W)^2\right]^{1/2}} \ . \tag{3}$$

3.2 Die wirksamen Spannungen

Gl. (1) ist zunächst für einen unter konstanter Zugspannung stehenden Riß gedacht. Spannungen in Bauteilen sind häufig nicht konstant, sondern weisen Gradienten auf. Dies gilt für biegebeanspruchte oder allgemein für gekerbte Bauteile oder für Thermospannungen, die durch Temperaturgradienten hervorgerufen werden. Im Rahmen der linear-elastischen Betrachtungen sind für die Spannungen an der Rißspitze und damit für K nur die Spannungen im Bauteil von Bedeutung, die an der Stelle des Risses wirksam sind. In Bild 5 sind dies die Spannungen für x < a. Für eine angenäherte Berechnung von K kann der Spannungsverlauf in diesem Bereich linearisiert werden:

$$\sigma(x) = \sigma_m + \sigma_b\left(1 - \frac{x}{a}\right) \qquad \text{für } 0 < x < a. \tag{4}$$

K ergibt sich dann aus der Überlagerung eines konstanten Spannungsanteils σ_m und eines linear mit x veränderlichen Anteils, der durch den Randbetrag σ_b charakterisiert ist:

$$K = K_m + K_b = \sigma_m \sqrt{a}\, Y_m + \sigma_b \sqrt{a}\, Y_b \ . \tag{5}$$

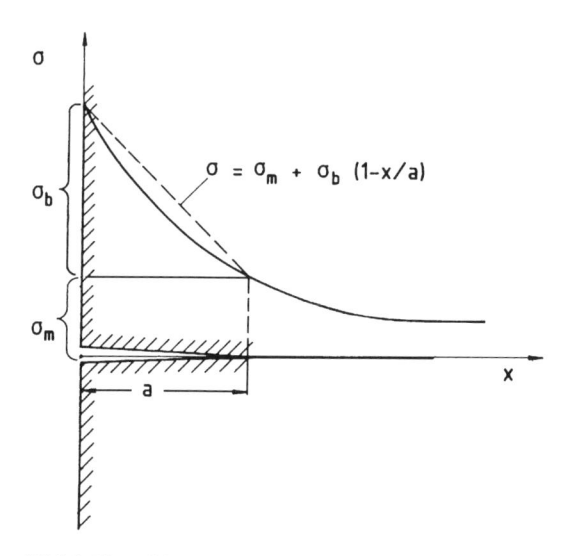

Bild 5: Linearisierung des Spannungsverlaufs.

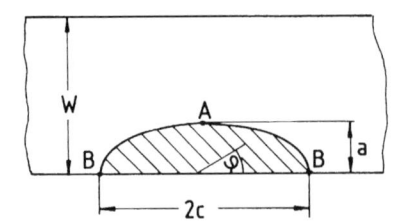

Bild 6: Oberflächenriß.

3.3 Oberflächenrisse

Risse in realen Bauteilen gehen meistens von der Oberfläche aus und können oft durch eine halbelliptische Berandung beschrieben werden (Bild 6). Bei diesen Rissen ist der Spannungsintensitätsfaktor entlang der Rißfront veränderlich, d. h., es ist

$$K = \sigma \sqrt{a}\, Y(a/W, a/c, \varphi). \tag{6}$$

Dabei sind a und c die Halbachsen der Halbellipse, W ist die Wanddicke, φ beschreibt den Ort entlang der Rißfront. Für Biege- und für Zugbelastungen sind die Y-Funktionen bekannt. Für kleine Risse sind für die in Bild 6 angegebenen Stellen A und B und den in Bild 5 definierten Spannungen

$$Y_{mA} = \frac{\sqrt{\pi}}{\phi}(1{,}13 - 0{,}09\, a/c), \tag{7}$$

$$Y_{mB} = \frac{1{,}1\sqrt{\pi}}{\phi}(1{,}13 - 0{,}09\, a/c)\sqrt{a/c}, \tag{8}$$

$$Y_{bA} = \frac{\sqrt{\pi}}{\phi}(1{,}13 - 0{,}09\, a/c)(0{,}39 - 0{,}06\, a/c), \tag{9}$$

$$Y_{bB} = \frac{1{,}1\sqrt{\pi}}{\phi}(1{,}13 - 0{,}09\, a/c)(0{,}83 - 0{,}055\, a/c)\sqrt{a/c}. \tag{10}$$

ϕ ist gegeben durch

$$\phi = [1 + 1{,}464(a/c)^{1{,}65}]^{1/2}. \tag{11}$$

3.4 Spannungsintensitätsfaktoren für beliebige Belastungen

Für viele Riß- und Bauteilgeometrien sind Spannungsintensitätsfaktoren für einfache Belastungsverläufe zusammengestellt (1–4). Die Methode der Gewichtsfunktion erlaubt es, für beliebige Spannungsverläufe K nach der Beziehung

$$K = \int_0^a \sigma(x) \; h(x, a) \, dx \qquad (12)$$

zu berechnen. Dabei ist σ(x) die Spannung im ungerissenen Bauteil an der Stelle des Risses, die senkrecht zur Rißfläche wirkt. h(x,a) ist die Gewichtsfunktion, die unabhängig von der Belastung ist. Für eine Reihe von Bauteil- und Rißgeometrien liegen Gewichtsfunktionen vor.

4. Anwendungsbereich der linear-elastischen Bruchmechanik (LEBM)

Der Spannungsintensitätsfaktor beschreibt das Geschehen an der Rißspitze auch dann, wenn sich ein plastischer Bereich vor der Rißspitze ausbildet, sofern dieser nicht zu groß ist. Die Ausdehnung dieses plastischen Bereiches ergibt sich näherungsweise zu

$$\omega = \frac{1}{\beta\pi} \left(\frac{K}{R_p} \right)^2 . \qquad (13)$$

β ist abhängig von der Bauteildicke und liegt zwischen 1 und 3.

Linear-elastische Bruchmechanik mit K als Kenngröße ist anwendbar, wenn ω klein ist gegenüber dem Restquerschnitt W-a. Dies führt zu der Bedingung

$$W - a > \alpha \left(\frac{K}{R_p} \right)^2 . \qquad (14)$$

α ist abhängig von der Belastungsart (Biegung, Zug) und liegt in der Größenordnung von 1.

Ist die Bedingung der Gl. (14) nicht erfüllt, dann müssen andere Kenngrößen zur Beschreibung des Spannungszustandes an der Rißspitze herangezogen werden (J-Integral, COD-Methode).

5. Stabile und instabile Rißausbreitung bei einsinniger Belastung

Nach den Grundvorstellungen der linear-elastischen Bruchmechanik setzt Versagen ein, wenn die Spannungen an der Rißspitze und damit K einen kritischen Wert erreicht haben. Die kritische Größe des Spannungsintensitätsfaktors K_{Ic} ist eine Werkstoffkenngröße, Rißzähigkeit oder Bruchzähigkeit genannt. Sie wird mit geeigneten Versuchsproben ermittelt.

Der Zusammenhang zwischen kritischer Rißlänge und kritischer Belastung ist gegeben durch

$$\sigma_c = \frac{K_{Ic}}{\sqrt{a_c} \, Y(a_c/W)} . \qquad (15)$$

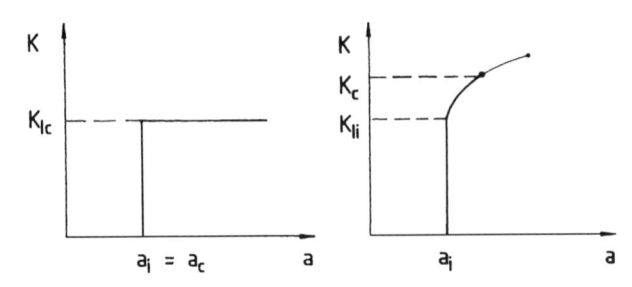

Bild 7: Instabile (links) und stabile Rißverlängerung bei ansteigender Belastung.

Diese Gleichung stellt die Grundbeziehung der linear-elastischen Bruchmechanik dar. Sie liefert einen Zusammenhang zwischen
- der kritischen äußeren Belastung beim Einsetzen instabiler Rißverlängerung
- der kritischen Rißlänge a_c,
- dem Werkstoff, charakterisiert durch den Kennwert K_{Ic}.

Gl. (15) kann im Rahmen einer Schadensanalyse auf drei verschiedene Arten angewandt werden:

a) Rißzähigkeit K_{Ic} bekannt (aus Angaben des Herstellers oder aus Versuchen an Proben aus geschädigtem Teil);
Kritische Rißlänge a_c bekannt aus Bruchflächenanalyse:
Versagensbelastung σ_c kann berechnet werden.

b) K_{Ic} bekannt, Versagensbelastung bekannt: Die kritische Rißlänge, die evtl. aus der Bruchfläche nicht zu entnehmen ist, kann berechnet werden.

c) Versagensbelastung und kritische Rißlänge bekannt: Rißzähigkeit des Werkstoffes kann berechnet werden. Dieser Fall ist von Interesse, wenn eine K_{Ic}-Ermittlung aus Restbruchstücken nicht möglich ist und ermittelt werden soll, ob möglicherweise ein schlechter Werkstoffzustand vorlag.

In allen drei Fällen muß die Funktion $Y(a/W)$ bekannt sein.

In vielen Fällen, insbesondere bei dünnen Blechen, muß nach Einsetzen der Rißverlängerung die Belastung und damit K noch weiter erhöht werden, um den Riß weiter zu verlängern (rechtes Teilbild von Bild 7). Der Beginn der stabilen Rißverlängerung wird dann mit K_{Ii} bezeichnet. Die Rißausbreitung erfolgt zunächst stabil. Schnelles, instabiles Rißwachstum setzt ein, nachdem der Spannungsintensitätsfaktor von K_{Ii} auf K_c angestiegen ist.

6. Unterkritisches Rißwachstum bei wechselnder Belastung

Bei wechselnden Belastungen verlängert sich ein Riß in stabiler Weise bei Beanspruchungen, die kleiner als K_{Ii} oder K_{Ic} sind. Auch hier beschreibt der Spannungsintensitätsfaktor die Rißverlängerung. Der zeitlichen Veränderung der Spannung σ entspricht eine zeitliche Veränderung von K. In Versuchen an Proben mit konstanter Spannungsamplitude wurde gezeigt, daß die während eines Lastwechsels auftretende Rißverlängerung da/dN (Steigung einer Rißlänge a – Lastwechsel N – Kurve) abhän-

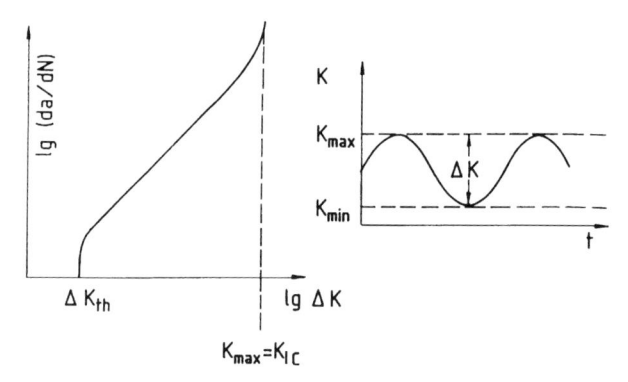

Bild 8: Log(da/dN)-logΔK-Kurve bei wechselnder Belastung.

gig von der Schwingbreite des Spannungsintensitätsfaktors ΔK ist. Für einen bestimmten Werkstoff kann das Verhalten durch eine da/dN-ΔK-Kurve dargestellt werden (Bild 8). Häufig wird eine untere Grenze ΔK_{th} beobachtet, unterhalb derer kein Rißwachstum auftritt. Die obere Grenze ist durch $K_{max} = K_{Ic}$ gegeben. Dazwischen gibt es häufig bei doppelt-logarithmischer Auftragungsweise einen linearen Bereich und somit

$$da/dN = C \cdot (\Delta K)^n. \tag{16}$$

Die Beziehung

$$\frac{da}{dN} = \frac{C(\Delta K - \Delta K_{th})^m}{(1-R)K_c - \Delta K} \tag{17}$$

berücksichtigt den stärker werdenden Anstieg der da/dN-ΔK-Kurve bei Annäherung an den oberen Grenzwert und die Existenz eines unteren Grenzwertes. Die da/dN-ΔK-Kurve für einen bestimmten Werkstoff kann beeinflußt werden durch die Frequenz und die Amplitudenform der Beanspruchung, durch die Mittelspannung (bzw. von $R = K_{min}/K_{max}$) und vom umgebenden Medium.

Findet der Ermüdungsvorgang in einem anderen Medium als Luft statt, dann kann die Rißgeschwindigkeit bei gleicher Beanspruchung, d. h. bei gleichem ΔK-Wert, größer sein. Je nach Werkstoff und Umgebung können dabei zwei Verhaltensweisen beobachtet werden (Bild 9). Beim Typ A tritt nur ein Einfluß bei kleinen ΔK-Werten auf, und es wird vor allem der untere Grenzwert ΔK_{th} beeinflußt. Beim Typ B tritt ein Einfluß des umgebenden Mediums nur oberhalb eines kritischen Wertes ΔK_{scc} auf. Die reinen Typen A und B werden selten beobachtet, häufig dominiert nur ein Typ. Aluminiumlegierungen verhalten sich meistens nach Typ A, viele Stähle nach Typ B.

Ein eindeutiger Zusammenhang zwischen da/dN und ΔK besteht nur, wenn ΔK über längere Zeit konstant ist oder sich nur wenig ändert. Bei sprunghaften Änderungen der Spannungsamplitude und damit von ΔK ist die Rißgeschwindigkeit vorübergehend größer oder kleiner als der aus dem da/dN-ΔK-Zusammenhang entnommene Wert. „Rißverzögerungen" werden beobachtet nach einer Erniedrigung der Amplitude oder der Mittelspannung oder nach einer einmaligen Überbelastung. „Rißbe-

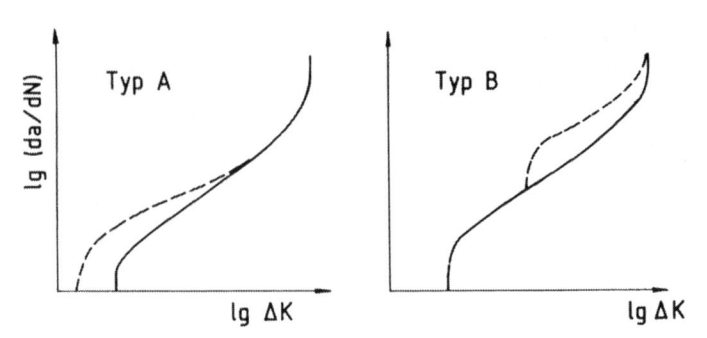

Bild 9: Einfluß eines korrosiven Mediums (gestrichelte Kurve) auf die Rißgeschwindigkeit (ausgezogene Kurve: inertes Medium).

schleunigungen" treten nach einer Erhöhung der Amplitude bzw. der Mittelspannung auf. Die Rißverzögerungseffekte sind aber ausgeprägter als die Rißbeschleunigungseffekte, so daß sich bei unregelmäßig wechselnden Amplituden insgesamt eine geringere Rißgeschwindigkeit einstellt, als nach der da/dN-ΔK-Kurve berechnet wird.

7. Unterkritisches Rißwachstum bei konstanter Belastung und aggressiver Umgebung

Bei konstanter Belastung können Risse wachsen, wenn ein aggressives Medium vorhanden ist (Spannungsrißkorrosion). Für eine bestimmte Werkstoff/Umgebungs-Kombination hängt die Rißgeschwindigkeit da/dt in eindeutiger Wesie von dem Spannungsintensitätsfaktor K ab (Bild 10). Wie bei der Wechselbelastung gibt es auch hier einen unteren Grenzwert K_{Iscc}, unterhalb dessen kein Rißwachstum auftritt und einen oberen Grenzwert $K = K_{Ic}$. Häufig zeigen die da/dt-K-Kurven ein Plateau, in dem die Rißgeschwindigkeit unabhängig von K ist. Die Plateaugeschwindigkeit ist stark vom Werkstoff abhängig. Sie liegt beispielsweise bei der Titanlegierung Ti-6Al-4V im Wasser bei $2{,}7 \cdot 10^{-2}$ mm/s und bei einer Al Zn Mg Cu-Legierung in Wasser bei $4 \cdot 10^{-5}$ mm/s.

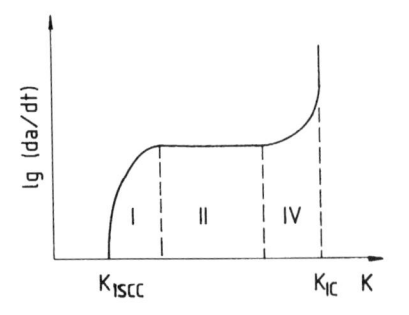

Bild 10: log/da/dt)-K-Kurve bei konstanter Belastung.

8. Lebensdauerberechnung

Ist der Zusammenhang zwischen Rißgeschwindigkeit und K bzw. ΔK bekannt, so kann die Lebensdauer durch Integration zwischen der Anfangsrißlänge a_i und der kritischen Rißlänge a_c berechnet werden:

Bei Beanspruchung unter konstanter Last in aggressiver Umgebung ergibt sich die Bruchzeit

$$t_B = \int_{a_i}^{a_c} \frac{da}{da/dt} \qquad (18)$$

mit $da/dt = f(K) = f(\sigma \sqrt{a}\, Y)$. Die obere Grenze a_c ergibt sich aus Gl. (15).

Bei Ermüdungsrißausbreitung mit konstanter Spannungsamplitude ergibt sich die Anzahl der Lastwechsel bis zum Bruch aus

$$N_B = \int_{a_i}^{a_c} \frac{da}{da/dN} \qquad (19)$$

mit $da/dN = f(\Delta K) = f(\Delta \sigma \sqrt{a} \cdot Y)$; a_c ergibt sich aus Gl. (15) mit $\sigma = \Delta\sigma/(1-R)$.

Kann $f(\Delta K)$ durch das Potenzgesetz, Gl. (16), dargestellt werden, dann ist

$$N_B = \frac{1}{C \cdot (\Delta\sigma)^n} \int_{a_i}^{a_c} \frac{da}{a^{n/2} \cdot Y^n} . \qquad (20)$$

Für den Fall, daß $Y(a/W)$ im Bereich $a_i < a < a_c$ als konstant angenommen werden kann, ist

$$N_B = \frac{2}{C(\Delta\sigma)^n (n-2)} \left[a_i^{\frac{2-n}{2}} - a_c^{\frac{2-n}{2}} \right] . \qquad (21)$$

9. Versagen durch plastische Instabilität

Bei sehr zähen Werkstoffen treten große plastische Verformungen auf, bevor es zur Rißverlängerung kommt. Dabei stumpft sich der Riß ab, so daß er seine Wirkung als scharfe Kerbe verliert. Dies kann dazu führen, daß sich das Bauteil an der Stelle des Risses einschnürt und der Riß dabei lediglich als Querschnittsschwächung wirkt. Die maximal ertragbare Belastung wird dann durch das Einschnürverhalten im rißgeschwächten Querschnitt bestimmt. Man spricht dann von plastischer Instabilität, weil die maximale Kraft allein durch das plastische Verformungsverhalten des Werkstoffs bedingt ist. Die maximal ertragbare Belastung ist abhängig von der Geometrie des Risses und des Bauteils und von der Spannungs-Dehnungs-Kurve des Werkstoffs. In vereinfachter Form kann das Verhalten des Werkstoffs durch eine mittlere Fließspannung

$$\sigma_f = \frac{R_p + R_m}{2} \tag{22}$$

charakterisiert werden. In allgemeiner Form läßt sich dann die Spannung bei plastischer Instabilität darstellen durch

$$\sigma_L = \sigma_f \cdot f(a/W). \tag{23}$$

Dabei ist f(a/W) eine Funktion der auf eine charakteristische Bauteilabmessung bezogenen Rißlänge. So ist z. B. für eine Zugprobe mit Innenriß

$$f(a/W) = 1 - a/W \tag{24}$$

oder für eine bruchmechanische Kompaktprobe

$$f(a/W) = 1{,}46 \left[\sqrt{2[1 + (a/W)^2]} - -(1 + a/W) \right]. \tag{25}$$

Für Oberflächenrisse unter Zugbeanspruchung wird als Näherungsformel

$$f(a/W) = 1 - \frac{\pi\, a/W}{2[2+(a/c)/(a/W)]} \tag{26}$$

angegeben.

Trägt man für Bauteile mit konstantem a/W-Verhältnis die Bruchspannung gegen die Bauteilgröße auf, so ist die Spannung bei plastischer Instabilität σ_L unabhängig von der Bauteilgröße, während die linear-elastisch berechnete Spannung mit zunehmender Bauteilgröße entsprechend der Beziehung

$$\sigma_c = \frac{K_{Ic}}{\sqrt{a/W} \cdot Y(a/W) \cdot W} \tag{27}$$

abnimmt (Bild 11).

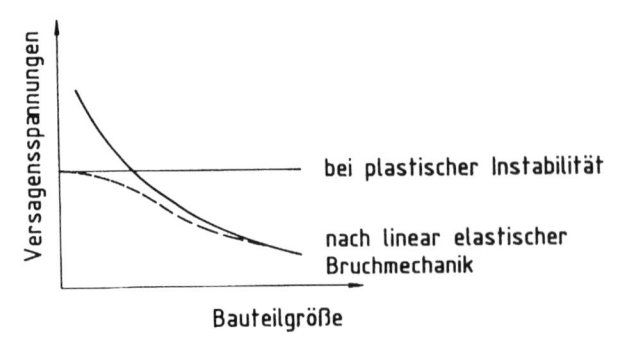

Bild 11: Versagensspannung in Abhängigkeit von der Bauteilgröße für a/W = constant.

Daraus ergibt sich, daß der Grenzfall des Versagens durch plastische Instabilität bei kleinen Bauteilen eines Werkstoffs hoher Zähigkeit auftritt, während der Grenzfall des Versagens durch Rißausbreitung nach den Gesetzen der linear-elastischen Bruchmechanik bei großen Bauteilen aus Werkstoffen geringer Zähigkeit auftritt.

Die wahre Versagensspannung ist in allen Fällen kleiner als die linear-elastisch berechnete Spannung und kleiner als die plastische Instabilitätsspannung. Die beiden Grenzfälle des Versagens ergeben somit nicht zwei Grenzspannungen, zwischen denen die reale Versagensspannung liegt.

10. Die Zwei-Kriterien-Methode

Um das Verhalten im Zwischenbereich zwischen den beiden Grenzfällen zu beschreiben, wird die folgende Darstellung gewählt:
Zunächst werden zwei Größen K_r und S_r definiert:

$$K_r = \frac{K_I}{K_{Ic}}, \qquad S_r = \frac{\sigma}{\sigma_L}. \tag{28}$$

K ist der für eine beliebige Belastung σ berechnete Spannungsintensitätsfaktor. Für jede Belastung können somit ein K_r und ein S_r berechnet werden. In einem K_r-S_r-Diagramm (Bild 12) ist jeder Belastungszustand durch einen Punkt charakterisiert. In ein solches Diagramm können drei Versagenskurven eingezeichnet werden:
1. Wäre Versagen unabhängig von der Zähigkeit des Werkstoffes und der Größe des Bauteils immer mit den Gesetzmäßigkeiten der linear-elastischen Bruchmechanik beschreibbar, so wäre beim Versagen $K_I = K_{Ic}$ und $K_r = 1$.
2. Erfolgte Versagen immer durch plastische Instabilität, so wäre $\sigma = \sigma_L$ und $S_r = 1$.
3. Die tatsächliche Versagenskurve liegt zwischen den Geraden $K_r = 1$ und $S_r = 1$. Nach einer auf dem „Dugdale-Modell" basierenden Ableitung ist die wahre Versagenskurve beschreibbar durch

$$K_r = S_r \frac{8}{\pi^2} \ln \sec \left(\frac{\pi}{2} S_r\right)^{-1/2}. \tag{29}$$

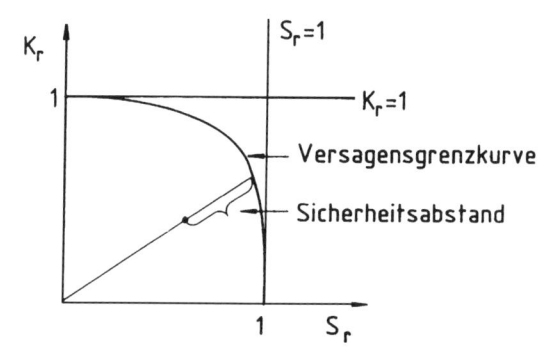

Bild 12: Versagensbereiche im K_r-S_r-Diagramm.

Mit $K_I = \sigma \sqrt{a}\, Y$ ergibt sich aus dieser Beziehung für die Versagensspannung

$$\sigma_B = \sigma_f \frac{2}{\pi} f(a/W) \arccos \exp\left[-\frac{\pi^2 (K_{Ic}/\sigma_f)^2}{8(a/W)Wf^2 Y^2}\right]. \tag{30}$$

Gl. (29) und (30) wurden vom Central Electricity Generating Board in Großbritannien entwickelt. Inzwischen liegt eine revidierte Fassung dieser Methode vor (5). Diese ist komplizierter und enthält verschiedene Optionen für die Berechnung von σ_B. Gl. (30) ist aber – obwohl durch (5) ersetzt – immer noch eine sinnvolle Möglichkeit, die Versagensspannung abzuschätzen.

11. Anwendungsbeispiel: Behälter unter Innendruck

Einige der bisher angegebenen bruchmechanischen Beziehungen sollen auf das Versagen eines Druckbehälters unter Innendruckbelastung angewandt werden. Am gefährlichsten sind Längsrisse, da diese sich unter der Wirkung der Membranspannung ausbreiten können. Für dünnwandige Behälter ist diese Spannung gegeben durch

$$\sigma = \frac{pR}{t}, \tag{31}$$

wobei R der Innenradius, t die Wandstärke und p der Innendruck sind.

Ein in Längsrichtung liegender halbelliptischer Oberflächenriß wird unter der Wirkung einer wechselnden Belastung in die Tiefe und in die Breite wachsen. Er wird, wie in Bild 13 gezeigt, von der Anfangsform 1 in die Form 2 übergehen. Bei entsprechend großem Druck wird der Riß instabil die Wand durchdringen und die Form 3 annehmen. Dabei sind nun zwei Verhaltensweisen möglich. Die Rißausbreitung kann nach der Wanddurchdringung stoppen, und es kommt lediglich zur Bildung eines Lecks. Der Riß kann aber auch nach der Wanddurchdringung weiter wachsen und zum Bersten des gesamten Behälters führen. Welches Verhalten auftritt, ist von den Behälterabmessungen, dem Innendruck, der Rißgeometrie und den Werkstoffeigenschaften abhängig.

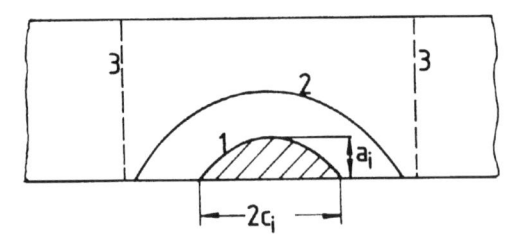

Bild 13: Verschiedene Stadien der Rißausbreitung in einer Behälterwand.

Für den durch die Wand gehenden Riß der Länge 2c werden folgende Formeln verwendet:
Linear-elastische Bruchmechanik:

$$K = \sigma \sqrt{\pi c}\, M \tag{32}$$

mit

$$M = [1 + 1{,}255\, \varrho^2 - 0{,}0135\, \varrho^4]^{1/2}, \tag{33}$$

$$\varrho = \frac{c}{\sqrt{Rt}}. \tag{34}$$

Plastische Instabilität:

$$\sigma_L = \sigma_f \frac{1}{M}. \tag{35}$$

Zwischenbereich nach Zwei-Kriterien-Methode:

$$\sigma_B = \frac{2\sigma_f}{\pi M} \arccos \exp\left[-\frac{\pi (K_{Ic}/\sigma_f)^2}{8c}\right]. \tag{36}$$

Für Oberflächenrisse finden folgende Beziehungen Anwendung:
Linear-elastische Bruchmechanik:

$$K = \sigma \sqrt{\pi a}\, \frac{F}{\phi}. \tag{37}$$

F ist eine Funktion von a/c und a/t (6), ϕ ist durch Gl. (11) gegeben.
Plastische Instabilität:
Die Berechnung der plastischen Instabilität kann nach einer empirischen Beziehung erfolgen:

$$\sigma_L = \sigma_f \frac{1-a/t}{1-a/tM^*}. \tag{38}$$

M* berechnet sich nach Gl. (33), wobei aber für halbelliptische Risse c in Gl. (34) durch

$$c_{eq} = c\, \frac{\pi}{4} \tag{39}$$

ersetzt wird.
Zwischenbereich nach Zwei-Kriterien-Methode:

$$\sigma_B = \frac{2\sigma_f}{\pi} \cdot \frac{1-a/t}{1-a/tM^*} \arccos \exp\left[-\frac{\pi (K_{Ic}/\sigma_f)^2 \phi^2 (1-a/tM^*)^2}{8aF^2 (1-a/t)^2}\right]. \tag{40}$$

Diese Formeln sollen auf folgenden Daten angewandt werden:
Rohr mit R = 100 mm, t = 10 mm,
Riß mit a = 5 mm, c = 50 mm.

Drei Werkstoffe:

I $K_{Ic} = 1000$ N/mm$^{3/2}$ $\sigma_f = 1000$ N/mm^2
II $K_{Ic} = 5000$ N/mm$^{3/2}$ $\sigma_f = 400$ N/mm^2
III $K_{Ic} = 1000$ N/mm$^{3/2}$ $\sigma_f = 400$ N/mm^2

Ein Maß für die Zähigkeit ist K_{Ic}/σ_f.

Die kritischen Versagensdrücke für den Wanddurchriß sind in Tabelle 1 angegeben. Die für den Durchriß der Länge 2c berechneten Versagensdrücke enthält Tabelle 2. Aus diesen Tabellen läßt sich entnehmen, ob die linear-elastische Bruchmechanik oder die plastische Instabilität das Versagen besser beschreibt.

Tabelle 1: Versagensdruck in bar für Oberflächenriß.

	I	II	III
LEBM, Gl. (37)	135,6	678	135,5
Plastische Instabilität, Gl. (38)	708	283	283
Zwei-Kriterien-Methode, Gl. (40)	134,5	283	129

Tabelle 2: Versagensdruck in bar für Durchriß.

	I	II	III
LEBM, Gl. (32)	39,6	198,2	39,6
Plastische Instabilität, Gl. (35)	497	198,7	198,7
Zwei-Kriterien-Methode, Gl. (36)	39,6	161,1	39,3

12. Bruchmechanische Schadensbewertung

In Abschnitt 5 wurde bereits angegeben, wie die bruchmechanische Beziehung nach Gl. (15) im Falle der Anwendbarkeit der linear-elastischen Bruchmechanik herangezogen werden kann, um eine der fehlenden Größen – Rißgröße, Werkstoffkennwert, Belastung – für instabiles Versagen zu ermitteln. Diese Aussage gilt im Prinzip auch für das Versagen im plastischen Bereich, wobei nur die entsprechenden bruchmechanischen Beziehungen verwendet werden müssen. Somit ist es möglich nachzuprüfen, ob der Schaden durch eine Überbelastung oder durch einen besonders schlechten Werkstoffzustand hervorgerufen wurde.

Im Bereich der unterkritischen Rißausbreitung durch wechselnde Belastung können in einfachen Fällen mit Hilfe von Gl. (19) Aussagen über die Höhe oder Dauer der Belastung gemacht werden. Wird z. B. auf der Bruchfläche der Abstand zwischen 2 Rastlinien ausgemessen, so liefert Gl. (19) eine Beziehung zwischen diesem Abstand, der Anzahl der Lastwechsel und der Spannungsamplitude. Allerdings muß dabei vorausgesetzt werden, daß die Spannungsamplitude konstant war. Die Integrationsgrenzen in Gl. (19) sind die zu den beiden Rastlinien gehörenden Rißlängen.

Bei Anwendung der bruchmechanischen Methode in der Schadensanalyse muß häufig von idealisierten Voraussetzungen ausgegangen werden, die nicht immer erfüllt

sind. Es bedarf im einzelnen einer sorgfältigen Analyse, um die Anwendbarkeit sicherzustellen und um die einzelnen Einflüsse zu berücksichtigen. Einige der Schwierigkeiten bei der praktischen Anwendung sollen zum Schluß stichwortartig aufgezählt werden:
- Ermittlung der Ausgangsfehlergröße und der kritischen Fehlergröße aus der Bruchfläche,
- Inkubationszeit bei der stabilen Rißausbreitung, ausgehend von einem Fehler, der noch nicht als scharfer Riß betrachtet werden kann,
- Ermittlung der Anzahl der Lastwechsel aus Riefenabständen und bruchmechanischen Werkstoffkennwerten bei unterschiedlich hohen Amplituden,
- Einfluß von Eigenspannungen,
- Erfassung der Höhe der äußeren Belastungen,
- Berechnung des Spannungsverlaufs an der Stelle des Risses,
- Berechnung der bruchmechanischen Funktionen $Y(a/W)$ und $f(a/W)$,
- Ermittlung der korrekten Werkstoffkennwerte an der Stelle, an der der Schaden eingetreten ist,
- Festlegung eines bruchmechanisch beschreibbaren Schadensablaufs bei komplizierten Fällen wie hohen Temperaturen, Überlagerung von Kriechen und Ermüdung oder von Spannungskorrosion und Ermüdung.

Trotz der möglicherweise auftretenden Schwierigkeiten und Unsicherheiten sollte bei jedem Schadensfall, der auf die Ausbreitung von Rissen zurückzuführen ist, versucht werden, die quantitativen Methoden der Bruchmechanik anzuwenden. In vielen Fällen sind dabei wichtige Hinweise für die Ermittlung der Schadensursache zu erwarten.

Literatur:

K.H. Schwalbe: „Bruchmechanik metallischer Werkstoffe", Carl Hanser-Verlag (1980).

(1) D.P. Rooke, D.J. Cartwright: Compendium of Stress Intensity Factors, Her Majesty's Stationary Office, 1974.
(2) H. Tada, P. Paris, G. Irwin: The Stress Analysis of Cracks Handbook, Del Research Corporation (1986).
(3) G.C. Sih: Handbook of Stress Intensity Factors, Lehigh University, Bethlehem, Pennsylvania, 1973.
(4) Y. Murakami et.al., Stress Intensity Factors Handbook, Pergamon Press (1986).
(5) I. Milne, R.A. Ainsworth, A.R. Dowling, A.T. Stewart, Assessment of the integrity of structures containing defects, CEGB Report R/H/R6-Rev.3.
(6) J.C. Newman, I.S. Raju: Engineering Fract. Mech. 15 (1981) 185–192.

Schäden an Druckbehältern

R. Kieselbach, Eidgenössische Materialprüfungs- und Forschngsanstalt (EMPA) Dübendorf, Schweiz

0. Zusammenfassung

Für den Transport gefährlicher Güter werden Druckbehälter verwendet, die in großer Zahl auf öffentlichen Verkehrswegen zirkulieren und Gefahrenquellen verkörpern, die in der Öffentlichkeit meist falsch eingeschätzt werden.

Es werden 3 Schadensfälle mit katastrophalem Versagen solcher Behälter vorgestellt und genauer untersucht.

Die Beurteilung des Berstverhaltens anhand gängiger Rechenmodelle wird demonstriert.

Es zeigt sich, daß die heute verwendeten Transportbehälter für Gas im allgemeinen so fehlertolerant sind, daß ohne zusätzliche externe Einflüsse allfällige vorhandene Herstellungs- oder Werkstoffehler nicht ausreichen, damit Bersten eintritt.

1. Problemstellung

In allen Industrieländern werden große Mengen an Stoffen benötigt, die unter den Begriff „gefährliche Güter" fallen.

Die Öffentlichkeit kommt mit diesen Stoffen, bzw. deren Gefahrenpotential, vor allem während des Transportes in Berührung.

Diese Gefahren sind von der Stoffart her im wesentlichen:
– Brennbarkeit
– Giftigkeit
– Ätzwirkung.

Hinzu kommen Risiken infolge des Aggregatzustandes, vor allem bei den Gasen.

Das Risiko beim Versagen von Gasbehältern, insbesondere beim Bersten, beinhaltet:
a) Freisetzung der durch Kompression gespeicherten elastischen Energie, in erster Näherung gegeben durch
   $U = p \cdot V$ z. B. bei Gasflasche mit 50 l Inhalt und 200 bar Innendruck
   $U = 10^6$ Nm
b) Freisetzung der gespeicherten chemischen Energie, in erster Näherung bei brennbaren Gasen der Heizwert

388　*Schäden an Druckbehältern*

Bild 1: Gasflasche

Bild 2: Gasflaschenbündel

Bild 3: Eisenbahn-Kesselwagen für Wasserstoff bei 200 bar.

c) das Gesundheitsrisiko bei giftigen Gasen, ausgedrückt durch die gefährliche Dosismenge LD_{50}.

In der Transportpraxis bei Gasen bedeutet dies:
1. Einer Hochdruck-Gasflasche mit 50 l Inhalt und 200 bar Innendruck entspricht ein Energieäquivalent von etwa 0,4 kg Sprengstoff TNT (Bilder 1 und 2).
2. Eisenbahn-Kesselwagen für Gase unter Hochdruck, z. B. 30 m^3 und 200 bar; Energieäquivalent 250 kg TNT (Bild 3).
3. Straßentankfahrzeuge für Flüssiggase wie Propan mit 40 m^3 und 6–12 bar; Energieinhalt ca. 200 t TNT (Bilder 4 und 5).

Bild 4: Tankcontainer für tiefgekühlte Gase.

Bild 5: Sattelauflieger für Flüssiggas (brennbar).

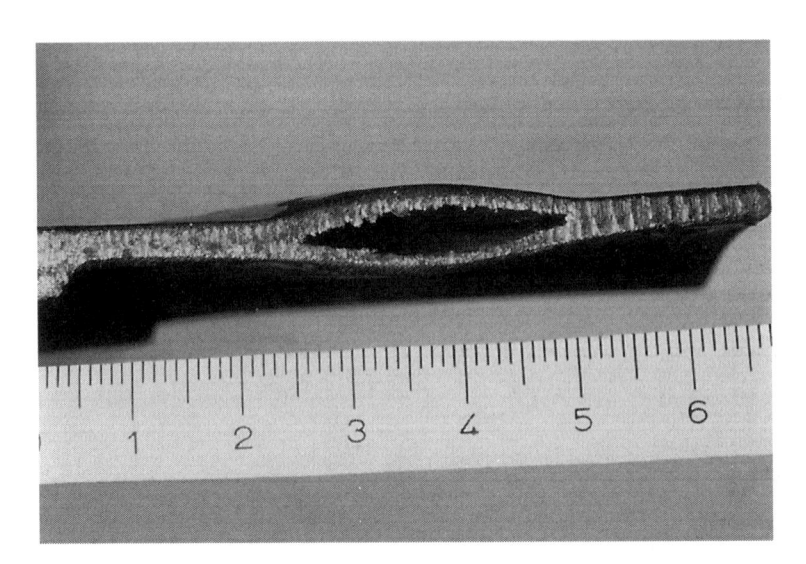

Bild 6: Trennung in Wandmitte.

Die Gasflaschen sind Massenprodukte mit relativ langer Lebensdauer, die in großer Anzahl zirkulieren.

Zur Veranschaulichung des Zerstörungspotentials mögen folgende Zahlen für die Gasflasche mit 50 l und 200 bar dienen:
a) Energieinhalt 10^6 Nm entspricht etwa der Sprengkraft einer Handgranate mit 0,4 kg TNT
b) Energieinhalt entspricht einem Automobil mit 1000 kg Masse, das mit 225 km/h gegen ein starres Hindernis prallt

1. Problemstellung

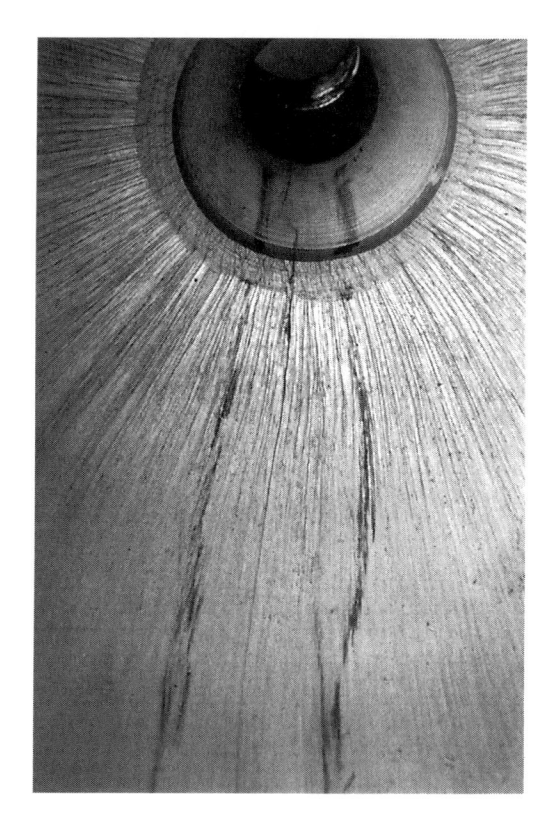

Bild 7: Fehler im Hals.

Bild 8: Fehler in der Bodenpartie

Bild 9: Bruchfläche mit Ausgang.

c) Energieinhalt entspricht dem Aufprall der Flasche (60 kg) bei Sturz vom Gipfel des Berges Tödi (3600 m)

Da in der Vergangenheit die Gasflaschen nicht routinemäßig mit zerstörungsfreien Prüfmethoden auf Herstellungsfehler geprüft wurden, blieben Fehler, die die Wandung nicht durchdringen, meistens unentdeckt.

Die Bilder 6 bis 9 zeigen einige häufige Fehler bei Gasflaschen.

2. Risikobewertung mittels Bruchmechanik

Da Zwischenfälle, bei denen das Schadens-Ereignis ohne Vorwarnung eintritt, als die gefährlichsten angesehen werden müssen, ist der Sprödbruch die Versagensart, die auf jeden Fall zu vermeiden ist.

Für die Druckbehälter der Kernkraftwerke wurden entsprechende Bewertungsmethoden unter Zuhilfenahme der Bruchmechanik entwickelt. Bei diesen Behältern handelt es sich um Druckgefäße mit einer Wanddicke von 20 bis 30 cm und einem Durchmesser von ca. 3 m; das Verhältnis Wanddicke zu Durchmesser ist in der Größenordnung von einigen Prozent.

Die Bruchmechanik stellt Beziehungen zwischen rißartigen Werkstofffehlern, Bauteilbelastung und Fehlertoleranz zur Verfügung (vgl. auch Kapitel „Bruchmechanik in der Schadensanalyse").

Ausgangspunkt ist z. B. das einfache Modell „ebene Platte unter konstanter Zugspannung mit Mittenriß" wie in Bild 10.

Dieses Modell läßt sich auf den dünnwandigen Behälter mit Membranspannungszustand übertragen (Bild 11).

Hierfür wird als sogenannte Spannungsintensität eine Beziehung zwischen Belastung, Rißgröße und Geometrie erstellt:

Bild 10: Platte mit Mittenriß.

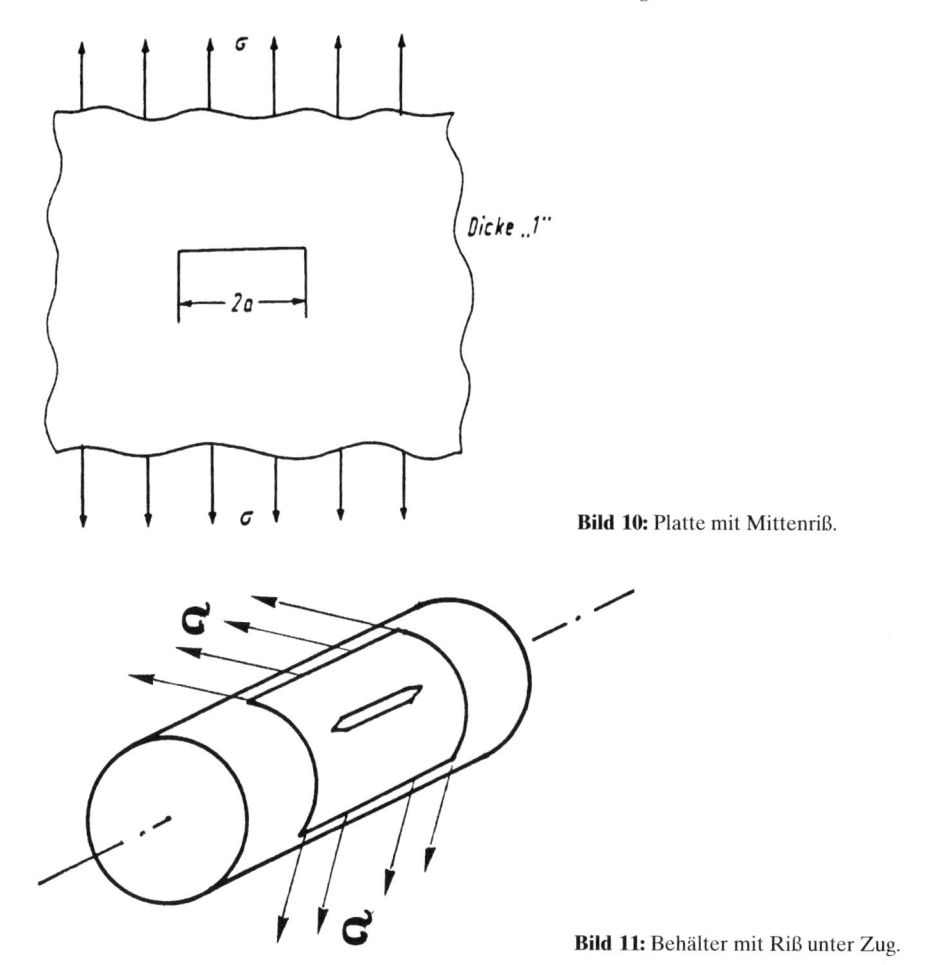

Bild 11: Behälter mit Riß unter Zug.

K = σ $\sqrt{\pi a}$ F(Geometrie) bzw. für den Behälter
K = p $\sqrt{\pi a}$ F(Geometrie)

Wenn dieser Parameter K eine kritische Größe K_{Ic}, die sogenannte Bruchzähigkeit, überschreitet, besteht die Gefahr eines Sprödbruches. Für nicht durchgehende Risse wurden ähnliche Modelle entwickelt, bei denen der Riß z. B. als „halbelliptischer Oberflächenriß" idealisiert und durch eine entsprechende Geometriefunktion berücksichtigt wird.

Häufig ist nicht ohne weiteres zu erkennen, ob Versagen durch plastischen Kollaps im Restquerschnitt eines angerissenen Bauteiles erfolgt oder durch Sprödbruch. Zur Beurteilung dieser Fälle bei Druckbehältern von Kernkraftwerken wurde das sogenannte „Zweikriterien-Verfahren", auch als R6- oder EPRI-Methode*) bekannt, entwickelt (Bild 12).

---

*) Milne, I., et al., „Assessment of the Integrity of Structures Containing Defects", International Journal of Pressure Vessels and Piping 32 (1988), 3-104. Die Methode wurde inzwischen weiterentwikkelt, vgl. z. B. British Standard 7910.

R6-Routine
Grenzkurve für Bruch

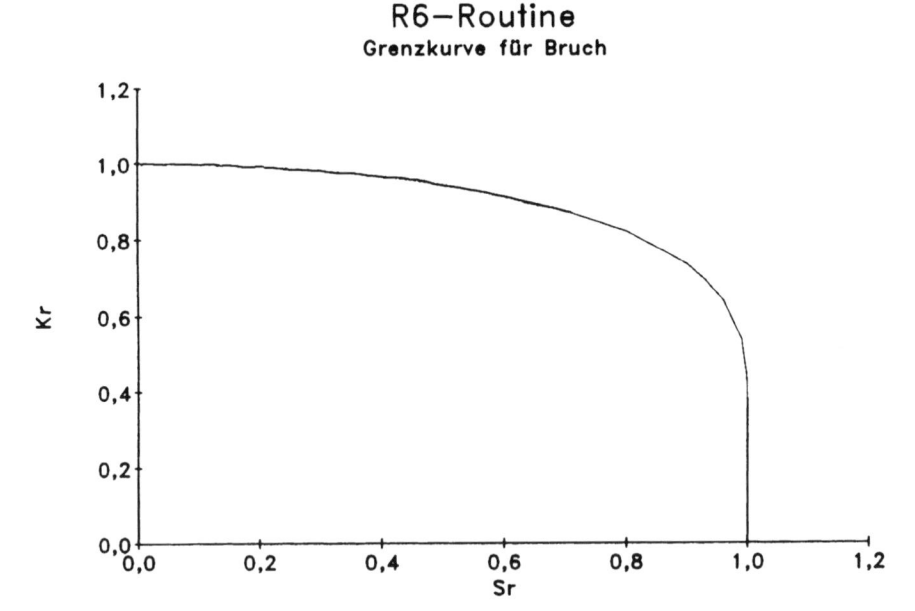

Bild 12: Grenzkurve nach R6-EPRI.

Hierbei werden mit Spannungsintensität bezogen auf Bruchzähigkeit und Bauteilspannung bezogen auf die Kollapsspannung die dimensionslosen Parameter K_r und S_r definiert. In einem Koordinatensystem K_r-S_r läßt sich dann eine Grenzkurve angeben, die den sicheren Bereich vom Bruchbereich trennt.

Für angerissene Bauteile kann dann abhängig von Spannung, Geometrie, Rißparametern und Werkstoffkennwerten ein Bildpunkt bestimmt werden, aus dessen Lage bezüglich der Grenzkurve die Bruchgefahr abzulesen ist.

Durch eine Vielzahl von Berstversuchen an vorgeschädigten Hochdruck-Gasflaschen wurde die Verwendbarkeit dieser R6-Methode für dünnwandige Behälter aus hochfestem Werkstoff nachgewiesen (Bild 13).

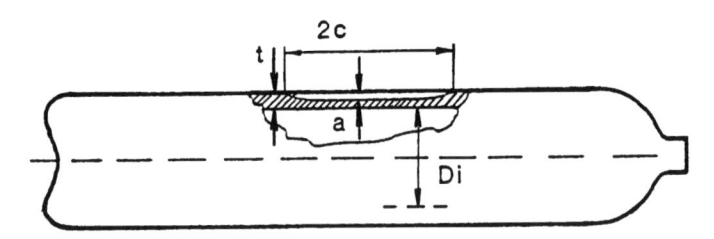

Bild 13: Gasflasche mit Oberflächenriß.

$$K_I = \frac{p \cdot R}{t}\sqrt{\frac{\pi a}{Q}}F(a/2c;\ a/t)$$

$Q = 1 + 4{,}593\,(a/2c)^{1{,}65}$ $F = 0{,}97[M_1 + M_2(a/t)^2 + M_3(a/t)^4]f_c$

$M_1 = 1{,}13 - 0{,}18\,a/2c$ $M_2 = -0{,}54 + 0{,}445/(0{,}1 + a/2c)$

$M_3 = 0{,}5 - 1/(0{,}65 + a/c) + 14(1-a/c)^{24}$

$f_c = 1{,}152 - 0{,}05\sqrt{a/t}$ $p_f = \sigma_f \dfrac{t}{R}\dfrac{2}{\sqrt{3}}\dfrac{(1-a/t)}{(1-a/R)}$

Die Werkstoffkennwerte zeigt Tabelle 1.

Tabelle 1: Werkstoffkennwerte für Stahl 34 CrMo 4

Lage	Längs	Tangential
Streckgrenze	761	1010 N/mm^2
Zugfestigkeit	1070	1070 N/mm^2
Bruchdehnung 5D	11,2	12,8%
Einschnürung	24	28,5%
Kerbschlagarbeit RT	52	13 J
Kerbschlagarbeit –20 °C	49	12 J
Bruchzähigkeit (aus J$_{Ic}$)	4835	3480 N/mm$^{3/2}$

3. Fallstudien

3.1 Unfall mit Sauerstoffflasche

Vorgeschichte

Eine Sauerstoff-Gasflasche wurde nach der Neufüllung vom Gaslieferanten an eine mechanische Werkstatt geliefert. Nach dem Abladen vom Lastwagen stand sie zunächst am Trottoirrand. Beim Versuch, sie in die Werkstatt zu bringen, zerknallte die Flasche in ca. 20 Splitter (Bild 14). Die Flasche war zuletzt 3 Jahre vor dem Unfall wiederkehrend geprüft worden (visuell) und hydraulisch mit dem 1,5-fachen Fülldruck).

Einlieferungsbefund

Die Flasche ist aus Stahl nahtlos hergestellt. Herstellungsjahr 1918, Inhalt 36 l, Fülldruck 150 bar, Prüfdruck 225 bar, Durchmesser 203 mm, Wanddicke min. 9 mm.

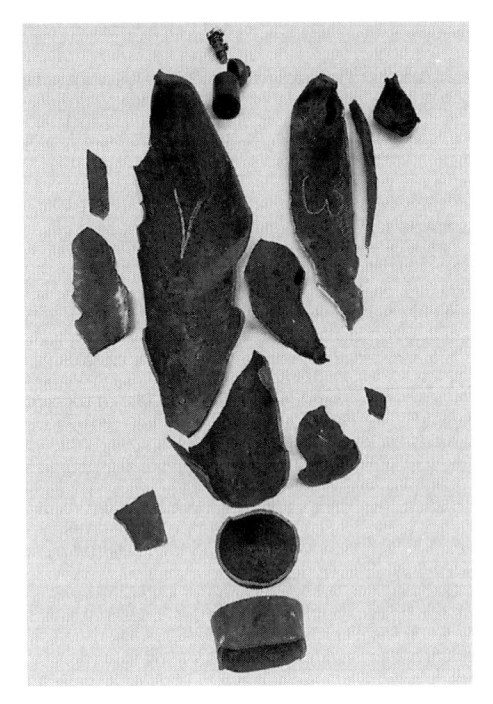

Bild 14: Splitterbild Sauerstoffflasche

Chemische Analyse Stahl

Es handelte sich um einen für das Herstellungsjahr normalen Kohlenstoffstahl mit 0,39% Kohlenstoff.

Chemische Analyse Gas

Um einen Einfluß der Gasfüllung auf das Bersten zu eliminieren, wurde eine Analyse des Inhaltes von anderen gleichzeitig gefüllten Sauerstoffflaschen durchgeführt:

> 99% O_2; < 200 ppm N_2, H_2, CO_2, CH_4; < 5 ppm C_2H_2, C_2H_4

Metallographische Untersuchung

Es handelte sich um ein seigerungsfreies Makrogefüge. Das Mikrogefüge war ferritisch mit dichtstreifigem Perlit. Die Überlappungen bzw. Trennungen, die bereits bei der ersten visuellen Untersuchung an den Splittern gefunden worden waren, zeigten aderförmig nichtmetallische Einschlüsse an der Oberfläche bzw. parallel dazu. Diese waren teilweise mit Oxyden gefüllt. Die Randzone der Trennungen war leicht entkohlt.

Das Gefüge ist im Prinzip als normal zu bezeichnen; die Überlappungen/Trennungen sind ein Herstellungsfehler.

Schliffbilder

Bilder 15 und 16

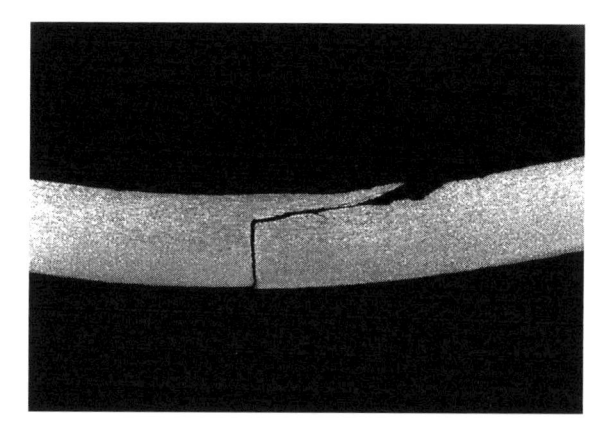

Bild 15: Mikroschliff

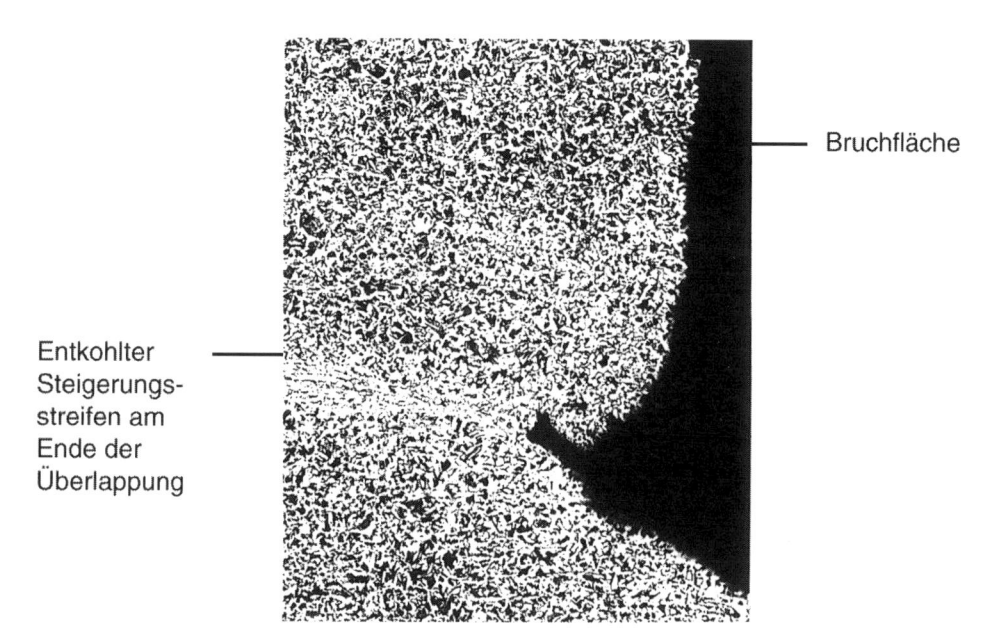

Bruchfläche

Entkohlter Steigerungsstreifen am Ende der Überlappung

Bild 16: Gefüge bei Riß. Feines Ferrit-Perlit-Gefüge (Bildbreite 1,6 mm).

398 Schäden an Druckbehältern

Werkstoffkennwerte

Es wurden die in Tabelle 2 zusammengestellten Werte ermittelt:

Tabelle 2: Werkstoffkennwerte für Gasflasche

Lage	Längs
Streckgrenze	355 N/mm^2
Zugfestigkeit	626 N/mm^2
Bruchdehnung 5D	22%
Einschnürung	36%
Kerbschlagzähigkeit (RT)	23,5 J
Bruchzähigkeit (aus J_{Ic})	2400 N/mm$^{3/2}$

Bewertung mit R6

Modell für R6-Methode:
Ausgehend von den vorgefundenen Trennungen an den Splittern wurde ein „halbelliptischer" Fehler mit einer Tiefe von 50% der Wanddicke und einer Länge von 250 mm definiert. Für die Fließspannung wurde $\sigma_F = 490$ N/mm^2 eingesetzt. (Bild 17).

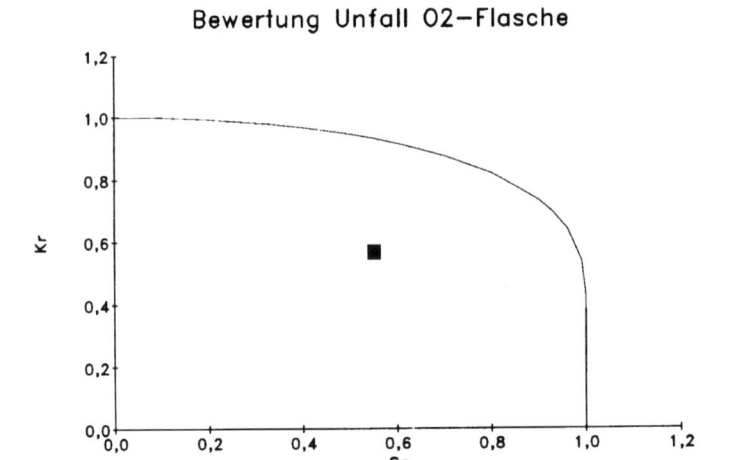

Bild 17: Bewertung mit R6-Methode

Bewertung mit IWM Beta**)

Hiermit wurden 2 Modelle nachgerechnet:
a) der halbelliptische Oberflächenriß ergab als kritischen Innendruck für Rißinitiierung 129 bar;
b) der lange Oberflächenriß ergab als kritischen Innendruck für Rißinitiierung 230 bar.

Schadensursache

Die Bewertung nach R6-EPRI mit halbelliptischem Oberflächenriß als Modell ergibt mit einem Sicherheitsfaktor von ca. 2,0, daß keine Bruchgefahr vorliegt.

Eine Bewertung des gleichen Modells nach dem Verfahren IWM-BETA ergibt einen Innendruck für Rißinitiierung, der knapp unterhalb des Betriebsdruckes liegt.

Wenn das – realistischere – Modell des langen Oberflächenrisses gewählt wird, erhält man als kritischen Druck einen Wert, der erheblich über dem Betriebsdruck und sogar über dem Prüfdruck liegt.

Daraus ist zu folgern, daß die gängigen Bewertungsmodelle realen Situationen nicht unbedingt genügend genau Rechnung tragen und daß im vorliegenden Schadensfall mit hoher Wahrscheinlichkeit Faktoren zum Bersten beigetragen haben, die in den Rechenmodellen nicht berücksichtigt sind:
1. dynamische Zusatzbelastungen (Stoß);
2. Überlagerugn von Mode 1 und Mode 2 und 3 bei der Spannungsintensität wegen des schräg zur Oberfläche liegenen Risses;
3. Temperatureinfluß.

3.2 Unfall mit Acetylenflasche

Vorgeschichte

Beim Manipulieren mit einer älteren Acetylenflasche, den Spuren nach zu urteilen dem Versuch, sie aus einer anderen Flasche mit Sauerstoff zu füllen, barst die Acetylenflasche und verletzte durch die Zerlegung in eine Vielzahl kleiner, teilweise briefmarkengroßer Splitter eine Person tödlich (Bild 18).

Wegen der ungewöhnlichen Splitterbildung sollte eine Untersuchung im Hinblick auf Sprödbruchgefahr geführt werden.

**) „IWM-Beta (*Bewertung der Tolerierbarkeit von Fehlern für Komponenten des chemischen Apparatebaus*) ist ein im Fraunhofer-Institut für Werkstoffmechanik, Freiburg (IWM) unter Mitwirkung des Dechema-Instituts, Frankfurt, im Rahmen des Forschungsvorhabens AIF 6850 „Rechnergestützter Nachweis der Tolerierbarkeit von Fehlern für Komponenten des chemischen Apparatebaus" entwickeltes Rechenprogramm zur Durchführung von bruchmechanischen Analysen mit IBM- und IBM-kompatiblen Personalcomputern. vgl. L. Hodulak u. C. Butterweck: Rechenprogramm IWM-BETA, Version 1.4, FhG-Software 19101036 vom 24.2.1989.

400 *Schäden an Druckbehältern*

Bild 18: Splitter der Acetylenflasche

Einlieferungsbefund

Die Flasche war als Acetylenflasche typgeprüft und zugelassen. Sie war seit ca. 10 Jahren nicht mehr wiederkehrend geprüft und zugelassen worden, weil die Füllmasse der Flasche nicht mehr den geltenden Vorschriften entsprach.

Es handelt sich um eine kleine Flasche mit 3,3 l Inhalt, einem Durchmesser von 102 mm und einer minimalen Wanddicke von 2,2 mm.

Die Flasche ist aus dem Vergütungsstahl 34CrMo4 in normalisiertem Zustand hergestellt. Der Prüfdruck betrug 60 bar, der Fülldruck 15 bar.

Beim Unfall hat sich die Flasche in ca. 50 Splitter zerlegt.

Werkstoffkennwerte

Wegen der geringen Wanddicke und der Kleinheit sowie der Deformation der Splitter konnte kein Zugversuch durchgeführt werden. Die gemessene Härte war mit 210 HB normal für einen Vergütungsstahl in normalgeglühtem Zustand. Diese Härte entspricht einer Zugfestigkeit von ca. 690 N/mm^2.

Theoretischer Berstdruck

Aus den Abmessungen und der abgeschätzten Zugfestigkeit läßt sich als theoretischer Berstdruck für den zylindrischen Behälter ohne Anriß bestimmen:

p_{Berst} = ca. 298 bar.

Bild 19: REM-Bild der Bruchfläche

Metallographische Untersuchung

Von einem Splitter, der makroskopisch beurteilt am ehesten einen gewissen Verdacht auf Sprödbruch gestattete, wurden Proben für das Raster-Elektronen-Mikroskop präpariert.

Die Bilder zeigen im wesentlichen die Merkmale eines duktilen Bruches (Bild 19).

Schadensursache

Da der theoretische Berstdruck wesentlich über dem Betriebs- oder Prüfdruck liegt und keine Sprödbruchanteile festgestellt wurden, müssen andere Faktoren zum Bersten und zur Zerlegung in so viele Splitter geführt haben. Die Spuren am Unfallort gestatten folgende Hypothese:

Die seit längerem unbenutzte Acetylenflasche war noch mit poröser Masse gefüllt. Dies ist als nahezu sicher anzunehmen, da die Masse nur durch Ausbohren und Sandstrahlen entfernt werden kann.

In diesem Fall enthielt die Masse auch noch Aceton als Absorptionsmittel für Acetylen, da das Aceton nur durch eine Vakuumbehandlung aus der porösen Masse entfernt werden kann. In diesem Aceton war dann zumindest noch soviel Acetylen gelöst, wie der Umgebungstemperatur und dem Atmosphärendruck entspricht.

Beim Versuch, Sauerstoff in die so vorgefüllte Flasche umzufüllen, kam es dann zur spontanen Reaktion, den Spuren nach zu einer Detonation.

402 *Schäden an Druckbehältern*

Bild 20: Unfallort Los Alfaques.

3.3 Katastrophe mit Flüssiggastankwagen

Vorgeschichte

Im Jahre 1978 explodierte ein Flüssiggas-Tankwagen beim Passieren eines Campingplatzes in Los Alfaques/Spanien. Dabei kamen mehrere Hundert Touristen ums Leben (Bild 20).

Der Unfall war Anlaß, die Vorschriften für die Herstellung, Prüfung und Verwendung solcher Gas-Tankwagen kritisch zu überprüfen.

Einlieferungsbefund

Es handelte sich um einen Sattelauflieger mit 44.000 l Inhalt, hergestellt aus wasservergütetem Feinkornbaustahl mit der Bezeichnung T1 (Bild 20).
Durchmesser 1040 mm, Wanddicke min 8,1 mm,
Fülldruck ca. 8 bar bei 12 °C, Prüfdruck 27 bar.
Nach dem Unfall entnommene Proben ergaben folgende Werkstoffkennwerte:
$Re = 850$ N/mm^2
$Rm = 900$ N/mm^2
$AK = 72$ J/cm^2 bei 0 °C
Wie Bild 21 zeigt, verlief der Bruch teilweise entlang den Schweißnähten oder durch diese hindurch.
Bild 22 läßt erkennen, daß die Schweißnähte gewisse Fehler aufweisen, z. B. Bindefehler.

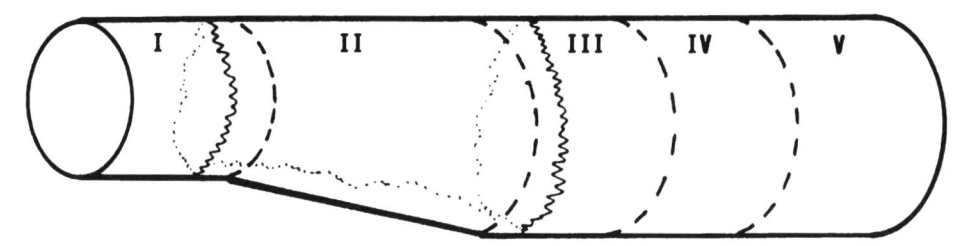

Bild 21: Sattelauflieger mit Rißverlauf.

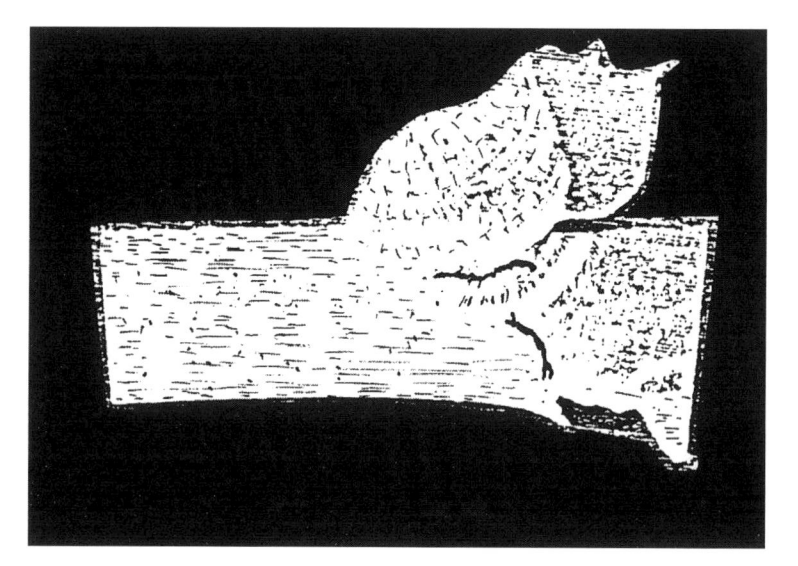

Bild 22: Schliffbild Schweißnaht mit Bindefehler.

Im Härteverlauf über der Schweißnaht ist zwar eine gewisse Aufhärtung in Nahtmitte vorhanden; diese ist jedoch nicht als kritisch hoch zu bewerten (Bild 23).

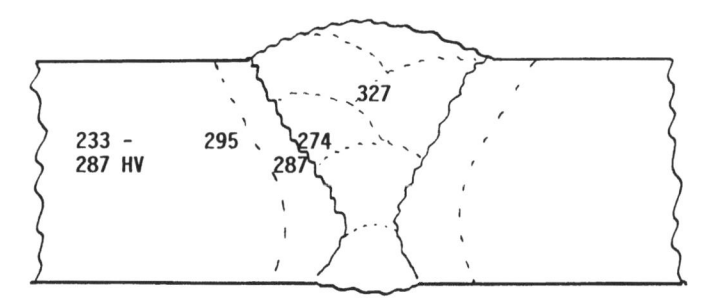

Bild 23: Härteverlauf über der Schweißnaht

404 *Schäden an Druckbehältern*

Modellbildung

Für eine Bewertung der Bruchgefahr wurde ausgehend von den gefundenen Fehlern in den Schweißnähten ein hypothetischer Fehler gewählt:
Rißtiefe 50% der Wanddicke, d. h. 4,05 mm
Rißlänge das 10-fache der Rißtiefe.
Für den halbelliptischen Oberflächenriß mit diesen Maßen, einen Dampfdruck von 8 bar für das Füllgut Propylen bei 20 °C, eine Bruchzähigkeit von 4.000 N/mm$^{3/2}$ und eine Fließspannung von 875 N/mm^2 wurde die R6-Methode angewendet (Bild 24).

Schadensursache

Aus der Bewertung mit der R6-Methode geht hervor, daß erst bei Temperaturen, die weit über den in der Praxis möglichen liegen, der Dampfdruck des Flüssiggases eine Höhe erreicht, die bei dem unrealistisch groß angenommenen Schweißnahtfehler zum Bersten führt.

Es muß also von einem anderen Mechanismus für die Drucksteigerung ausgegangen werden als von der Dampfdruckkurve.

In Bild 25 sind hierfür schematisch die Dampfdruckkurve und die Linien für Drucksteigerung durch Flüssigkeitsausdehnung angegeben.

Daraus ist ersichtlich, daß beim normalen Füllungsgrad, bei dem bei 50 °C nur zu 95% gefüllt wird, auch bei Temperaturen des Füllgutes von 60 °C der Prüfdruck des Tanks von 27 bar noch nicht erreicht wird.

Wird hingegen kein Expansionsraum freigelassen, also zu 100% gefüllt, so wird der Berstdruck bereits bei Füllgut-Temperaturen in der Größenordnung von 20 °C erreicht.

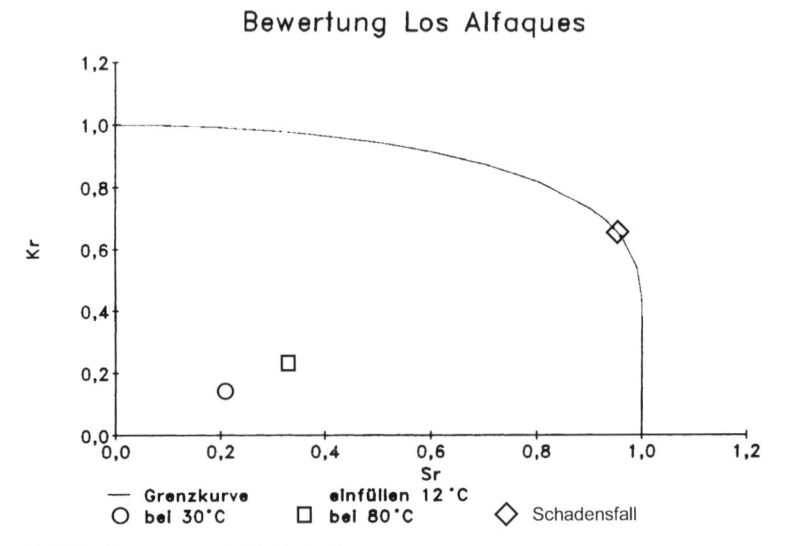

Bild 24: Bewertung mit R6-Methode.

Innendruck – Temperatur
in Funktion des Füllungsgrades

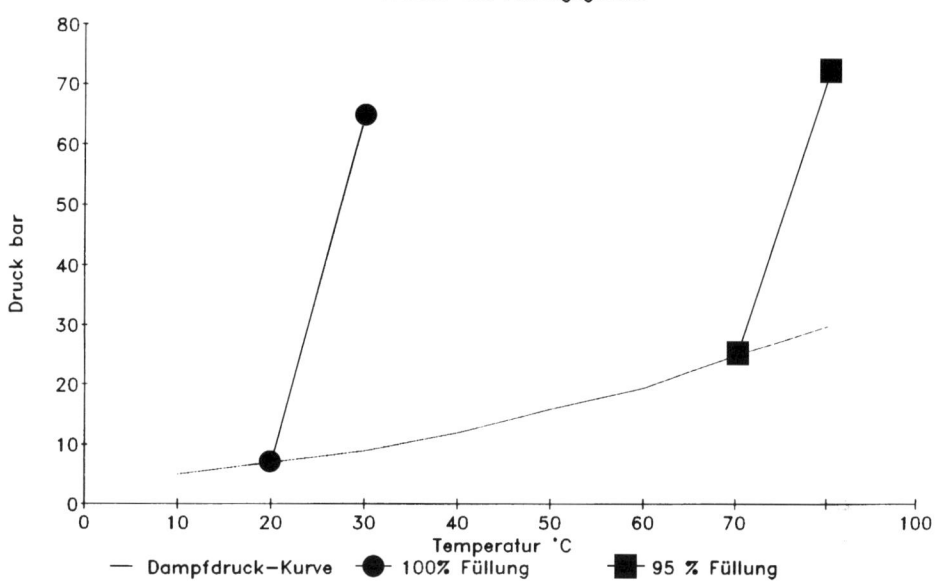

Bild 25: Innendruck in Flüssiggastanks.

4. Folgerungen

Die Bruchmechanik, insbesondere die R6-Methode und das Bewertungsverfahren BETA des IWM sind für die Beurteilung des Bruchverhaltens geschädigter Gasbehälter brauchbar.

Die Verfahren allein können jedoch ohne gleichzeitige Bewertung weiterer Betriebsumstände im allgemeinen nicht allein die Bruchsicherheit bzw. Schadensursachen mit genügender Sicherheit beurteilen.

Der Schadensfall O_2-Flasche zeigt, daß zusätzliche Einflüsse wie Überlagerung verschiedener Bruchmodi oder Temperatureinflüsse mitgespielt haben müssen.

Beim Fall Acetylenflasche war mit großer Wahrscheinlichkeit eine fahrlässige Fehlmanipulation die Ursache des detonationsartigen Zerknalls.

Die Katastrophe von Los Alfaques ist auf Nichteinhalten der Vorschriften über die zulässige Maximalfüllmenge zurückzuführen.

Umgekehrt zeigen diese Analysen, daß Gasflaschen und Tankwagen aus üblichen Werkstoffen bei vorschriftsgemäßer Auslegung eine erhebliche Fehlertoleranz aufweisen, also ein gutmütiges Verhalten auch noch bei Fehlern, die bereits größere Prozentsätze der Wanddicke erfassen, erwartet werden kann.

Schadensuntersuchungen und Problemlösungen mit Oberflächenanalyse

M. Roth, R. Hauert, Eidgenössische Materialprüfungs- und Forschungsanstalt (EMPA) Dübendorf, Schweiz

1. Einleitung

In der modernen Werkstofftechnologie und –forschung spielen Oberflächen und Grenzflächen eine zunehmende Rolle. Wie dem Bild 1 zu entnehmen ist, werden zahlreiche wichtige physikalische und chemische Eigenschaften in Materialtiefen von

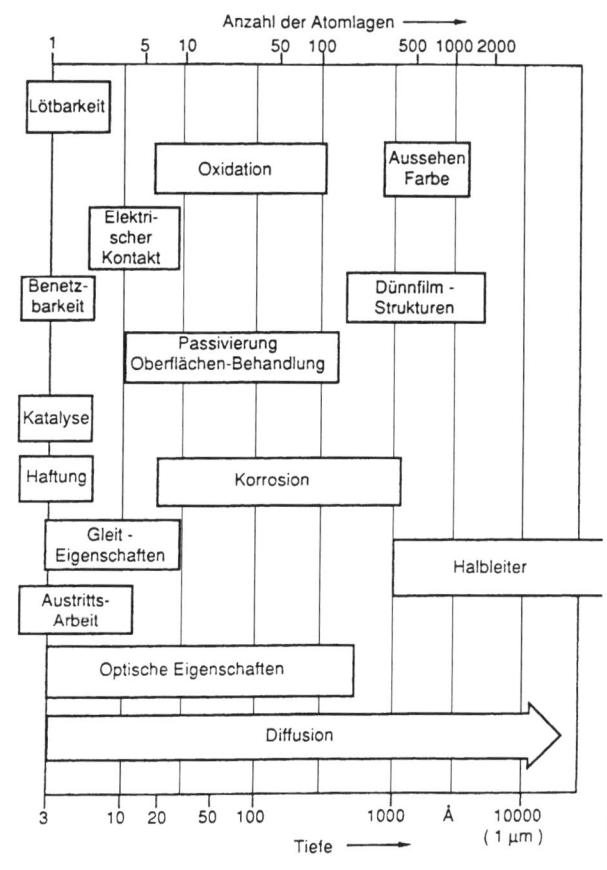

Bild 1: Wichtige Oberflächenphänomene in Abhängigkeit der Materialtiefe (1).

wenigen Atomlagen, d. h. im Nanometerbereich bestimmt. Aber auch innere Oberflächen, sog. Grenzflächen, können mit dünnsten Schichten belegt sein, die wiederum einen maßgeblichen Einfluss auf die Werkstoffeigenschaften ausüben. Folgende Beispiele seien dafür genannt:

Anlaßversprödung in Stählen: In bestimmten niedriglegierten Stählen wird eine Versprödung nach einer Wärmebehandlung in einem Temperaturbereich von ca. 475 °C festgestellt. Dies beruht auf Diffusion von Verunreinigungselementen wie Schwefel und Phosphor an Korngrenzen, wo sie dünnste Filme bilden und zum vorzeitigen interkristallinen Bruch des Bauteils führen.

Hochleistungskeramiken: Bei Keramiken wie z. B. Si_3N_4 und ZrO_2 werden häufig Korngrenzenphasen beobachtet, die sowohl die Verarbeitungs- (beim Sintern) als auch die Gebrauchseigenschaften wesentlich beeinflussen.

Dünnschichttechnologie: Nicht nur der Aufbau von dünnen Schichten, sondern vor allem deren Haftung zum Substrat ist von Interesse. Die Haftung ist dabei extrem abhängig von der chemischen Zusammensetzung, aber auch von Verunreinigungen im Bereich des „interface".

2. Oberflächenempfindliche Untersuchungsmethoden

Die klassischen Analysenmethoden wie REM mit EDAX und Mikrosonde mit einer Analysentiefe von jeweils ca. 1 µm (= 1000 nm) sind nicht geeignet, um die angesprochenen Oberflächenphänomene, die sich im Nanometerbereich abspielen, zu untersuchen. Für diesen Zweck gibt es im wesentlichen zwei Methoden, die nicht zuletzt wegen ihrer kommerziellen Verfügbarkeit und ihrer heute recht guten Zuverlässigkeit die größte Verbreitung gefunden haben (2,3):

a) *Auger Electron Spectroscopy (AES)* respektive *Scanning Auger Microscope (SAM)*
b) *Electron Spectroscopy for Chemical Analysis (ESCA)*

Die wichtigsten Kriterien dieser Analysenmethoden sind in der folgenden Tabelle zusammengestellt, wobei zum Vergleich die Daten für die Mikrosonde aufgeführt sind:

Vergleich SAM und ESCA mit EPMA (Mikrosonde)			
Bezeichnung:	SAM	ESCA	EPMA
Anregung	Elektronen	X-ray	Elektronen
Elementnachweis:	alle außer H und He	alle außer H und He	B bis U
Informationstiefe:	0.5–3 nm	1–3 nm	1 µm
Chem. Information:	teilweise	Valenz	nein
Quantitative Werte Fehler in [%]:	10–30	5–10	1–5
Nachweisgrenze in [Atom %]:	0.1–1	0.05–0.5	0.01
Laterale Auflösung:	50 nm	2 µm	1 µm
Messung v. Isolatoren:	schwierig	ja	ja

Bei vielen Problemstellungen möchte man nicht nur die obersten Atomlagen analysieren, sondern auch in die zu untersuchende Probe „hineinmessen". Dazu wird die Oberfläche nanometerweise, z. B. durch Beschuß mit hochenergetischen Argonionen, abgetragen und synchron oder alternierend die jeweilige Messung durchgeführt (Tiefenprofilanalyse).

3. Auger-Elektronen-Spektroskopie (AES)

3.1 Physikalische Grundlagen

Bei der AES dienen gebündelte Elektronen als anregende Strahlung, wobei aufgrund von Stoßionisation ein inneratomarer Mehrfachprozeß ausgelöst wird, der folgendermaßen abläuft (s. Bild 2a):

i) Herausschlagen eines Elektrons aus der K-Schale durch Primärelektronenstrahl,

ii) Sprung eines Elektrons aus einer höheren in eine tiefere Schale (von L nach K),

iii) die dabei freiwerdende Energie wird an ein weiteres Elektron der L-Schale übergeben, das den Atomverband als KLL-Elektron verläßt. Dieses *Auger-Elektron* besitzt eine definierte, d. h. *elementspezifische* kinetische Energie, die nur abhängig ist von den am Auger-Prozeß beteiligten Energieniveaus, nicht aber von der Energie der Anregungsstrahlung.

Bild 2b zeigt den Konkurrenzprozeß zum Augereffekt: Die freiwerdende Energie wird dabei in Form eines Röntgenquants emittiert. Diese ebenfalls elementspezifische Röntgenstrahlung wird bei der energie- und wellenlängendispersiven Analyse verwendet (EDAX bzw. Mikrosonde!).

Die Energie der emittierten Auger-Elektronen wird in einem Elektronen-Spektrometer, z. B. einem Zylinderspiegelanalysator (s. Bild 3) bestimmt, wobei die Energie der gemessenen Elektronen einen Bereich zwischen 50 und 2500 eV umfaßt. Da die mittlere freie Weglänge dieser Elektronen im Festkörper je nach deren Energie zwischen 0.5 und 3 nm beträgt, ist diese Meßmethode äußerst *oberflächenempfindlich*.

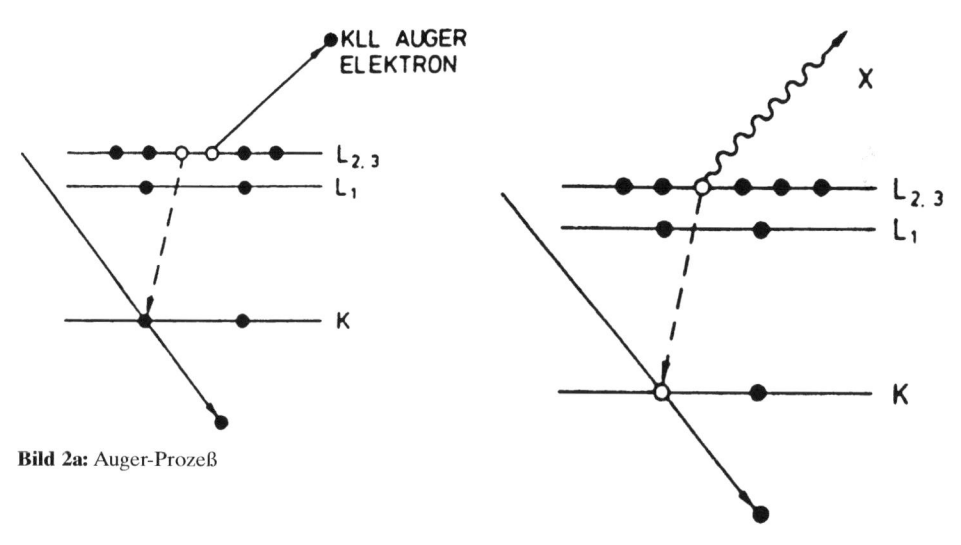

Bild 2a: Auger-Prozeß

Bild 2b: Röntgenemission

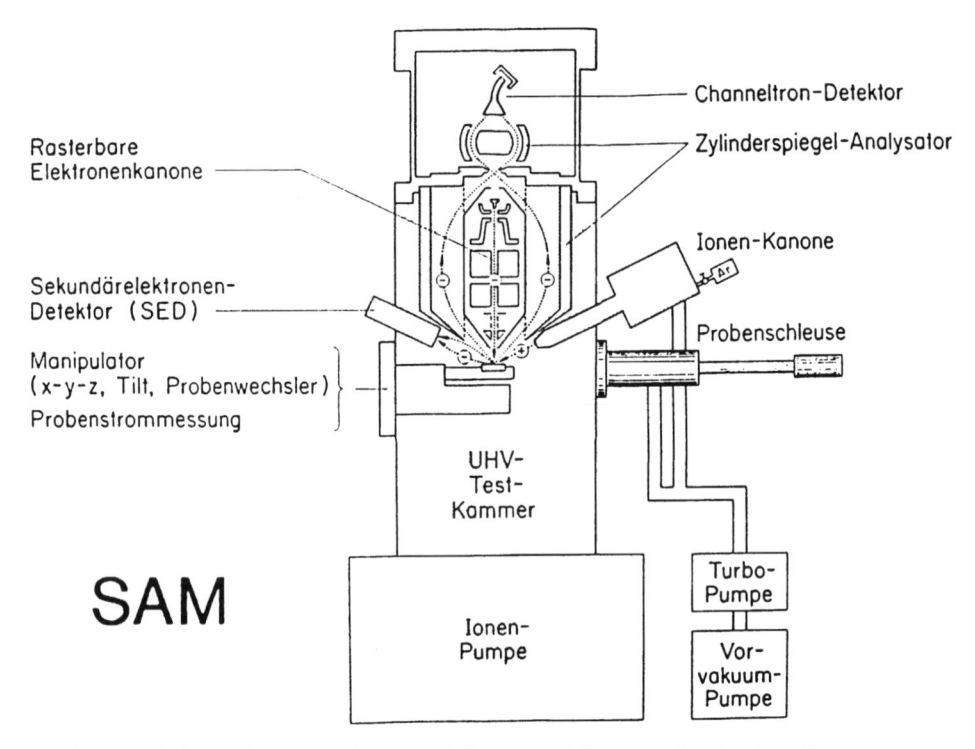

Bild 3: Querschnitt durch ein Scanning Auger Micoscope. Erläuterung der einzelnen Komponenten im Text.

3.2 Scanning Auger Microscope (SAM)

Bild 3 zeigt einen Querschnitt durch ein modernes SAM:

In der *Meßkammer* herrscht ein Ultra-Hoch-Vakuum von $3 \cdot 10^{-10}$ Torr (= $4 \cdot 10^{-10}$ mbar). Dieses Vakuum ist notwendig, damit sich eine zu analysierende Oberfläche nicht mit Gasmolekülen belegt oder sogar oxidiert.

Im Zentrum der Kammer befindet sich eine *Elektronenkanone* mit der zugehörigen Elektronenoptik, welche den abtastenden Elektronenstrahl bis auf 50 nm Durchmesser fokussieren kann. Ablenkplatten oder Spulen ermöglichen – ähnlich wie beim Rasterelektronenmikroskop – eine zeilenförmige Abrasterung der Probenoberfläche.

Die Elektronenkanone ist von einem *Doppelzylinder-Spiegelanalysator* umgeben, dessen Konstruktion eine abschattungsfreie Analyse der Augerelektronen erlaubt. Bei der Messung eines Spektrums wird die Elektronendurchlaßenergie des Analysators variiert, und im Channeltron-Detektor werden die einfliegenden Elektronen registriert. Erfolgt die Analyse mit gerastertem Elektronenstrahl, so erhält man *Elementverteilungsbilder*.

Zum Materialabtrag benutzt man wie bereits erwähnt eine *Ionenkanone*. Dabei werden Argonionen mit hoher Energie auf die Oberfläche geschossen, wobei Oberflächenatome durch direkten Stoß weggeschlagen werden. Die erreichten Abtragraten liegen im Bereich von nm/min. Mit dem *Sekundärelektronen-Detektor* können außerdem rasterelektronenmikroskopische Bilder von der analysierten Probenstelle aufgenommen werden.

Im weiteren befindet sich an der Meßkammer eine *Bruchapparatur*, mit welcher Proben im UHV gebrochen werden können. Damit ist es möglich, innere Grenzflächen, wie z. B. Korngrenzen, freizulegen und in ihrem Originalzustand zu analysieren (an Luft würde eine freigelegte Korngrenze innerhalb weniger Mikrosekunden oxidieren oder sich mit einigen Atomlagen Kohlenstoffverbindungen belegen).

4. Röntgen-Photoelektronen-Spektroskopie (XPS, ESCA)

4.1 Physikalische Grundlagen

Die Röntgen-Photoelektronen-Spektrometrie (engl. XPS) bezeichnet man auch als Elektronenspektroskopie zur chemischen Analyse (ESCA). Als anregende Strahlung verwendet man bei der ESCA monochromatische *Röntgenstrahlung*. Diese Energie wird verlustfrei auf die Rumpfelektronen der Oberflächenatome übertragen, welche nach Überwindung ihrer Bindungsenergie den Festkörper verlassen (Bild 4).

Die bei diesem Prozeß erzeugten Elektronen besitzen eine für das emittierende Niveau (und damit für das betreffende Element) *charakteristische kinetische Energie*, die in erster Näherung der Differenz zwischen Anregungsenergie hν und Bindungsenergie E_B entspricht:

$E_{kin} = h\nu - E_B$.

Durch Messung der kinetischen Energie der emittierten Elektronen erhält man somit ein energieaufgelöstes Abbild der Bindungsverhältnisse der Elektronen in den Oberflächenatomen: das *Photoelektronenspektrum* (Bild 5). Aus den Signalhöhen der einzelnen Elektronen ermittelt sich die Elementzusammensetzung; außerdem kann aus den Positionsverschiebungen der *chemische Bindungszustand* (Valenz) der analysierten Elemente bestimmt werden.

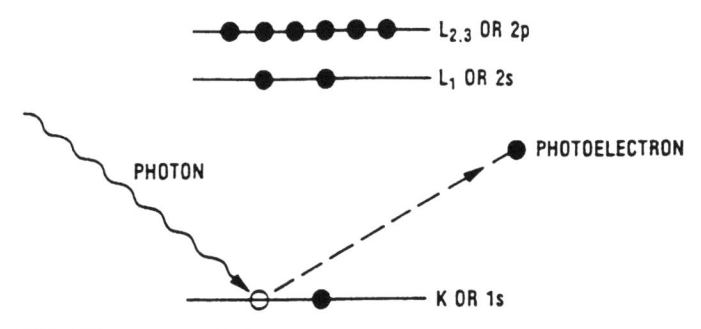

Bild 4: Photoprozess: Emission eines Elektrons durch Röntgenstrahlung.

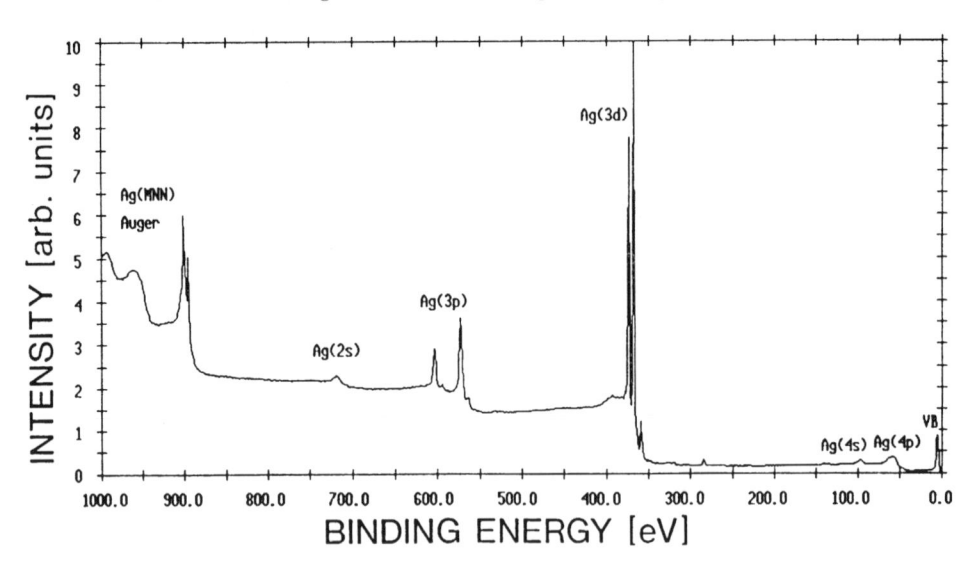

Bild 5: ESCA-Spektrum der Oberfläche von Silber.

4.2 ESCA-Anlage

Im Bild 6 ist ein Schnitt durch eine *ESCA-Anlage* wiedergegeben. Über der UHV-Testkammer befindet sich die *Röntgenröhre*, wobei als anregende Strahlung meist MgK_α (1253,6 eV) oder AlK_α (1486,6 eV) verwendet wird. Mit Hilfe eines speziellen Blendensystems läßt sich die analysierte Fläche auf einen Durchmesser von 0,15 mm reduzieren (*small spot ESCA*). Eine exakte Positionierung der Probe erfolgt über ein Mikroskop mit integrierter Videokamera.

Die emittierten Elektronen werden in einem *Halbkugelanalysator* bezüglich ihrer kinetischen Energie sortiert. Am Ausgang des Analysators befindet sich ein Elektronenvervielfacher und daran anschließend ein *positionsempfindlicher Detektor*.

Die *Ionenkanone* dient – wie beim SAM – zum Sputtern der Probenoberfläche. Bei der Aufnahme von Tiefenprofilen muß allerdings berücksichtigt werden, daß beim Sputtern der ursprüngliche chemische Zustand in den obersten Atomlagen unter Umständen wesentlich verändert wird.

Im Gegensatz zum SAM, bei dem die Anregung über Elektronenstrahlung erfolgt, spielt bei der ESCA die elektrische Aufladung der Proben keine Rolle, d. h. es können außer metallischen Proben auch *nichtleitende* Materialien wie Kunststoffe und Keramiken analysiert werden.

Mit Hilfe der *Ionen-Streu-Spektroskopie (ISS)* besteht die Möglichkeit, durch elastische Streuung von Ionen an Oberflächenatomen ausschließlich die *oberste Atomlage* zu analysieren.

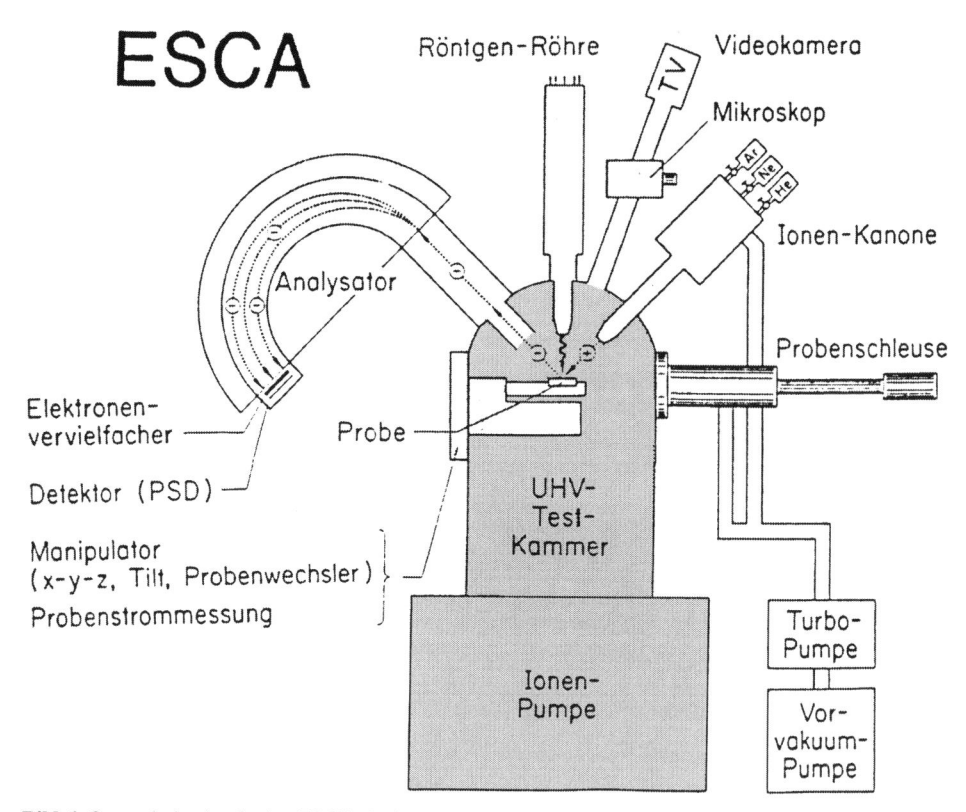

Bild 6: Querschnitt durch eine ESCA-Anlage. Erläuterung der einzelnen Komponenten im Text.

5. Anwendungsbeispiele

An der EMPA wurden in einem Zeitraum von 15 Monaten ca. 50 oberflächenanalytische Untersuchungen im Rahmen von Schadenfällen durchgeführt. Hierbei handelt es sich allerdings weniger um klassische Schadenfälle, z. B. in Form von gebrochenen Maschinenkomponenten. Häufig sind es vielmehr Fehler- und Problemlösungen an ausgesprochenen High-Tech Produkten, die sowohl bezüglich Herstellung als auch Funktion sehr anspruchsvoll sind. Bild 7 vermittelt einen Eindruck, welche Probleme wie häufig mit oberflächenanalytischen Methoden bearbeitet worden sind.

Im folgenden sollen davon Beispiele aus den Problembereichen Oxidation, Lötbarkeit/Benetzung, Oberflächenkontamination sowie Grenzschichten/Haftung ausführlich vorgestellt werden.

5.1 Bonden von Microchips

Die Herstellung von Microchips ist mit mehr als 150 Fertigungsschritten ein äußerst komplizierter Prozeß. Aufgrund der Miniaturisierung der Bauteile ist die zulässige

414 Schadensuntersuchungen und Problemlösungen mit Oberflächenanalyse

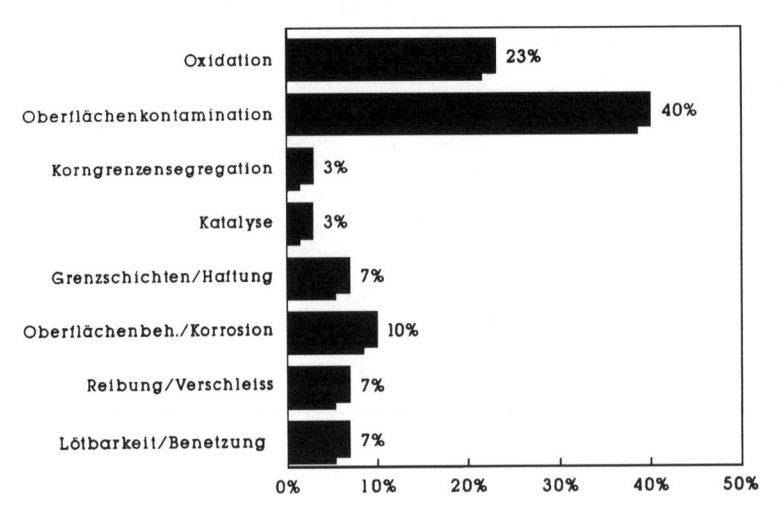

Bild 7: Schadensuntersuchungen mit Oberflächenanalyse.

Fehlergröße unter 1 µm gesunken. Dies bedingt den Einsatz von hochauflösenden Oberflächenanalysentechniken bei der Suche nach unzulässigen Fremdstoffen. Mit Hilfe des SAM wurde unter anderem folgendes Problem bei der Microchip-Fertigung gelöst:

Beim Bonden der Golddrähte auf die Bondpads des Chips wurde bei einzelnen Drähten eine schlechte Haftung festgestellt, wodurch der Chip unbrauchbar wurde. Auger-Analysen in Form von Tiefenprofilen wurden dazu an einem Bondpad mit guter Haftung (Bereich 1 im Bild 8) und schlechter Haftung (Bereich 2) durchgeführt. Als maßgebliche Einflußgröße für die Haftung wurde dabei die Schichtdicke von Aluminiumoxid im Bereich des Bondpads ermittelt. Gute Haftung wird erreicht, wenn die Oxidschicht maximal 4 nm dick ist (dies entspricht zweimal der natürlichen Oxid-

Bild 8: SEM-Bild eines Mikrochips: Bereich 1: Bondpad mit guter Haftung; Bereich 2: Bondpad mit schlechter Haftung.

schichtdicke von Aluminium, welche normalerweise Aluminium vor weiterer Oxidation schützt). Beim Bondpad mit guter Haftung wurde eine Oxidschichtdicke von ca. 3.5 nm (Bild 9a) ermittelt. Im Gegensatz dazu weist das Bondpad mit schlechter Haftung des Golddrahtes eine Aluminiumoxidschichtdicke von mehr als 10 nm (Bild 9b) auf. Das „Ausschmieren" des Sauerstoffsignals in die Tiefe ist auf eine innerhalb des Meßfeldes lokal unterschiedliche Oxidschichtdicke zurückzuführen. Außerdem wurde im schlechten Bondpad ein höherer Anteil von Phosphor festgestellt. Die Ausbildung der dickeren Aluminiumoxidschicht steht deshalb mit großer Wahrscheinlichkeit im Zusammenhang mit dieser Verunreinigung. Um die Haftung der Golddrähte auf den Bondpads zu verbessern, sollten demnach die Reinigungsprozesse besser kontrolliert werden, wobei vor allem Substanzen mit Phosphorverbindungen (Ätzlösungen) besondere Aufmerksamkeit zu schenken ist.

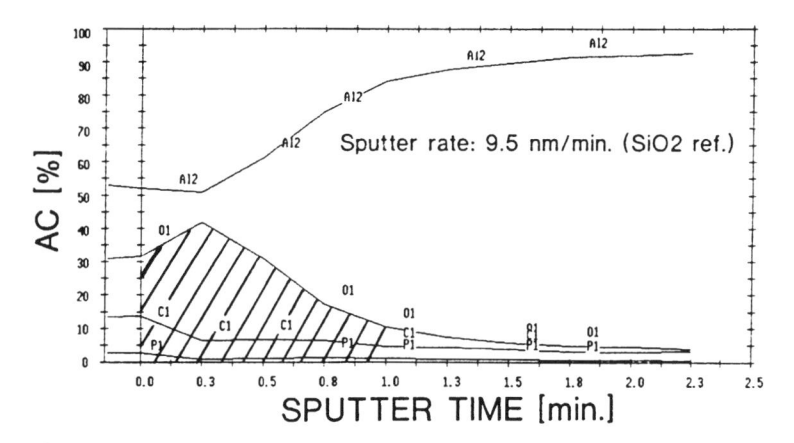

Bild 9a: Auger-Tiefenprofil für Bondpad mit guter Haftung: Dicke der Al-Oxidschicht ca. 3.5 nm.

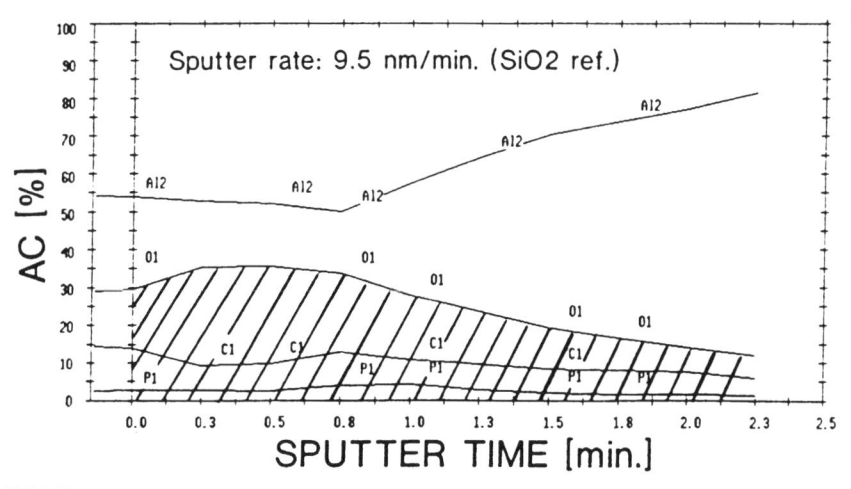

Bild 9b: Auger-Tiefenprofil für Bondpad mit schlechter Haftung: Dicke der Al-Oxidschicht: ca. 10 nm.

5.2 Löten von Neusilber (ESCA)

An einem Bauteil aus Neusilber traten beim Löten Probleme auf, und zwar zeigten die Oberflächen teilweise ein auffallend schlechtes Benetzungsverhalten gegenüber dem Lot und als Folge davon eine ungenügende Verbindung. Da eine EDX-Analyse mit einem konventionellen Rasterelektronenmikroskop keine Anzeichen für Verunreinigungen oder dünne Filme ergab, wurde eine ESCA Analyse durchgeführt. Zu Vergleichszwecken wurde außerdem ein Neusilberstreifen mit guten Löteigenschaften in die Untersuchung einbezogen.

Von beiden Proben wurden ESCA-Spektren in verschiedenen Abständen von der Oberfläche aufgenommen. Als relevantes Element ist in den Bildern 10a und 10b das Signal der Sauerstoff (O1s) Elektronen ausgewählt. Beim gut benetzbaren Neusilber (Bild 10a) ist an der Oberfläche Sauerstoff hauptsächlich in Form organischer Verbin-

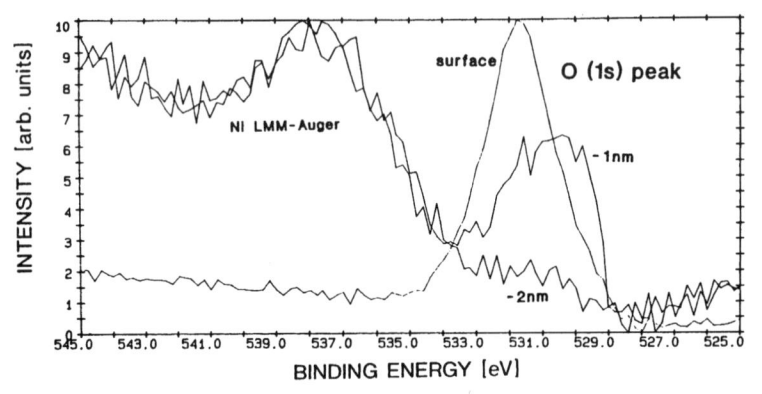

Bild 10a: ESCA-Tiefenprofil von gut lötbarem Neusilber. Sauerstoff (1s) Peak verschwindet bei einer Tiefe von 2 nm; kleine Metalloxide vorhanden.

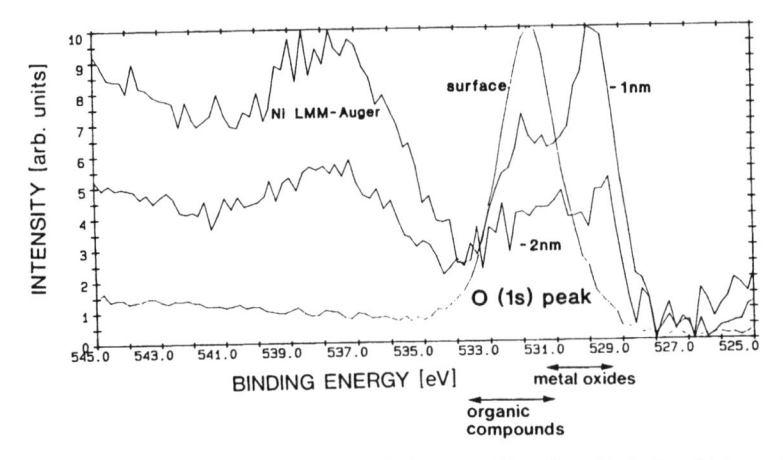

Bild 10b: ESCA-Tiefenprofil von schlecht lötbarem Neusilber. Peak-Verschiebung des Sauerstoffs (1s) bei einer Tiefe von 1 nm aufgrund einer dünnen Metalloxidschicht.

dungen vorhanden. Das (O1s) Signal verschwindet jedoch in einer Tiefe von 1–2 nm – was nur wenigen Atomlagen entspricht.

Betrachten wir nun die ESCA-Spektren des Neusilbers mit den schlechten Benetzungseigenschaften, die in Bild 10b wiedergegeben sind. Man erkennt wiederum den Sauerstoff (O1s)-Peak auf der Oberfläche. In einer Tiefe von 1 nm ist eine markante Verschiebung des Signals zu tieferen Bindungsenergien (nach rechts) zu erkennen. Nach weiterem Abtrag mit der Ionenkanone verliert dieser Peak in einer Tiefe von 2 nm deutlich an Intensität und verschwindet dann völlig. Wesentlich für die Interpretation der Messung ist nun die Zuordnung der verschiedenen Peakpositionen des (O1s) Signals (den sogenannten chemical shifts) zu den entsprechenden chemischen Verbindungen. Wie in Bild 10b eingezeichnet, repräsentiert der Peak an der Oberfläche (532 eV) Sauerstoff in chemisorbierten organischen Verbindungen, die als normale Verunreinigung auf jeder Oberfläche vorzufinden sind. Demgegenüber kann das Sauerstoffsignal bei 529 eV Metalloxiden zugeordnet werden (hauptsächlich Zinkoxid). Diese ca. 1 nm dicke Metalloxidschicht ist höchstwahrscheinlich für das schlechte Benetzungsverhalten verantwortlich. Diese Annahme ist vor allem deshalb berechtigt, weil es sich hierbei um einen physikalischen Prozeß handelt, der von den obersten Atomlagen wesentlich beeinflußt wird. Der Grund für die Ausbildung dieser Metalloxidschicht dürften geringe Mengen an Chlor (0.5 At% im obersten nm oder ca. 15 µg/m^2) sein, die nur auf dem schlecht benetzbaren Neusilber vorgefunden wurden. Dem Auftraggeber wurde deshalb geraten, die Reinigungsprozesse vor und nach der Wärmebehandlung des Neusilbers mit höchster Sorgfalt durchzuführen.

5.3 Oberflächenkontamination bei einer HF-Empfangsspule

Supraleitende Hochfrequenz-Empfangsspulen wiesen nach einigen Monaten Lagerzeit Oberflächenverfärbungen auf, die mit einer Beeinträchtigung der Funktion dieser Bauteile verbunden waren. Die Spulen sind mit 1 µm Kupfer und dann mit 0.2 µm Rhodium galvanisch beschichtet, wobei das Rhodium als Oxidationsschutz dient.

Sowohl an gelagerten als auch an neuen Spulen wurden Auger-Tiefenprofilanalysen durchgeführt. Die Meßfläche betrug jeweils 100 · 100 µm; die Abtragsrate wurde mit SiO$_2$/Si als Referenz zu 10 nm/min geeicht. In Bild 11a ist zunächst das AES-Tiefenprofil für die neue Spule wiedergegeben. Bemerkenswert ist hier der auffallend hohe Anteil an Schwefel in der äußersten Rhodium-Schicht (ca. 15%). Bild 11b zeigt zum Vergleich die Tiefenprofilanalyse für eine gelagerte Spule: man erkennt, daß nun zusätzlich in der Rhodium-Schicht beträchtliche Mengen an Kupfer eingebaut sind, wobei das Cu ganz offensichtlich aus der darunterliegenden Schicht ins Rhodium diffundiert ist. Außerdem wurde an der Oberfläche ein Chlorgehalt von 4% festgestellt. Mittels einer ergänzenden ESCA-Analyse wurde bei dieser Probe in einer Tiefe von 60 nm der chemische Zustand des Schwefels bestimmt. Dabei entsprach der „chemical shift" des S (2p)-Elektrons etwa jenem von Cu$_2$S- oder CuS-Verbindungen.

Der Ausfall der HF-Empfangsspule ist somit auf eine Oberflächenkontamination durch Schwefel zurückzuführen. Dabei konnte eindeutig nachgewiesen werden, daß der Schwefel bereits in der neuen Spule in beträchtlicher Menge in der Rhodium-

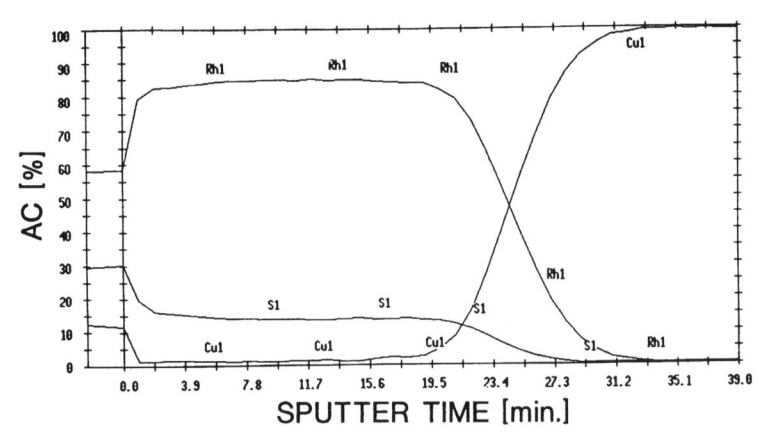

Bild 11a: AES-Tiefenprofil an neuer HF-Spule; ca. 15% Schwefel in der Rhodium-Schicht.

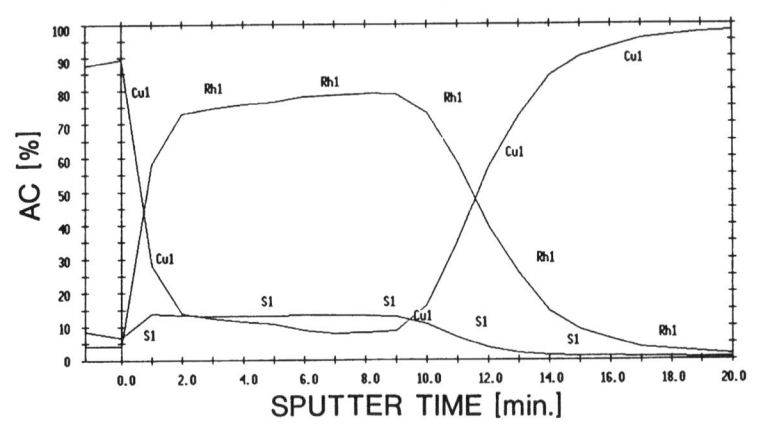

Bild 11b: AES-Tiefenprofil an gelagerter HF-Spule; Schwefel und Kupfer sind in der Rhodium-Schicht angereichert.

Schicht eingebaut ist. Aufgrund der hohen Affinität von S zu Cu bilden sich in relativ kurzer Zeit Cu-S-Verbindungen, die insbesondere in feuchter und chlorhaltiger Atmosphäre angegriffen werden. Dies führt einerseits zur Zerstörung der Rhodium-Schutzschicht, andererseits wird dadurch das magnetische Verhalten der Schicht selbst empfindlich gestört.

5.4 Werkstoffversprödung nach Hochtemperatureinsatz

Ein Bauteil aus Kohlenstoffstahl war im Betrieb einer oxidierenden und aufstickenden Atmosphäre bei Temperaturen zwischen 600 und 800 °C ausgesetzt. Aufgrund einer außerordentlich langen Einsatzdauer kam es zu gravierenden Gefügeveränderungen in Form von Entkohlung, innerer Oxidation, Aufstickung sowie Hohlraumbildung, was eine massive Werkstoffversprödung zur Folge hatte. In Bild 12 ist dieses

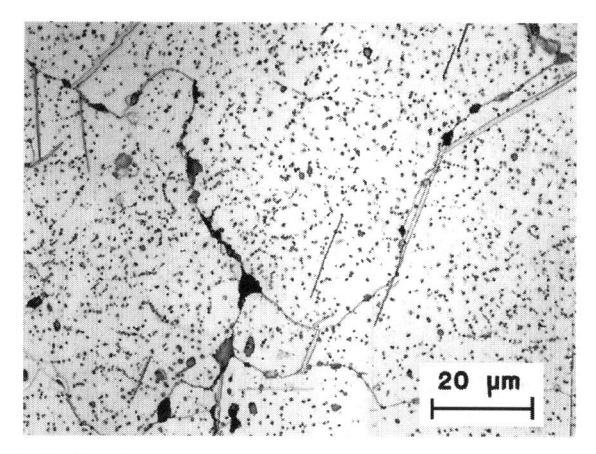

Bild 12: Mikrogefüge von versprödetem Kohlenstoffstahl: Ausscheidung feinster Oxide sowie nadelförmiger Nitride.

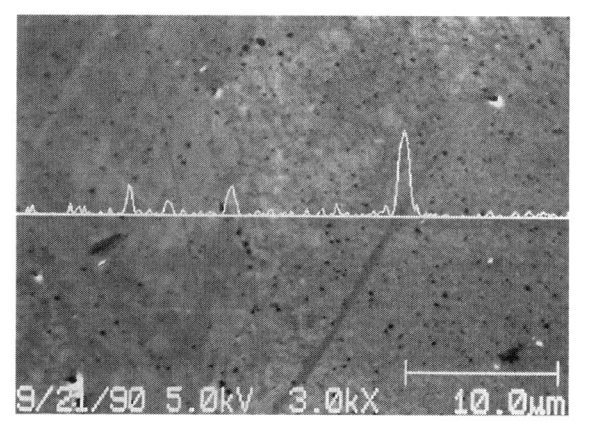

Bild 13: Line-scan im Scanning Auger Microscope für das Element Stickstoff zum Nachweis der nadelförmigen Nitride.

Gefüge wiedergegeben, das neben feinsten Oxiden nadelförmige Ausscheidungen erkennen läßt. Mit Hilfe des Scanning Auger Microscope wurden diese Ausscheidungen als Stickstoffverbindung und somit als Eisennitride identifiziert. Wie die Bilder 13 und 14 zeigen, ist der Nachweis von Stickstoff sowohl mit dem Line-scan Verfahren als auch mit einem Elementverteilungsbild möglich. Anzumerken sei, daß das SAM im Vergleich zur Elektronenstrahl-Mikrosonde für diese Analyse weitaus besser geeignet ist, da es eine größere Empfindlichkeit für leichte Elemente sowie eine höhere Ortsauflösung besitzt.

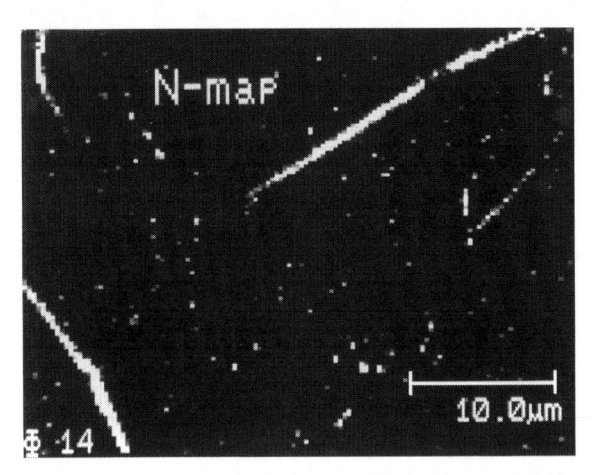

Bild 14: SAM-Verteilungsbild für das Element Stickstoff zum Nachweis der nadelförmigen Nitride.

5.5 Haftung von diamantartigen Kohlenstoffschichten

Hartstoffschichten haben im Bereich des Verschleißschutzes in den letzten Jahren zunehmende Bedeutung gewonnen. So wurde eine neuartige Hartstoffschicht entwickelt und industrialisiert (4). Es handelt sich um eine *amorphe diamantartige Kohlenstoffschicht (ADLC)*, die mittels plasmaunterstütztem CVD (Chemical Vapour Deposition) bei Temperaturen unter 200 °C aufgebracht wird. Diese Schicht ist durch die folgenden Eigenschaften gekennzeichnet:
- hohe Härte (4000–6000 $HV_{0,05}$)
- hohe Elastizität

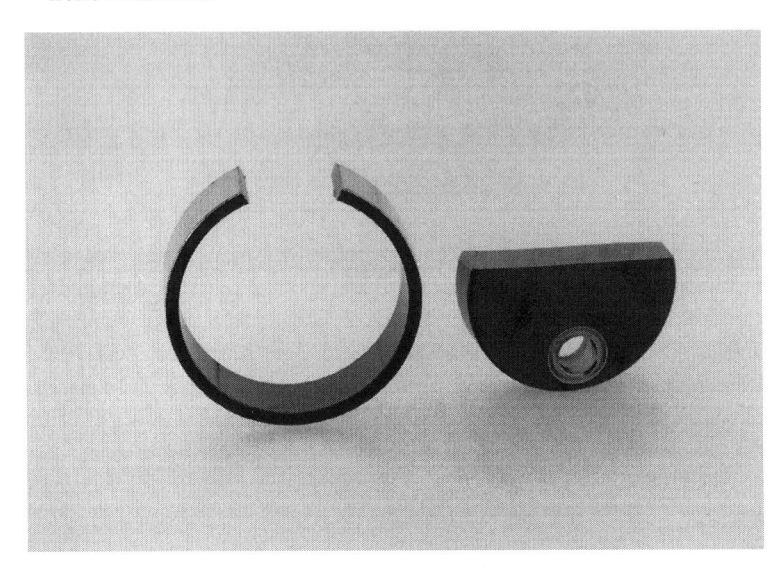

Bild 15: ADLC-Beschichtung auf der Innenfläche des Ringes und auf der Außenfläche der Scheibe; hohe Verschleißfestigkeit bei gutem Reibkoeffizienten gegenüber sich selbst.

- niedriger Reibkoeffizient (auch ungeschmiert)
  ADLC/Stahl: $\mu = 0.09$
  ADLC/ADLC: $\mu = 0.02 - 0.04$
- sehr gute chemische Beständigkeit gegen Säuren und Laugen
- sehr gute Wärmeleitfähigkeit
- thermisch beständig bis 250 °C.

Die relativ geringe thermische Beständigkeit ist auf die Umwandlung vom amorphen in den kristallinen Zustand zurückzuführen. Trotzdem zeichnet sich für die ADLC-Schichten ein breites Anwendungsgebiet ab, das vom Verschleißschutz bei Lagerflächen (Bild 15) über Beschichtungen von Werkzeugen bis zu Schutzschichten für Bauteile aus der Mikroelektronik reicht.

Eine wichtige Voraussetzung für die erfolgreiche Anwendung dieser ADLC-Schichten ist deren *Haftung* auf dem Substrat. Die Aufgabe der angewandten Forschung besteht nun darin, die verschiedenen Einflußgrößen im Zusammenhang mit dem Haftvermögen von ADLC auf technischen Substraten zu untersuchen (5). Mit Hilfe von SAM- und ESCA-Messungen wird dazu die Grenzfläche ADLC/Substrat analysiert (Nachweis von Spurenelementen, Bestimmung der Zusammensetzung von Zwischenschichten). Bild 16 gibt ein Beispiel dafür, wie mit dem SAM auf der Grenzfläche ADLC/Silizium eine nur wenige Atomlagen dicke Sauerstoffanreicherung nachgewiesen werden kann.

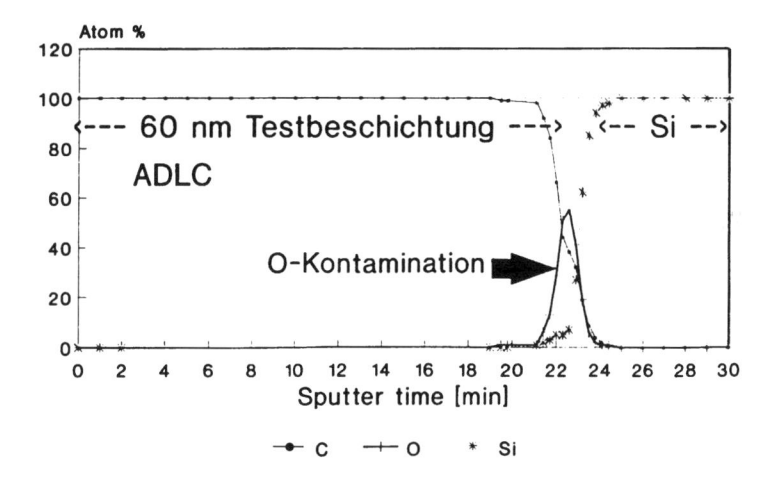

Sputter rate: ca. 8nm/min on SiO2

Bild 16: Nur wenige Atomlagen dicke Sauerstoffanreicherung auf der Grenzfläche ADLC/Silizium.

6. Zusammenfassung

Die beiden vorgestellten hochauflösenden oberflächenanalytischen Methoden *Auger-Elektronen-Spektroskopie* und *Röntgen-Photoelektronen-Spektroskopie* werden bei Schadensuntersuchungen in steigendem Maße in Anspruch genommen. Wie die Anwendungsbeispiele gezeigt haben, handelt es sich dabei vielfach um Problemlösungen, die z.T. stark F+E-orientiert sind. Die Oberflächenanalyse umfaßt denn auch einen weiten Anwendungsbereich, der in der modernen Werkstofftechnik und -forschung alle wichtigen Gebiete einschließt: Metallkunde, Keramik, Dünnschichttechnologie, Galvanik, Tribologie, Chemie (Katalyse), Halbleitertechnologie.

Die Bearbeitung der angesprochenen Problemlösungen erfordert in vielen Fällen eine gesamthafte Betrachtungsweise, wobei als Untersuchungsmethoden außer AES und ESCA auch

a) konventionelle Verfahren (REM/EDAX oder Mikrosonde) sowie chemische Analysen (z.B. Röntgenfluoreszenzanalyse, Röntgeninterferenzanalyse oder Fourier-Transform-Infrarotspektrometer),

b) andere oberflächenanalytische Verfahren wie Sekundär-Ionen-Massenspektrometrie (SIMS) oder Sekundär-Neutral-Massenspektrometrie (SNMS)

in Betracht gezogen werden müssen.

Obwohl die hochauflösenden Untersuchungsmethoden relativ aufwendig und damit teuer sind, bewegen sich die Gesamtkosten einer derartigen Untersuchung meistens in einem Rahmen, der dem einer konventionellen Schadensuntersuchung entspricht (durchschnittlich ca. 2000,– bis 5000,– DM, selten über 10.000,– DM). Dies ist auf die folgenden Faktoren zurückzuführen:

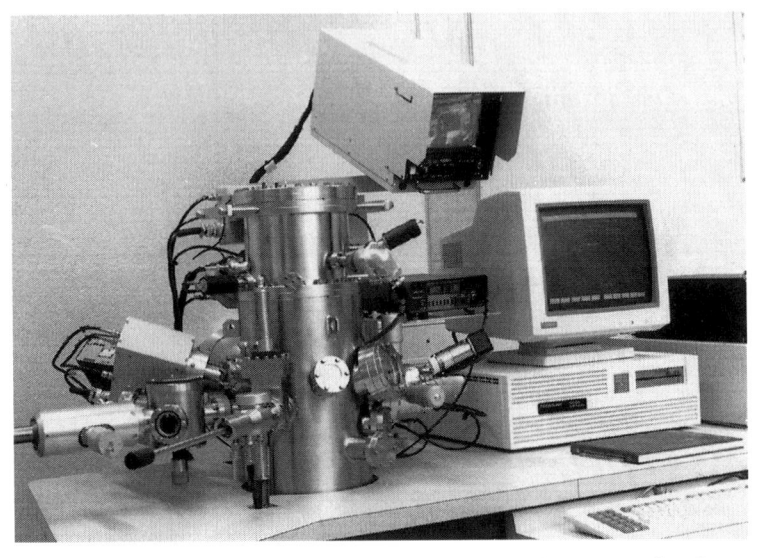

Bild 17: Scanning-Auger-Mikroscope: links die UHV-Messkammer; rechts die zugehörige Workstation zur Anlagensteuerung, Datenerfassung und Datenauswertung.

a) In einem Institut mit einem vielfältigen Angebot an Analysentechniken ist gewährleistet, daß jeweils die am besten geeignete Methode zur Anwendung kommt. Damit sind die Voraussetzungen für einen effizienten und damit kostengünstigen Untersuchungsablauf geschaffen.
b) Moderne Auger- und ESCA-Geräte zeichnen sich durch einen hohen Automatisierungsgrad aus. So erfolgt die Anlagensteuerung, die Datenerfassung und Datenauswertung über leistungsfähige Computer (siehe Bild 17). Mit Hilfe von Mehrfach-Probenwechslern lassen sich vorzugsweise während der Nacht ganze Probenserien vermessen.
c) Heutige oberflächenanalytische Geräte weisen trotz ihrer ausgefeilten Technik eine große Zuverlässigkeit auf, wobei Stillstandszeiten aufgrund von Wartungsarbeiten kaum ins Gewicht fallen.
d) Oberflächenanalytische Untersuchungen im Beisein des Kunden können ebenfalls zur Kostenersparnis beitragen.

Literatur:

(1) Stemme, R.: Technologie Aktuell, Reports-Analysen-Prognosen 1, VDI-Verlag, Düsseldorf 1984.
(2) Briggs, D., Seah, M.P.: Practical Surface Analysis by Auger und X-ray Photoelektron Spectroscopy, Wiley & Sons 1985.
(3) Grasserbauer, M., Dudek, H.J., Ebel, M.F.: Angewandte Oberflächenanalyse, Springer Verlag 1985.
(4) Bonetti, R.S., Tobler, M.: Amorphe diamantartige Kohlenstoffschichten im industriellen Maßstab, „oberfläche surface" Nr. 9, 1988.
(5) Hauert, R., Zehringer, R., Tobler, M.: Analysis of ADLC superhard coatings by SAM and TFA, Proceedings of „International Conferende on Metallurgical Coatings and Thin Films", San Diego, April 22–26, 1991.

Autorenverzeichnis

Dr. P.H. Effertz, (früher Allianz-Zentrum für Technik GmbH,
Krausstr. 14, D-8045 Ismaning).

Prof. Dr. P. Forchhammer, Institut für Werkstofftechnik + Korrosion, Schadensuntersuchung + Materialprüfung, Adolf-Menzel-Str. 16, D-50999 Köln.

Dr. R. Hauert, Eidgenössische Materialprüfungs- und Forschungsanstalt,
Überlandstr. 129, CH-8600 Dübendorf.

Dr. J. Hickling

Dr. R. Kieselbach, Eidgenössische Materialprüfungs- und Forschungsanstalt,
Überlandstr. 129, CH-8600 Dübendorf.

Prof. Dr. G. Lange, Institut für Werkstoffe, Technische Universität Braunschweig,
Postfach 3329, D-38023 Braunschweig.

Prof. Dr. H. Müller, Institut für Werkstoffkunde I, Universität Karlsruhe,
Postfach 6980, D-76128 Karlsruhe.

Prof. Dr. D. Munz, Institut für Zuverlässigkeit und Schadenskunde im Maschinenbau,
Universität Karlsruhe, Postfach 3640, D-76128 Karlsruhe.

Prof. Dr. M. Pohl, Institut für Werkstoffe, Ruhr-Universität Bochum,
Universitätsstr. 150, D-44780 Bochum.

Dr. M. Roth, Eidgenössische Materialprüfungs- und Forschungsanstalt,
Überlandstr. 129, CH-8600 Dübendorf.

Dr. H.-J. Schüller, Waldklausenweg 11, 81377 München.

Stichwortverzeichnis

A

Ablagerungen   277, 281, **294**
Abrasionsverschleiß   249, 252
Adhäsionsverschleiß   252, 308, **312**
Aktivierungspotential   211
Akustische Analyse   **32**, 265
Ambulante Metallographie   45, **202**
Anodische Auflösung   10, **231**, 237
Anodische Spannungsrißkorrosion   8, 10, **231**
– s. auch Herkömmliche Spannungsrißkorrosion
Aufhärtungsrisse   **186**, **343**
Aufkohlung   261, 277, **287**
Aufschmelzungsrisse   11, **190**, 338
Augerelektronenspektroskopie   317, **408**
Ausbruch   10, **321**
Auskolkung   **237**

B

Beanspruchungszustand   3, 7, **12**, 63, 95, **108**, 214, 230
Beizblasen   10, **258**, 273
Belüftungselement s. Sauerstoffkorrosion
Berstversuch (Beultest)   257, 273, 394
Betriebsrisse   336, **359**
Beweissicherung   1
Bruch s. bei speziellen Brucharten
Brucharten   3, **7**, 65, 109
Bruchbahnen   160
Bruchbeurteilung   1, **13**

Bruchlinien s. Schwingungslinien
Bruchmechanik   18, **156**, 240, **369**, **392**
Bruchursachen   **7**, 12
Bruchzähigkeit s. Rißzähigkeit
Butterfly   308, **323**

C

Chemische Untersuchungen   5, **27**

D

da/dN-ΔK-Kurve   **156**, 166, **240**, **376**
Dauerbruch s. Schwingbruch
Dauer(schwing)festigkeit   **21**, 32, 104, **110**, 141, **239**, 243, 359
Deckschicht   208, 211, **212**, 215, 229, 245, 252, 305
Dehnungsinduzierte Rißkorrosion   **236**
Dimples s. Waben
Disc Pressure Test s. Berstversuch
Drehgrenze   9, **86**
Durchbruchpotential   211

E

Eigenspannungen   10, **32**, 95, 100, 109, 203, 230, 234, 236, 261, **332**, 346, 355, 360
Eindringverfahren   31
Einschnürung   **66**, 73, 350, 379
Elektronenmikroskopie   **35**, **408**
– s. auch Mikroanalyse
Elektronenstrahlmetallographie   **53**, **58**

Elektronenstrahlmikroanalyse *s. Mikroanalyse*
Elektroneutralität 210
Energiedispersive Analyse 3, **42**, 407
– *s. auch Mikroanalyse*
Entzinkung 224
Epitaktische Schicht 282, 296
EPRI-Methode *s. Schwingbruch*
– *s. Zwei-Kriterien-Methode Ermüdungsbruch*
Ermüdungsgleitbänder **150**
Ermüdungsrisse *s. Schwingbruch*
Ermüdungsverschleiß 308, 316, 318, **321**
Erosionskorrosion **245**
Erosionsverschleiß 249
Erstarrungsrisse 11, **189**, **338**
Evans-Element **209**

F
Fallen **256**
Fertigungsrisse **336**
Feststoffaufprallerosion **249**, 252
Fischaugen 10, 258, **263**
Flächenkorrosion **215**, 229
Fließkriterium 65, **95**
Fließspannung 67
Fließspannungsbruch 7
Flocken 10, 258, **266**
Flüssigkeitsaufprallerosion **247**
Flußmuster **85**
Formänderungsfestigkeit 17
Fräserförmiger Bruch 7, 65, **70**

G
Gefahrenpotential **387**
Gewaltbruch, duktiler *s. Gleitbruch*
Gewaltbruch, spröder *s. Spaltbruch*
Gleitbruch 8, 14, **63**, 80, **97**, 108, 186
Gleitreibung 308, **314**, **322**
Grübchen *s. Waben oder Pittings*

H
Härterisse 8, 11, 26, 30, **92**, **203**, 266, 270
Heißgas-Hochtemperaturkorrosion **281**
Heißrisse 8, 11, 28, **188**, **336**, 336, 358
Herkömmliche Spannungsrißkorrosion **230**, 236, 360
Hertz'sche Pressung 10, **322**
HIC (Hydrogen Induced Crack) 10, 258
– *s. auch Wasserstoffinduzierte Spannungsrißkorrosion*
Hitzebeständigkeit 284
Hochtemperaturkorrosion **277**
Hohlraumbildung 68
Holzfaserbruch *s. Lamellenrisse*

I
Innere Oxidation **285**
Instabile Rißausbreitung **79**, **369**, **375**
Interkristalline Korrosion 6, 8, 10, 27, 57, **219**, 235, 336, 360
Interkristalliner Bruch 5, 7, 13, **77**, 80, **88**, **100**, 178, 180, 188, 190, **203**, **219**, **222**, 231, 235, 258, 291, **300**, **336**, 343, **348**, **353**, 361
Interkristalliner Wabenbruch **77**
Interkristalline Spannungsrißkorrosion 5, 8, 10, 221, **231**
– *s. auch Spannungsrißkorrosion*
IWM-Beta **399**

K
Kaltrisse **186**, 234, 261, 265, 336, **342**
Kavernenporen *s. Zeitstandsporen*
Kavitationskorrosion **250**, 308, 324
Kegel-Tasse-Bruch (veraltet) *s. Trichter-Kegel-Bruch*
Keilporen *s. Zeitstandsporen*
Kerbschlagversuch 19, 94, **96**, 263
Kippgrenze **86**
Kontaktkorrosion 217
Korngrenzenbruch *s. Interkristalliner Bruch*

Kornzerfall s. *Interkristalline Korrosion*
Kornzerfallschaubild 221
Korrosion 6, 7, **10**, 27, 57, 103, **124**, **131**, 133, 140, 149, **155**, 168, 170, 185, **207**, 255, 258, 266, **277**, 336, 345, **360**, **370**, **377**
- bei hohen Temperaturen **277**
- Definition 207, **208**
- mit mechanischer Beanspruchung **229**
- ohne mechanische Belastung **207**
- s. auch spezielle Korrosionsformen
Korrosionserscheinung, Definition 208
Korrosionsparameter 214
Korrosionsprüfung 27, 211, 221, **224**
Korrosionsschaden, Definition 208
Korrosionsschutz 208, **213**
Korrosionsschwingfestigkeit **240**
Korrosionsverschleiß **252**
Korrosionsversuche 211, 213, 221, **224**
Krähenfüße 235, 258, 348
Kreislaufversuche 224, 227
Kriechbruch s. *Kriechen*
Kriechen 8, 11, 19, 100, **192**, **273**, 297, **361**
Kriechkurve 20, **193**, 203
Kriechporen 11, 54, **197**, **273**, 298, **361**
Kriechversuch 20, 185, **193**
Kritische Rißlänge 79, **370**

L
Lamellenrisse 336, **349**
Lebensdauer(berechnung) 165, 215, 277, 376, **379**
Lochfraß s. *Lochkorrosion*
Lochkorrosion 214, **215**, 230, 233, 240, 266
Lötbruch 8, 11, **222**, **300**
Lunker 27, 30, 104, 124, **141**

M
Magnetische Prüfung **30**
Makrorißausbreitung 150, **156**
- s. auch *Rißausbreitung*
Mechanische Prüfungen 5, **15**

Messerschnitt-Korrosion 221
Metallographische Untersuchungen 5, **23**
- s. auch *Elektronenstrahlmetallographie*
Metallschmelzen, Angriff durch – 11, **222**, **300**
Methanbildung 261, **271**, **291**
Mikroanalyse 38, **40**, 53, 55, **58**, 190, 216, 296, 313, 317, 325, **407**
Mikrolunker **141**
Mikroporen 235, 298, **347**
- s. auch *Poren*
Mikroporosität s. *Mikrolunker*
Mikrorißausbreitung 150, **155**, 322
- s. auch *Rißausbreitung*
Mikrosonde **39**, 216, 223, **408**
Muldenkorrosion **215**
Muscheliger Bruch s. *Primärkorngrenzenbruch*

N
NDT-Temperatur 19
Nelson-Diagramm 292
Niederspannungsbruch 7, **96**
Normalspannungsbruch 7, 9, **63**, 80

O
Oberflächenanalyse **46**, 52, **407**
- s. auch *Mikroanalyse*
Oxidation **277**, 293
- s. auch *Reiboxidation*
Oxidationsbeständigkeit s. *Zunderbeständigkeit*

P
Passivierungspotential 211
Passivität 208, **211**, 215, 220, 231, 242
Passungsrost 313
pH-Einfluß 210, **212**, 213, 240, 247
Pittings 10, 155, 308, **323**
Plastische Instabilität 65, **379**
Poren 11, 27, 54, 104, **197**, 256, 263, 265, 270, **273**, 273, 281, 296, 298, 331, **361**, 365

Porosität *s. Poren u. Mikrolunker*
Potential-pH-Diagramm   212
Pourbaix-Diagramm   212
Primärkorngrenzenbruch   99
Probenentnahme   1, 3, 5, 26, 52, 55

Q
Quantitative Bildanalyse   **58**
Quantitative Gefügeanalyse   27, **58**
Quasi-Spaltbruch   **94**
Quasispaltbruch   235, 258, **347**
Quasi-Sprödbruch   **158, 168**

R
Rasterelektronenmikroskop   3, 37, **39**, **48**, 303, 408
Rastlinien   25, **105, 108, 119**, 128
Reibkorrosion   103, 249, **252**
– *s. auch Reiboxidation*
Reiboxidation   **252**, 305, **313**
Reibverschleiß *s. Verschleiß*
Relaxationsrisse   11, **100**, 336, **353**
Relaxationsversprödung   **100, 353**
Restbruch   9, 25, 103, 106, **108**, 134, 150
Restlebensdauer   20, 141, **200**
– *s. auch Lebensdauer*
Riß *s. bei speziellen Rißarten*
Rißausbreitung   3, 10, 18, 32, **67**, **79**, **103**, 150, 178, **240**, 244, 258, 323, 335, **369**
Rißgeschwindigkeit   149, **156, 165**, 178, 244, **369**
Rißwachstum *s. Rißausbreitung*
Rißzähigkeit   18, **375**, **393**
Röntgenanalyse   38, **40**, 317, **411**
Röntgenfeinstruktur   **33**, 317
Röntgengrobstruktur   **28**, 351
Rollreibung   308, **314, 321**
R6-Methode *s. Zwei-Kriterien-Methode*

S
Säurekorrosion   **210**
Sauerstoffaffinität   278
Sauerstoffaktivität   278, 282, 292
Sauerstoffkorrosion   **210**, 217, **219**, 220
Schadensanalyse, Aufgaben und Ziele   1
– Durchführung   2
– Vorgehensweise   35
Schadensaufnahme   1
Schallanalyse   **32**, 265
Scherbruch   **64, 71**
Scherwaben   77
Schleifrisse   8, 11, 30, 122, **155**, 204
Schwefelung (Sulfidierung)   **293, 298**
Schweißfehler   11, 26, **28**, 59, 81, 97, **100**, 104, 114, 123, 128, 146, **186**, 190, 234, **263, 331, 402**
Schweißrisse   8, 11, **28**, **100**, **261**, **331**, **402**
Schwingbruch (Dauerbruch, Ermüdungsbruch)   8, 14, **21**, 32, 93, **103**, 149, 251, 265, 336, **359**, 365, **376**
Schwingungskavitation   **251**
Schwingungslinien (Bruchlinien)   13, 14, 106, 119, 152, **160, 174**, 242, **243**
Schwingungsriß *s. Schwingbruch*
Schwingungsrißkorrosion   8, 11, **160**, 168, **239**, 336, **360**
Schwingungsstreifen *s. Schwingungslinien*
Sekundärrisse   119, **163**, 174
Selbstaufkohlung   **289**
Selektive Korrosion   **219**, 222, 360
Sensibilisierung   5, **221**
Sievertssches √p-Gesetz   256, 275
Simulationsversuche   5, 174, 243, 290, **313**, 319, 347
Spaltbruch   5, 8, 13, 18, 63, 66, **79**, 108, 178, 258, 263, 265, 272
Spaltfächer   86
Spaltflächen *s. Spaltbruch*
Spaltkorrosion   **217**, 233, 266
Spaltstufen   **85**
Spannungsinduzierte Korrosion   **236**

Spannungsintensitätsfaktor 18, **156**, **165**, **240**, **372**, **392**
Spannungsrißkorrosion 8, **10**, 27, 170, 214, 219, 221, **229**, 258, 266, 336, 345, 360, 378
Spektrometer **42**
Spitze, Ausziehen zur – **64**, **73**
Spongiose 222
Sprengdruckhypothese 257
Sprödbruch 7, 63, 80, 393, 399
Stabile Rißausbreitung 79, **369**, **375**
Statistische Auswertung 3, 139, 147, 332
Steifigkeitssprünge **103**, **110**, **129**, 333
Stillstandskorrosion **219**, 237, 240
Strauß-Test 27, **219**
Stress relief cracks s. *Relaxationsrisse*
Striations s. *Schwingungslinien*
Strömungsbeeinflußte Korrosion **245**
Strömungskavitation **251**
Stromdichte-Potential-Diagramm 27, **211**

T
Tassenbruch s. *Trichter-Kegel-Bruch*
Taupunktkorrosion 218
Terrassenrisse s. *Lamellenrisse*
Thermisch induzierter Bruch 7, 11, 19, 55, 88, **185**, **271**
Tiefätzung **53**
Topotaktische Schicht 283, 296
Transmissionselektronenmikroskop **37**, 57
Transpassiver Zustand 211
Traps s. *Fallen*
Trennbruch (veraltet) 9
– s. auch *Spaltbruch*
Tribochemische Reaktion 308, **313**
Tribosystem **252**, **303**
– s. auch *Verschleiß*
Trichterbruch s. *Trichter-Kegel-Bruch*
Trichter-Kegel-Bruch 9, **64**, 72
Tropfenschlag **247**, 308

U
Ultraschallprüfung 30, 203, 351
Unterkritische Rißausbreitung **369**, **376**, 384
Unterplattierungsrisse 100, **187**, 353

V
Verschleiß 155, **252**, **303**
Verschleißschutzschichten **324**
Versprödungsindex **274**
Versprödungsindex (Wasserstoff) 257
Verzögerter Bruch 10, **258**, 258, 265, 345
Verzunderung 199, **282**, 289-290, 336

W
Waben 13, **74**, 163, 168, 182, 353
Wabenbruch s. *Gleitbruch*
Wälzreibung 308, **313**, **321**
Wärmeeinflußzone 26, 99, **186**, **332**
Wärmeschockrisse 8, 12
Warmfestigkeit **185**, 200
Warmrisse s. *Heißrisse*
Wasserstoff 8, 10, 61, 72, 188, **233**, 237, **255**, **291**, 336, **345**
Wasserstoffempfindlichkeit 257, **273**
Wasserstoffinduzierte Spannungsrißkorrosion 8, 10, **233**, 235, 236, 255, 258, **266**, 345, 360
Wasserstoffkrankheit 291
Wellenlängendispersive Analyse **42**
Werkstoffuntersuchungen 2, 5, **15**, **224**
Werkstoffwiderstand **15**, 33
Wiederaufschmelzungsrisse s. *Aufschmelzrisse*
Wirbelstromprüfung **31**, 203
Wöhlerkurve 21, 23, 239

Z
Zeitstandfestigkeit 19, 185, **192**, **362**
Zeitstandporen 11, 54, **197**, **273**, 298, **361**
Zeitstandrisse 88, **198**, 273, 277, 298, **336**, **361**

Zerstörungsfreie Werkstoffprüfung   5,
   28, 203, 337, 364, 392
Zerstörungspotential   **387**
Zunderbeständigeit   289
Zunderbeständigkeit   **284**
Zunderbildung   **282**, 289
Zundergesetz   **282**, 297
Zundergrenztemperatur   285
Zunderkonstante   **284**
Zungen   **87**, 308, **316**
Zwei-Kriterien-Methode   **381**, **393**

Printed and bound by CPI Group (UK) Ltd, Croydon, CR0 4YY